위험물산업기사 실기시험문제

HRDK 한국산업인력공단 새 출제기준에 따른 최신판!!

유쾌! 상쾌! 통쾌하게 합격하자!!
이 교재를 보기전에…

   우리나라는 눈부신 산업발전을 거듭하여 역사 이래로 찾아볼 수 없는 급격한 경제성장을 이룩하였습니다.

   이제는 IT기술산업 선진국으로서의 발전과 더불어 국민 생활 기초산업분야의 신산업구조 속에 필요 불가결한 석유에너지 및 기타 제품 생산사업장에서 사용되고 있는 위험물 관리에 따른 위험성이 다양화 또는 대형화되어 가고 있기에 위험물을 안전하게 관리할 수 있는 보안감독자인 위험물안전관리자의 배출이 시급한 때입니다.

   이에 본인은 오랜 시간 동안 강의를 하고 교육을 한 지식과 실제 현장에서 터득한 기술 및 위험물산업기사 자격 시험에 수많은 합격생을 배출한 경험을 토대로 '위험물산업기사 필기' 교재를 출간하였으며, 2차 실기 수검 응시교재로서 기초실력이 부족한 사람도 이 한 권의 교재로 위험물산업기사 국가기술자격 시험에 쉽게 합격할 수 있게 '위험물산업기사 실기' 교재를 집필, 발행하게 되었습니다.

   이 교재를 통해 여러분이 국가기술자격 시험에 꼭 합격할 수 있기를 바라며, 내용의 일부 중 부족한 부분이 있다면 예의 수정, 보완하여 더 좋은 교재가 되도록 노력하겠습니다.

   끝으로 여러분의 앞날에 합격의 영광과 풍요로운 내일이 있기를 기원하는 바입니다.

이 교재에 대한 내용문의는 bsyee2532@daum.net로 문의하시면 친절하게 답변해 드리겠습니다.

또한 법 개정 등으로 변경된 내용은 출판사 홈페이지 자료실(도서정오표)에서 확인하실 수 있습니다.

저자 이보상 드림

Contents

위험물산업기사 실기시험 검정방법 ... 6
노래로 배우는 위험물(위험물송 가사) ... 8
화학식 만드는 방법 및 읽는 방법 ... 9

제1편 위험물의 화재예방 및 소화방법

제1장 연소이론	22	적중·예상문제	32
제2장 소화이론	39	적중·예상문제	64

제2편 위험물의 특성

제1장 위험물의 특성	82		
제2장 제1류 위험물	84	적중·예상문제	100
제3장 제2류 위험물	109	적중·예상문제	119
제4장 제3류 위험물	126	적중·예상문제	138
제5장 제4류 위험물	146	적중·예상문제	181
제6장 제5류 위험물	212	적중·예상문제	221
제7장 제6류 위험물	228	적중·예상문제	234

제3편 위험물의 저장 및 취급

제1장 용어의 정의	242	적중·예상문제	245
제2장 위험물의 저장 및 취급기준	247	적중·예상문제	251
제3장 위험물제조소등 및 제조소	253	적중·예상문제	267
제4장 옥내저장소	274	적중·예상문제	280
제5장 옥외저장소	283	적중·예상문제	286
제6장 옥외탱크저장소	288	적중·예상문제	297
제7장 옥내탱크저장소	301	적중·예상문제	304

제8장 지하탱크저장소		306	적중·예상문제	309
제9장 이동탱크저장소		311	적중·예상문제	319
제10장 간이탱크저장소 및 암반탱크저장소		322	적중·예상문제	324
제11장 위험물 저장탱크의 변형시험 등		325	적중·예상문제	327
제12장 주유취급소		329	적중·예상문제	334
제13장 판매취급소·일반취급소		337	적중·예상문제	340

제4편 위험물의 운반 및 포장 기준

제1장 위험물의 운반 및 포장 기준	342	적중·예상문제	348

제5편 위험물의 연소반응

제1장 위험물의 연소반응	354	적중·예상문제	361

제6편 과년도 실기 출제문제

■ 2019년 4월 13일 ~ 2025년 4월 20일(필답형 및 작업형 통합 실시)   382

위험물산업기사 실기시험 검정방법

◎ **실기시험**은 필기시험에 합격한 자와 필기시험 면제자에 한하여 시행하며, **100점 만점**에 **60점 이상** 되면 **합격**이 결정된다.

◎ **수검자**는 수검 당일 **시험시작 30분 전**까지 입실하여야 하며 **수검표 분실자**는 신분증명서를 지참하여 **시험시작 1시간 전**에 해당 **시험본부에 재확인** 받아야 한다.

출제기준표(요약본)

직무분야	화학	중직무분야	위험물	자격종목	위험물산업기사	적용기간	2025.1.1.~2029.12.31.

○ 직무내용 : 위험물제조소등에서 위험물을 제조·저장·취급하고 작업자를 교육·지시·감독하며, 각 설비에 대한 점검과 재해 발생 시 사고대응 등의 안전관리 업무를 수행하는 직무이다.
○ 수행준거 : 1. 위험물을 안전하게 관리하기 위하여 성상·위험성·유해성 조사, 운송·운반 방법, 저장·취급 방법, 소화 방법을 수립할 수 있다.
            2. 사고예방을 위하여 운송·운반 기준과 시설을 파악할 수 있다.
            3. 위험물의 저장취급과 위험물시설에 대한 유지관리, 교육훈련 및 안전감독 등에 대한 계획을 수립하고 사고대응 매뉴얼을 작성할 수 있다.
            4. 사업장 내의 위험물로 인한 화재의 예방과 소화방법에 대한 계획을 수립할 수 있다.
            5. 관련 물질자료를 수집하여 성상을 파악하고, 유별로 분류하여 위험성을 표시할 수 있다.
            6. 위험물 제조소의 위치·구조·설비기준을 파악하고 시설을 점검할 수 있다.
            7. 위험물 저장소의 위치·구조·설비기준을 파악하고 시설을 점검할 수 있다.
            8. 위험물 취급소의 위치·구조·설비기준을 파악하고 시설을 점검할 수 있다.
            9. 사업장의 법적기준을 준수하기 위하여 허가신청서류, 예방규정, 신고서류에 대한 작성과 안전관리 인력을 관리할 수 있다.

실기검정방법	필답형	시험시간	2시간 정도

실기과목명	주요항목	세부항목
위험물 취급 실무	1. 제4류 위험물 취급	1. 성상·유해성 조사하기 2. 저장 방법 확인하기 3. 취급 방법 파악하기 4. 소화 방법 수립하기
	2. 제1류, 제6류 위험물 취급	1. 성상·유해성 조사하기 2. 저장 방법 확인하기 3. 취급 방법 파악하기 4. 소화 방법 수립하기
	3. 제2류, 제5류 위험물 취급	1. 성상·유해성 조사하기 2. 저장 방법 확인하기 3. 취급 방법 파악하기 4. 소화 방법 수립하기
	4. 제3류 위험물 취급	1. 성상·유해성 조사하기 2. 저장 방법 확인하기 3. 취급 방법 파악하기 4. 소화 방법 수립하기

실기과목명	주요항목	세부항목
위험물 취급 실무	5. 위험물 운송·운반시설 기준 파악	1. 운송기준 파악하기 2. 운송시설 파악하기 3. 운반기준 파악하기 4. 운반시설 파악하기
	6. 위험물 안전계획 수립	1. 위험물 저장·취급계획 수립하기 2. 시설 유지관리계획 수립하기 3. 교육훈련계획 수립하기 4. 위험물 안전감독계획 수립하기 5. 사고대응 매뉴얼 작성하기
	7. 위험물 화재예방·소화방법	1. 위험물 화재 예방 방법 파악하기 2. 위험물 화재 예방 계획 수립하기 3. 위험물 소화 방법 파악하기 4. 위험물 소화 방법 수립하기
	8. 위험물 제조소 유지관리	1. 제조소의 시설기술기준 조사하기 2. 제조소의 위치 점검하기 3. 제조소의 구조 점검하기 4. 제조소의 설비 점검하기 5. 제조소의 소방시설 점검하기
	9. 위험물 저장소 유지관리	1. 저장소의 시설기술기준 조사하기 2. 저장소의 위치 점검하기 3. 저장소의 구조 점검하기 4. 저장소의 설비 점검하기 5. 저장소의 소방시설 점검하기
	10. 위험물 취급소 유지관리	1. 취급소의 시설기술기준 조사하기 2. 취급소의 위치 점검하기 3. 취급소의 구조 점검하기 4. 취급소의 설비 점검하기 5. 취급소의 소방시설 점검하기
	11. 위험물행정처리	1. 예방 규정 작성하기 2. 허가 신청하기 3. 신고서류 작성하기 4. 안전관리 인력 관리하기

노래로 배우는 위험물(위험물송 가사)

[위험물 안전관리법 시행령 별표1 위험물 및 지정수량]
법령개정으로 변경된 명칭과 변경 전 명칭 수록
(실기시험의 경우 변경 전 명칭을 사용하여도 정답 처리 됨.)

유별	성질	품명	지정수량	위험등급	유별	성질	품명		지정수량	위험등급
제1류	산화성고체	아염소산염류	50kg	I	제4류	인화성액체	특수인화물		50L	I
		염소산염류	50kg	I			제1석유류	비수용성	200L	II
		과염소산염류	50kg	I				수용성	400L	II
		무기과산화물	50kg	I			알코올류		400L	II
		브로민산염류 (브롬산염류)	300kg	II			제2석유류	비수용성	1,000L	III
		아이오딘산염류 (아이오딘산염류)	300kg	II				수용성	2,000L	III
		질산염류	300kg	II			제3석유류	비수용성	2,000L	III
		과망가니즈산염류 (과망가니즈산염류)	1,000kg	III				수용성	4,000L	III
		다이크로뮴산염류 (중크로뮴산염류)	1,000kg	III			제4석유류		6,000L	III
제2류	가연성고체	황화인(황화인)	100kg	II			동식물유류		10,000L	III
		적린	100kg	II	제5류	자기반응성물질	질산에스터류 (질산에스터류)		제1종 10kg	I
		황(유황)	100kg	II			유기과산화물			I
		마그네슘	500kg	III			나이트로화합물 (나이트로화합물)			II
		철분	500kg	III			나이트로소화합물 (나이트로소화합물)			II
		금속분	500kg	III			아조화합물		제2종 100kg	II
		인화성고체	1,000kg	III			다이아조화합물 (다이아조화합물)			II
제3류	자연발화성물질 및 금수성물질	칼륨	10kg	I			하이드라진유도체 (하이드라진유도체)			II
		나트륨	10kg	I			하이드록실아민 (하이드록실아민)			II
		알킬리튬	10kg	I			하이드록실아민염류 (하이드록실아민염류)			II
		알킬알루미늄	10kg	I	제6류	산화성액체	질산		300kg	I
		황린	20kg	I			과염소산		300kg	I
		알칼리금속(칼륨 및 나트륨제외) 및 알칼리토 금속	50kg	II			과산화수소		300kg	I
		유기금속화합물(알킬알루미늄 및 알킬리튬을 제외한다)	50kg	II						
		금속의 인화합물	300kg	III						
		금속의 수소화물	300kg	III						
		칼슘 또는 알루미늄의 탄화물	300kg	III						

인천교항곡(위험물송)
아! 염소산 / 과염소산 / 과산화물 브라질로 사망 (die)크로뮴 /
황화적린 / 유마철금 (이) / 칼나 알리 알킬 린 / 알칼알토 유
금속 / (김)인수카 / (토끼)알 제2, 제3, 제4, 똥~ /질해 유과산
화 나이트로 / 아~조아 다이아조아~ 하이트 진로 아! / 질산
과산수 과염소산 / 짠짜라ー잔

화학식 만드는 방법 및 읽는 방법

1. 화학식 만드는 방법

1) **화학식** : 각원소 및 원자단의 **원자가**를 **교차**하여 만든다(단, **무기화합물**에서 금속 및 양성원자단은 **왼쪽**, **유기화합물**에서 금속 및 양성원자단은 **오른쪽**).
2) **원자가** : 원소주기율표의 족수와 원자단에 의하여 결정된다.

   ① 원소주기율표 암기법

족수\주기	a 1족 b	a 2족 b	a 3족	a 4족	a 5족	a 6족 b	a 7족	0족
1주기	H(수)							He(헬)
2주기	Li(리)	Be(베)	B(붕)	C(탄)	N(질)	O(산)	F(플)	Ne(네)
3주기	Na(나)	Mg(마)	Al(알)	Si(실)	P(인)	S(유)	Cl(염)	Ar(알)
4주기	K(카) Cu(구)	Ca(칼) Zn(아)		Ge(게)	As(비)	Cr(크)	Br(브)	Kr(크리)
5주기	Ag(은)	Sr(스) Cd(카)		Sn(주)	Sb(안)	Mo(몰)	I(아)	Xe(크)
6주기	Au(금)	Ba(바) Hg(수)		Pb(납)	Bi(비)	W(텅)		Rn(라돈)
	알칼리금속족 구리족	알칼리토금속족 아연족	붕소족	탄소족	질소족	산소족 크로뮴족	할로젠족	불활성기체

   ② 중요한 원자번호와 원자량

   ※ 원자번호 1번에서 20번까지 순서대로 외우기

   수 헤 리 베 붕 / 탄 질 산 플 네 / 나 마 알 규 / 인 황 염 아 / 카 칼

   H He Li Be B / C N O F Ne / Na Mg Al Si / P S Cl Ar / K Ca

   ※ **짝수** 원자번호의 원자량 = 원자번호×2

   ※ **홀수** 원자번호의 원자량 = 원자번호×2+1

   ※ ^1_1H(수소), ^9_4Be(베릴륨), $^{14}_7N$(질소), $^{35.5}_{17}Cl$(염소), $^{40}_{18}Ar$(아르곤)은 공식에서 제외된다.

   ③ 주기율표에서의 원자가

주기\족수	1	2	3	4	5	6	7	0
원자가	+1	+2	+3	+4 −4	−3	−2	−1	0
	불변			가변				불변

   ※ **팔우설** : 최외각전자가 8개가 아닌 원자가 최외각전자를 **방출**하거나 **보충**하여 **8개**가 되어 **0족의 원소**와 같은 안정한 **전자배열**을 가지려는 경향

④ 중요한 원자단의 원자가

이 름	원자단	원자가	화학식 예
암 모 늄 기	NH_4^+	+1	NH_4Cl, NH_4OH
수 산 기	OH^-	-1	$NaOH$, $Ca(OH)_2$, $Al(OH)_3$
사 이 안 기 (시 안 기)	CN^-	-1	KCN, HCN
질 산 기	NO_3^-	-1	KNO_3, HNO_3
과망가니즈산기(과망간산기)	MnO_4^-	-1	$KMnO_4$, $HMnO_4$
망가니즈산기(망간산기)	MnO_4^{-2}	-2	K_2MnO_4, H_2MnO_4
황 산 기	SO_4^{-2}	-2	$Al_2(SO_4)_3$, H_2SO_4
아 황 산 기	SO_3^{-2}	-2	K_2SO_3, H_2SO_3
탄 산 기	CO_3^{-2}	-2	Na_2CO_3, H_2CO_3
크 로 뮴 산 기 (크 롬 산 기)	CrO_4^{-2}	-2	K_2CrO_4, H_2CrO_4
다이크로뮴산기(중크롬산기)	$Cr_2O_7^{-2}$	-2	$K_2Cr_2O_7$, $H_2Cr_2O_7$
인 산 기	PO_4^{-3}	-3	Na_3PO_4, H_3PO_4

2. 화학식 만들기

1) 원자와 원자의 원자가 교차

   예 H_2O(물) : $H^{+1} \times O^{-2}$ $NaCl$(염화나트륨) : $Na^{+1} \times Cl^{-1}$

   Al_2O_3(산화알루미늄) : $Al^{+3} \times O^{-2}$

2) 원자와 원자단의 교차

   예 $NaOH$(수산화나트륨) : $Na^{+1} \times OH^{-1}$, $Ca(OH)_2$(수산화칼슘) : $Ca^{+2} \times OH^{-1}$
   HNO_3(질산) : $H^{+1} \times NO_3^{-1}$, H_2SO_4(황산) : $H^{+1} \times SO_4^{-2}$,
   H_3PO_4(인산) : $H^{+1} \times PO_4^{-3}$, $Al_2(SO_4)_3$(황산알루미늄) : $Al^{+3} \times SO_4^{-2}$

   ※ $Al_2SO_{43} \rightarrow Al_2(SO_4)_3$: Al(알루미늄)의 **원자가**(+3)를 교차한 것이 **43**과 같게 보이므로 **괄호**를 하여 **원자단을 구분**한다.

3) 유기화합물의 원자가 교차

   CH_3COOK(초산칼륨) : $CH_3COO^{-1} \times K^{+1}$

   $(C_2H_5)_3Al$(트라이에틸알루미늄) : $C_2H_5 \times Al^{+3}$

   $(C_2H_5)_4Pb$(사에틸납) : $C_2H_5^{-1} \times Pb^{+4}$

3. 화학식 읽는 방법

1) 무기화합물 : 오른쪽에서 왼쪽(←)으로 읽는다.

   ① **각원소**의 명칭 뒷글자 ㋛를 ㋵로 바꾸어 읽으며, ㋛가 없을 때에는 ㋵를 붙여 읽는다.

   ② **각원자단**의 기를 생략하고 읽는다(단, **수산기**와 **사이안기**는 ㋑를 ㋵로 바꾸어 읽는다).

예 NaCl : 염화나트륨,　　H₂S : 황화수소
　　← 나트륨　염(소) → (화)　　　← 수소　황 + (화)

예 Al₂(SO₄)₃ : 황산알루미늄,　　NaOH : 수산화나트륨(가성소다)
　　← 알루미늄　황산㉮ → 생략　　← 나트륨　수산㉮ → (화)

예 KCN : 사이안화칼륨(청산가리)
　　← 칼륨　사이안㉮ → (화)

※ **산의 화학식 명명법** : OH^-(수산기)를 제외한 음성의 원자단이 H(수소)와 결합된 물질을 산의 화학식이라 한다.
　• HNO_3 : 질산수소라 읽지 않고 질산이라 한다.
　예 H_2SO_4 : 황산, H_3PO_4 : 인산, CH_3COOH : 초산

※ **양성원자의 원자가가 2개인 경우**
　• 작은 원자가 : 제1 또는 원자가를 로마자로 표시
　• 큰 원자가 : 제2 또는 원자가를 로마자로 표시
　예 ┌ FeO : $F^{+2} \times O^{-2}$ = FeO → 산화제1철, 산화철(Ⅱ)
　　 └ Fe₂O₃ : $Fe^{+3} \times O^{-2}$ → 산화제2철, 산화철(Ⅲ)

※ **음성원자의 원자가가 2개인 경우**
　• 큰 원자가 : "과"를 붙인다.
　예 ┌ H_2O : $H^{+1} \times O^{-2}$ → 산화수소(물)
　　 │ H_2O_2($H^{+1}O^{-1}$) : $H_2O + [O] = H_2O_2$ → 과산화수소
　　 ┌ Na_2O : $Na^{+1} \times O^{-2}$ → 산화나트륨
　　 └ Na_2O_2($Na^{+1}O^{-1}$) : $Na_2O + [O] = Na_2O_2$ → 과산화나트륨

※ **음성원소의 원자수가 여러 개일 경우** : 음성 원소의 수를 부른다.
　┌ CO : 일산화탄소,　　　┌ SO_2 : 이산화황(아황산가스)
　└ CO_2 : 이산화탄소,　 └ SO_3 : 삼산화황(무수황산)

2) **유기화합물** : 왼쪽에서 오른쪽(→)으로 읽는다.

　　CH_3COOK(초산칼륨)　　$(C_2H_5)_3Al$(트라이에틸알루미늄)　　$(C_2H_5)_4Pb$(사에틸납)
　　초산㉮ → 생략 칼륨　　　트라이에틸㉮ → 생략 알루미늄　　사에틸㉮ → 생략 납

① **수에 관한 접두어**

1 : mono(모노)	2 : di(다이)	3 : tri(트라이)	4 : tetra(테트라)	5 : penta(펜타)
6 : hexa(헥사)	7 : hepta(헵타)	8 : octa(옥타)	9 : nona(노나)	10 : deca(데카)

② 탄소수(AIK〈알크〉: 어간)에 관한 접두어

C : meth(메트)	C_2 : eth(에트)	C_3 : prop(프로프)	C_4 : but(뷰트)	C_5 : pent(펜트)
C_6 : hex(헥쓰)	C_7 : hept(헵트)	C_8 : Oct(옥트)	C_9 : non(논)	C_{10} : dec(데크)

③ 탄화수소화합물의 IUPAC 명명법 : AIK(알크 · 어간)에 대한 어미의 명명방법

일반식 및 명칭 / 탄소수	C_nH_{2n+2}(단일결합) Alkane 알케인(알칸)	구조식	일반식 및 명칭 / 탄소수	C_nH_{2n}(2중결합) Alkene(알켄)	구조식
C	CH_4 : mthane 메테인(메탄)	H-C-H (H 위/아래)	C	CH_2 : methene(×)	
C_2	C_2H_6 : ethane 에테인(에탄)	H-C-C-H	C_2	C_2H_4 : ethene(에텐), ethylene(에틸렌)	C=C (H₂C=CH₂)
C_3	C_3H_8 : propane 프로페인(프로판)	H-C-C-C-H	C_3	C_3H_6 : propene(프로펜), propylene(프로필렌)	C=C-C-H
C_4	C_4H_{10} : butane 뷰테인(부탄)	H-C-C-C-C-H	C_4	C_4H_8 : butene(뷰텐), butylene(뷰틸렌)	C=C-C-C-H
C_5	C_5H_{12} : pentane 펜테인(펜탄)	H-C-C-C-C-C-H	C_5	C_5H_{10} : pentene(펜텐), pentylene(펜틸렌)	C=C-C-C-C-H

일반식 및 명칭 / 탄소수	C_nH_{2n-2}(3중결합) Alkyne(알킨)	구조식	일반식 및 명칭 / 탄소수	C_nH_{2n+1}(알킬기 : 유기화학 최초의 원자단) Alkyl(알킬)	구조식
C	C : methyne(×)		C	CH_3 : methyl(메틸)	H-C-H (H 아래)
C_2	C_2H_2 : ethyne(에틴), acetylene(아세틸렌)	H-C≡C-H	C_2	C_2H_5 : ethyl(에틸)	H-C-C-H
C_3	C_3H_4 : propyne(프로핀), methyl acetylene(메틸아세틸렌)	H-C≡C-C-H	C_3	C_3H_7 : propyl(프로필)	H-C-C-C-H
C_4	C_4H_6 : butyne(뷰틴), ethyl acetylene(에틸아세틸렌)	H-C≡C-C-C-H	C_4	C_4H_9 : butyl(부틸)	H-C-C-C-C-H
C_5	C_5H_8 : pentyne(펜틴) propyl acetylene(프로필아세틸렌)	H-C≡C-C-C-C-H	C_5	C_5H_{11} : pentyl(펜틸), amyl(아밀)	H-C-C-C-C-C-H

④ 유기화학의 원자단

관 능 기	식	구 조	화학식 예
에터기 (ether 기)	$-O-$	$-O-$	$CH_3OC_2H_5$, $C_2H_5OC_2H_5$
카보닐기(케톤기) (Carbonyl 기)	$-CO-$	$>C=O$	CH_3COCH_3, $CH_3COC_2H_5$
에스터기 (ester 기)	$-COO-$	$-C{\underset{O-}{\overset{O}{\lessgtr}}}$	$HCOOCH_3$, CH_3COOCH_3
카복실기 (Carboxyl 기)	$-COOH$	$-C{\underset{O-}{\overset{O}{\lessgtr}}}$	$HCOOH$, CH_3COOH
수 산 기 (Hydroxyl 기) (알코올성·페놀성)	$-OH$	$-O-H$	CH_3OH, C_2H_5OH
알데하이드기 (aldehyde 기)	$-CHO$	$-C{\underset{H}{\overset{O}{\lessgtr}}}$	CH_3CHO
아세틸기 (acetyl 기)	$-COCH_3$	$-\overset{O}{\underset{}{C}}-\overset{H}{\underset{H}{C}}-H$	CH_3COCH_3, CH_3COOCH_3, CH_3COOH, CH_3CHO 등
나이트로기 (nitro 기)	$-NO_2$	$-N{\underset{O}{\overset{O}{\lessgtr}}}$	$C_6H_5NO_2$, TNT 등
나이트로소기 (nitroso 기)	$-NO$	$-N=O$	$C_6H_4(NO)_2$
아미노기 (amino 기)	$-NH_2$	$-N{\underset{H}{\overset{H}{<}}}$	$C_6H_5NH_2$
술폰산기 (sulfon 산기)	$-SO_3H$	$-\overset{O}{\underset{O}{\overset{\|}{\underset{\|}{S}}}}-O-H$	$C_6H_5SO_3H$
페닐기 (Phenyl 기)	$-C_6H_5$	⌬	C_6H_5OH, $OH-$⌬
아 조 기 (azo 기)	N_2	$-N=N-$	$C_6H_5-N=N-C_6H_5$
비 닐 기 (vinyl 기)	$-CH=CH_2$	$-\overset{H}{\underset{}{C}}=C{\underset{H}{\overset{H}{<}}}$	$C_6H_5CH=CH_2$

⑤ **이성질체**(분자식은 같으나 물리적·화학적 성질이 다른 것)

- 위치이성체

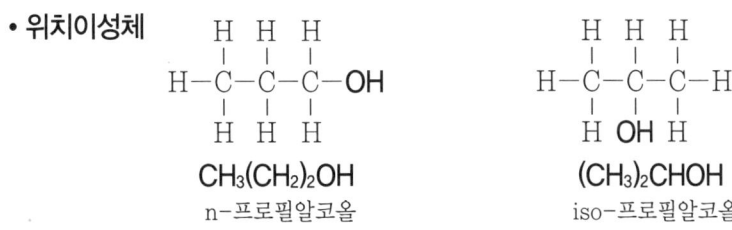

$CH_3(CH_2)_2OH$ $(CH_3)_2CHOH$
n-프로필알코올   iso-프로필알코올

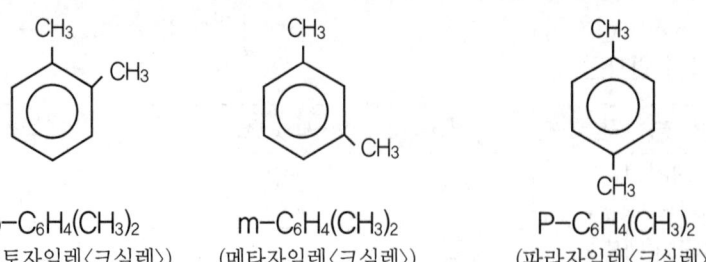

o-C$_6$H$_4$(CH$_3$)$_2$ m-C$_6$H$_4$(CH$_3$)$_2$ P-C$_6$H$_4$(CH$_3$)$_2$
(오르토자일렌〈크실렌〉) (메타자일렌〈크실렌〉) (파라자일렌〈크실렌〉)

- n(노르말) : 표준상태, iso(아이소) : 비슷하다, neo(네오) : 새롭다.
- ortho(오르토) : 기본, meta(메타) : 중간, Para(파라) : 반대

4 화학적 변화의 종류

- **화합** : 두 가지 또는 그 이상의 물질이 결합하여 **전혀 새로운 성질을 갖는 한 가지 물질이 되는 변화**

> 일반식 : A+B → AB   예 $2H_2 + O_2 \rightarrow 2H_2O \uparrow$
>   (수소) (산소)   (물)

- **분해** : 한 가지 물질이 두 가지 이상의 새로운 물질로 되는 변화를 분해라 한다.

> 일반식 : AB → A+B   예 $2H_2O \xrightarrow{\text{전기분해}} 2H_2\uparrow + O_2\uparrow$
>   (물)   (수소)   (산소)

- **치환** : 어떤 화합물의 성분 중 일부가 다른 원소로 바뀌어지는 변화를 치환이라 한다.

> 일반식 : A+BC → AC+B   예 $Zn + H_2SO_4 \rightarrow ZnSO_4 + H_2\uparrow$
>   (아연) (황산〈묽은〉) (황산아연) (수소)

- **복분해** : 두 종류의 화합물의 성분 중 일부가 서로 바뀌어서 다른 성질을 갖는 물질을 만드는 변화를 복분해라 한다.

> 일반식 : AB+CD → AD+CB
> 예 $NaOH + HCl \rightarrow NaCl + H_2O$
>   (수산화나트륨) (염산)   (염화나트륨) (물)
> 예 $6NaHCO_3 + Al_2(SO_4)_3 \cdot 18H_2O \rightarrow 3Na_2SO_4 + 2Al(OH)_3 + 6CO_2 + 18H_2O$
>   (탄산수소나트륨) (황산알루미늄)   (물)   (황산나트륨) (수산화알루미늄) (이산화탄소) (물)

화학반응식 계수맞추기

1. 화학반응식에서 화학식 앞에 붙는 숫자를 계수라 합니다.
2. 계수는 질량불변의 법칙(화학반응식에서 반응전후의 질량의 총합은 같다.)에 의하여 화학반응 전후의 질량의 총합을 같게 하기 위하여 화학식의 앞부분에 숫자를 넣어 반응 전과 반응 후의 화학식에 표시된 원자 개수의 합을 같게 하여 화학반응식을 완결합니다.
3. 계수 맞추는 방법은 여러 가지가 있으나 목산(目算)은 계수를 맞추기 위하여 화학반응식의 화살표를 전후로 하여 눈으로 보고 계수를 맞추었다하여 이러한 방법을 목산(目算)이라 합니다. 그러므로 화학반응식에서 화살표(→)의 의미는 수학에서 이콜(=)과 같은 의미입니다.

소화약제 화학포소화기의 화학반응식 계수맞추기

1. 화학포소화기의 화학반응식

$6NaHCO_3 + Al_2(SO_4)_3 \cdot 18H_2O \rightarrow 3Na_2SO_4 + 2Al(OH)_3 + 6CO_2\uparrow + 18H_2O$
(탄산수소나트륨) (황산알루미늄의 수화물) (황산나트륨) (수산화알루미늄) (이산화탄소) (물)

1) 화학반응식에서 탄산수소나트륨($NaHCO_3$)과 황산알루미늄[$Al_2(SO_4)_3$]이 화학반응을 하면 황산나트륨(Na_2SO_4)과 수산화알루미늄[$Al(OH)_3$]과 이산화탄소(CO_2)와 물(H_2O)이 생성됩니다.
2) 반응물질과 생성물질은 암기사항입니다.

2. 화학반응식 계수맞추기

1) 이 반응에서 반응물질과 생성물질만을 쓰면 이렇게 됩니다(결정수 · $18H_2O$는 반응후 그대로 $18H_2O$로 나오므로 (·)을 (+)로 바꿔 표시합니다).
   $NaHCO_3 + Al_2(SO_4)_3 \cdot 18H_2O \rightarrow Na_2SO_4 + Al(OH)_3 + CO_2\uparrow + 18H_2O$
2) 계수는 질량불변의 법칙에 의하여 반응전후의 질량의 총합을 같게 하기 위하여 화살표를 전후로 하여 각원자의 개수를 같게 해 주어야 합니다.
   ① 그러므로 $NaHCO_3 + Al_2(SO_4)_3 \cdot 18H_2O \rightarrow Na_2SO_4 + Al(OH)_3 + CO_2\uparrow + 18H_2O$ 반응식에서 반응 전 $NaHCO_3$에서 Na의 개수의 1개와 반응 후 Na_2SO_4에서 Na의 개수 2개를 같게 하기 위하여 $NaHCO_3$앞에 2를 씁니다.
   $2NaHCO_2 + Al_2(SO_4)_3 \cdot 18H_2O \rightarrow Na_2SO_4 + Al(OH)_3 + CO_2\uparrow + 18H_2O$
   ② 반응 전 $Al_2(SO_4)_3$에서 Al의 개수 2개와 반응 후 $Al(OH)_3$에서 Al의 개수 1개를 같게 하기 위하여 $Al(OH)_3$앞에 2를 씁니다.
   $2NaHCO_3 + Al_2(SO_4)_3 \cdot 18H_2O \rightarrow Na_2SO_4 + 2Al(OH)_3 + CO_2\uparrow + 18H_2O$
   ③ 반응 전 $Al_2(SO_4)_3$에서 SO_4의 개수 3개와 반응 후 Na_2SO_4에서 SO_4의 개수 1개를 같게 하기 위하여 Na_2SO_4앞에 3을 씁니다.
   $2NaHCO_2 + Al_2(SO4)_3 \cdot 18H_2O \rightarrow 3Na_2SO_4 + 2Al(OH)_3 + CO_2\uparrow + 18H_2O$

④ 그러므로 앞서 맞춘 2NaHCO₃ 와 3Na₂SO₄에서 Na의 개수를 6개로 하기 위하여 2NaHCO₃의 계수를 6NaHCO₃로 수정합니다.

$$6NaHCO_3 + Al_2(SO_4)_3 \cdot 18H_2O \rightarrow 3Na_2SO_4 + 2Al(OH)_3 + CO_2\uparrow + 18H_2O$$

⑤ 계수를 쓰지 않은 CO₂의 계수는 6NaHCO₃에서 C의 개수 6과 같게 하기 위하여 CO₂앞에 6을 쓰므로 화학식반응식이 완결됩니다.

$$6NaHCO_3 + Al_2(SO_4)_3 \cdot 18HO \rightarrow 3Na_2SO_4 + 2Al(OH)_3 + 6CO_2\uparrow + 18H_2O$$

3) 완결된 화학식은 다음과 같습니다.

$$6NaHCO_3 + Al_2(SO_4)_3 \cdot 18H_2O \rightarrow 3Na_2SO_4 + 2Al(OH)_3 + 6CO_2\uparrow + 18H_2O$$

제1류 위험물 과산화칼륨과 물의 화학반응식 계수 맞추기

1. 과산화칼륨과 물의 화학반응식

$$2K_2O_2 + 2H_2O \rightarrow 4KOH + O_2\uparrow$$
(과산화칼륨)   (물)   (수산화칼륨)   (산소)

1) 화학반응식에서 과산화칼륨(K_2O_2)과 물(H_2O)이 반응하면 수산화칼륨(KOH)과 산소(O_2)가 생성됩니다.
2) 반응물질과 생성물질은 암기사항입니다.

2. 화학반응식 계수맞추기

1) 이 반응에서 반응물질과 생성물질만을 쓰면 이렇게 됩니다.

$$K_2O_2 + H_2O \rightarrow KOH + O_2\uparrow$$

2) 계수는 질량불변의 법칙에 의하여 반응전후의 질량의 총합을 같게 하기 위하여 화살표를 전후로 하여 각 원자의 개수를 같게 해 주어야 합니다.

① 그러므로 $K_2O_2 + H_2O \rightarrow KOH + O_2\uparrow$ 반응식에서
   반응전 K_2O_2에서 K의 개수 2개와 반응 후 KOH에서 K의 개수 1개를 같게 하기 위하여 KOH앞에 2를 씁니다.

$$K_2O_2 + H_2O \rightarrow 2KOH + O_2$$

② 반응 전 K_2O_2에서 O의 개수 2개와 H_2O에서 O의 개수 1개를 더한 O의 개수 3개와 반응 후 2KOH에서 O의 개수 2개와 O_2에서 O의 개수의 2개를 더한 O의 개수를 같게 하기 위하여 O_2앞에 $\frac{1}{2}$을 쓰므로 O의 개수를 3개로 같게 합니다.

$$K_2O_2 + H_2O \rightarrow 2KOH + \frac{1}{2}O_2\uparrow$$

③ 완결된 화학반응식에서 계수는 분수나 소수를 쓸 수 없으므로 분수의 분모를 없애기 위하여 전체를 2배 해주어 $2K_2O_2 + 2H_2O \rightarrow 4KOH + O_2$로 화학식을 완결합니다.

3) 완결된 화학식은 다음과 같습니다.

$$2K_2O_2 + 2H_2O \rightarrow 4KOH + O_2\uparrow$$

제2류 위험물 적린의 연소반응식 계수 맞추기

1. 적린의 연소반응식

$$4P + 5O_2 \rightarrow 2P_2O_5$$
(적린)　(산소)　　(오산화인)

1) 화학반응식에서 적린(P)과 산소(O_2)가 반응하면 오산화인(P_2O_5)이 생성됩니다.
2) 반응물질과 생성물질은 암기사항입니다.

2. 연소반응식 계수맞추기

1) 이 반응에서 반응물질과 생성물질만을 쓰면 이렇게 됩니다.
   $$P + O_2 \rightarrow P_2O_5$$
2) 계수는 질량불변의 법칙에 의하여 반응전후의 질량의 총합을 같게 하기 위하여 화살표를 전후로 하여 각 원자의 개수를 같게 해 주어야 합니다.
   ① 그러므로 $P + O_2 \rightarrow P_2O_5$ 반응식에서
      반응 전 P의 개수 1개와 반응 후 P_2O_5에서 P의 개수 2개를 같게 하기 위하여 P앞에 2를 씁니다.
      $$2P + O_2 \rightarrow P_2O_5$$
   ② 반응전 O_2에서 O의 개수 2개와 반응 후 P_2O_5에서 O의 개수 5개를 같게 하기 위하여 O_2앞에 $\frac{5}{2}$를 써서 O의 개수를 5개로 같게 합니다.
      $$2P + \frac{5}{2}O_2 \rightarrow P_2O_5$$
   ③ 완결된 화학반응식에서 계수는 분수나 소수를 쓸 수 없으므로 분수의 분모를 없애기 위하여 전체를 2배 해주어 $4P + 5O_2 \rightarrow 2P_2O_5$ 로 화학식이 완결됩니다.
3) 완결된 화학식은 다음과 같습니다.
   $$4P + 5O_2 \rightarrow 2P_2O_5$$

제3류 위험물 탄화칼슘과 물의 화학반응식 계수 맞추기

1. 탄화칼슘과 물의 화학반응식

$$CaC_2 + 2H_2O \rightarrow Ca(OH)_2 + C_2H_2 \uparrow$$
(탄화칼슘)　(물)　　(수산화칼슘)　　(아세틸렌)

1) 화학반응식에서 탄화칼슘(CaC_2)과 물(H_2O)이 반응하면 수산화칼슘[$Ca(OH)_2$]과 아세틸렌(C_2H_2)이 생성됩니다.
2) 반응물질과 생성물질은 암기사항입니다.

2. 화학반응식 계수맞추기

1) 이 반응에서 반응물질과 생성물질만을 쓰면 이렇게 됩니다.
   $$CaC_2 + H_2O \rightarrow Ca(OH)_2 + C_2H_2 \uparrow$$
2) 계수는 질량불변의 법칙에 의하여 반응전후의 질량의 총합을 같게 하기 위하여 화살표를 전후로 하여 각 원자의 개수를 같게 해 주어야 합니다.

① 그러므로 $CaC_2 + H_2O \rightarrow Ca(OH)_2 + C_2H_2\uparrow$ 반응식에서
반응 전 CaC_2에서 Ca의 개수 1개와 반응 후 $Ca(OH)_2$에서 Ca의 개수 1개는 개수가 같습니다.
반응 전 CaC_2에서 C의 개수 2개와 반응 후 C_2H_2에서 C의 개수 2개도 같습니다.
$CaC_2 + H_2O \rightarrow Ca(OH)_2 + C_2H_2\uparrow$

② 반응 전 H_2O에서 H의 개수 2개와 반응 후 $Ca(OH)_2$에서 H의 개수 2개와 C_2H_2에서 H의 개수 2개를 합한값 4개를 같게 하기 위하여 H_2O 앞에 2를 쓰므로 화학식반응식이 완결 됩니다.
$CaC_2 + 2H_2O \rightarrow Ca(OH)_2 + C_2H_2\uparrow$

3) 완결된 화학식은 다음과 같습니다.
$CaC_2 + 2H_2O \rightarrow Ca(OH)_2 + C_2H_2\uparrow$

제4류 위험물 — 아세트알데하이드의 연소반응식 계수 맞추기

1. 아세트알데하이드의 연소반응식

$2CH_3CHO + 5O_2 \rightarrow 4CO_2\uparrow + 4H_2O$
(아세트알데하이드) (산소)   (이산화탄소)   (물)

1) 화학반응식에서 아세트알데하이드(CH_3CHO)와 산소(O_2)가 화학반응(연소)을 하면 이산화탄소(CO_2)와 물(H_2O)이 생성됩니다.
2) 반응물질과 생성물질은 암기사항입니다.

2. 연소반응식 계수맞추기

1) 이 반응에서 반응물질과 생성물질만을 쓰면 이렇게 됩니다.
$CH_3CHO + O_2 \rightarrow CO_2\uparrow + H_2O$

2) 계수는 질량불변의 법칙에 의하여 반응전후의 질량의 총합을 같게 하기 위하여 화살표를 전후로 하여 각 원자의 개수를 같게 해 주어야 합니다.

① 그러므로 $CH_3CHO + O_2 \rightarrow CO_2\uparrow + H_2O$ 반응식에서
반응 전 CH_3CHO에서 C 개수의 합 2개와 반응 후 CO_2에서 C의 개수를 같게 하기 위하여 CO_2 앞에 2를 씁니다.
$CH_3CHO + O_2 \rightarrow 2CO_2\uparrow + H_2O$

② 반응 전 CH_3CHO에서 H 개수의 합 4개와 반응 후 H_2O에서 H의 개수를 같게 하기 위하여 H_2O앞에 2를 씁니다.
$CH_3CHO + O_2 \rightarrow 2CO_2\uparrow + 2H_2O$

③ 반응 전 CH_3CHO에서 O의 개수 1개와 O_2에서 O의 개수 2개를 합한 3개와 반응 후의 $2CO_2$에서 O의 개수 4개와 $2H_2O$에서 O의 개수 2개를 합한 6개를 같게 해주기 위하여 O_2앞에 $\frac{5}{2}$를 써서 O의 개수를 6개로 같게 합니다.

$CH_3CHO + \frac{5}{2}O_2 \rightarrow 2CO_2\uparrow + 2H_2O$

④ 완결된 화학반응식에서 계수는 분수나 소수를 쓸 수 없으므로 분수의 분모를 없애기 위하여 전체를 2배 해주어
$2CH_3CHO + 5O_2 \rightarrow 4CO_2\uparrow + 4H_2O$ 로 화학식이 완결됩니다

2) 완결된 화학식은 다음과 같습니다.
$2CH_3CHO + 5O_2 \rightarrow 4CO_2\uparrow + 4H_2O$

제5류 위험물 나이트로글리세린의 연소반응식 계수 맞추기

1. 나이트로글레세린의 연소반응식

$4C_3H_5(ONO_2)_3 \xrightarrow{\Delta} 12CO_2\uparrow + 10H_2O\uparrow + 6N_2\uparrow + O_2\uparrow$
(나이트로글리세린)   (이산화탄소)   (수증기)   (질소)   (산소)

1) 화학반응식에서 나이트로글리세린[$C_3H_5(ONO_2)_3$]이 열분해하면 이산화탄소(CO_2)와 수증기(H_2O)와 질소(N_2)와 산소(O_2)가 생성됩니다.
2) 반응물질과 생성물질은 암기사항입니다.

2. 열분해반응식 계수맞추기

1) 이 반응에서 반응물질과 생성물질만을 쓰면 이렇게 됩니다.
$C_3H_5(ONO_2)_3 \xrightarrow{\Delta} CO_2\uparrow + H_2O\uparrow + N_2\uparrow + O_2\uparrow$

2) 계수는 질량불변의 법칙에 의하여 반응전후의 질량의 총합을 같게 하기 위하여 화살표를 전후로 하여 각 원자의 개수를 같게 해 주어야 합니다.

① 그러므로 $C_3H_5(ONO_2)_3 \xrightarrow{\Delta} CO_2\uparrow + H_2O\uparrow + N_2\uparrow + O_2\uparrow$ 반응식에서 반응 전의 $C_3H_5(ONO_2)_3$에서 C개수의 3개와 반응 후 CO_2에서 C의 개수를 같게 하기 위하여 CO_2앞에 3을 씁니다.

$C_3H_5(ONO_2)_3 \xrightarrow{\Delta} 3CO_2\uparrow + H_2O\uparrow + N_2\uparrow + O_2\uparrow$

② 반응 전의 $C_3H_5(ONO_2)_3$에서 H의 개수 5개와 반응 후의 H_2O에서 H의 개수를 같게 하기 위하여 H_2O앞에 $\frac{5}{2}$를 써서 H의 개수를 5개로 같게 합니다.

$C_3H_5(ONO_2)_3 \xrightarrow{\Delta} 3CO_2\uparrow + \frac{5}{2}H_2O\uparrow + N_2\uparrow + O_2\uparrow$

③ 반응 전의 $C_3H_5(ONO_2)_3$에서 O 개수의 합 9개와 반응 후의 $3CO_2$에서 O의 개수 6개와 $\frac{5}{2}H_2O$에서 O의 개수 $\frac{5}{2}$개와 O_2에서 O의 개수를 합한 값이 9개가 되기 위하여 O_2앞에 $\frac{1}{4}$을 쓰므로 반응 전과 반응 후의 O의 개수가 9개로 같게 합니다.

$C_3H_5(ONO_2)_3 \xrightarrow{\Delta} 3CO_2\uparrow + \frac{5}{2}H_2O\uparrow + N_2\uparrow + \frac{1}{4}O_2\uparrow$

④ 반응 전의 $C_3H_5(ONO_2)_3$에서 N의 개수 3개와 반응 후의 N_2에서 N의 개수를 같게 하기 위하여 N_2 앞에 $\frac{3}{2}$을 써서 N의 개수를 3개로 같게 합니다.

$$C_3H_5(ONO_2)_3 \xrightarrow{\triangle} 3CO_2\uparrow + \frac{5}{2}H_2O\uparrow + \frac{3}{2}N_2\uparrow + \frac{1}{4}O_2\uparrow$$

⑤ 완결된 화학반응식에서 계수는 분수나 소수를 쓸 수 없으므로 분수의 분모를 없애기 위하여 전체를 4배 해주어 $4C_3H_5(ONO_2)_3 \xrightarrow{\triangle} 12CO_2\uparrow + 10H_2O\uparrow + 6N_2\uparrow + O_2\uparrow$ 로 화학식이 완결됩니다.

3) 완결된 화학식은 다음과 같습니다.

$$4C_3H_5(ONO_2)_3 \xrightarrow{\triangle} 12CO_2\uparrow + 10H_2O\uparrow + 6N_2\uparrow + O_2\uparrow$$

제6류 위험물 질산의 열분해반응식 계수맞추기

1. 질산의 열분해반응식

$$4HNO_3 \xrightarrow{\triangle} 4NO_2\uparrow + 2H_2O + O_2\uparrow$$
(질산)　　　　(이산화질소)　(물)　(산소)

1) 열분해반응식에서 질산(HNO_3)이 열분해하면 이산화질소(NO_2)와 물(H_2O)과 산소(O_2)가 생성됩니다.
2) 반응물질과 생성물질은 암기사항입니다.

2. 열분해반응식 계수맞추기

1) 이 반응에서 반응물질과 생성물질만을 쓰면 이렇게 됩니다.

$$HNO_3 \xrightarrow{\triangle} NO_2\uparrow + H_2O + O_2\uparrow$$

1) 계수는 질량불변의 법칙에 의하여 반응 전후의 질량의 총합을 같게 하기 위하여 화살표를 전후로 하여 각 원자의 개수를 같게 해 주어야 합니다.

① 그러므로 $HNO_3 \xrightarrow{\triangle} NO_2\uparrow + H_2O + O_2\uparrow$ 반응식에서 반응 전 HNO_3에서 H의 개수 1개와 반응 후 H_2O에서 H의 개수를 같게 하기 위하여 HNO_3앞에 2를 씁니다.

$$2HNO_3 \xrightarrow{\triangle} NO_2\uparrow + H_2O + O_2\uparrow$$

② 반응 전 $2HNO_3$에서 N의 개수 2개와 반응 후 NO_2에서 N의 개수를 같게 하기 위하여 NO_2앞에 2를 씁니다.

$$2HNO_3 \xrightarrow{\triangle} 2NO_2\uparrow + H_2O + O_2\uparrow$$

③ 반응 전 $2HNO_3$에서 O의 개수 6개와 반응 후 $2NO_2$에서 O의 개수 4개와 H_2O에서 O의 개수 1개와 O_2에서 O의 개수 2개를 합한 O의 개수를 같게 하기 위하여 O_2앞에 $\frac{1}{2}$을 써서 O의 개수를 6개로 같게 합니다.

$$2HNO_3 \xrightarrow{\triangle} 2NO_2\uparrow + H_2O + \frac{1}{2}O_2\uparrow$$

④ 완결된 화학반응식에서 계수는 분수나 소수를 쓸 수 없으므로 분수의 분모를 없애기 위하여 전체를 2배 해주어 $4HNO_3 \xrightarrow{\triangle} 4NO_2\uparrow + 2H_2O + O_2\uparrow$ 로 화학식이 완결됩니다

3) 완결된 화학식은 다음과 같습니다.

$$4HNO_3 \xrightarrow{\triangle} 4NO_2\uparrow + 2H_2O + O_2\uparrow$$

제1편

위험물의 화재예방 및 소화방법

제1장 연소이론
제2장 소화이론
■ 적중·예상문제

제1장 연소이론

1. 연소

1 연소의 정의
물질이 발열과 빛을 동반하는 급격한 산화현상

2 발광에 따른 온도측정
① 적열상태 : 500℃ 부근
② 백열상태 : 1,000℃ 이상

3 고온체의 색깔과 온도
① 담암적색 : 522℃
② 암적색 : 700℃
③ 적색 : 850℃
④ 휘적색 : 950℃
⑤ 황적색 : 1,100℃
⑥ 백적색 : 1,300℃
⑦ 휘백색 : 1,500℃

2. 연소의 3요소

연소가 일어나기 위해서는 연소의 3요소인 가연물, 산소공급원, 점화원이 꼭 구비되어야 한다. 이 중 하나라도 구비되지 않으면 연소는 일어나지 않는다.

1 가연물(산화되기 쉬운 물질)

(1) 가연물의 조건

① 산화할 때 발열량이 클 것
② 산화할 때 열전도율이 작을 것
③ 산화할 때 필요한 활성화에너지가 작을 것
④ 산소와 친화력이 좋고 표면적이 넓을 것

(2) 가연물이 될 수 없는 조건

① 주기율표 0족의 원소
② 이미 산화반응이 완결된 안정된 산화물
③ 질소 또는 질소의 산화물

- 주기율표 0족의 원소는 모든 원소 중 가장 안정된 물질로서 산화되지 않는다.
  예 He(헬륨), Ne(네온), Ar(아르곤), Kr(크립톤), Xe(제논/크세논), Rn(라돈)
- 산화반응이 완결된 산화물 : CO_2(이산화탄소), SiO_2(이산화규소), Al_2O_3(산화알루미늄), P_2O_5(오산화인) 등
- 질소(N_2)도 산소와 산화반응을 하나 흡열반응(열의 흡수)을 하므로 가연물이 안된다.

2 산소공급원(조연성 물질)

① 공기
② 산화제(제1류 위험물 · 제6류 위험물)
③ 자기반응성 물질(제5류 위험물)

> **참고**
> - 공기 중의 산소 : 부피 백분율로 약 21vol%, 중량 백분율로 약 23wt%가 존재한다.
> - 제1류와 제6류 위험물 : 강산화제이므로 많은 산소를 함유하고 있다.
> - 제5류 위험물 : 자기반응성 물질로서 가연물인 동시에 산소를 함유하고 있으므로 공기 중의 산소를 필요로 하지 않고 점화원만으로 연소를 한다.

③ 점화원(가연물에 활성화에너지를 주는 것)
① 전기불꽃
② 정전기불꽃
③ 마찰 및 충격의 불꽃
④ 고열물
⑤ 단열압축
⑥ 산화열
⑦ 낙뢰(벼락)

> **참고**
> ① 전기불꽃 : 전기가 ⊕, ⊖ 합선으로 일어나는 불꽃을 말하며 에너지 측정이 가능하다.
> $E = \frac{1}{2}QV = \frac{1}{2}CV^2$ (Q : 전기량, V : 방전전압, C : 전기용량)
> ② 정전기 불꽃 : 전기의 불량도체(전기가 통하지 않는 물질)의 마찰에 의하여 발생한 불꽃
> ③ 정전기의 방지방법
>   - 접지할 것
>   - 공기중의 상대습도를 70% 이상으로 할 것
>   - 공기를 이온화시킬 것
> ④ 정전기의 불꽃 방전전압 : 500~1,000V
> ⑤ 단열압축 : 가솔린 엔진과는 달리 디젤 엔진은 전기불꽃 방전 없이 압축에 의하여 폭발 연소한다.
> ⑥ 산화열 : 산소와 결합할 때 생성되는 반응열

3. 인화점, 연소점, 착화점, 연소범위

1 인화점

가연물을 가열할 때 가연성 증기가 연소범위 하한에 달하는 최저온도

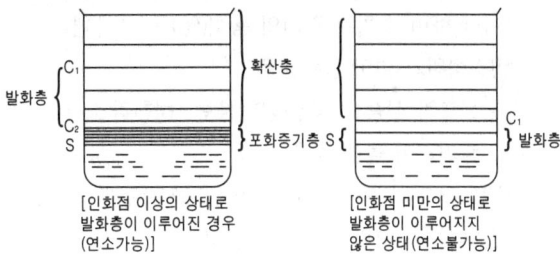

[인화점 이상의 상태로 발화층이 이루어진 경우 (연소가능)]

[인화점 미만의 상태로 발화층이 이루어지지 않은 상태(연소불가능)]

2 연소점

연소가 계속되기 위한 온도를 말하며 대략 인화점보다 10℃ 정도 높은 온도(위험물에 따라 연소점은 차이가 있음)

3 착화점(발화점)

가연물을 가열할 때 점화원 없이 가열된 열만 가지고 스스로 연소가 시작되는 최저온도

(1) 착화점이 낮아지는 경우

① 압력이 클 때
② 발열량이 클 때
③ 화학적 활성도가 클 때
④ 산소와 친화력이 좋을 때
⑤ 분자구조가 복잡할 때
⑥ 접촉금속의 열전도율이 좋을 때
⑦ 습도 및 가스압(증기압)이 낮을 때

> 착화점이 낮아지면 위험성이 커진다. 하지만 위험물 위험성의 척도는 인화점이다.

4 연소범위(연소한계, 폭발범위, 폭발한계)

연소에 필요한 가연성 기체와 공기 또는 산소와의 혼합기체 농도범위

① 가연성 기체 또는 액체에 산소나 공기를 혼합한 혼합기체에 점화원을 주었을 때 연소(폭발)가 일어나는 혼합기체의 농도범위를 말하며 낮은 농도를 하한, 높은 농도를 상한이라 하며 수치는 증기의 용적(%)을 나타낸다.

② 연소범위가 넓어지는 경우
  • 온도가 상승할 경우(상한불변, 하한감소)
  • 증기압이 높을 경우

③ C(탄소) 수가 증가하면 연소범위 하한은 작아진다.

④ 연소범위의 단위 : 용적 백분율(%)

⑤ 르샤틀리에 법칙(폭발성 혼합가스의 연소범위 구하는 방법)

$$\frac{100}{L} = \frac{V_1}{L_1} + \frac{V_2}{L_2} + \frac{V_3}{L_3} + \cdots$$

L : 혼합가스 폭발 한계치(%), L_1, L_2, L_3 : 각 성분 단독 폭발 한계치(%)
V_1, V_2, V_3 : 각 성분의 부피(%)

  • 정확한 값을 나타내기는 불가능하므로 근사치로 보는 것이 좋다.
  • 연소범위 하한계는 비교적 정확하나 연소범위 상한계는 부정확하다.

⑥ 위험도

$$H = \frac{U-L}{L}$$

H : 위험도, U : 연소범위 상한계, L : 연소범위 하한계

  • H값이 클수록 위험성이 크다.

4. 위험물의 연소형태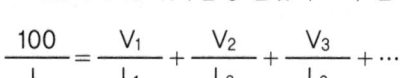

1 기체의 연소 : 발염연소, 불꽃연소

2 액체의 연소 : 증발연소

3 고체의 연소 : 분해연소, 표면연소, 증발연소, 자기연소

> **참고**
>
> 연소의 형태는 정상연소와 비정상연소로 크게 나누어진다.
> 정상적인 연소에 있어서는 아레니우스의 화학반응 속도론에 의하여, 상온 부근에서 온도가 10℃ 상승하면 연소의 속도는 2~3배씩 증가한다.
> - 액체의 연소는 액체 자체가 연소하지 않고 액체 표면에서 증발하는 증기가 연소하는 증발연소와 점도가 높은 비휘발성인 액체의 점도를 낮추어 분무기(버너)를 사용하여 액체의 입자(알갱이)를 안개상으로 분출하여 연소하는 액적연소 등이 있다.
> - 고체의 연소 중 분해연소에서 착화에너지의 부족으로 열분해를 충분히 일으키지 못하여 연소하지 못할 때 일어나는 현상을 탄화현상이라 한다.
> - 표면연소 물질 중 코크스의 연소반응식
>   1차 반응(1,300℃) $4C + 3O_2 \rightarrow 2CO_2\uparrow + 2CO\uparrow$
>   　　　　　　　　　(탄소)　(산소)　(이산화탄소)　(일산화탄소)
>   0차 반응(1,500℃) $3C + 2O_2 \rightarrow CO_2\uparrow + 2CO\uparrow$
>   　　　　　　　　　(탄소)　(산소)　(이산화탄소)　(일산화탄소)
> - 고체의 연소 중 증발연소 물질인 황, 나프탈렌, 파라핀 등 고체 위험물은 일단 열을 가하면 상태변화를 일으켜 액체가 되고 어떤 일정온도에서는 가연성 증기를 발생하여 점화원에 의하여 연소한다.
> - 고체의 연소 중 자기반응성 물질인 제5류 위험물(위험물 안전관리 시행령 별표 1)은 가연성이면서 자체 내에 산소를 함유하고 있어 연소시 공기 중의 산소를 필요로 하지 않고 연소할 수 있으며, 공기 중에서 연소시 폭발적으로 연소한다.

5. 발화

1 자연발화 : 물질이 서서히 산화되어 축적된 산화열이 서서히 발열, 발화하는 현상

(1) 자연발화의 형태

① **산화열**에 의한 발열(석탄, 건성유 등)
② **분해열**에 의한 발열(셀룰로이드류, 니트로셀룰로오스 등)
③ **흡착열**에 의한 발열(활성탄, 목탄 등)
④ **미생물**에 의한 발열(퇴비, 먼지 등)
⑤ **중합열**에 의한 발열(HCN 등)

(2) 자연발화의 조건
① 발열량이 클 것
② 열전도율이 작을 것
③ 주위의 온도가 높을 것
④ 표면적이 넓을 것

자연발화의 조건 4가지를 쉽게 이해하는 방법
①, ②번은 가연물의 조건에서 공부하였다.
③번은 온도가 높을 때는 모든 분자운동이 활발해지며 ④번의 표면적이 넓어야 되는 것은 공기와 접촉면적이 커야만 원활한 산소공급이 이루어진다. 또한 ③, ④는 가연물의 조건과 비교해 보도록 한다.

(3) 자연발화의 방지법
① 습도가 높은 것을 피할 것
② 저장실의 온도를 낮출 것
③ 퇴적 및 수납할 때에 열이 쌓이지 않게 할 것
④ 통풍을 잘 시킬 것

석탄은 습도가 높으면 안되며, 셀룰로이드는 저장실의 온도 상승을 막아야 한다. 퇴적 및 수납할 때에는 열이 쌓이지 않도록 하며, **통풍**이 잘 되게 하여 축적열을 확산시키는 방법도 좋다.

(4) 자연발화에 영향을 주는 인자
① 발열량
② 열전도율
③ 열의 축적
④ 수분
⑤ 퇴적방법
⑥ 공기의 유동

2 준자연발화

가연물이 공기 또는 물과 접촉 반응하여 급격히 발열, 발화하는 현상

(1) 알킬알루미늄

공기 또는 물과 반응하여 발화하며 피부와 접촉하면 화상을 입는다.
① 희석액 : 벤젠, 헥산
② 소화제 : 팽창질석, 팽창진주암 등

(2) 금속칼륨(K), 금속나트륨(Na)

물 또는 습기와 접촉하여 급격히 발화한다.
① 보호액 : 석유(등유, 경유, 파라핀 등)
② 생성가스 : H_2(수소)

(3) 황린(P_4)

백린이라고도 하며 공기 중에서 발화하며 피부와 접촉하면 화상을 입는다. 보관할 때는 pH 9 정도의 약알칼리의 물이 좋다.
① 보호액 : pH 9의 물
② 연소생성물 : P_2O_5(오산화인)

> 위험물을 보호액 속에 보존하는 경우에는 당해 위험물이 공기 중에 노출되지 아니하도록 조치할 것

3 혼합발화

위험물을 두 가지 또는 그 이상으로 서로 혼합 접촉하였을 때 발열, 발화하는 현상

(1) 혼재 위험성

① 폭발성 화합물을 생성하는 경우
② 폭발성 혼합물을 생성하는 경우
③ 가연성 가스를 발생하는 경우
④ 시간이 경과하거나 바로 분해, 발화 또는 폭발하는 경우

6. 폭발, 폭굉, 분진폭발

1 폭발 : 가연성 기체 또는 액체의 열의 발생속도가 열의 일산속도를 상회하는 현상

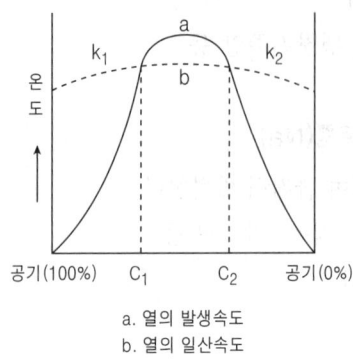

a. 열의 발생속도
b. 열의 일산속도

2 폭굉(데토네이션)

폭발범위 내의 어떤 특정 농도범위에서는 연소의 속도가 폭발에 비해 수백 내지 수천 배에 달하는 현상

> ① 폭굉유도거리 : 최초의 완만한 연소속도가 격렬한 폭굉으로 변할 때의 거리
> ② 폭굉유도거리가 짧아지는 경우
>   • 정상 연소속도가 큰 혼합물일 경우
>   • 점화원의 에너지가 클 경우
>   • 고압일 경우
>   • 관 속에 방해물이 있을 경우
>   • 관경이 작을 경우
> ③ 폭발의 연소속도 : 0.1~10m/sec
> ④ 폭굉의 연소속도 : 1,000~3,500m/sec
>   음속(마하) : 약 340m/sec
> ⑤ 밀폐용기의 폭발압력 : 0.7~0.8MPa(7~8kg/cm^2)

3 분진폭발

공기 중의 불휘발성 액체 또는 고체가 미립자(작은알갱이)로 폭발범위 내에 존재할 때 착화에너지를 가하면 일어나는 현상

① 분진폭발을 일으키는 물질
- 농산물 : 밀가루, 전분, 솜가루, 담배가루, 커피가루 등
- 광물질 : 마그네슘분, 알루미늄분, 아연분, 철분 등

② 고체의 폭발입경 : 100μm, 유효입경 : 150μm

③ 액체의 폭발입경 : 20μm, 유효입경 : 50μm

④ 분진의 폭발범위 : 하한 25~45mg/ℓ, 상한 80mg/ℓ

⑤ 분진의 착화에너지 : $10^{-3} \sim 10^{-2}$J

⑥ 화약의 착화에너지 : $10^{-6} \sim 10^{-4}$J

적중·예상문제

모든 계산문제는 소수 3째자리까지 계산하고 반올림하여 소수 2째자리를 답으로 합니다.

연 소

01 연소의 정의를 쓰시오.

   해답 물질이 발열과 빛을 동반하는 급격한 산화현상

02 연소의 3요소란 무엇인가?

   해답 가연물, 산소공급원, 점화원

03 발광의 정도를 보고 온도를 측정할 수 있다. 적열 및 백열상태의 온도분포를 쓰시오.

   해답 적열상태 : 500℃ 부근
   백열상태 : 1,000℃ 이상

04 고온체의 색깔 중 가장 높은 색깔과 온도는 몇 ℃인가?

   해답 휘백색, 1,500℃
   참고 고온체의 색깔과 온도
   - 담암적색 : 220℃
   - 암적색 : 700℃
   - 적 색 : 850℃
   - 휘적색 : 950℃
   - 황적색 : 1,100℃
   - 백적색 : 1,300℃
   - 휘백색 : 1,500℃

05 다음 색깔에 알맞은 온도는 몇 ℃인가?

㉮ 암적색	㉯ 적색
㉰ 휘적색	㉱ 백적색

   해답 ㉮ 700℃ ㉯ 850℃
   ㉰ 950℃ ㉱ 1,300℃

연소의 3요소

01 가연물이 갖추어야 할 조건을 4가지 쓰시오.

   해답 ① 산화할 때 발열량이 클 것
   ② 산화할 때 열전도율이 작을 것
   ③ 산화할 때 필요한 활성화에너지가 작을 것
   ④ 산소와 친화력이 좋고 표면적이 넓을 것

02 고체 연소시 덩어리보다 가루가 연소가 더 잘 되는 이유는?

   해답 산소가 접촉하는 면이 상대적으로 크므로

03 다음은 가연물의 조건이다. 보기에서 알맞은 말을 괄호 안에 써 넣으시오.

㉮ 활성화 에너지가 (   ) 것
㉯ 열 전도율이 (   ) 것
㉰ 연소열이 (   ) 것
㉱ 표면적이 (   ) 것
㉲ 발열량이 (   ) 것
〈보기〉 클, 작을, 넓을

   해답 ㉮ 작을 ㉯ 작을 ㉰ 클
   ㉱ 넓을 ㉲ 클

04 질소 및 질소의 산화물이 가연물이 될 수 없는 이유는 무엇인가?

   해답 흡열반응을 하므로

05 산소공급원 중 산화제인 위험물은 몇 류 위험물인가?

해답 제1류 위험물, 제6류 위험물

06 산소공급원 중 자기연소를 하는 위험물은 몇 류 위험물인가?

해답 제5류 위험물

07 흑색화약제조의 원료를 3가지 쓰시오.

해답 질산칼륨, 황, 숯가루

08 점화원이 될 수 있는 것 7가지를 쓰시오.

해답 ① 전기불꽃
② 정전기불꽃
③ 마찰 및 충격의 불꽃
④ 고열물
⑤ 단열압축
⑥ 산화열
⑦ 낙뢰

09 전기불꽃 에너지의 공식을 쓰시오.

해답 $E = \frac{1}{2}QV = \frac{1}{2}CV^2$

10 정전기의 불꽃방전 전압은 몇 V인가?

해답 500~1,000V

11 정전기 발생 방지 방법을 3가지 쓰시오.

해답 ① 적절한 접지
② 공기 중의 상대습도를 70% 이상으로 할 것
③ 공기를 이온화시킬 것

12 정전기 제거방법 중 가장 일반적인 방법은 무엇인가?

해답 접지 방법

13 전기의 불량도체인 물질이 마찰에 의하여 생성하는 전기를 무엇이라 하는가?

해답 정전기

14 유리막대와 명주 등의 두 가지 절연체를 마찰하면 전기를 띠게 되고 가벼운 물체를 끌어당기는 대전현상을 일으킨다. 이때 대전에 의하여 얻어진 전하는 절연체 위에서 더 이상 이동하지 않고 정지하고 있다. 이러한 전기를 무엇이라 하는가?

해답 정전기

15 정전기의 발생을 억제하기 위해서는 주위온도를 (높이면, 낮추면) 된다. 습도를 (높이면, 낮추면) 된다.

해답 낮추면, 높이면

인화점, 연소점, 착화점, 연소범위

01 인화점의 정의를 쓰시오.

해답 가연물을 가열할 때 가연성 증기가 연소범위 하한에 달하는 최저온도

02 제4류 위험물의 위험성이 정해지는 가장 중요한 물리적 성질은?

해답 인화점

03 가연물을 가열하여 가연성 증기가 연소범위에 있으며, 이때 점화원에 의해 점화되는 최저온도를 무엇이라 하는가?

해답 인화점

04 인화성 액체는 어떠한 상태일 때 가장 위험성이 따르는가?

해답 액체의 온도가 인화점 이상일 경우

05 인화점보다 10℃ 이상 높은 온도로서 연소가 계속되기 위한 온도를 무엇이라 하는가?

해답 연소점

06 연소점은 연소 상태가 (㉮)초 이상 유지하기 위한 온도로 인화점보다 (㉯)도 이상 높다.

해답 ㉮ 5   ㉯ 10

07 착화점의 정의를 간단히 쓰시오.

해답 가연물을 가열할 때 점화원 없이 가열된 열만을 가지고 스스로 연소가 시작되는 최저 온도
참고 착화점 = 발화점 = 착화온도 = 발화온도

08 착화점이 낮아지는 경우에 대하여 알맞은 답을 보기에서 골라 쓰시오.

| ㉮ 압력이 ( ) 때 |
| ㉯ 분자구조가 ( ) 때 |
| ㉰ 발열량이 ( ) 때 |
| ㉱ 접촉 금속의 열전도율이 ( ) 때 |
| ㉲ 화학적 활성도가 ( ) 때 |
| ㉳ 습도 및 증기압이 ( ) 때 |
| ㉴ 산소와 친화력이 ( ) 때 |

〈보기〉 클, 복잡 할, 좋을, 낮을

해답 ㉮ 클   ㉯ 복잡 할   ㉰ 클   ㉱ 클
㉲ 클   ㉳ 낮을   ㉴ 좋을

09 연소범위의 정의를 쓰시오.

해답 연소에 필요한 가연성 기체와 공기 또는 산소와의 혼합기체 농도범위

10 연소범위를 다른 말로 표현한 3가지를 쓰시오.

해답 연소한계, 폭발범위, 폭발한계

11 연소범위가 넓어지는 경우를 2가지 쓰시오.

해답 ① 온도가 상승할 경우
② 증기압이 높아질 경우

12 일반적으로 가연성 액체의 온도가 상승할 경우 연소범위는 넓어지는지, 좁아지는지 판단하여 쓰시오.

해답 넓어진다.

13 다음은 공기 중의 가연성 증기가 연소범위에 미치는 온도의 영향에 대한 그래프이다. a는 무엇을 의미하는가?

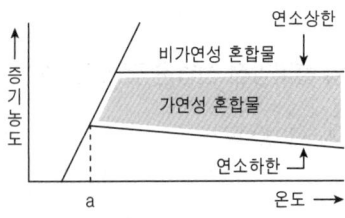

해답 인화점

14 가솔린이 조금 남아 있는 탱크를 가열하면 연소범위 중 (①)은 변화가 없고 (②)는 넓어진다. 괄호 안에 알맞은 말을 쓰시오.

해답 ① 상한값 ② 연소범위

15 연소범위에서 상한 및 하한의 단위는 무엇으로 나타내는가?

해답 가연물의 용적 백분율

16 다음 물음에 답하시오.

> ㉮ 연소범위의 정의
> ㉯ 가솔린의 연소범위 1.4~7.6%의 의미

해답 ㉮ 연소에 필요한 가연성 기체와 공기 또는 산소와의 혼합기체 농도 범위
㉯ 연소가 일어나는데 필요한 공기 중 가솔린의 최소농도가 1.4%, 최고농도가 7.6%라는 의미

17 수소 10%, 메테인 30%, 에테인 60%의 부피비로 혼합된 혼합기체가 있다. 이 혼합기체의 공기 중 폭발하한계의 값을 소수점 3자리에 반올림하여 계산하시오(단, 연소범위는 수소 4~75%, 메테인 5~15%, 에테인 3~12.4%이다).

해답 [계산과정]

$$\frac{100}{L} = \frac{V_1}{L_1} = \frac{V_2}{L_2} + \cdots 에서$$

$$\frac{100}{L} = \frac{10}{4} + \frac{30}{5} + \frac{60}{3},$$

$$\frac{100}{L} = 2.5 + 6 + 20$$

$$\therefore L = \frac{100}{28.5} = 3.508$$

[답] 3.51%

18 아세트알데하이드의 연소범위는 4.1~57%이다. 위험도는 얼마인가?

해답 [계산과정]

$$H = \frac{U-L}{L} 에서$$

$$H = \frac{57-4.1}{4.1} = 12.902$$

[답] H=12.90

위험물의 연소형태

01 위험물의 연소형태를 3가지로 구분하시오.

해답 ① 기체연소 ② 액체연소
③ 고체연소

02 기체의 연소를 무슨 연소라 하는가?

해답 발염연소(불꽃연소)

03 인화성 액체 위험물의 연소를 무슨 연소라 하는가?

해답 증발연소

04 고체연소의 형태를 4종류로 구분하시오.

해답 ① 분해연소 ② 표면연소
③ 증발연소 ④ 자기연소

05 연소형태를 구분하여 적으시오.

> 금속분, 에탄올, TNT, 나트륨, 피크린산 다이에틸에터

해답 ㉮ 표면연소
㉯ 증발연소
㉰ 자기연소

해설 • 해당위험물
㉮ 금속분, 나트륨
㉯ 에탄올, 다이에틸에터
㉰ TNT, 피크린산

06 코크스나 활성탄의 연소는 어떤 형태의 연소인가?

해답 표면연소

07 코크스의 1차 반응 및 0차 반응시 온도와 화학반응식을 쓰시오.

해답 ① 1차 반응 : 1,300℃
$4C + 3O_2 \rightarrow 2CO_2\uparrow + 2CO\uparrow$
② 0차 반응 : 1,500℃
$3C + 2O_2 \rightarrow CO_2\uparrow + 2CO\uparrow$

08 고체 가연물이 착화에너지의 부족으로 발생하는 현상을 무엇이라 하는가?

해답 탄화현상

09 나프탈렌·파라핀 및 황의 연소형태를 쓰시오.

해답 증발연소

10 공기 중의 산소를 필요로 하지 않고 연소할 수 있는 가연성 물질을 무엇이라 하는가?

해답 자기반응성 물질(자기연소성 물질)

발화

01 자연발화의 정의를 간단히 쓰시오.

해답 물질이 서서히 산화되어 축적된 산화열이 서서히 발열, 발화하는 현상

02 자연발화의 형태를 4가지로 구분하시오.

해답 ① 산화열에 의한 발열
② 분해열에 의한 발열
③ 흡착열에 의한 발열
④ 미생물에 의한 발열

참고 5가지의 경우 중합열에 의한 발열 추가시킴

03 자연발화의 형태를 4가지로 구분하고 예를 2가지씩 기술하시오.

해답 ① 산화열에 의한 발열 : 석탄, 건성유
② 분해열에 의한 발열 : 셀룰로이드류, 나이트로셀룰로오스
③ 흡착열에 의한 발열 : 활성탄, 목탄
④ 미생물에 의한 발열 : 퇴비, 먼지

04 자연발화의 조건 4가지를 기술하시오.

해답 ① 발열량이 클 것
② 열전도율이 작을 것
③ 주위의 온도가 높을 것
④ 표면적이 넓을 것

05 자연발화를 방지하는 방법을 4가지만 쓰시오.

해답 ① 습도가 높은 것을 피할 것
② 저장실의 온도를 낮출 것
③ 퇴적 및 수납시 열이 쌓이지 않게 할 것
④ 통풍을 잘 시킬 것

06 자연발화를 일으키는 인자는 (㉮), (㉯), (㉰) 등이다. 보기에서 고르시오.

> 흡열량, 공기의 유동, 수분, 발열량, 공기차단

해답 ㉮ 공기의 유동
㉯ 수분
㉰ 발열량

07 자연발화에 영향을 주는 인자를 6가지 기술하시오.

해답 발열량, 열전도율, 열의 축적, 수분, 퇴적방법, 공기의 유동

08 준자연발화의 정의를 쓰시오.

해답 가연물이 공기 또는 물과 접촉하여 급격히 발열, 발화하는 현상

09 공기 또는 물과 접촉하여 발열, 발화하는 제3류 위험물은 무엇인가?

해답 알킬알루미늄 또는 알킬리튬

10 알킬알루미늄에 대하여 답하시오.

> ㉮ 희석제 2가지   ㉯ 소화제 2가지

해답 ㉮ 벤젠, 헥산
㉯ 팽창질석, 팽창진주암

11 금속칼륨이나 금속나트륨의 보호액은 무엇인가?

해답 석유

12 황린의 보호액으로 적당한 것은 무엇이며, 보호액의 pH는 얼마인가?

해답 물, pH9

13 위험물을 보호액 속에 보존할 경우에는 어떻게 하여야 하는지 쓰시오.

해답 당해 위험물이 노출되지 않도록 조치한다.

14 다음 물질의 보호액을 쓰시오.

> ㉮ 금속나트륨, 금속칼륨
> ㉯ 황린
> ㉰ 이황화탄소

해답 ㉮ 석유   ㉯ pH9의 물   ㉰ 물
참고 금속나트륨, 금속칼륨의 보호액을 묻는 문제에서는 한 가지를 물으면 석유를, 세가지를 물으면 등유, 경유, 파라핀을 쓴다.

15 혼합발화의 정의를 간단히 기술하시오.

해답 위험물을 두 가지 또는 그 이상으로 서로 혼합 접촉하였을 때 발열, 발화하는 현상

16 위험물을 혼합하였을 경우 발생될 위험성을 4가지로 구분하시오.

해답 ① 폭발성 화합물을 생성하는 경우
② 폭발성 혼합물을 생성하는 경우
③ 가연성 가스를 발생하는 경우
④ 시간이 경과하거나 바로 분해, 발화 또는 폭발하는 경우

폭발, 폭굉, 분진폭발

해답 가연성 기체 및 액체의 열의 발생속도가 열의 일산속도를 상회하는 현상

02 폭굉의 정의를 간단히 정의하시오.

해답 폭발범위 내의 어떤 특정 농도범위에서는 연소의 속도가 폭발에 비해 수백 내지 수천배에 달하는 현상

03 다음 그림은 폭발시험 그래프이다. a와 b의 곡선은 무엇을 의미하는가?

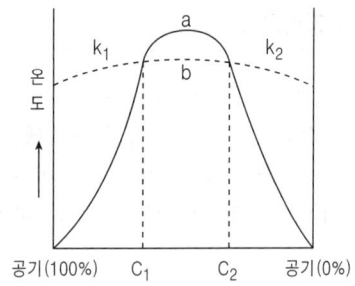

해답 a : 열의 발생속도
b : 열의 일산속도

04 폭발의 연소속도는 얼마나 되는가?

해답 0.1~10m/sec

05 폭굉의 연소속도를 쓰시오.

해답 1,000~3,500m/sec

06 폭발시험을 할 때 밀폐용기의 압력은 얼마나 되는가?

해답 0.7~0.8MPa

07 폭굉유도거리가 짧아지는 경우를 3가지 쓰시오.

해답 ① 정상 연소속도가 큰 혼합물일 경우
② 점화원의 에너지가 클 경우
③ 고압일 경우
④ 관 속에 방해물이 있을 경우
⑤ 관경이 작을 경우 (중 3가지)

08 분진폭발에 관하여 답하시오.

㉮ 분진폭발을 일으키는 광물질 3가지
㉯ 폭발범위 하한과 상한범위

해답 ㉮ 마그네슘분, 알루미늄분, 아연분, 안티몬(중 3가지)
㉯ 하한 25~45mg/ℓ, 상한 80mg/ℓ

09 화약 및 분진의 착화에너지는 얼마인가?

해답 화약 : $10^{-6} \sim 10^{-4}$J,
분진 : $10^{-3} \sim 10^{-2}$J

제2장 소화이론

1. 소화의 정의

소화란 물질이 연소할 때 연소구역에서 연소의 3요소 중 일부 또는 전부를 없애주면 연소가 중단된다. 이러한 현상을 소화라고 한다.

> 연소는 연소의 3요소인 가연물, 산소공급원, 점화원이 꼭 있어야만 연소가 일어나며 연소의 3요소 중 한 가지라도 없다면 연소는 일어날 수 없다.

2. 소화방법

소화방법이란 연소구역에서 연소의 3요소 중 하나 또는 모두를 제거해 주는 방법이다.

1 제거소화(가연물의 제거에 의한 소화)

제거소화란 가연물을 연소구역에서 없애주는 방법이다.
① 촛불
② 산불
③ 유전의 화재
④ 가스의 화재

유전의 화재는 폭약을 사용하여 폭풍으로(순간적) 유전표면의 증기를 날려 보내는 소화방법을 사용한다.

② 질식소화(산소공급원의 차단에 의한 소화)

질식소화란 가연물이 연소할 때 공기 중 산소의 농도 약 21%를 15% 이하로 낮추어 산소공급을 차단하는 소화방법이다.

- 공기 중 산소의 농도 : 부피비의 약 21vol%, 중량비의 약 23wt%
- 질식소화 시 산소농도의 유효한계는 10~15%이다(일반적으로는 15% 이하).

③ 냉각소화(발화점 이하의 온도로 냉각하는 소화)

냉각소화란 연소물로부터 열을 빼앗아 발화점 이하로 온도를 낮추는 소화방법이다.

④ 억제소화(연속적 관계의 차단에 의한 소화)

억제소화란 연소물의 산화반응을 할로젠 원소의 부촉매 작용으로 차단하는 소화방법이다.

3. 화재의 종류

① A급 화재

종이, 섬유, 목재 등의 화재로 일반화재라 하며 백색으로 표시한다.

② B급 화재

유류 및 가스의 화재로 유류화재라고 하며 황색으로 표시한다.

3 C급 화재

전기화재라고 하며 청색으로 표시한다.

4 D급 화재

금속분, 박, 리본의 화재로 금속화재라고 하며 색깔은 지정되어 있지 않다.

4. 소화기의 종류 및 사용방법

1 질식소화기의 종류(포말, 분말, 이산화탄소소화기 및 간이소화제)

(1) 포말소화기(화학포, 기계포, 알코올포)

① 화학포 소화기(A · B급 화재에 적응)
  ㈎ 보통전도식
  ㈏ 내통밀폐식
  ㈐ 내통밀봉식

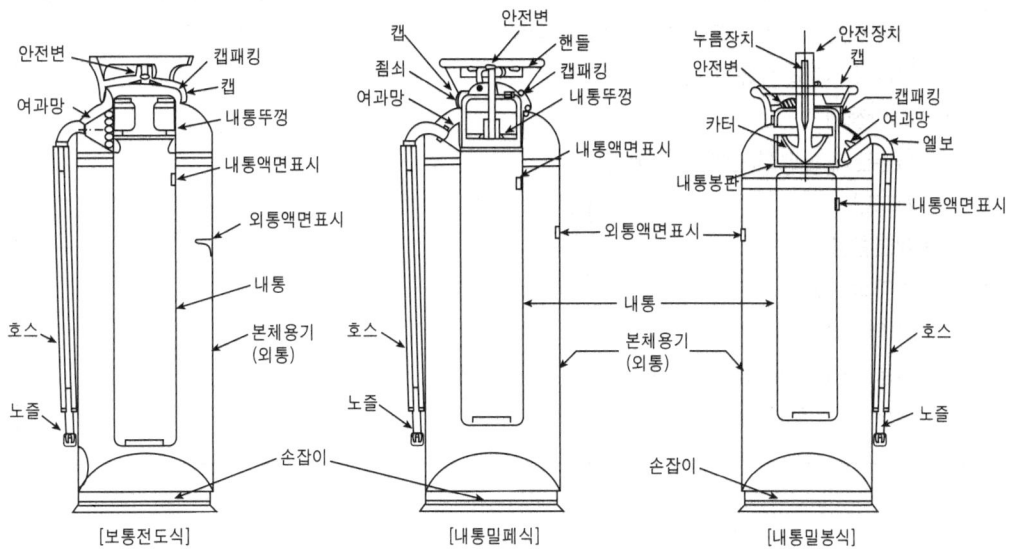

[보통전도식]   [내통밀폐식]   [내통밀봉식]

① 화학포 소화기의 사용온도 범위 : 5~40℃
② 화학포 소화기의 작동방법
- 노즐 끝을 손으로 막는다.
- 통을 옆으로 눕힌다.
- 밑의 손잡이를 잡고 약제가 혼합되도록 흔든다.
- 노즐을 화점에 향하고 노즐을 잡은 손끝을 놓는다.

③ 화학포 소화기의 방출방식 : 전도식
④ 액온 20℃에서 방출하는 포의 양
- 보통전도식(휴대식) → 용량의 7배
- 내통밀폐식(차량적재식) → 용량의 5.5배
- 내통밀봉식(차량적재식) → 용량의 5.5배

② 화학포의 소화약제
㉮ 외약제(A제) : 탄산수소나트륨($NaHCO_3$), 기포안정제
㉯ 내약제(B제) : 황산알루미늄[$Al_2(SO_4)_3$]

① 탄산수소나트륨을 중탄산나트륨 또는 중조라고도 하며 수용액의 액성은 알칼리성이며 황산알루미늄은 황산반토라고도 하며 수용액의 액성은 산성을 띠며 용액 속의 부유물을 침전시키는 데도 사용된다.
② 기포안정제
- 가수분해 단백질(단백질 분해물)
- 사포닌
- 계면활성제
- 소다회(Na_2CO_3)
③ 용기의 재질
- 외통 → 금속제 및 합성수지제
- 내통 → 경질염화비닐 및 폴리에틸렌

③ 화학반응식

$$6NaHCO_3 + Al_2(SO_4)_3 \cdot 18H_2O \rightarrow 3Na_2SO_4 + 2Al(OH)_3 + 6CO_2\uparrow + 18H_2O$$
(탄산수소나트륨)　　(황산알루미늄)　　　(황산나트륨)　(수산화알루미늄)　(탄산가스)　　(물)

- 거품의 방출 : 화학반응 중 생긴 CO_2의 압력에 의하여 방출된다.
- 포핵(거품 속의 가스) : CO_2(이산화탄소, 탄산가스)

④ 알코올포(알코올폼) 소화기
　　특수포라 하며 알코올 등 수용성인 가연물의 화재에 사용하는 내알코올성 소화기

알코올포(알코올폼) : 화학포에 안정제(지방산염 중 복염)를 첨가한 것이다.

⑤ 기계포(A · B급 화재에 적응)
　㉮ 축압식
　㉯ 가스가압식

① 방출방법(강화액 소화기와 같다) : 압축공기 및 질소가스의 압력에 의하여 노즐에서 약제가 방사될 때 그 압력을 이용하여 공기를 도입하여 약제를 혼입시켜 발포한다.
② 기계포의 다른 명칭 : 공기포 · 에어폼
③ 기계포의 소화약제
　• 단백포
　• 합성계면활성제포
　• 수성막포
④ 포핵(거품 속의 가스) : 공기

⑥ 포소화기의 특성
  ㉮ 화재면을 거품으로 덮어 산소공급원을 차단하는 **질식소화효과**와 다량의 수분에 의한 **냉각효과**가 있다.
  ㉯ 가연성 액체의 화재에 가장 적당하며, 재발화 위험성이 적다.
  ㉰ 소화 후에는 오손 정도가 심하고, 청소하기 힘든 결점이 있다.
⑦ 포말의 조건
  ㉮ 열에 대한 센 막을 가지며 유동성이 좋을 것
  ㉯ 기름보다 가벼우며 화재면과의 부착성이 좋을 것
  ㉰ 바람 등에 견디는 응집성과 안정성이 있을 것
⑧ 포말소화기의 유지 및 관리사항
  ㉮ 액온이 5℃ 정도 내려가면 사용할 때 반응력이 완만해져 발포성능이 많이 저하되므로 보온조치
  ㉯ 사용 후에는 즉시 내·외면 및 호스 속을 깨끗이 물로 씻고 약제는 완전히 녹여서 충전
  ㉰ 약액을 교체할 때에는 포집검사 또는 메스실린더 검사 등으로 판정하여 교체
  ㉱ 일반적으로 약액의 교체는 1년마다 실시

(2) 분말소화기(드라이케미칼 소화기)

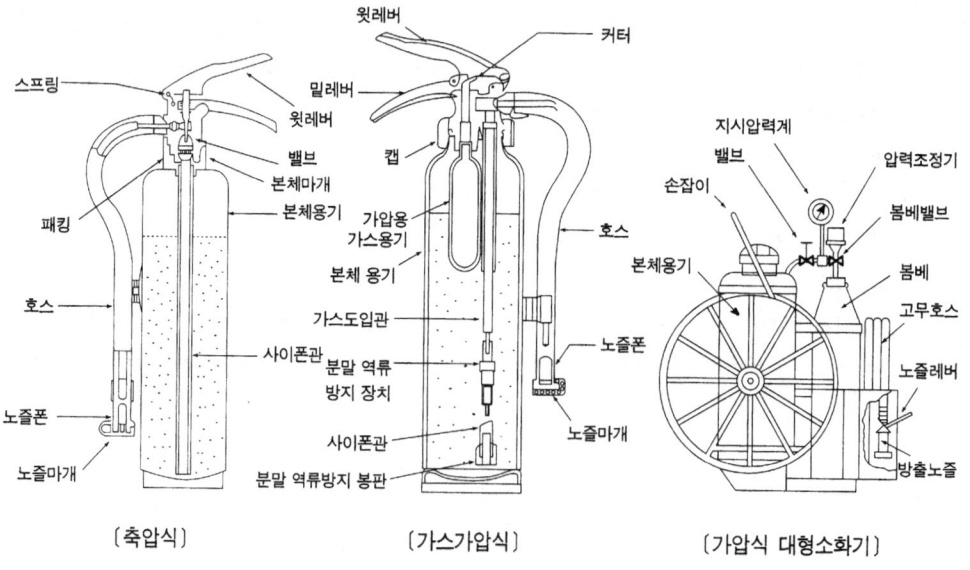

〔축압식〕   〔가스가압식〕   〔가압식 대형소화기〕

① 축압식 분말소화기
　　소화분말을 채운 용기(철제)에 공기 또는 질소가스를 축압시켜 방출하며, 압력지시계의 압력은 0.7~0.98MPa이다.
② 가스가압식 분말소화기
　　봄베식이라고 하며 용기 본체의 내부 또는 외부에 설치된 가스봄베에서 방출된 가스압으로 소화분말을 방출하는 소화기

가스가압식 분말소화기의 사용가스 : 소형(CO_2), 대형(N_2)

③ 소화약제의 종류 및 약제의 착색
　㉮ 제1종 분말 : 탄산수소나트륨·중탄산나트륨·중조($NaHCO_3$) : 백색(B·C급 화재에 적용)
　㉯ 제2종 분말 : 탄산수소칼륨($KHCO_3$),중탄산칼륨 : 보라색(B·C급 화재에 적용)
　㉰ 제3종 분말 : 인산암모늄($NH_4H_2PO_4$) : 담홍색(핑크색)(A·B·C급 화재에 적용)
　㉱ 제4종 분말 : 탄산수소칼륨($KHCO_3$)과 요소(($NH_2)_2CO$)의 혼합물 : 회색(B·C급 화재에 적용)

분말소화약제 : 일반적으로 B·C급 화재에 사용되나 인산암모늄은 A·B·C급 화재에 적응성이 좋으며 염화바륨 등은 D급 화재에 사용된다. 소화분말은 가스압에 의하여 방출되며 유류화재에도 좋으나 전기화재에도 좋으며 질식효과 및 냉각효과를 얻을 수 있다.

④ 화학반응식
　㉮ 탄산수소나트륨(중탄산나트륨)
　　　$2NaHCO_3 \xrightarrow{\Delta} Na_2CO_3 + CO_2\uparrow + H_2O$
　　　(탄산수소나트륨)　(탄산나트륨) (이산화탄소) (물)
　㉰ 인산암모늄
　　　$NH_4H_2PO_4 \xrightarrow{\Delta} HPO_3 + NH_3\uparrow + H_2O$
　　　(인산암모늄)　(메타인산) (암모니아) (물)
　㉯ 탄산수소칼륨(중탄산칼륨)
　　　$2KHCO_3 \xrightarrow{\Delta} K_2CO_3 + CO_2\uparrow + H_2O$
　　　(탄산수소칼륨)　(탄산칼륨) (이산화탄소)(물)
　㉱ 탄산수소칼륨(중탄산칼륨)+요소
　　　$2KHCO_3 + (NH_2)_2CO \xrightarrow{\Delta}$
　　　(탄산수소칼륨)　　(요소)
　　　$K_2CO_3 + 2CO_2\uparrow + 2NH_3\uparrow$
　　　(탄산칼륨) (이산화탄소)　(암모니아)

① 소화분말의 방습 표면처리제 : 금속비누, 실리콘수지(오일)
  금속비누 : 스테아르산아연·스테아르산알루미늄
② 탄산수소나트륨($NaHCO_3$)의 온도에 따른 열분해 반응식
  ㉠ 270℃ : $2NaHCO_3 \rightarrow Na_2CO_3 + CO_2\uparrow + H_2O$
  ㉡ 850℃ : $2NaHCO_3 \rightarrow Na_2O + 2CO_2\uparrow + H_2O$
③ 탄산수소칼륨($KHCO_3$)의 온도에 따른 열분해 반응식
  ㉠ 190℃ : $2KHCO_3 \rightarrow K_2CO_3 + CO_2\uparrow + H_2O$
  ㉡ 590℃ : $2KHCO_3 \rightarrow K_2O + 2CO_2\uparrow + H_2O$
④ 인산암모늄을 ABC소화제라 하며 부착성이 좋은 메타인산을 만들어 다른 소화분말보다 30% 이상 소화능력이 좋다.
⑤ 인산암모늄의 열분해 메카니즘
  ㉠ 190℃ : $NH_4H_2PO_4 \rightarrow H_3PO_4 + NH_3\uparrow$
           (인산암모늄)   (오르소인산) (암모니아)
  ㉡ 215℃ : $2H_3PO_4 \rightarrow H_4P_2O_7 + H_2O$
           (오르소인산)   (피로인산) (물)
  ㉢ 300℃ 이상 : $H_4P_2O_7 \rightarrow 2HPO_3 + H_2O$
               (피로인산)   (메타인산) (물)
⑥ 소화기의 압축용 가스 : 축압식(공기, 질소가스), 가스가압식(이산화탄소)

(3) 탄산가스 소화기(B·C급 화재에 적용)

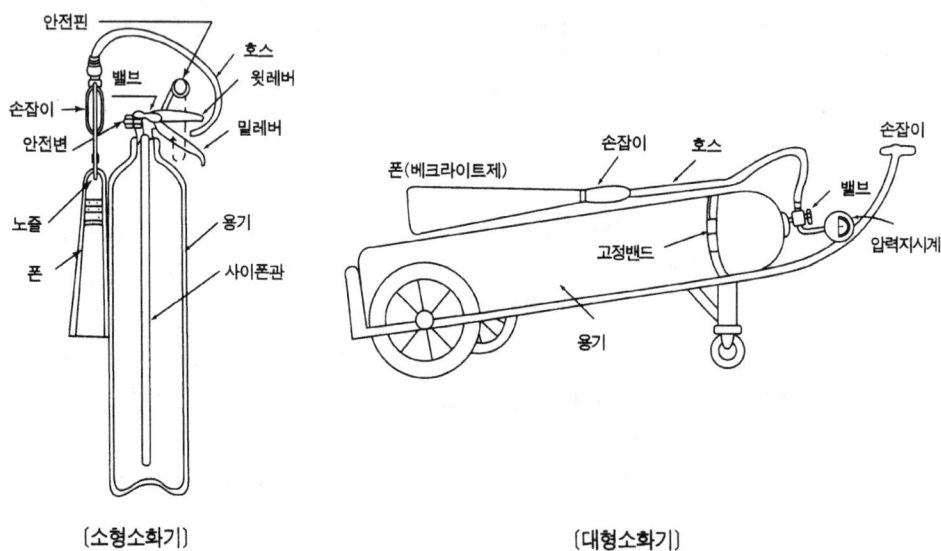

〔소형소화기〕   〔대형소화기〕

① 기체 CO_2(탄산가스, 이산화탄소)   ② 액체 CO_2(액화탄산가스)
③ 고체 CO_2(드라이아이스)

① 탄산가스 용기 : 이음매 없는 강철제 고압용기
② 폰의 재질 : 베크라이트(페놀수지)

③ 충전비 : 1.5 이상

$$충전비 = \frac{저장용기의\ 내용적(ℓ)}{저장약제의\ 질량(kg)}$$

④ 탄산가스 소화기에 충전하는 소화약제는 99.5% 이상의 액화 탄산가스로서 수분이 그 중량의 0.05%를 초과하지 아니할 것
⑤ 줄·톰슨효과에 의하여 액체 탄산가스는 기화되어 작은 구멍을 통과할 때 급격히 온도가 저하되어(-80~-78℃) 드라이 아이스(Dry Ice)가 된다.
⑥ 탄산가스 소화기의 단점
　• 약제가 부족할 경우 재연소되기 쉽다.
　• 피부에 닿으면 동상에 걸리기 쉽다.
　• 고압가스이므로 용기는 25MPa(250kg/cm^2)에 견디어야 한다.
⑦ IG(Inergen) 소화기(불활성가스 소화약제)의 조성
　• IG-100 : 질소(N_2) 100%
　• IG-55 : 질소(N_2) 50%, 아르곤(Ar) 50%
　• IG-541 : 질소(N_2) 52%, 아르곤(Ar) 40%, 이산화탄소(CO_2) 8%
　• IG-01 : 아르곤(Av) 100%

(4) 간이소화제(마른 모래, 팽창질석, 팽창진주암, 중조톱밥, 수증기, 소화탄 등)

간이소화제 : 소화기를 규정대로 설치한 후 부수적으로 비치하는 가격이 저렴한 경제적인 소화제이다.

① 마른 모래(만능소화제)의 보관방법
　㉮ 반드시 건조되어 있을 것
　㉯ 가연물이 함유되어 있지 않을 것
　㉰ 포대 또는 반절드럼에 넣어 보관할 것
　㉱ 부속기구로 삽, 양동이를 비치할 것

② 팽창질석, 팽창진주암(B급 화재 적용)
발화점이 낮은 **알킬알루미늄** 등의 화재에 사용하는 불연성 고체이며 위험물 안전관리법에서는 소화질석이라 표시하며 질석 또는 진주암을 1,000~1,400℃에서 가열하여 10~15배 팽창한 것으로 매우 가볍다.

③ 중조톱밥(B급 화재적용)
포말 소화기가 발명되기 전에 주로 유류화재의 응급조치용으로 많이 사용했으며 중조에 **톱밥**을 섞어 만들었다.

④ 수증기(A · B급 화재 적용)
질식소화 효과에는 크게 기대하기 어려우나 **보조적인 역할**을 한다.

2 냉각 소화기의 종류(물, 산알칼리, 강화액 소화기)

(1) 물 소화기(봉상 : A급 화재, 무상 : A · B급 화재에 적용)

① 방출방식 : 수동펌프식, 축압식, 가스가압식
② 사용목적 조건
   ㉮ 기화잠열이 크다.
   ㉯ 어디서나 구입하기 쉽다.
   ㉰ 가격이 저렴하다.
   ㉱ 사용하기 안전하다.
③ 물을 봉상보다 무상으로 방출할 경우의 소화효과
   ㉮ 단위표면을 크게 하므로 냉각효과가 좋다.
   ㉯ 기화된 수증기에 의하여 질식효과를 겸한다.
④ 물분무소화효과 : 냉각효과, 질식효과

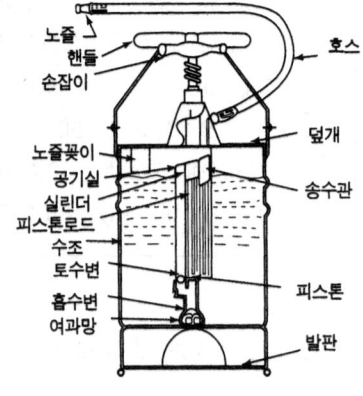

[수동펌프식 물소화기]

- 물 소화기 : 주로 A급 화재에 많이 사용되고 있으나 B급 유류화재 중 수용성인 가연성 액체에는 안개상으로 주수도 가능하다. 그러나 봉상으로 B급 화재에 사용하면 화재면의 확대로 매우 위험하다.
- 물의 기화잠열 : 539cal/g
- 봉상 : 물줄기가 굵음, 무상 : 안개상태

(2) 산·알칼리 소화기(A급 화재에 적용)

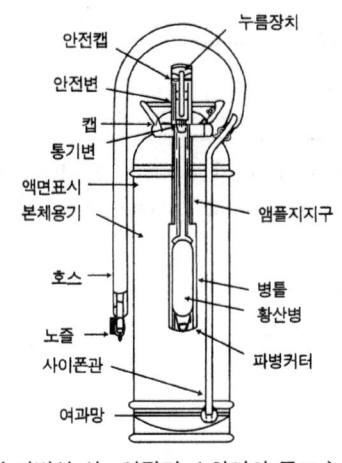
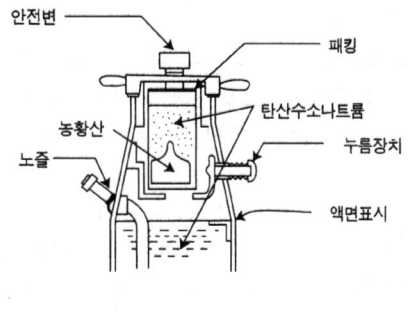

[파병식 산·알칼리 소화기의 구조]   [이중병식 산·알칼리 소화기의 구조]

① 방출방식 : 전도식·파병식(이중병식 포함)
② 산·알칼리 소화기의 관리 및 사용상 주의사항
  ㉮ 유류화재에 부적합
  ㉯ 전기 시설물의 화재에 사용하지 말 것
  ㉰ 보관중 전도시키지 말 것
  ㉱ 겨울철에는 주성분이 물이므로 동결되지 않도록 할 것
③ 산·알칼리 소화기의 화학반응식
$$2NaHCO_3 + H_2SO_4 \rightarrow Na_2SO_4 + 2CO_2\uparrow + 2H_2O$$
  (탄산수소나트륨) (황산) (황산나트륨) (탄산가스) (물)

① 산·알칼리 소화기 : 전도식과 파병식(이중병식 포함)이 있으며 어느 것이나 **중탄산나트륨**(외약제)과 **농황산**(내약제)의 화학반응에 의해 생긴 탄산가스의 압력으로 **물**을 **방출**하는 소화기이다.
 • 방출용액의 pH는 5.5 이상일 것
 • 전도식의 경우 30° 이하로 기울인 경우 약제가 혼합되지 않아야 한다.
 • 약제교환 : 2년 1회
② 전도식의 방출방식 : 화학포 소화기와 같음

(3) 강화액 소화기(봉상 : A 급, 무상 : A · B · C급 화재에 적용)

① 물에 탄산칼륨(K_2CO_3)을 보강시킨 소화기
② 방출방식 : 축압식 · 가스가압식 · 반응식(파병식)

- 빙점이 0℃인 물의 단점을 탄산칼륨을 강화하여 빙점을 −30~−25℃까지 낮춘 한냉지 또는 겨울철에 사용하는 소화기로 축압식의 경우 상용압력이 0.81~0.98MPa이며 비중은 1.3~1.4 정도이다.
- 강화액 소화기의 소화약제의 pH : 12
- 무상(안개상태)일 때는 A급만 아니라 B급, C급에도 사용한다.
- 축압식 · 가스가압식의 방출방식 : 분말소화기와 같음
- 반응식의 화학반응식 : 산 · 알칼리소화기의 파병식과 같음

$$K_2CO_3 + H_2SO_4 \rightarrow K_2SO_4 + CO_2\uparrow + H_2O$$
(탄산칼륨) (황산)   (황산칼륨) (이산화탄소) (물)

3 억제소화기의 종류

할론 및 할로젠 화합물 소화기 : B · C급 화재에 적용, 할론 1211은 A · B · C급 화재에 적용

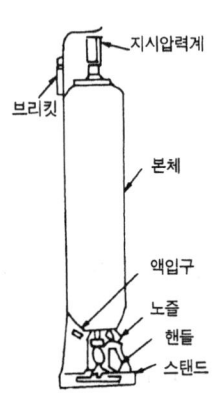

[테트라클로로메탄(사염화탄소)]

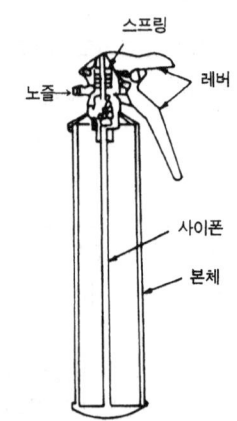

[브로모클로로메탄 소화기]

(1) 할론 및 할로젠화합물 소화기의 방출방법

① 축압식 ② 가스가압식

① 할론 소화기의 할론 넘버 : C, F, Cl, Br, I (순서대로 원자의 수로 명시한 것)
- 테트라클로로메탄[사염화탄소(CCl_4)] : 할론 1040
- 브로모클로로메탄(CH_2ClBr) : 할론 1011
- 다이브로모테트라플루오로에탄($C_2F_4Br_2$) : 할론 2402
- 브로모클로로다이플루오로메탄(CF_2ClBr) : 할론 1211
- 브로모트라이플루오로메탄(CF_3Br) : 할론 1301

② 할론 소화기의 소화능력
1040 < 1011 < 2402 < 1211 < 1301

(2) 할론 소화기

① 테트라클로로메탄[사염화탄소 소화기(CCl_4, 약칭 : CTC 소화기, 할론 1040 또는 할론 104)] 테트라클로로메탄(사염화탄소)을 소화제로 사용할 경우 독가스인 포스겐가스($COCl_2$)가 발생한다.

$\boxed{CCl_4}$: 테트라클로로메탄 또는 카본테트라클로라이드

- 비중 : 1.595
- 비점 : 76.6℃
- 융점 : −22.9℃
- 기화열 : 46.5kcal/kg
- 증기비중 : 5.3

```
      Cl
      |
Cl — C — Cl
      |
      Cl
   [ 구조식 ]
```

② 브로모클로로메탄 소화기(CH_2ClBr, 약칭 : CB 소화기, 할론 1011)
할론 소화약제 중 가장 부식성이 강하므로 황동제(놋쇠) 용기를 사용하며 테트라클로로메탄보다 소화능력은 3배 강하다.

$\boxed{CH_2ClBr}$: 브로모클로로메탄

- 비중 : 1.93~1.96
- 기화열 : 50kcal/kg
- 비점 : 67.2℃
- 증기비중 : 4.48
- 융점 : −86℃

```
      Cl
      |
H — C — H
      |
      Br
   [ 구조식 ]
```

③ 다이브로모테트라플루오로에탄 소화기($C_2F_4Br_2$, 약칭 : FB 소화기, 할론 2402)
할론 소화약제 중 우수한 소화기로 독성 및 부식성도 적으며 브로모클로로메탄보다 2배 정도 소화능력이 강하다.

참고

| $C_2F_4Br_2$ | : 다이브로모테트라플루오로에탄

- 비중 : 2.21
- 비점 : 47.5℃
- 융점 : -110.5℃
- 기화열 : 25kcal/kg
- 증기비중 : 8.97

$$Br-\underset{\underset{F}{|}}{\overset{\overset{F}{|}}{C}}-\underset{\underset{F}{|}}{\overset{\overset{F}{|}}{C}}-Br$$

[구조식]

④ 브로모클로로다이플루오로메탄 소화기(CF_2ClBr, 약칭 : BCF 소화기, 할론 1211)
할론 소화약제 중 A급, B급, C급의 화재에 유효한 소화기이다.

참고

| CF_2ClBr | : 브로모클로로다이플루오로메탄

- 비중 : 1.75
- 비점 : -4℃
- 융점 : -160.5℃
- 증기비중 : 5.71

$$F-\underset{\underset{Br}{|}}{\overset{\overset{Cl}{|}}{C}}-F$$

[구조식]

⑤ 브로모트라이플루오로메탄 소화기(CF_3Br, 약칭 : MTB 소화기, 할론 1301)
할론 소화약제 중 가장 소화능력이 좋으며 독성이 가장 적다.

참고

| CF_3Br | : 브로모트라이플루오로메탄

- 비중 : 1.499
- 융점 : -168℃
- 비점 : -57.8℃

$$F-\underset{\underset{F}{|}}{\overset{\overset{F}{|}}{C}}-Br$$

[구조식]

(3) 할로젠화합물 소화기

① 플루오린탄화수소계열(HFC)
　㉠ 트라이플루오로메탄(CHF_3) 소화기(호칭 : HFC-23)
　　무색 무취의 기체, 냉매 및 소화제로 사용
　㉡ 펜타플루오로에탄(C_2HF_5, CHF_2CF_3) 소화기(호칭: HFC-125)
　　무색 달콤한 냄새의 기체, 냉매 및 소화제로 사용
　㉢ 헵타플루오르프로판(C_3HF_7, CF_3CHFCF_3) 소화기(호칭: HFC-227ea)
　　별명(상품명) : FM200
　　무색 무취의 기체, 냉매 및 소화제로 사용

> **참고**
>
> ※ 할로젠화합물 소화약제 중 플루오린화탄화수소계열(HFC) 화학식
> ① C의 수 : 100의 자리수 +1
> ② H의 수 : 10의 자리수 -1
> ③ F의 수 : 1의 자리수 ±0
>
> 　예 HFC-1 2 5 : C_2HF_5
> 　　　　　　└ F의 수 : 5 ± 0 = 5
> 　　　　　└── H의 수 : 2 - 1 = 1
> 　　　　└──── C의 수 : 1 + 1 = 2
> ④ 호칭번호 십 단위 약제 : 메테인 계열
> ⑤ 호칭번호 백 단위 약제 : 에테인, 프로판, 부탄 계열

② 클로로플루오린화탄화수소계열(HCFC)
　㉠ HCFC BLEND A(NAFS-Ⅲ)
　　무색 무취의 기체, 비전도성가스로 4가지 혼화제
　　• HCFC-22($CHClF_2$ · 클로로다이플루오로메탄) : 82%
　　• HCFC-123($C_2HCl_2F_3$ · 다이클로로트라이플루오로에탄) : 4.75%
　　• HCFC-124(C_2HClF_4 · 클로로테트라플루오로에탄) : 9.5%
　　• $C_{10}H_{16}$(캄펜 · 테레핀) : 3.75%

> **참고**
>
> ※ 할로젠화합물 소화약제 중 클로로플루오로탄화수소계열(HCFC) 화학식
> ① C의 수 : 100의 자리수 +1
> ② H의 수 : 10의 자리수 -1
> ③ F의 수 : 1의 자리수 ±0
> ④ Cl의 개수
>   • C가 1개인 경우 : 4-H와 F의 수
>   • C가 2개인 경우 : 6-H와 F의 수
>
> 예) HCFC-1 2 3 : $C_2HCl_2F_3$
>   ┌ F의 수 : 3 ± 0 = 3
>   ├ H의 수 : 2 - 1 = 1
>   └ C의 수 : 1 + 1 = 2
>   • Cl의 수 : 6-1-3=2

(4) 할론 및 할로젠화합물의 조건

① 비점이 낮을 것
② 기화되기 쉬울 것
③ 공기보다 무겁고 불연성일 것

4 소화기의 사용방법

(1) 소화기의 배치

① 수동식소화기는 각 층마다 설치한다.
② 소형 수동식소화기 : 소방대상물의 각 부분으로부터 보행거리 20m 이하에 설치
③ 대형 수동식소화기 : 소방대상물의 각 부분으로부터 보행거리 30m 이하에 설치

참고

① 대형 수동식소화기 : 소형 수동식소화기보다 용량이 커서 휴대하기가 어려우므로 이동하기에 편리하도록 바퀴가 달려 있다.

② 대형 수동식소화기 소화약제의 충전량

종 별	소화약제의 충전량
물소화기	80ℓ 이상
강화액 소화기	60ℓ 이상
포소화기	20ℓ 이상
이산화탄소 소화기	50kg 이상
할로젠화합물 소화기	30kg 이상
분말소화기	20kg 이상

③ 소화기구의 능력단위 : 소화능력시험에 따라 측정한 수치
- 대형 수동식소화기 : 능력단위수치가 A급 화재 10단위 이상, B급 화재 20단위 이상인 것
- 소형 수동식(자동식) 소화기 : 대형 수동식소화기의 능력단위 수치 미만의 것

④ 간이소화용구의 능력단위

소 화 설 비	용 량	능력단위
소화전용 물통	8ℓ	0.3단위
수조(소화전용 물통 3개 포함)	80ℓ	1.5단위
수조(소화전용 물통 6개 포함)	190ℓ	2.5단위
마른 모래(삽 1개 포함)	50ℓ	0.5단위
팽창질석 또는 팽창진주암(삽 1개 포함)	160ℓ	1단위

⑤ 소요단위 : 소화설비의 설치 대상이 되는 건축물, 그 밖의 공작물의 규모 또는 위험물의 양에 대한 기준 단위
- 제조소 등에서는 소요단위에 맞추어 능력단위 이상의 수동식소화기를 비치할 것

⑥ 소요단위(1단위)규정
- 제조소 또는 취급소용 건축물로 외벽이 내화구조인 것 : 연면적 100m^2
- 제조소 또는 취급소용 건축물로 외벽이 내화구조 이외의 것 : 연면적 50m^2
- 저장소용 건축물로 외벽이 내화구조인 것 : 연면적 150m^2
- 저장소용 건축물로 외벽이 내화구조 이외의 것 : 연면적 75m^2
- 위험물 : 지정수량 10배
- 제조소등의 옥외에 설치된 공작물 등은 외벽이 내화구조인 것으로 간주하고 최대수평투영면적을 연면적으로 간주한다.

(2) 소화기 외부 표시사항

① 소화기의 명칭　　② 적응화재 표시　　③ 능력단위
④ 사용방법　　　　⑤ 취급상 주의사항　⑥ 용기합격 및 중량표시
⑦ 제조년월일　　　⑧ 제조 회사명

① 물 소화기나 포말은 겨울에는 보온조치, 여름에는 직사일광을 피하여 보관한다.
② 소화기구의 비치 및 표지의 게시
　• 수동식소화기의 표지 : 소화기　　　　• 마른 모래의 표지 : 소화용 모래
　• 팽창질석 · 팽창주암의 표지 : 소화질석

(3) 소화기의 공통된 유지관리법

① 바닥면으로부터 1.5m 이하되는 지점에 설치할 것
② 통행피난에 지장이 없고 사용할 때 반출하기 쉬운 곳에 설치
③ 동결, 변질 또는 분출할 우려가 없는 곳에 설치
④ 설치된 지점에 잘 보이도록「소화기」표시를 할 것

(4) 소화기 사용상의 주의사항

① 소화기는 모든 화재에 유효한 만능 소화기는 없다.
② 소화기는 대형 소화설비의 대용이 될 수 없다.
③ 소화기는 화재 초기에만 효과가 있고 화재의 확대 후에는 거의 효과가 없다.
④ 소화기는 그 구조, 성능, 취급법을 모르면 효과가 없다.

(5) 소화기의 사용법(사용상의 일반 주의사항)

① 적응화재에만 사용할 것
② 성능에 따라 화점 가까이 접근하여 사용할 것
③ 바람을 등지고 풍상에서 풍하의 방향으로 사용할 것
④ 양 옆으로 비로 쓸 듯이 골고루 사용할 것

소화기는 소화기에 표시된 적응화재(A급 : 백색, B급 : 황색, C급 : 청색) 외에는 큰 소화효과를 얻을 수 없다.

(6) 소화기의 점검

① 작동기능 검사 : 연 1회(상반기 실시)
② 종합 정밀검사 : 연 1회(하반기 실시)

5. 위험물의 소화방법 및 소화활동상 주의사항

1 제1류 위험물(산화성 고체)

(1) 소화방법 : 주수에 의한 냉각소화

소화활동상 주의사항
- 폭발의 위험이 있으므로 안전한 위치에서 소화한다.
- 소화기는 반드시 공기호흡기 등 보호장구를 착용하고 사용한다.
- 소화 후 소화수에 주의하고 주위를 충분히 씻는다.
- 저장시설 부근에 화재시 저장용기가 가열되지 않도록 용기에 물을 뿌려 냉각시킨다.

(2) **알칼리금속의 과산화물**(주수금지 위험물) **소화방법** : 마른 모래, 암분(팽창질석, 팽창진주암), 탄산수소염류분말소화약제 등으로 질식소화한다.

알칼리금속의 과산화물(주수금지 위험물) 소화방법
- 주수하면 발열과 함께 산소를 방출하여 화재 확대 위험이 있으므로 주수소화하지 말 것
- 눈, 피부 닿으면 유해하므로 방화복·공기호흡기를 착용한다.
- 이물질에 근접하여 연소할 경우 흡습방지를 할 것
  ※ 금속화재용 분말소화약제 : 탄산수소염류 등(인산염류 제외)

2 제2류 위험물(가연성 고체)

(1) 삼황화인(P_4S_3), 적린(P)·황(S)의 소화방법 : 주수에 의한 냉각소화

적린·황의 소화활동상 주의사항
- 고압 주수는 위험물을 비산시켜 화점을 분산시키므로 분무주수할 것
- 연소시 발생하는 기체는 유해하므로 공기호흡기를 착용할 것
  ※ 연소시 발생하는 유해기체 : 삼황화인(오산화인·이산화황), 적린(오산화인), 황(이산화황)

(2) **오황화인(P_2S_5) · 칠황화인(P_4S_7)(주수금지 위험물)의 소화방법**
   마른모래, 팽창질석, 팽창진주암, 각종 소화기에 의한 질식소화

오황화인 · 칠황화인(주수금지 위험물)의 소화활동상 주의사항
• 주수하면 황화수소(H_2S, 유독가스)를 발생하므로 주수소화하지 말 것
• 연소시 이산화황(SO_2, 유독가스)가 발생하므로 보호안경 · 고무장갑 · 공기호흡기를 착용할 것

(3) **마그네슘(Mg) · 철분(Fe) · 금속분류(주수금지 위험물)의 소화방법** : 마른 모래, 팽창질석, 팽창진주암, 탄산수소염류분말소화약제(인산염류 제외) 등으로 질식소화한다.

마그네슘 · 철분 · 금속분류(주수금지 위험물)의 소화활동상 주의사항
• 주수하면 급격히 발생한 수증기의 압력과 수소가스(H_2)가 폭발하므로 주수소화하지 말 것
• 주수하면 연소금속의 비산으로 분진폭발하므로 주수소화하지 말 것
  ※ 금속화재용 분말소화약제 : 탄산수소염류(인산염류 제외)

(4) **인화성고체의 소화방법** : 각종 소화기에 의한 질식소화 및 주수소화

3 제3류 위험물(자연발화성 물질 및 금수성 물질)

(1) **칼륨(K) · 나트륨(Na) 등(주수금지 위험물)의 소화방법** : 마른모래, 팽창질석, 팽창진주암, 탄산수소염류 분말소화약제에 의한 질식 소화

칼륨 · 나트륨 등 (주수금지 위험물)의 소화활동상 주의사항
① 주수하면 가연성 가스(H_2)를 발생하여 급격히 발화하므로 주수하지 말 것(연소방지를 위하여 밀폐용기의 인접가연물에 주수하는 것은 가능하다)
② 연소시 유독가스가 발생하므로 방화복 · 공기호흡기를 착용할 것
   • 연소시 발생하는 유독가스 : 수산화물의 증기
   • 금속화재용 분말소화약제 : 탄산수소염류(인산염류제외)
   • CO_2(이산화탄소), CCl_4(테트라클로로메탄)는 소화제로 사용금지(심하게 화학반응)

(2) 알킬알루미늄[(R)₃Al]·알킬리튬(RLi)(자연발화성 및 금수성 물질)의 소화 방법
마른 모래, 팽창질석, 팽창진주암, 탄산수소염류 분말소화약제로 화세를 억제시킨다.

알킬알루미늄·알킬리튬(자연발화성 및 금수성 물질)의 소화활동상 주의사항
- 적당한 소화제는 없으며 마른 모래로 주위를 막고 유출방지 조치를 하여 팽창질석, 팽창진주암, 탄산수소염류분말소화약제로 화세를 억제하면서 주위가 연소되지 않도록 안전하게 연소시켜 자연진화 되도록 한다.
- 보호장구로 가죽장갑·고무장화·보호의·보호안경·공기호흡기를 착용할 것

(3) 황린(P_4)의 소화방법 : 주수에 의한 **냉각 소화** 및 각종소화기에 의한 **질식소화**

황린의 소화활동상 주의사항
- 분무주수하고 고체가 될 때까지 계속 주수한다.
- 고압주수를 하면 황린의 비산으로 화점을 분산시키는 위험이 있다.
- 보호장구 및 공기호흡기를 착용할 것

4 제4류 위험물(인화성 액체)

(1) 소화방법 : 각종 소화기에 의한 질식 소화

소화활동상 주의사항
- 주수소화하면 화재확대위험이 있으므로 주의하고, 주수는 주위의 연소방지에 사용할 것
- 유독성인 것은 보호장구 및 공기호흡기를 착용할 것
  ※ 각종 소화기 : 포말·분말·CO_2·할로젠화합물 소화기 및 간이소화제(마른 모래 등)

(2) 수용성인 인화성 액체의 소화방법
각종 소화기(포말소화기 사용시 알코올포 소화기) 및 안개상 주수소화

5 제5류 위험물(자기반응성 물질)

소화방법 : 주수에 의한 냉각소화(포말 포함)

소화활동상 주의사항
① 화재초기 및 소량일 경우 대량의 주수소화가 가능하지만 화재초기 외에는 효과가 없다. 또한 마른모래, 팽창질석, 팽창진주암은 화재의 확대를 방지할 수 있다.
② 연소위험이 있는 주위의 소화에 주력할 것
③ 보호장구 및 공기호흡기를 착용할 것
- 제5류 위험물 : 자기 반응성 물질로서 가연물인 동시에 자체 내부에 대부분 산소를 함유하고 있으므로 공기중의 산소와 함께 폭발적으로 연소한다.
- 자기반응성 물질 = 자기연소성 물질 = 내부연소성 물질

6 제6류 위험물(산화성액체)

(1) 소화방법

대량의 물, 마른 모래, 팽창질석, 팽창진주암, 인산염류분말소화약제에 의한 질식소화

(2) 유출사고시 조치방법

마른 모래 · 중화제 사용

소화활동상 주의사항
① 마른 모래 등이 효과적이며, 주변의 화재 외에는 주수소화 하지 말 것
② 보호장구로는 고무장갑 · 고무장화 · 고무앞치마 · 보호안경 및 공기 호흡기를 착용할 것
- 중화제 : CaO(산화칼슘 · 생석회), 소다석회(CaO+NaOH), 소다라임[$Ca(OH)_2$+NaOH] 등

7 소방대상물 및 위험물별 소화설비의 적응성

위험물 시설에 설치하는 소화설비는 그 위험물에 적응할 소화능력을 가지고 있어야 한다.

소화설비의 구분			건축물 기타 공작물	전기설비	제1류 위험물		제2류 위험물			제3류 위험물		제4류 위험물	제5류 위험물	제6류 위험물
					알칼리금속과산화물 등	그 밖의 것	철분·금속분·마그네슘 등	인화성고체	그 밖의 것	금수성물품	그 밖의 것			
옥내소화전설비 또는 옥외 소화전설비			O			O		O	O		O		O	O
스프링클러설비			O			O		O	O		O	△	O	O
물분무등소화설비	물분무소화설비		O	O		O		O	O		O	O	O	O
	포소화설비		O			O		O	O		O	O	O	O
	불활성가스소화설비			O					O			O		
	할로젠화물소화설비			O					O			O		
	분말소화설비	인산염류 등	O	O		O		O	O			O		O
		탄산수소염류 등		O	O		O	O		O		O		
		그 밖의 것			O		O			O				
대형·소형수동식소화기	봉상수(棒狀水)소화기		O			O		O	O		O		O	O
	무상수(霧狀水)소화기		O	O		O		O	O		O		O	O
	봉상강화액소화기		O			O		O	O		O		O	O
	무상강화액소화기		O	O		O		O	O		O	O	O	O
	포소화기		O			O		O	O		O	O	O	O
	이산화탄소소화기			O					O			O		△
	할로젠화물소화기			O					O			O		
	분말소화설비	인산염류소화기	O	O		O		O	O			O		O
		탄산수소염류소화기		O	O		O	O		O		O		
		그 밖의 것			O		O			O				
기타	물통 또는 수조		O			O		O	O		O		O	O
	건조사				O	O	O	O	O	O	O	O	O	O
	팽창질석 또는 팽창진주암				O	O	O	O	O	O	O	O	O	O

1. "○"표시는 당해 소방대상물 및 위험물에 대한 소화설비가 적응성이 있음을 표시하고 "△" 표시는 제4류 위험물을 저장·취급하는 장소의 살수기준면적에 따라 스프링클러설비의 살수밀도가 다음 표에 정하는 기준 이상인 경우에는 당해 스프링클러설비가 제4류 위험물에 대하여 적응성이 있음을 표시, 제6류 위험물을 저장 또는 취급하는 장소로서 폭발의 위험이 없는 장소에 한하여 이산화탄소소화기가 제6류 위험물에 대하여 적응성이 있음을 각각 표시한다.

살수기준면적(m²)	방사밀도(L/m²·분)		비고
	인화점 38℃ 미만	인화점 38℃ 이상	살수기준 면적은 내화구조의 벽 및 바닥으로 구획된 하나의 실의 바닥면적을 말하고, 하나의 실의 바닥면적이 465m² 이상인 경우의 살수 기준면적은 465m²로 한다. 다만, 위험물의 취급을 주된 작업내용으로 하지 아니하고 소량의 위험물을 취급하는 설비 또는 부분이 넓게 분산되어 있는 경우에는 방사밀도는 8.2ℓ/m²·분 이상, 살수기준면은 279m² 이상으로 할 수 있다.
279 미만	16.3 이상	12.2 이상	
279 이상 372 미만	15.5 이상	11.8 이상	
372 이상 465 미만	13.9 이상	9.8 이상	
465 이상	12.2 이상	8.1 이상	

2. 인산염류 등은 인산염류, 황산염류 그 밖에 방염성이 있는 약제를 말한다.
3. 탄산수소염류 등은 탄산수소염류 및 탄산수소염류와 요소의 반응 생성물을 말한다.
4. 알칼리금속과산화물 등은 알칼리금속과산화물 및 알칼리금속의 과산화물을 함유한 것을 말한다.
5. 철분, 금속분, 마그네슘 등은 철분, 금속분, 마그네슘과 철분, 금속분 또는 마그네슘을 함유한 것을 말한다.

6. 자체소방대의 편성

1 자체 소방대를 두어야 하는 제조소 등

(1) 제조소·일반 취급소

지정수량 3,000배 이상의 제4류 위험물을 저장·취급하는 곳

② 자체 소방대에 두어야 하는 화학소방자동차

사업소의 구분(제4류 위험물을 취급하는 제조소 또는 일반취급소)	화학소방자동차	조작인원
지정수량 3천배 이상 12만배 미만을 저장·취급하는 것	1대	5인
지정수량 12만배 이상 24만배 미만을 저장·취급하는 것	2대	10인
지정수량 24만배 이상 48만배 미만을 저장·취급하는 것	3대	15인
지정수량 48만배 이상을 저장·취급하는 것	4대	20인
옥외탱크저장소에 저장하는 제4류 위험물의 최대수량이 지정수량 50만배 이상인 업소	2대	10인

③ 화학소방자동차의 방사능력 및 소화약제 비치량

(1) 포말을 방사하는 화학소방자동차

① 방사능력 : 2,000ℓ/min
② 소화약제 비치량 : 10만ℓ의 거품을 낼 수 있는 포수용액

(2) 분말을 방사하는 화학소방자동차

① 방사능력 : 35kg/sec
② 소화약제 비치량 : 1,400kg

(3) 할로젠화합물을 방사하는 화학소방자동차

① 방사능력 : 40kg/sec
② 소화약제 비치량 : 1,000kg

(4) 이산화탄소를 방사하는 화학소방자동차

① 방사능력 : 40kg/sec
② 소화약제 비치량 : 3,000kg

(5) 제독차에 비치하여야 할 가성소다 및 규조토 : 각각 50kg 이상 비치

포말을 방사하는 화학소방자동차의 대수 : 화학소방자동차 대수의 2/3 이상으로 할 것

적중 · 예상문제

모든 계산문제는 소수 3째자리까지 계산하고 반올림하여 소수 2째자리를 답으로 합니다.

소화의 정의, 소화방법, 화재의 종류

01 소화의 정의를 쓰시오.

> **해답** 연소구역에서 연소의 3요소 중 일부 또는 전부를 없애주면 연소는 중단된다. 이러한 현상을 소화라 한다.

02 소화방법의 종류 4가지를 쓰시오.

> **해답**
> ① 제거소화
> ② 질식소화
> ③ 냉각소화
> ④ 억제소화

03 제거소화란 무엇인지 간단히 설명하시오.

> **해답** 가연물을 연소구역에서 없애주는 소화방법

04 제거소화의 종류 4가지를 예로 드시오.

> **해답**
> ① 촛불
> ② 산불
> ③ 가스의 화재
> ④ 유전의 화재

05 유전의 화재에 사용되는 소화방법은 무엇인가?

> **해답** 제거소화

06 화재가 발생하였을 때 질식소화를 하였다면 연소의 3요소(가연물, 산소공급원, 점화원) 중 어느 것을 제거한 것인가?

> **해답** 산소공급원

07 질식소화란 무엇인가 간단히 설명하시오.

> **해답** 가연물이 연소할 때 공기 중의 산소의 농도 21%를 15% 이하로 낮추어 산소공급을 차단하는 소화방법

08 공기 중의 산소의 농도는 몇 %인가?

> **해답** 약 21%

09 공기중의 산소의 농도는 중량 백분율로 몇 %인가?

> **해답** 약 23wt%

10 질식소화의 산소농도 유효한계는 몇 %인가?

> **해답** 15% 이하

11 냉각소화의 정의를 간단히 쓰시오.

> **해답** 연소물질로부터 열을 빼앗아 발화점 이하로 온도를 낮추어 소화하는 방법

12 억제소화란 무엇인가?

> **해답** 연소물질의 연속적 산화반응을 할로젠원소의 부촉매 작용으로 차단하는 소화방법

13 다음 보기를 보고 화재의 종류에 알맞는 구분색을 쓰시오.

> ㉮ A급 화재   ㉯ B급 화재   ㉰ C급 화재

> **해답** ㉮ 백색   ㉯ 황색   ㉰ 청색

참고 D급 화재는 금속화재로 색깔을 표시하지 않는다.

14 B급 화재는 (㉮)에 의한 화재이고, C급 화재는 (㉯)에 의한 화재이다. 괄호 안에 알맞은 말을 쓰시오.

해답 ㉮ 유류   ㉯ 전기

15 등유, 경유 등 유류와 관련된 화재는 (㉮)급 화재이며 (㉯)색으로 표시한다. 괄호 안에 알맞은 말을 쓰시오.

해답 ㉮ B   ㉯ 황

질식소화기의 종류(포말소화기)

01 질식소화기의 종류를 4가지 쓰시오.

해답 ① 포말소화기
② 분말소화기
③ 이산화탄소소화기
④ 간이소화제

02 포말소화기의 종류를 3가지 쓰시오.

해답 ① 화학포소화기
② 기계포소화기
③ 알코올포소화기

03 화학포소화기가 적용되는 화재는 무엇인가?

해답 A급 · B급 화재

04 화학포소화기의 종류 3가지는 무엇인가?

해답 ① 보통전도식
② 내통밀폐식
③ 내통밀봉식

05 화학포소화기의 방출방식을 쓰시오.

해답 전도식

06 화학포소화기는 방출방식에 따라 거품의 방출량이 다르다. 액온 20℃에서 방출하는 거품의 양을 방출방식에 맞추어 쓰시오.

| ㉮ 휴대식 | ㉯ 차량 적재식 |

해답 ㉮ 용량의 7배 이상
㉯ 용량의 5.5배 이상

07 화학포소화제에 대한 다음 물음에 답하시오.

㉮ 액성이 알칼리성인 물질(A제)명을 쓰시오.
㉯ 액성이 산성인 물질(B제)명을 쓰시오.

해답 ㉮ 탄산수소나트륨
㉯ 황산알루미늄
참고 • 탄산수소나트륨 = 중탄산나트륨 = 중조
• 황산알루미늄 = 황산반토

08 화학포소화기에 사용되는 약제를 내약제와 외약제로 구분하여 쓰시오.

해답 ① 내약제 : 황산알루미늄
② 외약제 : 탄산수소나트륨, 기포안정제

09 화학포소화기의 외약제 중 기포안정제는 무엇을 사용하는지 3가지를 쓰시오.

해답 ① 사포닌
② 계면활성제
③ 단백질 분해물

10 화학포소화기의 약제를 충전하는 용기의 재질을 내약통과 외약통으로 구분하여 쓰시오.

해답 ① 내약통 : 경질염화비닐 및 폴리에틸렌
② 외약통 : 금속제 및 합성수지

11 화학포소화기의 포핵(거품 속의 가스)은 무엇인가?

해답 CO_2(탄산가스)

12 포말소화기에 대하여 답하시오.

㉮ 화학포 소화약제의 주성분 2가지를 화학식으로 쓰시오.
㉯ 소화기를 사용하여도 효과가 없는 인화성 물질의 공통된 성질을 쓰시오.
㉰ 연간충전제의 교환횟수를 쓰시오.

해답 ㉮ $NaHCO_3$, $Al_2(SO_4)_3$
㉯ 수용성
㉰ 1회

13 다음은 화학포 소화약제의 화학반응식이다. 괄호 안의 것을 쓰시오.

$6NaHCO_3 + (㉮) \cdot 18H_2O \rightarrow (㉯) + (㉰) + (㉱) + 18H_2O$

해답 ㉮ $Al_2(SO_4)_3$
㉯ $3Na_2SO_4$
㉰ $2Al(OH)_3$
㉱ $6CO_2$

14 기계포소화기의 방출방식 2가지는?

해답 ① 축압식
② 가스가압식

15 기계포(공기포, 에어폼)소화기에 사용되는 소화약제 3가지를 쓰시오.

해답 ① 단백포
② 합성계면 활성제포
③ 수성막포

16 기계포(공기포, 에어폼)의 포핵은 무엇인가?

해답 공기

17 수용성인 제4류 위험물의 화재에 보통의 공기포소화제로는 효과가 없다. 이유는 무엇인가?

해답 포말이 소포된다.

18 알코올포(알코올폼)소화기를 무슨 소화기라 하는가?

해답 특수포소화기

19 알코올포소화기를 간단히 정의하시오.

해답 특수포소화기라 하며 알코올 등 수용성인 가연물의 화재에 사용하는 내알코올성 소화기이다.

20 아세톤의 화재시 질식소화 할 때 효과가 없는 질식 소화기를 쓰시오.

> **해답** 화학포 소화기, 기계포소화기
> **참고** 아세톤은 제4류 위험물 중 제1석유류에 속하며 수용성이므로 포말소화기를 사용할 경우 알코올포소화기가 적응성이 있다.

21 포름산의 화재는 포말소화기 중 ( )으로 소화한다. ( )를 완성하시오.

> **해답** 알코올폼

22 소화제용의 거품으로 갖추어야 할 조건 3가지를 쓰시오.

> **해답** ① 열에 대한 센 막을 가지며 유동성이 좋을 것
> ② 기름보다 가벼우며 화재면과의 부착성이 좋을 것
> ③ 바람 등에 견디는 응집성과 안정성이 있을 것

23 화학포 소화기의 작동순서를 4가지 쓰시오.

> **해답** ① 노즐 끝을 손으로 막는다.
> ② 통을 옆으로 눕힌다.
> ③ 밑의 손잡이를 잡고 약제가 혼합되도록 흔든다.
> ④ 노즐을 화점에 향하고 노즐을 잡은 손 끝을 놓는다.

질식소화기의 종류(분말소화기)

01 분말소화기의 방출방식을 2가지로 구분하시오.

> **해답** ① 축압식
> ② 가스가압식

02 축압식 분말소화기의 압축가스는 무엇인가?

> **해답** 공기 또는 질소가스

03 분말소화기 중 용기본체 내부 또는 외부에 설치된 봄베에 가스를 충전하여 사용하는 방식을 무엇이라 하는가?

> **해답** 가스가압식

04 축압식 분말소화기의 상용압력은 몇 MPa인가?

> **해답** 0.7~0.98MPa
> **참고** 0.7~0.98MPa = 7~9.8kg/cm^2

05 가스가압식 분말소화기의 방출방식을 일명 무엇이라 하는가?

> **해답** 파병식

06 분말소화기의 소화약제 종별에서 아래 종별의 주성분을 화학식으로 쓰시오.

| ㉮ 제1종 분말 | ㉯ 제2종 분말 |
| ㉰ 제3종 분말 | ㉱ 제4종 분말 |

> **해답** ㉮ $NaHCO_3$
> ㉯ $KHCO_3$
> ㉰ $NH_4H_2PO_4$
> ㉱ $KHCO_3 + (NH_2)_2CO$

적중 · 예상문제

07 다음 보기의 분말소화약제의 화학식을 쓰시오.

> ㉮ 탄산수소나트륨
> ㉯ 탄산수소칼륨
> ㉰ 인산암모늄
> ㉱ 탄산수소칼륨 + 요소

해답 ㉮ $NaHCO_3$
㉯ $KHCO_3$
㉰ $NH_4H_2PO_4$
㉱ $KHCO_3+(NH_2)_2CO$

참고 • 탄산수소나트륨 = 중탄산나트륨 = 중조
• 탄산수소칼륨 = 중탄산칼륨

08 다음 분말소화약제의 적응화재를 표시하시오.

> ㉮ $NH_4H_2PO_4$ ㉯ $NaHCO_3$
> ㉰ $KHCO_3$

해답 ㉮ A · B · C급 ㉯ B · C급
㉰ B · C급

09 다음 보기의 분말소화약제의 착색 색깔을 쓰시오.

> ㉮ 인산암모늄 ㉯ 탄산수소칼륨
> ㉰ 탄산수소나트륨 ㉱ 염화바륨

해답 ㉮ 담홍색(핑크색)
㉯ 보라색
㉰ 백색
㉱ 회색

10 다음 반응식을 쓰시오(소화제로 사용할 때의 열분해 반응식).

> ㉮ 중조
> ㉯ 탄산수소칼륨
> ㉰ 인산암모늄
> ㉱ 탄산수소칼륨 + 요소

해답 ㉮ $2NaHCO_3 \rightarrow Na_2CO_3+CO_2\uparrow+H_2O$
㉯ $2KHCO_3 \rightarrow K_2CO_3+CO_2\uparrow+H_2O$
㉰ $NH_4H_2PO_4 \rightarrow HPO_3+NH_3\uparrow+H_2O$
㉱ $2KHCO_3+(NH_2)_2CO \rightarrow K_2CO_3+2NH_3\uparrow+2CO_2\uparrow$

11 분말소화제인 인산암모늄의 열분해 반응식과 소화원리를 쓰시오.

해답 ① 열분해 반응식 :
$NH_4H_2PO_4 \rightarrow HPO_3 + NH_3\uparrow + H_2O$
② 소화원리 : 메타인산에 의한 질식효과와 수분에 의한 냉각효과

참고 • 인산암모늄의 열분해 반응식
$NH_4H_2PO_4 \rightarrow HPO_3 + NH_3\uparrow + H_2O$
(인산암모늄) (메타인산) (암모니아) (물)

12 다음 분말소화약제의 1차 분해 반응식을 쓰시오.

> ㉮ $NH_4H_2PO_4$ ㉯ $NaHCO_3$

해답 ㉮ $NH_4H_2PO_4 \rightarrow H_3PO_4 + NH_3\uparrow$
㉯ $2NaHCO_3 \rightarrow Na_2CO_3 + CO_2\uparrow + H_2O$

참고 $NH_4H_2PO_4$의 열분해 메카니즘
• 1차 분해(190℃) :
$NH_4H_2PO_4 \rightarrow H_3PO_4 + NH_3\uparrow$
(인산 암모늄) (오르소인산) (암모니아)
• 2차 분해(215℃) :
$2H_3PO_4 \rightarrow H_4P_2O_7 + H_2O$
(오르소인산) (피로인산) (물)
• 3차 분해(300℃ 이상) :
$H_4P_2O_7 \rightarrow 2HPO_3 + H_2O$
(피로인산) (메타인산) (물)

13 분말소화제의 표면 처리제 2가지를 쓰시오.

해답 ① 금속비누
② 실리콘수지

14 분말소화제의 표면 처리제 중 금속비누에 해당되는 물질을 2가지만 쓰시오.

해답 ① 스테아르산아연
② 스테아르산알루미늄

질식소화기의 종류(이산화탄소 소화기)

01 탄산가스(이산화탄소) 소화기로 적응성이 좋은 화재는 무엇인가?

해답 B급 · C급 화재

02 액체 탄산가스를 무엇이라고 하는가?

해답 액화 탄산가스

03 고체 탄산가스를 무엇이라 하는가?

해답 드라이아이스

04 공기보다 무거운 기체로 방출시 드라이아이스를 만들며, 특히 B급 및 C급 화재에 적응성이 좋은 소화제의 화학식을 쓰시오.

해답 CO_2

05 탄산가스 소화기의 용기는 어떤 것을 사용하는가?

해답 이음매 없는 강철제 고압용기

06 탄산가스 소화기의 충전비는?

해답 1.5 이상

07 탄산가스소화기 폰의 재질을 쓰시오.

해답 베크아이트(페놀수지)

08 탄산가스 소화기에 충전하는 액화탄산가스의 농도 및 흡수할 수 있는 수분한계는 몇 %인가?

해답 ① 액화탄산가스 : 99.5% 이상
② 수분한계 : 0.05% 이하

09 이산화탄소 소화약제의 주성분인 탄산가스는 수분함량을 몇 중량%를 초과할 수 없으며 그 이유는 무엇인가?

해답 ㉮ 0.05%
㉯ 방출시 줄 톰슨효과에 의해 수분이 결빙되어 노즐구멍을 폐쇄하기 때문

10 탄산가스 소화기의 단점 3가지를 간단히 쓰시오.

해답 ① 약제가 부족할 경우 재연소 되기 쉽다.
② 피부와 접촉하면 동상에 걸린다.
③ 25MPa의 압력에 용기가 견디어야만 한다.

적중·예상문제

질식소화기의 종류(간이소화제)

01 간이소화제의 종류를 5가지 쓰시오.

> **해답** ① 마른 모래
> ② 팽창질석, 팽창진주암
> ③ 중조톱밥
> ④ 수증기
> ⑤ 소화탄

02 소화제 중 만능 소화제라고 할 수 있는 간이소화제는?

> **해답** 마른 모래

03 마른 모래는 위험물의 화재에 널리 유효하다. 이를 저장하는 경우 특히 주의하여야 할 사항 4가지를 쓰시오.

> **해답** ① 반드시 건조되어 있을 것
> ② 가연물이 함유되어 있지 말 것
> ③ 포대 또는 반절 드럼에 넣어 보관할 것
> ④ 부속기구로 삽·양동이를 비치할 것

04 질석, 진주암을 1,000~1,400°C에서 가열하면 몇 배 정도 팽창하는가?

> **해답** 10~15배

05 간이소화제로 사용되는 중조 톱밥은 어떻게 만들고(성분) 그 적응화재는 무엇인가?

> **해답** 중조와 톱밥의 혼합물, B급 화재

냉각소화기의 종류(물 소화기)

01 냉각소화의 정의를 쓰시오.

> **해답** 연소물질로부터 열을 빼앗아 발화점 이하로 온도를 낮추어 소화하는 방법

02 냉각소화기의 종류를 3가지 기술하시오.

> **해답** ① 물 소화기
> ② 강화액 소화기
> ③ 산·알칼리 소화기

03 물 소화기에는 3가지 방출 방식이 있다. 그 3가지 방식을 쓰시오.

> **해답** ① 수동 펌프식 ② 가스가압식
> ③ 축압식

04 물을 무상으로 방출할 경우의 소화효과 2가지를 간단히 설명하시오.

> **해답** ① 단위표면적이 넓어지므로 냉각효과가 좋다.
> ② 기화된 수증기에 의하여 질식효과도 얻는다.

05 일반적으로 분무 주수할 때 얻을 수 있는 소화효과 2가지를 쓰시오.

> **해답** ① 냉각효과
> ② 질식효과

06 유류화재에 물을 봉상으로 사용할 경우 위험성은 어떠한가?

> **해답** 화재면의 확대로 위험성이 커진다.

07 물을 소화제로 사용하는 조건(장점) 4가지는 무엇인가?

> **해답** ① 기화잠열이 크다.
> ② 구입하기 쉽다.
> ③ 가격이 저렴하다.
> ④ 사용하기 안전하다.

냉각소화기의 종류(산·알칼리 소화기)

01 산·알칼리 소화기의 소화작용은 무슨 효과에 의한 소화작용인가?

> **해답** 냉각소화

02 산·알칼리 소화기의 방출방식 2가지를 쓰시오.

> **해답** ① 전도식
> ② 파병식

03 산·알칼리 소화기에 대하여 기술하시오.

> ㉮ 소화약제(내약제·외약제)
> ㉯ 방출용액의 pH값

> **해답** ㉮ 내약제 : 농황산(H_2SO_4)
>   외약제 : 탄산수소나트륨($NaHCO_3$)
>   ㉯ 5.5 이상
> **참고** 탄산수소나트륨 = 중탄산나트륨

04 산·알칼리 소화기의 내약제와 외약제의 혼합을 막기 위하여 용기를 기울였을 때 기울기의 한계는 몇 도인가?

> **해답** 30° 이하

05 산·알칼리 소화기에 대하여 다음 물음에 답하시오.

> ㉮ 소화약제 방출압력원 가스의 화학식
> ㉯ 약제교환시기

> **해답** ㉮ CO_2
> ㉯ 2년에 1회

06 산·알칼리 소화기의 주성분과 화학반응식을 완결하시오.

> **해답** 주성분 : H_2SO_4, $NaHCO_3$
> 반응식 : $2NaHCO_3 + H_2SO_4 \rightarrow Na_2SO_4 + 2CO_2\uparrow + 2H_2O$
> **참고** 산·알칼리 소화기의 반응식
> $2NaHCO_3 + H_2SO_4 \rightarrow$
> (탄산수소나트륨) (황산)
> $Na_2SO_4 + 2CO_2\uparrow + 2H_2O$
> (황산나트륨) (이산화탄소) (물)

냉각소화기의 종류(강화액 소화기)

01 냉각소화기 중 한냉지나 겨울철에 사용하는 소화기는 무엇인가?

> **해답** 강화액 소화기

02 강화액 소화기에서 물과 함께 첨가되는 것은 무엇인가?

> **해답** 탄산칼륨(K_2CO_3)
> **참고** 강화액 소화기의 약제는 탄산칼륨의 포화수용액이다.

03 강화액 소화제를 간단히 설명하시오.

> **해답** 물에 탄산칼륨을 첨가하여 겨울철이나 한냉지에서 사용하는 소화제

적중·예상문제

04 강화액 소화기의 3가지의 방출방식을 쓰시오.

해답 ① 축압식
② 가스가압식
③ 반응식

05 강화액 소화제에 대한 물음에 답하시오.

㉮ 액의 비중은?
㉯ 소화작용은?

해답 ㉮ 1.3~1.4   ㉯ 냉각소화

06 강화액 소화기에 대하여 기술하시오.

㉮ 축압식 소화기의 상용압력(MPa)
㉯ 첨가약제의 화학식
㉰ 무상으로 방출할 경우 적응화재

해답 ㉮ 0.81~0.98MPa
㉯ K_2CO_3
㉰ A·B·C급 화재

07 강화액 소화기에 대하여 다음 물음에 답하시오.

㉮ 응고점은 얼마인가?
㉯ 액성은 무엇인가?

해답 ㉮ -30~-25℃
㉯ 알칼리성

08 반응식 강화액 소화기의 반응식을 쓰시오.

해답 $K_2CO_3 + H_2SO_4 \rightarrow K_2SO_4 + CO_2\uparrow + H_2O$
참고 반응식 강화액소화기의 반응식
$K_2CO_3 + H_2SO_4 \rightarrow K_2SO_4 + CO_2\uparrow + H_2O$
(탄산칼륨) (황산) (황산칼륨) (이산화탄소) (물)

억제 소화기의 종류

01 할론 및 할로젠화합물 소화제의 3대 소화효과를 쓰시오.

해답 ① 억제소화효과
② 희석소화효과
③ 냉각소화효과

02 할론 및 할로젠화합물 소화약제의 소화효과를 고찰하면 (㉮)효과, (㉯)효과, 희석효과 등이 있다.

해답 ㉮ 억제   ㉯ 냉각

03 CTC의 명칭을 쓰시오.

해답 테트라클로로메탄 또는 사염화탄소

04 할론 소화제 중에 포스겐가스를 발생할 수 있는 소화제 화학식을 쓰시오.

해답 CCl_4

05 사람이 많이 모인 밀폐된 실내에서 갑자기 화재가 발생했을 때 테트라클로로메탄(사염화탄소) 소화기를 사용할 수 없는 이유는?

해답 독가스인 $COCl_2$(포스겐가스)를 발생하므로

06 CTC가 고온에서 물과의 반응식과 생성되는 가스의 명칭을 쓰시오.

해답 반응식 : $CCl_4 + H_2O \rightarrow COCl_2\uparrow + 2HCl\uparrow$
생성가스 : $COCl_2$(포스겐가스), HCl(염화수소)

07 테트라클로로메탄(사염화탄소)이 높은 온도에서 다음과 같은 조건에서 반응할 때 반응식을 쓰시오.

> ㉮ 고온 건조한 공기 속
> ㉯ 산화제2철 중
> ㉰ 이산화탄소 중

해답 ㉮ $2CCl_4 + O_2 \rightarrow 2COCl_2\uparrow + 2Cl_2\uparrow$
㉯ $3CCl_4 + Fe_2O_3 \rightarrow COCl_2\uparrow + 2FeCl_3$
㉰ $CCl_4 + CO_2 \rightarrow 2COCl_2\uparrow$

08 다음은 할론 소화기의 약칭이다. 각 약자에 해당되는 할론 넘버를 쓰시오.

> ㉮ MTB ㉯ BF ㉰ BFC

해답 ㉮ 1301
㉯ 2402
㉰ 1211

참고 MTB : CF_3Br
BF(FB) : $C_2F_4Br_2$
BFC(BCF) : CF_2ClBr

09 다음 보기에 있는 할론 소화기의 화학식과 할론 넘버를 쓰시오.

> ㉮ 테트라클로로메탄
> ㉯ 브로모클로로메탄
> ㉰ 다이브로모테트라플루오로에탄
> ㉱ 브로모클로로다이플루오로메탄

해답 ㉮ CCl_4, 1040
㉯ CH_2ClBr, 1011
㉰ $C_2F_4Br_2$, 2402
㉱ CF_2ClBr, 1211

10 할론 중 가장 부식성이 강하므로 황동제 용기를 사용하며 테트라클로로메탄(사염화탄소)보다 소화능력이 3배 강한 할론 소화기의 명칭을 쓰시오.

해답 브로모클로로메탄

참고 브로모클로로메탄(CH_2ClBr)은 테트라클로로메탄(사염화탄소)보다 소화 능력이 3배 강하다.

11 브로모클로로메탄 소화기의 용기로서 적합한 재질은 무엇인가?

해답 황동제(놋쇠)

12 비중 2.2, 비등점 48℃, 기화열이 25Kcal/kg인 할론 소화기의 할론 넘버와 화학식을 쓰시오.

해답 할론 넘버 : 2402
화학식 : $C_2F_4Br_2$

참고 본문내용 : $C_2F_4Br_2$(다이브로모테트라플루오로에탄)

13 다음 할론소화약제 2402에 대한 물음에 답하시오.

> ㉮ 적응화재는?
> ㉯ 주된 소화효과는?
> ㉰ 화학식을 쓰시오.

해답 ㉮ B,C급 화재
㉯ 억제소화
㉰ $C_2F_4Br_2$

적중·예상문제

14 할로젠화합물 소화약제 HFC-227ea의 화학식을 쓰시오.

　[해답] C_3HF_7

　[참고] HFC(Hydrogen Fluoro Carbons) : 플루오린화탄화수소의 화학식
　　• HFC-2 2 7ea의 화학식
　　　　F의 수 : 7±0=7
　　　　H의 수 : 2-1=1
　　　　C의 수 : 2+1=3
　　　∴ C_3HF_7

15 할론 및 할로젠화합물 소화기의 조건을 3가지 기술하시오.

　[해답] ① 비점이 낮을 것
　　　　② 공기보다 무겁고 불연성일 것
　　　　③ 기화되기 쉬울 것

소화기의 사용방법

01 수동식소화기는 소방대상물의 각 부분으로부터 보행거리 얼마의 위치마다 설치하는가?

　㉮ 소형 수동식소화기
　㉯ 대형 수동식소화기

　[해답] ㉮ 20m 이하
　　　　㉯ 30m 이하

02 다음은 대형 수동식소화기의 소화약제 충전량이다. 해당되는 충전량을 쓰시오.

종 별	충전량
물소화기	(㉮)ℓ 이상
강화액 소화기	60ℓ 이상
이산화탄소 소화기	(㉯)kg 이상
할로젠화합물소화기	(㉰)kg 이상
분말소화기	20kg 이상
포 소화기	(㉱)ℓ 이상

　[해답] ㉮ 80
　　　　㉯ 50
　　　　㉰ 30
　　　　㉱ 20

03 소화기구를 비치하여야 할 곳에 게시하는 표지에 기재할 사항을 쓰시오.

　㉮ 수동식 소화기
　㉯ 마른 모래
　㉰ 팽창질석·팽창진주암

　[해답] ㉮ 소화기
　　　　㉯ 소화용 모래
　　　　㉰ 소화질석

04 소화설비의 소화능력의 기준 단위를 무엇이라 하는가?

　[해답] 능력단위
　[참고] 소화설비는 소요 단위에 맞추어 능력단위 이상을 설치한다.

05 대형수동식 소화기는 능력단위 A급 화재 (㉮) 이상, B급 화재 (㉯) 이상인 것을 말한다. 괄호 안에 들어갈 것은 무엇인가?

해답 ㉮ 10단위
　　 ㉯ 20단위

06 간이소화용구 중 소화전용물통 8ℓ에 해당되는 능력단위는 얼마인가?

해답 0.3단위

참고 간이소화용구의 능력단위

소화설비	용량	능력단위
소화전용 물통	8ℓ	0.3단위
수조(소화전용 물통 3개 포함)	80ℓ	1.5단위
수조(소화전용 물통 6개 포함)	190ℓ	2.5단위
마른 모래(삽 1개 포함)	50ℓ	0.5단위
팽창질석 또는 팽창진주암 (삽 1개 포함)	160ℓ	1단위

07 다음은 간이소화용구의 능력단위이다. 괄호 안에 들어갈 것을 쓰시오.

간이소화용구		능력단위
마른모래	삽을 상비한 50ℓ 이상의 것 1포	(㉮)단위
팽창질석 또는 팽창진주암	삽을 상비한 (㉯)ℓ 이상의 것 1포	1단위

해답 ㉮ 0.5
　　 ㉯ 160

08 구조물의 1소요 단위는 외벽의 구조를 기준으로 한 연면적으로 환산된다. 다음 물음에 답하시오.

㉮ 제조소인 경우 외벽이 내화구조일 때 1소요 단위는?
㉯ 저장소로서 외벽이 내화구조가 아닌 경우의 1소요 단위는?

해답 ㉮ 100m²　　㉯ 75m²

참고 1소요 단위
- 제조소·취급소용 건축물로 외벽이 내화구조인 것 : 100m²
- 제조소·취급소용 건축물로 외벽이 내화구조 이외의 것 : 50m²
- 저장소용 건축물로 외벽이 내화구조인 것 : 150m²
- 저장소용 건축물로 외벽이 내화구조 이외의 것 : 75m²
- 위험물 : 지정수량 10배

09 다음 보기에서 제조소등의 1소요 단위 기준을 쓰시오.

㉮ 제조소의 건축물 외벽이 내화구조 이외의 경우 1소요 단위는?
㉯ 저장소의 경우 건축물 외벽이 내화구조인 경우 1소요 단위는?

해답 ㉮ 50m²
　　 ㉯ 150m²

10 건축면적이 600m²이고 외벽이 내화구조로 된 제조소의 소화설비 소요 단위는 얼마인가?

해답 [계산과정]
소요단위 : $\dfrac{600m^2}{100m^2}$ = 6소요 단위
[답] 6소요 단위

11 저장소용 건축물로서 건축물의 외벽이 내화구조 이외의 것으로 된 곳의 연면적이 450m²의 경우 소요 단위는 얼마인가?

해답 [계산과정]
저장소용 건축물로 외벽이 내화구조 이외의 것 1소요 단위 : 연면적 75m
소요 단위 : $\dfrac{450m^2}{75m^2}$ = 6소요 단위
[답] 6소요 단위

적중·예상문제

12 위험물의 1소요 단위는 지정수량의 몇 배인가?

해답 10배

13 위험물의 소요 단위를 산출하고자 한다. 가솔린 20,000ℓ는 몇 단위인가?

해답 [계산과정]
위험물 1소요 단위는 지정수량 10배이며, 가솔린의 지정수량은 200ℓ이므로
$$\frac{20,000ℓ}{200ℓ \times 10} = 10 \text{ 소요 단위}$$
[답] 10 소요 단위

14 제조소등에 필요한 소화기 단위를 소요 단위라 한다. 진한 질산 10,000kg의 소요 단위를 산출하시오.

해답 [계산과정]
위험물 1소요 단위는 지정수량 10배이며, 질산의 지정수량은 300kg이므로
$$\frac{10,000\text{kg}}{300\text{kg} \times 10} = 3.333$$
[답] 3.33소요단위

15 소화기를 설치할 경우 지면으로부터의 높이는 몇 m 이하에 설치하여야 하는가?

해답 1.5m 이하

16 소화기의 자체점검 사항에 대하여 답하시오.

㉮ 작동기능 검사
㉯ 종합 정밀 검사

해답 ㉮ 연 1회(상반기 실시)
㉯ 연 1회(하반기 실시)

17 각종 소화기의 공통적인 유지 관리사항을 쓰시오.

해답 ① 바닥면으로부터 1.5m 이하되는 지점에 설치할 것
② 통행피난에 지장이 없고 사용할 때 반출하기 쉬운 곳에 설치
③ 소화제가 동결, 변질 또는 분출할 우려가 없는 곳에 설치할 것
④ 설치된 지점에 잘 보이도록 「소화기」 표시를 할 것

18 다음 그림은 축압식 소화기이다. 그림을 보고 방사방법을 순서대로 설명하시오.

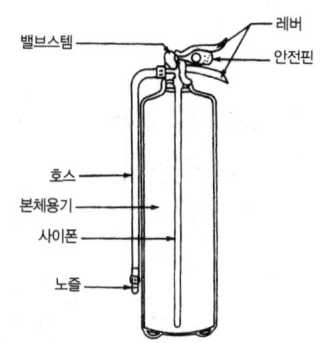

해답 ① 안전핀을 뽑는다.
② 노즐은 화점을 향한다.
③ 레버를 움켜쥔다.

19 소화기 작동시 일반 주의사항을 쓰시오.

해답 ① 적응화재에만 사용할 것
② 성능에 따라 불 가까이 접근하여 사용할 것
③ 바람을 등지고 풍상에서 풍하의 방향으로 사용할 것
④ 양 옆으로 비로 쓸 듯이 골고루 사용할 것

위험물의 소화방법

01 일반적으로 각 류별 위험물의 소화효과에서 적당한 것을 쓰시오.

> ① 제1류 위험물
> ② 제2류 위험물
> ③ 제4류 위험물
> ④ 제5류 위험물

해답 ① 냉각소화
② 냉각소화 및 질식소화
③ 질식소화
④ 냉각소화

02 제1류 위험물과 제5류 위험물로 인한 화재시 소화방법은?

해답 대량의 주수에 의한 냉각소화

03 제1류 위험물의 소화는 주수소화가 적당하나 주수할 수 없는 것은 무엇인가?

해답 알칼리금속의 과산화물

04 제2류 위험물 중 오황화인의 화재에 주수를 할 경우 발생되는 유독가스는 무엇인가?

해답 황화수소가스(H_2S)
참고 $P_2S_5 + 8H_2O \rightarrow 2H_3PO_4 + 5H_2S\uparrow$
(오황화인) (물)   (인산)   (황화수소)

05 마그네슘과 같은 금속화재에 대하여 다음 물음에 답하시오.

> ㉮ 화재의 종류   ㉯ 적응소화기

해답 ㉮ D급 화재(금속화재)
㉯ 탄산수소염류 분말소화기

06 마그네슘(Mg)의 소화방법 2가지를 쓰시오.

해답 ① 마른 모래
② 탄산수소염류 분말소화기

07 제3류 위험물 중 나트륨의 화재시 사용할 수 있는 소화제로 맞는 것을 모두 고르시오.

> 팽창질석, 마른 모래, 포소화약제, 이산화탄소, 인산염류

해답 팽창질석, 마른 모래

08 제3류 위험물 중 황린을 제외한 위험등급 1등급 위험물의 소화약제 2가지를 쓰시오.

해답 마른 모래, 팽창 질석, 팽창 진주암, 탄산수소염류 분말소화약제(중 2가지)

09 제4류 위험물의 화재시 가장 많이 사용하는 소화방법을 쓰시오.

해답 질식소화

10 제4류 위험물의 질식소화에 사용되는 소화기 3가지만 쓰시오.

해답 ① 포말소화기
② 분말소화기
③ CO_2 소화기

11 제4류 위험물은 대체로 물로 주수 소화를 하면 화재 면이 확대되는 우려가 있다. 이 이유는 어떠한 물리적 성질 때문인가?

해답 제4류 위험물은 물에 불용이고 물보다 비중이 작아 물 위에 뜨는 성질이 있으므로 주수소화하면 화재 면이 확대된다.

12 C_5H_5N의 유출로 화재가 발생했다. 당신이 안전관리자라면 포말소화기 중 어떤 소화기로 소화하겠는가? 또 소화원리를 설명하시오.

  해답 ㉮ 소화기 종류 : 알코올포
   ㉯ 소화원리 : 질식소화
  참고 C_5H_5N(피리딘) : 제4류 위험물 중 인화성 액체 중 제1석유류이며 수용성이다.

13 제5류 위험물의 주된 소화방법을 쓰시오.

  해답 대량의 주수소화
  참고 마른모래, 팽창질석, 팽창진주암으로 화재의 확대를 방지할 수 있다.

14 제5류 위험물이 질식소화가 안되는 이유를 쓰시오.

  해답 제5류 위험물은 자기 반응성물질로서 대부분 자체 내부에 산소를 함유하므로 공기 중의 산소를 차단하는 질식소화는 부적합하다.

15 제6류 위험물이 소량일 경우의 소화방법으로 좋은 것은?

  해답 대량의 물로 주수소화

16 제6류 위험물의 소화방법 3가지를 쓰시오.

  해답 ① 대량의 물
   ② 마른 모래
   ③ 인산염류분말 소화제

자체소방대의 편성

01 제4류 위험물을 저장·취급하는 제조소등에 자체소방대를 두어야 할 경우 지정수량 기준을 쓰시오.

  제조소·일반취급소의 경우

  해답 3,000배 이상

02 제조소등에 설치된 화학소방 자동차의 대수와 조작인원은 몇 명인가?

  ㉮ 지정수량 12만 배 미만
  ㉯ 지정수량 12만 배 이상 24만 배 미만
  ㉰ 지정수량 24만 배 이상 48만 배 미만
  ㉱ 지정수량 48만 배 이상

  해답 ㉮ 1대, 5명
   ㉯ 2대, 10명
   ㉰ 3대, 15명
   ㉱ 4대, 20명

03 제조소등에 설치된 화학소방차의 방출능력에 대하여 답하시오.

  ㉮ 포말   ㉯ 분말
  ㉰ CO_2 ㉱ 할로젠화합물

  해답 ㉮ 2,000ℓ/min 이상
   ㉯ 35kg/sec 이상
   ㉰ 40kg/sec 이상
   ㉱ 40kg/sec 이상

04 제조소등에 설치된 화학소방 자동차의 소화약제 비치량에 대하여 답하시오.

㉮ 포말	㉯ 할로젠화합물
㉰ 분말	㉱ CO_2

해답 ㉮ 10만ℓ의 거품을 방출할 수 있는 포수용액
㉯ 1,000kg
㉰ 1,400kg
㉱ 3,000kg

05 화학소방 자동차를 두어야 할 제조소등에서 포말 화학소방 자동차의 대수는 전체 소방 자동차의 얼마 이상을 두어야 하는가?

해답 $\frac{2}{3}$ 이상

제2편

위험물의 특성

법령개정으로 위험물의 명칭등이 변경되었으나 실기시험에서는
변경되기 전의 명칭을 사용하여 답안을 작성하여도 정답처리 됩니다.

제1장	위험물의 특성
제2장	제1류 위험물
제3장	제2류 위험물
제4장	제3류 위험물
제5장	제4류 위험물
제6장	제5류 위험물
제7장	제6류 위험물

■ 적중 · 예상문제

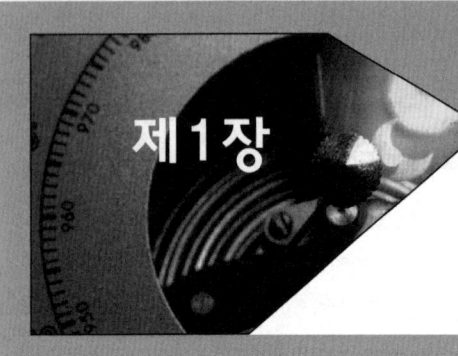

제1장 위험물의 특성

1. 위험물의 정의

인화성 또는 발화성 등의 성질을 가지는 것으로서 대통령령이 정하는 물품을 말한다.

> 위험물이라 함은 너무나 광범위하며 사용하는 목적에 따라 위험물이 될 수도 있고 될 수 없는 경우도 있다. 이 편에서 위험물이라 함은 위험물 안전관리법에서의 위험물만을 말한다.

2. 위험물의 구성

① 유별 ② 성질 ③ 품명 ④ 지정수량

① 유별
제1류에서 제6류 위험물까지 화학적·물리적 성질이 비슷한 위험물로 구분한다.

② 성질
- 산화성 고체(제1류) : 고체로서 산화력의 잠재적인 위험성 또는 충격에 대한 민감성을 판단하기 위하여 소방청장이 정하여 고시하는 시험에서 고시로 정하는 성질과 상태를 나타내는 것을 말한다.
- 가연성 고체(제2류) : 고체로서 화염에 의한 발화의 위험성 또는 인화의 위험성을 판단하기 위하여 고시로 정하는 시험에서 고시로 정하는 성질과 상태를 나타내는 것을 말한다.
- 자연발화성 물질 및 금수성 물질(제3류) : 고체 또는 액체로서 공기 중에서 발화의 위험성이 있거나 물과 접촉하여 발화하거나 가연성 가스를 발생하는 위험성이 있는 것을 말한다.
- 인화성 액체(제4류) : 액체(제3석유류, 제4석유류 및 동식물유류에 있어서는 1기압과 20℃에서 액상인것에 한한다)로서 인화의 위험성이 있는 것을 말한다.
- 자기반응성 물질(제5류) : 고체 또는 액체로서 폭발의 위험성 또는 가열분해의 격렬함을 판단하기 위하여 고시로 정하는 시험에서 고시로 정하는 성질과 상태를 나타내는 것을 말한다.
- 산화성 액체(제6류) : 액체로서 산화력의 잠재적인 위험성을 판단하기 위하여 고시로 정하는 시험에서 고시로 정하는 성질과 상태를 나타내는 것을 말한다.

③ 품명 : 시행령 별표1의 명칭

④ 지정수량 : 위험물의 종류별로 위험성을 고려하여 대통령령이 정하는 수량으로서 제조소등의 설치허가 등에 있어서 최저의 기준이 되는 수량
- 지정수량 환산방법(지정수량의 배수)

$$\frac{A품목 \ 저장수량}{A품목의 \ 지정수량} + \frac{B품목 \ 저장수량}{B품목의 \ 지정수량} + \cdots = 환산 \ 지정수량(1 \ 이상이면 \ 지정수량 \ 이상으로 \ 본다)$$

제2장 제1류 위험물

1. 제1류 위험물의 필수 암기사항

1 제1류 위험물(산화성 고체)
강산화성 물질로 상온에서 고체상태이고 과열·마찰 충격으로 많은 산소를 방출한다.

2 제1류 위험물의 품명 및 지정수량

유별 및 성질	위험등급	품 명	지 정 수 량
제1류 (산화성 고체)	I	1. 아염소산염류 2. 염소산염류 3. 과염소산염류 4. 무기과산화물	50kg 50kg 50kg 50kg
	II	5. 브로민산염류(브롬산염류) 6. 아이오딘산염류(요오드산염류) 7. 질산염류	300kg 300kg 300kg
	III	8. 과망가즈니산염류(과망간산염류) 9. 다이크로뮴산염류(중크롬산염류)	1,000kg 1,000kg
	I ~ III	10. 그 밖에 행정안전부령이 정하는 것 11. 제1호 내지 제10호의1에 해당하는 　　어느 하나 이상을 함유한 것	50kg, 300kg 또는 1,000kg

그 밖에 행정안전부령이 정하는 것의 지정수량
① 차아염소산염류 : NaClO 등(50kg) ② 과아이오딘산 : HIO_4(300kg) ③ 과아이오딘산염류 : $NaIO_4$ 등(300kg) ④ 아질산염류 : KNO_2 등 (300kg) ⑤ 크로뮴, 납 또는 아이오딘의 산화물 : CrO_3, PbO_2, I_2O_5(300kg) ⑥ 퍼옥소붕산염류 : $NaBO_3 \cdot 4H_2O$ 등(300kg) ⑦ 퍼옥소이황산염류 : $K_2S_2O_8$ 등(300kg) ⑧ 염소화아이소시아누르산 : $C_3Cl_3N_3O_3$(300kg)

3 제1류 위험물의 공통성질

① 불연성이며 산소를 많이 함유하고 있는 강산화제이다.
② 반응성이 풍부하여 열·타격·마찰· 충격 및 다른 약품과의 접촉으로 분해하여 많은 산소를 방출하며 다른 가연물의 연소를 돕는다.
③ 대부분 무색결정 또는 백색분말이며 비중이 1보다 크고 수용성인 것이 많다.

제1류 위험물 : ②번과 같은 성질 때문에 조연성 물질이라고도 부르며 가연물과 혼합되어 있을 경우 마찰, 충격 등으로 폭발의 위험이 있다.
• 조연성 : 산소를 많이 함유하여 연소를 도와주는 성질

4 제1류 위험물의 저장 및 취급방법

① 용기의 파손에 의한 위험물의 누설에 주의한다.
② 용기는 밀폐하여 환기가 잘 되는 찬 곳에 저장한다.
③ 조해성이 있으므로 습기에 주의할 것
④ 열원이나 산화되기 쉬운 물질과 화재 위험이 있는 곳으로부터 멀리 하고, 다른 약품류 및 가연물과의 접촉을 피한다.

2. 제1류 위험물의 성질

1 아염소산염류

지정수량 : 50kg

아염소산염류 : 아염소산($HClO_2$)의 수소가 금속 또는 양성원자단으로 치환된 화합물의 총칭이다.

(1) 아염소산나트륨($NaClO_2$)
① 순수한 무수물의 분해온도 350℃ 이상
② 수분이 포함될 경우 분해온도 120~130℃
③ 무색의 결정성 분말
④ 산을 가할 경우 발생되는 유독가스는 ClO_2(이산화염소) 가스이며 염소(Cl_2)와 같은 독성을 갖는다.

- 아염소산나트륨과 알루미늄의 혼촉발화 반응식

$$3NaClO_2 + 4Al \rightarrow 2Al_2O_3 + 3NaCl$$
(아염소산나트륨)　(알루미늄)　(산화알루미늄)　(염화나트륨)

- 아염소산나트륨과 염산의 반응식

$$5NaClO_2 + 4HCl \rightarrow 5NaCl + 4ClO_2\uparrow + 2HO_2$$
(아염소산나트륨)　(염산)　(염화나트륨)　(이산화염소)　(물)

- 마셨을 경우 : 소금물이나 비눗물을 마시게 하여 토하게 한 후 의사에게 보인다.
- 호흡했을 경우 : 신선한 공기가 있는 곳으로 옮기고 보온·안정을 취한 후 산소호흡을 시키며 의사에게 보인다.

2 염소산염류
지정수량 : 50kg

염소산염류 : 염소산($HClO_3$)의 수소(H)가 금속 또는 양성원자단으로 치환된 화합물의 총칭이다.

(1) 염소산칼륨(KClO₃)

① 분해온도 400℃, 융점 368.4℃, 용해도 7.3(20℃), 비중 2.34
② 무색 단사정계 판상결정 또는 백색분말
③ 인체에 유독하다.
④ 상온에서 안정하나 가연물이 혼재되었을 경우 약간의 자극으로 폭발한다.
⑤ 온수, 글리세린에는 잘 녹으나 냉수 및 알코올에는 녹기 어렵다.
⑥ 소화방법은 주수소화가 가장 좋다.

- 폭발을 일으킬 수 있는 경우 : 이산화성 물질, 강산, 중금속염과 혼합되었을 경우
  이산화성 물질 : 산화되기 쉬운 물질(황, 적린, 암모니아, 유기물 등)
- 400℃ 부근에서 분해하여 과염소산칼륨이 되며 540~560℃에서 과염소산칼륨이 분해하여 염화칼륨과 산소를 방출한다.
- 열분해 반응메카니즘
- 이산화망가니즈(MnO₂) 촉매 사용 분해 반응식(70℃에서 분해를 시작하여 200℃에서 완전분해)

$$2KClO_3 \xrightarrow[\text{촉매}]{MnO_2} 2KCl + 3O_2\uparrow$$
(염소산칼륨)　　(염화칼륨)　(산소)

$$2KClO_3 \xrightarrow[\triangle]{400℃} KClO_4 + KCl + O_2\uparrow \Rightarrow KClO_4 \xrightarrow[\triangle]{540~560℃} KCl + 2O_2\uparrow$$
(염소산칼륨)　(과염소산칼륨)　(염화칼륨)　(산소)　　(과염소산칼륨)　　(염화칼륨)　(산소)

- 염소산칼륨과 황산의 반응식
$$6KClO_3 + 3H_2SO_4 \rightarrow 3K_2SO_4 + 2HClO_4 + 4ClO_2\uparrow + 2H_2O$$
(염소산칼륨)　　(황산)　　　(황산칼륨)　　(과염소산)　(이산화염소)　(물)

- 인체에 대한 응급조치 : 아염소산나트륨에 준한다.
- 인체에 대한 유해성 : 1g 이상 먹으면 유독하며 치사량은 어른 15g, 어린이 2g이다.

(2) 염소산나트륨(NaClO₃)

① 분해온도 300℃, 융점 248℃, 용해도 101(20℃), 비중 2.5(20℃)
② 무색, 무취의 입방정계 주상결정
③ 산과 반응하여 유독한 이산화염소(ClO₂)를 발생하며, 이산화염소는 폭발성을 가진다.
④ 알코올, 에터, 물에 잘 녹으며 조해성이 크다.
⑤ 철을 잘 부식시키므로 철제용기에 저장하지 말아야 한다.

염소산나트륨 : 조해성이 특히 크므로 용기는 밀전, 밀봉해야 한다.
- 조해성 : 고체가 공기 중의 수분을 흡수하여 액체가 되는 것

염소산나트륨과 염산의 반응식

$2NaClO_3 + 4HCl \rightarrow 2NaCl + Cl_2\uparrow + 2ClO_2\uparrow + 2H_2O$
(염소산나트륨)　(염산)　(염화나트륨)　(염소)　(이산화염소)　(물)

(3) 염소산암모늄(NH_4ClO_3)

① 대단히 폭발성이 크다.
② 조해성이 있다.
③ 금속 부식성이 크다.
④ 단독 또는 유기물질 혼입시 폭발한다.

- 100℃에서 폭발반응식(다량의 가스 발생)

$2NH_4ClO_3 \xrightarrow{\Delta} N_2\uparrow + Cl_2\uparrow + O_2\uparrow + 4H_2O$
(염소산암모늄)　(질소)　(염소)　(산소)　(물)

③ 과염소산염류

지정수량 : 50kg

- 과염소산염류 : 과염소산($HClO_4$)의 수소가 금속 또는 양성원자단으로 치환된 화합물의 총칭
- 일반적으로 과염소산염류는 염소산염류보다 안정하다.

(1) 과염소산칼륨($KClO_4$)

① 분해온도 400℃, 융점 610℃, 용해도 1.8(20℃), 비중 2.52
② 무색, 무취의 사방정계결정
③ 물에 녹기 어렵고 알코올, 에터에 녹지 않는다.
④ 종이, 나무조각, 목탄 및 에터와는 상온·상압에서 습기 및 일광으로 인하여 발화한다.
⑤ 진한황산과 접촉하면 폭발한다.

> - 분해온도 : 400℃에서 분해가 시작되어 610℃에서는 완전분해한다. 또한 분해반응은 다음과 같다.
>
> $$KClO_4 \xrightarrow{\Delta} KCl + 2O_2 \uparrow$$
> (과염소산칼륨)　(염화칼륨)　(산소)
>
> - 인체에 대한 응급조치 : 아염소산 나트륨에 준한다.
>   인체에 대한 위해성 : 피부에 접촉하면 염증을 일으키므로 물로 충분히 씻는다.

(2) 과염소산나트륨($NaClO_4$)

① 분해온도 400℃, 융점 482℃, 용해도 170(20℃), 비중 2.50
② 무색, 무취의 조해되기 쉬운 결정
③ 유기물·가연물·금속미분과 혼합하여 충격·가열하면 폭발한다.

> - 공기 중에서 가열하여 무수물이 생기는 온도 : 약 58℃
> - 결정수를 잃은 온도 : 200℃
>   결정수 : 고체결정이 결합할 때 필요한 물
> - 인체에 대한 위해성 : 유독물은 아니나 피부·눈·호흡기 등을 자극하며 눈에 들어가면 충분히 물로 씻고 의사의 치료를 받는다.

(3) 과염소산암모늄(NH_4ClO_4)

① 분해온도 130℃, 비중 1.87
② 무색, 수용성 결정으로 에테르에 녹지 않고 알코올과 아세톤에 약간 녹는다.
③ 충격에는 비교적 안정하나 130℃에서 분해되어 300℃ 부근에서는 급격히 산소를 방출하며 400℃에서 발화한다.
④ 강한 충격 또는 분해온도 이상 가열하면 폭발한다.

- 과염소산암모늄의 분해반응식

  $2NH_4ClO_4 \xrightarrow{\Delta} N_2\uparrow + Cl_2\uparrow + 2O_2\uparrow + 4H_2O$
  (과염소산암모늄) (질소) (염소) (산소)   (물)

- 과염소산암모늄과 황산의 화학반응식

  $NH_4ClO_4 + H_2SO_4 \rightarrow NH_4HSO_4 + HClO_4$
  (과염소산암모늄) (황산) (황산수소암모늄) (과염소산)

- 인체에 대한 위해성 : 유독물은 아니나 분진은 피부·눈·호흡기를 자극하며, 눈에 들어가면 충분히 물로 씻고 의사의 치료를 받는다.

4 무기과산화물

지정수량 : 50kg

- 과산화물 $\begin{cases} \text{무기과산화물} \begin{cases} \text{알칼리금속의 과산화물} \\ \text{알칼리토금속의 과산화물} \end{cases} \text{(물기엄금, 제3류 위험물과 위험성 유사)} \\ \text{유기과산화물(화기엄금, 제5류 위험물)} \end{cases}$

- 무기과산화물 중 알칼리금속의 과산화물 : 물과 접촉하여 발열과 함께 산소(O_2)가스를 발생하므로 주수소화가 적합하지 못하나 다른 제1류 위험물은 일반적으로 주수소화한다.

(1) 과산화칼륨(K_2O_2)

① 융점 490℃, 비중 2.9
② 무색 또는 오렌지색의 비정계 물질
③ 흡습성이 있으며 알코올에 용해된다.
④ 물과 접촉하여 수산화칼륨과 산소가스를 발생하며 대량의 경우 폭발한다.
⑤ 가연물과 혼합되어 있을 경우 마찰 및 소량의 물과 접촉으로 발화한다.
⑥ 공기 중에서 탄산가스를 흡수하여 탄산염이 된다.
⑦ 용기는 수분이 들어가지 않게 밀전 및 밀봉해야 한다.

① 화학반응식
- 물과 반응

    $2K_2O_2 + 2H_2O \rightarrow 4KOH + O_2\uparrow$
    (과산화칼륨)　(물)　　(수산화칼륨)　(산소)

- 가열분해반응

    $2K_2O_2 \xrightarrow{\triangle} 2K_2O + O_2\uparrow$
    (과산화칼륨)　(산화칼륨)　(산소)

- 이산화탄소와 반응

    $2K_2O_2 + 2CO_2 \rightarrow 2K_2CO_3 + O_2\uparrow$
    (과산화칼륨)(이산화탄소)　(탄산칼륨)　(산소)

- 초산과 반응

    $K_2O_2 + 2CH_3COOH \rightarrow 2CH_3COOK + H_2O_2$
    (과산화칼륨)　(아세트산·초산)　　(초산칼륨)　(과산화수소)

- 염산과의 반응

    $K_2O_2 + 2HCl \rightarrow 2KCl + H_2O_2$
    (과산화칼륨)　(염산)　(염화칼륨)　(과산화수소)

② 인체에 대한 위해성 : 유독물은 아니나 피부·눈·호흡기 등을 자극한다.

(2) 과산화나트륨(Na_2O_2)

① 분해온도 460℃, 융점 460℃, 비중 2.80
② 순수한 것 : 백색 정방정계
③ 일반적인 것 : 황백색 정방정계
④ 물에는 용해되나 에틸알코올(에탄올)에 잘 녹지 않는다.
⑤ 기타 과산화칼륨에 준한다.

- 위 (1), (2)는 알칼리금속의 과산화물로 물과 접촉을 피하여야 한다.
- 화학반응식 : 과산화칼륨(K_2O_2)의 K을 Na로 바꿔야 한다.

    $2Na + O_2 \xrightarrow[\triangle]{490℃} Na_2O_2$
    (나트륨)　(산소)　　(과산화나트륨)

(3) 과산화마그네슘(MgO_2)

① 시판품의 MgO_2 분포 : 15~25%
② 백색분말이며 물에 녹지 않는다.
③ 습기·물과 접촉하면 산소를 발생한다.
④ 산과 반응하여 과산화수소가 발생한다.
⑤ 환원성물질과 혼합하면 가열·마찰에 의하여 폭발한다.

① 화학반응식 (출제 가능성이 높다)
  • 가열분해반응

  $$2MgO_2 \xrightarrow{\Delta} 2MgO + O_2 \uparrow$$
  (과산화마그네슘) (산화마그네슘) (산소)

  • 산과 반응

  $$MgO_2 + 2HCl \rightarrow MgCl_2 + H_2O_2$$
  (과산화마그네슘) (염산) (염화마그네슘)(과산화수소)

② 인체에 대한 위해성 : 유독물은 아니나 피부에 접촉하면 염증을 일으키며 눈에 들어가면 시력저하를 일으키며 분진을 흡입하면 심한 기침을 일으킨다.

(4) 과산화칼슘(CaO_2)

① 분해온도 275℃, 비중 1.70
② 백색의 무정형(분말)
③ 물에는 극히 적게 녹으며 더운물에서 분해한다.
④ 에틸알코올·에터에 녹지 않는다.
⑤ 산과 반응하여 과산화수소 발생
⑥ 가열분해하여 산화칼슘과 산소가스를 발생한다.

① 가열할 경우 : 100℃에서 결정수를 잃고 275℃에서는 폭발적으로 분해하며 산소를 방출한다.
  • 가열분해반응

  $$2CaO_2 \xrightarrow{\Delta} 2CaO + O_2 \uparrow$$
  (과산화칼슘) (산화칼슘) (산소)

- 산과 반응

    $CaO_2 + 2HCl \xrightarrow{\Delta} CaCl_2 + H_2O_2$
    (과산화칼슘) (염산)　　(염화칼슘) (과산화수소)

② 인체에 대한 위해성 : 유독물은 아니며 과산화마그네슘에 준한다.

(5) 과산화바륨(BaO_2)

① 분해온도 840℃, 융점 450℃, 비중 4.958, 수화물의 비중 2.292
② 알칼리토금속의 과산화물 중 가장 안정하다.
③ 냉수에 약간 녹고 온수에서는 분해하며 묽은 산에 녹는다.

① 과산화바륨과 황산의 화학반응식　　$BaO_2 + H_2SO_4 \rightarrow BaSO_4 + H_2O_2$
　　　　　　　　　　　　　　　　　　(과산화바륨) (황산)　　(황산바륨) (과산화수소)
② 과산화바륨과 염산의 화학반응식　　$BaO_2 + 2HCl \rightarrow BaCl_2 + H_2O_2$
　　　　　　　　　　　　　　　　　　(과산화바륨) (염산)　　(염화바륨) (과산화수소)
③ 과산화바륨과 더운물과의 화학반응식　$2BaO_2 + 2H_2O \rightarrow 2Ba(OH)_2 + O_2 \uparrow$
　　　　　　　　　　　　　　　　　　(과산화바륨) (더운물)　(수산화바륨) (산소)
④ 인체에 대한 응급조치 : 아염소산 나트륨에 준한다.
⑤ 인체에 대한 위해성 : 피부와 접촉하면 염증을 일으키며 눈에 들어가면 시력이 약해져서 실명할 수 있다.

5 브로민산염류(브롬산염류)

지정수량 : 300kg

브로민산염류 : 브로민산($HBrO_3$)의 수소가 금속 또는 양성원자단으로 치환된 화합물의 총칭이다.

(1) 브로민산칼륨($KBrO_3$)

① 융점 438℃, 비중 3.27
② 백색능면체의 결정 또는 결정성 분말

③ 디글리콜산암몬(디클리콜산 암모니아)과 접촉하여 발화하며 황, 숯, 마그네슘 및 알루미늄 분말, 유기물과 가열하면 폭발한다.
④ 염소산칼륨보다 안정하다.

- 370℃에서 열분해 반응식

    $2KBrO_3 \xrightarrow{\Delta} 2KBr + 3O_2 \uparrow$
    (브로민산칼륨)　(브로민화칼륨)　(산소)

(2) 브로민산나트륨(NaBrO₃)

① 융점 381℃, 비중 3.3
② 무색결정이며 물에 잘 녹는다.

(3) 브로민산아연(Zn(BrO₃)₂·6H₂O)

① 융점 100℃, 비중 2.56
② 무색결정이며 물에 잘 녹는다.

(4) 브로민산바륨(Ba(BrO₃)₂·H₂O)

① 분해온도 260℃, 비중 3.99
② 무색결정이며 물에 약간 녹는다.

(5) 브로민산마그네슘(Mg(BrO₃)₂·6H₂O)

무색 또는 백색결정으로 200℃에서 무수물이 된다.

6 아이오딘산염류(요오드산염류)

지정수량 : 300kg

아이오딘산염류 : 아이오딘산(HIO₃)의 수소를 금속 또는 양성원자단으로 치환된 화합물의 총칭이다.

(1) 아이오딘산칼륨(KIO₃)

① 융점 560℃, 비중 3.89

② 광택이 있는 무색결정성 분말이다.
③ 물에 녹는다.

(2) 아이오딘산칼슘($Ca(IO_3)_2 \cdot 6H_2O$)
① 융점 42℃, 무수물의 융점 575℃
② 조해성 결정으로 물에 녹는다.

7 삼산화크로뮴(삼산화크롬)

지정수량 : 300kg

(1) 삼산화크로뮴(CrO_3)을 **무수크롬산**이라 한다.
① 분해온도 250℃, 융점 196℃, 비중 2.70, 용해도 166g/15℃
② 암적색의 침상결정으로 물에 잘 녹으며, 독성이 강하다.
③ 알코올, 벤젠, 에터와 접촉시키면 순간적으로 발열 또는 발화한다.

• 열분해 반응식 $4CrO_3 \xrightarrow{\Delta} 2Cr_2O_3 + 3O_2\uparrow$
                 (삼산화크로뮴) (산화크로뮴) (산소)

8 질산염류

지정수량 : 300kg

• 질산염류 : 질산(HNO_3)의 수소가 금속 또는 양성원자단으로 치환된 화합물의 총칭이다.
• 질산염류 : 일반적으로 조해성이 풍부하다.

(1) 질산칼륨(KNO_3)
① 분해온도 400℃, 융점 336℃, 용해도 26(15℃), 비중 2.098
② 무색 또는 백색결정 또는 분말이며, 초석이라고도 부른다.
③ 물·글리세린에 잘 녹고, 알코올에는 난용이다.
④ 가열하면 분해하여 산소를 발생한다.
⑤ 숯가루, 황가루의 혼합물은 흑색화약이다.

- 열분해 반응식

$$2KNO_3 \xrightarrow{\Delta} 2KNO_2 + O_2\uparrow$$
(질산칼륨)　　(아질산칼륨)　(산소)

- 인체에 대한 위해성 : 유독물은 아니나 다량 먹으면 염증을 일으킨다.

(2) 질산나트륨($NaNO_3$)

① 분해온도 380℃, 융점 308℃, 용해도 73, 비중 2.26
② 무색, 무취의 투명한 결정 또는 분말로 **칠레초석**이라고도 부른다.
③ 조해성이 있으며, 유기물 및 차아황산나트륨과 함께 가열하면 폭발한다.

- 열분해 반응식

$$2NaNO_3 \xrightarrow{\Delta} 2NaNO_2 + O_2\uparrow$$
(질산나트륨)　(아질산나트륨)　(산소)

- 황산에 의해서 분해되며 질산을 유리시킨다.
- 인체에 대한 위해성 : 유독물은 아니나 먹으면 설사·복통이 있으며, 다량 먹으면 혈변을 본다.
- 인체에 대한 응급조치 : 먹었을 때에는 염류하제로 위세척을 하고 조속히 의사에게 보이고, 눈에 들어갔을 경우 다량의 흐르는 물로 씻는다.

(3) 질산암모늄(NH_4NO_3)

① 분해온도 220℃, 융점 165℃, 용해도 118.3(0℃), 비중 1.73
② 무색, 무취의 결정이며 **ANFO 화약의 원료**이다.
③ 흡습성과 조해성이 있다.

- 분해·폭발 반응식

$$2NH_4NO_3 \rightarrow 2N_2\uparrow + 4H_2O + O_2\uparrow$$
(질산암모늄)　(질소)　(물)　(산소)

- 열분해 반응메카니즘

$$NH_4NO_3 \xrightarrow{\Delta} N_2O + 2H_2O \xrightarrow{재가열} 2N_2O \xrightarrow{\Delta} 2N_2\uparrow + O_2\uparrow$$
(질산암모늄)　(아산화질소)　(물)　(아산화질소)　(질소)　(산소)

9 과망가니즈산염류(과망간산염류)

지정수량 : 1,000kg

> **참고**
> 과망가니즈산염류 : 과망가니즈산($HMnO_4$)의 수소를 금속 또는 양성원자단으로 치환된 화합물의 총칭

(1) 과망가니즈산칼륨($KMnO_4$)

① 분해온도 약 200~240℃, 비중 2.7
② 흑자색의 결정
③ 물에 녹아서 진한 보라색을 나타낸다.
④ 황산 및 가연성 가스와 접촉하여 폭발한다.
⑤ 알코올 · 에터 · 글리세린 등과 접촉하면 분해하며 폭발한다.

> **참고**
> ① 열분해 반응식
>
> $$2KMnO_4 \rightarrow K_2MnO_4 + MnO_2 + O_2\uparrow$$
> (과망가니즈산칼륨) (망가니즈산칼륨) (이산화망가니즈) (산소)
>
> ② 묽은 황산과 진한 황산과의 화학반응(생성물질에 차이점이 있다.)
> • 묽은 황산과의 반응
>
> $$4KMnO_4 + 6H_2SO_4 \rightarrow 2K_2SO_4 + 4MnSO_4 + 6H_2O + 5O_2\uparrow$$
> (과망가니즈산칼륨) (황산) (황산칼륨) (황산망간가니즈) (물) (산소)
>
> • 진한 황산과의 반응
>
> $$4KMnO_4 + 2H_2SO_4 \rightarrow 2K_2SO_4 + 4MnO_2 + 2H_2O + 3O_2\uparrow$$
> (과망가니즈산칼륨) (황산) (황산칼륨) (이산화망가니즈) (물) (산소)
>
> • 진한 황산과의 반응메카니즘
>
> $$2KMnO_4 + H_2SO_4 \rightarrow K_2SO_4 + 2HMnO_4 \Rightarrow 2HMnO_4 \rightarrow Mn_2O_7 + H_2O \Rightarrow$$
> (과망가니즈산칼륨) (황산) (황산칼륨) (과망가니즈산) (과망가니즈산) (7산화2망가니즈) (물)
>
> $$2Mn_2O_7 \rightarrow 4MnO_2 + 3O_2\uparrow$$
> (7산화2망가니즈) (이산화망가니즈) (산소)
>
> ③ 염소의 제법
>
> $$2KMnO_4 + 16HCl \rightarrow 2KCl + 2MnCl_2 + 8H_2O + 5Cl_2\uparrow$$
> (과망가니즈산칼륨) (염산) (염화칼륨) (염화망가니즈) (물) (염소)

④ 과망가니즈산칼륨은 살균력이 강하므로 수용액은 무좀 등의 치료제로도 사용된다.
⑤ 인체에 대한 위해성 : 유독물은 아니나 먹으면 불쾌감·정신장애·안면경련·감각이상을 일으키며, 분진이나 연무를 흡입하면 진행성 중추신경계 변성을 일으킨다.

(2) 과망가니즈산나트륨($NaMnO_4 \cdot 3H_2O$)

① 적자색의 결정이다.
② 조해성이 강하며 물에 잘 녹는다.
③ 유기물과 혼합되면 폭발의 위험이 있다.

- 일반적으로 나트륨의 화합물은 조해성이 강하다.
- 인체에 대한 위해성 : 유독물은 아니며 과망가니즈산칼륨에 준한다.

(3) 과망가니즈산칼슘[$Ca(MnO_4)_2 \cdot 4H_2O$]

① 자색결정이며 수용성이다.
② 유기물과 혼합된 것은 가열시 폭발한다.

🔟 다이크로뮴산염류(중크롬산염류)

지정수량 : 1,000kg

다이크로뮴산염류 : 다이크로뮴산($H_2Cr_2O_7$)의 수소가 금속 또는 양성원자단으로 치환된 화합물의 총칭이다.

(1) 다이크로뮴산칼륨($K_2Cr_2O_7$)

① 분해온도 500℃, 융점 398℃, 비중 2.69
② 등적색의 판상결정이다.
③ 물에 녹으나 알코올에는 녹지 않는다.
④ 가열하면 산화크로뮴과 크로뮴산칼륨이 된다.
⑤ 가연물과 혼합되어 있으면 폭발의 위험이 있다.

> **참고**
> - 열분해 반응식
>
> $4K_2Cr_2O_7 \xrightarrow{\Delta} 4K_2CrO_4 + 2Cr_2O_3 + 3O_2 \uparrow$
>   (다이크로뮴산칼륨) (크로뮴산칼륨) (산화크로뮴) (산소)
> - 인체에 대한 위해성 : 유독물은 아니나 먹으면 복통과 녹색의 구토물을 토하며 심하면 혈변을 배설하고, 중증이면 혈뇨 및 경기를 일으키거나 실신한다.
> - 인체에 대한 응급조치 : 차아황산나트륨 용액으로 위세척을 하고, 산화마그네시아 10g을 1ℓ에 녹인 물을 마시게 한 후 우유나 계란흰자질을 먹게 한다.

(2) 다이크로뮴산나트륨($Na_2Cr_2O_7 \cdot 2H_2O$)

① 분해온도 400℃, 융점 356℃, 비중 2.52
② 흡습성인 등적색의 결정이다.
③ 유기물 · 가연물과 혼합되면 마찰 · 가열에 의하여 발화 또는 폭발한다.
④ 인체에 대한 위해성 : 유독물은 아니나 장기간 피부에 묻으면 염증을 일으킨다.

(3) 다이크로뮴산암모늄($(NH_4)_2Cr_2O_7$)

① 분해온도 185℃, 비중 2.15
② 적색침상의 결정이다.
③ 가열분해시 질소가스(N_2)를 발생한다.
④ 인체에 대한 위해성 : 유독물은 아니며 다이크로뮴산칼륨에 준한다.

> **참고**
> - 다이크로뮴산암모늄의 열분해 반응식
>
> $(NH_4)_2Cr_2O_7 \xrightarrow{\Delta} Cr_2O_3 + 4H_2O + N_2 \uparrow$
>   (다이크로뮴산암모늄) (산화크로뮴) (물) (질소)

적중·예상문제

모든 계산문제는 소수 3째자리까지 계산하고 반올림하여 소수 2째자리를 답으로 합니다.

위험물의 정의·위험물의 구성

01 위험물안전관리법상 위험물의 정의는 무엇인가?

해답 인화성 또는 발화성 등의 성질을 가지는 것으로서 대통령령이 정하는 물품

02 아래는 위험물의 정의를 말하는 것으로 빈칸을 채우시오.

(㉮)으로 정한 (㉯) 또는 (㉰)물품

해답 ㉮ 대통령령 ㉯ 인화성 ㉰ 발화성 등

03 위험물안전관리법상 지정수량이란 무엇인가?

해답 위험물의 종류별로 위험성을 고려하여 대통령령이 정하는 수량으로서 제조소 등의 설치허가 등에 있어서 최저의 기준이 되는 수량

04 위험물안전관리법상 위험물의 류별은 몇 종류인가?

해답 제1류에서 제6류까지 6종류

05 다음의 물질들은 위험물 제 몇 류에 해당하는지 구분하시오.

㉮ 인화성 액체   ㉯ 산화성 고체
㉰ 자연발화성 물질 및 금수성 물질
㉱ 자기반응성 물질
㉲ 가연성 고체   ㉳ 산화성 액체

해답 ㉮ 제4류 ㉯ 제1류 ㉰ 제3류
㉱ 제5류 ㉲ 제2류 ㉳ 제6류

제1류 위험물의 필수 암기사항

01 위험물안전관리법(시행령 별표 1)에서 정하는 제1류 위험물의 품명 중 위험등급 Ⅰ등급 4가지를 쓰시오.

해답 ① 아염소산염류 ② 염소산염류
③ 과염소산염류 ④ 무기과산화물류

02 다음 위험물에 적용되는 지정수량을 쓰시오.

㉮ 아염소산염류   ㉯ 염소산염류
㉰ 과염소산염류   ㉱ 무기과산화물류
㉲ 브로민산염류   ㉳ 아이오딘산염류
㉴ 질산염류   ㉵ 과망가니즈산염류
㉶ 다이크로뮴산염류
㉷ 삼산화크로뮴

해답 ㉮ 50kg   ㉯ 50kg
㉰ 50kg   ㉱ 50kg
㉲ 300kg   ㉳ 300kg
㉴ 300kg   ㉵ 1,000kg
㉶ 1,000kg ㉷ 300kg

03 제1류 위험물 중 위험등급 2등급에 해당하는 위험물 종류를 3가지 쓰시오.

해답 브로민산염류, 아이오딘산염류, 질산염류

04 제1류 위험물 중 아염소산염류 200kg과 브로민산염류 150kg과 다이크로뮴산염류 3,000kg은 지정수량 몇 배가 되는가?(지정수량 : 아염소산염류 50kg, 브로민산염류 300kg, 다이크로뮴산염류 1,000kg)

해답 [계산과정]
지정수량
- 아염소산염류 : 50kg
- 브로민산염루 : 300kg
- 다이크로뮴산염류 : 1,000kg

지정수량 배수의 합 = $\frac{200}{50} + \frac{150}{300} + \frac{3,000}{1,000}$ = 7.5배

[답] 7.5배

05 염소산칼륨 100kg, 과산화나트륨 100kg, 브로민산칼륨 300kg, 질산나트륨 150kg을 함께 저장할 때 지정수량은 몇 배가 되는가?

해답 [계산과정]
지정수량
- 염소산칼륨-염소산염류(50kg)
- 과산화나트륨-무기과산화물류(50kg)
- 브로민산칼륨-브로민산염(300kg)
- 질산나트륨-질산염류(300kg)

지정수량 배수의 합 = $\frac{100}{50} + \frac{100}{50} + \frac{300}{300} + \frac{150}{300}$ = 5.5배

[답] 5.5배

06 제1류 위험물은 산소를 많이 포함한 강산화제로서 불연성 물질이며 연소를 도와주는 어떠한 성질을 갖는다. 이러한 성질을 무엇이라 하는가?

해답 조연성

07 제1류 위험물이 열분해하여 발생하는 가스는 무엇인가?

해답 산소(O_2)

아염소산염류

01 아염소산염류의 정의를 쓰시오.

해답 아염소산의 수소가 금속 또는 양성원자단으로 치환된 화합물의 총칭

02 아염소산나트륨의 지정수량과 화학식을 쓰시오.

해답 ① 지정수량 : 50kg
② 화학식 : $NaClO_2$

03 아염소산나트륨(무수물)의 분해온도와 산을 가할 때 발생하는 유독가스는?

해답 ① 분해온도 : 350℃
② 유독가스 : 이산화염소(ClO_2)

참고 수분이 있는 것의 분해온도 : 120~130℃
아염소산나트륨과 염산의 반응식
$5NaClO_2 + 4HCl \rightarrow$
(아염소산나트륨) (염산)
$5NaCl + 2H_2O + 4ClO_2$
(염화나트륨) (물) (이산화탄소)

04 $NaClO_2$(아염소산나트륨)와 Al(알루미늄)의 반응시 Al_2O_3(산화알루미늄), NaCl(염화나트륨)이 생성되는 반응식을 쓰시오.

해답 $3NaClO_2 + 4Al \rightarrow 2Al_2O_3 + 3NaCl$

참고 아염소산나트륨과 알루미늄의 반응식
$3NaClO_2 + 4Al \rightarrow 2Al_2O_3 + 3NaCl$
(아염소산나트륨)(알루미늄) (산화알루미늄) (염화나트륨)

적중·예상문제

염소산염류

01 염소산염류의 소화방법 중 가장 좋은 것은 무엇인가?

해답 다량의 주수소화

02 제1류 위험물 중 염소산칼륨이 열에 의해 분해되는 과정에 관한 사항이다. 400℃에서 발생하는 기체의 명칭과 화학적 작용을 쓰시오.

㉮ 이때 발생하는 기체의 명칭을 쓰시오.
㉯ 이 기체의 화학적 작용을 쓰시오.

해답 ㉮ 산소   ㉯ 조연성

참고 $2KClO_3 \xrightarrow{\triangle} KClO_4 + KCl + O_2\uparrow$
(염소산칼륨)   (과염소산칼륨)(염화칼륨)(산소)

03 염소산칼륨($KClO_3$)은 단독으로 있을 때는 안전하지만 400℃에서 분해하기 시작한다. 이때의 열분해식과 염소산칼륨이 쓰이는 용도 2가지만 쓰시오.

해답 ① $2KClO_3 \rightarrow KClO_4 + KCl + O_2\uparrow$
② 성냥, 폭약, 살충제, 제초제, 방부제
(중 2가지)

참고 • 400℃에서 열분해 반응식:
$2KClO_3 \xrightarrow{\triangle} KClO_4 + KCl + O_2\uparrow$
(염소산칼륨)(과염소산칼륨)(염화칼륨)(산소)

• 540~560℃에서 열분해 반응식:
$KClO_4 \xrightarrow{\triangle} KCl + 2O_2\uparrow$
(과염소산칼륨)   (염화칼륨)(산소)

• 완전연소반응식
$2KClO_3 \xrightarrow{\triangle} 2KCl + 3O_2\uparrow$
(염소산칼륨)   (염화칼륨)(산소)

04 제1류 위험물인 염소산칼륨에 대하여 ( )에 알맞은 말을 넣으시오.

염소산칼륨은 (㉮) 부근에서 분해하여 과염소산칼륨이 되고 540~560℃ 부근에서 과염소산칼륨은 (㉯)과 (㉰)를 방출한다.

해답 ㉮ 400℃   ㉯ 염화칼륨   ㉰ 산소

참고 • 염소산칼륨의 분해반응식(400℃)
$2KClO_3 \xrightarrow{\triangle} KClO_4 + KCl + O_2\uparrow$
(염소산칼륨)   (과염소산칼륨)(염화칼륨)(산소)

• 과염소산의 분해반응식(540~560℃)
$KClO_4 \xrightarrow{\triangle} KCl + 2O_2\uparrow$
(과염소산칼륨)(염화칼륨)(산소)

05 염소산나트륨에 산을 가하였을 경우 유독가스는 무엇인가?

해답 이산화염소(ClO_2), 염소(Cl_2)

참고 • 염소산나트륨과 염산의 반응식
$2NaClO_3 + 4HCl \rightarrow$
(염소산나트륨) (염산)
$2NaCl + Cl_2\uparrow + 2ClO_2\uparrow + 2H_2O$
(염화나트륨)(염소) (이산화염소) (물)

06 염소산나트륨의 분해온도는 몇 ℃인가?

해답 300℃

07 염소산염류 중 조해성이 있는 것 2가지를 쓰시오.

해답 ① 염소산나트륨($NaClO_3$)
② 염소산암모늄(NH_4ClO_3)

08 염소산염류 중 ClO_3기와 NH_4기가 결합된 것으로 폭발성이 가장 큰 것은 무엇인가?

해답 염소산암모늄(NH_4ClO_3)

과염소산염류

01 분해온도가 400℃이며 610℃에서 완전 분해하는 제1류 위험물 과염소산염류는 무엇인가?

해답 과염소산칼륨($KClO_4$)

02 610℃에서 과염소산칼륨의 열분해 반응식을 쓰시오.

해답 $KClO_4 \xrightarrow{\Delta} KCl + 2O_2 \uparrow$

참고 610℃에서 과염소산칼륨의 열분해반응식
$KClO_4 \xrightarrow{\Delta} KCl + 2O_2 \uparrow$
(과염소산칼륨) (염화칼륨) (산소)

03 과염소산칼륨의 지정수량과 융점은 얼마인가?

해답 ① 지정수량 : 50kg
② 융점 : 610℃

04 과염소산나트륨의 지정수량과 융점은 얼마인가?

해답 ① 지정수량 : 50kg
② 융점 : 482℃

05 400℃에서 과염소산나트륨의 분해 반응식을 쓰시오.

해답 $NaClO_4 \xrightarrow{\Delta} NaCl + 2O_2 \uparrow$

참고 400℃에서 과염소산나트륨의 열분해반응식
$NaClO_4 \xrightarrow{\Delta} NaCl + 2O_2 \uparrow$
(과염소산나트륨) (염화나트륨) (산소)

06 과염소산칼륨과 상온상압에서 습기 및 일광에 의하여 발화하는 물질 4종류를 쓰시오.

해답 ① 종이 ② 나무조각
③ 목탄 ④ 에터

07 과염소산암모늄의 화학식을 쓰시오.

해답 화학식 : NH_4ClO_4

08 분자량이 117.5, 분해온도가 300℃인 제1류 위험물 과염소산염류의 화학식과 분해반응식을 쓰시오.

해답 ① NH_4ClO_4
② $2NH_4ClO_4 \xrightarrow{\Delta} N_2\uparrow + Cl_2\uparrow + 2O_2\uparrow + 4H_2O$

참고 과염산암모늄의 열분해반응식
$2NH_4ClO_4 \xrightarrow{\Delta} N_2\uparrow + Cl_2\uparrow + 2O_2\uparrow + 4H_2O$
(과염소산암모늄) (질소) (염소) (산소) (물)

09 과염소산암모늄과 황산과의 반응식을 쓰시오.

해답 $NH_4ClO_4 + H_2SO_4 \rightarrow NH_4HSO_4 + HClO_4$

참고 과염소산암모늄과 황산의 반응식
$NH_4ClO_4 + H_2SO_4 \rightarrow NH_4HSO_4 + HClO_4$
(과염소산암모늄) (황산) (황산수소암모늄) (과염소산)

무기과산화물류

01 제1류 위험물 알칼리금속의 과산화물은 물과 접촉하여 발열한다. 이와 같은 위험성을 가진 위험물은 제 몇 류 위험물인가?

해답 제3류 위험물

02 알칼리금속의 과산화물 및 제3류 위험물과 같이 물과의 접촉을 금하는 물질을 무엇이라 하는가?

해답 금수성 물질

03 다음 괄호 안에 알맞은 말을 쓰시오.

알칼리금속의 과산화물은 (㉮)과 심하게 (㉯)반응하여 (㉰)가스를 발생시키며 발생량이 많을 경우 (㉱)하게 된다.

적중·예상문제

해답 ㉮ 물 ㉯ 발열
㉰ 산소 ㉱ 폭발

04 제1류 위험물인 K_2O_2의 화재에 주수소화가 부적합한 이유를 쓰시오.

해답 물과 접촉하면 급격히 발열하며 폭발적으로 산소를 방출하기 때문에

참고 • K_2O_2(과산화칼륨)과 H_2O(물)의 반응식
$2K_2O_2 + 2H_2O \rightarrow 4KOH + O_2 \uparrow$
(과산화칼륨) (물)   (수산화칼륨) (산소)

05 무기과산화물은 그 자체는 연소하지 않으나 유기물과 접촉하면 산소가 발생하고, 알칼리금속의 과산화물은 물과 급속히 반응하여 산소를 방출한다. 이 때 알칼리 금속의 과산화물 3가지를 쓰시오.

해답 Li_2O_2, K_2O_2, Na_2O_2

참고 Li_2O_2 : 과산화리튬, K_2O_2 : 과산화칼륨, Na_2O_2 : 과산화나트륨

06 알칼리금속의 과산화물로 황백색의 정방정계의 결정구조로 물과 반응하여 수산화나트륨과 산소가스를 발생하는 것은 무엇인가?

해답 과산화나트륨(Na_2O_2)

참고 과산화나트륨과 물의 반응식
$2Na_2O_2 + 2H_2O \rightarrow 4NaOH + O_2 \uparrow$
(과산화나트륨) (물)   (수산화나트륨) (산소)

07 과산화나트륨(Na_2O_2)과 탄산가스(CO_2)와의 화학반응식을 완결하시오.

해답 $2Na_2O_2 + 2CO_2 \rightarrow 2Na_2CO_3 + O_2 \uparrow$

참고 과산화나트륨과 이산화탄소의 반응식
$2Na_2O_2 + 2CO_2 \rightarrow 2Na_2CO_3 + O_2 \uparrow$
(과산화나트륨) (이산화탄소) (탄산나트륨) (산소)

08 과산화나트륨은 물과 심하게 반응하므로 화재가 발생하면 주수소화할 수 없는 금수성 물질이다. 이 위험물에 대하여 다음 물음에 답하시오.

㉮ 과산화나트륨과 물과의 반응식을 쓰시오.
㉯ 과산화나트륨과 묽은 염산과의 반응식을 쓰시오.
㉰ 과산화나트륨의 가열시 분해반응식을 쓰시오.

해답 ㉮ $2Na_2O_2 + 2H_2O \rightarrow 4NaOH + O_2 \uparrow$
㉯ $Na_2O_2 + 2HCl \rightarrow 2NaCl + H_2O_2$
㉰ $2Na_2O_2 \xrightarrow{\Delta} 2Na_2O + O_2 \uparrow$

참고 • 과산화나트륨과 물의 반응식
$2Na_2O_2 + 2H_2O \rightarrow 4NaOH + O_2 \uparrow$
(과산화나트륨) (물)   (수산화나트륨) (산소)

• 과산화나트륨과 묽은 염산의 반응식
$Na_2O_2 + 2HCl \rightarrow 2NaCl + H_2O_2$
(과산화나트륨) (염산)   (염화나트륨) (과산화수소)

• 과산화나트륨의 열분해 반응식
$2Na_2O_2 \xrightarrow{\Delta} 2Na_2O + O_2 \uparrow$
(과산화나트륨)   (산화나트륨) (산소)

09 아세트산과 과산화나트륨의 반응식을 쓰시오.

해답 $2CH_3COOH + Na_2O_2 \rightarrow 2CH_3COONa + H_2O_2$

참고 아세트산(초산)과 과산화나트륨의 반응식
$2CH_3COOH + Na_2O_2 \rightarrow 2CH_3COONa + H_2O_2$
(아세트산) (과산화나트륨) (아세트산나트륨) (과산화수소)

10 시판품의 과산화마그네슘의 농도는 몇 % 수용액인가?

해답 15~25%

11 과산화마그네슘이 공기 중 습기를 만나면 어떻게 변하는지를 화학반응식으로 쓰시오.

해답 $2MgO_2 + 2H_2O \rightarrow 2Mg(OH)_2 + O_2 \uparrow$

12 과산화마그네슘을 가열할 때와 염산과의 화학반응식을 쓰시오.

해답 ① 가열할 경우
$2MgO_2 \xrightarrow{\Delta} 2MgO + O_2 \uparrow$
② 염산과의 경우
$MgO_2 + 2HCl \rightarrow MgCl_2 + H_2O_2$

참고 • 과산화마그네슘의 열분해 반응식
$2MgO_2 \xrightarrow{\Delta} 2MgO + O_2 \uparrow$
(과산화마그네슘) (산화마그네슘) (산소)

• 과산화마그네슘과 염산의 반응식
$MgO_2 + 2HCl \rightarrow MgCl_2 + H_2O_2$
(과산화마그네슘) (염산) (염화마그네슘) (과산화수소)

13 알칼리토류 금속과산화물이 산과 반응시 생성되는 공통 위험물의 명칭과 그 분자식을 쓰시오.

해답 ① 과산화수소 ② H_2O_2

14 알칼리토금속의 과산화물 중 가장 안정한 과산화물은 무엇인가?

해답 과산화바륨(BaO_2)

브로민산염류(브롬산염류)

01 브로민산아연은 몇 류 위험물이며 지정수량은 얼마인가?

해답 ① 류별 : 제1류 위험물
② 지정수량 : 300kg

02 $HBrO_3$의 수소를 금속 또는 다른 원자단으로 치환된 화합물을 무엇이라 하는가?

해답 브로민산염류

03 브로민산염류의 정의를 쓰시오.

해답 브로민산의 수소가 금속 또는 양성원자단으로 치환된 화합물의 총칭

아이오딘산염류(요오드산염류)

01 아이오딘산염류의 정의를 쓰시오.

해답 아이오딘산의 수소가 금속 또는 양성원자단으로 치환된 화합물의 총칭

02 아이오딘산염류는 몇 류 위험물이고, 지정수량은 얼마인가?

해답 ① 류별 : 제1류 위험물
② 지정수량 : 300kg

질산염류

01 질산칼륨의 지정수량 및 별명은 무엇인가?

해답 ① 지정수량 : 300kg
② 별명 : 초석

02 질산염류란 무엇인가?

해답 질산의 수소가 금속 또는 양성원자단으로 치환된 화합물의 총칭

03 제1류 위험물인 질산칼륨에 대하여 답하시오.

㉮ 화학식
㉯ 흑색 화약의 제조시 질산칼륨 외의 재료 2가지
㉰ 분해온도

해답 ㉮ KNO_3 ㉯ 유황, 숯가루 ㉰ 400℃

04 제1류 위험물 중 질산나트륨에 대하여 답하시오.

㉮ 별명   ㉯ 지정수량   ㉰ 분해온도

해답 ㉮ 칠레초석 ㉯ 300kg ㉰ 380℃

05 질산나트륨이 강산화제로 사용되는 이유와 열분해 반응식을 쓰시오.

해답 ① 이유 : 산소를 많이 함유하므로
② 반응식 : $2NaNO_3 \xrightarrow{\Delta} 2NaNO_2 + O_2 \uparrow$

참고 질산나트륨의 열분해반응식
$2NaNO_3 \xrightarrow{\Delta} 2NaNO_2 + O_2 \uparrow$
(질산나트륨) (아질산나트륨) (산소)

06 제1류 위험물 중 질산암모늄에 대하여 기술하시오.

㉮ 화학식   ㉯ 열분해 온도

해답 ㉮ NH_4NO_3 ㉯ 220℃

07 제1류 위험물 중 질산암모늄이 열분해하여 생성되는 최종 물질 2가지의 화학식을 쓰시오.

해답 ① N_2 ② O_2

참고 질산암모늄의 열분해반응식
$2NH_4NO_3 \xrightarrow{\Delta} 2N_2 \uparrow + 4H_2O + O_2 \uparrow$
(질산암모늄) (질소) (물) (산소)

08 질산암모늄에 포함되어 있는 질소함량과 수소함량은 몇 wt%인가?

해답 [계산과정]
NH_4NO_3에서 각 성분의 wt% =
$\dfrac{\text{각성분의 질량}}{\text{질산암모늄의 분자량}} \times 100$

질산암모늄(NH_4NO_3)의 분자량 : $14 \times 2 + 4 + 16 \times 3 = 80$

질소의 wt% = $\dfrac{28}{80} \times 100 = 35 \text{wt\%}$
[답] 35wt%

수소의 wt% = $\dfrac{4}{80} \times 100 = 5 \text{wt\%}$
[답] 5wt%

과망가니즈산염류(과망간산염류)

01 과망가니즈산염류의 정의를 쓰시오.

해답 과망가니즈산의 수소가 금속 또는 양성원자단으로 치환된 화합물의 총칭

02 수용액에서 보라색 또는 흑자색을 띠며, 분자량은 158이고 열분해하면 산소를 발생하는 물질은 무엇인가?

해답 과망가니즈산칼륨($KMnO_4$)
참고 $KMnO_4$의 분자량 : $39+55+16 \times 4=158$

03 과망가니즈산칼륨에 대하여 다음 사항에 답하시오.

㉮ 결정의 색깔
㉯ 두 분자의 과망가니즈산칼륨을 240℃에서 분해할 때 생성물질을 화학식으로 쓰시오.

해답 ㉮ 흑자색
㉯ K_2MnO_4, MnO_2, O_2
참고 과망가니즈산칼륨의 열분해반응식
$2KMnO_4 \xrightarrow{\triangle} K_2MnO_4 + MnO_2 + O_2 \uparrow$
(과망가니즈산칼륨) (망가니즈산칼륨) (이산화망가니즈) (산소)

04 제1류 위험물인 과망가니즈산칼륨과 묽은 황산과의 화학반응식을 쓰시오.

해답 $4KMnO_4 + 6H_2SO_4 \rightarrow$
$2K_2SO_4 + 4MnSO_4 + 6H_2O + 5O_2 \uparrow$
참고 과망가니즈산칼륨과 묽은 황산의 반응식
$4KMnO_4 + 6H_2SO_4 \rightarrow$
(과망가니즈산칼륨) (묽은황산)
$2K_2SO_4 + 4MnSO_4 + 6H_2O + 5O_2 \uparrow$
(황산칼륨) (황산망가니즈) (물) (산소)

05 제1류 위험물인 과망가니즈산칼륨에 대하여 답하시오.

㉮ 지정수량
㉯ 가열분해시 발생되는 조연성 기체의 명칭
㉰ 염산과 반응시 발생되는 기체의 명칭

해답 ㉮ 1,000kg ㉯ 산소 ㉰ 염소
참고 과망가니즈산칼륨과 염산의 반응식(염소(Cl_2)의 제법)
$2KMnO_4 + 16HCl \rightarrow 2KCl + 2MnCl_2$
(과망가니즈산칼륨) (염산) (염화칼륨) (염화망가니즈)
$+ 8H_2O + 5Cl_2 \uparrow$
(물) (염소)

06 과망가니즈산나트륨의 색깔 및 물에 대한 성질을 쓰시오.

해답 적자색이며 물에 잘 용해되는 조해성이 있다.

다이크로뮴산염류(중크롬산염류)

01 제1류 위험물인 다이크로뮴산산염류의 정의를 쓰시오.

해답 다이크로뮴산의 수소가 금속 또는 양성원자단으로 치환된 화합물의 총칭

02 제1류 위험물인 다이크로뮴산염류에 대하여 답하시오.

㉮ 지정수량
㉯ 다이크로뮴산칼륨의 분해온도
㉰ 다이크로뮴산나트륨의 분해온도
㉱ 다이크로뮴산암모늄의 분해온도

해답 ㉮ 1,000kg
㉯ 500℃
㉰ 400℃
㉱ 185℃

적중·예상문제

03 제1류 위험물의 화학식을 쓰시오.

> ㉮ 다이크로뮴산칼륨
> ㉯ 다이크로뮴산나트륨
> ㉰ 다이크로뮴산암모늄

해답 ㉮ $K_2Cr_2O_7$
㉯ $Na_2Cr_2O_7 \cdot 2H_2O$
㉰ $(NH_4)_2Cr_2O_7$

04 제1류 위험물 중 등적색의 결정으로 물에는 녹으나 알코올에는 녹지 않고 비중이 2.69, 분자량이 294인 위험물의 명칭은?

해답 다이크로뮴산칼륨
참고 $K_2Cr_2O_7$의 분자량
: $39 \times 2 + 52 \times 2 + 16 \times 7 = 294$

05 제1류 위험물 중 비중이 2.15이고 분자량은 252이며 분해하면 질소, 산화크로뮴, 물이 발생한다. 이 물질의 열분해 반응식을 쓰시오.

해답 $(NH_4)_2Cr_2O_7 \xrightarrow{\Delta} N_2\uparrow + Cr_2O_3 + 4H_2O$
참고 다이크로뮴산암모늄[$(NH_4)_2Cr_2O_7$]의 분자량
: $(14+4) \times 2 + 52 \times 2 + 16 \times 7 = 252$
• 다이크로뮴산암모늄의 열분해반응식
$(NH_4)_2Cr_2O_7 \xrightarrow{\Delta} N_2\uparrow + 4H_2O + Cr_2O_3$
(다이크로뮴산암모늄) (질소) (물) (산화크로뮴)

06 다이크로뮴산암모늄은 색깔이 적색이며 분해온도가 185℃이다. 분해시 발생되는 가스는 무엇인가?

해답 질소가스(N_2)
참고 다이크로뮴암모늄의 열분해반응식
$(NH_4)_2Cr_2O_7 \xrightarrow{\Delta} N_2\uparrow + 4H_2O + Cr_2O_3$
(다이크로뮴산암모늄) (질소) (물) (산화크로뮴)

제3장 제2류 위험물

1. 제2류 위험물의 필수 암기사항

1 제2류 위험물(가연성 고체)

환원성 물질이며 상온에서 고체이고 특히 산화제와 접촉하면 마찰 또는 충격으로 급격히 폭발할 수 있다.

> 참고
> 제2류 위험물 : 가연성 물질 또는 이연성 물질이라고도 한다.
> • 이연성 물질 : 타기 쉬운 물질

2 제2류 위험물의 품명 및 지정수량

유별 및 성질	위험등급	품 명	지 정 수 량
제2류 (가연성 고체)	II	1. 황화인 2. 적린 3. 황	100kg 100kg 100kg
	III	4. 마그네슘 5. 철분 6. 금속분류	500kg 500kg 500kg

	II ~ III	7. 그 밖에 행정안전부령
		   이 정하는 것
		8. 제1호 내지 제7호에
		   해당하는 어느 하나
		   이상을 함유한 것
			100kg
			또는 500kg

	III	9. 인화성고체	1,000kg

3 제2류 위험물의 공통성질

① 대단히 연소속도가 빠른 고체이다.
② 비교적 낮은 온도에서 착화되기 쉬운 가연물이다.
③ 유독한 것 또는 연소시 유독가스를 발생하는 것도 있다.
④ 마그네슘, 철분, 금속분류는 물과 산의 접촉으로 발열한다.

4 제2류 위험물의 저장 및 취급법

① 용기의 파손으로 위험물의 누설에 주의한다.
② 점화원으로부터 멀리하고 가열을 피한다.
③ 산화제와의 접촉을 피한다.
④ 마그네슘, 철분, 금속분류는 산 또는 물과의 접촉을 피한다.

제2류 위험물 : 환원제이므로 산화제와의 접촉을 피하여야 한다.

2. 제2류 위험물의 성질

1 황화인(삼황화인, 오황화인, 칠황화인)

지정수량 : 100kg

황화인 : 삼황화인, 오황화인, 칠황화인 3종류가 있으며 미립자는 기관지 및 눈 등을 자극한다.

(1) 삼황화인(P_4S_3)

① 착화점 100℃, 융점 172.5℃, 비점 407℃, 비중 2.03
② 황색결정이며 연소시 오산화인가스와 아황산가스를 발생한다.
③ 물·염소·황산에 녹지 않는다.
④ 질산·알칼리·이황화탄소에 녹는다.
⑤ 화재시 폭발의 위험이 있다.

① 연소반응식

$$P_4S_3 + 8O_2 \rightarrow 2P_2O_5 + 3SO_2 \uparrow$$
(삼황화인) (산소)　(오산화인)　(이산화황 · 아황산가스)

② 인체에 대한 응급조치
- **피부에 묻거나 눈에 들어갔을 경우** : 대량의 물로 충분히 씻은 후 의사에게 보인다.
- **마셨을 경우** : 소금물이나 비눗물을 마시게 하여 토하게 한 후 의사에게 보인다.
- **호흡했을 경우** : 신선한 공기가 있는 곳으로 옮기고 보온 · 안정을 취한 후 산소호흡을 시켜며 의사에게 보인다.

(2) 오황화인(P_2S_5)

① 착화점 142℃, 융점 290℃, 비점 514℃, 비중 2.09
② 담황색 결정의 조해성 물질이며 물과는 인산(H_3PO_4)과 유독성인 황화수소(H_2S)를 발생한다.
③ 황린과 혼합하면 자연발화한다.

① 물과 분해반응식
- $P_2S_5 + 8H_2O \rightarrow 5H_2S \uparrow + 2H_3PO_4$
  (오황화인)　(물)　　(황화수소)　　(인산)
- 오황화인 : 물 또는 알칼리와 분해하여 H_2S(황화수소)와 H_3PO_4(인산)이 된다.
- 황화수소의 연소반응

  $2H_2S + 3O_2 \rightarrow 2H_2O \uparrow + 2SO_2 \uparrow$
  (황화수소) (산소)　　(물)　　(이산화황)

② 연소반응식

  $2P_2S_5 + 15O_2 \rightarrow 2P_2O_5 + 10SO_2 \uparrow$
  (오황화인)　(산소)　　(오산화인)　(이산화황)

③ 인체에 대한 위해성 : 공기중의 습기에 의하여 가수분해되어 유독성인 황화수소를 발생하여 눈 · 호흡기를 자극한다.

(3) 칠황화인(P_4S_7)

① 융점 310℃, 비점 523℃, 비중 2.19
② 담황색 결정이며 조해성이 있다.
③ 냉수에서는 서서히, 온수에서는 급격히 분해하여 유독성인 황화수소(H_2S)와 인산(H_3PO_4) 및 아인산(H_3PO_3)을 발생한다.
④ 황린과 혼합하면 자연발화한다.

물과 분해반응식

- $P_4S_7 + 13H_2O \rightarrow 7H_2S + H_3PO_4 + 3H_3PO_3$
  (칠황화인) (물)   (황화수소) (인산)   (아인산)

2 적린(P, 붉은린)

지정수량 : 100kg

① 암적색, 무취의 분말
② 착화점 260℃, 융점 600℃(43기압, 400℃에서 승화), 비중 2.2
③ 황린을 약 250℃로 가열한 후 냉각시켜 만든다.
④ 황린에 비하여 대단히 안정하며 독성과 자연발화의 위험이 없다(단, 산화물과의 접촉 제외).
⑤ 연소 생성물은 P_2O_5(오산화인)으로 황린(P_4)과 같다.
⑥ 쓰이는 곳 : 성냥, 불꽃놀이, 의약, 구리의 탈산, 농약 등

① 적린은 산화물과 같이 있으면 발화하므로 특히 염소산염류 등의 산화제와 접촉을 절대 피한다. 나이트로하이드로아민과 접촉하면 충격으로 폭발한다.
② 적린의 연소반응식

   $4P + 5O_2 \rightarrow 2P_2O_5$
   (적린) (산소) (오산화인)

③ 인체에 대한 응급조치
  - 피부에 묻었을 경우 : 황린이 포함되어 있을 수 있으므로 다량의 물로 충분히 씻는다.
  - 먹었을 경우 : 식염수를 먹고 토한 후 의사의 치료를 받는다.
④ 인체에 대한 위해성 : 자체는 독성이 없으나 제조과정에서 독성이 강한 황린을 함유할 수 있으므로 주의한다.

③ 황(S, 유황)

지정수량 : 100kg

> - 순도 60중량% 이상인 것은 위험물로 한다.
> - 순도측정에 있어서 **불순물**은 활석 등 불연성 물질과 수분에 한한다.

황은 황색의 결정으로 사방정계, 단사정계, 비정계의 3종류가 있으며 다음과 같다.

(1) 사방정계의 황

① 인화점 201.6℃, 착화점 232.2℃, 융점 113℃, 비중 2.07
② 물에 녹지 않고 이황화탄소에 녹는다.
③ 산화제와 혼합된 것은 가열·충격·마찰로 착화, 발화한다.
④ 분말이나 증기가 공기와 혼합하면 폭발의 위험이 있다.
⑤ 미분으로 공기중에 비산하면 분진폭발의 위험이 있다.
⑥ 용융황은 염소·탄소와 화합하여 인화성이 강한 **염화황**(S_2Cl_2), **이황화탄소**(CS_2)가 되어 위험하다.
⑦ 산화제의 혼합연소는 다량의 물에 의한 소화가 좋다.
⑧ 저장, 취급 주의사항
　㉮ 가열하지 말고 산화제와의 접촉을 피한다.
　㉯ 분진폭발 및 정전기의 축적에 주의한다.

> ① 황의 연소반응식(푸른색 불꽃을 내며 연소한다)
> 　$S + O_2 \rightarrow SO_2 \uparrow$
> 　(황) (산소) (이산화황·아황산가스)
> ② 황의 연소 : 증발연소이므로 질식소화도 효과가 있다.
> ③ 고온에서 염소와 탄소의 반응
> 　$2S + Cl_2 \xrightarrow{\triangle} S_2Cl_2$
> 　(황) (염소) (염화황)
> 　$2S + C \xrightarrow{\triangle} CS_2$
> 　(황) (탄소) (이황화탄소)
> ④ 아황산가스(SO_2)의 인체에 대한 위해성 : 흡입하면 기관지염 발생, 눈에 닿으면 심하게 자극하여 결막염을 일으킨다.

(2) 단사정계의 황

① 융점 119℃, 비중 1.96
② 사방정계의 황을 95.5℃로 가열하여 얻는다.
③ 물에 녹지 않고 이황화탄소(CS_2)에 녹는다.

단사정계의 황 : 160℃에서 갈색을 띠며 250℃에서는 흑색으로 불투명하게 되며 유동성을 갖는다.

(3) 비정계의 황(고무상황)

용융된 황을 물에 넣어 급냉시킨 것으로 이황화탄소(CS_2)에 녹지 않는다.

4 마그네슘(Mg)

지정수량 : 500kg

마그네슘 : 마그네슘 또는 마그네슘을 포함한 것 중 2mm의 체를 통과하지 아니하는 덩어리 및 직경 2mm 이상의 막대모양의 것은 제외한다.

① 착화점 : 융점 부근(불순물 존재시 400℃부근), 융점 약 650℃, 비점 1,102℃, 비중 1.74
② 은백색의 광택이 나는 가벼운 금속이다.
③ 자체발열에 의하여 자연발화 위험성이 있다.
④ 냉수에는 서서히 반응하고 더운물과는 급격히 반응하여 수소를 발생한다.
⑤ 산화제 및 할로젠 원소와의 접촉을 피한다.
⑥ 공기 중의 습기와 자연발화 또는 산화제와의 혼합물은 타격·충격으로 연소
⑦ 공기 중에 부유된 미분은 분진폭발이 위험이 있다.
⑧ 용기는 항상 건조하고 비가 새지 않는 장소에 저장하며 습기와 화기에 주의한다.

① 마그네슘의 화학반응식
- 연소반응식

    $2Mg + O_2 \rightarrow 2MgO$
    (마그네슘) (산소) (산화마그네슘)

- 온수와의 화학반응식

    $Mg + 2H_2O \rightarrow Mg(OH)_2 + H_2 \uparrow$
    (마그네슘) (물) (수산화마그네슘) (수소)

- 탄산가스와 폭발 반응식

    $2Mg + CO_2 \rightarrow 2MgO + C$
    (마그네슘) (이산화탄소) (산화마그네슘) (탄소)

- 염산과의 반응식

    $Mg + 2HCl \rightarrow MgCl_2 + H_2 \uparrow$
    (마그네슘) (염산) (염화마그네슘) (수소)

- 황산과의 반응식

    $Mg + H_2SO_4 \rightarrow MgSO_4 + H_2 \uparrow$
    (마그네슘) (황산) (황산마그네슘) (수소)

② 인체에 대한 위해성 : 유독물은 아니나 분말이 비산하는 경우 피부나 눈에 접촉시 수분과의 반응으로 위험하다.

5 철분(Fe)

지정수량 : 500kg

철분 : 53마이크로미터(μm) 표준체를 통과하는 것이 50중량% 미만인 것을 제외한다.
염산과 화학반응식

  $Fe + 2HCl \rightarrow FeCl_2 + H_2 \uparrow$
  (철) (염산) (염화제1철) (수소)

① 융점 1,535℃, 비중 7.86

6 금속분류

지정수량 : 500kg

> 금속분류 : 알칼리금속·알칼리토금속·마그네슘 및 철 이외의 금속분을 말하며 구리·니켈분 및 150(μm)의 체를 통과하는 것이 50중량% 미만인 것은 제외한다.
> (금속분류 : 알루미늄분·아연분·안티몬분 등)

(1) 알루미늄분(Al)

① 융점 660℃, 비점 약 2,000℃, 비중 2.7
② 은백색의 경금속이다.
③ 전성, 연성이 풍부하며 열전도율 및 전기 전도도가 크다.
④ 황산, 묽은 질산, 묽은 염산에 침식당한다(진한 질산에는 부동태가 되어 침식당하지 않는다).
⑤ 알칼리 수용액에서 수소(H_2)를 발생한다.
⑥ 산화제와 혼합하면 가열·충격·마찰 등으로 착화한다.
⑦ 할로겐원소와 접촉시 고온에서 자연발화의 위험이 있다.

> ① 금속분의 화재시 주수소화가 부적당한 이유 : 주수로 인해 급격히 발생하는 수증기의 압력과 수증기 분해에 의한 수소발생에 의하여 금속분이 비산폭발하여 화재범위를 넓히는 위험이 있기 때문이다.
> ② 알루미늄분 : 공기 중에서 표면에 산화피막을 형성하여 내부를 부식으로부터 보호한다.
> ③ 연소반응식
>
>   • $4Al + 3O_2 \rightarrow 2Al_2O_3 + 339kcal$
>   (알루미늄)(산소) (산화알루미늄) (반응열)
>
>   • 1mol의 발열량 : 339kcal ÷ 4 = 84.75kcal
>
> ④ 끓는물과의 반응식
>
>   • $2Al + 6H_2O \rightarrow 2Al(OH)_3 + 3H_2 \uparrow$
>   (알루미늄) (물)   (수산화알루미늄) (수소)
>
> ⑤ 염산과의 반응식
>
>   • $2Al + 6HCl \rightarrow 2AlCl_3 + 3H_2 \uparrow$
>   (알루미늄) (염산) (염화알루미늄) (수소)
>
> ⑥ 알칼리와의 반응식
>
>   • $2Al + 2KOH + 2H_2O \rightarrow 2KAlO_2 + 3H_2 \uparrow$
>   (알루미늄) (수산화칼륨)   (물)   (알루미늄산칼륨) (수소)

⑦ 금속산화물의 환원반응식

• $3Fe_3O_4 + 8Al \rightarrow 4Al_2O_3 + 9Fe$
　(사산화삼철)　(알루미늄)　(산화알루미늄)　(철)

• Fe_3O_4은 FeO과 Fe_2O_3의 혼합물이다.

④ 인체에 대한 위해성 : 유독물은 아니나 다량 흡입시 폐장애를 일으키며 피부상처에 침투하면 피부염을 일으킨다.

(2) 아연분(Zn)

① 융점 419℃, 비점 907℃, 비중 7.14
② 은백색의 분말이다.
③ 공기중에서 표면에 흰 염기성 탄산아연의 얇은 막을 만들어 내부를 보호한다.
④ 산·알칼리와 반응하여 수소를 발생한다.
⑤ 산화제와 혼합하면 가열·충격·마찰 등으로 착화한다.
⑥ 할로젠 원소와 접촉시 고열을 발생하며 자연발화한다.
⑦ 수분·습기에 의하여 자연발화한다.

• 염산과의 반응식

　$Zn + 2HCl \rightarrow ZnCl_2 + H_2 \uparrow$
　(아연)　(염산)　　(염화아연)　(수소)

• 황산과의 반응식

　$Zn + H_2SO_4 \rightarrow ZnSO_4 + H_2 \uparrow$
　(아연)　(황산)　　(황산아연)　(수소)

• 초산(아세트산)과의 반응식

　$Zn + 2CH_3COOH \rightarrow (CH_3COO)_2Zn + H_2 \uparrow$
　(아연)　(초산)　　　　(초산아연)　　(수소)

(3) 안티몬분(Sb)

① 융점 630℃, 비중 6.69
② 은백색의 분말이다.
③ 융점이상 가열하면 발화한다.

7 인화성고체류

지정수량 : 1,000kg

고형 알코올 그 밖에 1기압에서 인화점이 40℃ 미만인 고체를 말한다.

(1) 락카퍼티
① 인화점 21℃ 미만
② 락카에나멜의 기초 도료
③ 락카퍼티의 배합 백분율

제4류 위험물 제1석유류는 인화점 21℃ 미만으로 액체이나, 락카퍼티는 인화점이 21℃ 미만이나 반고체상태이므로 인화성 고체가 된다.

(2) 고무풀 : 생고무에 인화성 용제를 가공하여 풀과 같은 상태에 있는 것이다.

생고무 : 열대지방에서 자생하는 고무나무에 상처를 내어 채취하는 고무원액

(3) 기타 인화점이 40℃ 미만인 것
① 고형 알코올 → 인화점 30℃
② 메타알데하이드 → 인화점 36℃
③ 제3부틸알코올 → 인화점 11.1℃

고형 알코올 : 등산용 고체 알코올로서 합성수지에 메틸알코올과 가성소다(NaOH)를 혼합하여 비누화(검화)시켜 만든 한천상의 고체이다.

적중·예상문제

모든 계산문제는 소수 3째자리까지 계산하고 반올림하여 소수 2째자리를 답으로 합니다.

제2류 위험물의 필수 암기사항

01 위험물안전관리법(시행령 별표 1)에서 정하는 제2류 위험물의 품명 7가지를 쓰시오.

해답 ① 황화인 ② 적린
③ 황 ④ 마그네슘
⑤ 철분 ⑥ 금속분류
⑦ 인화성 고체

02 다음 위험물에 적용되는 지정수량을 쓰시오.

㉮ 황화인	㉯ 적린
㉰ 황	㉱ 마그네슘
㉲ 철분	㉳ 금속분류
㉴ 인화성 고체	

해답 ㉮ 100kg ㉯ 100kg
㉰ 100kg ㉱ 500kg
㉲ 500kg ㉳ 500kg
㉴ 1,000kg

03 제2류 위험물 중 황화인 50kg, 적린 100kg, 철분 1,000kg을 저장할 경우 지정수량 몇 배에 해당하는가?(지정수량 : 황화인 100kg, 적린 100kg, 철분 500kg)

해답 [계산과정]
지정수량 배수의 합 =
$\frac{50}{100} + \frac{100}{100} + \frac{1,000}{500} = 3.5$(배)
[답] 3.5(배)

04 제2류 위험물 중 황, 마그네슘, 금속분류, 인화성고체를 각각 1,000kg 저장하고자 한다. 지정수량은 몇 배가 되는가?

해답 [계산과정]
지정수량
• 황 : 100kg
• 마그네슘 : 500kg
• 금속분류 : 500kg
• 인화성고체 : 1,000kg
지정수량 배수의 합 =
$\frac{1,000}{100} + \frac{1,000}{500} + \frac{1,000}{500} + \frac{1,000}{1,000}$
= 15(배)
[답] 15(배)

05 제2류 위험물은 가연성 물질이다. 연소하기 쉽다는 뜻의 이와 유사한 명칭을 쓰시오.

해답 이연성 물질

06 다음은 제2류 위험물에 대한 설명이다. 제2류 위험물의 설명 중 맞는 것을 모두 고르시오.

㉮ 황화인, 황, 적린은 등급이 2등급이다.
㉯ 고형알코올의 지정수량은 1,000kg이다.
㉰ 물에 대부분 잘 녹는다.
㉱ 비중은 1보다 작다.
㉲ 산화제이다.

해답 ㉮, ㉯

참고 제2류 위험물(가연성고체)는 대부분 물에 녹지 않으며 물보다 무겁고(비중 1 이상) 연소가 잘 되는 환원제이다.

07 제2류 위험물에 대하여 답하시오.

> ㉮ 산화제인가, 환원제인가?
> ㉯ 위험물안전관리법상 성질
> ㉰ 제4류 위험물과 공통점

해답 ㉮ 환원제
　　　㉯ 가연성 고체
　　　㉰ 가연성

황화인

01 황화인의 미립자는 기관지 및 눈을 자극한다. 3종류의 명칭과 화학식을 쓰시오.

해답 ① 삼황화인 : P_4S_3
　　　② 오황화인 : P_2S_5
　　　③ 칠황화인 : P_4S_7

02 황화인 중 착화점이 물의 비등점과 같은 것은 무엇인가?

해답 삼황화인(P_4S_3)
참고 물의 비등점 : 100℃

03 황화인의 연소 시 생성하는 물질 2가지를 쓰시오.

해답 ① 오산화인　② 이산화황
참고 • 삼황화인의 연소반응식
　　　$P_4S_3 + 8O_2 \rightarrow 2P_2O_5 + 3SO_2 \uparrow$
　　　(삼황화인) (산소) (오산화인) (이산화황)

04 황화인 중 조해성이 없는 것은?

해답 삼황화인

05 제2류 위험물 중 조해성이 없는 황화인이 연소반응시 생성되는 물질의 화학식을 쓰시오.

해답 P_2O_5, SO_2
참고 • 황화인 중 삼황화인은 조해성이 없다.
　　　• 삼황화인의 연소반응식
　　　$P_4S_3 + 8O_2 \rightarrow 2P_2O_5 + 3SO_2 \uparrow$
　　　(삼황화인) (산소) (오산화인) (이산화황)

06 황화인 중에서 물, 염소, 황산에 녹지 않으며 질산, 알칼리, 이황화탄소에 녹는 위험물의 화학식을 쓰시오.

해답 P_4S_3
참고 P_4S_3 : 삼황화인

07 오황화인의 완전연소 반응식을 쓰시오.

해답 $2P_2S_5 + 15O_2 \rightarrow 2P_2O_5 + 10SO_2 \uparrow$
참고 오황화인의 연소반응식
　　　$2P_2S_5 + 15O_2 \rightarrow 2P_2O_5 + 10SO_2 \uparrow$
　　　(오황화인) (산소) (오산화인) (이산화황)

08 오황화인과 물과 접촉시 화학반응식을 쓰시오.

해답 $P_2S_5 + 8H_2O \rightarrow 5H_2S \uparrow + 2H_3PO_4$
참고 오황화인과 물의 반응식
　　　$P_2S_5 + 8H_2O \rightarrow 5H_2S \uparrow + 2H_3PO_4$
　　　(오황화인) (물) (황화수소) (인산)

09 오황화인이 물과 접촉하였을 때 발생하는 유독가스의 명칭과 이 가스의 연소반응식을 쓰시오.

해답 ① 황화수소(H_2S)
　　　② $2H_2S + 3O_2 \rightarrow 2H_2O + 2SO_2 \uparrow$

10 황화인 중 물과 접촉하여 유독한 황화수소가스(H_2S)를 발생하므로 화재시 주수소화가 부적당한 것 2가지를 화학식으로 쓰시오.

> **해답** ① P_2S_5　　② P_4S_7

11 칠황화인이 황린과 혼합할 경우 일어나는 현상은 무엇인가?

> **해답** 자연발화

적린

01 제2류 위험물인 적린에 대하여 답하시오.

> ㉮ 지정수량
> ㉯ 동소체인 위험물
> ㉰ 연소시 생성물질의 화학식
> ㉱ 착화점

> **해답** ㉮ 100kg　　㉯ 황린
> ㉰ P_2O_5　　㉱ 260℃

> **참고** 적린의 연소반응식
> $4P + 5O_2 \rightarrow 2P_2O_5$
> (적린) (산소) (오산화인)

02 황린을 약 250℃로 가열하여 제조하는 위험물의 명칭과 승화온도는?

> **해답** ① 명칭 : 적린
> ② 승화온도 : 400℃

03 제2류 위험물인 적린의 연소반응식을 쓰시오.

> **해답** $4P + 5O_2 \rightarrow 2P_2O_5$

04 적린이 연소시 발생하는 물질의 명칭과 색을 쓰시오.

> **해답** 오산화인, 백색

황(유황)

01 제2류 위험물인 황에 대하여 답하시오.

> ㉮ 별명
> ㉯ 지정수량
> ㉰ 동소체 3가지

> **해답** ㉮ 황
> ㉯ 100kg
> ㉰ 사방정계황, 단사정계황, 비정계황

02 황의 동소체 중 CS_2에 녹지 않는 물질의 명칭을 쓰시오.

> **해답** 비정계황(고무상황)

03 제2류 위험물인 황은 순도 몇 % 이상이 위험물에 해당되는가?

> **해답** 60% 이상

04 황이 연소할 경우 발생되는 유독가스는 무엇인가?

> **해답** 이산화황(아황산가스, SO_2)

> **참고** 황의 연소반응식
> $S + O_2 \rightarrow SO_2 \uparrow$
> (황) (산소) (이산화황)

적중·예상문제

05 황의 연소반응식과 연소시 불꽃 색깔을 쓰시오.

해답 ① 연소반응식 : $S+O_2 \rightarrow SO_2 \uparrow$
② 불꽃색깔 : 푸른색

06 황은 연소시에 (　　)가스를 발생시키고, 또한 밀폐된 공간에서 유황의 미분이 부유할 때 어떠한 위험성이 있는가?

해답 이산화황, 분진폭발

07 용융황에 다음 물질을 화합할 때 생성되는 물질의 화학식을 쓰시오.

　㉮ 염소(Cl_2)　　㉯ 탄소(C)

해답 ㉮ S_2Cl_2　㉯ CS_2

마그네슘·철분·금속분류

01 제2류 위험물의 지정수량을 쓰시오.

　㉮ 철분
　㉯ 마그네슘
　㉰ 금속분류

해답 ㉮ 500kg
㉯ 500kg
㉰ 500kg

02 제2류 위험물인 마그네슘은 위험물이 되기 위해서 몇 mm의 체를 통과하여야 하나?

해답 2mm

03 제2류 위험물 중 착화점이 400℃ 부근이며 융점이 약 650℃인 것으로 알루미늄보다 열전도율이 낮은 위험물은 무엇인가?

해답 마그네슘(Mg)

04 제2류 위험물인 마그네슘에 대하여 답하시오.

　㉮ 연소반응식
　㉯ 물(온수)과의 화학반응식

해답 ㉮ $2Mg + O_2 \rightarrow 2MgO$
㉯ $Mg + 2H_2O \rightarrow Mg(OH)_2 + H_2 \uparrow$

참고 ・마그네슘의 연소반응식
$2Mg + O_2 \rightarrow 2MgO$
(마그네슘) (산소) (산화마그네슘)

・마그네슘과 물의 반응식
$Mg + 2H_2O \rightarrow Mg(OH)_2 + H_2 \uparrow$
(마그네슘) (물) (수산화마그네슘) (수소)

05 제2류 위험물인 마그네슘에 대하여 다음 물음에 답하시오.

　㉮ 이산화탄소와 폭발반응식을 쓰시오.
　㉯ 염산과의 반응식을 쓰시오.
　㉰ 황산과 반응식을 쓰시오.

해답 ㉮ $2Mg + CO_2 \rightarrow 2MgO + C$
㉯ $Mg + 2HCl \rightarrow MgCl_2 + H_2 \uparrow$
㉰ $Mg + H_2SO_4 \rightarrow MgSO_4 + H_2 \uparrow$

참고 ・마그네슘과 이산화탄소의 폭발반응식
$2Mg + CO_2 \rightarrow 2MgO + C$
(마그네슘) (이산화탄소) (산화마스네슘) (탄소)

・마그네슘과 염산의 반응식
$Mg + 2HCl \rightarrow MgCl_2 + H_2 \uparrow$
(마그네슘) (염산) (염화마그네슘) (수소)

・마그네슘과 황산의 반응식
$Mg + H_2SO_4 \rightarrow MgSO_4 + H_2 \uparrow$
(마그네슘) (황산) (황산마그네슘) (수소)

06 마그네슘과 질소를 강열할 때 생성되는 물질은 무엇인가?

해답 Mg_3N_2(질화마그네슘)

참고 $3Mg + N_2 \rightarrow Mg_3N_2$
(마그네슘) (질소) (질화마그네슘)

07 마그네슘과 이산화탄소 반응식과 소화되지 않는 이유를 쓰시오.

해답 반응식 : $2Mg + CO_2 \rightarrow 2MgO + C$
이유 : 가연성물질인 탄소를 발생시키면서 폭발반응하기 때문에

08 괄호 안에 알맞은 말을 쓰시오.

"철분"이라 함은 철의 분말로서 (㉮)마이크로미터의 표준체를 통과하는 것이 (㉯)중량퍼센트 미만인 것은 제외한다. "금속분"이라 함은 알칼리금속·알칼리토류금속·철 및 마그네슘 외의 금속의 분말을 말하고, 구리분 니켈분 및 (㉰)마이크로미터의 체를 통과하는 것이 (㉱)중량퍼센트 미만인 것은 제외한다.

해답 ㉮ 53   ㉯ 50
㉰ 150   ㉱ 50

09 철과 염산의 화학반응식을 쓰시오.

해답 $Fe + 2HCl \rightarrow FeCl_2 + H_2 \uparrow$

참고 철과 염산산의 화학반응식
$Fe + 2HCl \rightarrow FeCl_2 + H_2 \uparrow$
(철) (염산) (염화제1철) (수소)

10 철분 500kg, 금속분 400kg을 저장할 경우 지정수량은 몇 배인가?

해답 [계산과정]
철분의 지정수량 : 500kg
금속분의 지정수량 : 500kg
지정수량 배수의 합 =
$\frac{500}{500} + \frac{400}{500} = 1.8$(배)
[답] 1.8(배)

11 제2류 위험물 중 금속분류에 해당되는 것은 몇 μm의 체를 통과하여야 하며 성분은 중량%로 몇 % 이상이어야 하는가?

해답 ① $150\mu m$
② 50중량% 이상

12 알루미늄분과 할로젠 원소와 접촉시 고온에서 일어나는 현상은 무엇인가?

해답 자연발화

13 금속분류의 화재에 주수소화가 적당치 못한 이유는 무엇인가?

해답 급격히 발생하는 수증기의 압력과 수증기 분해에 의한 수소발생에 의하여 금속분이 비산폭발하여 화재범위를 넓히므로

14 제2류 위험물 중 금속분류의 화재에 주수할 경우 발생하는 가스는 무엇인가?

해답 수소가스(H_2)

적중·예상문제

15 알루미늄의 연소반응식을 쓰시오.

해답 $4Al + 3O_2 \rightarrow 2Al_2O_3$

참고 알루미늄의 연소반응식
$4Al + 3O_2 \rightarrow 2Al_2O_3$
(알루미늄) (산소) (산화알루미늄)

16 제2류 위험물 금속분 중 알루미늄과 끓는 물과의 반응식을 쓰시오.

해답 $2Al + 6H_2O \rightarrow 2Al(OH)_3 + 3H_2 \uparrow$

참고 알루미늄분과 물의 반응식
$2Al + 6H_2O \rightarrow 2Al(OH)_3 + 3H_2 \uparrow$
(알루미늄) (물) (수산화알루미늄) (수소)

17 알루미늄과 알칼리(KOH)와의 반응식을 쓰시오.

해답 $2Al + 2KOH + 2H_2O \rightarrow 2KAlO_2 + 3H_2 \uparrow$

참고 알루미늄과 수산화칼륨의 반응식
$2Al + 2KOH + 2H_2O \rightarrow 2KAlO_2 + 3H_2 \uparrow$
(알루미늄) (수산화칼륨) (물) (알루미늄산칼륨) (수소)

18 고온에서 사산화삼철을 알루미늄이 환원시킬 때 환원반응식을 쓰시오.

해답 $3Fe_3O_4 + 8Al \rightarrow 4Al_2O_3 + 9Fe$

참고 사산화삼철을 알루미늄이 환원시키는 반응식
$3Fe_3O_4 + 8Al \rightarrow 4Al_2O_3 + 9Fe$
(사산화삼철) (알루미늄) (산화알루미늄) (철)

19 아연분과 염산과의 화학반응식을 쓰시오.

해답 $Zn + 2HCl \rightarrow ZnCl_2 + H_2 \uparrow$

참고 아연분과 염산의 화학반응식
$Zn + 2HCl \rightarrow ZnCl_2 + H_2 \uparrow$
(아연) (염산) (염화아연) (수소)

20 아연분과 황산의 화학반응식을 쓰시오.

해답 $Zn + H_2SO_4 \rightarrow ZnSO_4 + H_2 \uparrow$

참고 아연분과 황산의 화학반응식
$Zn + H_2SO_4 \rightarrow ZnSO_4 + H_2 \uparrow$
(아연) (황산) (황산아연) (수소)

21 아연분과 초산(아세트산)의 화학반응식을 쓰시오.

해답 $Zn + 2CH_3COOH \rightarrow (CH_3COO)_2Zn + H_2 \uparrow$

참고 아연분과 초산의 화학반응식
$Zn + 2CH_3COOH \rightarrow (CH_3COO)_2Zn + H_2 \uparrow$
(아연) (초산) (초산아연) (수소)

22 아연분을 공기 중에 방치할 경우 표면에 염기성의 얇은 막을 형성한다. 다음 물음에 답하시오.

㉮ 색깔	㉯ 막의 성분

해답 ㉮ 흰색 ㉯ 염기성 탄산아연

참고 염기성 탄산아연 $[ZnCO_3 \cdot Zn(OH)_2]$

23 융점이 630℃, 비점이 1,750℃인 금속분의 명칭을 쓰시오.

해답 안티몬

인화성고체

01 제2류 위험물 중 인화성 고체의 정의를 쓰시오.

해답 고형알코올 그 밖에 1기압에서 인화점이 섭씨 40도 미만인 고체를 말한다.

02 생고무에 인화성 용제를 가공하여 풀과 같은 상태로 한 인화성 고체는 무엇이며, 몇 류 위험물에 속하고, 지정수량은 얼마인가?

해답 ① 고무풀
② 제2류 위험물
③ 1,000kg

03 다음은 인화성 고체이다. 인화점을 쓰시오.

㉮ 제3부틸알코올
㉯ 고형알코올
㉰ 메타알데하이드

해답 ㉮ 11.1℃ ㉯ 30℃ ㉰ 36℃

04 고형알코올은 위험물 안전관리법상 어느 곳에 속하며, 지정수량은 몇 kg인가?

해답 제2류 위험물 인화성고체, 1,000kg

05 고형알코올은 (㉮)에 (㉯)과 가성소다를 혼합하여 (㉰)시켜 만든 한천상의 고체이다. ( ) 속에 알맞는 말은?

해답 ㉮ 합성수지
㉯ 메틸알코올
㉰ 검화(비누화)

제4장 제3류 위험물

1. 제3류 위험물의 필수 암기사항

1 제3류 위험물(자연발화성 물질 및 금수성 물질)

자연발화성 물질 및 금수성 물질로서 고체와 액체이며 공기 중에서 발화하는 물질, 물과 접촉하여 발화하거나 가연성 가스의 발생 위험성이 있는 것을 말한다.

- 자연발화성 : 공기 중에서 발화하는 성질
- 금수성 : 물과의 접촉을 금지하여야 하는 성질

2 제3류 위험물의 품명 및 지정수량

유별 및 성질	위험등급	품 명	지정수량
제3류 (자연발화성 물질 및 금수 성 물질)	I	1. 칼륨	10kg
		2. 나트륨	10kg
		3. 알킬리튬	10kg
		4. 알킬알루미늄	10kg
		5. 황린	20kg
	II	6. 알칼리금속(칼륨 및 나트륨 제외) 및 알칼리토금속	50kg
		7. 유기금속화합물(알킬알루미늄 및 알킬리튬 제외)	50kg

제3류 (자연발화성 물질 및 금수성 물질)	III	8. 금속의 인화물	300kg
		9. 금속의 수소화물	300kg
		10. 칼슘 또는 알루미늄의 탄화물	300kg
	I ~ III	11. 그 밖에 행정안전부령이 정하는 것	10kg
		12. 제1호 내지 제11호의1에 해당하는 어느 하나 이상을 함유한 것	50kg 또는 300kg

- 그 밖에 행정안전부령이 정하는 것의 지정수량
  염소화규소화합물($SiCl_4$, Si_2Cl_6, Si_3Cl_8 등) : 300kg

3 제3류 위험물의 공통성질

① 자연발화성 물질은 공기와 접촉하여 연소하거나 가연성가스를 발생하며 폭발적으로 연소한다.

② 금수성 물질은 물과 만나면 가연성가스를 발생하거나 가연성가스를 발생하며 폭발적으로 연소한다.

4 제3류 위험물 저장 및 취급방법

① 용기의 파손 및 부식을 막으며 공기 또는 수분의 접촉을 방지한다.

② 보호액 속에 위험물을 저장할 경우 위험물이 보호액 표면에 노출되지 않게 한다.

③ 다량을 저장할 경우는 소분하여 저장하며 화재발생에 대비하여 희석제를 혼합하여 저장한다.

④ 물과 접촉하여 가연성 가스를 발생하므로 화기로부터 멀리한다.

2. 제3류 위험물의 성질

1 칼륨(K, 포타시움)

지정수량 : 10kg

(1) 융점 63.5℃, 비점 762℃, 비중 0.857
(2) 은백색 광택의 무른 경금속으로 연소시 **보라색 불꽃**을 낸다.
(3) **위험성**
  ① 공기 중에서 수분과 반응하여 수소가스(H_2)를 발생시키며 자연발화한다.
  ② 알코올과 반응하여 칼륨알코라이드와 수소가스(H_2)가 발생한다.
  ③ 피부와 접촉하여 화상을 입는다.
(4) **저장 및 취급상의 주의사항**
  ① 습기나 물과의 접촉을 피하고 용기의 파손과 누출을 방지한다.
  ② 보호액에 보관하며 보호액으로부터 노출되지 않도록 한다.
  ③ 취급시에는 피부에 닿지 않게 하고 난폭하게 다루지 말아야 한다.
(5) **소분법**
  ① 소분병에 석유를 넣는다.
  ② 마른 핀셋으로 원병에서 집어 내어 마른 판 위에 놓는다.
  ③ 마른 핀셋으로 잡고 마른 칼로 자른다.
  ④ 소분병에 넣고 습기가 닿지 않도록 소분병을 밀전 또는 밀봉한다.
(6) 소화방법은 마른 모래 및 탄산수소염류분말 소화약제가 좋으며 주수소화와 CCl_4 [테트라클로로메탄(사염화탄소)] 또는 CO_2(이산화탄소)와는 폭발 반응하므로 절대 사용할 수 없다.

> **참고**
> ① 금속칼륨의 보호액 : 석유(등유·경유·파라핀)
> ② 물·알코올 및 공기 등과의 화학반응식
>   • 물과의 반응식
> $$2K + 2H_2O \rightarrow 2KOH + H_2 \uparrow$$
>   (칼륨) (물) (수산화칼륨) (수소)
>   • 알코올과의 반응식
> $$2K + 2C_2H_5OH \rightarrow 2C_2H_5OK + H_2 \uparrow$$
>   (칼륨) (에틸알코올) (칼륨에틸레이트) (수소)

- 공기와의 반응식

  $4K + O_2 \rightarrow 2K_2O$
  (칼륨) (산소)   (산화칼륨)

- 테트라클로로메탄(사염화탄소)와의 반응식(폭발반응)

  $4K + CCl_4 \rightarrow 4KCl + C$
  (칼륨)(사염화탄소) (염화칼륨) (탄소)

- 이산화탄소와의 반응식(폭발반응)

  $4K + 3CO_2 \rightarrow 2K_2CO_3 + C$
  (칼륨) (이산화탄소) (탄산칼륨) (탄소)

③ 인체에 대한 응급조치 : 피부·눈에 묻었을 경우에는 다량의 물로 충분히 씻은 후 3% 붕산수로 중화시킨 다음 의사의 치료를 받는다.

④ 인체에 대한 위해성 : 피부·눈과 접촉시 수분으로 인하여 화학부상·열 화상을 일으킨다. 먹었을 경우 신체의 부분경련과 소화기관·점막에 중상의 화상을 일으켜 사망하는 경우도 있으며 반응시 열기를 흡입하면 목과 기관지에 염증을 일으키며 짙은 농도일 경우 사망할 수 있다.

② 나트륨(Na, 소듐 또는 금속소오다)

지정수량 : 10kg

① 융점 97.8℃, 비점 880℃, 비중 0.97
② 은백색 광택의 무른 경금속으로 연소시 **황색 불꽃**을 낸다.
③ 기타 칼륨에 준한다.

① 나트륨과 공기·물·테트라클로로메테인(사염화탄소)·이산화탄소 및 알코올과의 화학반응식은 칼륨의 방법과 같다(원소기호만 바꿀것).

- 물과의 반응식

  $2Na + 2H_2O \rightarrow 2NaOH + H_2 \uparrow$
  (나트륨) (물)   (수산화나트륨) (수소)

② 인체에 대한 응급조치 및 위해성은 칼륨에 준한다.

③ 알킬알루미늄[(R)₃Al]

지정수량 : 10kg

(1) 일반 성질
① 알킬기와 알루미늄의 화합물이다.
② 상온에서 무색투명의 액체 또는 고체이다.
③ 공기 또는 물과 접촉하여 자연발화한다.

(2) 탄소수 C_1~C_4까지 자연발화

(3) 저장방법
① 용기는 완전 밀봉하고 공기 및 물과의 접촉을 피한다.
② 용기의 상부를 불활성 가스(N_2)로 봉입한다.

(4) 희석제
① 벤젠   ② 헥산

(5) 소화제
팽창질석 및 팽창진주암

---

① 자연발화의 방지방법
- 탄소수를 증가시킨다.
- 할로겐으로 치환한다.

② 알킬알루미늄의 보기
- $(CH_3)_3Al$ → 트라이메틸알루미늄(TMAL) 〈액체〉
- $(C_2H_5)_3Al$ → 트라이에틸알루미늄(TEAL) 〈액체〉
- $C_2H_5 AlCl_2$ → 에틸알루미늄디클로라이드(EADC) 〈고체〉

③ 공기 및 물 등과 접촉시 화학반응식
- 공기 중에서

$$2(C_2H_5)_3Al + 21O_2 → Al_2O_3 + 12CO_2↑ + 15H_2O$$
(트라이에틸알루미늄) (산소) (산화알루미늄) (탄산가스) (물)

- 물과 접촉

  $(C_2H_5)_3Al\ +\ 3H_2O\ \rightarrow\ Al(OH)_3\ +\ 3C_2H_6\uparrow$
  (트라이에틸알루미늄) (물) (수산화알루미늄) (에테인[에탄])

- 200℃에서 폭발 반응식

  $2(C_2H_5)_3Al\ \rightarrow\ 2Al\ +\ 3H_2\uparrow\ +\ 6C_2H_4\uparrow$
  (트라이에틸알루미늄) (알루미늄) (수소) (에틸렌)

- 200℃에서 분해·폭발 반응메카니즘

  $(C_2H_5)_3Al\ \rightarrow\ (C_2H_5)_2AlH\ +\ C_2H_4\uparrow$
  (트라이에틸알루미늄)(다이에틸수소알루미늄) (에틸렌)

  $\Rightarrow 2(C_2H_5)_2AlH\ \rightarrow\ 2Al\ +\ 3H_2\ +\ 4C_2H_4\uparrow$
  (다이에틸수소알루미늄) (알루미늄) (수소) (에틸렌)

- 산(HCl)과 반응

  $(C_2H_5)_3Al\ +\ HCl\ \rightarrow\ (C_2H_5)_2AlCl\ +\ C_2H_6\uparrow$
  (트라이에틸알루미늄) (염산) (다이에틸알루미늄 클로라이드) (에테인[에탄])

- 할로젠 원소와 반응

  $(C_2H_5)_3Al\ +\ 3Cl_2\ \rightarrow\ AlCl_3\ +\ 3C_2H_5Cl$
  (트라이에틸알루미늄) (염소) (염화알루미늄) (에틸클로라이드, 염화에틸)

- 메틸알코올 또는 에틸알코올과의 반응

  $(C_2H_5)_3Al\ +\ 3CH_3OH\ \rightarrow\ (CH_3O)_3Al\ +\ 3C_2H_6\uparrow$
  (트라이에틸알루미늄) (메틸알코올) (알루미늄메틸레이트) (에테인[에탄])

  $(C_2H_5)_3Al\ +\ 3C_2H_5OH\ \rightarrow\ (C_2H_5O)_3Al\ +\ 3C_2H_6\uparrow$
  (트라이에틸알루미늄) (에틸알코올) (알루미늄에틸레이트) (에테인[에탄])

④ 인체에 대한 위해성 : 유독물은 아니나 인체에 닿으면 피부조직을 파괴하며 큰 화상을 입으며, 연소시 발생한 흰연기를 많이 흡입하면 중독을 일으킨다.

4 알킬리튬(RLi)

지정수량 : 10kg

저장 및 취급방법, 소화방법은 알킬알루미늄에 준한다.

- 알킬리튬의 화학식
  메틸리튬: CH_3Li, 에틸리튬: CH_2Li_5, 프로필리튬: C_3H_7Li, 뷰틸리튬: C_4H_9Li

5 황린(P_4, 백린 또는 인)

지정수량 : 20kg

(1) 착화점(미분상) 34℃, 착화점(고형상) 60℃, 융점 44℃, 비점 280℃, 비중 1.82
(2) 백색 또는 담황색의 고체로 마늘냄새가 나며 어두운 곳에서 인광을 발생한다.
(3) 위험성

    ① 증기는 유독하며 치사량은 0.02~0.05g이다.
    ② 착화온도가 낮으므로 공기중에서 서서히 자연발화한다.
    ③ 융점이 44℃이므로 액화되기 쉬워 확산 연소하기 쉽다.

(4) 연소할 경우 무수인산(오산화인)의 흰 연기를 낸다.
(5) 공기를 차단하고 약 250℃로 가열하면 적린이 된다.
(6) 물에 녹지 않으므로 물 속에 저장한다.
(7) PH_3(인화수소 · 포스핀)의 생성을 방지하기 위하여 보호액은 pH9로 유지하며, 알칼리제로 pH를 높인다.

① 연소반응식

    $P_4 + 5O_2 \rightarrow 2P_2O_5$
    (황린) (산소)   (오산화인)

② 알칼리제 : 소석회($Ca(OH)_2$), 생석회(CaO), 소다회(Na_2CO_3)
③ 인체에 대한 위해성 : 독성이 강하므로 먹으면 0.0098g에서 중독증상이 오고 0.02~0.05g에서 치사하게 된다. 피부와 접촉하면 화상을 일으키고 일부는 침투하여 뼈 등을 상하게 한다.

6 알칼리금속(칼륨 및 나트륨 제외) 및 알칼리토금속

지정수량 : 50kg

(1) 금속리튬(Li)

① 융점 180℃, 비점 1,336℃, 비중 0.534
② 은백색의 무른 경금속이다.
③ 물과 접촉하여 수소를 발생하며 탄산가스 속에서 소화가 안된다.
④ 2차 전지의 원료 등에 쓰인다.

> **참고**
> - 금속리튬 : 금속칼륨과 나트륨보다는 안정하며 물과의 화학반응식은 다음과 같다.
>
> $2Li + 2H_2O \rightarrow 2LiOH + H_2 \uparrow$
>   (리튬)   (물)   (수산화리튬) (수소)
>
> - 인체에 대한 위해성 : 피부접촉시 부식작용이 있다.

(2) 금속칼슘(Ca)

① 융점 851℃, 비점 1,200±30℃, 비중 1.55
② 은백색의 무른 경금속이다.
③ 물과 접촉하여 수소를 발생한다.

> **참고**
> - 전성 및 연성이 있으며 물과의 화학반응식은 다음과 같다.
>
> $Ca + 2H_2O \rightarrow Ca(OH)_2 + H_2 \uparrow$
>   (칼슘)   (물)   (수산화칼슘) (수소)
>
> - 인체에 대한 위해성 : 물과 반응하여 생성된 수산화칼슘은 강한 자극성이 있으므로 피부·눈·점막접촉에 주의해야 한다.

7 유기금속 화합물(알킬알루미늄 및 알킬리튬 제외)

지정수량 : 50kg
저장 및 취급방법, 소화방법은 알킬알루미늄에 준한다.

8 금속의 인화물

지정수량 : 300kg

(1) 인화칼슘(Ca_3P_2, 인화석회)

① 융점 1,600℃, 비중 2.51
② 적갈색 괴상의 고체이다.
③ 물 또는 약산과 반응하여 유독한 포스핀 가스(PH_3)를 발생한다.
④ 마른 모래로 피복 후 자연진화를 기다린다.

- 인화칼슘(인화석회) : 수중조명등으로 사용하며 물과의 화학반응식은 다음과 같다.

$$Ca_3P_2 + 6H_2O \rightarrow 3Ca(OH)_2 + 2PH_3 \uparrow$$
(인화칼슘)　(물)　(수산화칼슘)　(포스핀·인화수소)

- 인체에 대한 응급조치 : 포스핀가스에 중독되면 신선한 공기가 있는 장소로 옮기고 안정시킨 후 의사의 치료를 받는다.

(2) 인화알루미늄(AlP)

① 융점 1,000℃ 이하, 비중 2.4~2.8
② 암회색 또는 황색의 결정 또는 분말

- 물과의 화학반응식

$$AlP + 3H_2O \rightarrow Al(OH)_3 + PH_3 \uparrow$$
(인화알루미늄)　(물)　(수산화알루미늄)　(인화수소, 포스핀)

9 금속의 수소화물(M'H 또는 M"H_2)

지정수량 : 300kg

① 수소화물의 공통점
　• 용융점이 높은 무색결정이다.
　• 수소화물 : 알칼리 금속 및 베릴리움, 마그네슘을 제외한 알칼리 토금속이 만드는 M'H 또는 M"H_2형 이온화합물이다.
　• 물과 접촉하여 쉽게 수소와 수산화물을 생성한다.
② M' : 원자가 1가의 금속, M" : 원자가 2가의 금속

(1) 수소화리튬(LiH)

① 융점 680℃, 비중 0.82
② 유리모양의 투명한 고체로 물과 접촉하여 수소를 발생한다.

> ① 물과의 화학반응식
> $$LiH + H_2O \rightarrow LiOH + H_2 \uparrow$$
> (수산화리튬) (물)   (수산화리튬) (수소)
>
> ② 인체에 대한 위해성
> • 피부에 접촉시 반응열에 의하여 화상을 입는다.
> • 눈에 접촉할 경우 실명할 우려가 있다.

(2) 수소화칼륨(KH)

① 회백색의 결정성분말로 물과 접촉하여 수산화칼륨과 수소를 발생한다.
② 암모니아와 고온에서 **칼륨아미드**를 생성한다.

> ① 물과의 화학반응식
> $$KH + H_2O \rightarrow KOH + H_2 \uparrow$$
> (수소화칼륨) (물) (수산화칼륨) (수소)
>
> ② 암모니아와 고온에서의 화학반응식
> $$KH + NH_3 \rightarrow KNH_2 + H_2 \uparrow$$
> (수소화칼륨) (암모니아) (칼륨아미드) (수소)
>
> ③ 인체에 대한 위해성 : 수소화리튬에 준한다.

(3) 수소화나트륨(NaH)

① 분해온도 800℃, 비중 0.92
② 은백색의 결정으로 물과 접촉하여 수소가 발생한다.

> ① 물과의 화학반응식
> $$NaH + H_2O \rightarrow NaOH + H_2 \uparrow$$
> (수소화나트륨) (물) (수산화나트륨) (수소)
>
> ② 인체에 대한 위해성 : 수소화리튬에 준한다.

(4) 수소화알루미늄리튬(LiAlH₄)

① 회백색의 분말로 물과 접촉하여 수소를 발생한다.
② 분해온도 125~150℃
③ 열분해하여 리튬(Li), 알루미늄(Al), 수소(H₂)로 분해한다.

> **참고**
> ① 물과의 화학반응식
> $$LiAlH_4 + 4H_2O \rightarrow LiOH + Al(OH)_3 + 4H_2 \uparrow$$
> (수소화알루미늄리튬) (물) (수산화리튬) (수산화알루미늄) (수소)
>
> ② 열분해반응식
> $$LiAlH_4 \xrightarrow{\Delta} Li + Al + 2H_2 \uparrow$$
> (수소화알루미늄리튬) (리튬) (알루미늄) (수소)

(5) 수소화칼슘(CaH₂)

① 무색의 결정으로 물과 접촉하여 수소를 발생한다.
② 분해온도 675℃, 융점 814~816℃

> ① 물과의 화학반응식
> $$CaH_2 + 2H_2O \rightarrow Ca(OH)_2 + 2H_2 \uparrow$$
> (수소화칼륨) (물) (수산화칼슘) (수소)
>
> ② 인체에 대한 위해성 : 수소화리튬에 준한다.

10 칼슘 또는 알루미늄의 탄화물

지정수량 : 300kg

(1) 탄화칼슘(CaC₂, 카바이트)

① 융점 2,300℃, 비중 2.2
② 아세틸렌 가스의 착화온도 : 335℃, 연소범위 2.5~81%
③ 순수한 것은 백색 입방체의 결정이며 낮은 온도에서는 정방정계이고 시판품은 회색 또는 회흑색의 불규칙한 괴상이다.

④ 수분과 접촉으로 아세틸렌 가스를 발생한다.
⑤ 저장 및 취급상의 주의사항
  ㉮ 습기가 없는 밀폐용기에 저장한다.
  ㉯ 용기에는 질소 등 불연성 가스를 봉입시킨다.
  ㉰ 비, 침수 등의 우려가 없고 화기로부터 먼 곳에 저장한다.
⑥ 소화제 : 마른 모래, 탄산가스, 소화분말, 테트라클로로메탄(사염화탄소)

> **참고**
> ① 금속의 탄화물 : 아세틸렌 외에 메테인가스 및 수소를 발생한다.
> - 탄화칼슘과 물과의 화학반응식
> $CaC_2 + 2H_2O \rightarrow Ca(OH)_2 + C_2H_2 \uparrow$
>   (탄화칼슘) (물)   (수산화칼슘) (아세틸렌)
> - 탄화칼슘의 산화반응식
> $2CaC_2 + 5O_2 \rightarrow 2CaO + 4CO_2 \uparrow$
>   (탄화칼슘) (산소) (산화칼슘) (이산화탄소)
> - 아세틸렌의 연소반응식
> $2C_2H_2 + 5O_2 \rightarrow 4CO_2 \uparrow + 2H_2O$
>   (아세틸렌) (산소) (이산화탄소) (물)
> - 아세틸렌과 구리의 반응식
> $C_2H_2 + 2Cu \rightarrow Cu_2C_2 + H_2 \uparrow$
>   (아세틸렌) (구리) (구리아세틸라이드) (수소)
> - 탄화칼슘은 700℃ 이상에서 질소와 반응하여 석회질소(칼슘사이아나미드)를 만든다.
> $CaC_2 + N_2 \rightarrow CaCN_2 + C$
>   (탄화칼슘) (질소) (석회질소) (탄소)

(2) 탄화알루미늄(Al_4C_3)

① 분해온도 1,400℃, 비중 2.36
② 황색의 단단한 결정이다.
③ 물과 반응하여 메테인(메탄)가스를 발생한다.

> **참고**
> ① 물과의 화학반응식
>   - $Al_4C_3 + 12H_2O \rightarrow 4Al(OH)_3 + 3CH_4 \uparrow$
>   (탄화알루미늄) (물)   (수산화알루미늄) (메테인[메탄])
> ② CaC_2 및 $MgC_2 \cdot K_2C_2 \cdot Na_2C_2 \cdot Li_2C_2$는 물과 반응하여 C_2H_2를 발생한다.

적중·예상문제

모든 계산문제는 소수 3째자리까지 계산하고 반올림하여 소수 2째자리를 답으로 합니다.

제3류 위험물의 필수암기사항

01 위험물안전관리법(시행령 별표 1)에서 정하는 제3류 위험물의 품명 중 위험등급 Ⅰ등급인 것 5가지를 쓰시오.

> **해답** ① 칼륨
> ② 나트륨
> ③ 알킬리튬
> ④ 알킬알루미늄
> ⑤ 황린

02 다음 위험물의 지정수량을 쓰시오.

> ㉮ 칼륨　　　㉯ 나트륨
> ㉰ 알킬알루미늄　㉱ 알킬리튬
> ㉲ 황린

> **해답** ㉮ 10kg　㉯ 10kg　㉰ 10kg
> ㉱ 10kg　㉲ 20kg

03 제3류 위험물 중 지정수량이 10kg인 것의 품명 4가지를 쓰시오.

> **해답** 칼륨, 나트륨, 알킬리튬, 알킬알루미늄

04 지정수량이 10kg이 아닌 위험물은 어느 것인가 모두 적으시오.

> 황린, 황화인, 질산은, 바륨, 라듐, 칼륨, 나트륨, 알킬리튬

> **해답** 황린, 황화인, 질산은, 바륨, 라듐
> **참고** 02번 해답 참고

05 다음 위험물의 지정수량을 쓰시오.

> ㉮ 알칼리금속(칼륨 및 나트륨 제외) 및 알칼리토금속
> ㉯ 유기금속화합물(알킬알루미늄 및 알킬리튬 제외)
> ㉰ 금속인화합물
> ㉱ 금속수소화합물
> ㉲ 칼슘 또는 알루미늄의 탄화물

> **해답** ㉮ 50kg　　㉯ 50kg
> ㉰ 300kg　㉱ 300kg
> ㉲ 300kg

06 다음의 위험물 등급을 분류하시오.

> 칼륨, 나트륨, 알킬알루미늄, 알칼리 토금속, 알킬리튬, 황린

> **해답** Ⅰ등급 : 칼륨, 나트륨, 알킬알루미늄, 알킬리튬, 황린
> Ⅱ등급 : 알칼리 토금속

07 다음 위험물의 지정수량을 쓰시오.

> ㉮ 트라이에틸알루미늄　㉯ 리튬
> ㉰ 탄화알루미늄

> **해답** ㉮ 10kg　㉯ 50kg　㉰ 300kg

08 위험물 중 자연발화성·금수성 위험물에 속하는 것은 몇 류 위험물인가?

> **해답** 제3류 위험물

09 제3류 위험물을 자연발화성 물질 및 금수성 물질이라 함은 (㉮) 또는 액체로서 (㉯) 중에서 발화의 위험성이 있는 것 또는 (㉰)과 접촉하여 발화하거나 (㉱)의 발생위험성이 있는 것을 말한다. 괄호 안을 완성하시오.

해답 ㉮ 고체 ㉯ 공기
㉰ 물 ㉱ 가연성 가스

10 제3류 위험물에 대하여 답하시오.

㉮ 제3류 위험물의 위험물안전관리법상 성질
㉯ 주수소화가 적당하지 않은 이유

해답 ㉮ 자연발화성 및 금수성
㉯ 물과 접촉하여 발생된 가연성 가스에 의하여 발화 또는 폭발하므로

11 제3류 위험물 금속칼륨 300kg, 알킬알루미늄 300kg, 탄화칼슘 300kg을 저장할 경우에 지정수량은 몇 배가 되는가?(지정수량 : 칼륨 10kg, 알킬알루미늄 10kg, 탄화칼슘 300kg)

해답 [계산과정]
지정수량 배수의 합 =
$\frac{300}{10} + \frac{300}{10} + \frac{300}{300} = 61(배)$
[답] 61(배)

12 제3류 위험물 중 나트륨, 알킬리튬, 황린, 각각 10kg과 수소화리튬, 인화칼슘를 각각 30kg씩 함께 저장하고자 한다. 지정수량은 몇 배인가?

해답 [계산과정]
지정수량
• 나트륨 – 10kg
• 알킬리튬 – 10kg
• 황린 – 20kg
• 수소화리튬 – 금속수소화합물 300kg
• 인화칼슘 – 금속인화합물 300kg
지정수량 배수의 합 =
$\frac{10}{10} + \frac{10}{10} + \frac{10}{20} + \frac{30}{300} + \frac{30}{300} = 2.7(배)$
[답] 2.7(배)

칼륨 · 나트륨

01 제3류 위험물인 칼륨에 대하여 답하시오.

㉮ 칼륨의 다른 명칭
㉯ 물과 접촉시 발생하는 가연성 가스
㉰ 지정수량

해답 ㉮ 포타시움 ㉯ 수소(H_2) ㉰ 10kg

참고 칼륨과 물의 화학반응식
$2K + 2H_2O \rightarrow 2KOH + H_2\uparrow$
(칼륨) (물)   (수산화칼륨) (수소)

02 제3류 위험물인 K와 Na를 보관하기 위해 사용하는 보호액을 2가지 쓰시오.

해답 등유, 경유, 파라핀 중 2가지

참고 한 가지만 쓸 때는 석유로 하고, 두 가지 이상일 경우에는 등유, 경유, 파라핀 중 요구하는 개수만큼 쓸 것

03 제3류 위험물인 칼륨에 대하여 답하시오.

> ㉮ 물과의 화학반응식
> ㉯ 에틸알코올과의 화학반응식

해답 ㉮ $2K + 2H_2O \rightarrow 2KOH + H_2 \uparrow$
㉯ $2K + 2C_2H_5OH \rightarrow 2C_2H_5OK + H_2 \uparrow$

참고 칼륨과 에틸알코올의 화학반응식
$2K + 2C_2H_5OH \rightarrow 2C_2H_5OK + H_2 \uparrow$
(칼륨) (메탈알코올) (칼륨에틸레이트) (수소)

04 금속물질과 물과의 반응시 생성되는 가스는 무엇이며, 위험성에 대하여 기술하시오.

해답 수소(H_2), 물과 격렬히 반응하여 발생된 수소에 의하여 폭발적으로 연소한다.

05 칼륨과 CO_2의 반응식을 쓰고, 설명하시오.

해답 반응식 : $4K + 3CO_2 \rightarrow 2K_2CO_3 + C$
칼륨과 이산화탄소는 반응하여 폭발한다.

참고 칼륨과 이산화탄소의 화학반응식
$4K + 3CO_2 \rightarrow 2K_2CO_3 + C$
(칼륨) (이산화탄소) (탄산칼륨) (탄소)

06 제3류 위험물인 나트륨에 대하여 답하시오.

> ㉮ 별명
> ㉯ 지정수량
> ㉰ 에틸알코올과 반응시 생성물질 2가지

해답 ㉮ 소듐 또는 금속소다
㉯ 10kg
㉰ 나트륨에틸레이드, 수소

참고 나트륨과 에틸알코올의 화학반응식
$2Na + 2C_2H_5OH \rightarrow 2C_2H_5ONa + H_2 \uparrow$
(나트륨) (에틸알코올) (나트륨에틸레이드) (수소)

07 나트륨(Na)이 공기·물·에틸알코올과 반응시키면 가연성 가스를 발생한다. 다음 반응식을 쓰시오.

> ㉮ 공기와의 반응식
> ㉯ 물과의 반응식
> ㉰ 에틸알코올과의 반응식

해답 ㉮ $4Na + O_2 \rightarrow 2Na_2O$
㉯ $2Na + 2H_2O \rightarrow 2NaOH + H_2 \uparrow$
㉰ $2Na + 2C_2H_5OH \rightarrow 2C_2H_5ONa + H_2 \uparrow$

참고 • 나트륨과 공기의 화학반응식
$4Na + O_2 \rightarrow 2Na_2O$
(나트륨) (공기) (산화나트륨)

• 나트륨과 물과의 화학반응식
$2Na + 2H_2O \rightarrow 2NaOH + H_2 \uparrow$
(나트륨) (물) (수산화나트륨) (수소)

• 나트륨과 에틸알코올의 화학반응식
$2Na + 2C_2H_5OH \rightarrow 2C_2H_5ONa + H_2 \uparrow$
(나트륨) (에틸알코올) (나트륨에틸레이트) (수소)

08 칼륨과 나트륨을 주수 소화하면 안되는 이유 2가지를 화학적 반응과 연관 지어 서술하시오.

해답 ① 칼륨과 나트륨은 물과 접촉하여 가연성기체인 수소 가스를 발생하므로
② 칼륨과 나트륨은 물과 접촉하여 급격히 발열하며 발생된 수소 가스는 폭발반응을 하므로

09 제3류 위험물인 Na화재 소화에 CCl_4 및 CO_2 등의 소화제의 사용 유무를 답하고 화학반응식을 쓰고 이유를 설명하시오.

> ㉮ 소화제의 사용 여부
> ㉯ 화학반응식
> ㉰ 이유

해답 ㉮ 사용할 수 없다.
㉯ $4Na+CCl_4 \rightarrow 4NaCl+C$,
  $4Na+3CO_2 \rightarrow 2Na_2CO_3+C$
㉰ 폭발반응을 하므로

참고 • 나트륨과 테트라클로로메탄(사염화탄소)의 폭발반응식
$4Na + CCl_4 \rightarrow 4NaCl+C$
(나트륨) (사염화탄소) (염화나트륨) (탄소)

• 나트륨과 이산화탄소의 폭발반응식
$4Na + 3CO_2 \rightarrow 2Na_2CO_3+C$
(나트륨) (이산화탄소) (탄산나트륨) (탄소)

알킬알루미늄 · 알킬리튬

01 제3류 알킬알루미늄에 대하여 답하시오.

㉮ 지정수량
㉯ 자연발화를 일으키는 탄소수는 몇 개까지인가?
㉰ 소화제 3가지

해답 ㉮ 10kg
㉯ C_1~C_4
㉰ 마른모래, 팽창질석, 팽창진주암

02 알킬알루미늄의 희석제를 2가지 적으시오. 이 희석제는 20~30% 사용한다.

해답 벤젠, 핵산

03 제3류 위험물인 알킬알루미늄의 일반성질을 3가지만 쓰시오.

해답 ① 상온에서 무색투명한 액체 또는 고체이다.
② 알킬기와 알루미늄의 화합물이다.
③ 공기 또는 물과 접촉하여 자연발화한다.

04 알킬알루미늄의 자연발화 방지방법 2가지를 기술하시오.

해답 ① 탄소수를 증가시킨다.
② 힐로젠으로 치환한다.

05 트라이에틸알루미늄(TEAL)이 물과 접촉하였을 때와 공기 중에서의 화학반응식을 완결하시오.

해답 ① 물 : $(C_2H_5)_3Al+3H_2O \rightarrow Al(OH)_3+3C_2H_6\uparrow$
② 공기 : $2(C_2H_5)_3Al+21O_2 \rightarrow Al_2O_3+12CO_2\uparrow+15H_2O$

참고 • 트라이에틸알루미늄과 물의 화학반응식
$(C_2H_5)_3Al+3H_2O \rightarrow Al(OH)_3+3C_2H_6\uparrow$
(트라이에틸알루미늄) (물) (수산화알루미늄) (에테인[에탄])

• 트라이에틸알루미늄이 공기에서 화학반응식
$2(C_2H_5)_3Al + 21O_2 \rightarrow$
(트라이에틸알루미늄) (산소)
$12CO_2\uparrow + 15H_2O + Al_2O_3$
(이산화탄소) (물) (산화알루미늄)

06 트라이에틸알루미늄이 200℃에서 분해될 때의 화학반응식을 쓰시오.

해답 $2(C_2H_5)_3Al \xrightarrow{\triangle} 2Al+3H_2\uparrow+6C_2H_4\uparrow$

참고 200℃에서 분해 반응식
$2(C_2H_5)_3Al \xrightarrow{\triangle} 2Al+3H_2\uparrow+6C_2H_4\uparrow$
(트라이에틸알루미늄) (알루미늄) (수소) (에틸렌)

07 다음 화학반응식을 완성하시오.

$(C_2H_5)_3Al+HCl \rightarrow$ ㉮ + ㉯

해답 ㉮ $(C_2H_5)_2AlCl$ ㉯ C_2H_6

참고 트라이에틸알루미늄과 염산의 화학반응식
$(C_2H_5)_3Al+HCl \rightarrow (C_2H_5)_2AlCl+2C_2H_6\uparrow$
(트라이에틸알루미늄)(염산) (디에틸알루미늄클로라이드) (에테인[에탄])

적중·예상문제

08 트라이에틸알루미늄과 메탄올 반응시 폭발적으로 반응한다. 이때의 화학반응식을 쓰시오.

해답 $(C_2H_5)_3Al + 3CH_3OH \rightarrow (CH_3O)_3Al + 3C_2H_6 \uparrow$

참고 트라이에틸알루미늄과 메탄올의 폭발반응식
$(C_2H_5)_3Al + 3CH_3OH \rightarrow$
(트라이에틸알루미늄) (메틸알코올)
$(CH_3O)_3Al + 3C_2H_6 \uparrow$
(알루미늄메틸레이트) (에테인[에탄])

09 알킬리튬 중 메틸리튬, 에틸리튬, 프로필리튬, 부틸리튬의 화학식을 순서대로 쓰시오.

해답 $CH_3Li, C_2H_5Li, C_3H_7Li, C_4H_9Li$

황린

01 공기 중에 방치하면 산소와 화합하며 34~60℃에서 자연 발화하는 제3류 위험물에 대하여 다음 물음에 답하시오.

> ㉮ 이 위험물의 품명을 화학식으로 쓰시오.
> ㉯ 이 위험물의 지정수량은?
> ㉰ 이 위험물의 저장방법은?

해답 ㉮ P_4 ㉯ 20kg
㉰ pH9의 물 속에 저장한다.

02 황린에 대하여 다음 물음에 답하시오.

> ㉮ 자연발화를 막기 위해서 반드시 어디에 저장해야 하는가?
> ㉯ 연소시 발생하는 흰 연기의 화학식을 쓰시오.
> ㉰ 공기를 차단하고 몇 ℃로 가열하면 적린이 되는가?

해답 ㉮ pH9의 물속에 저장
㉯ P_2O_5 ㉰ 250℃

참고 황린(P_4)의 연소반응식
$P_4 + 5O_2 \rightarrow 2P_2O_5$
(황린) (산소) (오산화인)

03 황린을 저장시 보호액의 pH를 9정도로 유지하여 보관하는 이유는 어떤 물질의 생성을 방지하기 위한 것인지 해당물질의 화학식을 쓰고 pH9를 유지하기 위해 첨가하는 물질 한 가지를 쓰시오.

해답 화학식 : PH_3
첨가물질 : 소석회

참고 첨가물질(알칼리제) : $Ca(OH)_2$(소석회)
CaO(생석회), Na_2CO_3(소다회) 등

04 황린에 대하여 다음 물음에 답하시오.

> ㉮ 발화했을 경우에 반응식을 쓰시오.
> ㉯ 공기를 차단하고 약 250℃로 가열하면 무엇이 되며 이때 증기 비중은 얼마인가?(단, 공기의 평균분자량 29)

해답 ㉮ $P_4 + 5O_2 \rightarrow 2P_2O_5$
㉯ 생성물질 : 적린
[계산과정]
적린(P)의 분자량 : 31
증기비중 = $\frac{31}{29}$ = 1.068
[답] 1.07

알칼리금속(칼륨 및 나트륨 제외) 및 알칼리토금속

01 제3류 위험물 중 비중 0.53, 융점 180℃ 연소시 적색 불꽃을 내는 것의 명칭을 쓰시오.

해답 리튬

02 제3류 위험물 중 다음 조건에 맞는 위험물은?

> 은백색의 연한 금속이며, 비중은 0.534, 융점은 180℃, 비점은 1,336℃, 또 최근에는 2차 전지의 원료로도 쓰인다.

해답 리튬

03 제3류 위험물인 금속 리튬에 대하여 답하시오.

> ㉮ 지정수량 ㉯ 융점
> ㉰ 물과 접촉시 화학반응식

해답 ㉮ 50kg
㉯ 180℃
㉰ $2Li + 2H_2O \rightarrow 2LiOH + H_2 \uparrow$

참고 리튬과 물의 화학반응식
$2Li + 2H_2O \rightarrow 2LiOH + H_2 \uparrow$
(리튬) (물) (수산화리튬) (수소)

04 제3류 위험물인 금속 칼슘에 대하여 기술하시오.

> ㉮ 지정수량
> ㉯ 물과의 화학반응식

해답 ㉮ 50kg
㉯ $Ca + 2H_2O \rightarrow Ca(OH)_2 + H_2 \uparrow$

참고 칼슘과 물의 화학반응식
$Ca + 2H_2O \rightarrow Ca(OH)_2 + H_2 \uparrow$
(칼슘) (물) (수산화칼슘) (수소)

금속의 인화물

01 제3류 위험물인 인화칼슘에 대하여 물음에 답하시오.

> ㉮ 별명   ㉯ 화학식
> ㉰ 색깔   ㉱ 융점

해답 ㉮ 인화석회   ㉯ Ca_3P_2
㉰ 적갈색   ㉱ 1,600℃

02 공기 중에는 안정하나 물이나 묽은 산에서 맹독성의 인화수소(PH_3 : 포스핀가스)가스를 발생하는 적갈색의 제3류 위험물을 쓰시오.

해답 인화칼슘(Ca_3P_2)

03 인화칼슘이 물과 접촉하여 포스핀가스를 발생하는 현상을 화학식으로 나타내시오.

해답 $Ca_3P_2 + 6H_2O \rightarrow 3Ca(OH)_2 + 2PH_3 \uparrow$

참고 인화칼슘과 물의 화학반응식
$Ca_3P_2 + 6H_2O \rightarrow 3Ca(OH)_2 + 2PH_3 \uparrow$
(인화칼슘) (물) (수산화칼슘) (포스핀)

04 인화칼슘에 대하여 다음 물음에 답하시오.

> ㉮ 위험물의 유별과 지정수량은 얼마인가?
> ㉯ 상태와 색상은?
> ㉰ 물과의 반응시 생성되는 유독성 가스의 이름은?

해답 ㉮ 유별 : 제3류, 지정수량 : 300kg
㉯ 상태 : 고체, 색상 : 적갈색
㉰ 포스핀(인화수소)

적중 · 예상문제

금속의 수소화물

01 제3류 위험물 수소화칼륨과 물과의 화학반응식을 쓰시오.

해답 $KH + H_2O \rightarrow KOH + H_2\uparrow$

참고 수소화칼륨과 물의 화학반응식
$KH + H_2O \rightarrow KOH + H_2\uparrow$
(수소화칼륨) (물) (수산화칼륨) (수소)

02 제3류 위험물인 금속수소화합물의 물과의 화학반응식을 완결하시오.

㉮ 수소화나트륨
㉯ 수소화칼슘
㉰ 수소화알루미늄리튬

해답 ㉮ $NaH + H_2O \rightarrow NaOH + H_2\uparrow$
㉯ $CaH_2 + 2H_2O \rightarrow Ca(OH)_2 + 2H_2\uparrow$
㉰ $LiAlH_4 + 4H_2O \rightarrow LiOH + Al(OH)_3 + 4H_2\uparrow$

참고
• 수소화나트륨과 물의 화학반응식
$NaH + H_2O \rightarrow NaOH + H_2\uparrow$
(수소화나트륨) (물) (수산화나트륨) (수소)

• 수소화칼슘과 물의 화학반응식
$CaH_2 + 2H_2O \rightarrow Ca(OH)_2 + 2H_2\uparrow$
(수소화칼슘) (물) (수산화칼슘) (수소)

• 수소화알루미늄리튬과 물의 화학반응식
$LiAlH_4 + 4H_2O \rightarrow$
(수소화알루미늄리튬) (물)
$LiOH + Al(OH)_3 + 4H_2\uparrow$
(수산화리튬) (수산화알루미늄) (수소)

03 수소화알루미늄리튬을 열분해할 때 생성되는 물질을 모두 쓰시오.

해답 리튬(Li), 알루미늄(Al), 수소(H_2)

참고 수소화알루미늄리튬의 열분해반응식
$LiAlH_4 \xrightarrow{\Delta} Li + Al + 2H_2\uparrow$
(수소화알루미늄리튬) (리튬) (알루미늄) (수소)

04 다음은 금속의 수소화물에 대한 설명이다. ( ) 안에 적당한 말을 쓰시오.

제3류 위험물 중에서 금속 수소화물의 지정수량은 (㉮)이고 알칼리금속 및 (㉯)이 만드는 이온화합물을 말한다.

해답 ㉮ 300kg
㉯ 알칼리토금속

칼슘 또는 알루미늄의 탄화물

01 제3류 위험물인 탄화칼슘에 대하여 답하시오.

㉮ 지정수량
㉯ 물과 접촉시 발생가스의 화학식
㉰ 저장시 사용하는 불연성 가스의 명칭
㉱ 순수한 것의 색
㉲ 시판품의 색

해답 ㉮ 300kg ㉯ C_2H_2
㉰ 질소 ㉱ 백색
㉲ 회색 또는 회흑색

참고 탄화칼슘과 물의 화학반응식
$CaC_2 + 2H_2O \rightarrow Ca(OH)_2 + C_2H_2\uparrow$
(탄화칼슘) (물) (수산화칼슘) (아세틸렌)

02 제3류 위험물 중 탄화칼슘(CaC_2)에 대하여 다음 물음에 답하시오.

> ㉮ 물과의 화학반응식
> ㉯ 반응생성가스의 명칭과 연소범위
> ㉰ 반응생성가스의 연소반응식

해답 ㉮ $CaC_2 + 2H_2O \rightarrow Ca(OH)_2 + C_2H_2 \uparrow$
㉯ 명칭 : 아세틸렌
연소범위 : 2.5~81%
㉰ $2C_2H_2 + 5O_2 \rightarrow 4CO_2 \uparrow + 2H_2O$

참고
• 탄화칼슘과 물의 반응식
$CaC_2 + 2H_2O \rightarrow Ca(OH)_2 + C_2H_2 \uparrow$
(탄화칼슘) (물) (수산화칼슘) (아세틸렌)

• 아세틸렌의 연소반응식
$2C_2H_2 + 5O_2 \rightarrow 4CO_2 \uparrow + 2H_2O$
(아세틸렌) (산소) (이산화탄소) (물)

03 제3류 위험물인 탄화칼슘이 700℃ 이상에서 질소와 반응하여 석회질소를 만드는 화학반응식을 쓰시오.

해답 $CaC_2 + N_2 \rightarrow CaCN_2 + C$

참고 탄화칼슘과 질소의 화학반응식
$CaC_2 + N_2 \rightarrow CaCN_2 + C$
(탄화칼슘) (질소) (칼슘사이아나미드) (탄소)

04 제3류 위험물인 카아비드 중 황색의 단단한 결정으로 분해온도가 1,400℃이며 비중이 2.36, 물과 반응하여 메테인(메탄)가스를 발생하는 것은 무엇인가?

해답 탄화알루미늄

참고 탄화알루미늄과 물의 화학반응식
$Al_4C_3 + 12H_2O \rightarrow 4Al(OH)_3 + 3CH_4 \uparrow$
(탄화알루미늄) (물) (수산화알루미늄) (메테인[메탄])

05 탄화알루미늄의 색과 물과의 화학반응식을 쓰시오.

해답 ① 색 : 황색
② 화학반응식 : $Al_4C_3 + 12H_2O \rightarrow 4Al(OH)_3 + 3CH_4 \uparrow$

제5장 제4류 위험물

1. 제4류 위험물의 필수 암기사항

1 제4류 위험물(인화성 액체)

인화성 액체로 가연성 증기를 발생하는 액체 위험물이며 흔히 기름이라 말하는 것으로 액체연료 및 여러 물질을 녹이는 용제 등으로 일상생활 및 산업분야 등에 많이 이용되고 있다.

2 제4류 위험물의 품명 및 지정수량

유별 및 성질	위험등급	품 명		지정수량
제4류 (인화성 액체)	I	특수인화물		50ℓ
	II	제1석유류	비수용성액체	200ℓ
			수용성액체	400ℓ
		알코올류		400ℓ
	III	제2석유류	비수용성액체	1,000ℓ
			수용성액체	2,000ℓ
		제3석유류	비수용성액체	2,000ℓ
			수용성액체	4,000ℓ
		제4석유류		6,000ℓ
		동·식물유류		10,000ℓ

3 제4류 위험물의 공통성질

① 대단히 인화되기 쉽다.
② 착화온도가 낮은 것은 위험하다.
③ 증기는 공기와 약간 혼합되어도 연소의 우려가 있다.
④ 증기는 공기보다 무겁다.
⑤ 물보다 가볍고 물에 녹기 어렵다.

> **참고**
> ① 아이소프렌 : -54℃ 이상에서 점화원에 의하여 인화된다(제4류 위험물 중 인화점이 가장 낮다).
> ② 이황화탄소 : 액체의 온도가 100℃만 되면 스스로 발화한다(제4류 위험물 중 착화점이 가장 낮다).
> ③ 가솔린의 연소범위 : 1.4~7.6%로 낮은 농도의 혼합증기의 농도 범위에서 연소가 일어난다.
> ④ 제4류 위험물의 증기(STP에서) : 모두 공기보다 무겁다. 그러므로 낮은 곳에 체류하여 인화의 위험이 있다. 단, 제1석유류의 사이안화수소(HCN)의 증기는 공기보다 가볍다.
> - 증기비중 = $\dfrac{분자량}{공기의\ 평균분자량(약\ 29)}$ • 증기밀도(STP에서) = $\dfrac{1g\ 분자량(g/mol)}{22.4(\ell/mol)}$
> ⑤ 제4류 위험물의 비중 : 일반적으로 기름종류로 물보다 가볍고 표면장력이 작으므로 연소 시 주수소화하면 화재면을 확대한다. 단, 이황화탄소 등은 물보다 무겁다.
> - 표면장력 : 액체의 표면적을 최소로 하려는 힘
> ⑥ 제4류 위험물의 수용성 : 일반적으로 물에 녹기 어려우며 알코올 등은 물에 잘 녹는다.
> ⑦ 제4류 위험물 중 물보다 무거우며 수용성인 것
> - 제2석유류 : 의산 · 초산 · 아크릴산 · 락트산메틸 · 락트산에틸 등
> - 제3석유류 : 알돌 · 에틸렌글리콜 · 다이에틸렌글리콜 · 프로필렌글리콜 · 글리세린 등
> ⑧ 에틸아민($C_2H_5NH_2$) : 비점이 가장 낮다(17℃).

4 제4류 위험물의 저장 및 취급법

① 용기는 밀전하여 통풍이 잘 되는 찬 곳에 저장한다.
② 화기 및 점화원으로부터 먼 곳에 저장한다.
③ 증기 및 액체의 누설에 주의하여 저장한다.
④ 정전기의 발생에 주의하여 저장 · 취급한다.

⑤ 인화점 이상 가열하여 취급하지 말아야 한다.
⑥ 증기는 높은 곳으로 배출한다.

5 제4류 위험물 화재의 특성

① 인화성이므로 풍하의 화재에도 인화된다.
② 소화 후에도 착화점 이상으로 가열된 물체 등에 의하여 재연 내지는 폭발한다.
③ 유동성 액체이므로 연소의 확대가 빠르다.
④ 증발연소하므로 불티가 남지 않는다.

6 제4류 위험물의 지정품목 및 성질(성상)에 의한 품목

(1) 지정품목

① 특수 인화물 : 이황화탄소, 다이에틸에터
② 제1석유류 : 아세톤, 휘발유
③ 제2석유류 : 등유, 경유
④ 제3석유류 : 중유, 크레오소오트유
⑤ 제4석유류 : 기어유, 실린더유

> 지정품목 : 각 석유류를 대표하는 것으로 시험에 자주 출제된다.

(2) 성질(성상)에 의한 품목

> 성질(성상)에 의한 품목 : 지정품목 이외의 위험물과 앞으로 발견되는 모든 위험물을 인화점에 의하여 분류하기 위한 기준이다.
> 인화점 측정기의 종류
> • 테그밀폐식 인화점 측정기
> • 신속평형법 인화점 측정기
> • 클리브랜드 개방컵 인화점 측정기

① 특수 인화물
  ㉮ 1기압에서 인화점이 -20℃ 이하, 비점 40℃ 이하인 것
  ㉯ 1기압에서 발화점(착화점)이 100℃ 이하인 것
② 제1석유류
  1기압에서 인화점이 21℃ 미만인 것

미만 : 사용된 숫자의 중복을 피하기 위하여 사용되며 사용된 숫자가 다시 나올 수 있는 것을 예고한다.
• 21℃ 이상(21℃ 포함) • 21℃ 이하(21℃ 포함) • 21℃ 미만(21℃가 포함되지 않는다)

③ 제2석유류
  1기압에서 인화점이 21℃ 이상 70℃ 미만인 것. 다만, 도료류 그 밖의 물품에 있어서는 가연성 액체량이 40중량% 이하이면서 인화점이 40℃ 이상인 동시에 연소점이 60℃ 이상인 것은 제외한다.
④ 제3석유류
  1기압에서 인화점이 70℃ 이상 200℃ 미만인 것. 다만, 도료류 그 밖의 물품은 가연성 액체량이 40중량% 이하인 것은 제외한다.
⑤ 제4석유류
  1기압에서 인화점이 200℃ 이상 250℃ 미만인 것. 다만, 도료류 그 밖의 물품은 가연성 액체의 양이 40중량% 이하인 것은 제외한다.
⑥ 동식물유류
  동물의 지육 등 또는 식물의 종자나 과육에서 추출한 것으로 1기압에서 인화점이 250℃ 미만인 것을 말한다. 다만, 총리령이 정하는 용기 기준과 수납·저장 기준에 따라 수납되어 저장·보관되고 용기의 외부에 물품의 통칭명, 수량 및 화기엄금의 표시가 있는 경우를 제외한다.
⑦ 알코올류
  1분자를 구성하는 탄소원자의 수가 1개부터 3개까지인 포화1가 알코올(변성알코올을 포함한다)을 말한다. 다만, 알코올 함유량이 60중량% 미만인 수용액, 가연성 액체량이 60중량% 미만이고 인화점 및 연소점(태그개방식 인화점 측정기에 의한 연소점을 말한다)이 에틸알코올 60중량% 수용액의 인화점 및 연소점을 초과하는 것은 제외한다.

- 변성 알코올 : 에틸알코올에 메틸알코올, 가솔린, 피리딘 등 유독물질을 소량 첨가하여 음료용으로 사용하지 못하게 한 것이다.
- 에틸알코올 60 중량% 수용액의 인화점 : 22.2℃

2. 제4류 위험물의 성질

1 특수 인화물

지정수량 : 50ℓ

(1) 이황화탄소(CS_2)

① 인화점 −30℃, 착화점 100℃, 연소범위 1~44%, 비중 1.26, 비점 46.25℃
② 무색투명한 액체이나 일광에 쬐이면 황색으로 변색
③ 액체는 물보다 무거우며 물에 녹지 않는다.
④ 위험성
  ㉮ 증기는 유독하다.
  ㉯ 액체가 피부에 오랫동안 닿거나 또는 마시면 해롭다.
  ㉰ 연소할 때 유독한 아황산가스(SO_2)를 발생하며 연한 파란 불꽃을 낸다.
  ㉱ 휘발하기 쉽고 인화성이 강하며 제4류 위험물 중 착화점이 가장 낮다.
⑤ 저장방법 : 물에 녹지 않고 물보다 무거우므로 수조(물탱크)에 저장
⑥ 소화방법(질식소화)

① 저장방법 : 수조에 저장하는 이유는 가연성 증기의 발생을 억제하기 위함이다.
② 특히 이황화탄소는 살충제, 비스코스레이온 제조, 고무가황촉진제로 사용되고 있다.
③ 허용농도 : 중년의 남자가 1일에 8시간을 중간 정도의 작업을 해도 임상학적으로 건강에 지장을 초래하지 않는 농도의 평균치
- ppm(parts per million) : 백만분율

④ 화학반응식 : 출제 가능성이 높다.
- 연소반응식

$$CS_2 + 3O_2 \rightarrow CO_2\uparrow + 2SO_2\uparrow$$
(이황화탄소) (산소) (이산화탄소) (아황산가스, 이산화황)

- 물과의 가열(150℃) 반응식

$$CS_2 + 2H_2O \rightarrow CO_2\uparrow + 2H_2S\uparrow$$
(이황화탄소) (물) (이산화탄소) (황화수소)

⑤ 인체에 대한 위해성 : 액체 및 짙은 증기는 눈·목·피부를 자극하며 중독을 일으키고, 급성중독시 마취작용이 있고 만성중독시 신경 및 위장장애를 일으킨다.

(2) 다이에틸에터($C_2H_5OC_2H_5$) : 에틸에터, 에터

다이에틸에터의 일반식   R-O-R′ (※ R : 알킬기)

다이에틸에터의 구조식

```
    H   H       H   H
    |   |       |   |
H — C — C — O — C — C — H
    |   |       |   |
    H   H       H   H
```

에터 : 알콜올의 축합물

$$C_2H_5OH + C_2H_5OH \xrightarrow[\text{탈수제}]{C-H_2SO_4} C_2H_5OC_2H_5 + H_2O$$
(에틸알코올) (에틸알코올) (다이에틸에터) (물)

① 인화점 -45℃, 착화점 180℃, 연소범위 1.9~48%, 비점 34.6℃, 비중 0.72
② 무색투명한 액체이며 증기는 마취성이다.
③ 액체는 물에 약간 녹고 알코올에 잘 녹는다.
④ 저장방법
  ㉮ 직사일광에서 분해하여 과산화물을 생성하므로 갈색병에 저장한다.
  ㉯ 과산화물의 생성방지를 위하여 용기내에 40메쉬정도의 동망을 넣어두거나 5%(용량)의 물을 가하기도 한다.
  ㉰ 정전기 발생을 억제하기 위하여 **염화칼슘**($CaCl_2$)를 소량 넣는다.
  ㉱ 운반용기의 공간용적은 2% 이상으로 한다.

⑤ 위험성
  ㉮ 여과할 경우 동·식물성 섬유와는 화재 위험성이 있다(정전기 발생).
  ㉯ 에터에 과산화물이 존재할 경우에는 가열 및 농축으로 심하게 폭발한다.

① 과산화물 검출시약 : 아이오딘화칼륨(KI)10% 수용액 → 황색(과산화물 존재)
② 과산화물 제거시약 : 황산제일철($FeSO_4$), 환원철
③ 인체에 대한 응급조치
  • 피부에 묻었을 경우 : 다량의 물로 충분히 씻는다.
  • 눈에 들어갔을 경우 : 다량의 물로 충분히 씻은 후 의사에게 보인다.
  • 흡입하였을 경우 : 신선한 공기가 있는 곳으로 옮기고 보온·안정을 취한 후 산소호흡을 시키고 의사에게 보인다.
④ 인체에 대한 위해성 : 유독물은 아니나 액이 피부나 눈에 묻으면 자극작용이 있으며 만성 중독의 경우 빈혈·두통·피로·식욕감퇴·불면증을 나타낸다.

(3) 아세트알데하이드[아세트알데히드(CH_3CHO)]

아세트알데하이드의 일반식 R-CHO (※ R : 알킬기)

아세트알데하이드의 구조식

$$\begin{array}{c} H \quad\quad H \\ | \quad\quad\; | \\ H-C-C \\ | \quad\quad\; \| \\ H \quad\quad O \end{array}$$

① 인화점 -38℃, 착화점 185℃, 연소범위 4.1~57%, 비점 21℃, 허용농도 100 ppm
② 물에 잘 녹는 무색투명한 액체
③ 에틸알코올을 산화시키거나, 아세트산(초산)을 환원시키거나 아세틸렌을 황산제 2 수은 촉매하에서 물과 반응시켜 만든다.
④ 위험성
  ㉮ 약간의 압력으로 과산화물을 생성한다.
  ㉯ 구리, 은, 마그네슘, 수은과의 접촉으로 중합반응이 일어난다.
⑤ 저장방법
  ㉮ 구리, 마그네슘, 은, 수은 또는 이의 합금으로 된 용기는 사용하지 말아야 한다.
  ㉯ 용기 내부에는 불연성 가스를 봉입시켜야 한다(N_2).
  ㉰ 보냉장치 등을 하여 저장온도를 비점 이하로 유지시켜야 한다.

① 제법 : 에틸알코올에 가열된 CuO(산화제이구리)를 통과시켜 제조한다.

$$C_2H_5OH \xrightarrow[+[O]]{\text{가열된 CuO}} CH_3CHO + H_2O$$
(에틸알코올)   (아세트알데하이드) (물)

- 1급(차) 알코올이 산화되면 알데하이드가 된다.

② 와커법 : 에틸렌(C_2H_4)의 산화에 의한 아세트알데하이드 제법

$$C_2H_4 + PdCl_2 + H_2O \rightarrow CH_3CHO + Pd + 2HCl\uparrow$$
(에틸렌) (염화팔라듐) (물) (아세트알데하이드) (팔라듐) (염화수소)

③ 연소반응식 : $2CH_3CHO + 5O_2 \rightarrow 4CO_2\uparrow + 4H_2O$
 (아세트알데하이드) (산소) (이산화탄소) (물)

④ 산화 · 환원반응

산화반응 : $CH_3CHO + O \rightarrow CH_3COOH$(초산)

환원반응 : $CH_3CHO + 2H \rightarrow C_2H_5OH$(에틸알코올)

⑤ 아세트알데하이드는 환원성이 좋으므로 은거울 반응과 페엘링 반응을 한다.
- 은거울 반응 : 환원성 물질의 검출방법으로 질산은($AgNO_3$)과 작용하여 은을 석출한다.
- 페엘링 반응 : 환원성 물질의 검출방법으로 푸른색의 페엘링용액을 작용시키면 산화제1구리의 등적색 침전물이 생긴다.
- 중합 : 한 종류의 단위화합물의 분자가 두 개 이상 결합하여 정수배의 분자량을 가진다.

(4) 산화프로필렌(OCH_2CHCH_3) : 프로필렌옥사이드

산화프로필렌의 구조식

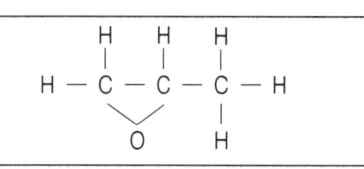

① 인화점 −37℃, 착화점 465℃, 연소범위 2.5~38.5%, 비점 34℃, 비중 0.83
② 물에 잘 녹는 무색투명한 액체
③ 위험성
  ㉮ 증기의 흡입으로 폐부종을 일으킨다.

㉯ 피부와 접촉으로 동상과 같은 현상을 일으킨다.
㉰ 산 및 알칼리와 중합반응을 일으킨다.
㉱ 구리, 은, 수은, 마그네슘과 접촉하여 중합반응으로 아세틸라이드를 생성한다.

④ 저장방법
㉮ 용기는 구리, 은, 수은, 마그네슘과 이들의 합금을 사용하지 말아야 한다.
㉯ 용기의 상부는 불연성 가스(N_2)로 봉입시켜 저장하여야 한다.

⑤ 소화방법(질식소화)
㉮ 분말소화기
㉯ 탄산가스 소화기
㉰ 할로젠화합물 소화기
㉱ 안개상의 분무주수

- 저장방법은 필수 암기사항에서 기본적인 저장방법과 아울러 생각해야 한다.
- 산화프로필렌의 상온에서의 증기압은 445mmHg이다.

2 제1석유류

지정수량 : 비수용성(200ℓ), 수용성(400ℓ)

(1) 아세톤(CH_3COCH_3) : 다이메틸케톤

| 아세톤의 일반식 | R-CO-R′ (※ R : 알킬기) |
| 아세톤의 구조식 | 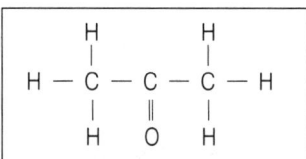 |

① 인화점 -18℃, 착화점 538℃, 연소범위 2.6~12.8%, 비점 56.5℃, 비중 1.79, 허용농도 : 750ppm, 지정수량 400ℓ
② 극성분자로서 물에 잘 녹는 무색투명한 액체이다.
③ 일광에 쬐이면 분해하며 보관중 황색으로 변색한다.
④ 피부에 닿으면 탈지작용이 있다.

⑤ 아이오도폼(요오드포름)반응을 한다.
⑥ 소화방법 : 질식소화기를 사용, 수용성이므로 안개상 주수소화도 가능하다.

> **참고**
>
> ① 제법 : 2급(차) 알코올인 아이소프로필알코올에 CuO(산화제이구리)를 통과시켜 제조한다.
>
> $(CH_3)_2CHOH \xrightarrow[+[O]]{\text{가열된 CuO}} CH_3COCH_3 + H_2O$
> (아이소프로필알코올)   (다이메틸케톤)   (물)
>
> • 2급(차) 알코올이 산화되면 케톤이 된다.
> ② 탈지작용 : 피하 지방층의 지방을 녹여내므로 피부표면에 하얀 분비물이 생긴다.
> ③ 아이오도폼반응 : 아세톤·에틸알코올에 KOH(수산화칼륨)와 I_2(아이오딘)를 넣으면 노란색의 CHI_3(아이오도폼)의 침전물이 생기는 반응
> ④ 수용성인 아세톤의 화재에는 포말소화기를 사용하면 거품이 터지므로 **알코올폼 소화기**를 사용한다.
> ⑤ 연소반응식 : $CH_3COCH_3 + 4O_2 \rightarrow 3CO_2\uparrow + 3H_2O$
> (아세톤)   (산소)   (이산화탄소)   (물)
> ⑥ 인체에 대한 위해성 : 증기를 마시면 두통·어지러움증 등이 일어나고 고농도 증기를 마시면 마취작용으로 의식을 잃을 수 있으며 호흡중추를 자극시키며, 눈·코·호흡기·점막을 상하게 한다.

(2) 가솔린(휘발유)

① 주성분 : 포화·불포화 탄화수소의 혼합물
② 인화점 −43℃ ~ −20℃, 착화점 약 300℃, 연소범위 1.4~7.6%, 증기비중 3~4, 비중 0.65~0.80, 유출온도 30~210℃, 지정수량 200ℓ
③ 가솔린의 첨가물(안티녹킹제)
　㉮ 유연가솔린(1993년 1월부터 생산중지) : $(C_2H_5)_4Pb$ (4에틸납)
　㉯ 무연가솔린 : MTBE(메틸터셔리부틸에터), 메탄올 등
④ 가솔린의 착색
　㉮ 공업용 : 무색
　㉯ 자동차용 : 노랑색(무연가솔린)
⑤ 폭발성의 측정치 : 옥탄값(옥탄가)
⑥ 가스농도 측정 : 가스검지기
⑦ 부피 팽창률 : 0.00135/℃
⑧ 가솔린의 다른 명칭

$$CH_3\!-\!O\!-\!\underset{\underset{CH_3}{|}}{\overset{\overset{CH_3}{|}}{C}}\!-\!CH_3$$

[MTBE의 구조식]

㉮ 리그로인　　㉯ 솔벤트나프타
㉰ 널리벤젠　　㉱ 미네날스피릿
㉲ 석유에터　　㉳ 석유벤젠

⑨ 가솔린의 제조방법
　㉮ 직류법(분류법)　　㉯ 열분해법(크래킹)
　㉰ 접촉개질법(리포오밍)

⑩ 위험성
　㉮ 인화성 및 휘발성이 강하다.
　㉯ 증기는 낮은 곳에 체류한다.
　㉰ 정전기 발생의 위험이 있다.

⑪ 저장방법
　㉮ 화기 및 점화원으로부터 멀리 한다.
　㉯ 증기는 공기보다 3~4배 무거워 낮은 곳에서 체류하므로 증기 및 액체의 누설에 주의한다.
　㉰ 부피 팽창률이 0.00135/℃이므로 온도상승을 막고 용기는 밀전하여 통풍이 잘 되는 찬 곳에 저장한다.
　㉱ 전기의 불양도체이므로 정전기 발생에 주의한다.

① 옥탄의 연소반응식
$$2C_8H_{18} + 25O_2 \rightarrow 16CO_2\uparrow + 18H_2O$$
　(옥탄)　(산소)　(이산화탄소)　(물)

② 옥탄값 : 아이소옥탄(i-C_8H_{18})을 100, 노르말 헵탄(n-C_7H_{16})을 0으로 하여 가솔린의 품질을 정하는 기준
　• 옥탄가가 높은 것일수록 고급 가솔린이라 할 수 있다.

③ 옥탄값(옥탄가) = $\dfrac{\text{아이소옥탄(Vol\%)}}{\text{아이소옥탄(Vol\%)} + \text{노르말헵탄(Vol\%)}} \times 100$

④ B.T.X : 벤젠, 톨루엔, 자일렌(크실렌)의 약자를 조합한 것이다.

(3) 벤젠(C_6H_6) : 벤졸

① 인화점 -11℃, 융점 5.5℃, 착화점 562℃,
   연소범위 1.4~7.1% 비점 80℃,
   비중 0.879, 허용농도 10ppm, 지정수량
   200ℓ

[벤젠의 구조식]

② 무색투명한 액체며 증기는 독성이 있다.
   ㉮ 고농도 증기 : 2%를 5~10분 흡입(치사)
   ㉯ 유해한도(저농도) : 100ppm
   ㉰ 서한도 : 35ppm
③ 저장 및 취급방법
   ㉮ 정전기의 발생에 주의한다.
   ㉯ 증기는 독성이 있으므로 주의한다.
④ 소화방법 : 가솔린에 준한다.

① 연소반응식 : $2C_6H_6 + 15O_2 \rightarrow 12CO_2 \uparrow + 6H_2O$
   (벤젠)   (산소)   (이산화탄소)   (물)

② 치환반응

  • $C_6H_6 + Cl_2 \xrightarrow[\text{나이트로화}]{\text{C-H}_2\text{SO}_4} C_6H_5Cl + HCl\uparrow$
   (벤젠) (염소)   (클로로벤젠) (염화수소)

  • $C_6H_6 + HNO_3 \xrightarrow[\text{나이트로화}]{\text{Fe}} C_6H_5NO_2 + H_2O$
   (벤젠) (질산)   (나이트로벤젠) (물)

  • $C_6H_6 + H_2SO_4 \xrightarrow{\text{술폰화}} C_6H_5SO_3H + H_2O$
   (벤젠) (황산)   (벤젠술폰산)   (물)

③ 부가반응

  • $C_6H_6 + 3H_2 \xrightarrow[\text{촉매}]{\text{Ni}} C_6H_{12}$
   (벤젠) (수소)   (시클로헥산)

  • $C_6H_6 + 3Cl_2 \xrightarrow{\text{빛}} C_6H_6Cl_6$
   (벤젠) (염소)   (BHC · 벤젠헥사클로라이드)

④ 인체에 대한 위해성 : 피부에 닿으면 탈지작용으로 염증을 일으키며 피부로 흡수되어 중독을 일으키며 먹거나 증기를 흡입해도 중독을 일으킨다.
  • 증상 : 피로 · 두통 · 현기증 · 흥분 · 의식불명 · 경련을 일으키며 고농도 증기를 흡입으로 사망할 수 있으며 장시간 노출로 인하여 암 · 백혈병을 일으킬 수도 있다.

(4) 톨루엔($C_6H_5CH_3$) : 메틸벤젠

① 인화점 4℃, 착화점 552℃, 연소범위 1.4~6.7%, 허용농도 100ppm, 지정수량 200ℓ, 비중 0.871
② 무색투명하고 독성이 있으며 트라이나이트로톨루엔 (T.N.T.)의 원료이다.
③ 저장 및 취급법 : 필수 암기사항 참조
④ 소화방법 : 가솔린에 준한다.

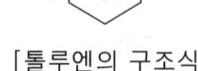

[톨루엔의 구조식]

① 톨루엔 : 벤젠핵의 수소(H)와 CH_3(메틸기)가 치환된 것이다.
  • 톨루엔은 독성이 있으나 벤젠보다 약하다.
  • 톨루엔의 제법(프리델-크래프츠 반응)

  $C_6H_6 + CH_3Cl \xrightarrow[\text{(염화알루미늄)}]{AlCl_3} C_6H_5CH_3 + HCl \uparrow$
  (벤젠) (염화메테인)   (톨루엔)   (염화수소)

  • 연소반응식 : $C_6H_5CH_3 + 9O_2 \rightarrow 7CO_2 \uparrow + 4H_2O$
              (톨루엔)   (산소) (이산화탄소) (물)

② 인체에 대한 위해성 : 벤젠에 준하며 독성은 벤젠의 1/10 정도이다.

(5) 초산에스터류[초산에스테르류(아세트산 에스테르)]

① 에스터 : 산(무기, 유기)+알코올 $\xrightarrow[\text{(탈수제)}]{\text{농황산}}$ 에스터+물

② 초산에스터 : 초산 + 알코올 $\xrightarrow[\text{(탈수제)}]{\text{농황산}}$ 초산에스터 + 물

  • 초산에스터 : 초산과 알코올의 축합물

③ 초산메틸 : $CH_3COOH + CH_3OH \xrightarrow[\text{(탈수제)}]{C-H_2SO_4} CH_3COOCH_3 + H_2O$
            (초산)   (메틸알코올)   (초산메틸)   (물)

  • 초산메틸에스터는 초산메틸이라고도 한다.

④ 알코올류, 초산에스터류, 의산에스터류의 분자량 증가에 따른 공통점
  • 인화점 : 높아진다   • 비점 : 높아진다
  • 착화점 : 낮아진다   • 점도 : 커진다
  • 연소범위 : 감소   • 휘발성 : 감소
  • 비중 : 작아진다   • 수용성 : 감소
  • 증기비중 : 커진다   • 이성질체 : 많아진다

① 초산메틸(CH₃COOCH₃) : 아세트산메틸

초산메틸의 일반식 R-COO-R′(※ R : 알킬기)

초산메틸의 구조식

㉮ 인화점 -10℃, 착화점 454℃, 용해도 24.5%, 비점 57℃, 허용농도 200ppm, 지정수량 200ℓ
㉯ 초산과 메틸알코올의 축합물로서 피부와 접촉하여 탈지작용을 한다.
㉰ 마취성 및 독성이 있으므로 취급에 주의한다.
㉱ 초산에스터류 중에서 수용성이 가장 크다.

> **참고**
> - **초산메틸**은 수용성이나 위험물안전관리에 관한 세부기준 제13조의 수용성 판정기준에 의하여 비수용성으로 분류되므로 지정수량은 200ℓ이다.
> - **인체에 대한 위해성** : 고농도 증기는 눈과 목안의 점막을 자극하고 마취작용이 있으며 체내에 흡수되면 초산과 메탈알코올로 가수분해되어 메틸알코올과 같은 중독증상을 일으킨다.
> - **증상** : 두통·현기증·주의력저하·시신경 장애로 인하여 실명할 수도 있다.

② 초산에틸(CH₃COOC₂H₅) : 아세트산에틸
㉮ 인화점 -4℃, 착화점 427℃, 용해도 8.7%, 비점 77%, 허용농도 400ppm, 지정수량 200ℓ
㉯ 수용성이 비교적 적으며 과일 에센스(파인애플향)로 사용

> **참고**
> 과일 에센스 : 과일맛을 내는 인공향료
> - **인체에 대한 위해성** : 유독물은 아니나 피부에 묻으면 피부염을 일으키며 증기는 눈·코·목의 점막을 자극하여 염증을 일으키며 장시간 흡입하면 급성 폐수종·간장 및 신장장애를 주며 만성중독일 경우 식욕부진과 혈액장애들을 일으킨다.

③ 초산프로필($CH_3COOC_3H_7$) : 아세트산프로필
  ㉮ 인화점 14℃, 착화점 450℃, 용해도 2.3%, 비점 102℃, 지정수량 200ℓ
  ㉯ 불용성이다.

(6) 의산에스터류[의산에스테르류(개미산에스테르류, 포름산에스테르류)]

- 의산에스터 : 의산과 알코올의 축합물
- 의산메틸 : $HCOOH + CH_3OH \xrightarrow[\text{(탈수제)}]{C-H_2SO_4} HCOOCH_3 + H_2O$
  (의산)   (메틸알코올)   (의산메틸)   (물)

① 의산메틸($HCOOCH_3$) : 개미산메틸, 포름산메틸

의산메틸의 일반식 $R-COO-R'$ (※ R : 알킬기)

  ㉮ 인화점 -19℃, 착화점 449℃, 용해도 23.3%, 비점 32℃, 허용농도 100ppm, 지정수량 400ℓ
  ㉯ 의산에스터류 중 수용성이 가장 크다.
  ㉰ 의산메틸은 의산과 메틸알코올의 축합물이며 럼주향을 갖는다.
  ㉱ 의산메틸을 가수분해하면 의산과 메틸알코올로 된다.
  ㉲ 소화방법 : 가솔린에 준하나 수용성이므로 포말은 알코올폼을 사용한다.

- 의산메틸은 가수분해하여 의산과 메틸알코올이 되므로 지정수량은 400ℓ이다.
- 인체에 대한 위해성 : 유독물은 아니나 증기를 흡입하면 마취 및 자극작용으로 시신경 염증과 1%농도에서 2.5시간, 5%농도에서 0.5시간 흡입하면 사망할 수 있다.

② 의산에틸(HCOOC$_2$H$_5$) : 개미산에틸, 포름산에틸
㉮ 인화점 -20℃, 착화점 578℃, 용해도 13.6%, 비점 54℃, 지정수량 200ℓ
③ 의산프로필(HCOOC$_3$H$_7$) 불용성, 인화점 -3℃, 식품첨가물, 지정수량 200ℓ

(7) 메틸에틸케톤(CH$_3$COC$_2$H$_5$) : MEK

메틸에틸케톤의 일반식   R-CO-R′(※R : 알킬기)
메틸에틸케톤의 구조식

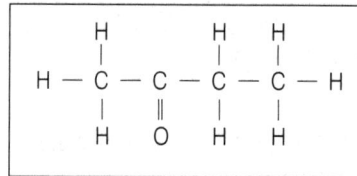

① 인화점 -1℃, 착화점 516℃, 허용농도 200ppm, 지정수량 200ℓ, 비중 0.81
② 수용성이며 피부와 접촉하여 탈지작용을 한다.
③ 직사일광에서 분해한다.

① 메틸에틸케톤은 수용성이나 위험물안전관리에 관한 세부기준 제13조의 수용성 판정기준에 의하여 비수용성으로 분류되므로 지정수량은 200ℓ이다.
② MEK : 메틸에틸케톤(Methyl Ethyl Ketone)의 약칭
③ 제법 : 2급(차) 알코올인 제2뷰틸알코올에 CuO(산화제이구리)를 통과시켜 제조한다.

   CH$_3$CH$_2$CHOHCH$_3$ $\xrightarrow[+[O]]{\text{가열된 CuO}}$ CH$_3$COC$_2$H$_5$ + H$_2$O
   (제2부틸알코올)   (메틸에틸케톤) (물)

• 2급(차) 알코올이 산화되면 케톤이 된다.
④ 연소반응식 : 2CH$_3$COC$_2$H$_5$ + 11O$_2$ → 8CO$_2$↑ + 8H$_2$O
           (메틸에틸케톤) (산소) (이산화탄소) (물)
⑤ 인체에 대한 응급조치
• 피부·눈에 닿을 경우 : 다량의 물로 충분히 씻는다.
• 흡입했을 경우 : 신선한 공기가 있는 장소로 옮기고 안정을 취한다.
⑥ 인체에 대한 위해성 : 피부에 닿으면 피부염도 일으키고 고농도 증기는 눈·코·목의 점막을 자극한다.

(8) 피리딘(C_5H_5N) : 아딘

① 인화점 20℃, 착화점 482℃, 허용농도 5ppm, 비중 0.98, 지정수량 400ℓ
② 순수한 것은 무색투명하며, 불순물로 인하여 황색을 띤다.
③ 수용성, 독성 및 악취

[피리딘의 구조식]

① 취급 주의사항 : 화기 및 점화원으로부터 멀리하고, 증기 및 액체의 누설에 주의하고 독성이 있으므로 보호구를 착용한다.
② 연소반응식

$4C_5H_5N + 29O_2 \rightarrow 20CO_2\uparrow + 10H_2O + 4NO_2\uparrow$
(피리딘) (산소)   (이산화탄소)   (물)   (이산화질소)

③ 인체에 대한 위해성 : 피부에 닿으면 피부염을 일으키고 증기를 흡입하면 기침·두통·구역질을 일으키고 간장·신장의 장애를 일으킨다.

(9) 콜로디온

① 질화도가 낮은 질화면을 에틸알코올3, 다이에틸에터1의 비율로 혼합한 혼합액으로 무색의 끈기있는 액체
② 인화점 -18℃

(10) 사이안화수소[시안화수소(HCN)]

① 인화점 -17℃, 착화점 538℃, 연소범위 5.6~40%, 용해도 96%, 비점 26℃, 비중 0.69, 허용한도 10ppm, 지정수량 400ℓ
② 약산성으로 강한 독성 및 폭발성을 갖는다.

3 알코올류

지정수량 : 400ℓ

(1) 메틸알코올(CH_3OH) : 메탄올, 목정

메틸알코올의 일반식 : R-OH (※ R : 알킬기)

메틸알코올의 구조식 :

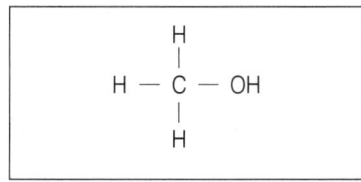

① 인화점 11℃, 착화점 464℃, 비점 65℃, 연소범위 7.3~36%, 비중 0.79, 허용농도 200ppm
② 독성 : 30~100㎖ 복용(실명 또는 치사)
③ 수용성이 크므로 소화제는 알코올포가 좋다.
④ 메틸알코올이 산화하면 최종적으로 의산(포름산)이 된다.

참고

① 탄소와 수소비 : 탄소수가 작아 **연소시 불꽃이 잘 안보이므로 취급주의**
② 소화방법 : 질식소화기를 사용하며 포말소화기를 사용할 때 화학포 및 기계포는 소포되므로 특수포인 알코올폼을 사용한다.
  • 소포 : 거품이 터짐
③ 산화반응 : 1급(차) 알코올이 산화되면 알데하이드를 거쳐 카르복실산이 된다.

$$CH_3OH \xrightarrow[+[O]]{\text{가열된 CuO}} HCHO + H_2O \xrightarrow[+[O]]{\text{Pt 촉매}} HCOOH$$
(메틸알코올)   (포름알데하이드) (물)   (포름산)

④ 연소반응식

$$2C_3H_7OH + 9O_2 \rightarrow 6CO_2\uparrow + 8H_2O$$
(프로필알코올) (산소)   (이산화탄소) (물)

⑤ 인체에 대한 응급조치
  • 피부·눈에 닿을 경우 : 다량의 물로 충분히 씻는다.
  • 마셨을 경우 : 다량의 물을 마시게 하며 신속히 의사의 치료를 받는다.
  • 중독환자는 안전한 장소로 옮겨서 안정·보온에 힘쓰며 의사의 치료를 받는다.
⑥ 인체에 대한 위해성 : 피부·점막을 자극하여 염증을 일으키며 마셨을 경우 30~100㎖에서 사망하며 10㎖에서도 중태를 일으키며 7~8㎖로 실명한 예도 있다.
  • 증상 : 현기증·두통·구토·설사·복통·시신경 침식으로 실명하게 되며 과량 복용 시 사망하게 된다.

(2) 에틸알코올(C_2H_5OH) : 에탄올, 주정

에틸알코올의 일반식   R-OH （※ R : 알킬기）

에틸알코올의 구조식

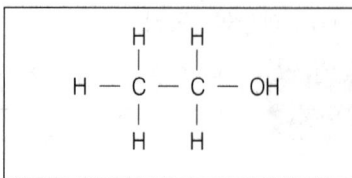

① 인화점 13℃, 착화점 423℃, 비점 79℃, 연소범위 4.3~19%, 비중 0.79, 허용농도 1,000ppm
② 검출법 : 아이오도폼(요오드포름) 반응으로 황색침전
③ 에틸알코올이 산화되면 최종적으로 초산이 된다.

> **참고**
>
> ① 산화반응 : 1급(차) 알코올이 산화되면 알데하이드를 거쳐 카복실산이 된다.
>
> $$C_2H_5OH \xrightarrow[+[O]]{\text{가열된 CuO}} CH_3CHO + H_2O \xrightarrow[+[O]]{\text{Pt촉매}} CH_3COOH$$
> (에틸알코올)   (아세트알데하이드) (물)   (아세트산)
>
> ② 연소반응식
>
> $$C_2H_5OH + 3O_2 \rightarrow 2CO_2\uparrow + 3H_2O$$
> (에틸알코올) (산소)   (이산화탄소)   (물)
>
> ③ 축합반응(140℃)
>
> $$2C_2H_5OH \xrightarrow[\text{탈수축합}]{C-H_2SO_4} C_2H_5OC_2H_5 + H_2O$$
> (에틸알코올)   (다이에틸에터) (물)
>
> ④ 탈수반응(160℃)
>
> $$C_2H_5OH \xrightarrow[\text{탈수}]{C-H_2SO_4} H_2O + C_2H_4\uparrow$$
> (에틸알코올)   (물) (에틸렌)
>
> ⑤ 아이오도폼(요오드포름) 반응
>
> $$C_2H_5OH + 6KOH + 4I_2 \rightarrow CHI_3\downarrow + 5KI + HCOOK + 5H_2O$$
> (에틸알코올) (수산화칼륨) (아이오딘) (아이오도폼)(아이오딘화칼륨) (포름산칼륨) (물)
> 〈황색침전물〉
>
> ⑥ 인체에 대한 위해성 : 눈·코·목·점막에 거듭 접촉하면 염증을 일으키고 농후한 증기를 흡입하거나 농후한 액체를 마시면 급성 알코올 중독을 일으키며 때로는 호흡을 마비시켜 사망하는 경우도 있다. 일반적으로 중독작용은 뇌와 신경에 이상을 일으키며 마취작용을 나타낸다.

(3) 프로필알코올(C_3H_7OH) : 프로판올

프로필알코올의 일반식
프로필알코올의 구조식

R-OH (※ R : 알킬기)

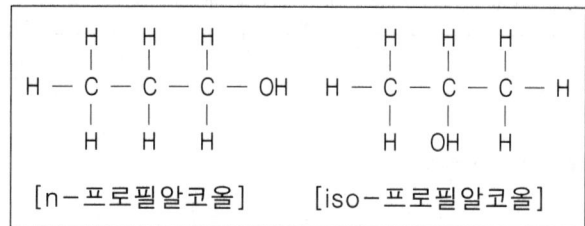

[n-프로필알코올] [iso-프로필알코올]

① 프로필알코올은 노르말, 아이소 2가지의 이성질체가 있다.
② 소화방법 : 각종 소화기를 사용하며 수용성이므로 알코올폼 사용

① 시성식 및 인화점
  • 노르말(n) 프로필알코올 : C_3H_7OH(인화점 15℃)
  • 아이소(iso) 프로필알코올 : $(CH_3)_2CHOH$(인화점 12℃)
② 산화반응 : 1급(차) 알코올이 산화되면 알데하이드가 되며, 알데하이드가 산화되면 카복실산(유기산)이 된다. 2급(차) 알코올이 산화되면 케톤이 된다.
  • 노르말(n) 프로필알코올(1급 알코올)

$$C_3H_7OH \xrightarrow[+[O]]{\text{가열된 CuO}} C_2H_5CHO + H_2O \xrightarrow[+[O]]{\text{Pt촉매}} C_2H_5COOH$$
  (n-프로필알코올)   (프로피온알데하이드) (물)   (프로피온산)

  • 아이소(iso) 프로필알코올(2급 알코올)의 산화반응

$$(CH_3)_2CHOH \xrightarrow[+[O]]{\text{가열된 CuO}} CH_3COCH_3 + H_2O$$
  (iso-프로필알코올)   (아세톤)   (물)

③ 연소반응식

$$2C_3H_7OH + 9O_2 \rightarrow 6CO_2\uparrow + 8H_2O$$
  (프로필알코올) (산소)   (이산화탄소) (물)

④ 탈수반응

$$C_3H_7OH \xrightarrow[\text{탈수}]{C-H_2SO_4} C_3H_6 + H_2O$$
  (n-프로필알코올) (프로필렌) (물)

⑤ 1가 알코올은 탄소수가 증가하면 상태가 다음과 같이 달라진다.
- $C_1 \sim C_5$: 액체상태
- $C_{11} \sim$: 고체상태
- $C_6 \sim C_{10}$: 기름형태의 점성상태

4 제2석유류

지정수량 : 비수용성(1,000ℓ), 수용성(2,000ℓ)

제2석유류의 위험성
- 인화점 이상으로 액온이 높아지면 제1석유류와 같은 위험성이 있다.
- 인화점 이하에서도 안개상으로 부유할 경우에는 인화의 위험성이 있다.
- 정전기 발생에 주의할 것이며 용기의 파손에 의한 누설에 주의해야 한다.

(1) 등유 : 케로신

① 주성분 : 탄소수 $C_9 \sim C_{18}$가 되는 포화·불포화탄화수소의 혼합물
② 정제한 것은 무색투명하나 오래 두면 연한 담황색을 띤다
③ 인화점 40~70℃, 착화점 220℃ 전후, 연소범위 1.1 ~ 6%, 증기비중 4.5, 유출온도 150~300℃, 지정수량 1,000ℓ

인체에 대한 위해성 : 인체에는 직접 미치는 유해성은 없으며 가솔린에 준한다.

(2) 경유 : 디젤유

① 주성분 : 탄소수 $C_{15} \sim C_{20}$가 되는 포화·불포화탄화수소의 혼합물이다.
② 담황색과 담갈색의 액체로 등유와 비슷한 성질의 것이다.
③ 인화점 50~70℃, 착화점 200℃ 전후, 연소범위 1~6%, 증기비중 4.5, 유출온도 200~350℃, 지정수량 1,000ℓ
④ 폭발력의 기준 : 세탄값($C_{16}H_{34}$)

인체에 대한 위해성 : 인체에는 직접 미치는 유해성은 없으며 가솔린에 준한다.

(3) 의산(HCOOH) : 개미산, 포름산

의산의 일반식	R-COOH (※ R : 알킬기)
의산의 구조식	$H-C\overset{O}{\underset{O-H}{\|}}$ 또는 $H-\overset{O}{\underset{\|}{C}}-O-H$

① 인화점 69℃, 착화점 601℃, 연소범위 5.4~16.0%, 비중 1.218, 허용농도 5ppm, 지정수량 2,000ℓ
② 물에 잘 녹으며 물보다 무겁다, 초산보다 강산이며 환원성이 크다.
③ 피부와 접촉하면 수포상의 화상을 입는다
④ 유기과산화물 존재시 폭발의 위험이 있다.
⑤ 저장법 : 액성이 산성이므로 용기는 내산성 용기를 사용한다.
⑥ 연소시 불꽃색깔 : 푸른색

① 의산에 황산을 가하면 독성이 강한 일산화탄소(CO)가 발생한다.

$$HCOOH \xrightarrow[\text{탈수}]{C-H_2SO_4} H_2O + CO\uparrow$$
(의산)   (물) (일산화탄소)

② 촉매에 의한 분해반응식

$$HCOOH \xrightarrow[\text{촉매}]{pt} H_2 + CO_2\uparrow$$
(의산)   (수소) (이산화탄소)

③ 연소반응식 : $2HCOOH + O_2 \rightarrow 2CO_2\uparrow + 2H_2O$
                      (의산)   (산소)   (이산화탄소)   (물)

④ 수용성인 가연물이어서 포말소화기는 거품이 터지므로 내알코올성 특수포인 알코올폼 소화기를 사용한다.
⑤ 인체에 대한 위해성 : 액체 및 증기가 피부에 수포상의 화상을 입히며 부식성이 강하고 피부·눈·점막 등을 강하게 자극한다.

(4) 초산(CH_3COOH) : 빙초산, 아세트산

초산의 일반식   R-COOH (※ R : 알킬기)

초산의 구조식

$$H-\underset{\underset{H}{|}}{\overset{\overset{H}{|}}{C}}-C\underset{O-H}{\overset{O}{\diagup\hspace{-0.5em}\diagdown}} \quad 또는 \quad H-\underset{\underset{H}{|}}{\overset{\overset{H}{|}}{C}}-\overset{\overset{O}{\|}}{C}-O-H$$

① 인화점 40℃, 착화점 427℃, 융점 16.6℃, 비중 1.05, 허용농도 10ppm, 지정수량 2,000ℓ
② 물에 잘 녹으며 물보다 무겁다.
③ 피부와 접촉하면 수포상의 화상과 같은 증세를 보인다.
④ 저장법 : 내산성 용기에 저장한다.
⑤ 소화방법 : 의산에 준한다.
⑥ 쓰이는 곳 : 용제(천연수지, 폴리초산비닐, 에틸셀룰로오스, 나이트로셀룰로오스 등), 무수초산, 초산에스터 등 유기합성의 원료, 식품공업(식초 제조 등)에 쓰이며, 3~5% 수용액을 식초라 한다

참고

① 융점 : 16.6℃이므로 겨울에는 얼음과 같은 상태로 존재하므로 별명을 빙초산이라 한다.
② 초산 : 무기산 중에서는 질산, 과산화물 중에서는 과산화나트륨과 반응하여 폭발을 일으킨다.
③ 연소반응식 : $CH_3COOH + 2O_2 \rightarrow 2CO_2\uparrow + 2H_2O$
                  (초산)   (산소)   (이산화탄소) (물)
④ 금속(Zn)과 반응식 : $Zn + 2CH_3COOH \rightarrow (CH_3COO)_2Zn + H_2\uparrow$
                      (아연)   (초산)   (초산아연)   (수소)
⑤ 무수초산($(CH_3CO)_2O$) : 초산에서 물이 빠진 상태를 말하며, 초산과 물리적 성질이 다르고 인화점은 54℃, 착화점 390℃로 제2석유류에 속한다.
⑥ 공업용 빙초산 : 중금속을 처리하지 않은 초산으로 식용에 부적합한 초산이다.
⑦ 인체에 대한 응급조치 : 농후한 액체를 먹었을 경우 마그네시아 또는 탄산칼슘분을 물에 녹여 먹이고 토하게 한다.
⑧ 인체에 대한 위해성
  • 농후한 액체가 피부에 묻으면 수포상의 화상을 입고 피부에 침투되면 피부염과 궤양을 일으킨다.
  • 농후한 증기는 눈을 자극하여 눈물이 나게 하며 결막염을 일으키고 흡입하면 호흡기·점막에 염증을 일으키고 폐조직을 해친다.

(5) 테레핀유($C_{10}H_{16}$)

① 인화점 35℃, 착화점 240℃, 비점 153~175℃, 지정수량 1,000ℓ
② 피넨($C_{10}H_{16}$) 80~90%가 주성분이다.
③ 물에 녹지 않으며 헝겊 및 종이 등에 스며들어 자연발화한다.
④ 소화방법 : 가솔린에 준한다.

> ① 테레핀유 : 소나무 등의 껍질에 상처를 내어 얻은 수지를 수증기로 증류하여 얻으며 독성이 있다.
> ② 테레핀유의 자연발화 현상 : 공기와 산화중합하기 때문이다.
> ③ 중합이 계속되면 점도가 높아지고 무색의 고상물질이 된다.
> • 수지 : 나무의 진

(6) 스틸렌($C_6H_5CHCH_2$)

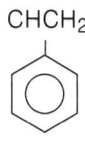 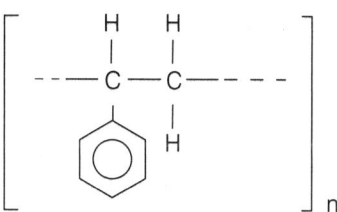

[스틸렌의 구조식]　　　　　　　[폴리스틸렌의 구조식]

① 인화점 32℃, 착화점 490℃, 비점 146℃, 허용도 50ppm, 지정수량 1,000ℓ
② 무색액체로 물에 녹지 않으며 가열, 빛 및 과산화물에 의해서 쉽게 중합된다.
③ 중합이 계속되면 점도가 높아지고 무색의 고상물질이 된다.
④ 스틸렌의 중합체 : 폴리스틸렌

> 인체에 대한 위해성
> • 장시간 또는 반복하여 피부에 닿으면 염증을 일으킨다.
> • 증기는 1%농도에서 30~60분 흡입하면 생명이 위험하며 2,500ppm에서 8시간이면 치명적인 장해를 일으킨다.

(7) 장뇌유 : 백색유, 적색유, 감색유
① 인화점 47℃, 지정수량 1,000ℓ
② 사용되는 곳
  ㉮ 백색유 : 방부제   ㉯ 적색유 : 비누향료   ㉰ 감색유 : 선광유
③ 소화방법 : 가솔린에 준한다.

감색 : 우리가 알고 있는 곤색은 일본말이며 순수한 우리말은 감색이다.

(8) 송근유
① 인화점 54~78℃, 착화점 약 355℃, 비점 155~180℃, 지정수량 1,000ℓ
② 황갈색의 독특한 냄새를 갖는 액체, 소화방법은 가솔린에 준한다.

(9) 에틸셀르솔브[$C_2H_5OCH_2CH_2OH$, $C_2H_5O(CH_2)_2OH$]

에틸셀르솔브의 구조식

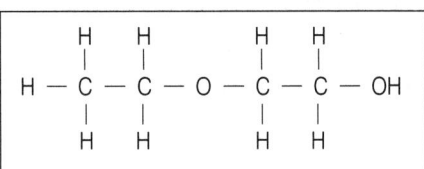

① 인화점 40℃, 착화점 238℃, 비점 135, 지정수량 2,000ℓ
② 분자식 : $C_4H_{10}O_2$
③ 무색의 수용성 액체로 금속 및 유리의 청결제 등으로 쓰이며 에틸알코올과 에틸렌 글리콜의 에터이다.

(10) 메틸셀르솔브[$CH_3OCH_2CH_2OH$, $CH_3O(CH_2)_2OH$]
① 인화점 59℃, 착화점 238℃, 비점 124.4℃, 지정수량 2,000ℓ
② 분자식 : $C_3H_8O_2$
③ 기타 에틸셀르솔브에 준한다.

(11) 자일렌[크실렌 $C_6H_4(CH_3)_2$]
① 무색투명하며 마취성이 있으며 톨루엔과 성질이 비슷하다.
② 혼합자일렌의 허용농도 100ppm, 지정수량 1,000ℓ
③ 소화방법 : 가솔린에 준한다.
④ 자일렌의 이성질체(메틸기〈CH_3〉의 위치에 따라 분류)

명칭 구분	O-자일렌	M-자일렌	P-자일렌	비 고
구조식	(CH₃, CH₃ 인접)	(CH₃, CH₃ 건너)	(CH₃, CH₃ 반대)	※ 이성질체 : 분자식은 같으나 구조식이 다른 물질 ※ 희랍어 : 그리스어 ※ 구조식 : 원자가에 맞추어 결합선으로 나타낸 화학식
희랍어	O → ortho(기본)	M → meta(중간)	P → para(반대)	
인화점	30°C	25°C	25°C	
허용농도	200ppm	200ppm	200ppm	

인체에 대한 위해성 : 피부와 반복접촉하면 피부염을 일으키며, 눈·코·목을 자극하고 고농도증기를 흡입하면 흥분상태를 지나 마취상태가 되며 그대로 두면 사망에 이르고 만성 증상으로 골수장애를 일으킨다.

(12) 클로로벤젠(C_6H_5Cl) : 염화 벤젠

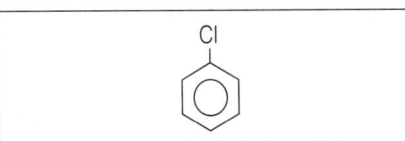

클로로벤젠의 구조식

① 인화점 32°C, 착화점 593°C, 비중 1.11, 허용농도 75ppm, 지정수량 1,000ℓ
② 물보다 무겁고 마취성이 있으며 DDT의 원료로 사용한다.

① 제법 : 라시히법(페놀의 공업적 제법)에 의하여 벤젠과 염화수소와 산소로부터 페놀을 합성하는 2단계 과정 중 1단계에서 만들어진다.

1단계(230°C~250°C) : $C_6H_6 + HCl \xrightarrow[+[O]]{CuO} C_6H_5Cl + H_2O$
(벤젠) (염화수소)   (클로로벤젠) (물)

2단계(400°C~500°C) : $C_6H_5Cl + H_2O \xrightarrow[촉매]{SiO_2} C_6H_5OH + HCl\uparrow$
(클로로벤젠) (물)   (페놀) (염화수소)

② 인체에 대한 위해성 : 피부에 접촉하면 피부염을 일으키고 증기를 흡입하면 급성중독을 일으켜 두통·현기증·구토·의식상실을 일으킨다.

(13) 하이드라진[히드라진(N_2H_4)]

하이드라진의 구조식

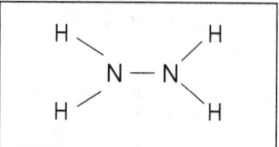

① 인화점 38℃, 착화점 270℃, 비점 113℃, 비중 1, 지정수량 2,000ℓ
② 무색의 독성이 있는 액체로 수용성이다.
③ 로켓연료로 사용되며, 산화제와의 접촉을 피해야 한다.

5 제3석유류

지정수량 : 비수용성(2,000ℓ), 수용성(4,000ℓ)

(1) 중유(직류중유, 분해중유)

① 직류중유

㉮ 인화점 60~150℃, 착화점 254~405℃, 유출온도 300~350℃, 지정수량 2,000ℓ
㉯ 원유를 300~350℃에서 추출하며 이에 경유를 혼합한 것이다.
㉰ 주로 디젤기관의 연료로 사용하며 분무성이 좋다.

② 분해중유

㉮ 인화점 70~150℃, 착화점 380℃, 사용온도 80℃, 지정수량 2,000ℓ
㉯ 중유 또는 경유를 열분해하여 가솔린을 제조한 잔유에 이 계통의 분해경유를 혼합한 것이다.
㉰ 주로 보일러의 연료로 사용되며 자연발화의 위험이 있다.
㉱ 소화방법 : 질식소화기를 사용하며 포말 및 수분함유 물질의 소화는 시간이 지연되면 슬롭오버 현상을 일으킨다(대량의 포사용).
㉲ 등급 : 점도에 의하여 ABC등급으로 나누며 벙커 C유는 C중유다.

※ 중유의 화재시 포말을 사용할 경우 소포되는 현상은 액온이 높기 때문이므로 한 번에 대량 사용한다.

※ 탱크화재시 일어나는 현상
- **슬롭오버(Slop-over)** : 화재면의 액체가 포말과 함께 혼합하여 기름거품이 되어 넘쳐 흐르는 현상이다.
- **보일오버 현상(Boil-over)** : 연소열에 의하여 탱크하부의 수분이 이상 팽창하여 연소유를 탱크 밖으로 비산 시키며 연소하는 현상이다.
- **후로스오버(Froth-over)** : 탱크속의 물이 점성을 가진 뜨거운 기름의 표면 아래에서 끓을 때 기름이 탱크 밖으로 넘쳐 흐르는 현상이다.
- **블레비(Bleve)** : 가연성 액체 저장 탱크 주위의 화재로 탱크 강판의 강도가 약해진 부분의 파열로 인하여 탱크 내부의 가열된 액화가스가 급격히 유출 팽창되어 화구(fire ball)를 형성하며 폭발하는 현상이다.
- **증기운폭발(UVCE)** : 대기중에 대량의 가연성 가스나 인화성 액체가 유출되어 그것으로 부터 발생되는 증기가 대기중의 공기와 혼합하여 폭발성인 증기운(lapor cloud)을 형성하고 이 때 착화원에 의해 화구(fire ball) 형태로 폭발하는 현상이다.

(2) 크레오소트유(Creosote oil) : 타르유

① 인화점 74℃, 착화점 336℃, 비중 1.05, 지정수량 2,000ℓ
② 타르산이 함유되어 용기를 부식하므로 내산성 용기에 수납한다.
③ 황색 내지는 암록색이며 물보다 무겁고, 독성이 있다.
④ 자체 내에 특수가연물인 나프탈렌 및 안트라센을 포함한다.
⑤ 용도 : 카본블랙 제조 및 목재의 방부제로 사용한다.

인체에 대한 위해성 : 피부에 가벼운 자극성이 있고 고농도 증기는 눈·호흡기를 자극한다.

(3) 나이트로벤젠[니트로벤젠($C_6H_5NO_2$)]

나이트로벤젠의 구조식

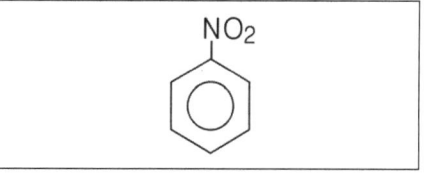

① 인화점 88℃, 착화점 482℃, 지정수량 2,000ℓ
② 물보다 무겁고 독성이 강하므로 피부 및 호흡기를 보호한다.
③ 벤젠을 나이트로화하여 만든다.

> **참고**
> ① 제법
> $C_6H_6 + HNO_3 + \xrightarrow{C-H_2SO_4}_{나이트로화} C_6H_5NO_2 + H_2O$
> (벤젠)   (질산)   (나이트로벤젠)   (물)
> ② 나이트로화 : 유기화합물 분자 중 수소원자(H)를 나이트로기(NO_2)로 치환하는 것.
> ③ 나이트로화제 : 진한질산(C_6H_6)·진한황산(H_2SO_4)의 혼산
> ④ 벤젠핵(C_6H_6)에는 탄소 6개, 수소 6개가 있으나 이 중 수소 1개가 나이트로기(NO_2)로 치환된 것을 나이트로벤젠이라 한다. 또한 나이트로기가 2개 이상 결합한 것은 자기연소를 하는 제5류 위험물인 나이트로화합물이 된다(T.N.T. 등이 이에 속한다).
> ⑤ 인체에 대한 위해성 : 치사량은 15방울 정도이며 피부·호흡기·소화기 등에 흡수되어 8~24시간 내에 중독증상을 일으킨다.

(4) 아닐린($C_6H_5NH_2$)

아닐린의 구조식

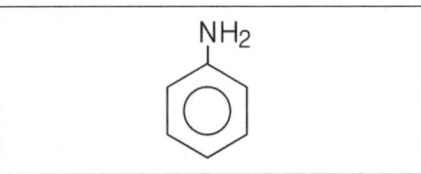

① 인화점 75℃, 착화점 538℃, 비중 1.022, 융점 -6℃, 지정수량 2,000ℓ
② 황색 내지는 담황색이며 직사일광에서 적갈색으로 변한다.
③ 물보다 무겁고 독성이 강하며 물에 약간 녹는다.
④ 알칼리금속 및 알칼리토금속과 작용하여 아닐리드 및 수소(H_2)발생
⑤ 나이트로벤젠을 주석 또는 철과 염산으로 환원시키면 아닐린이 된다.
⑥ 아닐린을 황산용액에서 이산화망가니즈(MnO_2)으로 산화시키면 나이트로벤젠이 된다.
⑦ 표백분($CaOCl_2$)용액에서 보라색을 나타낸다(검출방법).

- 제법

  $2C_6H_5NO_2 + 3Sn + 12HCl \rightarrow 2C_6H_5NH_2 + 3SnCl_4 + 4H_2O$
  (나이트로벤젠) (주석)   (염산)   (아닐린)   (염화주석)   (물)

- 인체에 대한 위해성 : 혈액독 · 신경독이 있다.

(5) 에틸렌글리콜[$C_2H_4(OH)_2$]

① 인화점 111℃, 착화점 413℃, 비점 197℃, 비중 1.113, 지정수량 4,000ℓ
② 2가 알코올로 독성이 있으며 수용성이다.
③ 황산 또는 알루미나로 탈수하면 디옥산, 아세트알데하이드 등을 생성한다.
④ 제5류 위험물 나이트로글리콜과 자동차용 부동액 등으로 사용된다.

- 2가 알코올 : 수산기(OH)가 2개인 알코올
- 에틸렌글리콜의 구조식과 시성식

$$\begin{array}{c}H\\|\\H-C-OH\\|\\H-C-OH\\|\\H\end{array} \longrightarrow \begin{array}{c}CH_2-OH\\|\\CH_2-OH\end{array} \longrightarrow CH_2OHCH_2OH \longrightarrow C_2H_4(OH)_2$$

⟨구조식⟩   ⟨시성식⟩

- 인체에 대한 위해성 : 피부에 접촉시 피부염을 유발하고 눈에 들어간 경우 자극성이 있다.

(6) 글리세린[$C_3H_5(OH)_3$]

① 인화점 160℃, 착화점 393℃, 비점 290℃, 비중 1.26, 지정수량 4,000ℓ
② 단맛을 내는 무색 점조한 액체이다.
③ 3가 알코올로서 물보다 무거우며 수용성이다.
④ 제5류 위험물 나이트로글리세린(NG) 및 화장품의 원료로 사용한다.

- 3가 알코올 : 수산기(OH)가 3개 있는 알코올
- 글리세린의 구조식과 시성식

$$\begin{array}{c} H \\ | \\ H-C-OH \\ | \\ H-C-OH \\ | \\ H-C-OH \\ | \\ H \end{array} \quad \longrightarrow \quad \begin{array}{c} CH_2-OH \\ | \\ CH-OH \\ | \\ CH_2-OH \end{array} \quad \longrightarrow \quad CH_2OHCHOHCH_2OH \quad \longrightarrow \quad C_3H_5(OH)_3$$

〈구조식〉　　　　　　　　　　　　　　　　　　　　　　　　〈시성식〉

(7) 담금질유

지정수량 : 2,000ℓ

철, 강철 등 기타 금속을 900℃ 정도로 가열하여 기름 속에 넣어 냉각시키면 금속의 재질이 처리 전보다 단단해진다. 이때 사용하는 기름을 담금질유라 한다.

저장취급법 및 소화방법 : 중유에 준하며 인화점 200℃ 이상 250℃ 미만의 담금질유는 제4석유류에 속한다.

(8) 메타크레졸

인화점 86℃, 융점 4℃, 지정수량 2,000ℓ

크레졸의 이성질체 : 오르토, 파라는 고체상태이므로 특수가연물 중 가연성 고체류에 속한다.

9) 하이드라진모노하이드레이트[히드라진하이드레이트($N_2H_4 \cdot H_2O$)]

인화점 74℃, 지정수량 4,000ℓ

6 제4석유류

지정수량 : 6,000ℓ

(1) 방청유

인화점 200℃ 이상 250℃ 미만

방청유 : 수분의 침투를 방지하여 철제에 녹이 나지 않게 하는 기름

(2) 가소제

① 인화점 200℃ 이상 250℃ 미만
② 가소제의 종류 : DOP, DIDP, TCP 등
③ 용도 : 합성수지, 합성고무 등에 가소성을 주는 기름

가소제 : 휘발성이 적은 용제로서 합성수지 등에 가소성을 주는 기름
- 소성 : 물질에 힘이 작용하면 상태가 변하며 힘이 제거되면 변한 상태로 유지되는 성질 (반대현상을 탄성이라 한다)
- 가소성 : 소성 가능한 성질
- DOP(프탈산디옥틸) • DIDP(프탈산디이소데실) • TCP(프탈산트라이크레실)

(3) 담금질유

인화점이 200℃ 이상 250℃ 미만인 것(제3석유류 담금질유 참고)

(4) 전기 절연유

변압기 등에 쓰이는 인화점 200℃ 이상 250℃ 미만의 광물유

(5) 절삭유

금속재료를 절삭 가공할 때 공구와 재료와의 마찰열을 감소시키고 절삭물을 냉각하기 위하여 사용하는 인화점 200℃ 이상 250℃ 미만의 위험물

(6) 윤활유

① 윤활유의 종류 : 석유계윤활유, 합성윤활유, 혼성윤활유, 지방성윤활유 등
② 석유계 윤활유 : 기어유, 실린더유, 터빈유, 머신유(기계유), 모터유 등

- 윤활유 : 기계부분 중 마찰을 많이 받는 부분의 마찰을 억제하기 위하여 사용하는 기름이다.
- 석유계 윤활유 중 기어유, 실린더유는 제4석유류 지정품목에 해당된다.
- 윤활유 중 스핀들유 : 선반의 주축에 사용하며 제3석유류에 속한다.

7 동·식물유류

지정수량 : 10,000ℓ

(1) 정의

동물의 지육 등 또는 식물의 종자나 과육으로부터 추출한 것으로서 1기압에서 인화점이 250℃ 미만인 것

① 제외되는 것 : 행정안전부령이 정하는 용기기준과 수납·저장기준에 따라 수납되어 저장·보관되고 용기의 외부에 물품의 통칭명, 수량 및 화기엄금의 표시가 있는 경우
② 기름 : 상온에서 액체상태인 고급지방산의 글리세린에스터
③ 지방 : 상온에서 고체상태인 고급지방산의 글리세린에스터

(2) 아이오딘값(요오드값)

유지 100g에 부가되는 아이오딘의 g수

① 동·식물유류 중에서도 고체, 반고체 상태의 것은 소방기본법에 해당된다.
- 밀전 : 용기에 물질을 넣어 마개로 틀어 닫음
- 부가(첨가) : 불포화 혼합물질에 다른 물질의 분자가 결합하여 새로운 물질을 만드는 화학반응, 여기서는 녹아 들어간다는 의미로 생각하는 것이 수험자에게는 이해가 쉽다.
② 아이오딘값에는 단위가 없다(g수이므로 숫자만 표시한다).

(3) 건성유

① 아이오딘값(요오드값) : 130 이상

  ㉮ 동물유 : 정어리 기름, 대구유, 상어유 등
  ㉯ 식물유 : 해바라기유, 동유, 아마인유, 들기름 등

② 위험성 : 자연발화

③ 저장방법

  ㉮ 화기 및 점화원으로부터 멀리한다.
  ㉯ 증기 및 액체의 누설에 주의한다.

> **참고**
> - 건성유 : 공기 중에서 단단한 피막을 만들며 헝겊, 종이에 베어 공기 중에서 **자연발화**한다.
> - 보일유 : 건성유가 주성분이며 수지 등과 혼합하여 **페인트의 원료**로 사용된다.
> - 중요한 건성유의 아이오딘값
>
> | 품 명 | 원 료 | 아이오딘값 | 인화점 | 쓰이는 곳 |
> |---|---|---|---|---|
> | 해바라기유 | 해바라기씨 | 125~136 | | 식용 |
> | 동유 | 오동종자 | 145~176 | 289℃ | 도료 |
> | 아마인유 | 아마의 씨 | 170~204 | 222.2℃ | 도료 |
> | 들기름 | 들깨 | 192~208 | 279℃ | 식용 · 도료 |
> | 정어리기름 | 정어리 | 154~196 | | 경화유 |

(4) 반건성유

① 아이오딘값(요오드값) : 100~130

  ㉮ 동물유 : 청어유 등
  ㉯ 식물유 : 쌀겨기름, 면실유, 채종유, 옥수수기름, 참기름, 콩기름 등

- 반건성유 : 건성유보다는 공기중에서 만드는 피막이 얇다.
- 개자유 : 채종유로서 인화점이 46℃이다.
- 중요한 반건성유의 아이오딘값

품 명	원 료	아이오딘값	인화점	쓰이는 곳
청어유	청어	123~146	224℃	경화유
쌀겨기름	쌀겨	92~115	234℃	식용·비누
면실유	목화씨	99~113	252℃	식용
채종유	채소씨	97~107	163℃	식용·담금질유·윤활유
옥수수기름	옥수수	109~133	254℃	식용
참기름	참깨	104~116	255℃	식용·약품
콩기름	콩	117~141	282℃	식용

(5) 불건성유

① 아이오딘값(요오드값) : 100 이하
  ㉮ 동물유 : 쇠기름, 돼지기름, 고래기름 등
  ㉯ 식물유 : 피마자유, 올리브유, 팜유, 땅콩기름, 야자유 등

- 불건성유 : 공기중에서 건성, 반건성유와 같이 피막을 만들지 않는 안정된 기름
- 중요한 불건성유의 아이오딘값

품 명	원 료	아이오딘값	인화점	쓰이는 곳
피마자유	아주까리의 씨	81~86	229℃	브레이크유·약용 화장품·도료
올리브유	올리브 열매	79~90	225℃	약용·화장품
팜유	팜의 열매	51~57	162℃	식용·비누
낙화생기름	땅콩	84~102	282℃	식용·약용
야자유	야자	7~10	216℃	비누·고급 알코올의 원료·라우린산

적중 · 예상문제

모든 계산문제는 소수 3째자리까지 계산하고 반올림하여 소수 2째자리를 답으로 합니다.

제4류 위험물의 필수암기 사항

01 제4류 위험물의 위험물 안전관리법상 성질은 무엇인가?

> **해답** 인화성 액체

02 인화성액체의 인화점 측정방법 3가지를 쓰시오.

> **해답**
> ① 태그밀폐식 인화점 측정기에 의한 인화점 측정
> ② 신속평형법 인화점 측정기에 의한 인화점 측정
> ③ 클리브랜드개방컵 인화점 측정기에 의한 인화점 측정

03 위험물 안전관리법(시행령 별표1)에서 정하는 제4류 위험물의 품명 7가지를 쓰시오.

> **해답**
> ① 특수인화물 ② 제1석유류
> ③ 알코올류   ④ 제2석유류
> ⑤ 제3석유류   ⑥ 제4석유류
> ⑦ 동식물유류

04 다음 보기에서 위험등급 I 의 위험물을 고르시오.

> 이황화탄소, 아세톤, 휘발유, 다이에틸에터, 메틸에틸케톤, 아세트알데하이드, 에틸알코올

> **해답** 이황화탄소, 다이에틸에터, 아세트알데하이드
> **참고** 제4류 위험물의 위험등급 I 은 특수인화물에 해당된다.

05 제4류 위험물 중에서 위험등급 II에 해당하는 위험물의 품명 2가지를 쓰시오.

> **해답** 제1석유류, 알코올류

06 다음 위험물의 지정수량을 쓰시오.

> ㉮ 특수인화물
> ㉯ 제1석유류(수용성)
> ㉰ 알코올류
> ㉱ 제2석유류(수용성)
> ㉲ 제3석유류(수용성)
> ㉳ 제4석유류
> ㉴ 동식물유류

> **해답** ㉮ 50ℓ   ㉯ 400ℓ
> ㉰ 400ℓ   ㉱ 2,000ℓ
> ㉲ 4,000ℓ   ㉳ 6,000ℓ
> ㉴ 10,000ℓ

07 다음 위험물의 환산지정수량을 구하시오 (단, 1~3석유류는 수용성이다).

> 특수인화물 200ℓ
> 제1석유류 400ℓ
> 제2석유류 4,000ℓ
> 제3석유류 12,000ℓ
> 제4석유류 24,000ℓ

> **해답** [계산과정]
> 지정수량
> • 특수인화물 50ℓ
> • 제1석유류(수용성) 400ℓ
> • 제2석유류(수용성) 2,000ℓ
> • 제3석유류(수용성) 4,000ℓ

적중·예상문제

• 제4석유류(수용성) 6,000ℓ
지정수량 배수의 합

$$= \frac{200}{50} + \frac{400}{400} + \frac{4,000}{2,000} + \frac{12,000}{4,000}$$

$$+ \frac{24,000}{6,000} = 14(배)$$

[답] 14(배)

08 산화프로필렌 200ℓ, 벤조알데하이드 1,000ℓ, 아세트산 4,000ℓ의 합은 지정수량 몇배에 해당되는가?

해답 [계산과정]
지정수량
- 산화프로필렌 = 특수인화물(50ℓ)
- 벤조알데하이드 = 제2석유류 중 비수용성(1,000ℓ)
- 아세트산 = 제2석유류 중 수용성(2,000ℓ)
지정수량 배수의 합

$$= \frac{200}{50} + \frac{1,000}{1,000} + \frac{4,000}{2,000} = 7(배)$$

[답] 7(배)

09 벤젠, 장뇌유, 테레핀유를 각각 100ℓ씩 저장하면 지정수량의 몇 배인가?(단, 벤젠의 지정수량 : 200ℓ, 장뇌유 및 테레핀유의 지정수량 : 1,000ℓ)

해답 [계산과정]
지정수량 배수의 합

$$= \frac{100}{200} + \frac{100}{1,000} + \frac{100}{1,000} = 0.7(배)$$

[답] 0.7배

10 다음 물질의 지정수량을 쓰시오.

㉮ 클로로벤젠	㉯ 가솔린
㉰ 피리딘	㉱ 나이트로벤젠
㉲ 하이드라진	

해답 ㉮ 1,000ℓ   ㉯ 200ℓ
㉰ 400ℓ   ㉱ 2,000ℓ
㉲ 2,000ℓ

참고 지정수량
㉮ 클로로벤젠(비수용성) – 제2석유류(1,000ℓ)
㉯ 가솔린(비수용성) – 제1석유류(200ℓ)
㉰ 피리딘(수용성) – 제1석유류(400ℓ)
㉱ 나이트로벤젠(비수용성) – 제3석유류(2,000ℓ)
㉲ 하이드라진(수용성) – 제2석유류(2,000ℓ)

11 다음 위험물의 지정수량을 쓰시오.

| ㉮ 아세트산 | ㉯ 나이트로벤젠 |
| ㉰ 염화아세틸 | ㉱ 크레오소오트유 |

해답 ㉮ 2,000ℓ   ㉯ 2,000ℓ
㉰ 200ℓ   ㉱ 2,000ℓ

참고 아세트산(수용성) – 제2석유류(2,000ℓ)
나이트로벤젠(비수용성) – 제3석유류(2,000ℓ)
염화아세틸(비수용성) – 제1석유류(200ℓ)
크레오소오트유(비수용성) – 제3석유류(2,000ℓ)

12 다음 위험물의 지정수량을 쓰시오.

> ㉮ 아이소프로필아민 ㉯ 메틸에틸게톤
> ㉰ 톨루엔 ㉱ 클로로벤젠

해답 ㉮ 50ℓ ㉯ 200ℓ
　　 ㉰ 200ℓ ㉱ 1,000ℓ

참고
- 아이소프로필아민(인화점 -37.2℃, 비점 31.7℃) - 특수인화물(50ℓ)
- 메틸에틸게톤(비수용성) - 제1석유류(200ℓ)
- 톨루엔(비수용성) - 제1석유류(200ℓ)
- 클로로벤젠(비수용성) - 제2석유류(1,000ℓ)

13 다음 위험물의 지정수량을 쓰시오.

> ㉮ CS_2　　㉯ CH_3COCH_3
> ㉰ $C_6H_5NH_2$　㉱ CH_3COOCH_3

해답 ㉮ 50ℓ ㉯ 400ℓ
　　 ㉰ 2,000ℓ ㉱ 200ℓ

해답 지정수량 :
- CS_2(이황화탄소) : 특수인화물(50ℓ)
- CH_3COCH_3(아세톤)〈수용성〉: 제1석유류(400ℓ)
- $C_6H_5NH_2$(아닐린)〈비수용성〉: 제3석유류(2,000ℓ)
- CH_3COOCH_3(초산메틸)〈비수용성〉: 제1석유류(200ℓ)

14 제4류 위험물의 공통성질 5가지를 쓰시오.

해답
① 대단히 인화되기 쉽다.
② 착화온도가 낮은 것은 위험하다.
③ 증기는 공기보다 무겁다.
④ 물보다 가볍고 물에 녹기 어렵다.
⑤ 증기는 공기와 약간 혼합되어도 연소의 우려가 있다.

15 제4류 위험물에 대한 물음에 답하시오.

> ㉮ 증기가 공기보다 가벼운 제1석유류의 화학식
> ㉯ 물보다 무겁고 물속에 저장하는 특수인화물의 화학식

해답 ㉮ HCN ㉯ CS_2

16 제4류 위험물이 물보다 가볍고 표면장력이 작다는 것과 연소시 주수소화하면 안되는 이유는 무엇인가?

해답 화재면을 확대하므로

17 다음 보기의 위험물 중 수용성인 것을 모두 쓰시오.

> 아세톤, 휘발유, 벤젠, 아이소프로필알코올, 시클로헥산, 아세트산

해답 아세톤, 아이소프로필알코올, 아세트산

18 다음 물질 중에서 비수용성 물질을 찾으시오.

> 이황화탄소, 벤젠, 아세트알데하이드, 에탄올

해답 이황화탄소, 벤젠

19 제4류 위험물의 저장 및 취급법 중 가장 중요한 것 3가지만 쓰시오.

해답 ① 용기는 밀전하여 통풍이 잘 되는 찬 곳에 저장한다.

② 화기 및 점화원으로부터 멀리한다.
③ 증기 및 액체의 누설에 주의한다.

20 제4류 위험물인 석유류의 화재의 특징을 4가지로 기술하시오.

해답 ① 증발연소하므로 불티가 나지 않는다.
② 인화성이므로 풍하의 화재에도 인화한다.
③ 유동성 액체이므로 연소의 확대가 빠르다.
④ 소화 후 발화점 이상으로 가열된 물체 등에 의하여 재연 또는 폭발한다.

21 제4류 위험물 중 특수인화물의 지정품목 2가지를 쓰시오.

해답 ① 이황화탄소
② 다이에틸에터

22 다음 석유류의 지정품목을 모두 쓰시오.

| ㉮ 제1석유류 | ㉯ 제2석유류 |
| ㉰ 제3석유류 | ㉱ 제4석유류 |

해답 ㉮ 아세톤 · 휘발유
㉯ 등유 · 경유
㉰ 중유 · 크레오소트유
㉱ 기어유 · 실린더유

23 석유류를 제1, 제2, 제3, 제4석유류로 분리하는 것은 무엇에 기준을 둔 것인가?

해답 인화점

24 제4류 위험물 중 1기압에서 발화점이 섭씨 100도 이하인 것 또는 인화점이 섭씨 영하 20도 이하이고 비점이 섭씨 40도 이하인 위험물을 무엇이라 정의하는가?

해답 특수인화물

25 괄호 안에 알맞은 말을 쓰시오.

"특수인화물"이라 함은 이황화탄소, 다이에틸에터 그밖에 1기압에서 발화점이 섭씨 (㉮)도 이하인 것 또는 인화점이 섭씨 영하 (㉯)도 이하이고 비점이 섭씨 (㉰)도 이하인 것을 말한다.

해답 ㉮ 100
㉯ 20
㉰ 40

26 괄호 안에 알맞은 말을 쓰시오.

"제1석유류"라 함은 (㉮), (㉯) 그밖에 1기압에서 (㉰)이 섭씨 (㉱)도 미만인 것을 말한다.

해답 ㉮ 아세톤   ㉯ 휘발유
㉰ 인화점   ㉱ 21

27 괄호 안에 알맞은 말을 쓰시오.

( )라 함은 등유, 경유, 그 밖에 1기압에서 인화점이 섭씨 21도 이상 70도 미만인 것을 말한다. 다만, 도료류 그 밖의 물품에 있어서 가연성 액체량이 40중량퍼센트 이하이면서 인화점이 섭씨 40도 이상인 동시에 연소점이 섭씨 60도 이상인 것은 제외한다.

해답 제2석유류

28 제4류 위험물 중 제4석유류의 정의에 대하여 괄호 안에 알맞은 말을 쓰시오.

> 인화점 (㉮)도 이상 (㉯)도 미만, 도료류는 가연성액체량 (㉰)중량퍼센트 이하 제외

해답 ㉮ 200
㉯ 250
㉰ 40

29 다음은 제4류 위험물 제2석유류 중 제외되는 조건이다. 물음에 답하시오.

> ㉮ 가연성 액체량은 중량%로 몇 % 이하이어야 하는가?
> ㉯ 인화점은 몇 ℃ 이상이어야 하는가?
> ㉰ 연소점은 몇 ℃ 이상이어야 하는가?

해답 ㉮ 40%
㉯ 40℃
㉰ 60℃

특수인화물(이황화탄소)

01 제4류 위험물 중 천연가스의 주성분인 메테인과 황을 가열(900℃)하면 생성되는 물질로서 비스코스레이온의 원료로 사용되는 물질의 명칭과 지정수량을 쓰시오.

해답 ① 물질명칭 : 이황화탄소
② 지정수량 : 50ℓ

02 증기를 흡입하면 중추신경을 마비시키는 이황화탄소의 인화점은 몇 ℃인가?

해답 −30℃

03 수지, 유지 등을 녹이고, 인화점 −30℃인 특수인화물의 명칭과 보관방법은?

해답 ㉮ 이황화탄소
㉯ 수조(물속)에 넣어 보관한다.
참고 이황화탄소(CS_2)는 인화점 −30℃, 착화점 100℃로 물보다 무겁고 물에 녹지 않으며 휘발성이 매우 강하므로 가연성 증기의 발생을 억제하기 위하여 수조(물속)에 넣어 저장한다.

04 이황화탄소에 녹을 수 있는 황의 동소체 2가지의 명칭을 쓰시오.

해답 ① 사방정계황 ② 단사정계황
참고 비정계황(고무상황)은 이황화탄소에 녹지 않는다.

05 이황화탄소에 관한 물음에 답하시오(단, 공기의 평균 분자량 : 29, 원자량 : C=12, S=32).

> ㉮ 지정수량   ㉯ 인화점
> ㉰ 착화점   ㉱ 증기비중

해답 ㉮ 50ℓ   ㉯ −30℃
㉰ 100℃

㉱ [계산과정]
이황화탄소(CS_2)의 분자량 :
12+32×2=76
증기비중 = $\frac{76}{29}$ = 2.620
[답] 2.62

적중 · 예상문제

06 CS_2의 완전 연소반응식을 쓰시오.

해답 $CS_2 + 3O_2 \rightarrow CO_2\uparrow + 2SO_2\uparrow$
참고 이황화탄소의 연소반응식
$CS_2 + 3O_2 \rightarrow CO_2\uparrow + 2SO_2\uparrow$
(이황화탄소) (산소) (이산화탄소) (이산화황)

07 CS_2가 수조에서 150℃로 가열되었을 때 화학반응시 생성물의 화학식을 쓰시오.

해답 H_2S, CO_2
참고 이황화탄소의 고온수증기에 의한 분해식
: $CS_2 + 2H_2O \rightarrow CO_2\uparrow + 2H_2S\uparrow$
(이황화탄소) (물) (이산화탄소) (황화수소)

08 CS_2의 화재에 물을 사용할 수 있다. 물로 주수할 경우 소화효과를 쓰시오.

해답 CS_2(이황화탄소)는 물보다 무겁고 물에 녹지 않으므로 물을 주수하면 화재면을 덮어 산소 공급을 차단하는 질식소화효과를 갖는다.

특수인화물(다이에틸에터)

01 특수인화물인 다이에틸에터의 지정수량과 구조식을 쓰시오.

해답 ① 지정수량 : 50ℓ
② 구조식

```
    H   H       H   H
    |   |       |   |
H - C - C - O - C - C - H
    |   |       |   |
    H   H       H   H
```

02 다이에틸에터는 직사광선을 받으면 햇빛에 분해되어 (㉮)을 형성하므로, (㉯)에 보관하고, 유리병 내부는 (㉰)% 이상을 공간용적으로 두어야 한다.

해답 ㉮ 과산화물   ㉯ 갈색병   ㉰ 2

03 다이에틸에터에 관한 3가지 질문에 답하시오.

㉮ 인화점
㉯ 저장하는 용기
㉰ 품명

해답 ㉮ -45℃
㉯ 갈색병
㉰ 특수인화물

04 다이에틸에터의 분자량을 구하시오(단, C=12, H=1, O=16).

해답 [계산과정]
$C_2H_5OC_2H_5$(다이에틸에터)의 분자량 :
$12 \times 4 + 5 + 5 + 16 = 74$
[답] 74

05 제4류 위험물 중에서 분자량이 74이며 인화점이 -45℃인 위험물의 화학식(시성식)을 쓰시오.

해답 $C_2H_5OC_2H_5$

06 특수인화물인 다이에틸에터에 대하여 답하시오(단, 계산문제는 반드시 계산식을 쓰고 답은 소수점 셋째자리에서 반올림하여 소수점 둘째자리까지 계산한다. STP상태이며 공기의 평균분자량 : 29, 원자량 : C=12, H=1, O=16).

㉮ 인화점	㉯ 착화점
㉰ 연소범위	㉱ 비점
㉲ 운반용기의 공간용적	
㉳ 일반식	㉴ 증기비중

해답 ㉮ -45℃
㉯ 180℃
㉰ 1.9~48%
㉱ 34.6℃
㉲ 2% 이상
㉳ R-O-R'
㉴ [계산과정]
다이에틸에터($C_2H_5OC_2H_5$)의 분자량
: $12 \times 4 + 10 + 16 = 74$
증기비중 = $\dfrac{74}{29} = 2.551$
[답] 2.55

07 다이에틸에터가 직사광선에 쪼이면 과산화물을 생성하여 폭발의 위험이 있다. 에터의 저장용기와 과산화물 검출약품 및 과산화물을 제거하는 약품명을 쓰시오.

> ㉮ 직사광선에 의한 분해를 방지하기 위한 저장용기
> ㉯ 과산화물 검출약품
> ㉰ 과산화물 제거약품 2가지

해답 ㉮ 갈색 유리병
㉯ 아이오딘화칼륨(아이오딘화칼륨) 10% 수용액
㉰ 환원철, 황산 제1철

08 다이에틸에터는 동물성 섬유로 여과할 때 착화하는 경우가 있다. 그 이유는 무엇 때문인가?

해답 정전기 발생

특수인화물(아세트알데하이드)

01 에틸알코올을 가열된 CuO를 통과시켜 산화될 때 생성되는 물질은 무엇인가?

해답 아세트알데하이드
참고 $C_2H_5OH \xrightarrow[+[O]]{\text{가열된 CuO}} CH_3CHO + H_2O$
(에틸알코올) (아세트알데하이드) (물)

02 에탄올이 1차 산화 후 생기는 물질로써 특수인화물에 속하는 위험물의 화학식(시성식)을 쓰시오.

해답 CH_3CHO

03 아세트알데하이드의 산화반응식과 환원반응식을 쓰시오.

해답 산화반응식 :
$CH_3CHO + O \rightarrow CH_3COOH$
환원반응식 :
$CH_3CHO + 2H \rightarrow C_2H_5OH$

04 에틸렌을 산화(왁커어법)시키면 생성되는 물질로써 다음에 답하시오.

> ㉮ 화학식
> ㉯ 에틸렌의 산화 화학반응식
> ㉰ 품명
> ㉱ 지정수량

해답 ㉮ CH_3CHO
㉯ $C_2H_4 + PdCl_2 + H_2O \rightarrow CH_3CHO + Pd + 2HCl\uparrow$
㉰ 특수인화물
㉱ 50ℓ

적중 · 예상문제

참고 왁커법에 의한 아세트알데하이드 제법
$C_2H_4 + PdCl_2 + H_2O \rightarrow$
(에틸렌) (염화팔라듐) (물)
$CH_3CHO + Pd + 2HCl\uparrow$
(아세트알데하이드) (팔라듐) (염화수소)

05 연소범위가 4.1~57%이며 산화중합반응을 하는 위험물은?

해답 아세트알데하이드
참고 아세트알데하이드(CH_3CHO)는 제4류 위험물 중 특수인화물로서 연소범위가 4.1~57%로 가장 넓다.

06 아세트알데하이드의 완전연소반응식을 쓰시오.

해답 $2CH_3CHO + 5O_2 \rightarrow 4CO_2\uparrow + 4H_2O$
참고 아세트알데하이드의 연소반응식
$2CH_3CHO + 5O_2 \rightarrow 4CO_2\uparrow + 4H_2O$
(아세트알데하이드) (산소) (이산화탄소) (물)

07 1급 알코올이 산화되면 알데하이드가 만들어진다. 다음 물음에 답하시오.

㉮ 특수인화물인 아세트알데하이드의 구조식을 쓰시오.
㉯ 아세트알데하이드 산화반응 후 생성물질의 시성식을 쓰시오.
㉰ 아세트알데하이드 환원반응 후 생성물질의 시성식을 씨시오.

해답 ㉮
```
        H       H
        |       |
    H — C ——— C
        |       ‖
        H       O
```
㉯ CH_3COOH
㉰ C_2H_5OH

08 특수인화물 중 환원성이 좋은 아세트알데하이드에 대하여 다음 물음에 답하시오(단, 공기의 평균분자량 : 29, 원자량 : C=12, H=1, O=16).

㉮ 인화점   ㉯ 착화점
㉰ 비점   ㉱ 연소범위
㉲ 증기비중
㉳ 환원성물질 검출방법 2가지

해답 ㉮ -38℃
㉯ 185℃
㉰ 21℃
㉱ 4.1~57%
㉲ [계산과정]
아세트알데하이드(CH_3CHO)의 분자량 : $12\times 2+4+16 = 44$
증기비중 $= \dfrac{44}{29} = 1.517$
[답] 1.52
㉳ 은거울반응, 페엘링반응

09 아세트알데하이드에 암모니아성 질산은용액을 반응시키면 (㉮)반응이 일어나서 (㉯)을 석출시키는데 이는 알데하이드의 (㉰)때문이다.

해답 ㉮ 은거울 ㉯ 은 ㉰ 환원성

10 특수인화물 중 물과 유기용제에 잘 녹고 수은, 마그네슘과의 접촉으로 중합반응이 일어나며 분자량이 44인 것의 품명과 용기내부에 봉입시키는 불연성가스의 명칭을 쓰시오.

해답 ① 특수인화물
② 질소가스(N_2)

11 다음은 아세트알데히드 취급설비의 재질 및 반응성에 관한 설명이다. ( ) 안에 알맞은 용어를 쓰시오.

> "아세트알데히드의 취급설비에 구리, 마그네슘, 은, (㉮) 및 그 합금으로 된 재질을 사용하는 경우 이 두 물질간에 (㉯) 반응을 일으켜 구조불명의 폭발성 물질을 생성하기 때문에 이들 금속성분을 포함한 것을 사용할 수 없다."

해답 ㉮ 수은   ㉯ 중합

12 아세트알데히드 저장탱크 재료로 불가능한 금속은 수은, ( ), ( ), ( )이다. 괄호 안에 알맞은 말을 쓰시오.

해답 은, 구리, 마그네슘

특수인화물(산화프로필렌 등)

01 분자량 58, 인화점 -37°C, 연소범위가 2.5~38 정도인 물질의 품명과 화학식을 쓰시오.

해답 품명 : 특수인화물
화학식 : OCH_2CHCH_3

02 분자량이 58이고, 상온에서 증기압이 445mmHg이며 피부 접촉 시 동상현상을 일으키는 위험물질의 물질명과 화학식을 쓰시오.

해답 물질명 : 산화프로필렌
화학식 : OCH_2CHCH_3

03 산화프로필렌은 증기압이 대단히 높아 상온에서도 쉽게 위험농도에 이르기 쉽기 때문에 저장시에는 특별한 주의를 요한다. 그 저장법을 간단히 쓰시오.

해답 탱크의 공간을 불연성 가스로 봉입

04 산화프로필렌에 대하여 다음 물음에 답하시오.

> ㉮ 지정수량   ㉯ 인화점
> ㉰ 비점

해답 ㉮ 50ℓ   ㉯ -37°C
㉰ 34

05 산화프로필렌의 구조식을 쓰시오.

해답
$$H-\underset{O}{\overset{H}{\underset{|}{C}}}-\overset{H}{\underset{|}{C}}-\overset{H}{\underset{H}{\underset{|}{C}}}-H$$

06 산화프로필렌이 피부와 접촉되었을 때 나타나는 현상은?

해답 동상과 같은 현상

07 산화프로필렌의 증기를 흡입하였을 때의 증상은?

해답 폐부종

08 산화프로필렌을 저장·취급할 경우 사용할 수 없는 금속은?

해답 Cu(구리), Ag(은), Hg(수은), Mg(마그네슘) 또는 이들의 합금

09 산화프로필렌이 구리, 은, 마그네슘과 접촉하여 생성되는 물질은 무엇인가?

해답 아세틸라이드

제1석유류(아세톤)

01 아이소프로필알코올을 산화시켜 만든 것으로 아이오도폼반응을 하는 제1석유류에 대하여 다음 물음에 답하시오.

> ㉮ 위험물을 명칭
> ㉯ 아이오도폼의 화학식
> ㉰ 아이오도폼의 색깔

해답 ㉮ 아세톤 ㉯ CHI_3 ㉰ 노랑색

02 아세틸렌 가압충전시 습면시킬 때 사용하는 것으로, 아이오도폼 반응을 한다. 이 물질은?

해답 아세톤

03 분자구조가 케톤류의 결합을 가진 물질 중 제1석유류에 해당하는 위험물(2가지)의 시성식을 쓰시오.

해답 ① CH_3COCH_3 ② $CH_3COC_2H_5$

04 제4류 위험물 중 분자량이 58, 인화점이 –18℃, 수용성이며 피부와 접촉하면 탈지현상이 일어나는 위험물의 화학식과 지정수량을 쓰시오.

해답 화학식 : CH_3COCH_3
지정수량 : 400ℓ

참고 아세톤(CH_3COCH_3)의 분자량 : 12×3+6+16=58

05 인화점이 –18℃이고 독특한 향이 있고 제1석유류에 해당하는 것의 구조식을 쓰시오.

$$\begin{array}{c} \text{H} \quad\quad\quad \text{H} \\ | \quad\quad\quad | \\ \text{H}-\text{C}-\text{C}-\text{C}-\text{H} \\ | \quad\; \| \;\quad | \\ \text{H} \quad \text{O} \quad \text{H} \end{array}$$

해답 본문 내용은 아세톤(CH_3COCH_3)이다.

06 제1석유류 위험물 중 아세톤에 대하여 답하시오.

> ㉮ 화학식   ㉯ 지정수량
> ㉰ 인화점   ㉱ 보관중 색
> ㉲ 일반식   ㉳ 직사일광 위험성

해답 ㉮ CH_3COCH_3
㉯ 400ℓ
㉰ –18℃
㉱ 황색
㉲ R–CO–R′
㉳ 분해

제1석유류(가솔린)

01 위험물의 위험등급 중 휘발유의 위험등급은 몇 등급인가?

해답 2등급
참고 특수인화물 : 위험등급 1등급
제1석유류 및 알코올류 : 위험등급 2등급
그 밖의 것 : 위험등급 3등급

02 제1석유류인 가솔린에 관한 물음에 답하시오.

> ㉮ 주성분
> ㉯ 부피팽창률
> ㉰ 다른 명칭 3가지

해답 ㉮ 포화·불포화탄화수소의 혼합물
㉯ 0.00135/℃
㉰ 석유벤젠, 석유에터, 리그로인, 미네날스피릿, 널리벤젠, 솔벤트나프타 중 3가지

03 가솔린의 다음 사항에 대하여 쓰시오.

> ㉮ 인화점
> ㉯ 발화점
> ㉰ 증기비중
> ㉱ 폭발범위(연소범위)

해답 ㉮ -43 ~ -20℃
㉯ 약 300℃
㉰ 3~4
㉱ 1.4~7.6%

04 가솔린에 MTBE 등을 첨가시키는 것은 연소성을 높이기 위한 것이다. 이 연소성의 측정기준을 무엇이라 하는가?

해답 옥탄 값

05 가솔린의 폭발지수인 옥탄가 중 옥탄가 100인 물질과 0인 물질을 각각 어떤 물질로 지정되어 있는지 쓰시오.

해답 옥탄가 100인 물질 : 아이소옥탄
옥탄가 0인 물질 : 노르말 헵탄

06 옥탄 값의 정의를 쓰시오.

해답 이소옥탄을 100으로 하고 노르말헵탄을 0으로 하여 가솔린의 품질을 정하는 기준

07 가솔린의 제조방법 3가지를 쓰시오.

해답 ① 직류법 또는 분류법
② 열분해법
③ 접촉개질법

08 제4류 위험물로서 무색 투명하고 휘발하기 쉬운 액체로 B.T.X가 있다. B.T.X는 무엇인가?

해답 벤젠, 톨루엔, 자일렌의 혼합물

09 B.T.X 시성식(화학식)을 쓰시오.

해답 C_6H_6, $C_6H_5CH_3$, $C_6H_4(CH_3)_2$
참고 B.T.X란 벤젠(C_6H_6), 톨루엔($C_6H_5CH_3$), 자일렌($C_6H_4(CH_3)_2$)의 혼합물이다.

제1석유류(벤젠·톨루엔)

01 융점이 5.5℃로서 겨울철에 고체상태에서도 가연성 증기를 발생하는 제4류 위험물 중 제1석유류는 무엇인가?

해답 벤젠

02 니켈 촉매하에서 수소의 첨가반응으로 시클로핵산을 만드는 분자량이 78인 위험물의 명칭과 지정수량을 쓰시오.

해답 명칭 : 벤젠
지정수량 : 200ℓ
참고 벤젠(C_6H_6)의 분자량 : 12×6+6 = 78

적중·예상문제

03 벤젠에 대하여 답하시오(단, STP상태이며 공기의 평균분량 = 28.9, 원자량 : C=12, H=1).

㉮ 융점	㉯ 인화점
㉰ 증기비중	㉱ 연소범위

해답 ㉮ 5.5℃　　㉯ -11℃
　　㉰ [계산과정]
　　　벤젠(C_6H_6)의 분자량
　　　$= 12 \times 6 + 6 = 78$
　　　증기비중 $= \dfrac{78}{28.9} = 2.698$
　　　[답] 2.70
　　㉱ 1.4 ~ 7.1%

04 벤젠의 융점이 5.5℃와 위험성과의 관계를 기술하시오.

해답 벤젠은 융점이 5.5℃이며, 인화점이 -11℃이므로 겨울철에 고체상태에서도 가연성 증기를 발생한다.

05 벤젠은 독성이 있다. 증기를 5~10분간 흡입하였을 경우 치명적인 증기농도는 얼마인가?

해답 2% 이상

06 벤젠의 다음 사항을 쓰시오.

㉮ 연소범위	㉯ 비점
㉰ 착화점	㉱ 구조식
㉲ 연소반응식	

해답 ㉮ 1.4~7.1%
　　㉯ 80℃
　　㉰ 562℃

㉱ 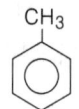 또는 ⬡

㉲ $2C_6H_6 + 15O_2 \rightarrow 12CO_2\uparrow + 6H_2O$

07 벤젠핵 1에 메틸기가 한 개인 것의 구조식과 품명을 쓰시오.

해답 ① 구조식

⬡-CH₃

② 품명 : 제1석유류

08 다음 보기에서 설명하는 물질의 명칭을 쓰시오.

㉮ 비수용성이고, 인화점 4℃이다.
㉯ 발화점은 552℃이고, 비중은 0.9이다.
㉰ 질산과 황산의 혼합으로 나이트로화시키면 TNT가 된다.

해답 톨루엔

09 톨루엔에 대하여 답하시오(단, STP 상태이며 공기의 평균분량 : 29, 원자량 : C=12, H=1).

㉮ 인화점	㉯ 착화점
㉰ 연소범위	㉱ 증기비중

해답 ㉮ 4℃　　㉯ 552℃
　　㉰ 1.4~6.7%
　　㉱ [계산과정]
　　　톨루엔($C_6H_5CH_3$)의 분자량 :
　　　$12 \times 7 + 8 = 92$
　　　증기비중 $= \dfrac{92}{29} = 3.172$
　　　[답] 3.17

10 톨루엔을 주원료로 사용하는 제5류 위험물의 약칭은 무엇인가?

해답 T.N.T.

11 톨루엔의 구조식과 톨루엔 1몰이 완전연소 되었다고 하면 어떤 물질이 나올 수 있는지 연소 반응식을 계수에 맞추어 쓰시오.

| ㉮ 톨루엔 구조식 | ㉯ 연소반응식 |

해답 ㉮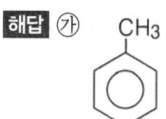

㉯ $C_6H_5CH_3 + 9O_2 \rightarrow 7CO_2\uparrow + 4H_2O$

참고 톨루엔의 연소반응식
$\underset{(톨루엔)}{C_6H_5CH_3} + \underset{(산소)}{9O_2} \rightarrow \underset{(이산화탄소)}{7CO_2\uparrow} + \underset{(물)}{4H_2O}$

제1석유류[초산에스터류(초산에스테르류)]

01 아세트산에스터류의 일반식을 쓰시오.

해답 R-COO-R′
참고 아세트산에스터 = 초산에스터

02 초산에스터류는 초산과 알코올의 축합물이다. 이 중 초산과 메틸알코올의 축합물을 무엇이라 하며 인화점은 몇 ℃인가?

해답 ① 초산메틸 ② 인화점 -10℃

03 다음 화학식을 완결하시오.

$CH_3COOH + CH_3OH \xrightarrow{C-H_2SO_4}$ ㉮ + ㉯

해답 ㉮ CH_3COOCH_3 ㉯ H_2O

04 초산에스터류 중에서 가장 수용성이 큰 것의 이름과 이것이 피부에 닿았을 때의 현상을 쓰시오.

해답 ① 초산메틸
② 탈지작용

05 아세트산메틸의 시성식과 구조식을 쓰시오.

해답 ㉮ 시성식: CH_3COOCH_3
㉯ 구조식

$$H-\underset{\underset{H}{|}}{\overset{\overset{H}{|}}{C}}-\overset{O}{\underset{}{C}}\diagdown \underset{O-\underset{\underset{H}{|}}{\overset{\overset{H}{|}}{C}}-H}{}$$

참고 아세트산메틸 = 초산메틸

06 초산메틸은 수용성이다. 화재시 사용할 수 있는 포말소화기는 무엇인가?

해답 알코올폼 소화기

07 CH_3COOH에 C_2H_5OH를 첨가하여 반응시킨 딸기향이 나는 무색 투명한 물질은 무엇인가?

해답 초산에틸(아세트산에틸)
참고 $\underset{(초산)}{CH_3COOH} + \underset{(에틸알코올)}{C_2H_5OH} \xrightarrow[에스터화]{C-H_2SO_4}$
$\underset{(초산에틸)}{CH_3COOC_2H_5} + \underset{(물)}{H_2O}$

적중·예상문제

※ 초산을 아세트산이라 하므로 초산에틸을 아세트산에틸이라고도 한다.

08 휘발성이 있는 무색 액체로 과일과 같은 냄새가 있으며 비중이 0.899, 인화점이 영하 4℃인 에스터의 분자식과 시성식을 쓰시오.

> **해답** 분자식 : $C_4H_8O_2$
> 시성식 : $CH_3COOC_2H_5$

09 초산에스터류에서 분자량이 증가할수록 다음 사항들은 어떻게 되겠는지 간략하게 답하시오.

| ㉮ 인화점 | ㉯ 연소범위 |
| ㉰ 수용성 | ㉱ 발화점 |

> **해답** ㉮ 높아진다   ㉯ 좁아진다
> ㉰ 감소한다   ㉱ 낮아진다
> **참고** 탄소수의 증가(분자량 증가)에 따른 공통점
> ① 인화점 높아진다.
> ② 발화점 낮아진다.
> ③ 연소범위 좁아진다.
> ④ 비중 낮아진다.
> ⑤ 증기비중 높아진다.
> ⑥ 비등점 높아진다.
> ⑦ 점도 높아진다.
> ⑧ 휘발성 낮아진다.
> ⑨ 수용성 낮아진다.
> ⑩ 이성질체 많아진다.

제1석유류[의산에스터류(의산에스테르류)]

01 가수분해하여 CH_3OH와 $HCOOH$로 분해되는 위험물의 시성식과 지정수량을 쓰시오.

> **해답** $HCOOCH_3$, 400ℓ
> **참고** 의산메틸($HCOOCH_3$)은 제4류 위험물 중 제1석유류로서 수용성이므로 지정수량은 400ℓ이며, 가수분해하면 의산과 메틸알코올이 된다.

02 의산메틸의 구조식과 일반식을 쓰시오.

> **해답** ㉮ 구조식
>
> $$H-C\begin{matrix}O\\O-C-H\\H\end{matrix}H$$
>
> ㉯ 일반식 : R-COO-R′

03 의산메틸의 화학식과 인화점을 쓰시오.

> **해답** ① 화학식 : $HCOOCH_3$
> ② 인화점 : -19℃

04 C_2H_5OH와 $HCOOH$가 축합하면 만들어지는 위험물은 무엇인가? 괄호 안을 채우시오.

| $HCOOH + C_2H_5OH \rightarrow$ (   ) $+ H_2O$ |

> **해답** $HCOOC_2H_5$
> **참고** 의산($HCOOH$)과 에틸알코올(C_2H_5OH) 혼합액에 진한 황산을 가하여 축합시키면 의산에틸($HCOOC_2H_5$)과 물(H_2O)이 되며, 의산에틸($HCOOC_2H_5$)이 가수분해하면 의산($HCOOH$)과 에틸알코올(C_2H_5OH)이 된다.

제1석유류(메틸에틸케톤·피리딘 등)

01 메틸에틸케톤의 화학식과 약칭을 쓰시오.

　해답　① 화학식 : $CH_3COC_2H_5$
　　　　② 약칭 : MEK

02 제4류 위험물 중 $CH_3COC_2H_5$에 대하여 다음 물음에 답하시오.

　㉮ 인화점
　㉯ 지정수량
　㉰ 피부와 접촉 시 현상
　㉱ 저장 시 주의사항 3가지

　해답　㉮ -1℃
　　　　㉯ 200ℓ
　　　　㉰ 탈지현상
　　　　㉱ -화기 및 점화원으로부터 멀리할 것
　　　　　 - 증기 및 액체의 누설에 주의할 것
　　　　　 - 용기는 밀전하여 통풍이 잘 되는 찬 곳에 저장할 것

　참고　메틸에틸케톤($CH_3COC_2H_5$)은 수용성이지만 용해도가 23%이므로 비수용성으로 구분되어 지정수량은 200ℓ이다.

03 다음 보기를 만족하는 물질의 명칭과 시성식을 쓰시오.

　• 지정수량이 200ℓ, 비중 0.8, 비점이 80℃, 증기비중이 2.5이다.
　• 휘발성이 강한 무색액체이다.
　• 제2부틸알코올을 탈수시켜 얻는다.

　해답　① 명칭 : 메틸에틸케톤
　　　　② 시성식 : $CH_3COC_2H_5$

　참고　메틸에틸케톤의 제법

　　　$CH_3CH_2CHOHCH_3$ $\xrightarrow[+[O]]{\text{가열된 CuO}}$
　　　(제2부틸알코올)
　　　$CH_3COC_2H_5$ + H_2O
　　　(메틸에틸케톤)　(물)

04 메틸에틸케톤의 구조식과 일반식을 쓰시오.

　해답　① 구조식

$$\begin{array}{c} HHHH \\ |||| \\ H-C-C-C-C-H \\ |\||| \\ HOHH \end{array}$$

　　　　② 일반식 : R-CO-R'

05 메틸에틸케톤의 인화점과 증기비중은 얼마인가?(단, 증기비중은 계산식을 반드시 쓰고 답은 소수점 셋째 자리에서 반올림하여 소수점 둘째 자리까지 계산한다. 공기의 평균분자량 : 29, 원자량 : C = 12, O = 16)

　해답　① 인화점 : -1℃
　　　　② [계산과정]
　　　　메틸에틸케톤($CH_3COC_2H_5$)의 분자량
　　　　$= 12 \times 4 + 8 + 16 = 72$
　　　　증기비중 $= \dfrac{72}{29} = 2.482$
　　　　[답] 2.48

06 순수한 것은 무색 액체로 심한 악취가 나며, 분자량 79, 비점 115℃, 증기비중 2.73이며 인화점이 20℃ 정도로 상온에서도 인화의 위험이 있는 제1석유류는 무엇인가?

　해답　피리딘(C_5H_5N)

07 피리딘의 별명과 연소시 발생되는 유독가스는?

　해답　① 별명 : 아딘
　　　　② 유독가스 : NO_2

　참고　$4C_5H_5N + 29O_2 \rightarrow 20CO_2\uparrow +$
　　　　(피리딘)　(산소)　　　(이산화탄소)
　　　　$10H_2O + 4NO_2\uparrow$
　　　　(물)　　(이산화질소)

적중 · 예상문제

08 약알칼리성을 나타내고 독성을 가진 피리딘의 분자식, 인화점은?

해답 ① 분자식 : C_5H_5N
② 인화점 : 20℃

09 제4류 위험물 중 피리딘에 대하여 다음 물음에 답하시오.

㉮ 구조식
㉯ 분자량을 구하시오
㉰ 지정수량은 얼마인가?

해답 ㉮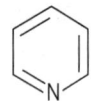

㉯ C_5H_5N : $12 \times 5 + 5 + 14 = 79$
㉰ 400ℓ

참고 피리딘(C_5H_5N)은 제4류 위험물(인화성 액체) 제1석유류 중 수용성이므로 지정수량은 400ℓ이다.
*비수용성의 제1석유류의 지정수량은 200ℓ이다.

10 피리딘의 취급시 특히 주의할 사항은 무엇인가?

해답 피부와 호흡기를 주의하고 보호구를 착용한다.

11 질화도가 낮은 약질화면에 다이에틸에터와 알코올의 비율을 1:3으로 용해시켜 제조하며 인화점이 -18℃ 이하인 위험물은?

해답 콜로디온

12 상온에서 무색의 액체이며 분자량이 27이고 인화점이 -18℃, 끓는점이 26℃이며 맹독성인 위험물의 화학식과 지정수량을 쓰시오.

해답 화학식 : HCN
지정수량 : 400ℓ

참고 HCN(사이안화수소)의 분자량 :
$1 + 12 + 14 = 27$
HCN은 수용성이므로 제1석유류 수용성의 지정수량 400ℓ에 해당된다.

알코올류

01 위험물 안전관리법상 규정된 알코올이라 함은 1분자를 구성하는 탄소원자의 수가 몇 개까지의 포화 1가 알코올을 말하는가?

해답 1~3개

참고 알코올류 : 1분자를 구성하는 탄소원자의 수가 1개부터 3개까지인 포화 1가 알코올(변성알코올을 포함한다)을 말한다.

02 위험물 안전관리법상 알코올류라함은 1분자를 구성하는 탄소원자수가 (㉮)개 내지 (㉯)개의 (㉰) 1가 알코올과 (㉱)을 포함하며 알코올 수용액의 농도가 (㉲) 이상인 것을 말한다.

해답 ㉮ 1 ㉯ 3
㉰ 포화 ㉱ 변성알코올
㉲ 60중량%

03 알코올류의 기준에게 1가, 2가, 3가의 알코올의 기준은 무엇인가?

해답 수산기(OH)의 개수

04 위험물안전관리법상 알코올류 중 그 농도가 60중량% 미만인 것은 어느 곳에 속하는가?

해답 석유류

05 제4류 위험물 중 알코올류의 지정수량은 얼마이며 이에 속하는 물질을 3종류만 쓰시오.

해답 ① 지정수량 : 400ℓ
② 메틸알코올, 에틸알코올, 프로필알코올

06 변성 알코올의 주성분은 무엇인가?

해답 에틸알코올

07 알코올류 중에서 인화점이 11℃이며 독성이 강하여 30㎖~100㎖를 마시면 실명 또는 치사하는 것의 명칭을 쓰시오.

해답 메틸알코올(메탄올)

08 메틸알코올의 산화 시 최종적으로 생성되는 물질 명칭을 쓰시오.

해답 포름산(의산)

참고 $CH_3OH \xrightarrow[+[O]]{\text{가열된 CuO}} HCHO + H_2O$
(메틸알코올) (포름알데히드) (물)

$\xrightarrow[+[O]]{\text{pt촉매}} HCOOH$
(포름산)

09 알코올류 중 독성이 있으며 수용성이 가장 강한 것은?

해답 메틸알코올

10 메틸알코올에 관한 물음에 답하시오.

㉮ 별명	㉯ 인화점
㉰ 착화점	㉱ 비점
㉲ 치사량	㉳ 최종산화물

해답 ㉮ 목정 ㉯ 11℃
㉰ 464℃ ㉱ 65℃
㉲ 30~100㎖ ㉳ 의산(포름산)

11 메틸알코올의 화학식 중 시성식은 CH_3OH이다. 구조식과 일반식을 쓰시오.

해답 ① 구조식
$$H - \underset{\underset{H}{|}}{\overset{\overset{H}{|}}{C}} - OH$$

② 일반식 : R-OH

12 메틸알코올의 완전연소반응식을 쓰시오.

해답 $2CH_3OH + 3O_2 \rightarrow 2CO_2\uparrow + 4H_2O$

13 알코올류 중에서 증기비중이 1.59이고 인화점이 13℃, 착화점이 423℃인 위험물의 화학식은?

해답 C_2H_5OH

참고 C_2H_5OH = 에틸알코올

14 에틸알코올에 대한 물음에 답하시오(단, 공기의 평균분자량 : 29, 원자량 : C=12, H=1, O=16).

㉮ 별명	㉯ 인화점
㉰ 착화점	㉱ 비점
㉲ 증기비중(공기의 평균분자량 29)	

해답 ㉮ 주정　　㉯ 13℃
　　　㉰ 423℃　㉱ 79℃
　　　㉲ [계산과정]
　　　　에틸알코올(C_2H_5OH)의 분자량 :
　　　　$12 \times 2 + 6 + 16 = 46$
　　　　증기비중 = $\dfrac{46}{29}$ = 1.586
　　　　[답] 1.59

15 에틸알코올의 구조식을 쓰시오.

해답
$$H-\underset{\underset{H}{|}}{\overset{\overset{H}{|}}{C}}-\underset{\underset{H}{|}}{\overset{\overset{H}{|}}{C}}-OH$$

16 에탄올의 완전연소반응식을 쓰시오.

$2C_2H_5OH + (㉮) \rightarrow (㉯) + (㉰)$

해답 ㉮ $6O_2$　㉯ $4CO_2$　㉰ $6H_2O$
참고 ㉯와 ㉰의 순서는 바꾸어도 되며, 계수는 문제에 맞춘다.

17 에탄올과 황산의 반응으로 나오는 제4류 위험물의 화학식을 쓰시오.

해답 $C_2H_5OC_2H_5$
참고 $2C_2H_5OH \xrightarrow[\text{탈수}]{c-H_2SO_4} C_2H_5OC_2H_5 + H_2O$
　　　(에틸알코올)　　　　(다이에틸에터)　(물)

18 증기는 마취성 있고 아이오도폼 반응하며, 화장품의 원료로 사용되는 물질에 대하여 다음 물음에 답하시오.

㉮ 설명하는 위험물의 명칭
㉯ 지정수량
㉰ 이 화합물의 구조이성질체인 다이메틸에터의 화학식

해답 ㉮ 에틸알코올
　　　㉯ 400ℓ
　　　㉰ CH_3OCH_3

19 에틸알코올에 대해 답하시오.

㉮ 지정수량
㉯ 금속나트륨과 반응식
㉰ 진한황산과 160℃ 이상 가열시 생성물
㉱ 메틸알코올과 에틸알코올 구별방법
㉲ 산화제이구리분말과 반응하고 백금 촉매 하에 산화시 생성물

해답 ㉮ 400ℓ
　　　㉯ $2C_2H_5OH + 2Na \rightarrow 2C_2H_5ONa + H_2 \uparrow$
　　　㉰ 에틸렌(C_2H_4)과 물(H_2O)
　　　㉱ 아이오도폼 반응
　　　㉲ 아세트산(CH_3COOH)

20 비중 0.79인 에틸알코올(C_2H_5OH) 2,000㎖와 물 1,500㎖를 혼합하였을 때 용매 중의 알코올의 중량%와 이 혼합물이 제4류 위험물 중 알코올류에 해당되는가를 판별하고, 그 이유를 쓰시오.

해답 [계산과정]
용액의 중량% = $\dfrac{\text{용질의 질량}}{\text{용액의 질량}} \times 100$ =
$\dfrac{2000 \times 0.79}{2000 \times 0.79 + 1500} \times 100 = 51.298$

[답] 51.3wt%
알코올류 판별 : 용액이 60wt% 미만이므로 알코올류에 해당되지 않는다.

21 노르말 프로필알코올은 산화하면 (㉮)를 거쳐 (㉯)으로 되며, 황산으로 탈수시키면 (㉰)이 된다.

해답 ㉮ 프로피온알데하이드
㉯ 프로피온산
㉰ 프로필렌

22 $(CH_3)_2CHOH$의 명칭은 무엇인가?

해답 아이소프로필알코올

23 아이소프로필알코올의 화학식(구조식)을 쓰시오.

해답
```
      H   H   H
      |   |   |
  H — C — C — C — H
      |   |   |
      H   OH  H
```

24 아이소프로필알코올이 산화되면 무엇이 되는가?

해답 아세톤(다이메틸케톤, CH_3COCH_3)

25 다음 물질의 시성식을 쓰시오.

① 아이소프로필알코올
② 다이에틸에터
③ 아세톤

해답 ① $(CH_3)_2CHOH$
② $C_2H_5OC_2H_5$
③ CH_3COCH_3

26 알코올류에서 C(탄소)가 증가함에 따른 공통사항을 쓰시오.

㉮ 착화점   ㉯ 비등점
㉰ 연소열   ㉱ 폭발범위

해답 ㉮ 낮아진다.
㉯ 높아진다.
㉰ 커진다.
㉱ 작아진다.

제2석유류(등유 · 경유)

01 제4류 위험물인 제2석유류에 대하여 물음에 답하시오.

㉮ 등유의 지정수량
㉯ 등유의 주성분
㉰ 등유의 유출온도

해답 ㉮ 1,000ℓ
㉯ 포화 · 불포화탄화수소의 혼합물
㉰ 150~300℃

02 제2석유류로서 인화점이 약 40~70℃이며 무색투명하나 장시간 방치하면 담황색인 물질은 무엇인가?

해답 등유
참고 등유는 제2석유류 지정품목으로 인화점은 약 40~70℃이며, 무색 투명하나 장시간 방치하면 담황색으로 변한다.

03 제4류 위험물 중 제2석유류인 등유에 대하여 물음에 답하시오.

㉮ 별명	㉯ 인화점
㉰ 착화점	㉱ 증기비중

해답 ㉮ 케로신
㉯ 40~70℃
㉰ 220℃ 전후
㉱ 4.5

04 주성분이 C_{15}~C_{20}인 각종 탄화수소의 혼합물로 디젤기관의 연료로 사용되는 제2석유류에 대하여 다음 물음에 답하시오.

㉮ 위험물의 명칭
㉯ 인화점
㉰ 폭발범위

해답 ㉮ 경유(디젤유)
㉯ 50~70℃
㉰ 1~6%

05 경유에 대하여 물음에 답하시오.

㉮ 별명
㉯ 폭발력의 기준값

해답 ㉮ 디젤유
㉯ 세탄 값

제2석유류(의산·초산)

01 제2석유류 중 초산보다 강산이며 피부에 닿으면 수포상의 화상을 입는 유기산의 명칭과 일반식을 쓰시오.

해답 명칭 : 의산(개미산, 포름산)
일반식 : R-COOH

02 의산이 연소할 경우 불꽃의 색깔은?

해답 푸른색

03 제4류 위험물 중 제2석유류인 의산에 대한 물음에 답하시오.

㉮ 화학식	㉯ 다른 명칭 2가지
㉰ 지정수량	㉱ 저장용기

해답 ㉮ HCOOH
㉯ 개미산, 포름산
㉰ 2,000ℓ
㉱ 내산성 용기

04 의산의 화학식과 증기 비중은?(단, 공기의 평균 분자량을 29로 하며 답은 소수점 셋째 자리에서 반올림하여 소수점 둘째 자리까지 구할 것)

해답 ① 화학식 : HCOOH
② [계산과정]
의산(HCOOH)의 분자량 :
$12+2+16 \times 2 = 46$
증기비중
$= \dfrac{\text{HCOOH의 분자량 46}}{\text{공기의 평균 분자량 29}} = 1.586$
[답] 1.59

05 의산에 황산을 가하여 발생되는 독가스의 화학명칭을 쓰시오.

> **해답** CO
> **참고** 의산의 탈수반응식
> $$HCOOH \xrightarrow[\text{(탈수제)}]{H_2SO_4} CO\uparrow + H_2O$$
> ※ CO(일산화탄소)는 독성이 매우 강하다.

06 제4류 위험물 제2석유류인 초산에 대하여 다음 물음에 답하시오.

> ㉮ 인화점 ㉯ 융점
> ㉰ 일반식

> **해답** ㉮ 40℃
> ㉯ 16.6℃
> ㉰ R-COOH

07 제2석유류인 초산을 빙초산이라 하는 이유는 무엇인가?

> **해답** 초산의 융점이 16.6℃이므로 융점 이하가 되는 겨울철에는 고체로 존재하기 때문

08 식초는 초산의 수용액을 말한다. 몇 % 수용액인가?

> **해답** 3~5% 수용액

09 초산이 피부에 묻었을 때 인체에는 어떠한 반응이 있는가?

> **해답** 수포상의 화상과 같은 현상

10 초산의 다른 이름을 두 가지만 쓰시오.

> **해답** ① 빙초산 ② 아세트산

11 물에 잘 녹으며 분자량이 60, 융점이 16.6℃로 무색투명한 자극성 냄새가 나고 융점 이하에서 얼음과 같은 상태인 제2석유류의 화학식을 쓰시오.

> **해답** CH_3COOH

12 제2석유류로서 분자량이 60이고 지정수량이 2,000ℓ이며, 융점이 16.6℃인 인화성액체에 대하여 다음 물음에 답하시오.

> ㉮ 완전연소시 생성되는 물질 2가지를 화학식으로 답하시오.
> ㉯ Zn과 반응시 생성되는 가연성가스는 무엇인가?

> **해답** ㉮ CO_2, H_2O
> ㉯ H_2
> **참고** • 초산(아세트산)의 연소반응식
> $$\underset{(초산)}{CH_3COOH} + \underset{(산소)}{2O_2} \rightarrow \underset{(이산화탄소)}{2CO_2\uparrow} + \underset{(물)}{2H_2O}$$
> • 초산(아세트산)과 아연의 치환 반응식
> $$\underset{(아연)}{Zn} + \underset{(초산)}{2CH_3COOH} \rightarrow$$
> $$\underset{(초산아연)}{(CH_3COO)_2Zn} + \underset{(수소)}{H_2\uparrow}$$

13 다음 보기 중 수용성이며 물보다 무거운 것으로 제2석유류에 해당되는 것은?

> 테레핀유, 아세트산, 글리세린, 클로로벤젠, 포름산

> **해답** 아세트산, 포름산
> **참고** 테레핀유(제2석유류) : 비수용성, 비중 0.860
> 아세트산(제2석유류) : 수용성, 비중 1.05
> 글리세린(제3석유류) : 수용성, 비중 1.26

적중·예상문제

클로로벤젠(제2석유류) : 비수용성, 비중 3.9
포름산(제2석유류) : 수용성, 비중 1.218

제2석유류(기타)

01 소나무과 식물에서 채취한 주성분이 $C_{10}H_{16}$인 물질로 연소범위가 0.8~0.86%로 낮아 위험한 제2석유류의 품명은 무엇인가?

해답 테레핀유

02 테레핀유의 위험성은 공기중에서 산화, (㉮)하는 성질이 있으므로 이것을 천에 묻혀서 방치하면 (㉯)의 위험이 있다.

해답 ㉮ 중합
㉯ 자연발화

03 테레핀유와 등유의 위험성은 서로 비슷하나 테레핀유의 성질상 등유와 다른 위험성을 쓰시오.

해답 자연발화의 위험이 있다.

04 제2석유류인 테레핀유에 대한 물음에 답하시오.

| ㉮ 주성분의 명칭 | ㉯ 화학식 |

해답 ㉮ 피넨 ㉯ $C_{10}H_{16}$

05 제2석유류인 스틸렌에 대하여 물음에 답하시오(단 STP상태).

| ㉮ 화학식 | ㉯ 중합체의 명칭 |

해답 ㉮ $C_6H_5CHCH_2$
㉯ 폴리스틸렌

06 제4류 위험물 중 제2석유류에서 분자량이 104인 것으로 물에 녹지 않으며 가열, 빛 및 과산화물에 의하여 쉽게 중합되고 중합이 계속되면 점도가 높아지고 무색의 고상물질이 되는 물질의 명칭을 쓰시오.

해답 스틸렌
참고 스틸렌($C_6H_5CHCH_2$)의 분자량 : $(12×8)+(1×8) = 104$
스틸렌이 중합되면 폴리스틸렌이 된다.
*폴리스틸렌 : 스틸렌의 중합체

07 다음 구조식은 제 몇 석유류에 속하며 명칭은 무엇인가?

해답 제2석유류, 스틸렌

08 제2석유류인 스틸렌의 중합체인 폴리스틸렌의 구조식을 쓰시오.

해답

09 무색투명하고 톨루엔과 비슷한 성질이며 벤젠핵의 수소 2개와 메틸기 2개가 치환된 벤젠핵의 유도체 이름은?

해답 자일렌 또는 크실렌

10 자일렌의 이성질체의 종류를 3가지 쓰시오.

해답 ① 오르토자일렌
② 메타자일렌
③ 파라자일렌
참고 오르토(ortho) : 기본
메타(meta) : 중간
파라(para) : 반대

11 자일렌의 시성식을 쓰시오.

해답 $C_6H_4(CH_3)_2$

12 자일렌의 3가지 이성체의 명칭과 구조식을 쓰시오.

해답

o-자일렌	m-자일렌	p-자일렌
CH_3 두 개가 인접 위치	CH_3 두 개가 1,3 위치	CH_3 두 개가 반대 위치

참고 자일렌을 크실렌으로 답안 작성하여도 정답처리 된다.

13 정제과정에 따라 백색유, 적색유, 감색유로 나누는 제2석유류는 무엇인가?

해답 장뇌유

14 장뇌유는 정제과정에 따라 백색유, 적색유, 감색유 3종류로 나눈다. 이들을 사용하는 용도를 쓰시오.

해답 ① 백색유 : 방부제
② 적색유 : 비누향료
③ 감색유 : 선광유

15 무색의 수용성 액체로 금속 및 유리의 청결제로 쓰이는 에틸셀르솔브의 구조식을 쓰시오.

해답

$$H-\underset{H}{\overset{H}{C}}-\underset{H}{\overset{H}{C}}-O-\underset{H}{\overset{H}{C}}-\underset{H}{\overset{H}{C}}-OH$$

16 에틸셀르솔브의 화학식(시성식) 및 인화점은 몇 ℃인가?

해답 ① 화학식 : $C_2H_5O(CH_2)_2OH$
② 인화점 : 40℃

17 에틸렌글리콜과 에틸알코올에 황산을 가할 때 생성되는 것은?

해답 에틸셀르솔브

18 메틸셀르솔브의 화학식(시성식)을 쓰시오.

해답 $CH_3O(CH_2)_2OH$

19 다음 제2석유류에 대해 답하시오.

㉮ 메틸셀르솔브의 분자식을 쓰시오.
㉯ 초산비닐을 생성하는 위험물 명칭을 쓰시오.

해답 ㉮ $C_3H_8O_2$
㉯ 초산
참고 $CH_3OCH_2CH_2OH$는 메틸셀르솔브의 시성식이며 분자식은 시성식의 원자를 원자별로 개수를 모두 더한 것이다.

적중·예상문제

20 클로로벤젠의 분자식, 인화점은?

해답 ① 분자식 : C_6H_5Cl
② 인화점 : 32℃

21 클로로벤젠의 구조식을 쓰시오.

해답

22 제4류 위험물 중 C_6H_5Cl에 대하여 다음 물음에 답하시오.

㉮ 인화점	㉯ 지정수량
㉰ 제조반응식	

해답 ㉮ 32℃
㉯ 지정수량 : 1,000ℓ
㉰ $C_6H_6 + Cl_2 \xrightarrow[\text{할로젠화}]{Fe} C_6H_5Cl + HCl\uparrow$

참고 클로로벤젠(C_6H_5Cl)은 제2석유류이며 비수용성이므로 지정수량은 1,000ℓ이다.

23 클로로벤젠은 벤젠, 염화수소, 산소로 만들어진다. 그 제조 반응식을 쓰시오.

해답 $C_6H_6 + HCl \xrightarrow[+[O]]{\text{가열된 CuO}} C_6H_5Cl + H_2O$

참고 벤젠(C_6H_6)과 염화수소(HCl)와 산소(O)로 클로로벤젠(C_6H_5Cl)을 제조하는 방법은 페놀(C_6H_5OH)을 합성하는 공업적 방법인 라시히법에서 2단계 반응 중 1단계 반응 과정에서 클로로벤젠이 생성된다.

제3석유류(중유·크레오소오트유)

01 제3석유류의 지정 품목은 무엇이며, 지정수량은 얼마인가?

해답 ① 지정품목 : 중유, 크레오소오트유
② 지정수량 : 2,000ℓ

참고 중유와 크레오소오트유는 비수용성이므로 지정수량은 2,000ℓ이다.
*제3석유류 중 수용성인 것의 지정수량 = 4,000ℓ

02 다음 보기에서 제4류 위험물 중 제3석유류를 모두 쓰시오.

다이에틸에터, 클로로벤젠, 나이트로벤젠, 글리세린, 테레핀유, 아닐린, 아세톤, 스틸렌, 나이트로톨루엔, 에틸렌글리콜

해답 나이트로벤젠, 글리세린, 아닐린, 나이트로톨루엔, 에틸렌글리콜

03 원유를 300℃ 내지 350℃ 사이에서 추출한 유분을 무엇이라고 하는가?

해답 직류중유

04 제3석유류인 중유에 대하여 물음에 답하시오.

㉮ 2가지로 분류하시오.
㉯ A등급, B등급, C등급의 분류기준은 무엇으로 하는가?
㉰ 소화방법

해답 ㉮ 직류중유, 분해중유
㉯ 점도차
㉰ 질식소화

05 제3석유류인 중유 화재시 적절한 소화방법을 쓰고, 중유탱크 화재 발생시 일어나는 현상(2가지)을 쓰시오.

> **해답** 소화방법 : 포말에 의한 질식소화방법
> 현상 : 슬롭오버, 보일오버

06 중유의 화재시 포말소화기를 사용하면 수분이 비등 증발하고 포가 파괴되고 중유와 함께 혼합되어 넘쳐흐르는 현상을 무엇이라 하는가?

> **해답** 슬롭오버 현상

07 유류탱크 화재시 보일오버(Boil Over)의 현상을 쓰시오.

> **해답** 연소열에 의하여 탱크 내부의 수분층이 이상팽창하여 연소유를 탱크 밖으로 비산시키며 연소하는 현상

08 목재의 방부제로 사용하여 타르산을 많이 함유하고 인화점이 74℃인 제3석유류는 무엇인가?

> **해답** 크레오소오트유

09 제3석유류인 크레오소오트유에 대하여 물음에 답하시오.

> ㉮ 별명
> ㉯ 색깔
> ㉰ 내산성 용기에 저장하는 이유
> ㉱ 크레오소오트에 함유되어 있는 가연성 고체류 2가지

> **해답** ㉮ 타르유　　㉯ 암록색
> ㉰ 타르산이 포함되어 철제용기를 부식하므로
> ㉱ 나프탈렌, 안트라센

제3석유류(나이트로벤젠)

01 제4류 위험물 중 나이트로벤젠에 대하여 다음 물음에 답하시오.

> ㉮ 석유류 구분　　㉯ 화학식
> ㉰ 지정수량

> **해답** ㉮ 제3석유류
> ㉯ $C_6H_5NO_2$
> ㉰ 2,000ℓ
> **참고** 나이트로벤젠은 제3석유류 중 비수용성 액체로서 지정수량은 2,000ℓ이다.

02 제4류 위험물 중 제3석유류인 나이트로벤젠에 대하여 물음에 답하시오.

> ㉮ 화학식
> ㉯ 인화점
> ㉰ 착화점
> ㉱ 취급시 주의사항
> ㉲ 증기비중(공기의 평균분자량 29)

> **해답** ㉮ $C_6H_5NO_2$
> ㉯ 88℃
> ㉰ 482℃
> ㉱ 증기는 독성이 있으므로 피부와 호흡기를 보호해야 한다.
> ㉲ [계산과정]
> 나이트로벤젠($C_6H_5NO_2$)의 분자량 :
> $12 \times 6 + 5 + 14 + 16 \times 2 = 123$
> 증기비중 = $\dfrac{123}{29}$ = 4.241
> [답] 4.24

03 나이트로벤젠의 제조시 사용하는 나이트로화제는 무엇인가?

해답 농황산과 농질산

04 나이트로벤젠의 제조하는 방법을 반응물을 중심으로 설명하시오.

해답 벤젠에 나이트로화제인 질산과 황산을 혼합하여 탈수시켜 만든다.

참고 나이트로벤젠의 제법

$$C_6H_6 + HNO_3 \xrightarrow[\text{나이트로화}]{C-H_2SO_4} C_6H_5NO_2 + H_2O$$
(벤젠)   (질산)   (나이트로벤젠) (물)

05 나이트로벤젠이 제5류 위험물인 T.N.T와 같은 위험성이 없는 이유를 기술하시오.

해답 나이트로기가 1개이므로 자기연소 및 폭발성이 없다.

제3석유류(아닐린)

01 벤젠핵에 아미노기가 결합된 상태의 것을 무엇이라 하는가?

해답 아닐린

02 아닐린에 대하여 다음 물음에 답하시오.

㉮ 품명   ㉯ 지정수량   ㉰ 분자량

해답 ㉮ 제3석유류
     ㉯ 2,000ℓ
     ㉰ 아닐린의 화학식 $C_6H_5NH_2$에서
        분자량 : 12×6+7+14=93

03 제3석유류 중 인화점 75℃, 착화점이 538℃이며 황색 내지 담황색의 액체는 무엇인가?

해답 아닐린

04 아닐린의 분자식과 구조식을 쓰시오.

해답 ① 분자식: C_6H_7N
     ② 구조식:

참고 아닐린의 화학식〈시성식〉:
     $C_6H_5NH_2$, 분자식 : C_6H_7N

05 아닐린은 무엇과 반응해서 아닐리드를 만드는가?

해답 알칼리금속 또는 알칼리토금속

06 아닐린이 알칼리금속과 알칼리토금속과 반응하여 생성하는 물질 2가지는 무엇인가?

해답 ① 수소가스
     ② 아닐리드

07 다음 아닐린에 관한 물음에 답하시오.

㉮ 황산용액 내에서 MnO_2로 산화시키면 어떤 물질이 되는가?
㉯ 아닐린은 표백분($CaOCl_2$)과 접촉하면 무슨 색으로 변하는가?
㉰ 아닐린의 증기비중은 얼마인가?(단, 공기의 평균 분자량 : 29, 원자량 : C=12, H=1, N=14)

해답 ㉮ 나이트로벤젠
     ㉯ 보라색

㉲ [계산과정]
아닐린($C_6H_5NH_2$)의 분자량 :
$12 \times 6 + 7 + 14 = 93$
증기비중 = $\dfrac{93}{29}$ = 3.206
[답] 3.21

08 제3석유류 중에서 지방족 아민에 비하여 염기성이 약하고, 커플링 반응에 의하여 아조화합물을 생성하는 물질의 분자식을 쓰시오.

해답 C_6H_7N
참고 아닐린 ($C_6H_5NH_2$)의 분자식 : C_6H_7N

제3석유류(에틸렌글리콜 · 글리세린 등)

01 2가 알코올로서 유독하고 무색 끈끈하며 흡습성이 있고 단맛이 있는 액체이며 알코올, 아세톤, 글리세린 등에 잘 녹는 제3석유류의 위험물 이름은?

해답 에틸렌글리콜

02 에틸렌글리콜의 인화점은 몇 ℃이며 몇 가 알코올인가?

해답 ① 인화점 111℃   ② 2가 알코올

03 에틸렌글리콜의 화학식(시성식)을 쓰시오.

해답 $C_2H_4(OH)_2$

04 제3석유류 중에서 황산이나 알루미나로 탈수하면 디옥산, 아세트알데하이드, 글리콜아세탈이 생기는 에틸렌글리콜의 분자식을 쓰시오.

해답 $C_2H_6O_2$
참고 에틸렌글리콜의 시성식 및 분자식
• 시성식 $C_2H_4(OH)_2$
• 분자식 $C_2H_6O_2$

05 에틸렌글리콜과 글리세린은 같은 알코올 계통이나 에틸렌글리콜에만 있는 특징은 무엇인가?

해답 독성

06 제3석유류 중 수용성이며 물보다 비중이 크며 화장품과 폭약의 원료로 사용되는 3가 알코올인 위험물의 명칭은 무엇인가?

해답 글리세린

07 제3석유류인 글리세린에 대하여 물음에 답하시오.

㉮ 수산기가 몇 개 결합한 알코올인가?
㉯ 화학식(시성식)을 쓰시오.
㉰ 인화점

해답 ㉮ 3개   ㉯ $C_3H_5(OH)_3$
㉰ 160℃

08 무색의 단맛이 있는 액체로서 3가 알코올이며 분자량이 92, 비중이 1.26인 제3석유류의 명칭과 구조식을 쓰시오.

해답 명칭 : 글리세린
구조식 :

$$\begin{array}{ccccccc} & H & & H & & H & \\ & | & & | & & | & \\ H- & C & - & C & - & C & -H \\ & | & & | & & | & \\ & OH & & OH & & OH & \end{array}$$

참고 글리세린의 화학식 : $C_3H_5(OH)_3$
글리세린의 분자량 : $12 \times 3 + 5 + 3 + 16 \times 3$
= 92

09 철 등 기타 금속을 고온으로 가열하여 기름 속에 넣어 냉각시켜 금속의 재질을 처리 전보다 강하게 하는 기름을 무엇이라 하는가?

해답 담금질유

10 메타크레졸은 제4류 위험물 중 어디에 속하는가?

> 해답 제3석유류
> 참고 메타크레졸의 인화점 : 86℃

11 하이드라진하이드레이트의 지정수량은?

> 해답 4,000ℓ
> 참고 하이드라진하이드레이트($N_2H_4 \cdot H_2O$)는 제3석유류 수용성이므로 지정수량은 4,000ℓ이다.

제4석유류

01 제4석유류인 방청유의 정의를 기술하시오.

> 해답 수분의 침투를 방지하여 철제에 녹이 나지 않게 하는 기름

02 합성수지 및 합성고무에 가소성을 주어 물리적 성질을 변화시켜 주는 기름을 무엇이라 하는가?

> 해답 가소제

03 가소제(Plasticizer)는 몇 류 위험물이며, 그 용도는?

> 해답 ① 제4류 위험물
> ② 합성수지 또는 합성고무에 가소성을 주는 기름

04 가소제의 종류 3가지를 약칭으로 쓰시오.

> 해답 ① DOP ② DIDP ③ TCP

05 프탈산디옥틸(DOP)의 지정수량은 얼마인가?

> 해답 6,000ℓ
> 참고 프탈산디옥틸 : 제4석유류

06 담금질유는 인화점의 폭이 넓고 종류가 많다. 1기압에서 인화점이 몇 (①)℃ 이상, 몇(②)℃ 미만인 것이 제4석유류에 해당되는가? 괄호 안을 채우시오.

> 해답 ① 200   ② 250

07 윤활유의 정의를 기술하시오.

> 해답 기계부분 중 마찰을 많이 받는 부분의 마찰을 적게 하기 위하여 사용하는 기름

08 윤활유의 종류 4가지를 쓰시오.

> 해답 ① 석유계 윤활유 ② 지방성 윤활유
> ③ 합성 윤활유   ④ 혼성 윤활유

09 석유계 윤활유의 종류 5가지를 쓰시오.

> 해답 ① 기어유   ② 실린더유
> ③ 터빈유   ④ 머신유
> ⑤ 모터유

10 제4류 위험물 중 제4석유류에 속하는 기계유의 인화점 범위를 적으시오.

> 해답 200℃ 이상 250℃ 미만

동·식물유류

01 동·식물유류는 동물의 지육 등 또는 식물의 종자나 과육으로부터 추출한 것으로서 인화점이 몇 ℃ 미만인 것인가?

해답 250℃

02 동·식물유류의 정의를 쓰시오.

해답 동물의 지육 등 또는 식물의 종자나 과육으로부터 추출한 것으로서 1기압에서 인화점이 250℃ 미만인 것

03 동·식물유를 건성유, 반건성유 및 불건성유로 분류하는 기준은 무슨 값인가?

해답 아이오딘값(요오드값)

04 일반적으로 동·식물유류를 건성유, 반건성유, 불건성유로 분류할 때 기준이 되는 아이오딘가의 범위를 쓰시오.

> ㉮ 건성유　㉯ 반건성유　㉰ 불건성유

해답 ㉮ 130 이상　㉯ 100~130
　　　㉰ 100 이하

05 유지류의 불포화도를 측정하는 기준은 무엇인가?

해답 아이오딘값(요오드값)

06 아이오딘값의 정의를 간단히 쓰시오.

해답 유지 100g에 부가되는 아이오딘의 g수

07 동·식물유 중 건성유의 위험성을 쓰시오.

해답 자연발화
참고 건성유는 아이오딘값이 130 이상으로 불포화도가 크므로 종이, 헝겊 등에 스며 있을 경우 공기 중에서 산화하여 자연발화의 위험이 있다.

08 다음 동·식물유류에서 건성유로 옳은 것 3가지를 고르시오.

> 참기름, 들기름, 해바라기유, 채종유, 피마자유, 동유, 옥수수유, 올리브유, 아마인유

해답 들기름, 해바라기유, 동유, 아마인유(중 3가지)

09 건성유가 공기 중에서 자연발화하는 이유는 무엇인가?

해답 불포화결합 부분의 산화 중합반응에 의한 산화열의 축적

10 다음은 동·식물유류에 대한 문제이다. 물음에 답하시오.

> ㉮ 반건성유의 아이오딘값은?
> ㉯ 지정수량은?
> ㉰ 불포화도가 증가할 경우 아이오딘값은 어떻게 되는가?

해답 ㉮ 100~130
　　　㉯ 10,000ℓ
　　　㉰ 증가한다.

적중·예상문제

11 다음 보기 중에서 반건성유 5종류를 찾아 쓰시오.

> 피마자유, 참기름, 들기름, 콩기름, 땅콩기름, 해바라기유, 옥수수기름, 정어리기름, 청어유, 고래기름, 면실유, 동유, 올리브유, 아마인유

해답 ① 참기름　② 콩기름
　　 ③ 옥수수기름　④ 청어유
　　 ⑤ 면실유

12 동·식물유류 중 불건성유에서 동물유 3가지, 식물유 5가지를 쓰시오.

해답 ① 동물유 : 쇠기름, 돼지기름, 고래기름
　　 ② 식물유 : 피마자유, 올리브유, 팜유, 땅콩기름, 야자유,

13 동·식물유류 중 인화점이 가장 낮은 것은 무엇이며, 그 인화점은 몇 ℃인가?

해답 ① 개자유　② 인화점 : 46℃

기타 제4류 위험물

01 다음 표의 괄호를 채우시오.

품명	지정수량(L)	명칭	위험등급
(㉮)	50	다이에틸에터	1
제3석유류	(㉯)	중유	(㉰)
(㉱)	(㉲)	실린더유	3

해답 ㉮ 특수인화물　㉯ 2,000
　　 ㉰ 3　㉱ 제4석유류
　　 ㉲ 6,000

02 다음 보기 중에서 인화점 21도씨 이상 70도씨 미만이고 수용성인 물질을 고르시오.

> 메탄올, 아세트산, 벤젠, 에틸렌글리콜, 포름산

해답 아세트산, 포름산

03 클로로벤젠, 메틸알코올, 산화프로필렌, 나이트로벤젠을 인화점이 낮은 순서대로 나열하시오.

해답 산화프로필렌-메틸알코올-클로로벤젠-나이트로벤젠

참고 인화점 : 산화프로필렌(-37℃)
　　　　　　 메틸알코올(11℃)
　　　　　　 클로로벤젠(32℃)
　　　　　　 나이트로벤젠(88℃)

04 다음 가연성 액체를 인화점이 높은 것부터 낮은 것으로 순서대로 쓰시오.

> ㉮ 초산에틸　㉯ 메탄올
> ㉰ 에틸렌글리콜　㉱ 나이트로벤젠

해답 ㉰ → ㉱ → ㉯ → ㉮

참고 인화점
　　㉮ -4℃　㉯ 11℃
　　㉰ 111℃　㉱ 88℃

05 다음 물질의 시성식을 쓰시오.

> ㉮ 이소프로필알코올　㉯ 초산메틸
> ㉰ 피리딘　㉱ 나이트로벤젠
> ㉲ 톨루엔

해답 ㉮ $(CH_3)_2CHOH$
㉯ CH_3COOCH_3
㉰ C_5H_5N
㉱ $C_6H_5NO_2$
㉲ $C_6H_5CH_3$

06 보기에 있는 인화성액체의 화학식(시성식)을 쓰시오.

㉮ 글리세린	㉯ 에틸알코올
㉰ 클로로벤젠	㉱ 에틸렌글리콜

해답 ㉮ $C_3H_5(OH)_3$ ㉯ C_2H_5OH
㉰ C_6H_5Cl ㉱ $C_2H_4(OH)_2$

07 다음 물질의 시성식을 쓰시오.

㉮ 다이에틸에터	㉯ 스틸렌
㉰ 아세톤	㉱ 아세트알데하이드

해답 ㉮ $C_2H_5OC_2H_5$ ㉯ $C_6H_5CHCH_2$
㉰ CH_3COCH_3 ㉱ CH_3CHO

제5류 위험물

1. 제5류 위험물의 필수 암기사항

1 제5류 위험물(자기반응성 물질)

자기반응성 물질 또는 내부 연소성 물질이라 하며 가연물인 동시에 대부분 자체 내에 산소 공급체가 공존하므로 화약의 원료로 많이 쓰인다.
자기 반응성(내부연소성) 물질 : 가연물이며 산소함유 물질

2 제5류 위험물의 품명 및 지정수량

유별 및 성질	위험등급	품 명	지 정 수 량
제5류 (자기반응성 물질)	I	1. 질산에스터류(질산에스테르류) 2. 유기과산화물	제1종 10kg
	II	3. 나이트로화합물(니트로화합물) 4. 나이트로소화합물(니트로소화합물) 5. 아조화합물 6. 다이아조화합물(디아조화합물) 7. 하이드라진 유도체(히드라진 유도체) 8. 하이드록실아민(히드록실아민) 9. 하이드록실아민염류(히드록실아민염류) 10. 그 밖에 행정안전부령이 정하는 것 11. 제1호 내지 제10호의 1에 해당하는 어느 하나 이상을 함유한 것	제2종 100kg

그 밖에 행정안전부령이 정하는 것
① 금속의 아지화합물 : NaN₃ 등
② 질산구아니딘 : HNO₃ · C(NH)(NH₂)₂

3 제5류 위험물의 공통성질

① 자기연소를 일으키며 연소의 속도가 대단히 빠르다.
② 대부분 유기질화물이므로 가열, 충격, 마찰 등으로 인한 폭발의 위험이 있다.
③ 시간의 경과에 따라 자연발화의 위험성을 갖는다.

4 제5류 위험물의 저장 및 취급법

① 용기는 밀전, 밀봉하여 저장한다.
② 용기의 파손 및 균열에 주의하며 실온, 습기, 통풍에 주의한다.
③ 화재발생시 소화가 곤란하므로 소분하여 저장한다.
④ 점화원 및 분해를 촉진시키는 물질로부터 멀리 한다.

2. 제5류 위험물의 성질

1 질산에스터류(질산에스테르류)

지정수량 : 10kg

질산에스터류 : HNO₃(질산)의 수소를 알킬기로 치환한 형태의 화합물의 총칭
• 질산과 알코올의 축합물을 말한다.

(1) 질산메틸(CH_3ONO_2)

① 비점 66℃, 증기비중 2.65
② 무색투명한 액체로 방향이 있다.
③ 비점 이상 가열하면 폭발하며, 제4류 위험물과 같은 위험성을 갖는다.

① 방향 : 향긋한 냄새를 낸다.
② 메틸알코올과 질산의 에스터화

$$CH_3OH + HNO_3 \xrightarrow[\text{에스터화}]{C-H_2SO_4} CH_3ONO_2 + H_2O$$
(메틸알코올)　(질산)　　　　　　(질산메틸)　(물)

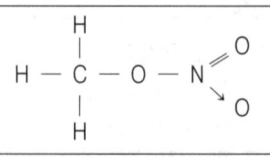
[질산메틸의 구조식]

(2) 질산에틸($C_2H_5ONO_2$)

　① 인화점 10℃, 융점 −94.6℃, 비점 88℃, 증기비중 3.14
　② 무색투명한 액체로 방향과 단맛을 가지며 알코올에 녹고 물에 녹지 않는다.
　③ 아질산과 같이 있으면 폭발하며, 제4류 위험물 제1석유류와 같은 위험이 있다.

에틸알코올과 질산의 에스터화

$$C_2H_5OH + HNO_3 \xrightarrow[\text{에스터화}]{C-H_2SO_4} C_2H_5ONO_2 + H_2O$$
(에틸알코올)　(질산)　　　　　　(질산에틸)　(물)

(3) 나이트로글리콜[니트로글리콜($C_2H_4(ONO_2)$)]

　① 나이트로글리세린과 혼합하여 다이나마이트의 원료로 사용한다.

(4) 나이트로글리세린[니트로글리세린($C_3H_5(ONO_2)_3$) : NG]

　① 라빌형의 융점 2.8℃, 스타빌형의 융점 13.5℃, 비점 160℃, 착화점 200~215℃
　② 무색투명한 기름형태의 액체(공업용은 담황색)로 약칭은 NG이다.
　③ 규조토에 흡수시킨 것을 다이너마이트라 한다.
　④ 연소가 시작되면 폭발적이기 때문에 소화의 여유가 없으므로 연소위험이 있는 주위의 소화를 생각하여야 한다.
　⑤ 용제 : 메탄올, 에탄올, 벤젠, 아세톤, 클로로포름

① 폭발할 때의 온도 : 4,000℃
② 폭발할 때 최고 풍속 : 7,500m/sec
③ 제법

$$C_3H_5(OH)_3 + 3HNO_3 \xrightarrow[\text{나이트로화}]{C-H_2SO_4} C_3H_5(ONO_2)_3 + 3H_2O$$
(글리세린)　　(질산)　　　　　　(나이트로글리세린)　(물)

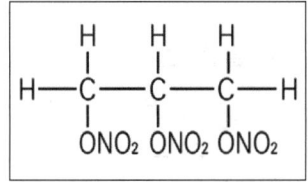
[나이트로글리세린의 구조식]

④ 폭발반응식

$$4C_3H_5(ONO_2)_3 \rightarrow 12CO_2\uparrow + 10H_2O\uparrow + 6N_2\uparrow + O_2\uparrow$$
　　(나이트로글리세린)　　(이산화탄소)　　(수증기)　　(질소)　　(산소)

(5) 나이트로셀룰로오스{니트로셀룰로오스[$C_6H_7O_2(ONO_2)_3$]$_n$} : 질화면, 면화약, NC

① 분해온도 130℃, 자연발화온도 180℃, 강면약의 질화도 N>12.76, 약면약의 질화도 N<10.18~12.76, 약면약은 에터와 에틸알코올 혼합액(2:1)에 녹는다.
② 셀룰로오스(정제된 목화솜)를 진한 질산과 진한 황산에 혼합시켜 제조한 것으로 약칭은 NC이다.
③ 저장·수송중에는 물이나 알코올(함수알코올)로 습면시킨다.
④ 물에 녹지 않고 직사일광 및 산의 존재하에서 **자연발화**한다.
⑤ 용제 : 초산에틸, 초산아밀, 아세톤

[참고]

① 질화도 : 나이트로셀룰로오스 중의 질소의 농도(%)이다.
② 완전분해반응식

$$2C_{24}H_{29}O_9(ONO_2)_{11} \rightarrow 24CO_2\uparrow + 24CO\uparrow + 12H_2O\uparrow + 11N_2\uparrow + 17H_2\uparrow$$
　(나이트로셀룰로오스)　(이산화탄소)　(일산화탄소)　(수증기)　(질소)　(수소)

(6) 셀룰로이드류

① 분해온도 180℃, 비중 1.32~1.35
② 나이트로셀룰로오스를 주재로 장뇌와 알코올의 수용액에 녹여 교질상태로 만든 것을 압연, 압착, 제단하여 건조시켜 만든다. 순수한 것은 무색투명, 열, 빛 등에 의하여 황색으로 변색한다.

2 유기과산화물

지정수량 : 10kg

(1) 과산화벤조일[$(C_6H_5CO)_2O_2$] : 벤조일퍼옥사이드

① 무미, 무취의 백색분말 또는 결정으로 물에 녹지 않는다.
② 분해온도 75~80℃, 발화점 125℃, 융점 106~108℃, 비중 1.33
③ 가열하면 100℃에서 흰연기를 내며 분해한다.
④ 소맥분 및 압맥의 표백제로 사용할 때 1kg당 0.3g 이하로 사용한다.
⑤ 분해·폭발을 억제하기 위하여 수분을 함유하거나 희석제를 첨가한다.
⑥ 시판품의 희석제 : 프탈산디메틸, 프탈산디부틸

- 과산화 벤조일의 구조식   O＝C－O－O－C＝O (양쪽에 벤젠고리)

- 위험물로서 제외조건 ; 함유율 35.5중량% 미만인 것으로서 전분가루, 황산칼슘2수화물 또는 인산1수소칼륨2수화물과의 혼합물

(2) 과산화메틸에틸케톤[$(CH_3COC_2H_5)_2O_2$] : MEKPO, 메틸에틸케톤퍼옥사이드
  ① 무색의 독특한 냄새가 나는 기름형태의 액체, 물에 일부 녹고, 식용유에 녹지 않는다.
  ② 분해온도 40℃, 인화점 58℃ 이상, 발화점 205℃, 융점 －20℃ 이하
  ③ 헝겊, 탈지면이나 쇠녹 및 규조토와의 접촉으로 30℃에서 분해
  ④ 시판품의 희석제 : 프탈산디메틸, 프탈산디부틸 50~60%

- 과산화 메틸에틸케톤의 구조식

- 인체에 대한 위해성 : 과산화벤조일에 준한다.

(3) 아세틸퍼옥사이드[$(CH_3CO)_2O_2$] : 프로피오닐퍼옥사이드 유기 과산화물 중 가장 위험한 과산화물로 함유율은 25%이다.

- 아세틸퍼옥사이드의 구조식
  $H_3C-\underset{\underset{O}{\|}}{C}-O-O-\underset{\underset{O}{\|}}{C}-CH_3$

③ 나이트로화합물(니트로화합물)

지정수량 : 100kg

> **참고**
>
> 나이트로화합물류 : 유기화합물의 탄소와 결합된 수소원자가 나이트로기(NO_2)로 치환된 화합물의 총칭으로 위험물안전관리법에서는 대부분 나이트로기($-NO_2$)가 2개 이상인 것을 말한다.

(1) 트라이나이트로톨루엔[트리나이트로톨루엔 $C_6H_2CH_3(NO_2)_3$] : T.N.T

① 착화점 약 300℃, 융점 81℃, 비점 280℃, 비중 1.66, 허용농도 0.2ppm
② 담황색의 주상결정이며 일광하에서 다갈색으로 변하며, 약칭은 T.N.T. 이다.
③ 강력한 폭약이며 **폭발력의 표준**으로 사용된다.
④ 물에 녹지 않고 아세톤, 벤젠, 알코올, 에터에 잘 녹으며 가열·타격 등에 의하여 폭발한다.

> **참고**
>
> ① 제법 : 톨루엔에 나이트로화제(황산과 질산)를 혼합하여 만든다.
>
> $$C_6H_5CH_3 + 3HNO_3 \xrightarrow[\text{나이트로화}]{C-H_2SO_4} C_6H_2CH_3(NO_2)_3 + 3H_2O$$
> (톨루엔)　　(질산)　　　　　　　(트라이나이트로톨루엔)　　(물)
>
> ② 구조식으로 표현한 제법
>
>
>
> ③ 완전분해반응식
>
> $$2C_6H_2CH_3(NO_2)_3 \longrightarrow 12CO\uparrow + 5H_2\uparrow + 2C + 3N_2\uparrow$$
> 　(T.N.T)　　　　　(일산화탄소)　(수소)　(탄소)　(질소)
>
> ④ 저장 취급시 주의사항
> - 타격, 마찰, 충격을 피한다.
> - 화기로부터 멀리한다.
> - 순간적으로 사고가 발생하므로 취급에 주의한다.

(2) 트라이나이트로페놀[트리나이트로페놀 $C_6H_2OH(NO_2)_3$] : TNP, PA

① 착화점 약 300℃, 융점 122.5℃, 비점 255℃, 비중 1.8, 허용농도 0.1ppm
② 휘황색의 침상결정으로 별명은 피크린산 또는 피크르산이라고 한다.
③ 쓴맛과 독성이 있으며 폭약 및 황색염료 등으로 쓰인다.
④ 단독으로는 마찰·충격에 안정하며 구리·납·아연과 작용하여 피크린산염을 만든다.
⑤ 금속염, 아이오딘, 가솔린, 알코올, 황 등과의 혼합물은 마찰, 충격에 의하여 폭발한다.
⑥ 연소할 때에는 검은연기를 내며 타지만 폭발은 하지 않는다.
⑦ 찬물에는 극히 적게 녹으나 더운물, 알코올, 에터, 벤젠에는 잘 녹는다.

> • 제법 : 페놀을 술폰화한 후 나이트로화 한다.
>
> [피크린산의 구조식]
>
> • 분해반응식
>
> $$2C_6H_2OH(NO_2)_3 \xrightarrow{\Delta} 6CO\uparrow + 4CO_2\uparrow + 3H_2\uparrow + 2C + 3N_2\uparrow$$
> (피크린산)　　　　(일산화탄소)　(이산화탄소)　(수소)　(탄소)　(질소)

(3) 다이나이트로벤젠

(4) 다이나이트로톨루엔 등

4 나이트로소화합물

지정수량 : 100kg

> 나이트로소화합물류 : 하나의 벤젠핵에 2 이상의 나이트로소기(-NO)가 결합된 것을 말한다.

① 파라다이나이트로소벤젠 : 고무가황제 및 퀴논디옥시움의 원료로 사용된다.
② 다이나이트로소레조르신 : 목면의 나염에 사용된다.
③ 나이트로소아세트 페논 : 황산, 질산, 취소와 폭발하며 착화점은 120~130℃이다.

※ 나이트로화합물과 나이트로소화합물의 비교표

나이트로화합물	나이트로소화합물
① 구조식 $-N\begin{smallmatrix}\nearrow O\\\searrow O\end{smallmatrix}$	① 구조식 $-N=O$
② 질소의 원자가는 5가	② 질소의 원자가는 3가

	파라다이나이트로소벤젠 [$C_6H_4(NO)_2$]	다이나이트로소레조르신 [$C_6H_2(OH)_2(NO)_2$]
구 조 식	(구조식 그림)	(구조식 그림)

5 아조화합물

지정수량 : 100kg

아조화합물류 : 아조기($-N=N-$)가 알킬기의 탄소원자와 결합해 있는 유기화합물

• 아조벤젠($C_6H_5N=NC_6H_5$), 하이드록시아조벤젠($C_6H_5N=NC_6H_4OH$) 등

6 다이아조화합물

지정수량 : 100kg

다이아조화합물류 : 탄소섬유에 결합한 다이아조기($=N_2$)를 갖는 쇄식 화합물

• 다이아조메탄(CH_2N_2), 다이아조카복실산 에스터 등

7 하이드라진 유도체(히드라진 유도체)

지정수량 : 100kg

- 하이드라진(N_2H_4) : 제4류 위험물 제2석유류에 해당된다.
- 하이드라진 유도체류의 수용액으로서 80용량% 미만은 제5류 위험물에서 제외한다. 다만, 40용량% 이상의 수용액은 제4류 위험물의 석유류로 본다.

- 페닐하이드라진($C_6H_5NHNH_2$), 하이드라조벤젠($C_6H_5NHHNC_6H_5$), 하이드라지드 등

8 하이드록실아민(히드록실아민)

지정수량 : 100kg

하이드록실아민(NH_2OH) : 유기합성·사진정착액으로 사용하며 가열하면 심하게 폭발할 수 있다(129℃에서 폭발).

9 하이드록실아민염류(히드록실아민염류)

지정수량 : 100kg

하이드록실아민(NH_2OH)과 황산(H_2SO_4), 염산(HCl), 질산(HNO_3)의 염류

- 황산하이드록실아민($NH_2OH \cdot H_2SO_4$), 염산하이드록실아민($NH_2OH \cdot HCl$), 질산하이드록실아민($NH_2OH \cdot HNO_3$)

적중·예상문제

모든 계산문제는 소수 3째자리까지 계산하고 반올림하여 소수 2째자리를 답으로 합니다.

제5류 위험물의 필수 암기사항

01 제5류 위험물 중 지정수량이 10kg인 위험물로서 위험등급 1등급인 위험물의 품명 2가지를 쓰시오.

해답 질산에스터류, 유기과산화물류

02 다음 제5류 위험물의 지정수량을 쓰시오.

> ㉮ 유기과산화물　㉯ 질산에스터류
> ㉰ 나이트로화합물　㉱ 아조화합물
> ㉲ 하이드록실아민

해답 ㉮ 10kg　㉯ 10kg
　　　㉰ 100kg　㉱ 100kg
　　　㉲ 100kg

03 제5류 위험물 유기과산화물 50kg, 나이트로화합물 100kg, 아조화합물 100kg은 지정수량 몇 배에 해당하는가?(지정수량 : 유기과산화물 10kg, 나이트로화합물 100kg, 아조화합물 100kg)

해답 [계산과정]
지정수량 배수의 합 =
$\dfrac{50}{10} + \dfrac{100}{100} + \dfrac{100}{100} = 7$배
[답] 7배

04 제5류 위험물인 나이트로글리세린·과산화벤조일·TNT·아조벤젠·다이아조메탄을 각각 20kg씩 한 곳에 저장하고자 한다. 지정수량은 몇 배가 되는가?

해답 [계산과정]
지정수량
- 나이트로글리세린 : 질산에스터류(10kg)
- 과산화벤조일 : 유기과산화물(10kg)
- T.N.T : 나이트로화합물(100kg)
- 아조벤젠 : 아조화합물(100kg)
- 다이아조메탄 : 다이아조화합물(100kg)

지정수량 배수의 합 =
$\dfrac{20}{10} + \dfrac{20}{10} + \dfrac{20}{100} + \dfrac{20}{100} + \dfrac{20}{100} = 4.6$배

답 : 4.6배

05 자기 연소성 물질이라 하며 가연물인 동시에 대부분 자체 내에 산소 공급체가 공존하므로 화약의 원료로 많이 쓰이는 위험물은 몇 류인가?

해답 제5류 위험물

06 제5류 위험물은 연소의 속도가 대단히 빠른 폭발성을 갖는다. 제5류 위험물은 위험물안전관리법상 어떠한 성질을 갖는가?

해답 자기반응성

07 자기반응성 물질이란 어떠한 것을 의미하는가?

해답 자체 내부에 산소를 함유한 가연물로 외부의 산소공급 없이 타격, 마찰 등에 의하여 폭발할 수 있는 물질

적중·예상문제

08 다음은 제5류 위험물에 대한 설명이다. ( ) 안에 들어갈 단어를 쓰시오.

> (㉮)로서 그 자체가 대부분 (㉯)를 함유하므로 자기연소를 일으키기 쉬운 (㉰) 물질이다. 또한 가열, 마찰, 충격에 의해 (㉱)의 위험이 있으며 장기간 공기 노출 시 (㉲)를 일으킬 수 있다.

해답 ㉮ 자기반응성물질
㉯ 산소
㉰ 자기반응성
㉱ 폭발
㉲ 자연발화

질산에스터류(질산에스테르류)

01 질산의 수소를 알킬기로 치환한 형태의 화합물을 무엇이라 하는가?

해답 질산에스터류

02 제5류 위험물 중 알코올에 질산을 반응시켜 만들어지는 생성물에 대하여 다음 물음에 답하시오.

> ㉮ 품명   ㉯ 지정수량   ㉰ 반응식

해답 ㉮ 질산에스터류
㉯ 10kg
㉰ $ROH + HNO_3 \rightarrow RONO_2 + H_2O$

03 질산에스터류 종류를 3가지 쓰시오.

해답 질산메틸, 질산에틸, 나이트로글리콜, 나이트로글리세린, 나이트로셀룰로오스(중 3가지)

04 질산메틸과 질산에틸은 몇 류 위험물이며, 어느 류에 속하는가?

해답 ① 제5류 위험물   ② 질산에스터류

05 무색투명한 액체로 방향이 있으며 비점 66℃, 증기비중 2.65인 질산에스터류는 무엇인가?(명칭과 분자식)

해답 ① 질산메틸   ② CH_3NO_3
참고 시성식 : CH_3ONO_2
분자식(CH_3ONO_2)은 시성식의 같은 원자의 개수를 모두 더한 화학식

06 분자량이 77이고 위험성이 질산에스터류에 속하는 물질의 분자식과 구조식을 쓰시오.

해답 ① 분자식 : CH_3NO_3
② 구조식 :

$$H-\underset{\underset{H}{|}}{\overset{\overset{H}{|}}{C}}-O-N\underset{O}{\overset{O}{\lessgtr}}$$

참고 질산메틸(CH_3ONO_2)의 분자량 :
$12+3+16\times3+14=77$

07 제5류 위험물 중 질산에스터류에 속하는 질산메틸의 증기비중을 구하시오(단, 공기의 평균 분자량은 29이다).

해답 [계산과정]
질산메틸(CH_3ONO_2)의 분자량 :
$12+3+(16\times3)+14 = 77$
증기비중 $= \dfrac{77}{29} = 2.655$
[답] 2.66

08 질산에틸의 화학식(시성식)을 쓰시오.

해답 $C_2H_5ONO_2$

09 질산에틸의 제조 화학반응식을 쓰시오.

해답 $C_2H_5OH + HNO_3 \xrightarrow[\text{에스터화}]{C-H_2SO_4} C_2H_5ONO_2 + H_2O$

참고 질산에틸의 제조 화학반응식
$\underset{\text{(에틸알코올)}}{C_2H_5OH} + \underset{\text{(질산)}}{HNO_3} \xrightarrow[\text{에스터화}]{C-H_2SO_4} \underset{\text{(질산에틸)}}{C_2H_5ONO_2} + \underset{\text{(물)}}{H_2O}$

10 제5류 위험물 중 무색투명한 기름형태의 액체로서 다이너마이트의 원료로 사용되는 것은 무엇인지 명칭과 화학식을 쓰시오.

해답 ① 명칭 : 나이트로글리세린
② 화학식 : $C_3H_5(ONO_2)_3$

11 제5류 위험물인 나이트로글리세린에 대하여 물음에 답하시오.

㉮ 약칭
㉯ 다이너마이트는 나이트로글리세린을 무엇에 흡수시킨 것인가?

해답 ㉮ NG   ㉯ 규조토

12 나이트로글리세린에 대하여 다음 물음에 답하시오.

㉮ 순수한 것과 공업용 나이트로글리세린의 색상은?
㉯ 폭발할 때의 온도와 최고 풍속은?
㉰ 폭발 반응식을 쓰시오.

해답 ㉮ 순수한 것 : 무색투명,
       공업용 : 담황색
㉯ 4000℃, 7500m/sec
㉰ $4C_3H_5(ONO_2)_3 \rightarrow 12CO_2\uparrow + 6N_2\uparrow + O_2\uparrow + 10H_2O\uparrow$

13 나이트로셀룰로오스의 제조방법은 (㉮)에 진한 질산과 (㉯)을 (㉰):1로 혼합하여 제조한다. 괄호 안에 알맞은 말을 적으시오.

해답 ㉮ 정제된 목화솜
㉯ 진한 황산
㉰ 1

14 나이트로셀룰로오스를 저장·수송할 때 타격과 마찰에 의한 폭발을 막기 위하여 특별히 조치해야 할 사항은?

해답 물이나 알코올로 습면시킨다.

15 나이트로셀룰로오스의 다른 명칭 2가지를 쓰시오.

해답 ① 질화면   ② 면화약

16 질화면에서 강질화면과 약질화면을 구분하는 기준에 대하여 간단히 기술하시오.

해답 질소함유량으로 구분한다.

17 나이트로셀룰로오스의 화학식을 쓰시오.

해답 $[C_6H_7O_2(ONO_2)_3]_n$

18 나이트로셀룰로오스가 완전 분해하면 기체의 부피는 몇 배가 되는가?

해답 [계산과정]

적중·예상문제

$2C_{24}H_{29}O_9(NO_3)_{11} \rightarrow 24CO\uparrow + 24CO_2\uparrow + 17H_2\uparrow + 12H_2O + 11N_2\uparrow$ 에서 나이트로셀룰로오스 2몰이 분해하여 88몰의 기체가 발생하므로 $88 \div 2 = 44$
[답] 44배

19 나이트로셀룰로오스를 주재로 장뇌와 알코올 수용액에 녹여 교질상태로 만든 것을 무엇이라 하는?

해답 셀룰로이드

유기과산화물

01 벤조일 퍼옥사이드의 상태와 연기색을 쓰시오.

해답 상태 : 고체, 연기색 : 백색

02 과산화벤조일의 함유량이 얼마일 때 위험물이 되는가?

해답 35.5 중량퍼센트 이상

03 과산화벤조일의 화학식(시성식), 구조식, 불활성 희석제(2가지)를 쓰시오.

해답 ① 화학식 $(C_6H_5CO)_2O_2$
② 구조식 :

$$O = C - O - O - C = O$$
(두 개의 벤젠고리)

③ 희석제 : 프탈산디메틸, 프탈산디부틸

04 유기과산화물인 과산화벤조일 등의 저장소로 가장 적당한 곳과 분해온도를 쓰시오.

해답 습기가 없는 냉암소, 100℃

05 소맥분 및 압맥을 표백하기 위한 식품첨가제로서 과산화벤조일은 이를 1kg당 몇 g 이하로 첨가할 수 있는가?

해답 0.3g 이하

06 유기과산화물인 메틸에틸케톤퍼옥사이드(과산화메틸에틸케논)의 약칭을 쓰시오.

해답 MEKPO

07 아세틸퍼옥사이드의 구조식을 쓰시오.

해답 $H_3C - \underset{\underset{O}{\|}}{C} - O - O - \underset{\underset{O}{\|}}{C} - CH_3$

나이트로화합물(니트로화합물)

01 제5류 위험물 중 나이트로기가 2개 이상인 유기화합물을 무엇이라 하는가?

해답 나이트로화합물

02 나이트로화합물 중 폭약의 폭발력의 기준으로 사용되는 위험물에 대하여 기술하시오.

| ㉮ 명칭 | ㉯ 약칭 |
| ㉰ 화학식 | ㉱ 지정수량 |

해답 ㉮ 트라이나이트로톨루엔　㉯ T.N.T
㉰ $C_6H_2CH_3(NO_2)_3$　㉱ 100kg

03 제5류 위험물 중 착화점이 300℃, 융점 81℃, 비점이 280℃이며 물에 녹지 않는 것은 무엇인가?

해답 트라이나이트로톨루엔

04 다음의 제5류 위험물 중 나이트로화합물에 대한 설명을 읽고 물음에 답하시오.

- 담황색의 주상결정으로 햇빛에 쪼이면 다갈색으로 변한다.
- 물에는 녹지 않으나 아세톤, 벤젠, 에터 및 가열된 알코올에는 잘 녹는다.
- 충격에는 민감하지 않지만 급격한 타격에 의하여 폭발한다.
- 융점이 81℃이다.

㉮ 이 위험물의 구조식은?
㉯ 발화점은?
㉰ 저장취급시의 주의점은?

해답 ㉮ (구조식: O_2N–$C_6H_2(CH_3)$–NO_2, NO_2 트라이나이트로톨루엔 구조)
㉯ 약 300℃
㉰ 타격, 마찰, 충격 및 화기로부터 멀리한다.

05 톨루엔과 진한질산, 진한황산을 반응하면 생성되는 물질의 명칭을 쓰시오.

해답 트라이나이트로톨루엔

06 톨루엔에 질산, 황산을 첨가시켜 탈수시키면 나이트로화하여 트라이나이트로톨루엔이 만들어진다. 제조반응식과 지정수량을 쓰시오.

해답 ① 제조반응식 : $C_6H_5CH_3 + 3HNO_3 \xrightarrow[\text{나이트로화}]{C-H_2SO_4} C_6H_2CH_3(NO_2)_3 + 3H_2O$
② 지정수량 : 200kg

07 톨루엔으로부터 T.N.T를 합성하는 반응을 구조식을 써서 설명하시오.

해답 $C_6H_5CH_3 + 3HNO_3 \xrightarrow[\text{나이트로화}]{C-H_2SO_4} C_6H_2CH_3(NO_2)_3 + 3H_2O$ (구조식으로 표현)

08 T.N.T가 폭발할 때 분해반응식과 발생하는 가스의 종류를 쓰시오.

해답 ① 분해반응식 : $2C_6H_2CH_3(NO_6)_3 \rightarrow 12CO\uparrow + 5H_2\uparrow + 2C + 3N_2\uparrow$
② 발생가스의 종류 : 일산화탄소, 질소, 수소

09 피크린산의 화학명과 화학식을 쓰시오.

해답 ① 화학명 : 트라이나이트로페놀
② 화학식 : $C_6H_2OH(NO_2)_3$

10 휘황색 침상결정이고 발화점이 300℃인 제5류 위험물을 쓰시오.

해답 트라이나이트로페놀(피크린산)

11 제5류 위험물 중 트라이나이트로페놀의 구조식과 지정수량을 쓰시오.

해답 (구조식: O_2N–$C_6H_2(OH)$–NO_2, NO_2 트라이나이트로페놀 구조)
지정수량 : 100kg

12 다음의 제5류 나이트로화합물에 대한 설명을 읽고 물음에 답하시오.

> - 편편한 침상결정이고 쓴 맛이 나는 독성의 침상결정이다.
> - 찬물에는 잘 녹지 않으나 더운물, 알코올, 벤젠, 에터에 잘 녹는다.
> - 금속과 반응하여 폭발성의 염을 만든다.
> ㉮ 이 위험물의 명칭은?
> ㉯ 이 위험물의 구조식은?
> ㉰ 소화방법은?

해답 ㉮ 피크린산(트라이나이트로페놀)
㉯

㉰ 냉각소화

나이트로소화합물(니트로소화합물)

01 나이트로소화합물의 정의를 쓰시오.

해답 하나의 벤젠핵에 2 이상의 나이트로소기가 결합된 것을 말한다.

02 제5류 위험물 중 고무가황제 및 퀴논디옥시움의 원료로 사용하는 것은 무엇인가?

해답 파라다이나이트로소벤젠

03 목면의 나염에 사용하는 제5류 위험물의 명칭은 무엇인가?

해답 다이나이트로소레조르신

04 제5류 위험물의 구조식을 쓰시오.

> ㉮ 파라다이나이트로소벤젠
> ㉯ 다이나이트로소레조르신

해답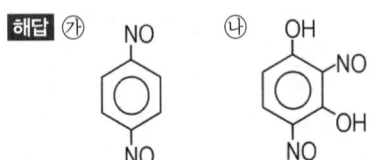

05 위험물인 나이트로소화합물과 위험물인 나이트로화합물에 대하여 다음을 쓰시오.

> ㉮ 나이트로소기의 구조
> ㉯ 나이트로기의 구조
> ㉰ 벤젠핵에 나이트로소기와 나이트로기가 몇 개 이상일 때 위험물로 보는가?

해답 ㉮ $-N=O$
㉯ $-N\begin{smallmatrix}O\\\\O\end{smallmatrix}$
㉰ 2개

06 제5류 위험물인 나이트로소화합물과 나이트로화합물을 비교하시오.

구분	나이트로소화합물	나이트로화합물
분자구조	$-N=O$	①
질소의 원자가	②	5가

해답 ① $-N\begin{smallmatrix}O\\\\O\end{smallmatrix}$
② 3가

07 나이트로소아세트페논과 혼촉할 경우 폭발위험이 있는 것 3가지를 쓰시오.

해답 ① 질산 ② 황산 ③ 브로민(브롬)

기타 제5류 위험물

01 그밖의 행정안전부령이 정하는 제5류 위험물 2가지를 쓰시오.

해답 금속의 아지화합물, 질산구아니딘

02 제5류 위험물인 하이드록실아민의 화학식과 지정수량을 쓰시오.

해답 ① 화학식 : NH_2OH
② 지정수량 : 100kg

03 제5류 위험물인 하이드록실아민염류의 지정수량과 3가지의 명칭을 쓰시오.

해답 지정수량 : 100kg
황산하이드록실아민, 염산하이드록실아민, 질산하이드록실아민

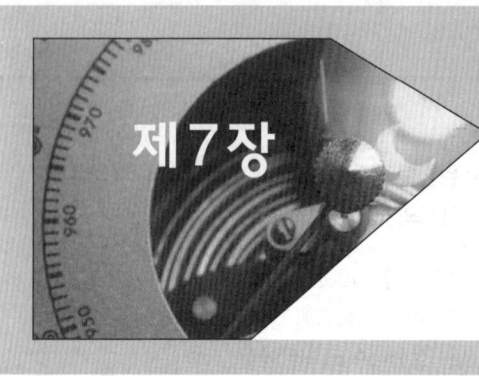

제7장 제6류 위험물

1. 제6류 위험물의 필수 암기사항

1 제6류 위험물(산화성 액체)

제6류 위험물은 강산성 물질이라고 하며 불연성 물질로서 강한 부식성을 갖는 물질로 많은 산소를 함유하고 있는 물질이다.

2 제6류 위험물의 품명

유별 및 성질	위험등급	품 명	지 정 수 량
제6류 (산화성 액체)	I	1. 질산	300kg
		2. 과산화수소	300kg
		3. 과염소산	300kg
		4. 그 밖에 행정안전부령이 정하는 것 5. 제1호 내지 제4호의1에 해당하는 　어느 하나 이상을 함유한 것	300kg

그 밖에 행정안전부령이 정하는 것의 지정수량

할로젠간화합물(둘 이상의 할로젠 원소 간의 화합물) : BrF_3, BrF_5, IF_5, ICl, IBr 등(300kg)

3 제6류 위험물의 공통성질

① 부식성 및 유독성이 강한 강산화제이다.
② 산소를 많이 포함하여 다른 가연물의 연소를 돕는다.

③ 비중이 1보다 크며 물에 잘 녹고 물과 발열반응한다.
④ 가연물 및 분해를 촉진하는 약품과 분해폭발한다.

4 제6류 위험물의 저장 및 취급방법

① 용기는 밀전 밀봉하여 누설에 주의한다.
② 저장용기는 내산성이어야 한다.
③ 물, 가연물, 유기물 및 분해를 촉진하는 약품과의 접촉을 피한다.

2. 제6류 위험물의 성질

1 질산(HNO_3)

지정수량 : 300kg

질산 : 3대 강산의 하나이며 위험물안전관리법에서의 위험물은 질산의 비중을 1.49 이상으로 하며, 비중 1.49 미만은 위험물안전관리법상 제6류 위험물에서 제외된다.
• 3대 강산 : 질산(HNO_3), 황산(H_2SO_4), 염산(HCl)

① 융점 -42℃, 비점 86℃, 비중 1.49, 응축결정이 되는 온도 -40℃
② 질산의 실험실적 제법 : 칠레초석($NaNO_3$)에 진한황산(H_2SO_4)를 가하고 가열하여 제조한다.
③ 질산의 공업적 제법(오스트왈트법) : 백금(Pt)을 촉매로 하여 암모니아(NH_3)를 공기와 혼합하여 산화시켜 일산화질소(NO)를 생성시키고, 이것을 공기중에서 다시 산화시켜 이산화질소(NO_2)를 만들어 가열한 물과 반응시켜 만든다.
④ 무색 액체이나 보관중 담황색으로 된다.
⑤ 직사일광에서 분해하며 갈색의 이산화질소(NO_2)를 발생하므로 갈색병에 넣어 냉암소에 보관한다.
⑥ 액체·증기 및 질소산화물은 유독성이 있으므로 인체에 대단히 해롭다.
⑦ 금속과 작용하여 질산염을 생성한다.

⑧ Fe(철), Co(코발트), Ni(니켈), Al(알루미늄), Cr(크로뮴) 등은 묽은 질산에는 녹으나 진한 질산에서는 부식되지 않는 얇은 피막이 금속표면에 생겨 부동태가 되므로 녹지 않는다.
⑨ 부식성이 강하나 금·백금은 부식시키지 못한다(금, 백금은 왕수에 녹는다).
⑩ 탄화수소·황화수소·이황화수소·하이드라진류·아민류 등 환원성 물질과 혼합하면 발화 및 폭발한다.
⑪ 톱밥, 대패밥, 나무조각, 나무껍질, 종이, 섬유 등 유기물질과 혼합하면 발화한다.
⑫ 테레핀유, 카아바이드, 금속분 및 가연성 물질과는 멀리 저장한다.
⑬ 단백질과는 크산토프로테인반응을 일으켜 노란색으로 반응한다.

① 질산의 실험실적 제법(저온)

$NaNO_3 + H_2SO_4 \rightarrow NaHSO_4 + HNO_3$
(질산나트륨) (황산)   (황산수소나트륨) (질산)

② 질산의 실험실적 제법(고온)

$2NaNO_3 + H_2SO_4 \rightarrow Na_2SO_4 + 2HNO_3$
(질산나트륨) (황산)   (황산나트륨) (질산)

③ 질산의 공업적제법(오스트왈트법)

$NH_3 + 2O_2 \rightarrow HNO_3 + H_2O$
(암모니아) (산소) (질산) (물)

④ 공기중(직사일광)에서 분해

$4HNO_3 \rightarrow 4NO_2\uparrow + 2H_2O + O_2\uparrow$
(질산)   (이산화질소)   (물)   (산소)

⑤ 유기물(목탄)과의 반응식

$C + 4HNO_3 \rightarrow CO_2\uparrow + 2H_2O + 4NO_2\uparrow$
(탄소) (질산) (이산화탄소) (물) (이산화질소)

⑥ 적인(P)과의 반응식(인산의 제법)

$3P + 5HNO_3 + 2H_2O \rightarrow 3H_3PO_4 + 5NO\uparrow$
(적인) (질산)   (물)   (인산)   (일산화질소)

⑦ 황(S)과의 반응식(황산의 제법)

$S + 6HNO_3 \rightarrow H_2SO_4 + 2H_2O + 6NO_2\uparrow$
(황) (질산)   (황산)   (물) (이산화질소)

⑧ 진한 질산과 구리의 화학반응 메카니즘(NO_2의 제조방법)

$2HNO_3 \rightarrow H_2O + 2NO_2\uparrow + O$ ---------- 분해
$Cu + O \rightarrow CuO$ -------------------- 산화
+) $CuO + 2HNO_3 \rightarrow Cu(NO_3)_2 + H_2O$ --- 중화
$Cu + 4HNO_3 \rightarrow Cu(NO_3)_2 + 2NO_2\uparrow + 2H_2O$

(반응식에서 좌우변의 같은 물질을 소거하고 남은 것의 반응식이다.)

⑨ 묽은 질산과 구리의 화학반응 메카니즘(NO의 제조방법)

$$\begin{aligned}
2HNO_3 &\rightarrow H_2O + 2NO\uparrow + 3O \quad\text{분해}\\
3Cu + 3O &\rightarrow 3CuO \quad\text{산화}\\
+\ )\ 3CuO + 6HNO_3 &\rightarrow 3Cu(NO_3)_2 + 3H_2O \quad\text{중화}\\
\hline
3Cu + 8HNO_3 &\rightarrow 3Cu(NO_3)_2 + 2NO\uparrow + 4H_2O
\end{aligned}$$

(반응식에서 좌우변의 같은 물질을 소거하고 남은 것의 반응식이다)

⑩ 수용액 중에서의 강한 산성을 나타내는 반응식

$$HNO_3 \rightleftarrows H^+ + NO_3^-$$

⑪ 왕수 : 진한 질산 1대 진한염산 3의 혼합산으로, 이때 발생된 발생기 염소가 금(Au)과 백금(Pt)을 녹인다.

$$HNO_3 + 3HCl \rightleftarrows NOCl + 2H_2O + 2[Cl]$$
(질산)　(염산)　　(염화나이트로실)　(물)　(발생기염소)

$$Au + 3[Cl] \rightarrow AuCl_3,\quad Pt + 4[Cl] \rightarrow PtCl_4$$
(금) (발생기염소) (염화금)　(백금) (발생기염소)　(염화백금)

⑫ 질산의 에스터화 및 나이트로화

$$C_3H_5(OH)_3 + 3HNO_3 \xrightarrow[\text{에스터화}]{C-H_2SO_4} C_3H_5(ONO_2)_3 + 3H_2O$$
(글리세린)　　　(질산)　　　　　　(나이트로글리세린)　(물)

$$C_6H_5CH_3 + 3HNO_3 \xrightarrow[\text{나이트로화}]{C-H_2SO_4} C_6H_2CH_3(NO_2)_3 + 3H_2O$$
(톨루엔)　　　(질산)　　　　　　(트라이나이트로톨루엔)　(물)

⑬ 증기를 흡입했을 경우 응급처치 : 순수한 에틸알코올을 거즈에 적셔 흡입하게 하며, 증세가 심할 때는 산소공급을 한다.

⑭ 크산토프로테인(Xantho Protein)반응 : 단백질 검출방법으로 단백질에 진한 질산을 작용시키면 노란색으로 되는 반응

⑮ 인체에 대한 응급조치 및 위해성 : 발연황산에 준한다.
- 피부에 닿았을 경우 : 약화상을 넣는다.
- 먹었을 경우 : 7.7g으로 어린이가 사망한 예가 있다.

2 발연질산($HNO_3 + nNO_2$)

지정수량 : 300kg

① 진한 질산에 이산화질소를 과잉으로 녹인 무색 또는 적갈색의 발연성 액체로 공기 중에서 갈색 증기(NO_2)를 낸다.
② 비중 : 약 1.52~1.54
③ 인체에 유독하며 진한 질산보다 산화력이 세다.

3 과산화수소(H_2O_2)

지정수량 : 300kg

> **참고**
> - 위험물로서 H_2O_2의 농도는 **36중량% 이상**이다.
> - 약국에서 시판하는 옥시풀은 **3% 수용액**이다.

① 융점 -0.89℃, 비점 80.2℃, 비중 1.465
② 순수한 것은 점성이 있는 무색 액체
③ 양이 많을 경우 청색
④ 시판품의 농도 30~40% 수용액
⑤ 단독 폭발농도 60% 이상
⑥ 피부와 접촉하여 수종(물질)이 생김
⑦ 물, 에터, 알코올에 용해
⑧ 석유, 벤젠에 불용해
⑨ 금속의 미립자 및 알칼리성 용액에 의하여 분해
⑩ 안정제 : 인산(H_3PO_4), 요산($C_5H_4N_4O_3$)
⑪ 용기 : 갈색 유리병
⑫ 용기는 밀전하지 말고 **구멍이 뚫린 마개**를 사용
⑬ 분해를 증가시키는 물질 : 이산화망가니즈(MnO_2), 아이오딘화칼륨(KI), 산화코발트(CoO), 알칼리, 백금분말 등

> **참고**
> ① 과산화수소의 실험실적 제법
> Na_2O_2 + H_2SO_4 → Na_2SO_4 + H_2O_2
>   (과산화나트륨) (황산)   (황산나트륨) (과산화수소)
> BaO_2 + H_2SO_4 → $BaSO_4$ + H_2O_2
>   (과산화바륨) (황산)   (황산바륨) (과산화수소)
>
> ② 과산화수소의 공업적 제법(뮌헨법)
>   ㉠ $(NH_4)_2SO_4$ + H_2SO_4 + O → $(NH_4)_2S_2O_8$ + H_2O
>   (황산암모늄) (황산) (발생기산소) (과황산암모늄) (물)
>   ㉡ $(NH_4)_2S_2O_8$ + $2KHSO_4$ → $(NH_4)_2SO_4$ + H_2SO_4 + $K_2S_2O_8$
>   (과황산암모늄) (황산수소칼륨) (황산암모늄) (황산) (과황산칼륨)
>   ㉢ $K_2S_2O_8$ + $2H_2O$ → $2KHSO_4$ + H_2O_2
>   (과황산칼륨) (물)   (황산수소칼륨) (과산화수소)
>
> ③ 과산화수소의 공업적 제법(바이센슈타인법)
>   ㉠ $2H_2SO_4$ + O → $H_2S_2O_8$ + H_2O
>   (황산) (발생기산소) (과산화이황산) (물)
>   ㉡ $H_2S_2O_8$ + $2H_2O$ → $2H_2SO_4$ + H_2O_2
>   (과산화이황산) (물)   (황산) (과산화수소)

④ 과산화수소와 하이드라진의 혼촉발화

$$2H_2O_2 + N_2H_4 \rightarrow N_2\uparrow + 4H_2O$$
(과산화수소) (하이드라진) (질소) (물)

⑤ 과산화수소의 분해반응식

$$2H_2O_2 \xrightarrow{MnO_2 \text{ 정촉매}} 2H_2O + O_2\uparrow$$
(과산화수소) (물) (산소)

⑥ 과산화수소와 아이오딘화 칼륨 녹말종이의 반응(푸른색변색)

$$2KI + H_2O_2 \rightarrow I_2 + 2KOH$$
(아이오딘화칼륨) (과산화수소) (아이오딘) (수산화칼륨)

4 과염소산($HClO_4$)

지정수량 : 300kg

> **참고**
> 과염소산 : 과염소산 염류와는 완전히 다르다. 염류라 함은 산의 수소가 금속·양성원자단과 치환된 형태의 물질로 이미 제1류 위험물에서 공부한 바 있다.

(1) 융점 −112℃, 비점 39℃, 비중 1.76

(2) 무색의 액체로 공기중에서 세게 연기를 낸다.

(3) 위험성

① 가열하면 폭발한다.
② 산화력이 강하다.
③ 종이, 나무조각 등과 접촉하면 연소한다.
④ 물과 접촉하여 심하게 발열하며 6종류의 안정된 고체수화물을 만든다.
⑤ 용기는 내산성 용기를 사용한다.

> **참고**
> ① 과염소산의 가열 분해석
>
> $$HClO_4 \xrightarrow{\Delta} HCl\uparrow + 2O_2\uparrow$$
> (과염산) (염화수소) (산소)
>
> ② 과염소산 의 6종의 고체수화물
> - $HClO_4 \cdot H_2O$
> - $HClO_4 \cdot 2H_2O$
> - $HClO_4 \cdot 2.5H_2O$
> - $HClO_4 \cdot 3H_2O$(2종류가 있음)
> - $HClO_4 \cdot 3.5H_2O$

적중·예상문제

모든 계산문제는 소수 3째자리까지 계산하고 반올림하여 소수 2째자리를 답으로 합니다.

제6류 위험물의 필수 암기사항

01 위험물안전관리법 시행령 별표 1의 제6류 위험물의 성질을 쓰시오.

해답 산화성 액체

02 제6류 위험물은 위험등급 몇 등급인가?

해답 I 등급
참고 제6류 위험물의 지정수량은 300kg으로 모두 위험등급 I 등급이다.

03 위험물안전관리법(시행령 별표 1)에서 정하는 제6류 위험물의 품명 3가지는 무엇인가?

해답 ① 질산 ② 과산화수소
③ 과염소산

04 위험물안전관리법에서 정하는 제6류 위험물 중 위험등급 I 등급인 것 3가지를 쓰시오.

해답 ① 질산 ② 과산화수소
③ 과염소산

05 제6류 위험물의 대표적인 위험물 3가지의 화학식을 쓰시오.

해답 HNO_3, H_2O_2, $HClO_4$

06 화공 약품상에서 과산화수소 100kg, 진한질산 200kg, 과염소산 30kg을 판매하기 위해 판매 취급소의 허가를 받았다. 지정수량 몇 배의 판매 허가를 받았는가?

해답 [계산과정]
지정수량 : 제6류 위험물 모두 300kg
지정수량의 배수의 합
$= \dfrac{100}{300} + \dfrac{200}{300} + \dfrac{30}{300} = 1.1$배

[답] 1.1배

07 제6류 위험물 중 그 밖에 행정안전부령이 정하는 위험물을 쓰시오.

해답 할로젠간화합물
참고 행정안전부령이 정하는 제6류 위험물은 "할로젠간화합물"임

08 다음 괄호 안에 알맞은 말을 넣으시오.

> 제6류 위험물은 (㉮)의 물질로 많은 (㉯)를 함유하고 있어 다른 가연물의 (㉰)를 돕는다.

해답 ㉮ 불연성 ㉯ 산소 ㉰ 연소

09 제6류 위험물이 물과 접촉시 일반적으로 일어나는 현상을 쓰시오.

해답 발열현상

10 제6류 위험물에 대한 설명이다. 다음 물음에 답하시오.

> ㉮ 저장용기의 재질은?
> ㉯ 누출 시 사용되는 중화제 2가지는?
> ㉰ 유기화합물과 접촉 시 발생하는 위험성은?

해답 ㉮ 내산성용기 ㉯ 소석회, 소다회
㉰ 발화

질산·발연질산

01 분자량이 63이며, 염산과 혼합하여 금, 백금을 부식시키는 위험물의 화학식과 지정수량을 쓰시오.

해답 ① 화학식 : HNO_3
② 지정수량 : 300kg

02 위험물안전관리법상 제6류 위험물에 속하는 진한 질산의 비중은 얼마인가?

해답 1.49 이상

03 제6류 위험물 중 질산의 색과 분자식을 쓰시오.

해답 ① 색 : 무색
② 분자식 : HNO_3

04 질산은 물과 섞어서 수용액을 만들면 이것은 강한 산성을 나타낸다. 질산이 산성임을 알 수 있는 이유를 화학반응식으로 표현하시오.

해답 $HNO_3 \rightleftarrows H^+ + NO_3^-$

05 질산의 보관방법을 쓰시오.

해답 직사일광을 피해 갈색 병에 넣어 냉암소에 보관한다.

06 질산을 갈색 병에 넣어 어두운 곳에 보관하는 이유는?

해답 직사일광에 분해하여 이산화질소가 발생하므로

07 질산을 가열할 경우 발생하는 유독가스의 명칭을 쓰시오.

해답 이산화질소
참고 질산의 열분해반응식
$4HNO_3 \xrightarrow{\Delta} 4NO_2 \uparrow + 2H_2O + O_2 \uparrow$
(질산) (이산화질소) (물) (산소)

08 진한 질산에 대하여 다음 물음에 답하시오.

㉮ 공기 중에서 내는 갈색 증기는 무엇인가?
㉯ 몇 ℃에서 응축 결정이 되는가?
㉰ 보관장소는 어떤 곳이 적당한가?

해답 ㉮ 이산화질소(NO_2)
㉯ -40℃
㉰ 냉암소

09 질산에 대하여 다음 물음에 답하시오.

㉮ 증기 및 액체의 인체에 대한 위험성
㉯ 금속과의 생성물
㉰ 부식시키지 못하는 금속 2가지

해답 ㉮ 유독성
㉯ 질산염
㉰ 금, 백금

10 금(Au)과 백금(Pt)은 강산에 녹지 않으나 질산과 염산의 혼합액인 왕수에는 녹는다. 왕수의 질산과 염산의 비를 쓰시오.

해답 질산:염산 = 1:3

적중 · 예상문제

11 Al · Fe · Cr 등은 묽은 질산에는 녹으나 진한 질산에 녹지 않는 이유는 금속표면에 (㉮)이 생겨 (㉯)가 되기 때문이다.

  해답 ㉮ 부식되지 않는 얇은 피막
  ㉯ 부동태

12 다음 물음에 답하시오.

  ㉮ 질산과 톱밥이나 대패밥과 접촉하면 발생되는 현상은 무엇인가?
  ㉯ 질산이 아민류나 하이드라진류와 접촉하면 발생되는 현상은 무엇인가?

  해답 ㉮ 혼촉발화
  ㉯ 발화 및 폭발

13 위험물의 시험 및 판정규정에서 제6류 위험물인 산화성액체의 연소 시간의 측정시험에 사용하는 물질은 무엇인가?

  해답 목분, 질산
  참고 시험에서는 목분과 90% 질산수용액을 사용한다.
  ※ 위험물 안전관리에 관한 세부기준 제22조(산화성액체의 시험방법 및 판정기준)에 의한 제23조(연소시간 측정시험)에 의한 물질

14 질산과 유기물(탄소)과의 반응식을 쓰시오.

  해답 $4HNO_3 + C \rightarrow 4NO_2\uparrow + 2H_2O + CO_2\uparrow$
  참고 탄소와 질산의 화학반응식
  $4HNO_3 + C \rightarrow 4NO_2\uparrow + 2H_2O + CO_2\uparrow$
  (질산) (탄소) (이산화질소) (물) (이산화탄소)

15 다음은 질산을 취급할 때 손에 묻어 노란색으로 변하는 현상에 대한 물음에 답하시오.

  ㉮ 이 반응은 무슨 반응인가?
  ㉯ 피부 접촉시 인체의 어떤 성분과 반응하는가?

  해답 ㉮ 크산토프로테인 반응
  ㉯ 단백질

16 진한 질산이 햇빛이나 공기와 만나 갈색 증기를 내고 분해하는 화학반응식은?

  해답 $4HNO_3 \xrightarrow{\Delta} 4NO_2\uparrow + 2H_2O + O_2\uparrow$
  참고 질산의 분해반응식
  $4HNO_3 \xrightarrow{\Delta} 4NO_2\uparrow + 2H_2O + O_2\uparrow$
  (질산) (이산화질소) (물) (산소)

17 묽은 질산과 구리의 화학반응식이다. 각 단계 반응의 반응명칭을 쓰시오.

  $2HNO_3 \rightarrow H_2O + 2NO\uparrow + 3O \cdots (㉮)$
  $3Cu + 3O \rightarrow 3CuO \cdots (㉯)$
  $+)\ 3CuO + 6HNO_3 \rightarrow 3Cu(NO_3)_2 + 3H_2O \cdots (㉰)$
  $3Cu + 8HNO_3 \rightarrow 3Cu(NO_3)_2 + 2NO\uparrow + 4H_2O$

  해답 ㉮ 분해 ㉯ 산화 ㉰ 중화

18 묽은 질산과 구리의 화학반응식을 쓰시오.

  해답 $3Cu + 8HNO_3 \rightarrow 3Cu(NO_3)_2 + 2NO\uparrow + 4H_2O$
  참고 묽은 질산과 구리의 화학반응식
  $3Cu + 8HNO_3 \rightarrow$
  (구리) (질산)
  $3Cu(NO_3)_2 + 2NO\uparrow + 4H_2O$
  (질산구리) (일산화질소) (물)

19 발연질산을 구성하는 것은 무엇인가?

> **해답** 질산(HNO_3), 이산화질소(NO_2)
> 발연질산 : $HNO_3 + nNO_2$

20 진한질산과 발연질산 중 산화력이 강한 것은?

> **해답** 발연질산($HNO_3 + nNO_2$)
> **참고** 질산에(HNO_3) 이산화질소(NO_2)를 과잉으로 녹여 만든 것이 발연질산이다.

21 발연질산은 유기물이나 환원성 물질과 혼합하면 위험하다. 그 이유를 화학반응식으로 쓰시오(단, 탄소와 질산의 작용).

> **해답** $C + 4HNO_3 \rightarrow CO_2 \uparrow + 4NO_2 \uparrow + 2H_2O$
> **참고** 유기물(C)과 질산의 화학반응식
> $\underset{(탄소)}{C} + \underset{(질산)}{4HNO_3} \rightarrow \underset{(이산화탄소)}{CO_2 \uparrow} + \underset{(이산화질소)}{4NO_2 \uparrow} + \underset{(물)}{2H_2O}$

22 발연질산에 대하여 물음에 답하시오.

> ㉮ 색깔
> ㉯ 질산과의 산화력 비교

> **해답** ㉮ 무색 또는 적갈색
> ㉯ 발연질산이 더 세다.

23 발연질산의 화학식은 $HNO_3 + n($ $)$로 표시된다. 괄호 안을 완성하시오.

> **해답** NO_2

24 발연질산의 화학식과 제법을 설명하시오.

> **해답** ① 화학식 : $HNO_3 + nNO_2$
> ② 제법 : 진한 질산에 이산화질소를 과잉으로 녹인 것이다.

과산화수소

01 위험물로서 농도가 36중량% 이상이고 수수한 것은 점성이 있는 무색 액체이며, 양이 많을 경우 청색을 띠는 물질의 명칭과 지정수량은 얼마인가?

> **해답** ① 명칭 : 과산화수소
> ② 지정수량 : 300kg

02 과산화수소가 위험물안전관리법상 위험물이 되기 위한 농도는 몇 중량% 이상이며 시판품의 농도는 몇 중량%인가?

> **해답** ① 위험물의 농도 : 36중량% 이상
> ② 시판품의 농도 : 30~40중량%

03 강력한 산화제인 과산화수소가 분해되었을 때 발생하는 기체로서 표백작용을 일으키는 기체는 무엇인가?

> **해답** 발생기산소[O]

04 약국에서 판매하는 옥시풀은 과산화수소 몇 % 농도의 수용액인가?

> **해답** 3% 수용액

05 제6류 위험물인 과산화수소에 대하여 쓰시오.

> ① 분자식 ② 양이 많을 때 색

> **해답** ① H_2O_2 ② 청색

적중·예상문제

06 제6류 위험물 중 순수한 것은 무색이며 양이 많을 때는 청색을 나타내는 점조한 액체는 무엇인가?

해답 과산화수소

07 과산화수소는 시판품의 농도가 30~40중량%이다. 충격으로 인하여 단독으로 폭발할 수 있는 농도는 몇 %인가?

해답 60중량% 이상

08 과산화수소는 스스로 분해하여 산소를 방출하므로 용기의 마개는 구멍 뚫린 것을 사용하여 용기내부의 압력상승을 방지하며, 안정제를 첨가시켜 분해를 억제시킨다. 안정제로 사용하는 물질 2가지를 쓰시오.

해답 인산, 요산
참고 인산의 화학식 : H_3PO_4
   요산의 화학식 : $C_5H_4N_4O_3$

09 과산화수소는 저장 및 취급시 액상이므로 서서히 분해된다. 분해를 방지시키는 안정제 2개를 화학식으로 쓰시오.

해답 ① H_3PO_4
  ② $C_5H_4N_4O_3$

10 과산화수소는 직사일광에서 분해하므로 저장시 주의를 요한다. 저장용기의 색과 마개는 무엇이 좋은가?

해답 ① 저장용기 : 갈색병
  ② 마개 : 구멍 뚫린 마개

11 과산화수소의 분해반응식과 발생기체의 명칭을 쓰시오.

해답 ① 분해반응식 : $2H_2O_2 \rightarrow 2H_2O + O_2 \uparrow$
  ② 발생기체의 명칭 : 산소

12 과산화수소는 이산화망가니즈 하에서 분해가 촉진된다. 이산화망가니즈의 역할을 쓰시오.

해답 정촉매

13 다음 물음에 답하시오.

 ㉮ 하이드라진을 이것과 화합하면 로켓의 연료로 사용할 수 있다. 이것의 명칭을 쓰시오.
 ㉯ 하이드라진과 이것이 화합했을 때 촉발화 반응식을 쓰시오.

해답 ㉮ 과산화수소
  ㉯ $N_2H_4 + 2H_2O_2 \rightarrow N_2 \uparrow + 4H_2O$
참고 하이드라진과 과산화수소의 화학반응식
  $N_2H_4\ +\ 2H_2O_2 \rightarrow N_2 \uparrow + 4H_2O$
  (하이드라진) (과산화수소) (질소) (물)

과염소산

01 제6류 위험물인 과염소산의 분자식과 지정수량은 얼마인가?

해답 ① 분자식 : $HClO_4$
  ② 지정수량 : 300kg

02 제6류 위험물인 과염소산의 색깔과 융점·비점은 얼마인가?

해답 ① 색깔 : 무색
② 비점 : 39℃

03 염소산 중 가장 강한 산성을 띠는 것은 무엇인가?

해답 과염소산($HClO_4$)
참고 염소산의 산의 세기
과염소산 > 염소산 > 아염소산 > 차아염소산

04 다음 산의 세기를 화학식으로 순서대로 쓰시오(강산에서 약산 순으로 나열하시오).

차아염소산, 아염소산, 염소산, 과염소산

해답 $HClO_4 > HClO_3 > HClO_2 > HClO$
참고 차아염소산(HClO), 아염소산($HClO_2$), 염소산($HClO_3$), 과염소산($HClO_4$)

05 비중이 1.76, 융점이 −112℃이며 분자량이 100.5인 무색의 액체로 공기 중에서 세게 연기를 내는 것의 명칭을 쓰시오.

해답 과염소산
참고 과염소산($HClO_4$)의 분자량
1+35.5+16×4=100.5

06 제6류 위험물 중 융점이 가장 낮은 위험물은 어느 것인가?

해답 과염소산
참고 제6류 위험물의 융점 : 질산(−42℃), 과산화수소(−0.89℃), 과염소산(−112℃)

07 부식작용이 있으므로 강산의 저장 용기는 ( )이 있어야 한다. ( ) 안에 맞는 답을 써 넣으시오.

해답 내산성

08 과염소산의 고체수화물 5가지를 쓰시오.

해답 ① $HClO_4 \cdot H_2O$
② $HClO_4 \cdot 2H_2O$
③ $HClO_4 \cdot 2.5H_2O$
④ $HClO_4 \cdot 3H_2O$
⑤ $HClO_4 \cdot 3.5H_2O$

기출·종합예상문제

01 다음 제시한 위험물의 화학식과 지정수량을 쓰시오.

아세틸퍼옥사이드, 과망가니즈산암모늄, 칠황화인

해답 아세틸퍼옥사이드 : $(CH_3CO)_2O_2$, 10kg
과망가니즈산암모늄 : NH_4MnO_4, 1000kg
칠황화인 : P_4S_7, 100kg

적중 · 예상문제

02 다음 설명을 보고 괄호 안에 알맞은 말을 쓰시오.

> ㉮ 인화성고체라함은 고형알코올 그밖에 인화점이 섭씨 (　)도 미만인 고체를 말한다.
> ㉯ 철분이라함은 철의 분말로서 (　)μm의 표준체를 통과하는 것의 (　)중량퍼센트 미만인 것은 위험물에서 제외한다.
> ㉰ 특수인화물이라함은 이황화탄소, 다이에틸에터, 그 밖에 1기압에서 발화점이 섭씨 (　)도 이하인 것 또는 인화점이 섭씨 영하 (　)도 이하이고, 비점이 섭씨 (　)도 이하인 것을 말한다.

해답 ㉮ 40　㉯ 53, 50　㉰ 100, 20, 40

03 다음 중 위험물에서 제외되는 물질을 모두 선택하시오.

> 황산, 질산구아니딘, 금속의 아지드화물, 구리분, 과아이오딘산

해답 황산, 구리분

참고 그 밖에 행정안전부령이 정하는 위험물
- 제1류 위험물
  차아염소산염류
  과아이오딘산
  과아이오딘산염류
  아질산염류
  크로뮴 · 납 · 아이오딘의 산화물
  퍼옥소붕산염류
  퍼옥소이황산염류
  염소화이소시아눌산
- 제3류 위험물
  염소화규소화합물
- 제5류 위험물
  질산구아니딘
  금속의 아지화합물
- 제6류 위험물
  할로젠간화합물

제3편

위험물의 저장 및 취급

제1장　용어의 정의
제2장　위험물의 저장 및 취급기준
제3장　위험물제조소등 및 제조소
제4장　옥내저장소
제5장　옥외저장소
제6장　옥외탱크저장소
제7장　옥내탱크저장소
제8장　지하탱크저장소
제9장　이동탱크저장소
제10장　간이탱크저장소 및 암반탱크저장소
제11장　위험물 저장탱크의 변형시험 등
제12장　주유취급소
제13장　판매취급소 · 일반취급소
■ 적중 · 예상문제

제1장 용어의 정의

1 위험물안전관리법의 목적

위험물의 저장·취급 및 운반과 이에 따른 안전관리에 관한 사항을 규정함으로써 위험물로 인한 위해를 방지하여 공공의 안전을 확보함을 목적으로 한다.

2 제조소등

제조소, 저장소, 취급소

3 제조소

위험물을 제조할 목적으로 지정수량 이상의 위험물을 취급하기 위하여 허가를 받은 장소

4 저장소

지정수량 이상의 위험물을 저장하기 위한 대통령령이 정하는 장소로서 허가를 받은 장소

(1) 옥내저장소

옥내(지붕과 기둥 또는 벽 등에 의하여 둘러 쌓인 곳을 말한다)에 위험물을 저장하는 장소

(2) 옥외저장소

옥외의 장소에서 다음의 위험물을 저장하는 장소
① 제2류 위험물 중 황 또는 인화성고체(인화점 0℃ 이상인 것에 한한다)
② 제4류 위험물 중 제1석유류(인화점 0℃ 이상인 것에 한한다), 알코올류, 제2석유류, 제3석유류, 제4석유류, 동·식물유류
③ 제6류 위험물

④ 제2류 위험물, 제4류 위험물 중 **특별시·광역시 또는 도의 조례**로 정하는 위험물(관세법 제 154조의 규정에 의한 보세구역 안에 저장하는 경우에 한한다)
⑤ 국제해사기구에 관한 협약에 의하여 설치된 국제해사기구에서 채택한 **국제해상위험물규칙**(IMDG code)에 적합한 용기에 수납된 위험물

(3) 옥내탱크 저장소
옥내에 있는 탱크에 위험물을 저장하는 장소

(4) 옥외탱크 저장소
옥외에 있는 탱크에 위험물을 저장하는 장소

(5) 지하탱크 저장소
지하에 매설한 탱크에 위험물을 저장하는 장소

(6) 이동탱크 저장소
차량에 고정시킨 탱크에 위험물을 저장하는 장소

(7) 간이탱크 저장소
간이탱크에 위험물을 저장하는 장소

(8) 암반탱크 저장소
암반내의 공간을 이용한 탱크에 액체 위험물을 저장하는 장소

5 취급소
지정수량 이상의 위험물을 제조외의 목적으로 취급하기 위한 대통령령이 정하는 장소로서 허가를 받은 장소

(1) 주유 취급소
고정된 주유설비에 의하여 위험물을 자동차, 항공기, 선박 등의 연료탱크에 직접 주유하기 위하여 위험물을 취급하는 장소(위험물을 용기에 옮겨 담거나 **차량에 고정된 5,000L 이하의 탱크에 주입하기 위하여 고정된 주유설비를 병설한 장소를 포함한다**)

(2) 판매 취급소

점포에서 위험물을 용기에 담아 판매하기 위하여 지정수량의 40배 이하의 위험물을 취급하는 장소

> **참고**
> - 위험물을 용기에 채우거나 차량에 고정된 3,000ℓ 이하의 탱크에 주입하기 위하여 고정된 주유설비를 병설한 장소를 포함한다.
> - 제1종 판매 취급소 : 저장 또는 취급하는 위험물의 수량이 지정수량의 20배 이하인 판매 취급소
> - 제2종 판매 취급소 : 저장 또는 취급하는 위험물의 수량이 지정수량의 40배 이하인 판매 취급소

(3) 이송 취급소

배관 및 이에 부속된 설비에 의하여 위험물을 이송하는 장소

(4) 일반 취급소

주유 취급소, 판매 취급소, 이송 취급소외의 장소

적중·예상문제

모든 계산문제는 소수 3째자리까지 계산하고 반올림하여 소수 2째자리를 답으로 합니다.

용어의 정의

01 위험물안전관리법의 정의를 쓰시오.

> **해답** 위험물의 저장·취급 및 운반과 이에 따른 안전관리에 관한 사항을 규정함으로써 위험물로 인한 위해를 방지하여 공공의 안전을 확보함을 목적으로 한다.

02 제조소 등이란 무엇인가?

> **해답** 제조소·저장소·취급소

03 제조소란 무엇인가?

> **해답** 위험물을 제조할 목적으로 지정수량 이상의 위험물을 취급하기 위하여 허가를 받은 장소

04 저장소의 정의를 쓰시오.

> **해답** 지정수량 이상의 위험물을 저장하기 위한 대통령령이 정하는 장소로서 허가를 받은 장소

05 저장소의 종류 8가지를 쓰시오.

> **해답** ① 옥내저장소
> ② 옥외저장소
> ③ 옥내탱크 저장소
> ④ 옥외탱크 저장소
> ⑤ 지하탱크 저장소
> ⑥ 이동탱크 저장소
> ⑦ 간이탱크 저장소
> ⑧ 암반탱크 저장소

06 옥내저장소란 무엇인가?

> **해답** 옥내에 위험물을 저장하는 장소

07 옥내에 있는 탱크에 위험물을 저장 취급하는 곳의 명칭은?

> **해답** 옥내탱크 저장소

08 옥외저장소에서 저장할 수 있는 제4류 위험물을 쓰시오.

> **해답** 제1석유류(인화점 0℃ 이상인 것에 한한다), 알코올류, 제2석유류·제3석유류·제4석유류·동식물유류
> **참고** 옥외저장소에서 저장할 수 있는 제2류 위험물 : 황, 인화성고체(인화점이 0℃ 이상인 것에 한한다)

09 옥외에 있는 탱크에 위험물을 저장 또는 취급하는 저장소는 무엇인가?

> **해답** 옥외탱크 저장소

10 지하탱크 저장소란 무엇인가?

> **해답** 지하에 매설한 탱크에 위험물을 저장하는 장소

11 이동탱크 저장소란 무엇인가?

> **해답** 차량에 고정시킨 탱크에 위험물을 저장하는 장소

12 간이탱크에 위험물을 저장하는 저장소의 명칭은?

해답 간이탱크 저장소

13 암반 내의 공간을 이용한 탱크에 액체 위험물을 저장하는 장소의 명칭은?

해답 암반탱크 저장소

14 취급소의 정의를 쓰시오.

해답 지정수량 이상의 위험물을 제조외의 목적으로 취급하기 위한 대통령령이 정하는 장소로서 허가를 받은 장소

15 위험물 안전관리법에서 지정수량 이상의 위험물을 취급하는 취급소의 종류를 4가지를 쓰시오.

해답 ① 주유 취급소
② 판매 취급소
③ 이송 취급소
④ 일반 취급소

16 주유 취급시설이란 무엇인가?

해답 고정된 주유설비에 의하여 위험물을 자동차, 항공기, 선박 등의 연료탱크에 직접 주유하기 위하여 위험물을 취급하는 장소

17 주유 취급소 중 차량에 고정된 탱크에 고정주유설비를 설치할 경우 탱크의 저장 용량은 얼마인가?

해답 5,000ℓ 이하

18 판매취급소란 무엇인가?

해답 점포에서 위험물을 용기에 담아 판매하기 위하여 지정수량 40배 이하의 위험물을 취급하는 장소

19 판매 취급소를 2가지로 구분하시오.

해답 ① 제1종 판매 취급소
② 제2종 판매 취급소

20 제1종 취급소란 무엇인가?

해답 저장 또는 취급하는 위험물의 수량이 지정수량의 20배 이하인 판매 취급소

21 제2종 판매 취급소에서 저장·취급할 수 있는 위험물의 수량은 지정수량의 몇 배 이하인가?

해답 40배 이하

22 이송 취급소란 무엇인가?

해답 배관 및 이에 부속된 설비에 의하여 위험물을 이송하는 장소

제 2 장 위험물의 저장 및 취급기준

1. 위험물의 취급

(1) 지정수량 이상의 위험물

제조소 등에서 취급(위반시 3년 이하 징역, 3,000만원 이하 벌금)

(2) 지정수량 미만의 위험물

시·도의 조례에 의하여 취급

(3) 지정수량 이상의 위험물을 임시로 저장할 경우

관할 소방서장에게 승인 후 90일 이내(위반시 200만원 이하 과태료)

시·도 : 특별시·광역시·도

2. 위험물의 저장 및 취급 공통기준

① 제조소 등에서는 신고와 관련되는 품명외의 위험물 또는 이러한 허가 및 신고와 관련되는 수량 또는 지정수량의 배수를 초과하는 위험물을 저장 또는 취급하지 아니하여야 한다.

② 위험물의 쓰레기, 찌꺼기 등은 1일 1회 이상 당해 위험물의 성질에 따라 안전한 장소에서 폐기하거나 적당한 방법으로 이를 처리하여야 한다.
③ 위험물을 저장 또는 취급하는 건축물 그 밖의 공작물 또는 설비는 당해 위험물의 성질에 따라 차광 또는 환기를 하여야 한다.
④ 위험물은 온도계, 습도계, 압력계 그 밖의 계기를 감시하여 당해 위험물의 성질에 맞는 적당한 온도·습도 또는 압력을 유지하도록 저장 또는 취급하여야 한다.
⑤ 위험물을 저장 또는 취급하는 경우에는 위험물의 변질, 이물의 혼입 등에 의하여 당해 위험물의 위험성이 증대되지 아니하도록 필요한 조치를 강구하여야 한다.
⑥ 위험물이 남아 있거나 남아 있을 우려가 있는 설비·기계·기구·용기 등을 수리하는 경우에는 안전한 장소에서 위험물을 완전히 제거한 후에 실시하여야 한다.
⑦ 위험물을 용기에 수납하여 저장 또는 취급할 때에는 그 용기는 당해 위험물의 성질에 적응하고 파손·부식·균열 등이 없는 것으로 하여야 한다.
⑧ **가연성의 액체·증기 또는 가스가 새거나 체류할 우려가 있는 장소 또는 가연성의 미분**이 현저하게 부유할 우려가 있는 장소에서는 전선과 전기 기구를 완전히 접속하고 불꽃을 발하는 기계·기구·공구 등을 사용하거나 마찰에 의하여 **불꽃을 발산**하는 기계·기구·공구·신발 등을 사용하지 아니하여야 한다.
⑨ 위험물을 보호액 중에 보존하는 경우에는 당해 위험물이 보호액으로 부터 노출되지 아니하도록 하여야 한다.

6. 위험물 안전관리자

1 위험물 안전관리자의 선임

(1) 위험물 안전관리자를 선임할 곳
제조소 등의 설치자는 국가기술자격법에 의한 당해 위험물 자격증 취득자와 행정안전부령이 정하는 자를 위험물 안전관리자로 선임하여야 한다.

(2) 위험물 안전관리자의 선임기간
① 관할 소방본부장 또는 소방서장에게 30일 이내(해임신고 14일 이내)
② 미선임시 벌칙 : 1,500만원 이하의 벌금

> **참고**
> 제조소 등에서는 행정안전부령에 의하여 위험물 안전관리자를 반드시 선임하여야 하며 위험물 안전관리자의 참여 없이 위험물을 취급할 수 없다(위험물을 관리할 수 있는 자격구분은 행정안전부령에 의한다).

2 위험물 안전관리자가 안전관리 및 감독할 수 있는 위험물

(1) 위험물기능장 및 위험물산업기사
제1류에서 제6류 위험물까지 전체 위험물(지정수량에 제한 없음)

(2) 위험물기능사
제1류에서 제6류 위험물까지 전체 위험물(지정수량에 제한 있음)

3 위험물 안전관리자의 업무

① 화재 등의 재해 방지에 관하여 인접한 제조소등과 그 밖의 관련되는 시설의 관계자와 협조체제를 유지하는 일
② 화재예방규정에 적합하도록 작업자에 대하여 필요한 지시와 감독을 하는 일
③ 위험물시설의 안전을 담당하는 자를 따로 두는 제조소등에 있어서는 그 담당자에게 필요한 업무 지시
④ 화재 등의 재난이 발생한 경우 응급조치 및 소방관서 등에 연락업무
⑤ 위험물 취급에 관한 일지 작성·기록하는 일
⑥ 그 밖의 위험물의 취급작업의 안전에 관하여 필요한 감독의 수행

※ 화재예방규정

대통령령이 정하는 제조소 등의 관계인은 그 제조소 등에서의 위험물을 제조·저장·취급·운반방법 및 위험물의 누출 또는 폭발 등으로 인한 화재예방과 화재시 비상조치계획 의 행정안전부령으로 정하는 사항을 포함한 예방규정을 정하여 시·도지사의 인가를 받아야 한다.

※ 화재예방규정을 정하여야 할 곳
- 지정수량의 10배 이상의 위험물을 취급하는 제조소·일반취급소
- 지정수량의 100배 이상의 위험물을 저장·취급하는 옥외저장소
- 지정수량의 150배 이상의 위험물을 저장·취급하는 옥내저장소
- 지정수량의 200배 이상의 위험물을 저장·취급하는 옥외탱크저장소
- 암반탱크 저장소
- 이송 취급소

※ 화재예방규정의 내용
① 위험물의 안전관리업무를 담당하는 사람의 직무 및 조직에 관한 사항
② 위험물 안전관리자가 그 직무를 수행할 수 없는 경우 그 직무를 대행하는 사람에 관한 사항
③ 자체소방조직(이하 "자체소방대"라 한다)을 두어야 하는 제조소 등의 경우에는 자체소방대의 편성 및 화학소방자동차의 배치에 관한 사항
④ 위험물관리작업에 종사하는 사람에 대한 안전교육에 관한 사항
⑤ 제조소 등의 시설 및 사업장에 대한 안전순찰에 관한 사항
⑥ 제조소 등의 시설·소방시설 그 밖의 관련시설에 대한 점검 및 정비에 관한 사항
⑦ 제조소 등의 시설의 운전 또는 조작에 관한 사항
⑧ 위험물관리작업의 기준에 관한 사항
⑨ 재난 그 밖의 비상시 화재진압·인명구조 등 조치에 관한 사항
⑩ 위험물 안전관리의 일지작성에 관한 사항
⑪ 제조소 등의 위치·구조 및 설비를 명시한 서류 및 도면정비에 관한 사항
⑫ 그 밖의 위험물의 안전관리에 관하여 필요한 사항

※ KSA-3501(안전색채 사용통칙) 중 적황색은 위험을 표시한다.

적중·예상문제

모든 계산문제는 소수 3째자리까지 계산하고 반올림하여 소수 2째자리를 답으로 합니다.

위험물의 취급

01 지정수량 이상의 위험물을 취급할 수 있는 곳은 어디인가?

해답 제조소등

02 지정수량 미만의 위험물을 취급할 수 있는 기준을 정할 수 있는 것은 무엇인가?

해답 시·도 조례

03 지정수량 이상의 위험물을 임시로 저장할 경우 소방서장의 승인 후 며칠 동안 저장할 수 있는가?

해답 90일 이내

위험물의 저장 및 취급 공통기준

01 다음은 위험물의 저장 및 취급에 관한 공통기준이다. 보기에서 괄호를 완성하시오.

> 제조소등에 있어서는 (㉮)와 관련되는 품명외의 위험물 또는 이러한 (㉯) 및 (㉰) 와 관련되는 수량 또는 (㉱)의 배수를 초과하는 위험물을 저장 또는 취급하지 아니하여야 한다.

해답 ㉮ 신고　　㉯ 허가
　　　㉰ 신고　　㉱ 지정수량

02 다음은 위험물의 저장 및 취급에 관한 공통기준이다. 보기에서 괄호안을 완성하시오.

> 위험물을 저장 또는 취급하는 건축물 그 밖의 공작물 또는 설비는 당해 위험물의 성질에 따라 (㉮) 또는 (㉯)를 하여야 한다.

해답 ㉮ 차광　　㉯ 환기

03 다음 보기에서 (　) 안에 들어갈 낱말은 무엇인가?

> 위험물의 쓰레기, 찌꺼기 등은 (㉮) 이상 (㉯)의 성질에 따라 (㉰)에서 폐기하거나 (㉱) 방법으로 이를 처리한다.

해답 ㉮ 1일 1회　　㉯ 당해 위험물
　　　㉰ 안전한 장소　㉱ 적당한

04 위험물을 저장 또는 취급하는 건축물 안에 꼭 비치하여야 할 계기 3가지를 쓰시오.

해답 온도계, 습도계, 압력계

05 다음 보기에서 (　) 안에 들어가야 할 것은 무엇인가?

> 위험물은 온도계, 습도계, 압력계 그 밖에 계기를 감시하여 당해 위험물의 성질에 맞는 적당한 (㉮), (㉯) 또는 (㉰)을 유지하도록 저장 또는 취급하여야 한다.

해답 ㉮ 온도　　㉯ 습도　　㉰ 압력

06 다음 ( ) 안에 들어갈 말은 무엇인가?

> ① 위험물을 저장 또는 취급하는 경우에는 위험물의 (㉮), 이물의 혼입 등에 의하여 당해 위험물의 위험성이 증대하지 아니하도록 (㉯)를 강구하여야 한다.
> ② 위험물을 용기에 수납하여 저장 또는 취급할 때에는 그 용기는 당해 위험물의 성질에 적응하고 (㉰), (㉱), (㉲) 등이 없는 것으로 하여야 한다.

해답 ㉮ 변질   ㉯ 필요한 조치
　　　 ㉰ 파손   ㉱ 부식
　　　 ㉲ 균열

07 다음 보기에서 ( ) 안에 들어갈 말은 무엇인가?

> 위험물이 남아 있거나 남아 있을 우려가 있는 설비, 기계, 기구, 용기 등을 수리하는 경우에는 (㉮)에서 위험물을 안전하게 (㉯) 후에 실시한다.

해답 ㉮ 안전한 장소   ㉯ 제거한

08 다음 보기에서 ( ) 안에 들어갈 말은 무엇인가?

> 가연성의 액체·증기 또는 (㉮)가 새거나 체류할 우려가 있는 장소 또는 가연성의 미분이 현저하게 부유할 우려가 있는 장소에서는 (㉯)과 (㉰)를 완전히 이어야 하고 불꽃을 발하는 (㉱), (㉲), (㉳), (㉴) 등을 사용하지 아니하여야 한다.

해답 ㉮ 가스   ㉯ 전선
　　　 ㉰ 전기기구   ㉱ 기계
　　　 ㉲ 기구   ㉳ 공구
　　　 ㉴ 신발

09 위험물을 보호액 속에 보존할 경우에는 어떻게 하여야 하는지를 쓰시오.

해답 당해 위험물이 보호액으로부터 노출되지 못하도록 하여야 한다.

위험물의 안전관리자

01 위험물 안전관리자를 선임하여야 할 곳은 어느 곳인가?

해답 제조소 등

02 위험물 안전관리자의 해임 후 선임 신고는 며칠 이내에 어디에 하여야 하는가?

해답 30일 이내 관할소방서
참고 해임신고기간 : 14일 이내

03 위험물 안전관리자가 취급할 수 있는 위험물의 자격구분은 무엇으로 정하는가?

해답 행정안전부령

04 화재예방규정을 정하여야 할 제조소·일반 취급소의 지정수량은 얼마인가?

해답 지정수량 10배 이상

05 다음은 화재예방규정을 정하여야 할 곳이다. 지정수량을 쓰시오

> ㉮ 제조소   ㉯ 일반 취급소
> ㉰ 옥외저장소   ㉱ 옥내저장소
> ㉲ 옥외탱크 저장소

해답 ㉮ 10배 이상   ㉯ 10배 이상
　　　 ㉰ 100배 이상 ㉱ 150배 이상
　　　 ㉲ 200배 이상

제3장 위험물제조소등 및 제조소

1. 위험물제조소등의 설치기준

1 위험물제조소등의 설치기준 및 허가
① 제조소등의 설치기준은 행정안전부령으로 정한다.
② 제조소등의 설치허가 및 용도폐지 신고는 시·도지사가 한다.
③ 제조소등의 설치허가를 받지 않고 지정수량 이상의 위험물을 취급할 경우 : 5년 이하 징역 또는 1억원 이하의 벌금에 처한다.

2. 제조소의 설치기준

제조소라 함은 위험물 혹은 비위험물을 원료로 하여 위험물을 제조할 목적으로 지정수량 이상의 위험물을 취급하는 건축물·공작물 및 그에 부속하는 설비 일체를 말하며, 제조소는 위험물을 제조하는 시설로서 생산제품이 위험물이다.

1 안전거리
제조소(제6류 위험물 제외) 외의 건축물의 외벽 또는 이에 상당하는 공작물의 외측으로부터 당해 제조소의 외벽 또는 이에 상당하는 공작물의 외측까지의 수평거리

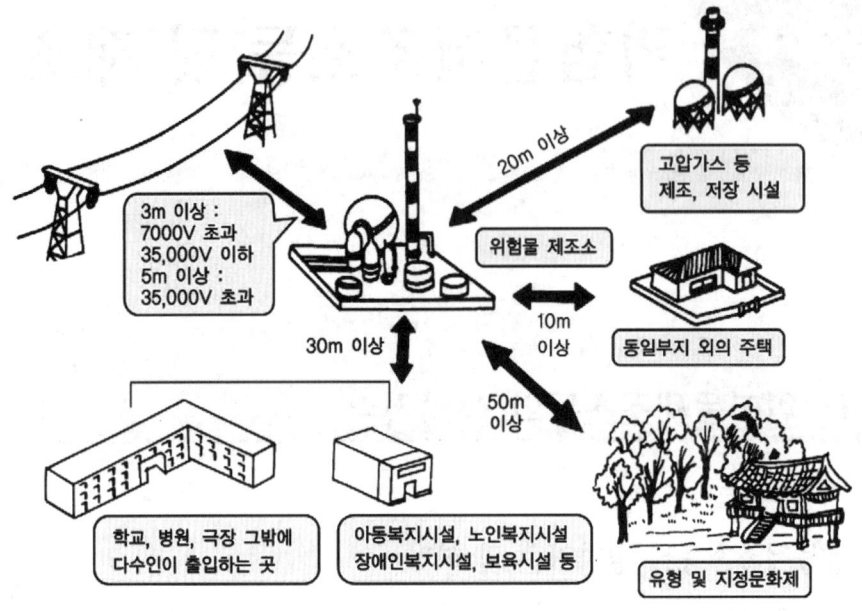

① 특고압 가공전선(7,000V 초과 35,000V 이하) : 3m 이상
② 특고압 가공전선(35,000V 초과) : 5m 이상
③ 제조소의 동일부지 이외의 주택 : 10m 이상
④ 고압가스등을 제조, 저장 또는 취급하는 시설(지하 탱크저장시설 제외) : 20m 이상
⑤ 학교, 병원, 극장(300명 이상), 다수인이 출입하는 곳(20명 이상) : 30m 이상
⑥ 유형문화재 · 기념물 중 지정문화재 : 50m 이상

- 하이드록실아민 제조소의 안전거리

    $D = 51.1\sqrt[3]{N}$ (D : 안전거리, N : 취급하는 하이드록실아민의 지정수량의 배수)

- 고압가스등 : 고압가스, 액화석유가스, 도시가스

위험물제조소등의 안전거리의 단축 기준

① 방화상 유효한 담을 설치한 경우의 안전거리는 다음 표와 같다.

구 분	취급하는 위험물의 최대 수량(지정수량의 배수)	안전거리(이상)		
		주거용 건축물	학교·유치원등	문화재
제조소·일반취급소(취급하는 위험물의 양이 주거지역에 있어서는 30배, 상업지역에 있어서는 35배, 공업지역에 있어서는 50배 이상인 것을 제외)	10배 미만 10배 이상	6.5 7.0	20 22	35 38 (82. 9. 15 관보 참조)
옥내저장소(취급하는 위험물의 양이 주거지역에 있어서는 지정수량의 120배, 상업지역에 있어서는 150배, 공업지역에 있어서는 200배 이상인 것을 제외)	5배 미만 5배 이상 10배 미만 10배 이상 20배 미만 20배 이상 50배 미만 50배 이상 200배 미만	4.0 4.5 5.0 6.0 7.0	12.0 12.0 14.0 18.0 22.0	23.0 23.0 26.0 32.0 38.0
옥외탱크저장소(취급하는 위험물의 양이 주거지역에 있어서는 지정수량의 600배, 상업지역에 있어서는 700배, 공업지역에 있어서는 1,000배 이상인 것을 제외)	500배 미만 500배 이상 1,000배 미만	6.0 7.0	18.0 22.0	32.0 38.0
옥외저장소(취급하는 위험물의 양이 주거지역에 있어서는 지정수량의 10배, 상업지역에 있어서는 15배, 공업지역에 있어서는 20배 이상인 것을 제외)	10배 미만 10배 이상 20배 미만	6.0 8.5	18.0 25.0	32.0 44.0

② 방화상 유효한 담의 높이는 다음에 의하여 산정한 높이 이상으로 한다.

- $H \leq PD^2+a$ 인 경우 $h=2m$ 이상
- $H > PD^2+a$ 인 경우 $h=H-P(D^2-d^2)$

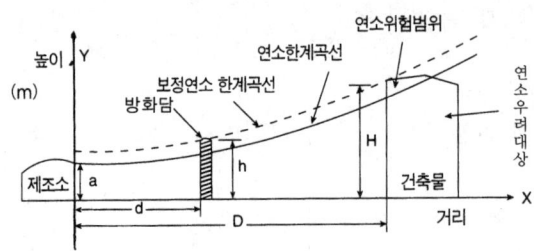

a : 제조소 등의 외벽의 높이(m)
H : 인근 건축물 또는 공작물의 높이(m)
h : 방화상 유효한 담의 높이(m)
d : 제조소 등과 방화상 유효한 담과의 거리(m)
D : 제조소 등과 인근 건축물 또는 공작물과의 거리(m)
p : 상수

연소우려대상 인접건축물의 구분	P의 값
• 학교·주택·문화재 등의 건축물이 목조인 경우 • 학교·주택·문화재 등의 건축물이 방화구조 또는 내화구조이고 제조소 등에 면한 부분의 개구부에 방화문이 설치되지 않은 경우	0.04
• 학교·주택·문화재 등의 건축물이 방화구조인 경우 • 학교·주택·문화재 등의 건축물이 방화구조 또는 내화구조이고 제조소 등에 면한 부분의 개구부에 을종방화문이 설치된 경우	0.15
• 학교·주택·문화재 등의 건축물이 내화구조이고 제조소 등에 면한 개구부에 갑종방화문이 설치된 경우	∞

2 보유공지

① 위험물을 취급하는 건축물, 그 밖의 시설(이송배관 제외)의 주위에 그 취급하는 위험물의 최대 수량에 따라 보유하여야 할 공지

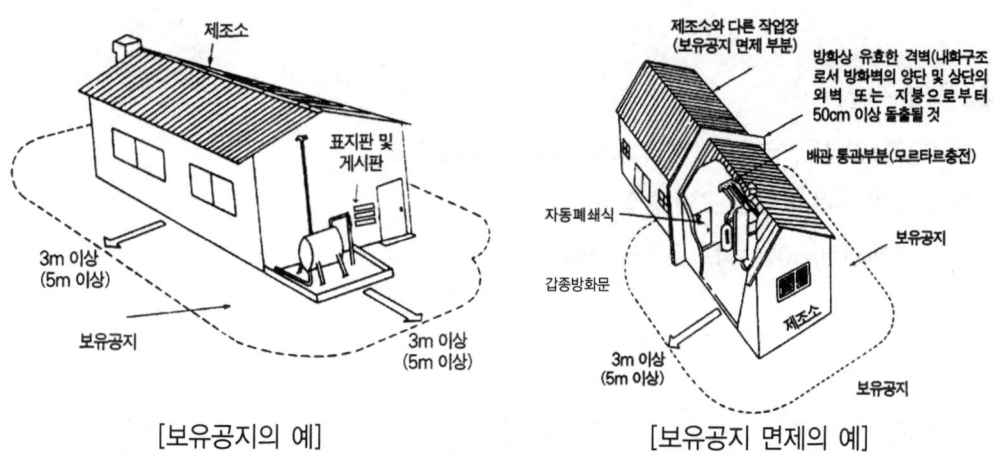

[보유공지의 예]　　　　　　　　[보유공지 면제의 예]

위험물의 취급 최대수량	보유공지의 너비
지정수량의 10배 이하의 수량	3m 이상
지정수량의 10배 초과의 수량	5m 이상

② 제외되는 경우 행정안전부령이 정하는 방화상 유효한 격벽을 내화구조로 설치하였을 경우. 단, 제6류 위험물은 불연재료

방화벽의 설치기준
- 출입구 : 자동폐쇄식 60분+방화문 또는 60분 방화문
- 돌출기준 : 방화벽의 양단 및 상단이 외벽·지붕으로부터 50cm 이상 돌출시킬 것

3 건축물의 구조

(1) **지하층**이 없도록 한다.

(2) **재질**

① 벽·기둥·바닥·보·서까래·계단 : 불연재료
② 지붕 : 폭발력이 위로 방출될 정도의 가벼운 불연재료

(3) **연소의 우려가 있는 외벽** : 개구부 없는 내화구조

(4) **액체 위험물을 취급하는 건축물의 바닥**

① 위험물이 침윤하지 못하는 재료를 사용한다.
② 적당한 경사를 둔다.
③ 최저부에 집유설비를 한다.

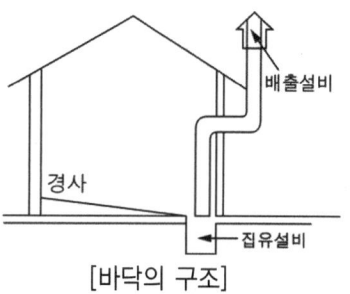

[바닥의 구조]

4 출입구

(1) 60분+방화문, 60분 방화문 또는 30분 방화문 사용

(2) 연소의 우려가 있는 곳의 출입구

자동폐쇄식 60분+방화문 또는 60분 방화문

방화문 종류

방화문 종류	연기 및 불꽃 차단 시간	열 차단 시간	비고
60분+방화문	60분 이상	30분 이상	공동주택 세대의 대피공간에 설치
60분 방화문	60분 이상	없음	기존의 '갑종 방화문'을 대체
30분 방화문	30분 이상 60분 미만	없음	기존의 '을종 방화문'을 대체

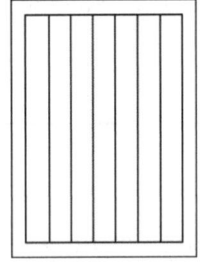
[선입형]

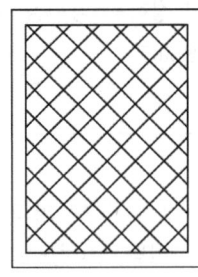
[크로스형]

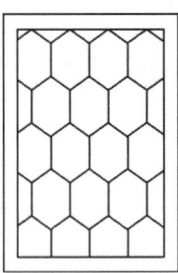
[거북무늬형]

[망입유리의 종류]

5 환기설비

① 자연 배기방식으로 한다.

② 환기구 : 지붕 위 또는 지상 2m 이상 높이에 회전식 고정 벤티레이터, 루프펜을 설치한다.

③ 급기구의 설치 : 바닥면적 150m²마다 1개 이상으로 하되, 그 크기는 800cm² 이상이어야 한다.

④ 급기구는 가는 눈의 동망(구리)으로 인화방지망을 설치한다.

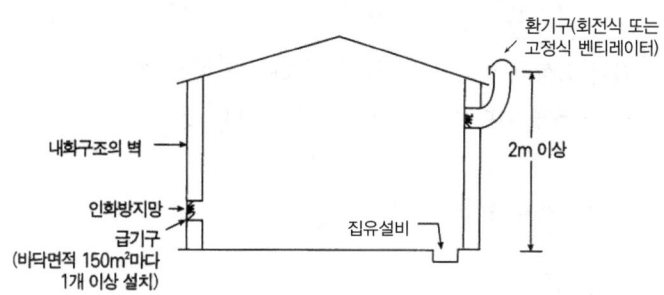

바닥면적 150m² 미만인 경우의 급기구 면적

바닥면적	급기구의 면적
60m² 미만	150cm² 이상
60m² 이상 90m² 미만	300cm² 이상
90m² 이상 120m² 미만	450cm² 이상
120m² 이상 150m² 미만	600cm² 이상

6 배출설비(가연성 증기 및 미분이 체류할 우려가 있는 건축물에 설치)

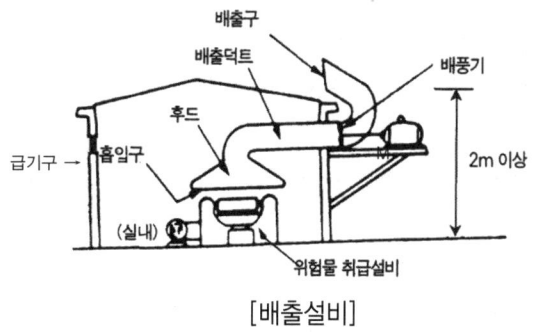

[배출설비]

① 배출설비 : 배풍기, 배출덕트, 후드
② 배출능력 : 1시간당 배출장소 용적의 20배 이상이어야 한다(단, 전역방식의 경우에는 바닥 면적 1m²당 18m³ 이상으로 할 수 있다).
③ 배출구의 높이 : 지상 2m 이상
④ 급기구의 위치 : 높은곳에 설치한다.

7 피뢰설비

① 지정수량 10배 이상의 위험물을 저장 취급하는 곳에는 피뢰설비를 설치한다.
② 제외되는 곳 : 제6류 위험물을 저장 또는 취급하는 곳

8 옥외시설의 바닥(액체위험물에 한한다)

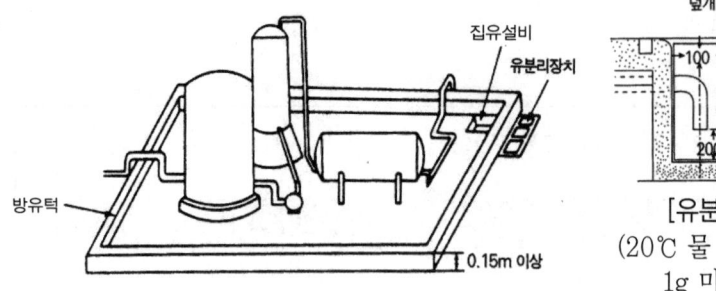
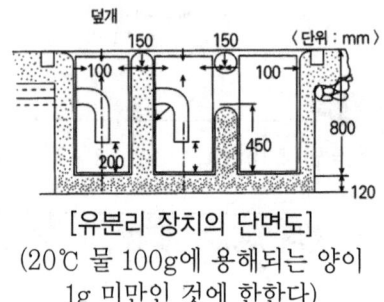

[유분리 장치의 단면도]
(20℃ 물 100g에 용해되는 양이 1g 미만인 것에 한한다)

① 바닥둘레의 턱높이 : 0.15m 이상
② 바닥의 재질 : 콘크리트 · 기타 불침윤재료
③ 턱이 있는 쪽이 낮게 경사져야 한다.
④ 바닥의 최저부에 집유설비를 한다.
⑤ 제4류 위험물을 취급하는 설비에는 유분리장치를 설치한다.

9 배관

① 재질 : 강관, 기타 유사한 금속성으로 한다.
② 내압시험압력 : 최대 상용압력의 1.5배 이상에서 누설이 없어야 한다.
③ 배관의 외면 : 부식방지 도장
④ 지하에 매설할 경우 : 부식방지를 위하여 도장 · 코팅 · 전기방식 등 및 필요한 조치

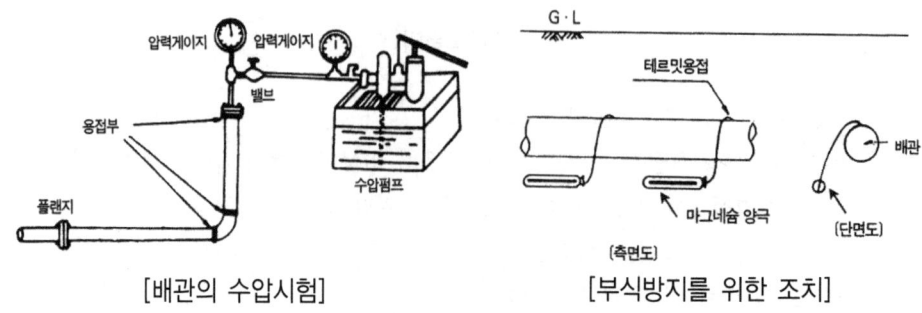

[배관의 수압시험]　　　　　[부식방지를 위한 조치]

🔟 안전장치

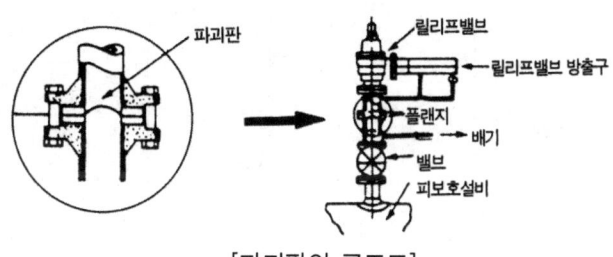

[파괴판의 구조도]

① 자동적으로 압력의 상승을 정지시키는 장치
② 감압측에 안전밸브를 부착하는 감압밸브
③ 안전밸브를 병용하는 경보장치
④ 파괴판

- 파괴판 : 위험물의 성질에 따라 안전밸브의 작동이 곤란한 가압설비에 한하여 설치한다.
- 위험물을 가압하는 설비나 위험물의 압력이 상승할 우려가 있는 설비에는 압력계 및 안전장치를 설치하여야 한다.

11 위험물의 누출·비산방지를 위한 설비

① 되돌림관
② 수막

12 아세트알데하이드·산화프로필렌 취급설비의 금속 사용제한

① 사용제한 금속 : 은·수은·동·마그네슘 또는 이의 합금
② 사용제한 이유 : 폭발성 화합물을 생성하므로 사용을 제한한다.

13 아세트알데하이드·산화프로필렌 취급설비의 불활성 가스 봉입장치 등

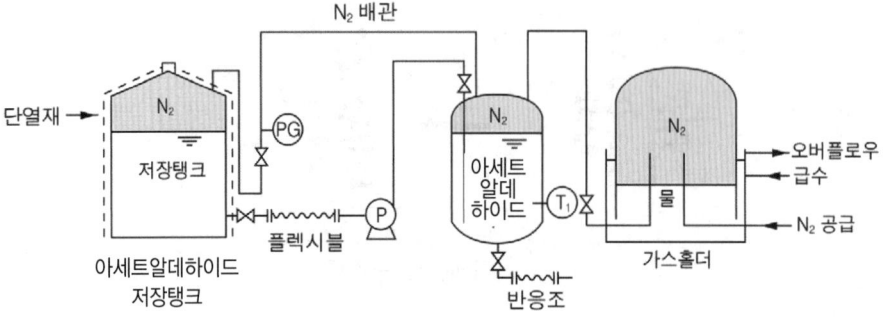

[불활성 가스의 봉입장치]

① 봉입가스 : 불활성 가스·수증기
② 봉입압력 : 취급설비의 상용압력 이하
③ 냉동기를 이용한 냉각장치 및 저온을 유지하기 위한 장치(보냉장치)를 하여야 한다.

14 제조소의 액체위험물 저장탱크의 방유제 용량

① 하나의 취급탱크 : 당해 탱크용량의 50% 이상
② 둘 이상의 취급탱크 : 용량이 최대인 것의 50%에 나머지 탱크용량 합계의 10%를 가산한 량 이상

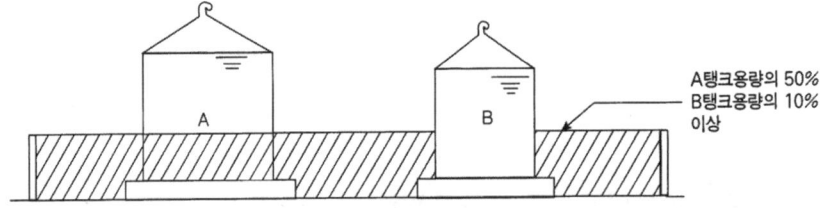

[옥외 제조소에 있는 액체위험물 취급탱크의 방유제 용량]

① 이황화탄소 저장탱크에는 방유제를 설치하지 아니한다.
② 옥내에 설치된 탱크 저장시설의 방유턱 용량(저장수량 1/5 미만인 것 제외)
  • 탱크 1기 : 탱크에 수납하는 위험물의 양을 전부 수용할 수 있는 양
  • 탱크 2기 이상 : 당해탱크중 실제로 수납하는 위험물의 양이 최대인 탱크의 양을 전부 수용할 수 있는 양

15 위험물 저장탱크의 용량

(1) 위험물 저장탱크의 용량(탱크의 내용적 × 용적률)

탱크의 내용적 − 탱크의 공간용적

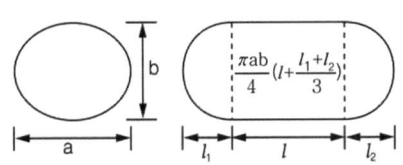
[양쪽이 볼록한 저장탱크]

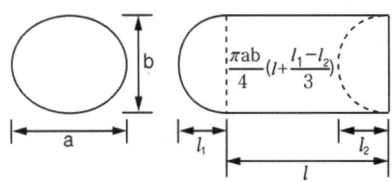
[한쪽은 볼록하고 다른 한쪽은 오목한 저장탱크]

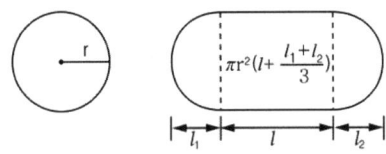
[횡으로 설치된 저장탱크]

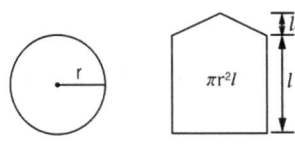
[종으로 설치된 저장탱크]

(2) 위험물 저장탱크의 공간용적

① 탱크용적의 5/100 이상 10/100 이하
② 소화설비를 설치한 탱크(소화약제 방출구를 탱크 안의 윗부분에 설치한 탱크) : 당해 탱크의 내용적 중 당해 소화약제 방출구의 아래 0.3m 이상 1m 미만의 면으로부터 윗부분의 용적
③ 표면하 주입방식(저부포주입방식)의 탱크(탱크의 소화약제 방출구가 탱크의 밑부분에 있는 경우) : 5/100 이상
④ 암반탱크에 있어서는 용출하는 7일간의 지하수의 양에 상당하는 용적과 당해 탱크 내용적의 1/100의 용적 중에서 보다 큰 용적

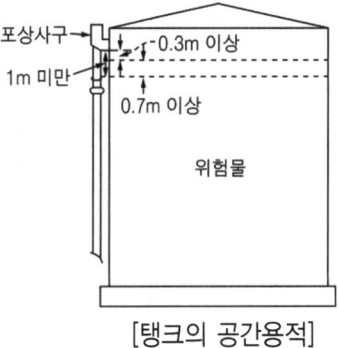
[탱크의 공간용적]

16 제조소 등의 표지판 및 게시판

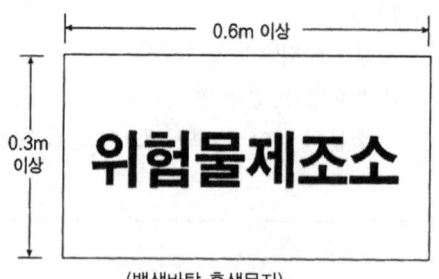
[위험물 제조소의 표지판]

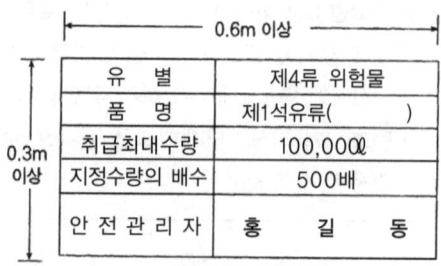
[위험물 제조소의 게시판]

(1) 표지판 및 게시판의 규격

　　한변의 길이 0.3m 이상, 다른 한변의 길이 0.6m 이상 직사각형

(2) 색깔 : 백색바탕에 흑색문자

(3) 표지판 기재사항 : 제조소 등의 명칭

(4) 게시판 기재사항

　① 취급위험물의 유별 및 품명

　② 저장최대수량 및 취급최대수량, 지정수량의 배수

　③ 안전관리자 성명 및 직명

> **참고**
>
> ① 표지판 및 게시판의 규격 및 색깔은 모든 제조소 등에서 동일하다.
>   단, 이동탱크저장소 제외
> ② 인화점 21℃ 미만의 옥내·옥외 탱크저장소의 주입구 및 펌프설비 표지판 등
>   • 표지판 : 백색바탕 흑색문자
>   • 방화에 관하여 필요한 사항을 기재한 게시판 : 백색바탕 흑색문자
>   • 주의사항 : 백색바탕 적색문자(화기엄금)

17 이동탱크저장소의 표지판 및 게시판(이동저장소 포함)

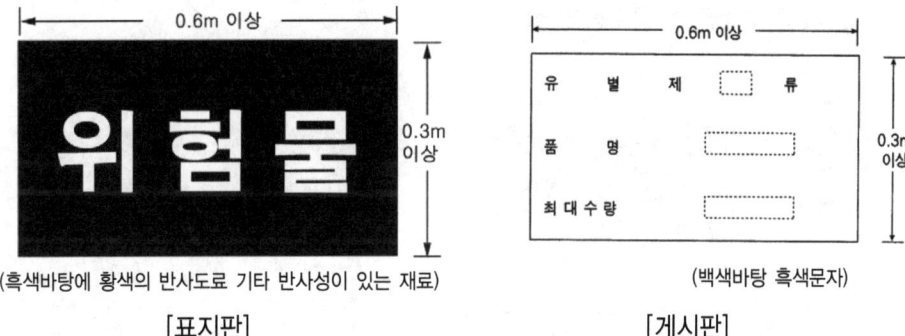

[표지판]　　　　　　　　　　[게시판]

(1) 표지판
　① 차량의 전후방에 설치
　② 규격 : 사각형(한 변의 길이 0.6m 이상, 다른 한 변의 길이 0.3m 이상의 횡형사각형)
　③ 색깔 : 흑색바탕, 황색반사도료 또는 기타 반사성이 있는 재료로 "위험물" 표시

(2) 게시판
　① 탱크의 뒷면 보기 쉬운 곳에 사각형으로 표시
　② 표지사항
　　㉮ 유별　　　㉯ 품명　　　㉰ 최대 수량 또는 적재중량

18 주의사항 게시판

방화에 관하여 필요한 사항을 기재한 게시판 이외의 것

(1) 화기엄금(적색바탕 백색문자)
　① 제2류 위험물 중 인화성 고체
　② 제3류 위험물 중 자연 발화성 물품
　③ 제4류 위험물
　④ 제5류 위험물

(2) 화기주의(적색바탕 백색문자) : 제2류 위험물(인화성 고체 제외)

(3) 물기엄금(**청색**바탕 **백색문자**)
　① 제1류 위험물 중 알칼리금속의 과산화물
　② 제3류 위험물 중 금수성 물질

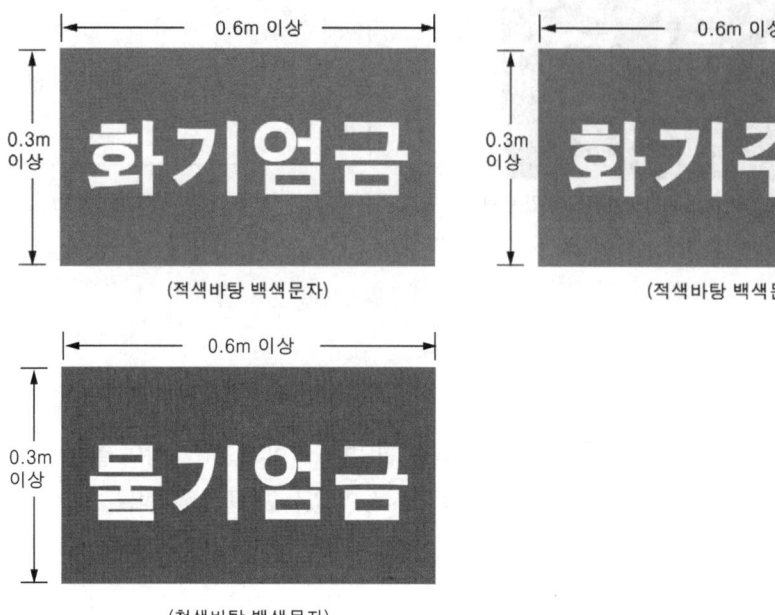

19 주유중 엔진정지 게시판

황색바탕 흑색문자로 '주유중 엔진정지'라 표시하여 게시한다.

(황색바탕 흑색문자)

- 이동탱크 저장소의 표지판과 반대색이므로 참고한다.
- 규격 : 주의사항 게시판과 같다.

적중·예상문제

모든 계산문제는 소수 3째자리까지 계산하고 반올림하여 소수 2째자리를 답으로 합니다.

제조소 등의 설치기준

01 제조소등의 설치기준은 어디에 준하는가?

해답 행정안전부령

02 안전거리란 무엇인가?

해답 제조소 외의 건축물의 외벽 또는 이에 상당하는 공작물의 외측으로부터 당해 제조소의 외벽 또는 이에 상당하는 공작물의 외측까지의 수평거리

03 보유공지란 무엇인가?

해답 위험물을 취급하는 건축물, 그밖의 시설(이송배관 제외)의 주위에 취급하는 위험물의 최대 수량에 따라 보유하여야 할 공지

04 다음 보기에서 제조소와의 안전거리를 쓰시오.

> ㉮ 특고압 가공전선 7,000V 초과 35,000V 이하
> ㉯ 특고압 가공전선 35,000V 초과
> ㉰ 주거용 시설
> ㉱ 유형·지정문화재

해답 ㉮ 3m 이상 ㉯ 5m 이상
　　 ㉰ 10m 이상 ㉱ 50m 이상

05 다음 보기와 제조소와의 안전거리는 얼마인가?

> ㉮ 가연성 가스 제조소
> ㉯ 학교, 병원, 극장, 다수인이 출입하는 곳

해답 ㉮ 20m 이상
　　 ㉯ 30m 이상

06 안전거리를 반드시 지켜야 할 제조소등을 5가지만 쓰시오.

해답 ① 제조소
　　 ② 일반 취급소
　　 ③ 옥내저장시설
　　 ④ 옥외저장시설
　　 ⑤ 옥외탱크 저장시설

07 제조소의 안전거리 제외대상 위험물을 쓰시오.

해답 제6류 위험물

08 다음은 제조소와 인접한 목조의 학교건축물과의 안전거리를 단축하기 위한 방화상 유효한 담을 설치하는 방법을 기술하였다. 이 담의 높이는 몇 m 이상이어야 하는가?(단, 건축물의 높이 9m, 목조 학교 건축물과 제조소와의 거리: 13m, 제조소와 방화상 유효한 담과의 거리: 4m, 제조소의 높이: 2m, 상수값: 0.04)

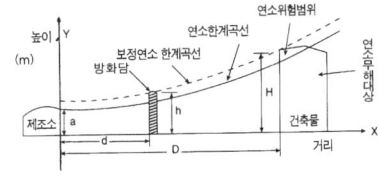

D: 제조소등과 인근 건축물 또는 공작물과의 거리(m)
H: 인근 건축물 또는 공작물의 높이(m)
a: 제조소등의 외벽의 높이(m)
d: 제조소등과 방화상 유효한 담과의 거리(m)
h: 방화상 유효한 담의 높이(m)
p: 상수(m)

> ㉮ H≤PD²+a인 경우 h=2m 이상
> ㉯ H>PD²+a인 경우 h=H−P(D²−d²)

해답 [계산과정]
㉮ H≤PD²+a에서 9≤0.04×13²+2
9≤8.76이므로
h=2m 이상 규정에 해당없음
㉯ H>PD²+a에서 9>0.04×13²+2
9>8.76이므로
h=H−P(D²−d²)에서
h=9−0.04(13²−4²)=2.88m
[답] 2.88m

09 제조소의 보유공지를 쓰시오.

> ㉮ 지정수량 10배 이하
> ㉯ 지정수량 10배 초과

해답 ㉮ 3m 이상   ㉯ 5m 이상

10 제조소에 있어서 방화상 유효한 격벽을 설치할 경우 보유공지를 설치하지 않을 수 있다. 방화벽의 설치기준에 대하여 다음 물음에 답하시오.

> ㉮ 방화벽에 설치하는 출입구의 종류를 쓰시오
> ㉯ 외벽·지붕으로부터 돌출길이는 몇 cm인가?

해답 ㉮ 자동폐쇄식 60분+방화문 또는 60분 방화문
㉯ 50cm 이상

11 액체위험물을 취급하는 제조소 건축물의 바닥조건 3가지를 쓰시오.

해답 ① 위험물이 침윤하지 못하는 재료를 사용한다.
② 적당한 경사를 둔다.
③ 최저부에 집유설비를 한다.

12 제6류 위험물 취급 건축물에서 위험물 침윤부분은 (   )할 수 있다. 괄호 안에 알맞은 말을 쓰시오.

해답 아스팔트나 부식되지 않는 재료로 피복

13 제조소의 건축물 중 연소우려가 있는 곳과 연소우려가 없는 곳의 재질을 쓰시오.

해답 ① 연소우려가 있는 곳 : 내화구조
② 연소우려가 없는 곳 : 불연재료

14 제조소의 출입구 중 60분+방화문의 열차단시간은 몇 분 이상 되는가?

해답 30분 이상

15 다음 방화문에 대한 물음에 답하시오.

> ① 60분 방화문의 연기 및 불꽃 차단 시간은 몇 분 이상 되는가?
> ② 30분 방화문의 연기 및 불꽃 차단 시간은 몇 분인가?

해답 ① 60분 이상
② 30분 이상 60분 미만

16 제조소의 환기시설의 기준에 대하여 다음 물음에 답하시오.

> ㉮ 제조소의 환기설비의 방식을 쓰시오.
> ㉯ 제조소의 급기구는 바닥 면적 150m² 당 그 크기가 몇 cm² 이상인가?

해답 ㉮ 자연배기방식
㉯ 800cm²

17 제조소 환기설비의 설치기준에 대하여 다음 물음에 답하시오.

> ㉮ 환기구의 설치높이(지상으로부터)는 몇 m 이상인가?
> ㉯ 환기구의 종류 2가지를 쓰시오.
> ㉰ 급기구는 바닥면적 150m²마다 몇 개 이상 설치하는가?
> ㉱ 급기구 1개의 크기는 몇 cm² 이상인가?

해답 ㉮ 2 m
㉯ 회전식고정 벤츄레이터 · 루프펜
㉰ 1개 이상
㉱ 800cm²

18 바닥면적 120m²인 제조소에 설치할 환기설비인 급기구의 면적은 몇 cm² 이상으로 하여야 하는가?

해답 600cm² 이상
참고 바닥면적 150m² 미만인 건축물의 급기구 면적

바닥면적	급기구의 면적
60m² 미만	150cm² 이상
60m² 이상 90m² 미만	300cm² 이상
90m² 이상 120m² 미만	450cm² 이상
120m² 이상 150m² 미만	600cm² 이상

※ 바닥면적 150m² 이상인 경우 급기구의 면적 : 800cm² 이상

19 제조소 등에 배출설비를 설치하는 이유는?

해답 가연성 증기 또는 미분의 체류를 방지하기 위해

20 제조소의 배출설비의 배출능력은 국소방식일 경우 1시간당 배출장소 능력의 몇 배 이상이어야 하는가?

해답 20배
참고 전역방식의 경우 배출능력은 바닥면적 1m²당 18m³ 이상으로 한다.

21 제조소에 있어서 피뢰설비의 설치기준에 대하여 다음 물음에 답하시오.

> ㉮ 지정수량 몇 배 이상인 곳에 설치하는가?
> ㉯ 설치하지 아니하여도 되는 위험물은 제 몇 류 위험물을 저장 · 취급하는 곳인가?

해답 ㉮ 10배 이상　㉯ 제6류 위험물

22 제조소에서 옥외시설의 바닥기준이다. 다음 물음에 답하시오.

> ㉮ 바닥 둘레의 턱 높이는 몇 m 이상인가?
> ㉯ 바닥의 재질 2가지를 쓰시오.
> ㉰ 제4류 위험물을 취급하는 설비에 설치하는 설비를 쓰시오.

해답 ㉮ 0.15m 이상
㉯ 콘크리트 · 기타 불침윤재료
㉰ 유분리장치

23 다음은 제조소 배관의 설치기준이다. 물음에 답하시오.

> ㉮ 재질 2가지를 쓰시오.
> ㉯ 내압시험압력은 최대 상용압의 몇 배 이상으로 하여 누설이 없어야 하는가?
> ㉰ 배관의 외면처리 방법을 쓰시오

해답 ㉮ 강관, 기타 이와 유사한 금속성의 것
㉯ 1.5배 이상
㉰ 부식방지도장

24 다음은 아세트알데하이드·산화프로필렌을 저장·취급하는 탱크에 대한 취급기준이다. 물음에 답하시오.

> ① 사용 제한 금속 4가지를 쓰시오.
> ② 불활성 가스 봉입장치의 봉입가스를 쓰시오.
> ③ 냉각장치 및 (   )에 의한 저온을 유지하기 위한 장치를 하여야 한다.

해답 ① 구리·은·수은·마그네슘
② 질소
③ 보냉장치

25 제조소에서 옥외에 있는 위험물 취급탱크로서 액체 위험물을 취급하는 방유제의 용량에 대하여 다음 물음에 답하시오.

> ㉮ 탱크 1기   ㉯ 탱크 2기 이상

해답 ㉮ 당해 탱크 용량의 50% 이상
㉯ 용량이 최대인 것의 50%에 나머지 탱크 용량 합계의 10%를 가산한 양 이상

26 위험물제조소의 옥외에 설치된 액체위험물을 취급하는 탱크의 용량이 각각 200m³, 100m³이다. 이 경우 방유제의 용량은 얼마인가?

해답 [계산과정]
200m³ × 50% + 100m³ × 10% = 110m³
[답] 110m³

27 위험물제조소의 옥내에 맞는 위험물 취급 탱크로서 위험물이 누설된 경우 그 위험물의 유출 방지를 위한 방유제의 용량에 대하여 답하시오.

> ㉮ 탱크 1기   ㉯ 탱크 2기

해답 ㉮ 탱크에 수납하는 위험물의 양을 전부 수용할 수 있는 양
㉯ 당해 탱크 중 실제로 수납하는 위험물의 양이 최대인 탱크의 양을 전부 수납할 수 있는 양

28 다음 물음에 답하시오

> ㉮ 저장탱크의 용량을 구하는 방법을 쓰시오.
> ㉯ 저장탱크의 공간용적은 탱크 내용적의 얼마 정도인가?
> ㉰ 소화설비를 설치한 저장탱크의 공간용적은 얼마인가?

해답 ㉮ 탱크의 내용적에서 탱크의 공간용적을 뺀 용적량
㉯ 5/100 이상 10/100 이하
㉰ 소화설비 약제 방출구로부터 0.3m 이상 1m 미만의 면으로부터 윗부분용적

29 다음 탱크의 내용적을 구하는 공식을 쓰시오.

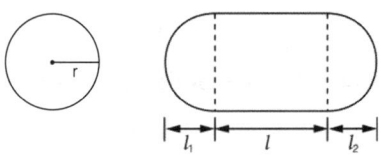

해답 탱크의 내용적 : $\pi r^2(\ell + \dfrac{\ell_1+\ell_2}{3})$

30 다음 그림과 같은 모양(횡으로 설치된 타원탱크)을 가진 저장탱크의 내용적을 구하는 공식을 쓰시오.

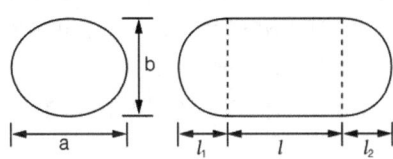

해답 $\dfrac{\pi ab}{4}\left(\ell + \dfrac{\ell_1 + \ell_2}{3}\right)$

31 다음과 같은 모양의 저장탱크의 내용적을 구하는 공식을 쓰시오.

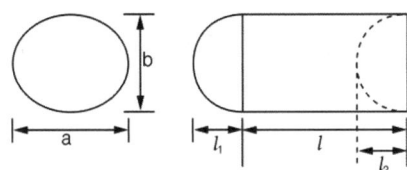

해답 $\dfrac{\pi ab}{4}\left(\ell + \dfrac{\ell_1 - \ell_2}{3}\right)$

32 다음과 같은 원형탱크의 내용적은 몇 m³인가?(단, 계산식도 함께 쓰시오)

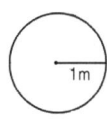 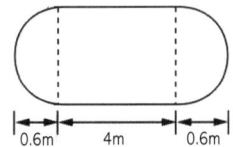

해답 [계산과정]

탱크의 내용적 : $\pi r^2\left(\ell + \dfrac{\ell_1 + \ell_2}{3}\right)$

$= \pi \times 1^2 \times \left(4 + \dfrac{0.6+0.6}{3}\right) = 13.816$

[답] 13.82m³

33 다음 그림과 같은 원형탱크에 석유를 저장하고자 한다. 최대 용량은 몇 ℓ인가?(단, 공간용적은 원형탱크 용량의 5/100로 하며 π는 3.14이다)

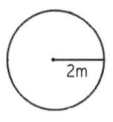 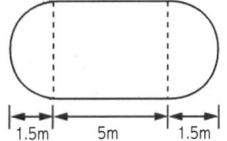

해답 [계산과정]

탱크의 용량 =
탱크의 내용적 × 수납율

$V = \pi r^2 \left(\ell + \dfrac{\ell_1 + \ell_2}{3}\right) \times 0.95$

$V = 3.14 \times 2^2 \times \left(5 + \dfrac{1.5+1.5}{3}\right) \times 0.95$

$= 71.592 m^3$

$71.592 m^3 \times 1,000 = 71,592 \ell$

[답] 71,592ℓ

V(탱크의 용량) : ?ℓ
π(원주율) : 3.14
r(반지름) : 2m
ℓ(탱크길이) : 5m
ℓ_1(탱크의 돌출길이) : 1.5m
ℓ_2(탱크의 돌출길이) : 1.5m
탱크의 수납율 : 95% = 0.95

34 다음에 표시한 탱크(종으로 설치한 원형탱크)의 내용적은 약 몇 ℓ인가?

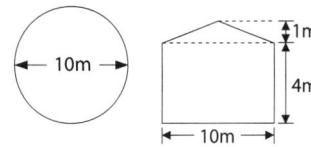

해답 [계산과정]

탱크의 내용적 : $\pi r^2 \ell = \pi \times \left(\dfrac{10}{2}\right)^2 \times 4$

$= 314.159 m^3$

$314.159 m^3 \times 1,000 = 314,159 \ell$

[답] 314,159ℓ

적중·예상문제

35 종으로 설치된 원형탱크의 둘레가 12.56m이며 높이는 5m이다. 내용적은 몇 m³인가?

> **해답** [계산과정]
> $D(지름) = \dfrac{R(원둘레)}{\pi(3.14)}$ 에서
> $D = \dfrac{12.56}{3.14} = 4$
> $V(부피) = \pi \left(\dfrac{D}{2}\right)^2 \times \ell$ 에서
> $V = 3.14 \left(\dfrac{4}{2}\right)^2 \times 5 = 62.8 m^3$
> [답] 62.8m³

36 위험물제조소의 표지판 색깔을 쓰시오.

> **해답** 백색바탕에 흑색문자

37 다음 괄호 안에 알맞은 말을 채우시오.

> 제6류 위험물 제조소에 설치하는 표지판은 한 변의 길이가 (㉮) 이상, 다른 한 변의 길이가 (㉯) 이상의 직사각형으로 하고, 표지판의 바탕은 (㉰)으로 문자는 (㉱)으로 할 것.

> **해답** ㉮ 0.3m ㉯ 0.6m
>   ㉰ 백색   ㉱ 흑색

38 제조소등에 설치하는 게시판의 크기는 한 변의 길이가 ( )미터, 다른 한 변의 길이가 ( )미터인 직사각형으로 하여야 한다.

> **해답** 0.6, 0.3(순서는 관계없음)

39 제조소등의 게시판에 기재할 사항 3가지를 쓰시오.

> **해답** ① 저장·취급위험물의 유별 및 품명
> ② 저장최대수량 또는 취급최대수량, 지정수량의 배수
> ③ 안전관리자의 성명 또는 직명

40 이동탱크 저장소의 위험물 표지판의 색깔을 쓰시오.

> ㉮ 바탕색   ㉯ 문자색

> **해답** ㉮ 흑색
> ㉯ 황색의 반사도료 또는 반사성이 있는 재료

41 위험물 운반차량의 표지에 관하여 아래 사항을 기술하시오.

> ㉮ 규격   ㉯ 색깔   ㉰ 내용

> **해답** ㉮ 사각형 : 한 변의 길이 0.3m 이상, 다른 한 변의 길이 0.6m 이상
> ㉯ 흑색바탕에 황색반사도료
> ㉰ 위험물

42 위험물 제조소등의 주의사항 게시판에 대하여 답하시오.

> ㉮ 규격
> ㉯ 화기엄금 및 화기주의 게시판의 색깔
> ㉰ 물기엄금 게시판의 색깔

> **해답** ㉮ 한변의 길이가 0.3m 이상, 다른 한변의 길이가 0.6m 이상인 직사각형
> ㉯ 적색바탕, 백색문자
> ㉰ 청색바탕, 백색문자

43 제2류 위험물을 제조하는 장소에서 저장 또는 취급하는 위험물에 따라 주의사항을 표시한 게시판을 설치해야 한다. 이 때 게시판에 써야 할 주의사항은?(단, 인화성 고체는 제외)

> 해답 화기주의
> 참고 인화성고체의 주의사항 게시판 : 화기엄금

44 이동 저장탱크의 게시판에 기재해야 할 것을 3가지 쓰시오.

> 해답 ① 저장 취급하는 위험물의 유별
> ② 위험물의 품명
> ③ 최대수량 및 적재중량

45 위험물 제조소등의 주의사항 게시판에 대하여 답하시오.

> ㉮ 제1류 위험물 중 알칼리금속의 과산화물
> ㉯ 제2류 위험물(인화성 고체제외)
> ㉰ 제3류 위험물 중 자연발화성 물질
> ㉱ 제4류 위험물 및 제5류 위험물

> 해답 ㉮ 물기엄금
> ㉯ 화기주의
> ㉰ 화기엄금
> ㉱ 화기엄금

46 제4류 위험물 중 인화점이 21℃ 미만인 위험물의 탱크저장 시설의 주입구 및 펌프설비 게시판의 색깔과 주의사항 문자의 색깔을 쓰시오.

> 해답 ㉮ 게시판 : 백색바탕에 흑색문자
> ㉯ 주의사항 문자색깔 : 적색

47 주유 취급시설에 설치하는 "주유중 엔진정지" 게시판의 색깔을 쓰시오.

> 해답 황색바탕에 흑색문자

제4장 옥내저장소

1. 옥내저장소의 설치기준

1 안전거리(제조소의 규정에 준한다)

(1) 안전거리에서 제외되는 경우

① 위험물의 조건
㉮ 제6류 위험물
㉯ 지정수량 20배 미만의 제4석유류
㉰ 지정수량 20배 미만의 동식물유류

② 건축물의 조건(지정수량 20배 이하〈하나의 저장창고의 바닥면적이 150m² 이하인 경우는 50배 이하〉의 위험물 옥내 저장소)
㉮ 저장창고의 벽, 기둥, 바닥, 보 및 지붕을 내화구조로 할 경우
㉯ 저장창고의 출입구에 자동 폐쇄식 60분+방화문 또는 60분 방화문을 설치한 경우
㉰ 저장창고에 창을 설치하지 아니한 것

2 보유공지

저장 또는 취급하는 위험물의 최대 수량	보유공지의 너비	
	벽·기둥 및 바닥이 내화구조로 된 건축물	기타의 건축물
지정수량의 5배 이하		0.5m 이상
지정수량의 5배 초과 10배 이하	1m 이상	1.5m 이상
지정수량의 10배 초과 20배 이하	2m 이상	3m 이상
지정수량의 20배 초과 50배 이하	3m 이상	5m 이상
지정수량의 50배 초과 200배 이하	5m 이상	10m 이상
지정수량의 200배 초과	10m 이상	15m 이상

(1) 보유공지특례

동일부지 내에 지정수량 20배를 초과하는 저장창고를 2 이상 인접할 경우 상호거리에 해당하는 보유공지 너비의 1/3 이상을 보유할 수 있다(3m 미만인 경우 3m).

3 옥내저장소의 건축물

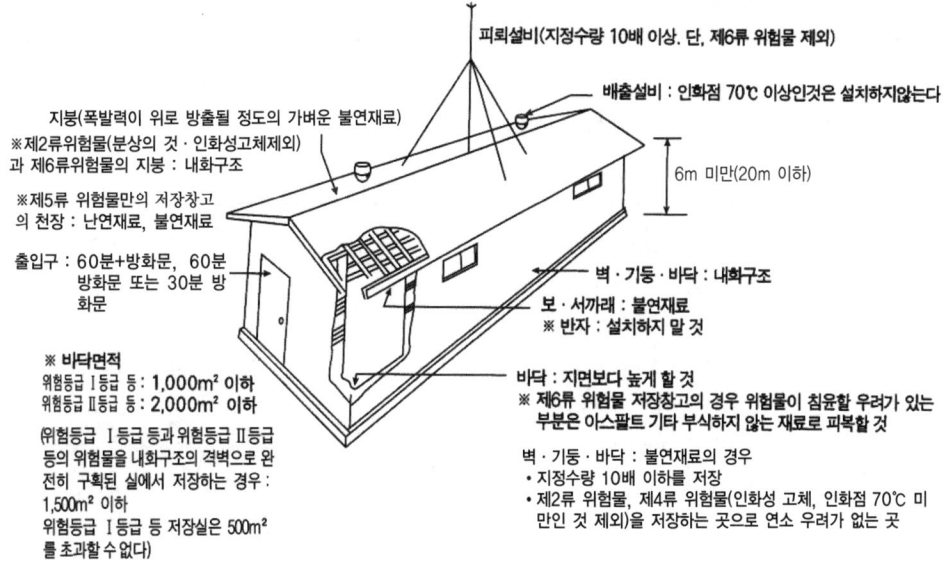

(1) 건축물의 구조

① 건축물의 재질
   ㉮ 벽 · 기둥 · 바닥 : 내화구조
   ㉯ 보 · 서까래 : 불연재료
   ㉰ 지붕 : 폭발력이 위로 방출될 정도의 가벼운 불연재료
   ㉱ 출입구 : 60분+방화문, 60분 방화문 또는 30분 방화문
   ㉲ 연소의 우려가 있는 외벽의 출입구 : 자동폐쇄식의 60분+방화문, 60분 방화문 또는 30분 방화문

건축물의 바닥면적
- 위험등급 Ⅰ등급 등 위험물(제4류 위험물 중 Ⅱ등급 포함) : 1,000m² 이하
- 위험등급 Ⅱ등급 등 위험물(제4류 위험물 중 Ⅱ등급 제외) : 2,000m² 이하
- 위험등급 Ⅰ등급 등과 위험등급 Ⅱ등급 등 위험물을 내화구조의 격벽으로 완전히 구획된 실에 각각 저장하는 경우 : 1,500m²(위험등급 Ⅰ등급 등 위험물을 저장하는 실의 면적은 500m²를 초과 할수 없다)이하
- 내화구조의 격벽 : 격벽의 양측과 상부는 돌출시키지 아니하여도 된다.

② 지면에서 처마까지의 높이 : 6m 미만

지면에서 처마까지의 높이를 20m 이하로 할 수 있는 경우(제2류와 제4류 위험물만 저장할 경우)
① 벽 · 기둥 · 보 및 바닥을 내화구조로 할 것
② 출입구를 60분+방화문 또는 60분 방화문으로 할 것
③ 피뢰침을 설치할 것

③ 바닥의 조건 : 지면보다 높게 한다.

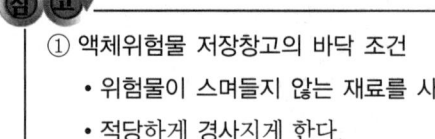

① 액체위험물 저장창고의 바닥 조건
  • 위험물이 스며들지 않는 재료를 사용한다.
  • 적당하게 경사지게 한다.
  • 최저부에 집유설비를 한다.
② 저장 창고의 바닥이 물이 스며나오거나 스며들지 않는 구조로 해야하는 위험물
  • 제1류 위험물 : 알칼리금속의 과산화물
  • 제2류 위험물 : 마그네슘 · 철분 · 금속분
  • 제3류 위험물 중 금수성 물질
  • 제4류 위험물

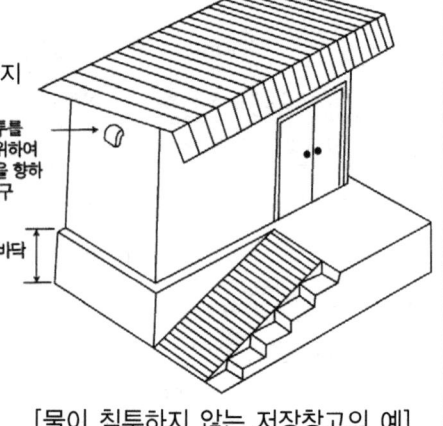

[물이 침투하지 않는 저장창고의 예]

④ 배출설비
  ㉮ 인화점 70℃ 이상인 위험물은 제외한다.
  ㉯ 배출설비의 사용목적 : 가연성증기 또는 미분이 체류하면 폭발의 위험이 있으므로 가연성증기 및 미분을 옥외의 높은 곳으로 배출하기 위함
⑤ 피뢰설비 : 지정수량 10배 이상의 위험물 저장창고에 설치한다(제6류 위험물 제외).

4 옥내저장소의 위험물 저장기준

(1) 위험물의 저장기준

① 위험물과 비위험물과의 상호거리 : 1m 이상
② 혼재할 수 있는 위험물과 위험물의 상호거리 : 1m 이상
③ 자연발화위험이 있는 위험물 : 지정수량 10배 이하마다 0.3m 이상 간격을 둠

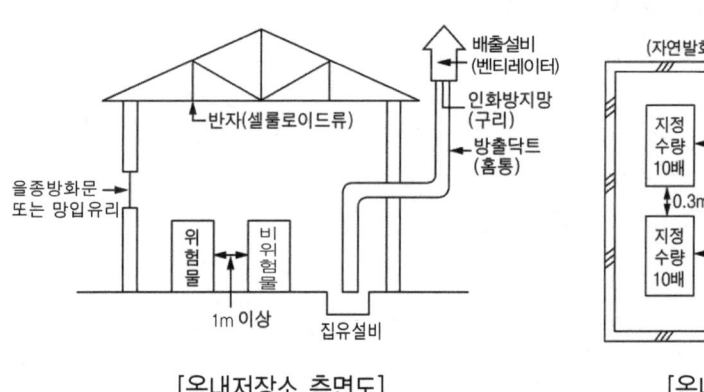

[옥내저장소 측면도]

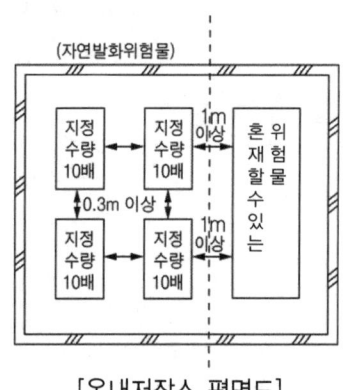

[옥내저장소 평면도]

유별을 달리하는 위험물을 동일장소에 저장할 수 있는 경우(1m 이상 간격을 둠)
- 제1류 위험물과 제6류 위험물
- 제1류 위험물과 제3류 위험물 중 자연발화성 물질(황린 또는 이를 함유한 것에 한한다)
- 제1류 위험물(알칼리금속의 과산화물 또는 이를 함유한 것을 제외)과 제5류 위험물
- 제2류 위험물 중 인화성 고체와 제4류 위험물
- 제3류 위험물 중 알킬알루미늄 등과 제4류 위험물(알킬알루미늄 또는 알킬리튬을 함유한 것에 한한다)
- 제4류 위험물 중 유기과산화물 또는 이를 함유한 것과 제5류 위험물 중 유기과산화물 또는 이를 함유한 것

(2) 위험물의 저장높이(규정높이를 초과하여 용기를 겹쳐 쌓지 아니할 것)

① 기계에 의하여 하역하는 구조로 된 용기만을 겹쳐 쌓는 경우 : 6m
② 제4류 위험물 중 제3석유류, 제4석유류 및 동식물유류를 수납하는 용기만을 겹쳐 쌓는 경우 : 4m
③ 그 밖의 경우 : 3m

2. 지정과산화물의 옥내저장소

1 지정과산화물 옥내저장소의 건축물

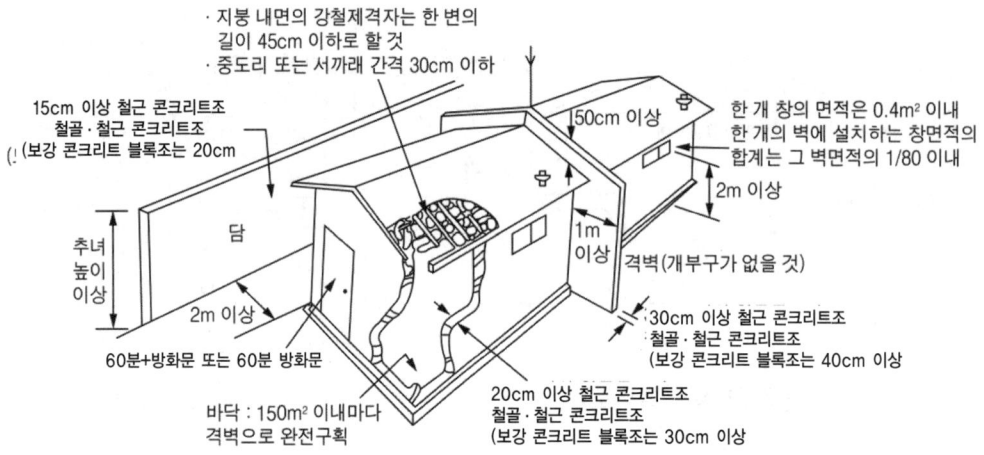

[지정과산화물의 저장창고]

> 지정과산화물 : 제5류 위험물 중 유기과산화물 또는 이를 함유하는 것으로서 지정수량이 10kg인 것

(1) 외벽의 기준

① 철근 콘크리트조 · 철골 철근 콘크리트조 : 20cm 이상
② 보강 콘크리트 블럭조 : 30cm 이상

> 지정수량 5배 이하인 지정과산화물의 옥내 저장소 외벽을 두께 30cm 이상의 철근 콘크리트조 또는 철골 철근 콘크리트조로 할 경우 담 또는 토제를 대신할 수 있다.

(2) 격 벽(개구부가 없을 것)의 기준

① 바닥면적 150m² 이내 마다 설치

② 철근 콘크리트조 · 철골 철근 콘크리트조 : 30cm 이상

③ 보강 콘크리트 블럭조 : 40cm 이상

> 돌출부분의 기준
> - 격벽의 양측 : 외벽으로부터 1m 이상
> - 격벽의 상부 : 지붕으로부터 50cm 이상

(3) 지붕의 기준

① 재질 : 가벼운 불연성 단열재료

② 중도리 또는 서까래의 간격 : 30cm 이하

③ 지붕 내면의 강철제격자 : 한변의 길이가 45cm 이하인 둥근 철강 또는 경량 형강

(4) 출입구 : 60분+방화문 또는 60분 방화문

(5) 창

① 바닥으로부터의 높이 : 2m 이상

② 창 하나의 면적 : 0.4m² 이내

③ 1개 면의 벽에 설치하는 창의 면적의 합계 : 그 벽의 면적의 1/80 이내

(6) 담 또는 토제

① 외벽과의 상호거리 : 2m 이상

② 높이 : 처마의 높이 이상

③ 철근 콘크리트조 · 철골 철근 콘리트조 : 15cm 이상

④ 보강 콘크리트 블럭조 : 20cm 이상

⑤ 토제의 경사면의 경사도 : 60° 미만

적중·예상문제

모든 계산문제는 소수 3째자리까지 계산하고 반올림하여 소수 2째자리를 답으로 합니다.

옥내저장소의 기준

01 옥내저장소에서 화재 예방규정을 정해야 하는 위험물의 지정수량 배수는 얼마인가?

해답 150배 이상

참고
- 제조소, 일반 취급소 : 지정수량 10배 이상
- 옥외저장소 : 지정수량 100배 이상
- 옥내저장소 : 지정수량 150배 이상
- 옥외탱크저장소 : 지정수량 200배 이상

02 위험물 옥내저장소는 다른 건축물 등과 안전거리를 두어야 한다. 안전거리를 두지 아니할 수 있는 곳은 제4석유류·(㉮)를 지정수량 (㉯)을 저장·취급하는 옥내저장소와 (㉰) 위험물을 저장 또는 취급하는 옥내저장소이다. ( )에 적당한 것을 쓰시오.

해답
- ㉮ 동·식물유류
- ㉯ 20배 미만
- ㉰ 제6류

03 지정수량의 20배를 초과하는 위험물을 저장 또는 취급하는 옥내저장소를 동일구내에 2개 이상 인접하여 설치하는 경우 그 인접하는 방향의 보유공지는 규정된 보유공지의 (㉮)으로 할 수 있다. 이 경우 보유공지의 너비가 3m 미만인 경우는 (㉯)가 되어야 한다. ( )를 완성하시오.

해답 ㉮ 1/3 이상 ㉯ 3m

04 벽, 기둥 및 바닥이 내화구조로 된 옥내저장소에 위험물을 저장하는 경우 주위에 확보하여야 할 공지의 너비에 대한 기준을 쓰시오.

① 저장 최대 수량이 지정수량의 5배 초과 10배 이하
② 저장 최대 수량이 지정수량의 20배 초과 50배 이하
③ 저장 최대 수량이 지정수량의 200배 초과

해답
① 1m 이상
② 3m 이상
③ 10m 이상

참고 옥내저장소의 보유공지

저장 또는 취급하는 위험물의 최대 수량	보유공지의 너비	
	벽,기둥 및 바닥이 내화구조로 된 건축물	기타의 건축물
지정수량의 5배 이하		0.5m 이상
지정수량의 5배 초과 10배 이하	1m 이상	1.5m 이상
지정수량의 10배 초과 20배 이하	2m 이상	3m 이상
지정수량의 20배 초과 50배 이하	3m 이상	5m 이상
지정수량의 50배 초과 200배 이하	5m 이상	10m 이상
지정수량의 200배 초과	10m 이상	15m 이상

※ 벽,기둥 및 바닥이 불연재료일 경우
- 지정수량 10배 이하를 저장할 경우
- 제2류 위험물과 제4류 위험물(인화성 고체 및 인화점 70℃ 미만인 것 제외)을 저장하는 곳으로 연소의 우려가 없는 곳

05 다음의 옥내저장소에서 위험물을 저장할 때 위험물과 비위험물과의 상호거리는 몇 m 이상인가?

해답 1m 이상

06 옥내저장소에서 혼재 가능한 유별이 다른 위험물과 위험물과의 상호 거리는 몇 m 이상인가?

해답 1m 이상

07 옥내저장소에서 위험물을 저장하는 경우 동일 품명이라 할지라도 0.3m 이상의 간격을 두고 구분·저장하여야 한다. 해당 위험물의 성질과 지정수량 몇 배마다 간격을 두는가?

해답 ① 해당 위험물 : 자연발화성의 위험물
② 지정수량 : 10배

08 위험등급 Ⅰ등급에 해당하는 위험물을 저장하는 옥내저장소에 대하여 다음 물음에 답하시오.

㉮ 건축물의 바닥면적
㉯ 지면에서 처마까지의 높이

해답 ㉮ 1,000m² 이하
㉯ 6m 미만

09 제6류 위험물을 옥내저장소에 저장하고자 한다. 옥내저장소의 바닥면적은 얼마나 되는가?

해답 1,000m² 이하
참고 제6류 위험물은 위험등급 Ⅰ에 해당하므로 건축물의 바닥면적은 1,000m² 이하일 것

10 옥내저장소를 단층건축물로 할 경우 다음 물음에 답하시오.

㉮ 위험등급 Ⅱ등급 등(제4류 위험물 중 Ⅱ등급 제외)을 저장하는 건축물의 바닥면적은 몇m² 이하인가?
㉯ 위험등급 Ⅰ등급 등(제4류 위험물 중 Ⅱ등급 포함)과 위험등급 Ⅱ등급 등(제4류 위험물 중 Ⅱ등급 제외)을 내화구조의 격벽으로 완전히 구획된 실에 각각 저장하는 경우 건축물의 바닥면적은 몇 m² 이하인가?

해답 ㉮ 2,000m² 이하
㉯ 1,500m² 이하

11 위험물을 옥내저장소에 저장할 경우 저장 높이는 몇 m를 초과할 수 없는가?

㉮ 기계에 의하여 하역하는 구조로 된 용기만을 겹쳐 쌓는 경우
㉯ 제4류 위험물 중 제3석유류, 제4석유류 및 동식물유류를 수납하는 용기만을 겹쳐 쌓는 경우
㉰ ㉮, ㉯ 이외의 경우

해답 ㉮ 6m ㉯ 4m ㉰ 3m

12 중유를 옥내저장소에 용기만 겹쳐 쌓는 경우 높이는 얼마까지 쌓을 수 있는가?

해답 4m 이하
참고 중유 : 제4류 위험물 중 제3석유류

13 액체위험물을 저장하는 옥내저장소의 바닥조건을 3가지 쓰시오.

해답 ① 위험물이 스며들지 않는 재료 사용
② 적당하게 경사지게 한다.
③ 최저부에 집유설비를 한다.

14 제1류 위험물 중 (㉮), 제2류 위험물 중 (㉯)·(㉰)·(㉱), 제3류 위험물 중 (㉲), 제4류 위험물의 저장창고의 바닥은 물이 스며나오거나 스며들지 않는 구조로 하여야 한다. ( ) 안에 적당한 것을 쓰시오.

해답 ㉮ 알칼리금속의 과산화물
㉯ 마그네슘
㉰ 철분
㉱ 금속분
㉲ 금수성물질

15 옥내저장소에는 배출설비를 설치하여야 한다. 배출설비를 하지 않아도 되는 위험물의 인화점은 몇 ℃ 이상인가?

해답 70℃ 이상

16 지정과산화물이라 함은 제5류 위험물 중 (㉮) 또는 이를 함유하는 것으로써 지정수량이 (㉯)인 것이다.

해답 ㉮ 유기과산화물
㉯ 10kg

17 지정과산화물 저장 창고의 벽 두께를 쓰시오.

㉮ 철근콘크리트조
㉯ 보강콘크리트블럭조

해답 ㉮ 20cm 이상
㉯ 30cm 이상

18 지정과산화물 옥내저장소의 격벽의 기준을 쓰시오.

㉮ 바닥면적 몇 m^2 이내 마다 설치하는가?
㉯ 철근콘크리트조·철골철근콘크리트조의 격벽 두께는 몇 cm 이상인가?
㉰ 보강콘크리트블럭조의 격벽 두께는 몇 cm 이상인가?
㉱ 벽면의 돌출부 길이는 몇 m 이상인가?
㉲ 지붕 위 돌출부의 높이는 몇 m 이상인가?

해답 ㉮ 150m^2 이내   ㉯ 30cm 이상
㉰ 40cm 이상   ㉱ 1m이상
㉲ 0.5m 이상

19 지정과산화물을 저장하는 창고의 기준을 쓰시오.

㉮ 담 높이
㉯ 저장창고 외벽과 담까지의 거리
㉰ 지붕 내면의 강철제격자 한 변의 길이
㉱ 서까래 간격

해답 ㉮ 추녀 높이 이상
㉯ 2m 이상
㉰ 45cm 이하
㉱ 30cm 이하

20 지정과산화물을 저장하는 창고에 대하여 다음 물음에 답하시오.

㉮ 창문 1개의 면적
㉯ 1개면의 벽에 설치하는 창의 면적의 합계
㉰ 바닥으로부터의 높이
㉱ 담으로 사용하는 토제의 경사면의 경도

해답 ㉮ 0.4m^2 이내   ㉯ 1/80 이내
㉰ 2m 이상   ㉱ 60도 미만

제5장 옥외저장소

1. 옥외저장소의 설치기준

1 안전거리

제조소의 규정에 준한다.

2 보유공지

저장 또는 취급하는 위험물의 최대 수	공지의너비
지정수량의 10배 이하	3m 이상
지정수량의 10배 초과 20배 이하	5m 이상
지정수량의 20배 초과 50배 이하	9m 이상
지정수량의 50배 초과 200배 이하	12m 이상
지정수량의 200배 초과	15m 이상

(1) 보유공지의 특례사항(당해 보유공지 너비의 1/3 이상으로 할 수 있을 경우)

① 제4류 위험물 중 제4석유류
② 제6류 위험물

3 설치장소의 선정

① 다른 건축물과 안전거리를 둔다.
② 습기가 없고 배수가 잘되는 장소에 설치하여야 한다.
③ 경계표시를 하여야 한다.

4 옥외저장소의 선반

(1) 재질 : 불연재료
(2) 선반의 높이(위험물 적재상태)
    6m를 초과하지 말 것
(3) 차광막 설치 위험물
    ① 과산화수소
    ② 과염소산

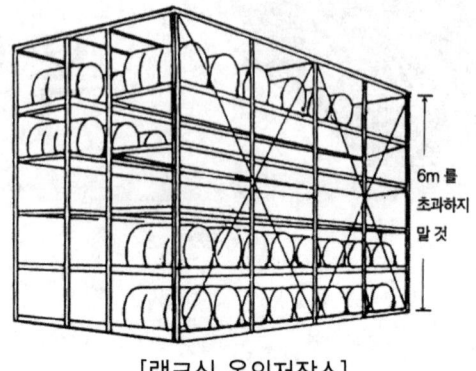

[랙크식 옥외저장소]

위험물의 저장높이
- 기계에 의하여 하역하는 구조로 된 용기만을 겹쳐 쌓는 경우 높이 : 6m를 초과하지 말 것
- 제4류 위험물 중 제3 석유류, 제4 석유류 및 동식물유류를 수납하는 용기만을 겹쳐 쌓는 경우 높이 : 4m를 초과하지 말것
- 그 밖의 경우 : 3m를 초과하지 말것

랙크식 저장 창고(Rack Ware House)
- 선반을 이용한 물건보관 창고로서 입고 및 출고를 승강기 등을 이용하여 컴퓨터 관리가 용이한 저장창고를 말한다.
- 용기를 겹쳐쌓거나 선반에 올려 쌓을 경우 위험물의 용기가 바닥으로 굴러 떨어지지 않게 하여야 한다.

5 옥외저장소의 위험물 저장기준

(1) 옥외저장소의 저장위험물의 구분

① 저장할 수 있는 위험물
   ㉮ 제2류 위험물 중 황
   ㉯ 제2류 위험물 중 인화성 고체(인화점 0℃ 이상인 것)
   ㉰ 제1석유류(인화점 0℃ 이상인 것)
   ㉱ 알코올류
   ㉲ 제2석유류
   ㉳ 제3석유류
   ㉴ 제4석유류

㉑ 동식물유류
㉒ 제6류 위험물

옥외저장소는 노천에서 위험물을 저장 취급하므로 비가 오거나 또는 화기 및 점화원으로부터 직접 위험이 없거나 위험성이 적은 것만을 저장 취급해야 한다.

(2) 위험물의 저장기준

① 운반용기에 수납하여 저장한다.
② 위험물과 비위험물과의 상호간격 : 1m 이상
③ 위험물과 위험물과의 상호거리 : 1m 이상

(3) 용기에 수납하지 않는 황의 저장기준

① 경계표시 안쪽에 저장·취급 한다.
② 경계표시 하나의 면적 : 100㎡ 이하
③ 2개이상의 경계표시의 합계 : 1,000㎡ 이하
④ 경계표시의 높이 : 1.5m 이하
⑤ 경계표시와 인접하는 경계표시와의 간격 : 해당보유공지의 1/2 이상(지정수량 200배이상의 경우 10m 이상)
⑥ 넘치거나 비산을 방지하기 위하여 천막 등으로 덮어야 한다.

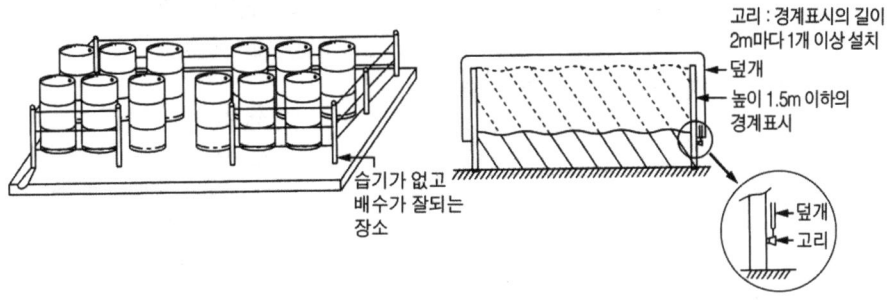

적중 · 예상문제

모든 계산문제는 소수 3째자리까지 계산하고 반올림하여 소수 2째자리를 답으로 합니다.

옥외저장소

01 옥외저장소의 보유공지에 대하여 다음 물음에 답하시오

> ㉮ 지정수량 10배 이하를 저장할 경우 보유공지는 몇 m 이상으로 하는가?
> ㉯ 지정수량 200배 초과를 저장할 경우 보유공지는 몇 m 이상으로 하는가?
> ㉰ 보유공지를 당해 보유공지의 1/3 이상으로 할 수 있는 경우 2가지를 쓰시오.

해답 ㉮ 3m 이상
㉯ 15m 이상
㉰ 제4류 위험물 중 제4석유류 · 제6류 위험물

참고 옥외저장소의 보유공지

저장 또는 취급하는 위험물의 최대 수량	공지의 너비
지정수량의 10배 이하	3m 이상
지정수량의 10배 초과 20배 이하	5m 이상
지정수량의 20배 초과 50배 이하	9m 이상
지정수량의 50배 초과 200배 이하	12m 이상
지정수량의 200배 초과	15m 이상

*제4류 위험물 중 제4석유류와 제6류 위험물의 저장 또는 취급하는 옥외저장소의 보유공지는 위의 표에 의한 공지의 너비의 3분의 1 이상의 너비로 할 수 있다.

02 옥외저장소에서 제4류 위험물 제4석유류를 제외한 위험물을 지정수량의 10배 초과 20배 이하를 저장 · 취급할 때 보유공지 너비는 얼마인가?

해답 5m 이상

03 과산화수소 3,000kg을 저장하는 옥외저장소의 보유공지는 몇 m 이상으로 하여야 하는가?

해답 [계산과정]
과산화수소의 지정수량 : 300kg
과산화수소 3,000kg의 지정수량의 배수
$= \dfrac{3000}{300} = 10$배

보유공지 : 제6류 위험물을 저장 또는 취급하는 옥외저장소의 보유공지는 당해 보유공지 너비의 3분의 1 이상의 너비로 할 수 있다.

[답] $3m \times \dfrac{1}{3} = 1m$

04 옥외저장소의 설치 장소로서의 조건을 3가지만 쓰시오.

해답 ① 다른 건축물과 안전거리를 둔다.
② 습기가 없고 배수가 잘 되는 곳
③ 경계표시를 하여야 한다.

05 옥외저장소의 선반 등 구조물에 대하여 다음 물음에 답하시오.

> ㉮ 위험물을 적재한 상태에서 선반의 높이는 몇 m를 초과하지 말아야 하는가?
> ㉯ 차광막을 설치 하여야 할 위험물 2가지를 쓰시오.

해답 ㉮ 6m
㉯ 과산화수소 · 과염소산

06 위험물을 옥외저장소에 저장할 경우 저장 높이는 몇 m를 초과할 수 없는가?

> ㉮ 기계에 의하여 하역하는 구조로 된 용기만을 겹쳐 쌓는 경우
> ㉯ 제4류 위험물 중 제3석유류, 제4석유류 및 동식물유류를 수납하는 용기만을 겹쳐 싸는 경우
> ㉰ ㉮, ㉯ 이외의 경우

해답 ㉮ 6m ㉯ 4m ㉰ 3m
참고 옥내저장소의 기준과 동일하다.

07 다음 보기에서 괄호 안에 알맞은 말을 쓰시오.

> 과산화수소 또는 과염소산을 저장하는 옥외저장소에는 (㉮) 또는 (㉯)의 천막 등을 설치하여 (㉰)을 가릴 것

해답 ㉮ : 불연성
　　 ㉯ : 난연성
　　 ㉰ : 햇빛

08 옥외저장소에 저장 가능한 제4류 위험물 중 3가지를 쓰시오.

해답 제1석유류(인화점 0℃ 이상인 것에 한한다.), 알코올류, 제2석유류, 제3석유류, 제4석유류, 동 식물유류 (중 3가지)
참고 옥외저장소에 저장 가능한 위험물
① 제2류 위험물 중 황, 인화성 고체(인화점 0℃ 이상인 것에 한한다)
② 제4류 위험물 중 제1석유류(인화점 0℃ 이상인 것에 한한다), 알코올류, 제2석유류, 제3석유류, 제4석유류, 동·식물유류
③ 제6류 위험물

09 옥외저장소에서 위험물의 저장할 때 위험물과 비위험물의 상호간격은 몇 m 이상인가?

해답 1m

10 옥외저장소에서 혼재 가능한 유별이 다른 위험물과 위험물과의 상호 거리는 몇 m 이상인가?

해답 1m

11 옥외저장소에서 용기에 수납하지 아니하고 덩어리 상태의 황을 저장할 때에 경계표시 하나의 면적과 높이는 얼마로 하여야 하는가?

해답 ① 면적 : $100m^2$ 이하
　　　② 1.5m 이하

12 옥외저장소에서 용기에 수납하지 아니하고 덩어리 상태의 황을 저장할 때에 2개 이상의 경계표시의 합계는 몇 m^2 이하여야 하는가?

해답 $1,000m^2$ 이하

제6장 옥외탱크저장소

1. 옥외탱크저장소의 설치기준

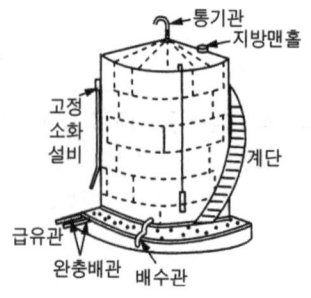
[입형 옥외탱크 저장시설]

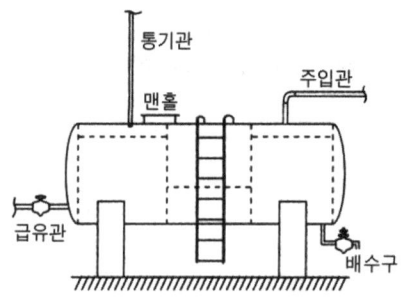
[횡형 옥외탱크 저장시설]

① 입형탱크는 종치원통형 탱크라고도 하며, 횡형탱크는 횡치원통형 탱크라고도 한다.
② 옥외탱크의 종류
 · 종치원통형탱크 ─┬─ 고정 지붕식(Cone Roof Tank)
  (입형탱크)   ├─ 부동 지붕식(Floating Roof Tank)
           └─ 고정지붕형 부동 지붕식(Covered Floating Roof Tank)
 · 횡치원통형탱크
 · 각형탱크
 · 구형탱크
③ 특정옥외탱크저장소 : 탱크용량 100만ℓ 이상인 탱크
④ 준특정옥외탱크저장소 : 탱크용량 50만ℓ 이상 100만ℓ 미만인 탱크

1 안전거리 : 제조소에 준한다.

2 보유공지

위험물의 최대 수량	보유공지의 너비
지정수량의 500배 이하	3m 이상
지정수량의 500배 초과 1,000배 이하	5m 이상
지정수량의 1,000배 초과 2,000배 이하	9m 이상
지정수량의 2,000배 초과 3,000배 이하	12m 이상
지정수량의 3,000배 초과 4,000배 이하	15m 이상
지정수량의 4,000배 초과	• 당해 탱크의 수평단면의 최대 지름(횡형인 경우에는 긴 변)과 높이 중 큰 것과 같은 거리 이상 • 30m를 초과하는 경우에는 30m 이상으로 할 수 있고 15m 미만일 경우에는 15m 이상으로 하여야 한다.

(1) 보유공지의 특례 사항 (Ⅰ)

① 동일한 방유제안에 2개 이상의 탱크를 인접하여 설치할 때 : 당해 보유공지의 1/3 이상의 너비로 할 수 있다(단, 3m 이상이 되어야 한다).

② 특례사항 제외 : 지정수량 4,000배를 초과하여 저장·취급하는 옥외탱크저장소

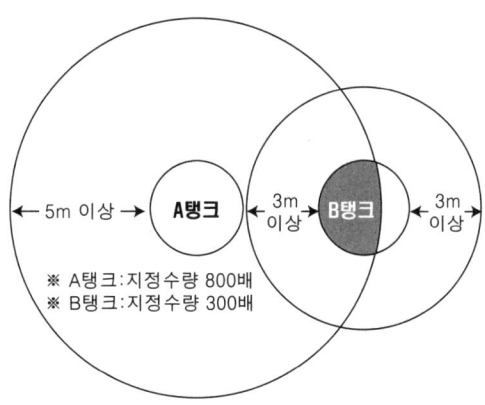

[보유공지 특례사항(Ⅰ)의 예시도]

> 제6류 위험물을 저장·취급하는 옥외탱크저장소의 보유공지 특례사항
> • 당해 보유공지의 1/3이상의 너비로 할 수 있다(단, 1.5m 이상이 되어야 한다).
> • 동일 대지 내에 2개 이상의 탱크를 인접하여 설치할 때 보유공지 너비의 1/3 이상에 다시 1/3 이상의 너비로 할 수 있다(단 1.5m 이상이 되어야 한다).

(2) 보유공지의 특례사항(Ⅱ)

옥외탱크저장소에 **물분무설비**를 할 경우(공지단축 옥외탱크저장소) 보유공지의 1/2 이상의 너비로 할 수 있다(최소 3m 이상).

> 물분부설비의 방호조치(화재시 20kw/m²의 복사열에 노출되는 탱크 포함)
> ① 탱크의 높이가 15m를 초과하는 경우 15m 이하마다 분무헤드를 설치
> • 토출량 : 탱크의 높이 15m 이하마다 원주둘레길이 1m당 37ℓ를 곱한 양 이상
> • 수원의 양 : 토출량을 20분 이상 방수할 수 있는 양
> ② 물분무 설비의 헤드 : 탱크의 높이를 고려하여 적절하게 설치

3 탱크의 구조

(1) 재질 : 두께 3.2mm 이상인 강철판

(2) 부식방지조치

　① 탱크 외면 : 부식방지 도장
　② 탱크 저판의 외면
　　㉮ 아스팔트샌드 등의 방식재료 사용
　　㉯ 기타 부식방지조치(전기방식)

(3) 옥외탱크저장소의 통기장치 및 압력탱크의 안전장치

　① 밸브 없는 통기관의 구조(무변통기관)
　　㉮ 통기관의 지름 : 30mm 이상
　　㉯ 통기관의 선단은 수평으로부터 45° 이상 구부려 빗물 등의 침입을 막아야 한다(빗물이 들어가지 않는 구조일 경우 제외).
　　㉰ 가는 눈의 동망 등으로 인화방지 장치를 설치한다(다만, 인화점 70℃ 이상의 위험물만을 해당위험물의 인화점 미만의 온도로 저장 취급할 경우 제외).

② 가연성증기 회수밸브 : 평소 개방되어 있으며, 위험물 주입시 폐쇄시키며 10kPa 이하의 압력에서 개방되는 구조일 것(유효 단면적 : 777.15mm² 이상)

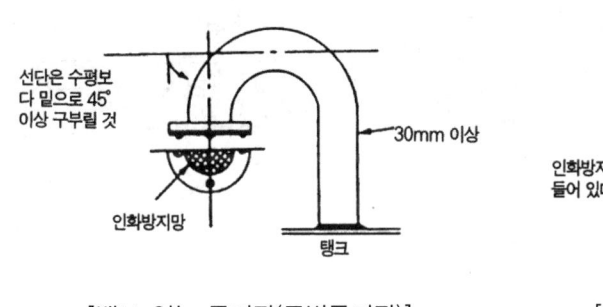

[밸브 없는 통기관(무변통기관)]   [대기밸브 부착 통기관]

③ 대기밸브 부착 통기관의 구조
  ㉮ 5kPa 이하의 압력차이로 작동할것
  ㉯ 가는 눈의 동망 등으로 인화방지장치를 설치한다.

- 밸브 없는 통기관 : 밸브가 없는 형태로서 액체 위험물을 탱크에 저장할 때 위험물 입출고시 생기는 탱크의 내압변화를 안전하게 조정하는 장치(입고시에는 탱크 내부의 유증기 및 공기를 배출하고, 출고시에는 외부의 공기를 유입시킨다)로 선단은 수평으로부터 45° 이상 구부려 빗물 등의 침입을 막고 가는 눈의 동망 등으로 인화방지 장치를 한다.
- 대기 밸브 부착 통기관 : 저장하는 위험물이 휘발성이 높아 증발손실이 큰 위험물 저장탱크에 사용하며 위험물의 입고시 압력밸브가 작동하여 유증기 및 공기를 배출하고 출고시 부압밸브가 작동하여 외부의 공기를 유입시키는 구조의 장치이다.

(4) 옥외탱크저장소의 주입구 설치기준
① 화재예방상 지장이 없는 장소에 설치할 것
② 밸브 또는 뚜껑을 설치할 것
③ 휘발유, 벤젠 그 밖의 정전기 재해발생 우려가 있는 액체위험물은 접지전극을 설치할 것
④ 인화점 21℃ 미만인 위험물은 주의사항 게시판을 설치할 것

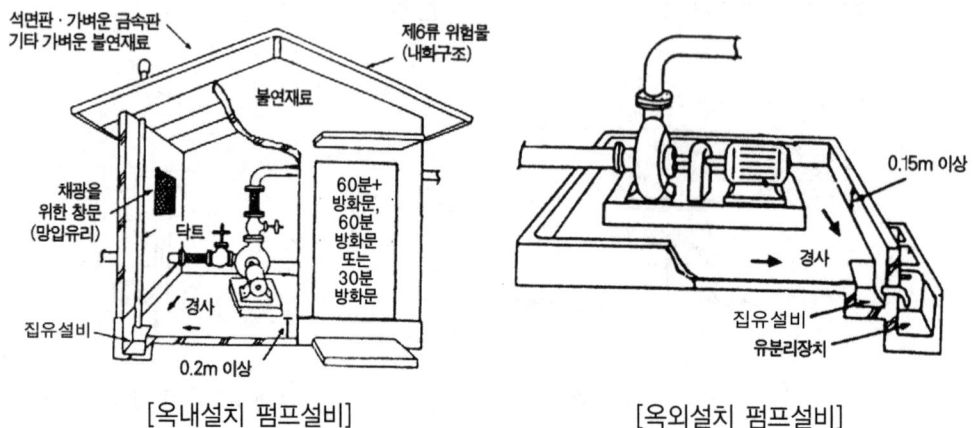

[옥내설치 펌프설비]　　　　[옥외설치 펌프설비]

4 옥외탱크저장소의 펌프설비

(1) 옥내에 설치하는 펌프실의 구조

　① 바닥의 기준

　　㉮ 재질 : 콘크리트·기타 불침윤재료

　　㉯ 턱높이 : 0.2m 이상

　　㉰ 적당히 경사지게하고 최저부에 집유설비 설치

　② 출입구 : 60분+방화문, 60분 방화문 또는 30분 방화문

(2) 펌프실 외에 설치하는 펌프설비의 구조

　① 바닥의 기준

　　㉮ 재질 : 콘크리트·기타 불침윤재료

　　㉯ 턱높이 : 0.15m 이상

　　㉰ 적당히 경사지게 하고 최저부에 집유설비 설치

　　㉱ 제4류 위험물(수용성의 것 제외) 취급하는 곳 : 집유설비·유분리장치를 설치

(3) 펌프설비의 보유공지

　① 펌프설비 주위의 보유공지 : 3m 이상

　② 펌프설비와 탱크 사이의 거리 : 옥외탱크저장소 보유공지 너비의 1/3 이상

③ 보유공지 제외
  ㉠ 방화상 유효한 격벽(건축물 내에 설치할 경우 내화구조의 것)을 설치한 경우
  ㉡ 제6류 위험물을 저장·취급하는 경우
  ㉢ 지정수량 10배 이하의 위험물을 저장·취급하는 경우

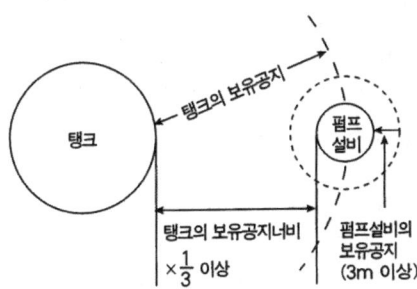

[옥외탱크저장소 펌프설비 보유공지]

5 옥외탱크 저장소의 피뢰설비

① 대상 : 지정수량 10배 이상을 저장·취급하는 곳
② 제외의 대상 : 제6류 위험물을 저장·취급하는 경우

6 옥외탱크저장소의 방유제

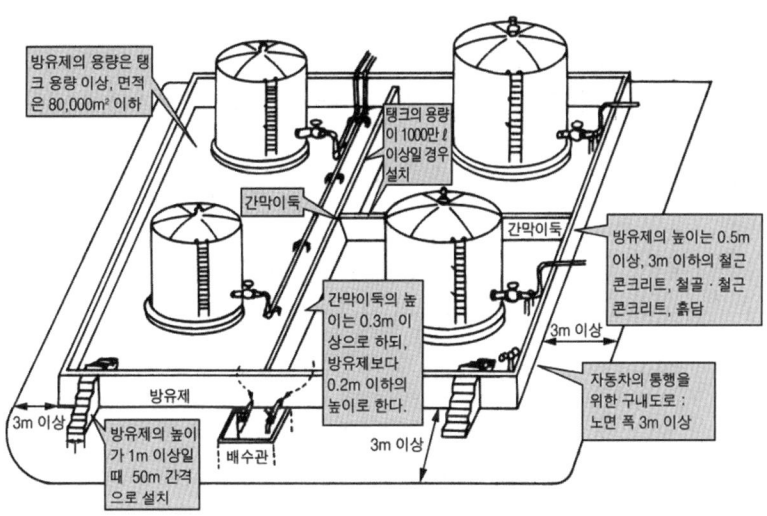

(1) 방유제의 구조

① 재질 : 철근콘크리트 · 철골철근콘크리트 · 흙담
② 높이 : 0.5m 이상 3m 이하
③ 두께 : 0.2m 이상
④ 매설 깊이 : 1m 이상
⑤ 액체의 제5류 위험물 방유제의 높이 : 3m 이상
⑥ 계단 : 높이 1m 이상의 방유제에는 50m 간격으로 방유제의 안과 밖에 설치
⑦ 방유제의 면적 : 80,000m² 이하
⑧ 하나의 방유제 내의 탱크의 기수
　㉮ 10기 이하
　㉯ 20기 이하로 할 경우 : 방유제 내의 전탱크의 용량이 20만ℓ(200kℓ) 이하이고 인화점이 70°C 이상 200°C 미만인 것
　㉰ 기수에 제한을 두지 않을 경우 : 인화점 200°C 이상인 것
⑨ 방유제와 탱크 측면과의 상호거리
　㉮ 탱크의 지름이 15m 미만 : 탱크높이의 1/3 이상
　㉯ 탱크의 지름이 15m 이상 : 탱크높이의 1/2 이상
　㉰ 인화점 200°C 이상의 저장탱크 : 해당 없음
⑩ 방유제 외면에 직접 접하는 구내도로의 노면폭
　㉮ 방유제 외면의 1/2 이상의 면으로부터 3m 이상
　㉯ 용량합계가 20만ℓ 이하인 경우에는 3m 이상의 노면폭을 확보한 도로 또는 공지에 접할 것

> 간막이 둑 : 하나의 방유제 안에 2 이상의 탱크가 설치되고 그 탱크의 용량이 1,000만ℓ 이상인 옥외저장탱크에 설치
> • 높이 : 0.3m 이상으로 하되 방유제의 높이 보다 0.2m 이상을 감한 높이(2억ℓ 이상인 경우 1m 이상)
> • 간막이 둑의 용량 : 간막이 둑안에 설치된 탱크의 용량의 10% 이상

(2) 방유제의 용량기준

① 인화성액체(이황화탄소 제외) 옥외탱크저장소 방유제의 용량
　㉮ 탱크 1기 : 당해 탱크 용량의 110% 이상
　㉯ 탱크 2기 이상 : 설치탱크 중 용량이 최대인 것의 용량의 110% 이상
② 인화성이 없는 액체 위험물인 경우 : 탱크용량의 100% 이상

> **참고**
>
> ※ 10,000ℓ를 저장하는 옥외탱크저장소의 방유제 용량
> - 인화성 액체위험물
>   10,000ℓ × 110% = 11,000ℓ 이상
> - 비인화성 액체위험물
>   10,000ℓ × 100% = 10,000ℓ 이상
>
> ※ 액체위험물을 제조하는 제조소의 옥외저장탱크의 방유제 용량계산)
>   (하나의 방유제 내에 10,000ℓ 탱크 1기, 5,000ℓ 탱크 2기가 있을 경우)
> - 제조소의 옥외저장탱크 방유제 용량(큰 탱크용량×50%+나머지 탱크용량의 합×10%)
>
> $10,000ℓ × \frac{50}{100} + 5,000ℓ × \frac{10}{100} + 5,000ℓ × \frac{10}{100} = 6,000ℓ$

7 금수성 위험물의 옥외탱크저장소

고체인 금수성 위험물의 옥외탱크저장소의 탱크에는 **방수성의 불연재료로** 피복하여야 한다. 이러한 물질은 물과 반응하여 발열 또는 가연성 가스를 발생하기 때문이다.

8 이황화탄소의 옥외탱크저장소

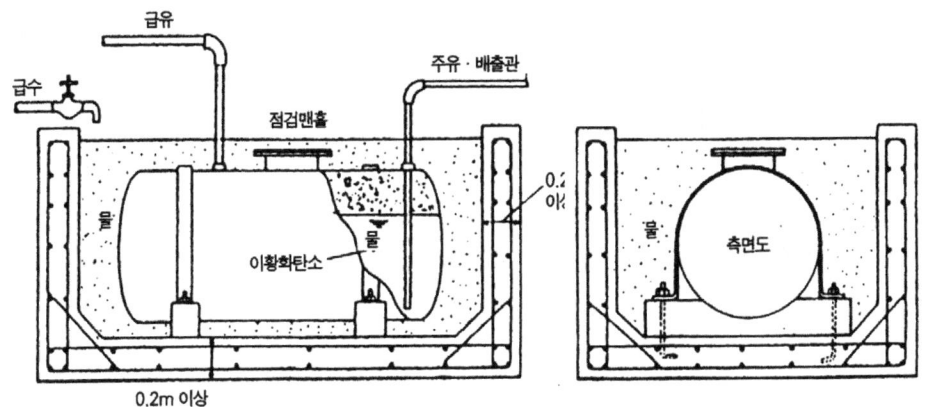

[이황화탄소 옥외탱크저장소의 수조]

(1) 탱크전용실(수조)의 구조

① 재질 : 철근콘크리트(바닥은 물이 새지 않는 구조)

② 벽·바닥의 두께 : 0.2m 이상

9 다이에틸에터·산화프로필렌·아세트알데하이드 옥외탱크

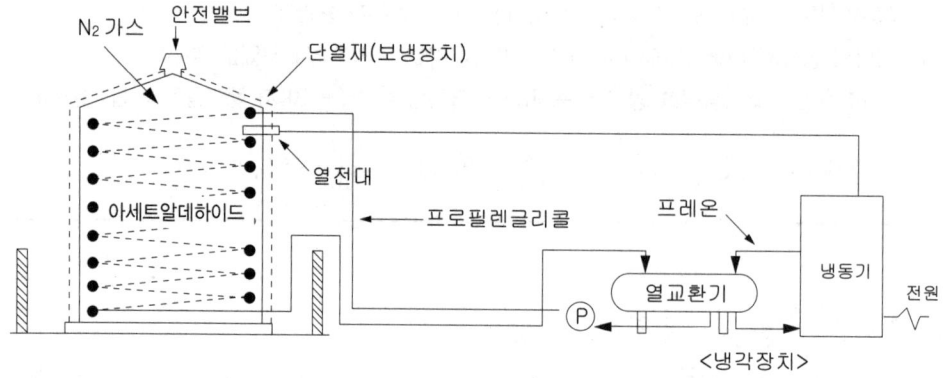

[아세트알데하이드 옥외탱크저장소의 냉각 및 보냉장치 등]

(1) 다이에틸에터·아세트알데하이드·산화프로필렌의 저장기준

① 압력탱크 이외의 탱크에 저장하는 다이에틸에터 등, 산화프로필렌과 이를 함유한 것의 저장온도 : 30℃ 이하

② 압력탱크 이외의 탱크에 저장하는 아세트알데하이드 또는 이를 함유한 것의 저장온도 : 15℃ 이하

③ 압력탱크에 아세트알데하이드 등, 다이에틸에터 등을 저장할 때의 저장온도 : 40℃ 이하

(2) 아세트알데하이드·산화프로필렌의 저장탱크의 사용금지 금속

구리·마그네슘·수은·은 또는 이들의 합금

> 아세트알데하이드의 옥외저장탱크에는 냉각장치 또는 보냉장치, 그리고 혼합기체의 생성에 의한 폭발을 방지하기 위한 **불활성의 기체를 봉입하는 장치**를 설치할 것
> • 불활성기체 : 질소가스(N_2)

적중·예상문제

모든 계산문제는 소수 3째자리까지 계산하고 반올림하여 소수 2째자리를 답으로 합니다.

옥외탱크저장소

01 옥외탱크저장소의 탱크 중 일반적으로 가장 많이 사용되는 CRT 탱크의 명칭은 무엇인가?

  해답 원통형 고정 지붕식 탱크

02 원통형 호흡지붕식 탱크란 무엇인가?

  해답 탱크의 내압이 높아지면 지붕이 위쪽으로 오르고, 압력이 낮아지면 지붕이 내려오는 탱크

03 옥외탱크 저장시설의 저장배수가 3,000배 초과 4,000배 이하일 때 보유공지는 얼마 이상인가?

  해답 15m
  참고 옥외탱크저장소의 보유공지

저장 또는 취급하는 위험물의 최대 수량	공지의 너비
지정수량의 500배 이하	3m 이상
지정수량의 500배 초과 1000배 이하	5m 이상
지정수량의 1000배 초과 2000배 이하	9m 이상
지정수량의 2000배 초과 3000배 이하	12m 이상
지정수량의 3000배 초과 4000배 이하	15m 이상
지정수량의 4000배 초과	당해탱크의 수평단면의 최대 지름(횡형인 경우에는 긴 변)과 높이 중 큰 것과 같은 거리 이상. 다만, 30m 초과의 경우에는 30m 이상으로 할 수 있고, 15m 미만의 경우에는 15m 이상으로 하여야 한다.

04 지정수량 4,000배 초과를 저장하는 옥외탱크의 보유공지 규정을 쓰시오.

  해답 당해 탱크의 수평단면의 최대 지름(횡형인 경우 긴 변)과 높이 중 큰 것과 같은 거리 이상
  30m를 초과할 경우에는 30m 이상으로 할 수 있고 15m 미만의 경우에는 15m 이상으로 한다.

05 옥외탱크저장소의 보유공지의 특례사항에 대하여 다음 물음에 답하시오.

  ㉮ 동일 대지 내에 2개 이상의 탱크를 인접하여 설치할 경우 당해보유공지의 1/3 이상의 너비로 할 수 있다. 그러나 최소 몇 m 이상이 되어야 하는가?
  ㉯ 동일 대지 내에 제6류 위험물의 저장탱크를 2개 이상 인접하여 설치할 경우 보유공지를 감축할 수 있다. 그러나 몇 m 이상이 되어야 하는가?

  해답 ㉮ 3m 이상
  ㉯ 1.5m 이상

적중·예상문제

06 다음은 옥외탱크저장소의 보유공지 특례사항이다. 물음에 답하시오.

① 지정수량 이상을 저장하는 탱크에 물분무소화설비를 설치하였을 경우 당해 보유공지의 얼마 이상을 보유공지로 할 수 있는가?
② 지정수량 이상을 저장하는 저장탱크의 높이가 15m를 초과하는 경우 15m 이하마다 분무헤드를 설치하였다. 이 경우, 물분무헤드의 가압송수장치의 토출량은 탱크의 높이 (㉮)m 이하 마다 원주둘레 1m당 (㉯)ℓ를 곱한 양이어야 하며, 수원의 양은 토출량을 (㉰)분 이상 방수할 수 있어야 하는가?

해답 ① 1/2 이상
② ㉮ 15
㉯ 37
㉰ 20

07 옥외탱크저장소 본체의 강철판의 두께는?

해답 3.2mm 이상

08 옥외탱크저장소의 밸브 없는 통기관의 기준 3가지를 쓰시오.

해답 ① 지름은 30mm 이상이여야 한다.
② 선단은 수평으로부터 45° 이상 구부린다.
③ 가는 눈의 동망으로 인화방지망을 설치한다.

09 옥외탱크저장소의 대기밸브부착 통기관(무변통기관)의 작동압력을 쓰시오.

해답 5kPa 이하의 압력차이로 작동

10 다음 물음에 답하시오.

인화점 몇 ℃ 미만을 저장하는 옥외탱크저장소의 주입구에는 방화에 관한 게시판을 설치하는가?

해답 21℃

11 옥외탱크저장소의 펌프설비에 대하여 다음 물음에 답하시오.

㉮ 보유공지는 몇 m 이상인가?
㉯ 보유공지는 당해 탱크 보유공지의 몇 분의 몇 이상인가?
㉰ 주의사항 게시판을 설치하여야 할 제4류 위험물의 인화점은 몇 ℃인가?

해답 ㉮ 3m 이상
㉯ 1/3 이상
㉰ 21℃ 미만

12 옥외탱크저장소의 펌프설비에 대하여 다음 물음에 답하시오

㉮ 옥내에 설치하는 펌프실의 바닥 둘레의 턱높이는 몇 m 이상인가?
㉯ 펌프실 외의 장소에 설치하는 펌프설비 바닥의 둘레에 설치하는 턱높이는 몇 m 이상인가?

해답 ㉮ 0.2m
㉯ 0.15m

13 위험물안전관리법규상 피뢰설비를 설치하여야 하는 옥외탱크저장소에 대하여 다음 물음에 답하시오.

> ㉮ 지정수량 몇 배 이상을 저장·취급하는 곳에 설치하는가?
> ㉯ 피뢰설비의 설치대상에서 제외되는 위험물은 제 몇 류 위험물을 저장하는 곳인가?

해답 ㉮ 10배 이상 ㉯ 제6류 위험물

14 옥외탱크저장소의 방유제에 대하여 다음 물음에 답하시오.

> ㉮ 방유제의 높이
> ㉯ 방유제 하나의 최대면적
> ㉰ 하나의 방유제 안에 포함 할 수 있는 옥외탱크의 최대 수

해답 ㉮ 0.5 이상 3m 이하
㉯ 80,000m² 이하
㉰ 10기 이하

15 인화성 액체를 저장하는 옥외저장탱크의 방유제에 대한 물음에 답하시오.

> ㉮ 계단을 설치하여야 할 경우 높이
> ㉯ 1개의 용량
> ㉰ 2개 이상 설치할 경우 용량

해답 ㉮ 1m 이상
㉯ 당해 탱크의 용량의 110% 이상
㉰ 당해 탱크 중 용량이 최대인 것의 용량의 110% 이상

16 옥외탱크저장소의 방유제 설치기준에 대하여 다음 물음에 답하시오.

> ① 방유제의 재질 3가지를 쓰시오.
> ② 높이가 1m를 넘는 방유제의 안팎에는 계단 또는 경사로를 (   )의 간격으로 설치하여야 한다.
> ③ 간막이 둑을 설치할 경우 옥외탱크의 용량의 합은?
> ④ 방유제 안의 간막이 둑의 높이는 (㉮)으로 하되, 방유제의 높이보다 (㉯)을 감한 높이로 하여야 하는가?

해답 ① 철근콘크리트·철골철근콘크리트·흙담
② 50m
③ 1,000만ℓ 이상
④ ㉮ 0.3m 이상
 ㉯ 0.2m 이상

17 옥외탱크저장소의 방유제 설치기준에 대하여 다음 물음에 답하시오.

> ① 옥외탱크저장소에 저장하는 위험물의 인화점이 몇 ℃ 이상인 경우 하나의 방유제 안에 설치할 수 있는 탱크의 기수에 제한을 두지 않는가?
> ② 하나의 방유제 내에 탱크를 20기 이하로 할 수 있는 경우는 전탱크의 용량이 (㉮)이고, 위험물의 인화점이 (㉯)인 경우이다.

해답 ① 200℃ 이상
② ㉮ 20만ℓ 이하
 ㉯ 70℃ 이상 200℃ 미만

적중 · 예상문제

18 옥외탱크저장소의 방유제와 탱크와의 상호거리에 대하여 다음 물음에 답하시오.

> ㉮ 탱크의 지름이 15m 미만인 경우에는 탱크의 높이의 얼마 이상을 두는가?
> ㉯ 탱크의 지름이 15m 이상인 경우에는 탱크의 높이의 얼마 이상을 두는가?
> ㉰ 인화점이 몇 ℃ 이상인 경우에는 상호거리규정을 적용하지 않는가?

해답 ㉮ 1/3 이상
㉯ 1/2 이상
㉰ 200℃ 이상

19 옥외탱크저장소의 방유제의 2면 이상의 노면 폭을 가진 구내도로와 접하도록 하여야 하는가?

해답 3m 이상

20 5,000ℓ와 2,000ℓ들이 인화성 액체 위험물 옥외저장 탱크가 있다. 이 탱크를 주위에 하나의 방유제를 설치할 경우 방유제의 용량은 얼마 이상이어야 하는가?

해답 [계산과정]
5,000ℓ × 110% = 5,500ℓ 이상
[답] 5,500ℓ 이상
참고 인화성 액체를 옥외탱크저장소에 2개 이상 저장할 경우 방유제의 용량은 큰 탱크 용량의 110% 이상으로 한다.

21 옥외탱크저장소에 대하여 다음 물음에 답하시오.

> ㉮ 이황화탄소 옥외탱크저장소의 수조는 벽 및 바닥을 철근콘크리트조로 한다. 이때 두께는 몇 m 이상이어야 하는가?
> ㉯ 저장 탱크가 압력탱크일 경우 아세트알데하이드 · 다이에틸에터의 저장온도는 몇 ℃ 이하인가?
> ㉰ 저장 탱크가 압력탱크 이외의 탱크일 경우 다이에틸에터 · 산화프로필렌의 저장온도는 몇 ℃ 이하인가?
> ㉱ 저장탱크가 압력탱크 이외의 탱크일 경우 아세트알데하이드의 저장온도는 몇 ℃ 이하인가?

해답 ㉮ 0.2m 이상   ㉯ 40℃ 이하
㉰ 30℃ 이하   ㉱ 15℃ 이하

22 아세트알데하이드, 산화프로필렌 옥외저장탱크에 사용할 수 없는 금속 4가지를 쓰시오.

해답 구리, 마그네슘, 수은, 은

23 아세트알데하이드 등 옥외저장탱크에는 (㉮) 또는 (㉯), 그리고 연소성 혼합기체의 생성에 의한 폭발을 방지하기 위한 불활성의 기체를 봉입하는 장치를 설치한다. 괄호 안에 알맞은 말과 사용하는 불활성기체의 명칭을 쓰시오.

해답 ㉮ 냉각장치
㉯ 보냉장치
불활성기체 : 질소

제7장 옥내탱크저장소

1. 옥내탱크저장소의 설치기준

1 안전거리와 보유공지 : 해당없음

2 탱크의 구조 : 옥외탱크저장소의 규정에 준한다.

3 옥내탱크저장소의 탱크전용실
   (1) 옥내 탱크저장소의 탱크전용실은 단층건물에 설치하여야 한다.
   (2) 단층건축물에 설치하는 탱크 전용실의 구조

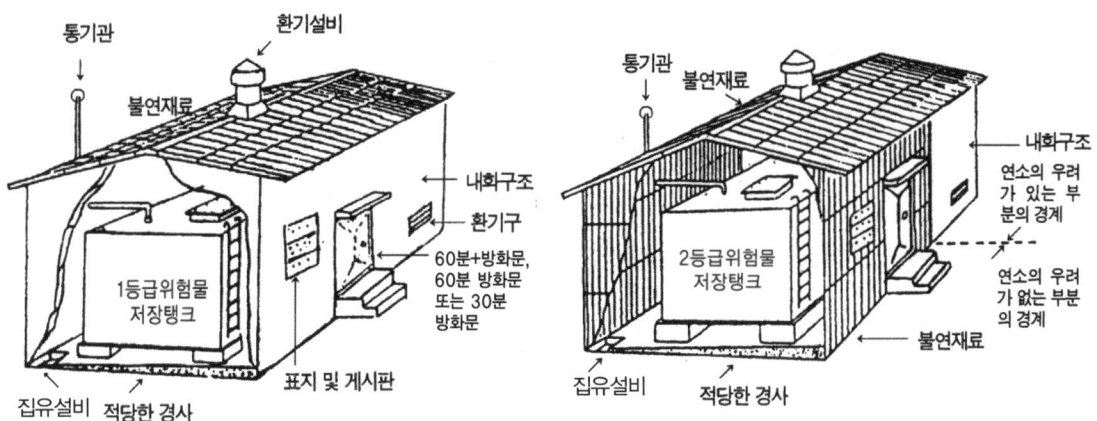

[단층건축물에 설치하는 탱크전용실의 구조]

① 벽, 기둥 및 바닥
  ㉮ 재질 : 내화구조
  ㉯ 연소의 우려가 없는 곳의 재료 : 불연재료
  ㉰ 액체위험물 탱크전용실의 바닥
    ㉠ 위험물이 침투하지 아니하는 구조일 것
    ㉡ 적당히 경사를 지게한다.
    ㉢ 최저부에 집유설비를 한다.
② 지붕의 재질 : 불연재료로 하고 반자를 설치하지 않는다.
③ 출입구 : 연소 우려의 경우 자동폐쇄식 60분+방화문 또는 60분 방화문
④ 전용실 출입구 턱 높이 : 옥내저장탱크의 용량을 수용할 수 있는 높이 이상
⑤ 펌프실 출입구 문턱의 높이 : 0.2m 이상

4 옥내탱크저장소의 위험물 저장기준

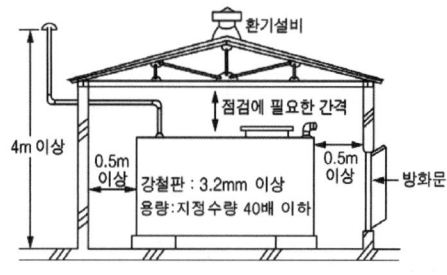
[탱크와 탱크전용실의 벽과의 상호거리]

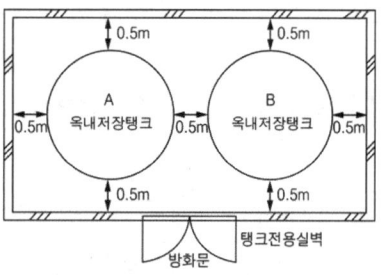
[탱크상호간의 거리]

(1) **탱크의 재질** : 두께 3.2mm 이상의 강철판 등

(2) **옥내탱크저장소의 탱크와 탱크전용실과의 상호거리**
  ① 탱크와 탱크전용실 외벽(기둥 등 돌출된 부분을 제외한다) : 0.5m 이상
  ② 탱크와 탱크상호 간의 거리 : 0.5m 이상
  ③ 탱크의 점검 및 보수에 지장이 없는 경우 : 상호거리 제한 없음

(3) **탱크전용실(단층, 1층 및 지하층)의 탱크의 용량**
  ① 지정수량 40배 이하
  ② 제4석유류, 동·식물유류외의 경우 : 20,000ℓ 이하

(4) **탱크전용실(2층 이상)의 탱크의 용량**
  ① 지정수량 10배 이하
  ② 제4석유류, 동·식물유류 외의 경우 : 5,000ℓ 이하

단층이 아닌 건축물의 1층 또는 지하층에서 저장·취급할 수 있는 위험물
- 제2류 위험물 중 황화인·적린 및 덩어리 황
- 제3류 위험물 중 황린
- 제6류 위험물 중 질산

단층이 아닌 건축물의 1층 또는 2층 이상의 층에 저장할 수 있는 위험물
- 인화점 38℃ 이상인 제4류 위험물

(5) 탱크의 통기장치(밸브 없는 통기관)

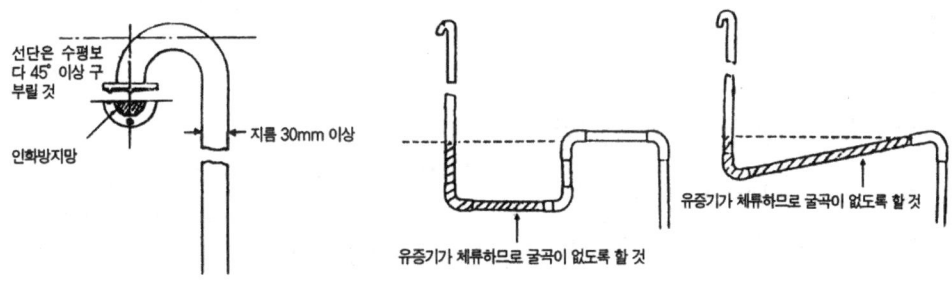

[옥내탱크저장소의 통기관]

① 통기관의 지름 : 30mm 이상
② 통기관의 선단은 수평면에 대하여 45° 이상 구부려 빗물 등이 들어가지 않는 구조로 한다(빗물이 들어가지 않는 구조일 경우 제외).
③ 가는 눈의 동망 등으로 인화방지장치를 설치한다. 다만, 인화점 70℃ 이상의 위험물만을 해당 위험물의 인화점 미만의 온도로 저장·취급할 경우 제외
④ 통기관 선단으로부터 지면까지의 거리 : 4m 이상
⑤ 통기관의 선단과 건축물의 창 또는 출입구 등의 개구부와의 거리 : 1m 이상
⑥ 인화점 40℃ 미만인 위험물 탱크의 통기관의 부지경계선과 이격거리 : 1.5m 이상
⑦ 통기관선단을 탱크전용실내에 설치할 수 있는 고인화점 위험물(인화점 100℃ 이상의 위험물)의 취급온도 : 100℃ 미만
⑧ 통기관은 가스 등이 체류하지 않도록 굴곡이 없도록 한다.

(6) 탱크 주입구 설치기준

① 화재예방상 지장이 없는 곳에 설치한다.
② 밸브 또는 뚜껑설치
③ 휘발유, 벤젠 그 밖의 정전기 재해 발생 우려가 있는 액체위험물은 접지전극을 설치할 것
④ 인화점 21℃ 미만인 위험물은 주의사항 게시판 설치

적중·예상문제

모든 계산문제는 소수 3째자리까지 계산하고 반올림하여 소수 2째자리를 답으로 합니다.

옥내탱크저장소

01 옥내탱크저장소에서 탱크의 점검과 보수에 지장이 없는 경우 이외에 옥내저장탱크와 탱크전용실의 벽과의 거리 및 옥내저장탱크의 상호간의 거리는 몇 m 이상을 유지하여야 하는가?

해답 0.5m 이상

02 옥내탱크저장소에 대하여 물음에 답하시오.

> ㉮ 탱크 전용실과 탱크 상호 간의 거리
> ㉯ 탱크 전용실의 벽·기둥 및 바닥의 재질
> ㉰ 탱크의 용량(1층 이하의 층)
> ㉱ 탱크 강철판의 두께

해답 ㉮ 0.5m 이상
   ㉯ 내화구조
   ㉰ 지정수량 40배 이하
   ㉱ 3.2mm 이상

03 옥내탱크저장소의 액체위험물을 저장하는 탱크 전용실의 바닥 구조에 대하여 3가지를 쓰시오.

해답 ① 물이 침투하지 않는 구조일 것
   ② 적당한 경사를 둘 것
   ③ 최저부에 집유설비를 할 것

04 옥내탱크저장소의 위험물이 누출되더라도 탱크전용실 밖으로 넘쳐 흐르지 않도록 하려면 문턱의 높이는 얼마 이상으로 해야 하는가?

해답 옥내저장탱크의 용량을 수용할 수 있는 높이 이상

05 옥내탱크저장시설 주입구에 설치해야 하는 것은?

해답 ① 밸브 또는 뚜껑설치
   ② 휘발유, 벤젠 그 밖의 정전기 재해 발생 우려가 있는 액체위험물은 접지전극을 설치할 것
   ③ 인화점 21℃ 미만인 위험물은 게시판 설치

06 옥내탱크저장소의 위험물 저장기준 중 단층이 아닌 건축물의 1층 또는 지하층에서 저장·취급할 수 있는 위험물에 대하여 다음 물음에 답하시오.

> ㉮ 제2류 위험물 3가지를 쓰시오.
> ㉯ 제3류 위험물 1가지를 쓰시오.
> ㉰ 제6류 위험물 1가지를 쓰시오.

해답 ㉮ 황화인·적린·덩어리 황
   ㉯ 황린
   ㉰ 질산

07 옥내탱크저장소의 밸브가 없는 통기관의 기준을 쓰시오.

> ㉮ 지름
> ㉯ 지면으로부터 선단까지의 거리
> ㉰ 건축물의 창 또는 개구부로부터의 거리

해답 ㉮ 30mm 이상
   ㉯ 4m 이상
   ㉰ 1m 이상

08 옥내탱크저장소의 통기관에 대하여 물음에 답하시오.

> ㉮ 통기관의 선단은 수평으로부터 몇 도 이상 기울이는가?
> ㉯ 선단에 불티 등의 침입을 방지하기 위하여 설치하는 것은?

해답 ㉮ 45°
㉯ 가는 눈의 동망으로 인화방지망 설치

09 옥내저장탱크에 설치하는 밸브 없는 통기관에 대하여 물음에 답하시오.

> ㉮ 통기관의 선단을 수평으로부터 45도 이상 구부려야 하는 이유를 쓰시오.
> ㉯ 통기관의 지름은 몇 mm 이상인가?

해답 ㉮ 빗물 등의 침투를 막기 위해서
㉯ 30mm

10 압력탱크가 아닌 옥내탱크저장소에 다이에틸에터·산화프로필렌을 저장할 때의 온도 (㉮)와 아세트알데하이드를 저장할 때의 온도 (㉯)를 쓰시오.

해답 ㉮ 30℃ 이하
㉯ 15℃ 이하

11 옥내탱크저장소에서 압력탱크에 아세트알데하이드, 산화프로필렌을 저장할 때의 저장온도는 몇 ℃인가?

해답 40℃ 이하

제8장 지하탱크저장소

1. 지하탱크저장소의 설치기준

1 **안전거리 · 보유공지 · 용량제한** : 해당 없음

2 **탱크의 구조**

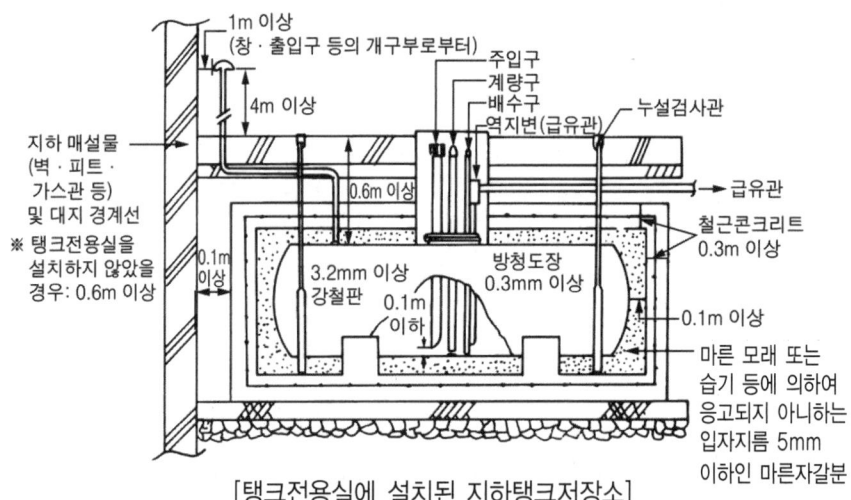

[탱크전용실에 설치된 지하탱크저장소]

(1) 강철판의 두께 : **3.2mm 이상**
(2) 탱크의 외면 : **방청도장**(부식의 우려가 없는 스테인레스 강판등은 제외)
(3) **배관**은 **위쪽**으로 설치

> 참고
>
> 탱크 윗부분에 배관을 설치하지 않아도 좋은 경우(탱크 직근에 제어밸브 설치시)
> - 제4류 위험물 중 제2석유류로서 인화점이 40°C 이상인 것
> - 제3석유류, 제4석유류, 동·식물유류

(4) 과충전 방지장치

① 과충전 시 주입구의 폐쇄 또는 위험물의 공급을 차단하는 장치
② 탱크 용량의 90%가 찰 때 경보를 울리는 장치

3 탱크전용실의 구조

(1) 탱크전용실 철근콘크리트의 두께 : **0.3m 이상**(벽·바닥 및 뚜껑)
(2) 탱크전용실과 대지경계선·지하 매설물과의 거리 : **0.1m 이상**(전용실이 설치되지 않은 경우 **0.6m 이상**)
(3) 탱크와 탱크전용실과의 간격 : **0.1m 이상**
(4) 탱크 본체의 윗부분과 지면까지의 거리 : **0.6m 이상**
(5) 탱크를 2개 이상 인접하였을 때 상호거리
   ① 지정수량 100배 초과 : 1m 이상
   ② 지정수량 100배 이하 : 0.5m 이상
(6) 누유검사관의 개수 : **4개소 이상** 적당한 위치
(7) 통기관은 밸브 없는 통기관(무변통기관)으로 한다.

> 참고
>
> ① 탱크와 탱크전용실과의 공간 충전물
>   - 마른 모래
>   - 습기 등에 의하여 응고되지 않는 입자지름이 5mm 이하인 마른 자갈분
> ② 누유검사관의 설치 규정
>   - 이중관으로 한다. 다만 소공이 없는 상부는 단관으로 한다.
>   - 재료는 금속관 또는 경질 합성수지관으로 한다.
>   - 관은 탱크실의 기초위에 닿게 한다.
>   - 관의 밑부분으로부터 탱크의 중심 높이까지의 부분에는 소공이 뚫려 있을 것
>   - 상부는 물이 침투하지 않는 구조로 하고 뚜껑은 검사시 쉽게 열 수 있도록 한다.

4 탱크전용실을 설치하지 않는 지하탱크저장소의 구조

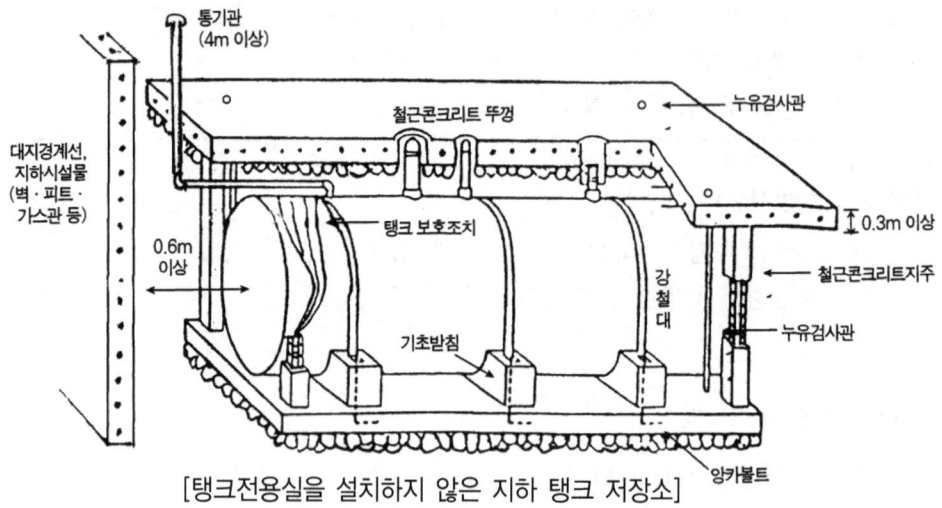

[탱크전용실을 설치하지 않은 지하 탱크 저장소]

(1) 제4류 위험물을 저장하는 지하 탱크저장소에 한한다.

① 탱크를 지하철·지하터미널 또는 지하가의 외벽으로부터 수평거리 10m 이상의 장소에 설치한다.
② 탱크의 외면이 행정안전부령으로 정하는 바에 따라 보호되어 있을 경우에 한한다.
③ 지하에 매설한 탱크 위에 두께가 0.3m 이상이고 길이 및 너비가 각각 당해 탱크의 길이 및 너비보다 0.6m 이상이 되는 철근콘크리트조의 뚜껑을 덮는다. 이 경우 뚜껑의 중량이 직접 당해 탱크에 가해지지 않도록 한다.
④ 탱크를 견고한 기초 위에 고정시킨다.

5 지하탱크저장소의 주입구 및 통기장치

① 주입구 : 옥외 탱크저장소의 규정에 준한다.
② 통기장치 : 옥내 탱크저장소의 규정에 준한다.

적중·예상문제

모든 계산문제는 소수 3째자리까지 계산하고 반올림하여 소수 2째자리를 답으로 합니다.

지하탱크저장소

01 지하탱크저장소에 대하여 다음 물음에 답하시오.

> ㉮ 탱크 강철판의 두께는 몇 mm 이상인가?
> ㉯ 주입배관의 선단과 탱크 안 밑바닥 사이의 거리는 몇 m 이하인가?

해답 ㉮ 3.2mm 이상
㉯ 0.1m 이하

02 지하탱크저장소의 배관은 탱크의 윗쪽으로 설치하여야 한다. 위쪽에 배관을 설치하지 않아도 되는 경우는 제4류 위험물 중 제2석유류로서 인화점 40°C 이상인 것 외에 3가지는 무엇인가?

해답 제3석유류 · 제4석유류 · 동식물유류

03 지하 저장탱크의 탱크실의 기준을 쓰시오.

> ㉮ 탱크 전용실의 철근콘크리트조 벽두께
> ㉯ 탱크 전용실과 탱크 최외측과의 거리
> ㉰ 탱크의 선단과 지면까지의 거리
> ㉱ 누유관의 개수

해답 ㉮ 0.3m 이상
㉯ 0.1m 이상
㉰ 0.6m 이상
㉱ 4개소 이상 적당한 위치

04 누유검사관의 소공이 뚫려있는 높이 기준을 쓰시오.

해답 관의 밑부분으로부터 탱크 중심 높이까지의 부분

05 지하탱크저장소에 대하여 다음 물음에 답하시오.

> ㉮ 탱크전용실이 설치되지 않은 지하 저장탱크와 대지경계선 · 지하시설물과의 거리
> ㉯ 통기관의 종류

해답 ㉮ 0.6m 이상
㉯ 밸브 없는 통기관

06 지하 저장탱크를 2개 이상 인접할 경우 탱크 상호거리를 쓰시오.

> ㉮ 탱크용량의 합이 지정수량 100배 초과인 경우
> ㉯ 탱크용량의 합이 지정수량 100배 이하인 경우

해답 ㉮ 1m 이상
㉯ 0.5m 이상

07 지하탱크의 탱크실을 설치하는 경우에는 그 상·하·좌·우의 내벽과 탱크와의 사이에 (㉮) 이상의 간격을 두고, 탱크실 내부에는 (㉯) 또는 습기 등에 의하여 (㉰)되지 않는 입자지름이 (㉱) 이하인 (㉲)을 채워야 한다. 괄호 안을 완성하시오.

> **해답** ㉮ 0.1m
> ㉯ 마른 모래
> ㉰ 응고
> ㉱ 5mm
> ㉲ 마른 자갈분

08 지하탱크저장소에 탱크전용실을 설치하지 않을 경우에 대하여 다음 물음에 답하시오.

> ㉮ 탱크와 지하철·지하 터미널 또는 지하가의 외벽으로부터 수평거리
> ㉯ 탱크 위의 철근콘크리트조 뚜껑의 두께
> ㉰ 탱크 위의 철근콘크리트조 뚜껑은 당해 탱크의 너비 및 길이보다 몇 m 이상 크게 하는가?

> **해답** ㉮ 10m 이상
> ㉯ 0.3m 이상
> ㉰ 0.6m 이상

제9장 이동탱크저장소

1. 이동탱크저장소의 설치기준

1 이동탱크저장소 상치장소(차고)의 설치기준

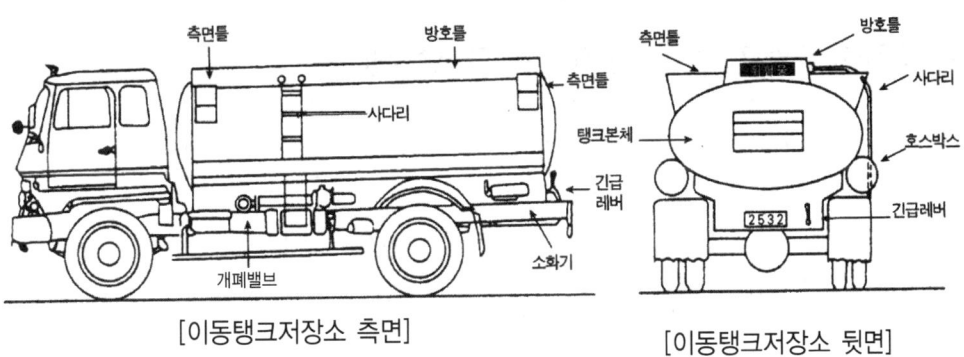

[이동탱크저장소 측면]　　　　　[이동탱크저장소 뒷면]

(1) 옥외에 있는 상치장소(차고)

화기를 취급하는 장소 또는 인근건축물과의 거리 : 5m 이상(인근건축물이 1층인 경우 3m 이상)

(2) 옥내에 있는 상치장소(차고)

① 건축물의 1층에 설치
② 벽·바닥·보·서까래·지붕의 재질 : 내화구조 또는 불연재료

② 이동탱크저장소 탱크 강철판의 두께

① 본체 : 3.2mm 이상
② 측면틀 : 3.2mm 이상
③ 안전칸막이 : 3.2mm 이상
④ 방호틀 : 2.3mm 이상
⑤ 방파판 : 1.6mm 이상

③ 탱크본체

(1) 탱크도장 위의 표시사항 : 상치장소의 위치

(2) 아세트알데하이드 · 산화프로필렌 이동탱크저장소의 탱크

① 불연성가스를 봉입할 수 있는 구조로 한다.
② 탱크의 설비는 은 · 수은 · 동 · 마그네슘 또는 은 · 수은 · 동 · 마그네슘을 함유한 합금을 사용할 수 없다.

④ 탱크 내부의 칸막이(안전칸막이) 및 방파판

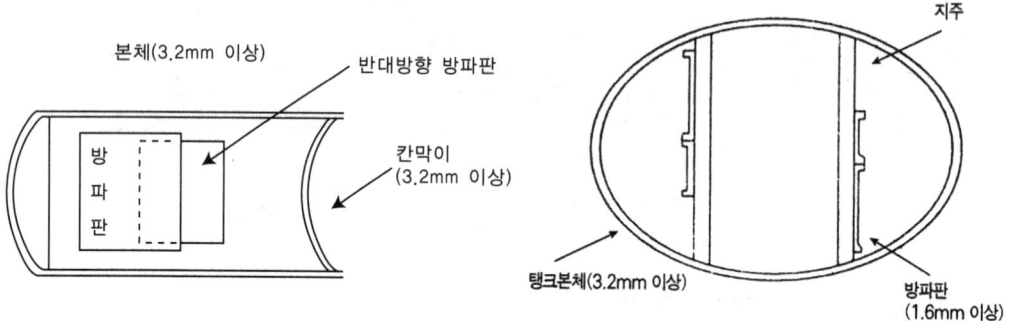

[칸막이로부터 거리를 다르게 부착하는 방법]　　[방파판의 높이를 다르게 한 부착방법]

(1) 칸막이

① 칸막이 1개의 용량 : 4,000ℓ 이하마다 1개 설치(고체 위험물을 저장하거나 고체인 위험물을 가열하여 액체상태로 저장할 경우 제외)

② 칸막이로 구획된 각 부분에 설치할 장치
    ㉮ 맨홀
    ㉯ 안전장치
    ㉰ 방파판(구획부분 용량이 2,000ℓ 미만은 제외)

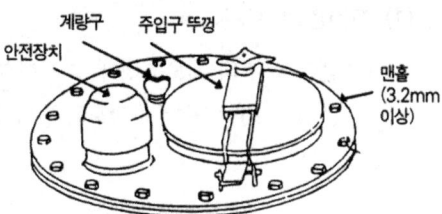

- 칸막이의 설치목적
  교통사고 등으로 탱크의 일부가 파손되더라도 전량의 위험물이 누출되는 것을 방지하기 위하여 설치한다.
- 탱크의 용량이 2만ℓ 일 경우 탱크에 설치된 칸은 5개이나 안전 칸막이의 개수는 4개이다.

(2) 방파판
① 탱크실의 용량 : 2,000ℓ 이상일 경우 설치한다.
② 2개 이상의 방파판을 이동탱크저장소의 진행방향과 평행으로 설치한다.
③ 방파판의 높이 및 칸막이로부터의 거리를 다르게한다.
④ 방파판의 단면적
    ㉮ 하나의 구획부분의 최대 수직단면적의 50% 이상으로 한다.
    ㉯ 하나의 구획부분의 최대 수직단면적이 40% 이상으로 할 경우
        ㉠ 수직단면적이 원형인 탱크
        ㉡ 짧은 지름(단경)이 1m 이하의 타원형의 탱크

방파판의 설치목적
위험물을 운송하는 중에 탱크 내부의 위험물이 출렁임 또는 급회전에 의한 쏠림 등을 감소시켜 운행중인 차량의 안전성을 확보하기 위해 설치한다.

(3) 안전장치의 작동압력
① 상용압력이 20kPa 이하인 탱크 : 20kPa 이상, 24kPa 이하
② 상용압력이 20kPa 초과인 탱크 : 상용압력의 1.1배 이하

5 측면틀

(1) 측면틀의 위치

① 탱크 상부의 네모퉁이에 설치한다.
② 탱크의 전단 또는 후단으로부터 각각 1m 이내에 설치한다.

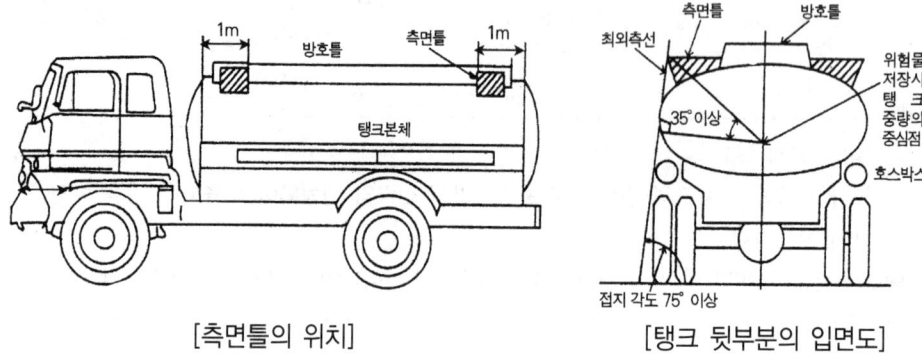

[측면틀의 위치]   [탱크 뒷부분의 입면도]

(2) 측면틀의 부착 기준

① 최대 수량의 위험물을 저장한 상태에 있을 때의 당해 탱크 중량의 중심점(G)과 측면틀의 최외측을 연결하는 직선과 그 중심점을 지나는 직선 중 최외측선과 직각을 이루는 직선과의 내각이 35° 이상이 되도록 한다.
② 최외측선(측면틀의 최외측과 탱크의 최외측을 연결하는 직선)의 수평면에 대한 내각이 75° 이상이어야 한다.

측면틀의 설치목적
탱크가 전복될 때 탱크 측면이 지면과 접촉하여 파손되는 것을 방지하기 위해 설치한다(단, 피견인차에 고정된 탱크에는 측면틀을 설치하지 않아도 된다).

6 방호틀

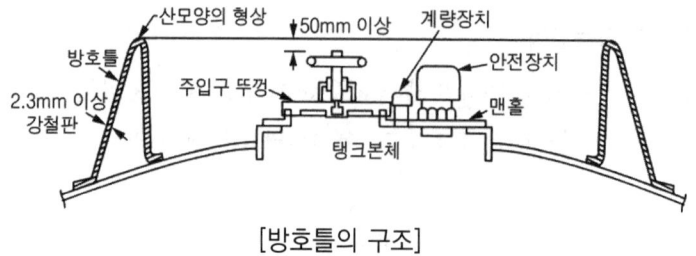

[방호틀의 구조]

① 강철판의 두께 : 2.3mm 이상
② 형상 : 산모양 또는 이와 동등 이상의 강도가 있는 형상이다.
③ 정상부분은 부속장치보다 50mm 이상 높게하거나 이와 동등 이상의 성능이 있는 것으로 한다.

> **참고**
>
> • 방호틀의 설치목적
>   탱크의 운행 또는 전복시 탱크상부에 설치된 각종 부속장치의 파손을 방지하기 위해 설치한다.
> • 부속장치
>   맨홀, 주입구, 안전장치

7 수동식 폐쇄장치의 레버의 기준

① 길이 : 15cm 이상
② 앞으로 당김으로써 폐쇄장치를 작동시킬 수 있어야 한다.
③ 레버의 가까운 곳에 "레버"라는 표시와 비상시 앞으로 잡아당긴다는 취지의 표지를 설치한다.

8 이동저장탱크의 외부도장

유별	도장의 색상	비고
제1류	회색	
제2류	적색	
제3류	청색	탱크의 앞면과 뒷면을 제외한 면적의 40% 이내의 면적은 다른 유별의 색상 외의 색상으로 도장하는 것이 가능하다.
제4류	적색 권장	
제5류	황색	
제6류	청색	

2. 이동탱크저장소의 저장 및 취급기준

① 위험물 주입시 속도 : 1m/sec 이하
② 보냉장치가 있는 탱크에 아세트알데하이드 및 다이에틸에터을 저장할 경우 유지온도는 비점 이하이다.
③ 보냉장치가 없는 탱크에 아세트알데하이드 및 다이에틸에터을 저장할 경우 유지온도는 40°C 이하이다.
④ 위험물을 주입할 때 인화점 40°C 미만의 위험물은 이동탱크 저장시설의 원동기를 정지시켜야 한다.
⑤ 결합금속구의 재질은 놋쇠(제6류 위험물은 사용금지)이다.
⑥ 이동저장탱크를 차고에 주차시킬 때에는 완전한 빈탱크이어야 한다.
⑦ 휘발유, 벤젠, 그 밖의 정전기에 의한 재해 발생의 우려가 있는 액체의 위험물을 이동 저장탱크에 주입하거나 배출할 때에는 도선으로 긴밀히 연결하여 접지하고 이동 탱크의 상부로 주입할 때에는 주입관을 사용하되 주입관의 선단을 이동저장 탱크의 밑바닥에 밀착하여야 한다.
⑧ 휘발유를 저장하던 이동저장탱크에 등유나 경유를 주입할 때 또는 등유나 경유를 저장하던 이동 저장탱크에 휘발유를 주입할 때에는 총리령이 정하는 바에 의하여 정전기 등으로 인한 재해발생을 방지하기 위한 조치를 하여야 한다.
⑨ 알킬알루미늄 또는 알킬리튬을 저장하는 이동탱크 저장소에는 긴급시의 연락처, 응급조치에 관하여 필요한 사항을 기재한 서류 및 방호복·고무장갑·밸브 등을 죄는 결합공구와 휴대용 확성기를 비치하여야 한다.

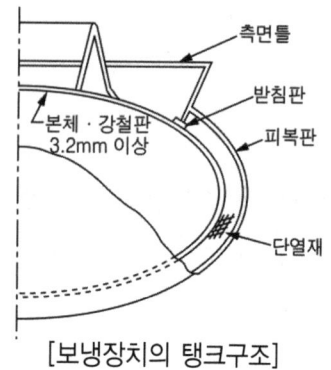

[보냉장치의 탱크구조]

⑩ 이동저장탱크의 주입설비의 길이는 50m 이내로 하고, 그 선단에 축적되는 정전기를 유효하게 제거할 수 있는 장치를 하며 분당토출량은 200L 이하로 한다.

3. 컨테이너식 및 주유탱크차의 설치기준 등

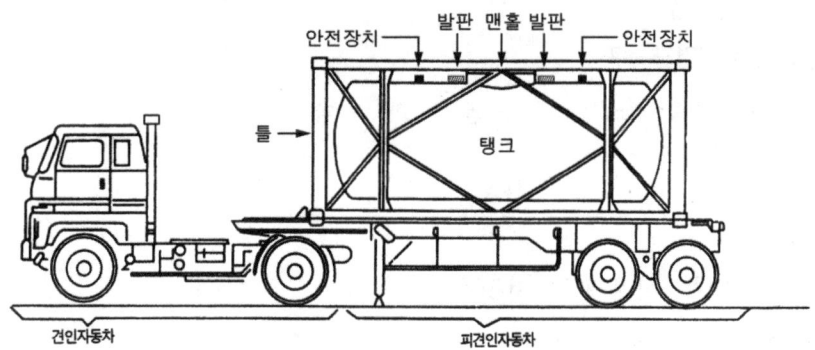

[컨테이너식 이동탱크저장소]

1 컨테이너식 이동탱크저장소의 기준

(1) 강철판의 두께

① 본체 : 6mm 이상
② 맨홀 : 6mm 이상
③ 주입구의 뚜껑 : 6mm 이상
④ 안전칸막이 : 3.2mm 이상

당해 탱크의 직경 또는 장경이 1.8m 이하인 것의 강철판 두께 : 5mm 이상으로 한다(동등 이상 기계적 성질을 가진 재료 포함).

(2) 상자틀

① 강재로 된 상자형태의 틀
② 부속장치와 상자틀 최외측과의 거리는 50mm 이상이다.
③ 강도
  ㉮ 탱크의 이동방향과 평행한 것 또는 수직인 것은 이동저장탱크하중의 2배 이상이다.
  ㉯ 탱크의 이동방향과 직각인 것은 이동저장탱크하중 이상이다.

이동저장탱크하중 : 당해 이동저장탱크·부속장치·상자틀의 자중과 저장하는 위험물의 무게를 합한 하중이다.

(3) 컨테이너 체결금속구

① 걸고리 체결금속구   ② 모서리 체결금속구
③ 유(U)자 볼트

2 알킬알루미늄 이동탱크 저장소

(1) 강철판의 두께 : 10mm 이상

(2) 용량 : 1,900ℓ 미만

(3) 저장시 불활성가스 봉입압력 : 20kPa 이하 (2009. 3.17 개정)

(4) 꺼낼 때 불활성가스 봉입압력 : 200kPa 이하

아세트알데하이드를 이동탱크에서 꺼낼 때 불활성가스 봉입압력 : 100kPa 이하

적중·예상문제

모든 계산문제는 소수 3째자리까지 계산하고 반올림하여 소수 2째자리를 답으로 합니다.

이동탱크저장소

01 이동저장탱크 각 부분의 강철판의 두께는 얼마인가?

> ㉮ 탱크 본체　　㉯ 측면틀
> ㉰ 안전 칸막이　㉱ 방호틀
> ㉲ 방파판

해답 ㉮ 3.2mm 이상　㉯ 3.2mm 이상
　　　㉰ 3.2mm 이상　㉱ 2.3mm 이상
　　　㉲ 1.6mm 이상

02 이동탱크저장소 외면 도장 위에 표시할 사항을 쓰시오(표지판·게시판 이외의 표시사항을 말한다).

해답 이동탱크 상치장소의 위치

03 이동탱크저장소에 대한 다음 물음에 답하시오.

> ㉮ 옥외에 있는 상치장소와 화기를 취급하는 장소 또는 인근 건축물과의 거리
> ㉯ 아세트알데하이드·산화프로필렌 저장탱크의 재질로 부적합한 금속 4가지를 쓰시오.
> ㉰ 탱크 본체의 외면 도장

해답 ㉮ 5m 이상
　　　㉯ 은·수은·구리(동)·마그네슘
　　　㉰ 방청도장

04 이동탱크저장소에 대한 다음 물음에 답하시오.

> ㉮ 이동저장탱크의 칸막이의 강철판 두께는?
> ㉯ 내부칸막이 한칸의 용량은?
> ㉰ 용량 2만ℓ일 경우 내부 칸막이의 개수는?
> ㉱ 방파판의 두께는?

해답 ㉮ 3.2mm 이상
　　　㉯ 4,000ℓ 이하
　　　㉰ [계산과정]
　　　　　$\dfrac{20,000L}{4,000L/개} - 1 = 4개$
　　　　[답] 4개
　　　㉱ 1.6mm 이상

05 이동탱크저장소에 설치된 방파판에 대하여 물음에 답하시오.

> ㉮ 방파판을 설치하여야 할 탱크실 1개의 용량은 몇 ℓ인가?
> ㉯ 방파판 한 개의 단면적에 대하여 쓰시오.

해답 ㉮ 2,000ℓ 이상
　　　㉯ 당해 구획부분의 최대 수직단면적의 50% 이상으로 한다.

06 이동저장탱크의 방파판의 면적을 수직 단면적의 40%로 할 경우 2가지를 쓰시오.

해답 ① 수직 단면적의 형상이 원형일 때
　　　② 탱크의 짧은 지름이 1m 이하의 타원형일 때

적중·예상문제

07 이동탱크저장소의 안전장치 작동압력에 대하여 쓰시오.

> ㉮ 상용압력이 20kPa 이하인 탱크의 경우
> ㉯ 상용압력이 20kPa 초과인 탱크의 경우

해답 ㉮ 20kPa 이상, 24kPa 이하
　　　㉯ 상용압력의 1.1배 이하의 압력

08 이동탱크저장소의 측면틀에 대하여 물음에 답하시오.

> ㉮ 측면틀의 개수
> ㉯ 설치위치
> ㉰ 측면틀은 탱크의 전후단 몇 m 거리에 설치는가?

해답 ㉮ 4개
　　　㉯ 전후단 좌우측
　　　㉰ 1m 이내

09 이동탱크저장소의 측면틀에 대하여 답하시오.

> ㉮ 측면틀은 탱크무게 중심에서 측면틀 최외측과 탱크 본체 최외측이 이루는 각도는 몇 도인가?
> ㉯ 측면틀과 탱크 최외측을 이은 연결선이 지면과 이루는 각도는 몇 도인가?

해답 ㉮ 35° 이상
　　　㉯ 75° 이상

10 이동탱크저장소의 방호틀에 대하여 답하시오.

> ㉮ 단면적의 모양
> ㉯ 방호틀은 탱크 정상부의 부속장치보다 얼마나 높게 하여야 하는가?
> ㉰ 부속장치 3가지

해답 ㉮ 산모양
　　　㉯ 50mm 이상
　　　㉰ 주입구, 맨홀, 안전장치

11 이동저장탱크의 수동식폐쇄장치(레버)에 관한 사항에 답하시오.

> ㉮ 레버의 길이
> ㉯ 게시판의 기재내용

해답 ㉮ 15cm 이상
　　　㉯ 레버라는 표시와 비상시 앞으로 잡아 당긴다는 취지의 표시를 한다.

12 이동저장탱크에 위험물을 주입할 경우 주입속도는?

해답 1m/sec

13 이동탱크저장소에서 아세트알데하이드 및 산화프로필렌을 저장 취급할 경우에 대하여 답하시오.

> ㉮ 보냉장치가 있는 경우 저장온도
> ㉯ 보냉장치가 없는 경우 저장온도

해답 ㉮ 비점 이하
　　　㉯ 40℃ 이하

14 위험물을 주입할 때 이동저장탱크저장소의 원동기를 정지시켜야 할 위험물의 인화점을 쓰시오.

> **해답** 40℃ 미만

15 알킬알루미늄 이동탱크저장소를 운송할 경우 필요한 비치용구 3가지를 쓰시오.

> **해답** ① 방호복
> ② 고무장갑
> ③ 밸브 등을 죄는 결합공구
> ④ 휴대용 확성기 중 3가지

16 다음 보기에서 ( ) 안에 들어갈 말을 쓰시오.

> 휘발유를 저장하던 이동탱크에 (㉮)나 (㉯)를 주입할 때 또는 등유와 경유를 저장하던 이동저장 탱크에 (㉰)를 주입할 때에는 행정안전부령이 정하는 바에 의하여 (㉱) 등으로 인한 재해 발생을 방지하기 위한 조치를 하여야 한다.

> **해답** ㉮ 등유 ㉯ 경유
> ㉰ 휘발유 ㉱ 정전기

17 컨테이너식 이동탱크저장소의 강철판의 두께는 얼마인가?

> ㉮ 본체·맨홀·주입구의 뚜껑
> ㉯ 당해 탱크의 직경 및 장경이 1.8m 이하인 것은 본체·맨홀·주입구의 뚜껑
> ㉰ 안전칸막이

> **해답** ㉮ 6mm 이상
> ㉯ 5mm 이상
> ㉰ 3.2mm 이상

18 알킬알루미늄 이동저장탱크에 대하여 물음에 답하시오.

> ㉮ 강철판의 두께
> ㉯ 용량
> ㉰ 위험물을 넣을 때 불활성가스 봉입압력

> **해답** ㉮ 10mm 이상
> ㉯ 1,900ℓ 미만
> ㉰ 20kpa 이하

> **참고** 꺼낼 때 가스 봉입압력 : 200kPa 이하

제10장 간이탱크저장소 및 암반탱크저장소

1. 간이탱크저장소의 설치기준

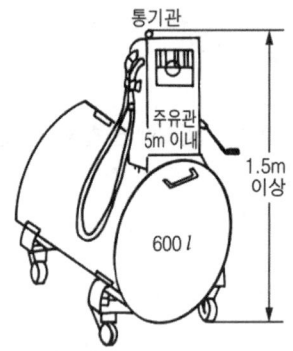

[간이탱크 저장시설의 구조]

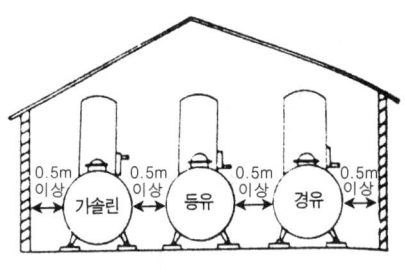

[설치가능한 조성의 예(옥외는 1m 이상)]

1 강철판의 두께

3.2mm 이상

2 간이탱크의 구조

① 주유기가 달려 있다.   ② 바퀴가 달려 있다.
③ 용량은 600ℓ 이하이다.

3 간이탱크의 설치기준

품목이 다른 탱크를 3개까지 설치할 수 있다(단, 동일 품목의 위험물을 2개 이상은 설치하지 못한다).

④ 통기관(밸브없는 통기관)

① 지름 : 25mm 이상
② 인화방지망 : 가는 눈의 동망을 설치한다.
③ 지면으로부터 선단까지의 거리 : 1.5m 이상
④ 선단은 45° 이상 구부린다.

⑤ 기타

① 탱크전용실과 탱크와의 거리 : 0.5m 이상
② 옥외에서 탱크의 보유공지 및 탱크 상호간의 거리 : 1m 이상
③ 탱크의 표면은 방청도장을 한다.

2. 암반탱크저장소의 설치기준

① 암반탱크저장소의 공동설치기준

(1) 지하공동설치위치

① 암반투수계수 10^{-5}m/sec 이하인 천연암반 내에 설치한다.
② 저장 위험물의 증기압을 억제할 수 있는 지하수면하에 설치한다.

(2) 지하공동의 내벽 설치기준

암반균열에 의한 낙반을 방지할 수 있도록 **록볼트·콘크리트** 등으로 보강한다.

② 암반탱크저장소의 수리조건기준

① 저장소 내로 유입되는 지하수의 양 : 암반 내의 지하수 충전량보다 적어야 한다.
② 저장소에 가해지는 지하수압기준 : 저장소의 최대 운영압보다 항상 크게 유지한다.
③ 수벽공의 설치기준 : 저장소의 상부로 물을 주입하여 수압을 유지할 필요가 있을 경우 설치한다.

③ 암반탱크저장소에 설치하여야 할 설비

① 지하 수위 관측공
② 계량장치(계량구·자동측정이 가능한 계량장치)
③ 배수시설
④ 펌프설비

적중·예상문제

모든 계산문제는 소수 3째자리까지 계산하고 반올림하여 소수 2째자리를 답으로 합니다.

간이탱크저장소 · 암반탱크저장소

01 간이탱크저장소에 대하여 다음 물음에 답하시오.

> ㉮ 1개의 간이탱크저장소에 설치하는 간이저장탱크는 몇 개 이내이어야 하는가?
> ㉯ 간이저장탱크의 용량은 몇 ℓ 이하 이어야 하는가?
> ㉰ 간이저장탱크의 외면에는 어떤 도장을 하여야 하는가?
> ㉱ 간이저장탱크는 두께를 몇 mm 이상의 강철판으로 하여야 하는가?

해답 ㉮ 3개 ㉯ 600ℓ
㉰ 방청도장 ㉱ 3.2mm

02 간이저장탱크의 구조에 대하여 3가지를 쓰시오.

해답 ① 주유기가 달려 있다.
② 바퀴가 달려 있다.
③ 용량은 600ℓ 이하이다.

03 간이탱크저장소의 통기관에 대한 물음에 답하시오.

> ㉮ 통기관의 지름
> ㉯ 지면으로부터 선단까지의 거리
> ㉰ 선단은 수평으로부터 몇 도 각을 주는가?
> ㉱ 불티 등의 침입을 막기 위한 인화 방지망의 기준

해답 ㉮ 25mm 이상 ㉯ 1.5m 이상
㉰ 45° 이상 ㉱ 가는 눈의 동망

04 간이탱크저장소에 대한 물음에 답하시오.

> ㉮ 간이탱크와 탱크 전용실과의 거리
> ㉯ 간이탱크를 옥외에 설치할 경우 보유공지

해답 ㉮ 0.5m 이상
㉯ 1m 이상

05 암반탱크저장소의 지하공동의 설치에 대하여 물음에 답하시오.

> ㉮ 천연암반 내에 설치할 경우 암반 투수계수는 얼마이어야 하는가?
> ㉯ 저장위험물의 증기압을 억제하려면 어느 곳에 설치하는가?

해답 ㉮ 10^{-5}m/sec 이하
㉯ 지하수면하

06 암반탱크저장소에 설치하여야 할 설비 4가지를 쓰시오.

해답 ① 지하수위 관측공
② 계량장치
③ 배수시설
④ 펌프설비

제11장 위험물 저장탱크의 변형시험 등

1. 위험물 저장탱크의 변형시험 및 불활성가스 봉입

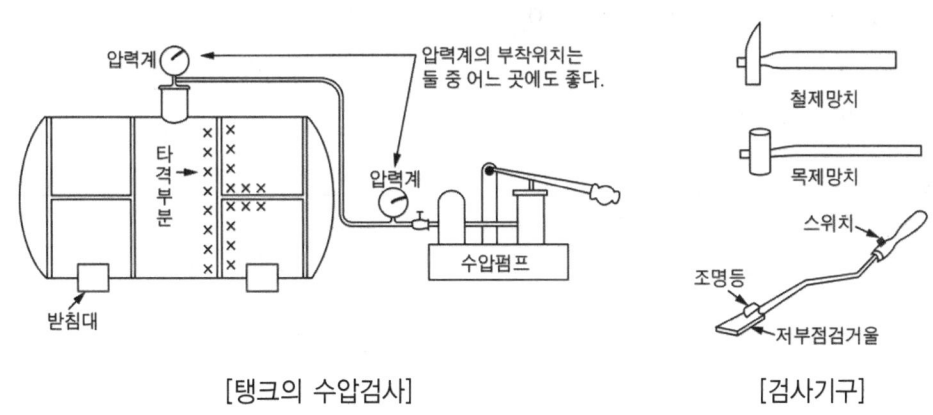

[탱크의 수압검사]   [검사기구]

1 옥내탱크 저장소 및 옥외탱크 저장소의 변형시험

(1) **압력탱크의 변형시험(수압시험)**
　　최대 상용압력의 1.5배의 압력으로 10분간 수압시험에서 새거나 변형되지 않을 것

(2) **압력탱크 이외의 탱크의 변형시험(충수시험)**
　　물과 물 외의 적당한 액체를 채우는 시험을 포함하여 새거나 변형되지 않을 것

(3) **특정옥외저장탱크의 용접부(비파괴시험)**

- 비파괴시험의 종류
  방사선투과시험, 자기탐상시험, 초음파탐상시험, 침투탐상시험, 진공시험
- 옥내저장탱크 및 옥외저장탱크에서 압력탱크의 기준
  최대 상용압력이 대기압을 초과하는 탱크

2 지하탱크 저장시설 및 이동탱크 저장시설의 변형시험

(1) 압력탱크의 변형시험(①, ② 중 한가지 가능)
① 수압시험 : 최대 상용압력의 1.5배의 압력으로 10분간 실시하여 새거나 변형되지 않아야 한다.
② 기밀시험, 비파괴시험

(2) 압력탱크 이외 탱크의 변형시험(①, ② 중 한가지 가능)
① 수압시험 : 70kPa의 압력으로 10분간 실시하여 새거나 변형되지 않아야 한다.
② 기밀시험·비파괴시험

- 이동탱크의 압력탱크 : 최대상용압력이 46.7kPa 이상인 탱크
- 알킬알루미늄 이동탱크의 수압시험 ; 1MPa 이상의 압력으로 10분간 실시하여 새거나 변형되지 아니할 것

3 간이탱크 저장소의 변형시험
수압시험 : 70kPa의 압력으로 10분간 실시하여 새거나 변형되지 아니할 것

압력탱크 이외의 탱크로서 수압시험을 할 탱크
- 지하탱크 저장시설
- 간이탱크 저장시설
- 이동탱크 저장시설

4 위험물 저장탱크의 불활성가스 봉입
① 대상 : 아세트알데하이드·산화프로필렌

적중·예상문제

모든 계산문제는 소수 3째자리까지 계산하고 반올림하여 소수 2째자리를 답으로 합니다.

위험물 저장탱크의 변형시험 등

01 위험물 저장탱크의 변형시험 중 압력탱크인 옥외(옥내) 탱크의 변형시험 기준을 쓰시오.

> **해답** 최대상용압력의 1.5배 압력으로 10분간 수압시험을 하여 새거나 변형되지 말것

02 위험물 저장탱크의 변형시험 중 충수시험방법에 대하여 쓰시오.

> **해답** 물과 물 외에 적당한 액체를 채우는 시험을 포함하여 새거나 변형되지 말아야 한다.

03 특정 옥외탱크저장소의 변형시험 중 비파괴시험의 종류 5가지를 쓰시오.

> **해답** ① 방사선 투과시험
> ② 자기 탐상시험
> ③ 초음파 탐상시험
> ④ 침투 탐상시험
> ⑤ 진공시험
>
> **참고** 특정옥외 저장탱크 : 용량 100만ℓ 이상인 탱크
> 준특정옥의 저장탱크 : 용량 50만ℓ 이상 100만ℓ 미만인 탱크

04 옥외탱크저장소의 탱크변형시험에 대하여 다음 물음에 답하시오.

> ㉮ 압력탱크의 수압시험방법을 쓰시오.
> ㉯ 특정옥외 저장탱크의 용접부는 어떠한 시험을 실시하는가?
> ㉰ 압력탱크의 기준은?

> **해답** ㉮ 탱크의 최대 상용압력의 1.5배로 10분간 수압을 가하여 새거나 변형되지 말아야 한다.
> ㉯ 비파괴시험
> ㉰ 최대상용압력이 대기압을 초과하는 탱크

05 지하저장탱크 중 압력탱크 이외의 탱크의 탱크 변형시험을 2가지로 분류하시오.

> **해답** ① 70kPa의 압력으로 수압시험을 10분간 실시하여 새거나 변형되지 아니할 것
> ② 기밀시험, 비파괴시험

06 다음 (   )을 완성하시오.

> 위험물을 저장·취급하는 이동탱크는 두께 (㉮) 이상의 (㉯)으로 틈이 없도록 제작하고 압력탱크에 있어서는 최대 상용압력의 (㉰)배의 압력으로, 압력탱크를 제외한 탱크에 있어서는 (㉱)의 압력으로 각각 10분간 행하는 (㉲)에서 새거나 변형되지 않아야 한다.

> **해답** ㉮ 3.2mm   ㉯ 강철판
> ㉰ 1.5   ㉱ 70kPa
> ㉲ 수압시험

적중·예상문제

07 다음 괄호 안에 알맞은 말을 쓰시오.

> 지하저장탱크의 재질은 두께 (㉮)mm 이상의 강철판으로 하여 완전용입용접 또는 양면겹침이음용접으로 틈이 없도록 만드는 동시에 압력탱크 외의 탱크에 있어서는 (㉯)kPa의 압력으로, 압력탱크에 있어서는 최대상용압력의 (㉰)배의 압력으로 각각 (㉱)분간 수압시험을 실시하여 새거나 변형되지 아니하여야 한다.

해답 ㉮ 3.2 ㉯ 70
㉰ 1.5 ㉱ 10

08 다음 (　)을 완성하시오.

> ㉮ 지하저장탱크 및 이동저장탱크에서 압력탱크의 압력 기준
> ㉯ 알킬알루미늄 이동저장탱크의 변형시험방법 중 수압시험에 대하여 쓰시오.

해답 ㉮ 46.7kPa 이상인 탱크
㉯ 1MPa 이상의 압력으로 10분간 수압시험을 실시하여 새거나 변형되지 아니할 것

09 다음 괄호안에 알맞은 말을 쓰시오.

> 간이저장탱크는 두께 (㉮)mm 이상의 강판으로 흠이 없도록 제작하여야 하며, (㉯)kPa의 압력으로 (㉰)분간의 수압시험을 실시하여 새거나 변형되지 아니하여야 한다.

해답 ㉮ 3.2 ㉯ 70 ㉰ 10

10 압력탱크 이외의 탱크에서 수압시험을 하는 저장소 3가지를 쓰시오.

해답 ① 지하탱크 저장시설
② 이동탱크 저장시설
③ 간이탱크 저장시설

11 위험물을 압력탱크에 저장할 경우 불활성 가스를 봉입하여야 하는 위험물 3가지를 쓰시오.

해답 ① 알킬알루미늄
② 아세트알데하이드
③ 산화프로필렌

제12장 주유취급소

1. 주유취급소의 설치기준

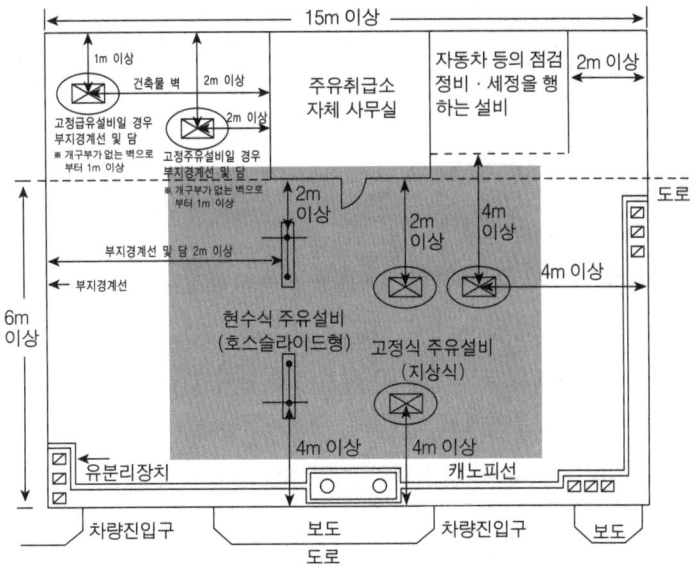

1 주유취급소의 공지

(1) 주유공지 : 너비 15m 이상, 길이 6m 이상의 콘크리트로 포장

(2) 공지의 기준

① 바닥은 주위의 지면보다 높게 한다.

② 바닥의 표면을 적당하게 경사지게 한다.

③ 새어나온 기름, 기타 액체가 공지 외부로 유출되지 않도록 배수구·집유설비 및 유분리시설을 한다.

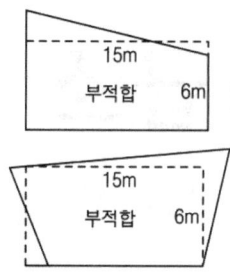 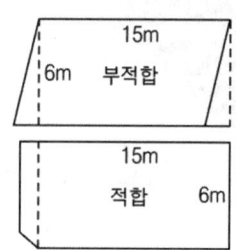

[주유 취급시설의 공지]

> **주유취급소의 공지**
> 자동차 등에 직접 주유하기 위한 고정주유설비(현수식 포함)의 주위에 주유를 받으려는 자동차 등이 출입할 수 있도록 한 공지

2 주유취급소의 구조 및 위치

(1) **주유취급소 상호거리** : 제한없다.

(2) **주유취급소**에서 자동차 등의 **출입** 및 **통풍**을 위하여 설치하지 않는 벽 : **2m 이상**의 방면이다.

(3) **방화벽의 높이** : 지면으로부터 **2m 이상**이어야 한다(인근에 건축물이 없는 고속도로변이나 이와 유사한 도로변에서 설치하는 것은 제외).

(4) **사무실 및 화기를 사용하는 곳의 출입구 및 창**
   ① 출입구 : 안에서 밖으로 수시로 개방할 수 있는 자동폐쇄식이어야 한다.
   ② 출입구의 턱높이 : 0.15m 이상
   ③ 밀폐시켜야 하는 창 : 지면으로부터 높이 1m 이하의 것

> **출입구 및 창의 유리**
> • 종류 : 망입유리 · 강화유리
> • 강화유리의 두께(창) : 8mm 이상
> • 강화유리의 두께(출입구) : 12mm 이상

(5) 캔텔레버의 돌출길이 : 1.5m 이상

> **참고**
> 캔텔레버 : 건축물에서 옥내주유취급소의 용도에 사용되는 부분에 상층이 있는 경우 화재 발생시 상층으로의 연소를 방지하기 위하여 설치하는 외팔보

3 주유취급소의 고정주유설비

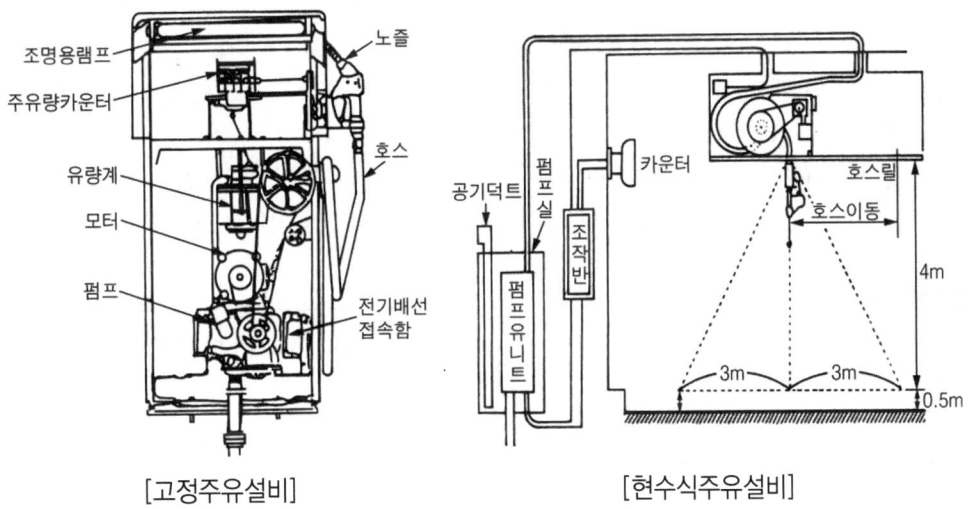

[고정주유설비]   [현수식주유설비]

(1) 주유관의 기준

① 고정주유설비의 주유관의 길이 : 5m 이내

② 현수식 주유설비의 주유관의 길이 : 지면 위 0.5m, 반경 3m 이내

③ 노즐선단에는 정전기 제거장치를 해야 한다.

> **참고**
> 자동차 등에 주유를 할 경우 원인 모를 불이 발생할 경우 십중팔구는 정전기로 인한 것이므로 주유시에는 반드시 구리선 등이 들어 있어 정전기를 제거하는 고정주유설비를 사용해야 한다.

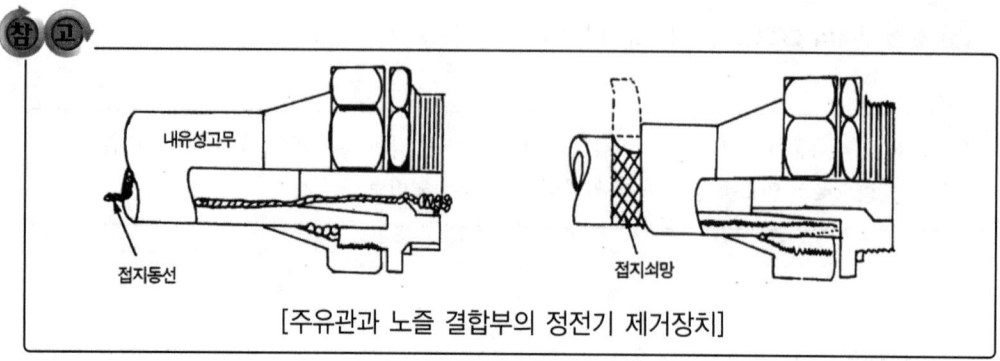

[주유관과 노즐 결합부의 정전기 제거장치]

(2) 고정주유설비의 설치 위치(고정주유설비 중심선으로부터)

① 도로경계선과의 거리 : 4m 이상
② 부지경계선 · 담 · 건축물 벽과의 거리 : 2m 이상
③ 개구부 없는 벽과의 거리 : 1m 이상
④ 자동차용 고정주유설비와 등유용 고정주유설비와의 거리 : 4m 이상
⑤ 자동차 등의 점검 · 정비 · 세정을 행하는 설비와의 상호거리 : 4m 이상

자동차 등의 점검, 장비, 세정을 행하는 설비와 도로경계선과의 거리 : 2m 이상
고정급유설비에 있어서 부지경계선 및 담까지의 거리 : 1m 이상

4 주유취급소의 탱크

(1) 탱크의 시설기준은 지하탱크저장소에 준한다

(2) 전용 탱크의 1개의 용량

① 자동차용 고정주유설비 및 고정급유설비 : 5만ℓ 이하
② 보일러에 직접 접속하는 탱크 : 1만ℓ 이하
③ 자동차 등의 점검 · 정비로 인한 폐유 · 윤활유 탱크 : 2천ℓ 이하
④ 고속도로변 주유취급소의 탱크 1개 용량 : 6만ℓ 이하

(3) 고정주유설비 펌프기기의 주유관 선단에서 최대 토출량

　① 제1석유류(휘발유) : 50ℓ /min 이하
　② 등유 : 80ℓ /min 이하
　③ 경유 : 180ℓ /min 이하
　④ 이동저장탱크에 주입하기 위한 등유용 고정급유설비 : 300ℓ /min 이하

분당토출량 200ℓ 이상인 경우 모든 배관의 안지름은 40mm 이상 일 것

(4) 셀프용 고정주유설비

　① 1회 연속 주유량의 상한 : 휘발유 100ℓ 이하, 경유 200ℓ 이하
　② 1회 주유시간의 상한 : 4분 이하

(5) 셀프용 고정급유설비

　① 1회 연속 급유량의 상한 : 100ℓ 이하
　② 1회 급유시간의 상한 : 6분 이하

2. 주유취급소의 위험물 취급기준

① 자동차 등에 주유할 때에는 고정주유설비를 사용하여 직접 주유하여야 한다.
② 자동차 등에 주유할 때에는 자동차 등의 원동기를 정지시켜야 한다.
③ 주유취급소의 전용탱크에 위험물을 주입할 때에는 그 탱크에 접결되는 고정주유설비의 사용을 중지하여야 하며, 자동차 등을 그 탱크의 주입구에 접근시켜서는 안된다.
④ 고정주유설비에 유류를 공급하는 배관은 전용탱크로부터 고정주유설비에 직접 접결된 것이어야 한다.
⑤ 자동차 등에 주유할 때에는 정당한 이유없이 다른 자동차 등을 그 주유취급소에 주차시켜서는 안된다(다만, 재해발생의 우려가 없는 경우에는 그렇지 않다).

적중·예상문제

모든 계산문제는 소수 3째자리까지 계산하고 반올림하여 소수 2째자리를 답으로 합니다.

주유취급소

01 다음 주유취급소의 기준에 대해 답하시오.

> ㉮ 주유 취급시설 공지의 너비 및 길이
> ㉯ 다른 주유 취급시설과의 상호거리
> ㉰ 자동차의 출입 및 통풍을 위하여 벽을 설치하지 않는 부분은 몇 개 이상인가?
> ㉱ 지면으로부터의 담 또는 벽의 높이

해답 ㉮ 너비 15m 이상, 길이 6m 이상
㉯ 거리제한 없음
㉰ 2개
㉱ 2m 이상

02 주유취급소의 공지의 바닥은 주위 지면보다 높게 하고, 그 표면을 적당하게 경사지게 하여 새어나온 기름 및 그 밖의 액체가 공지의 외부로 유출되지 아니하도록 배수구, (㉮)설비 및 (㉯)장치를 하여야 한다. 괄호 안에 알맞은 말을 쓰시오.

해답 ㉮ 집유   ㉯ 유분리

03 다음은 주유취급소에 대한 설치기준이다. 괄호 안에 알맞은 말을 쓰시오.

> ㉮ 주유취급소에 설치하는 벽, 기둥, 바닥, 보 및 지붕을 (   ) 또는 불연 재료로 한다.
> ㉯ 고정 주유설비는 도로경계선까지 (   )m 이상 거리를 유지한다.
> ㉰ 자동차등에 주유하기 위한 고정 전용 탱크의 용량은 (   )ℓ 이하이다.

해답 ㉮ 내화구조   ㉯ 4   ㉰ 50,000

04 주유취급소 사무실 및 화기를 사용하는 곳의 출입구 및 창의 설치 기준에 대하여 답하시오.

> ㉮ 출입구가 열리는 방향 및 개방방식
> ㉯ 출입구의 턱높이
> ㉰ 밀폐시켜야 하는 창의 높이

해답 ㉮ 방향 : 안에서 밖으로
  개방방식 : 자동폐쇄식
㉯ 15cm 이상
㉰ 지면으로부터 1m 이하

05 주유취급소의 사무실 및 화기를 사용하는 곳의 출입구 및 창에 사용되는 유리에 대하여 답하시오.

> ㉮ 종류 2가지
> ㉯ 창으로 사용되는 강화유리의 두께
> ㉰ 출입구에 사용되는 강화유리의 두께

해답 ㉮ 망입유리, 강화유리
㉯ 8mm 이상
㉰ 12mm 이상

06 건축물에서 옥내주유취급소의 용도에 사용되는 부분에 상층이 있는 경우 화재 발생시 상층으로 연소를 방지하기 위하여 설치하는 외팔보에 대하여 다음 물음에 답하시오.

> ㉮ 명칭
> ㉯ 바로 윗층의 바닥으로부터 돌출길이 (m)

해답 ㉮ 캔틸레버
㉯ 1.5m 이상

07 주유취급소의 고정주유설비에 대한 다음 물음에 답하시오.

> ㉮ 주유관의 길이
> ㉯ 도로경계선으로부터의 거리
> ㉰ 부지경계선 및 담으로부터의 거리
> ㉱ 건축물 벽으로부터의 거리
> ㉲ 개구부가 없는 건축물의 벽으로부터의 거리
> ㉳ 자동차용 고정주유설비와 등유용 고정급유설비와의 거리
> ㉴ 자동차 등의 점검, 정비, 세정을 행하는 설비와의 거리

해답 ㉮ 5m 이내
㉯ 4m 이상
㉰ 2m 이상
㉱ 2m 이상
㉲ 1m 이상
㉳ 4m 이상
㉴ 4m 이상

08 다음 괄호 안을 완성하시오.

> 주유취급소의 현수식 주유설비의 주유관의 길이는 지면 위 (㉮)의 수평면에 (㉯)으로 내려 만나는 점을 중심으로 반경 (㉰) 이내로 하여야 하고 그 선단에는 축적된 (㉱)를 유효하게 제거할 수 있는 장치를 설치하여야 한다.

해답 ㉮ 0.5m
㉯ 수직
㉰ 3m
㉱ 정전기

09 주유 취급소에 대한 다음 물음에 답하시오.

> ㉮ 전용탱크의 강철판의 두께
> ㉯ 자동차용 고정주유설비 및 고정급유설비 전용탱크 1개의 용량
> ㉰ 주유취급소의 자체 난방을 위하여 보일러에 직접 접속하는 탱크 1개의 용량
> ㉱ 자동차등 점검 정비로 인한 폐유, 윤활유 탱크 1개의 용량
> ㉲ 고속도로변 주유취급소 전용탱크 1개의 용량

해답 ㉮ 3.2mm 이상
㉯ 50,000ℓ 이하
㉰ 10,000ℓ 이하
㉱ 2,000ℓ 이하
㉲ 60,000ℓ 이하

10 주유취급소에 설치된 고정주유설비 및 고정급유설비 펌프기기의 주유관 선단에서의 최대토출량(ℓ/min)은 위험물에 따라 다르다. 다음 물음에 답하시오.

> ㉮ 제1석유류(휘발유)의 토출량(ℓ/min)
> ㉯ 등유의 토출량(ℓ/min)
> ㉰ 경유의 토출량(ℓ/min)
> ㉱ 이동저장탱크에 주입하기 위한 등유용 고정급유설비의 토출량(ℓ/min)

해답 ㉮ 50ℓ/min 이하
㉯ 80ℓ/min 이하
㉰ 180ℓ/min 이하
㉱ 300ℓ/min 이하

적중 · 예상문제

11 주유취급소에서 자동차연료탱크에 휘발유를 넣을 때 셀프용 고정주유설비를 사용할 경우 1회 주유시간 상한과 1회 연속 주유량의 상한을 쓰시오.

> **해답** 1회 주유시간 : 4분 이하
> 1회 연속 주유량 : 100ℓ 이하
> **참고** ㉮ 셀프용 고정주유설비
>   - 1회 주유량의 상한 : 휘발유 100ℓ 이하, 경유 200ℓ 이하
>   - 1회 주유시간의 상한 : 4분 이하
> ㉯ 셀프용 고정급유설비
>   - 1회 급유량의 상한 : 100ℓ 이하
>   - 1회 급유시간의 상한 : 6분 이하

12 주유취급소의 위험물 취급기준에 대한 다음 ( )안에 알맞은 말을 써넣으시오.

> 자동차 등에 주유할 때에는 ( ) 주유설비를 사용하여 직접 주유하여야 한다.

> **해답** 고정

13 다음 보기의 ( ) 안에 들어갈 말은 무엇인가?

> 자동차 등에 주유할 때에는 자동차 등의 ( )를 정지시켜야 한다.

> **해답** 원동기

14 급유설비의 주입구 부근에는 정전기제거용 ( )전극을 설치하여야 한다. 괄호 안에 넣어야 할 말을 쓰시오.

> **해답** 접지

15 다음은 주유취급소의 고정급유설비에 관한 설명이다. 물음에 답하시오.

> ① 도로경계선과의 거리는 얼마인가?
> ② 건축물의 벽까지의 거리는 얼마인가?
> ③ 부지경계선 및 담 또는 개구부가 없는 벽과의 거리는 얼마인가?

> **해답** ① 4m 이상
> ② 2m 이상
> ③ 1m 이상
> **참고** 건축물의 벽까지의 거리 : 2m 이상
> 부지경계선 및 담까지의 거리 : 1m 이상
> *고정주유설비와 고정급유설비의 부지경계선 및 담까지의 거리 기준은 다르다.

제13장 판매취급소, 일반취급소

1. 제1종 판매취급소

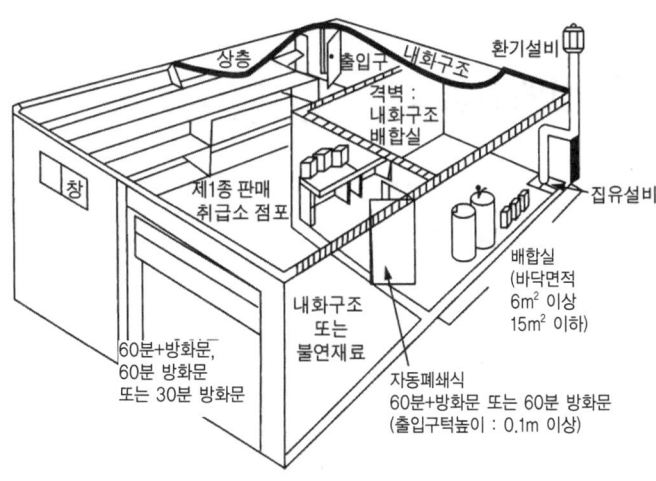

1 제1종 판매취급소의 설치기준

(1) 위치 및 시설

① 건축물의 1층에 설치한다.

② 출입구 : 60분+방화문, 60분 방화문 또는 30분 방화문

(2) 배합실의 기준

① 바닥의 면적 : 6m² 이상, 15m² 이하
② 내화구조로 된 벽으로 구획한다.
③ 바닥에는 적당한 경사를 두고 집유설비를 한다.
④ 체류 증기를 지붕 위로 방출할 수 있는 환기장치를 한다.
⑤ 출입구 : 자동폐쇄식 60분+방화문 또는 60분 방화문으로 설치한다.
⑥ 출입구의 턱 높이 : 바닥으로부터 0.1m 이상으로 한다.

제1종 판매 취급소에서 취급할 수 있는 위험물의 지정수량의 배수는 20배 이하이다.

2. 제2종 판매취급소

1 제2종 판매취급소의 설치기준

(1) 위치 및 시설
① 벽·기둥·바닥·보의 구조 : 내화구조
② 천정의 구조 : 불연재료

(2) 배합실의 기준 : 제1종 판매취급소에 준한다.

(3) 배합실에서 배합할 수 있는 위험물
① 황
② 도료류
③ 제1류 위험물 중 염소산염류 및 과염소산염류 만을 함유한 것
④ 제4류 위험물 중 인화점이 38℃ 이상인 것

제2종 판매 취급소에서 취급할 수 있는 위험물의 지정수량의 배수는 40배 이하이다.

3. 일반취급소

1 일반취급소의 설치기준

위험물제조소의 설치기준을 준용한다.

- **일반취급소**라 함은 위험물제조소 · 주유취급소 · 판매취급소 · 이송취급소에 해당하지 않는 취급소로서 위험물을 사용하여 일반 제품을 생산 · 가공 또는 세척하거나 버너 등에 소비하기 위하여 1일에 지정수량 이상의 위험물을 취급하는 시설을 말한다.

적중·예상문제

모든 계산문제는 소수 3째자리까지 계산하고 반올림하여 소수 2째자리를 답으로 합니다.

판매취급소, 일반취급소

01 제1종 판매취급소는 저장 또는 취급하는 위험물의 수량이 지정수량의 몇 배 이하인 것을 말하는가?

해답 20배 이하
참고 제2종 판매취급소의 경우 : 지정수량 40배 이하

02 제1종 판매취급소에 대하여 물음에 답하시오.

㉮ 설치장소를 쓰시오.
㉯ 출입구의 종류를 쓰시오.

해답 ㉮ 건축물의 1층
㉯ 60분+방화문, 60분 방화문 또는 30분 방화문

03 제1종 판매취급소의 배합실 기준에 대한 물음에 답하시오.

㉮ 바닥면적
㉯ 출입구
㉰ 바닥으로부터 출입구의 턱높이

해답 ㉮ $6m^2$ 이상 $15m^2$ 이하
㉯ 자동폐쇄식 60분+방화문 또는 60분 방화문
㉰ 0.1m 이상

04 제2종 판매취급소 배합실에서 취급할 수 있는 위험물에 대하여 다음 물음에 답하시오.

㉮ 제1류 위험물 2가지의 품명을 쓰시오.
㉯ 제2류 위험물의 품명을 쓰시오
㉰ 제4류 위험물의 인화점을 쓰시오.

해답 ㉮ 염소산염류, 과염소산염류
㉯ 황
㉰ 38℃ 이상

제4편

위험물의 운반 및 포장 기준

제1장 위험물의 운반 및 포장 기준
■ 적중·예상문제

제1장 위험물의 운반 및 포장 기준

1. 운반 및 적재방법

1 운반방법

(1) **지정수량 이상의 위험물**을 차량으로 운반할 때에는 **행정안전부령**이 정하는 바에 의하여 **표시**를 하여야 한다.

(2) **위험물** 또는 위험물을 수납한 **용기**가 **현저하게 마찰** 또는 **동요**를 일으키지 않도록 **운반**하여야 한다.

(3) **지정수량 이상의 위험물**을 차량으로 운반하는 경우에 **다른 차량**에 바꾸어 싣거나·휴식·고장 등으로 차량이 **일시 정차**시킬 때에는 **안전한 장소**를 택하고 운반하는 위험물의 안전에 주의하여야 한다.

(4) 위험물의 운반도중 위험물이 현저하게 새는 등 재해발생의 우려가 있는 경우의 조치방법
   ① 재해를 방지하기 위한 응급조치를 한다.
   ② 가까운 소방관서 기타의 관계기관에 통보한다.

(5) 위험물을 차량에 주입 또는 싣거나 내릴 때의 기준
   ① 작업개시부터 종료시까지 위험물 안전관리자의 감독하에 취급한다.
   ② 소화기구 등 소화설비를 준비하고 화재발생에 대비한다.

2 적재방법

(1) 운반용기에 수납하여 적재하여야 한다(단, 덩어리 상태의 유황을 운반할 경우와 동일 구내에 있는 제조소 등의 상호간의 운반할 경우에는 제외).

(2) 위험물의 운반용기 적재방법

① 위험물이 온도변화 등에 의하여 누설되지 않도록 운반용기를 밀봉하여 수납한다.
② 수납하는 위험물과 위험한 반응을 일으키지 않는 등 당해 위험물 성질에 **적합한 재질의 운반용기**에 수납한다.
③ 하나의 외장용기에는 다른 종류의 위험물을 수납하지 않는다.
④ 운반용기는 수납구를 위로 향하게 하여 적재한다.
⑤ 위험물은 당해 위험물 또는 위험물을 수납한 운반용기가 운반도중에 전도·낙하 또는 파손되지 않도록 적재한다.

① 운반용기의 수납율
 · 고체위험물 : 운반용기 내용적의 **95% 이하**
 · 액체위험물 : 운반용기 내용적의 **98% 이하**(55℃ 이상에서 누설되지 않도록 **충분한 공간용적 유지**)
 · 알킬알루미늄 : 내용적의 **90% 이하**(50℃에서 5% 이상 공간용적 유지)
② 제3류 위험물의 수납방법
 · 자연발화성 물품 : 불활성기체를 봉입하여 밀봉하는 등 공기와 접촉하지 않도록 한다.
 · 자연발화성 물품외의 물품 : 파라핀·경유·등유 등의 보호액으로 가득채워 밀봉하거나 불활성기체를 봉입하여 밀봉하는 등 수분과 접촉하지 않도록 한다.

(3) 운반덮개

① 차광성이 있는 덮개를 하여야 하는 위험물
  ㉮ 제1류 위험물
  ㉯ 제3류 위험물 중 자연발화성 물질
  ㉰ 제4류 위험물 : 특수인화물
  ㉱ 제5류 위험물
  ㉲ 제6류 위험물
② 방수성이 있는 덮개를 하여야 하는 위험물
  ㉮ 제1류 위험물 : 알칼리금속의 과산화물 또는 이를 함유한 것
  ㉯ 제2류 위험물 : 마그네슘·철분·금속분 또는 이를 함유한 것
  ㉰ 제3류 위험물 중 금수성물질

제5류 위험물 중 55℃ 이하에서 분해될 수 있는 것은 적정한 온도유지를 해야 한다.

③ 혼재할 수 있는 위험물(대칭형 암기 : ㈚이삼, ㈝이사, ㈜하나)

	제1류	제2류	제3류	제4류	제5류	제6류
제1류		×	×	×	×	○
제2류	×		×	○	○	×
제3류	×	×		○	×	×
제4류	×	○	○		○	×
제5류	×	○	×	○		×
제6류	○	×	×	×	×	

- "○"표시는 혼재할 수 있음을 표시 "×"표시는 혼재할 수 없음을 표시한다.
- 지정수량의 1/10 이하(소량위험물)의 위험물을 적재하는 경우 제외

2. 수납 및 포장방법

① 수납방법

(1) 운반용기의 재질

① 금속판　　② 강판
③ 삼　　　　④ 합성섬유
⑤ 섬유판　　⑥ 고무류
⑦ 양철판　　⑧ 짚
⑨ 알루미늄판　⑩ 종이
⑪ 유리　　　⑫ 나무
⑬ 플라스틱

(2) 운반용기와 수납방법

① 고체위험물

운반용기				수납위험물의 종류									
내장용기		외장용기		제1류			제2류		제3류			제5류	
용기의 종류	최대용적 또는 중량	용기의 종류	최대용적 또는 중량	I	II	III	II	III	I	II	III	I	II
유리용기 또는 플라스틱용기	10ℓ	나무상자 또는 플라스틱상자(필요에 따라 불활성의 완충재를 채울 것)	125kg	○	○	○	○	○	○	○	○	○	○
			225kg		○	○		○		○	○		○
		파이버판 상자(필요에 따라 불활성의 완충재를 채울 것)	40kg	○	○	○	○	○	○	○	○	○	○
			55kg		○	○		○			○		○
금속제 용기	30ℓ	나무상자 또는 플라스틱 상자	125kg	○	○	○	○	○	○	○	○	○	○
			225kg		○	○		○		○	○		○
		파이버판 상자	40kg	○	○	○	○	○	○	○	○	○	○
			55kg		○	○		○			○		○
플라스틱 필름포대 또는 종이 포대	5kg	나무상자 또는 플라스틱상자	50kg	○	○	○	○	○				○	○
	50kg		50kg	○	○	○	○	○					○
	125kg		125kg		○	○	○	○					
	225kg		225kg			○		○					
	5kg	파이버판 상자	40kg	○	○	○	○	○				○	○
	40kg		40kg	○	○	○	○	○					○
	55kg		55kg			○		○					
		금속제용기(드럼제외)	60ℓ	○	○	○	○	○	○	○	○	○	○
		플라스틱용기(드럼제외)	10ℓ		○	○	○	○		○	○		○
			30ℓ			○		○			○		○
		금속제드럼	250ℓ	○	○	○	○	○	○	○	○	○	○
		플라스틱드럼 또는 파이버드럼 (방수성이 있는 것)	60ℓ	○	○	○	○	○		○	○	○	○
			250ℓ		○	○		○		○	○		○
		합성수지포대(방수성이 있는 것), 플라스틱필름포대, 섬유포대(방수성이 있는 것) 또는 종이포대 (여러겹으로서 방수성의 것)	50kg		○	○	○	○		○	○		○

비고
① "○" 표시는 수납위험물의 종류별 각 항의 위험물에 대하여 당해 각 란에 정한 운반용기가 적용성이 있음을 표시한다.
② 내장용기는 외장용기에 수납하여야 하는 용기로서 위험물을 직접 수납하기 위한 것을 말한다.
③ 내장용기의 용기의 종류란이 공란인 것은 외장용기에 위험물을 직접 수납하거나 유리용기, 플라스틱용기, 금속제용기, 폴리에틸렌포대 또는 종이포대를 내장용기로 할 수 있음을 표시한다.

② 액체위험물

운반용기				수납위험물의 종류								
내장용기		외장용기		제3류			제4류			제5류		제6류
용기의 종류	최대용적 또는 중량	용기의 종류	최대용적 또는 중량	I	II	III	I	II	III	I	II	I
유리용기	5ℓ	나무 또는 플라스틱상자 (불활성의 완충재를 채울 것)	75kg	○	○	○	○	○	○	○	○	○
	10ℓ		125kg		○	○		○	○		○	
			225kg						○			
	5ℓ	파이버판 상자(불연성의 완충재를 채울 것)	40kg	○	○	○	○	○	○	○	○	○
	10ℓ		55kg						○			
플라스틱 용기	10ℓ	나무 또는 플라스틱 상자(필요에 따라 불연성의 완충재를 채울 것)	75kg	○	○	○	○	○	○	○	○	○
			125kg		○	○		○	○		○	
			225kg						○			
		파이버판 상자 (필요에 따라 불연성의 완충재를 채울 것)	40kg	○	○	○	○	○	○	○	○	○
			55kg						○			
금속제 용기	30ℓ	나무 또는 플라스틱 상자	125kg	○	○	○	○	○	○	○	○	○
			225kg						○			
		파이버판 상자	40kg	○	○	○	○	○	○	○	○	○
			55kg		○	○		○	○		○	
		금속제용기(금속제 드럼 제외)	60ℓ				○	○	○		○	
		플라스틱용기(플라스틱 드럼 제외)	10ℓ					○				
			20ℓ					○	○			
			30ℓ						○		○	
		금속제드럼(뚜껑 고정식)	250ℓ	○	○	○	○	○	○	○	○	○
		금속제드럼(뚜껑 탈착식)	250ℓ					○	○			
		플라스틱 또는 파이버드럼 (플라스틱내용기 부착의 것)	250ℓ		○	○			○		○	

비고

① "○" 표시는 수납위험물의 종류별 각란 정한 위험물에 대하여 해당 각란에 정한 운반용기가 적응성이 있음을 표시한다.

② 내장용기는 외장용기에 수납하여야 하는 용기로서 위험물을 직접 수납하기 위한 것을 말한다.

③ 내장용기의 용기의 종류란이 공란인 것은 외장용기에 위험물을 직접 수납하거나 유리용기, 플라스틱 용기 또는 금속제용기를 내장용기로 할 수 있음을 표시한다.

2 포장방법

(1) 외부포장 표시

① 위험물의 품명·위험등급·화학명
② 위험물의 수량
③ 수납 위험물의 주의사항

수용성의 표시 : 제4류 위험물로서 수용성인 것에 한한다.

(2) 운반용기의 외부포장 표시 중 수납위험물의 주의사항

① 제1류 위험물(화기·충격주의, 가연물 접촉주의)
  ㉮ 알칼리금속의 과산화물 또는 이를 함유한 것(화기·충격주의, 가연물 접촉주의 및 물기엄금)
② 제2류 위험물(화기주의)
  ㉮ 마그네슘, 철분, 금속분 또는 이를 함유한 것(화기주의, 물기엄금)
  ㉯ 인화성고체(화기엄금)
③ 제3류 위험물
  ㉮ 금수성물질(물기엄금)
  ㉯ 자연발화성물질(화기엄금 및 공기접촉엄금)
④ 제4류 위험물(화기엄금)
⑤ 제5류 위험물(화기 엄금 및 충격주의)
⑥ 제6류 위험물(가연물 접촉주의)

3 운송책임자의 감독·지원을 받아 운송하여야 하는 위험물

(1) 알킬알루미늄   (2) 알킬리튬
(3) 알킬알루미늄 및 알킬리튬을 함유하는 위험물

4 위험물 운송자로 하여금 위험물 안전카드를 휴대하게 하여야 하는 제4류 위험물

(1) 특수인화물   (2) 제1석유류

적중 · 예상문제

모든 계산문제는 소수 3째자리까지 계산하고 반올림하여 소수 2째자리를 답으로 합니다.

위험물의 운반 및 적재 방법

01 다음 (   ) 안에 넣어야 할 사항은 무엇인가?

> 지정수량 이상의 위험물을 차량으로 운반할 때에는 (㉮)이 정하는 바에 의하여 (㉯)를 하여야 한다.

해답 ㉮ 행정안전부령
㉯ 표시

02 법령상 위험물을 운반하고자 할 때 운송책임자의 감독지원을 받아 운송하여야 하는 위험물의 품명 2가지를 쓰시오.

해답 알킬알루미늄, 알킬리튬

03 다음 (   ) 안에 알맞은 말을 쓰시오.

> "위험물 또는 위험물을 수납한 용기는 현저하게 (㉮) 또는 (㉯)를 일으키지 않도록 운반하여야 한다."

해답 ㉮ 마찰   ㉯ 동요

04 다음 (   ) 안에 넣어야 할 사항을 쓰시오.

> 지정수량 이상의 위험물을 차량으로 운반하는 경우에 다른 차량에 바꾸어 싣거나, (㉮), (㉯) 등으로 차량을 일시 정지시킬 때에는 (㉰)를 택하고 운반하는 위험물의 (㉱)에 주의하여야 한다.

해답 ㉮ 휴식   ㉯ 고장
㉰ 안전한 장소   ㉱ 안전확보

05 위험물운송자로 하여금 위험물 안전카드를 휴대하게 하야야 하는 위험물 2가지를 쓰시오.

해답 특수인화물, 제1석유류

06 다음 괄호 안에 알맞은 말을 쓰시오.

> 액체위험물의 운반용기 수납율은 운반용기 내용적의 98% 이하이고 (   )℃ 이상에서 누설되지 않도록 충분한 공간용적을 유지할 것

해답 55

07 위험물을 운반용기에 수납할 경우 운반용기 내용적에 대한 수납율에 대하여 다음 물음에 답하시오.

> ㉮ 고체위험물의 수납율
> ㉯ 액체위험물의 수납율
> ㉰ 알킬알루미늄의 수납율

해답 ㉮ 95% 이하
㉯ 98% 이하
㉰ 90% 이하

08 알킬알루미늄 운반용기의 수납율은 90% 이하로 하되 50℃에서 몇 %의 공간용적을 유지하여야 하는가?

해답 5% 이상

09 위험물의 덮개로서 차광성 있는 덮개를 하여야 할 위험물의 품명을 쓰시오(5가지).

  해답 ① 제1류 위험물
  ② 제3류 위험물 중 자연발화성 물질
  ③ 제4류 위험물 중 특수인화물
  ④ 제5류 위험물
  ⑤ 제6류 위험물

10 인화성 액체위험물 중 1기압에서 액체로 되며 발화점이 100℃인 것으로 차광성덮개가 필요한 위험물을 화학식으로 쓰시오.

  해답 CS_2
  참고 인화성 액체 위험물 = 제4류 위험물

11 자기반응성 위험물질로 운반덮개로서 차광성 덮개가 필요한 니트로 화합물을 3가지만 쓰시오.

  해답 ① T.N.T
  ② 피크린산
  ③ 트라이나이트로 벤젠
  참고 자기반응성 물질 = 제5류 위험물

12 제3류 위험물의 운반덮개로서 차광성덮개를 하여야 할 물품을 쓰시오.

  해답 자연발화성 물질

13 제1류 위험물로서 햇볕, 빗물의 침투를 방지하기 위한 유효덮개로서 방수덮개를 하여야 할 위험물의 명칭을 쓰시오.

  해답 알칼리금속의 과산화물 또는 이를 함유한 것

참고 방수성 운반덮개를 하여야 할 위험물
  • 제1류 위험물 중 알칼리금속의 과산화물 또는 이를 함유한 것
  • 제2류 위험물 중 마그네슘, 철분, 금속분 또는 이를 함유한 것
  • 제3류 위험물 중 금수성 물질

14 알칼리금속의 과산화물류의 덮개는 무엇을 사용해야 하는가?

  해답 차광덮개, 방수덮개

15 제1류 위험물 중 차광덮개와 방수덮개를 모두 해야 하는 위험물의 명칭 2가지를 쓰시오.

  해답 과산화칼륨, 과산화나트륨

16 제2류 위험물로서 빗물의 침투를 방지하기 위한 방수덮개를 하여야 할 위험물의 품명 3가지를 쓰시오.

  해답 ① 마그네슘
  ② 철분
  ③ 금속분

17 덩어리 상태일 때 운반용기에 수납하지 않아도 되는 위험물을 쓰시오.

  해답 황

18 제1류 위험물과 혼재하여도 되는 위험물은 몇 류 위험물인가?

  해답 제6류 위험물
  참고 혼재가능 위험물 암기방법 : 대칭형으로 반쪽만 암기하시오.
  ※ ㊃이삼, ㊄이사, ㊅하나)

적중 · 예상문제

	제1류	제2류	제3류	제4류	제5류	제6류
제1류		×	×	×	×	○
제2류	×		×	○	○	×
제3류	×	×		○	×	×
제4류	×	○	○		○	×
제5류	×	○	×	○		×
제6류	○	×	×	×	×	

19 제2류 위험물과 혼재 가능한 위험물을 모두 쓰시오.

해답 제4류 위험물, 제5류 위험물

20 제3류 위험물과 혼재할 수 있는 위험물의 종류를 쓰시오.

해답 제4류 위험물

21 제4류 위험물과 혼재할 수 있는 위험물은 몇 류 위험물인가?

해답 제2류 위험물, 제3류 위험물, 제5류 위험물

22 제5류 위험물과 혼재할 수 있는 위험물은 몇 류인가?

해답 제2류 위험물, 제4류 위험물

23 제5류 위험물인 유기과산화물과 혼재할 수 없는 위험물을 쓰시오.

해답 제1류 위험물, 제3류 위험물, 제6류 위험물

24 제6류 위험물과 혼재할 수 없는 위험물을 모두 쓰시오.

해답 제2류 위험물, 제3류 위험물, 제4류 위험물, 제5류 위험물

수납 및 포장방법

01 운반용기의 재질로 합당한 5가지는 무엇인가?

해답 ① 금속판 ② 강판
③ 삼 ④ 합성섬유
⑤ 섬유판 ⑥ 고무류
⑦ 양철판 ⑧ 짚
⑨ 알루미늄판 ⑩ 종이
⑪ 유리 ⑫ 나무
⑬ 플라스틱 중 5가지

02 강산의 부식작용 때문에 강산의 저장용기는 (　　)이 있어야 한다. 괄호 안에 알맞은 말을 쓰시오.

해답 내산성

03 다음은 위험물을 운반하는 운반용기와 수납방법이다. 고체위험물을 수납하는 운반용기의 최대 용적은 몇 ℓ인가?(단, 내장용기)

| ㉮ 유리용기 또는 폴리에틸렌 용기 |
| ㉯ 금속제용기 |

해답 ㉮ 10ℓ   ㉯ 30ℓ

04 액체위험물을 다음 운반용기에 수납할 경우 최대 용적은 몇 ℓ인가?(단, 내장용기)

| ㉮ 유리용기 | ㉯ 플라스틱용기 |

해답 ㉮ 10ℓ   ㉯ 10ℓ

05 제4류 위험물 운반용기의 외부포장에 표시하여야 할 사항에 대하여 괄호 안에 알맞은 말을 3가지를 쓰시오.

㉮ 위험물의 (   ), 위험등급, 화학명 및 수용성
㉯ 위험물의 (   )
㉰ 수납위험물의 주의사항 : (   )

해답 ㉮ 품명   ㉯ 수량   ㉰ 화기엄금

06 제1류 위험물 중 알칼리금속의 과산화물류 및 이를 함유한 것의 운반용기 외부포장 표시 중 수납 위험물의 주의사항 3가지를 쓰시오.

해답 ① 화기·충격주의
② 가연물 접촉주의
③ 물기엄금

참고 위험물 운반용기의 외부포장표시 중 수납위험물의 주의사항
① 제1류 위험물 : 화기·충격주의, 가연물 접촉주의
*알칼리금속의 과산화물 또는 이를 함유한 것 : 화기·충격주의, 가연물 접촉주의 및 물기엄금
② 제2류 위험물 : 화기주의
*마그네슘, 철분, 금속분 또는 이를 함유한 것 : 화기주의, 물기엄금
*인화성고체 : 화기엄금
③ 제3류 위험물

*금수성 물질 : 물기엄금
*자연발화성 물질 : 화기엄금 및 공기접촉 엄금
④ 제4류 위험물 : 화기엄금
⑤ 제5류 위험물 : 화기엄금 및 충격주의
⑥ 제6류 위험물 : 가연물 접촉주의

07 제2류 위험물 운반용기 외부포장 표시 중 수납위험물의 주의사항을 쓰시오.

㉮ 철분, 금속분, 마그네슘 또는 이를 함유한 것
㉯ 인화성 고체
㉰ ㉮, ㉯ 이외에 제2류 위험물

해답 ㉮ 화기주의, 물기엄금
㉯ 화기엄금
㉰ 화기주의

08 위험물별 운반용기 외부에 표시하는 주의사항을 쓰시오.

㉮ 제3류 위험물 중 금수성 물질
㉯ 제4류 위험물
㉰ 제6류 위험물

해답 ㉮ 물기엄금
㉯ 화기엄금
㉰ 가연물 접촉주의

09 다음 위험물의 운반용기 및 포장의 외부표시 방법에 해당되는 주의사항을 쓰시오.

㉮ 가솔린   ㉯ 적린

해답 ㉮ 화기엄금   ㉯ 화기주의
참고 가솔린 : 제4류 위험물
적린 : 제2류 위험물

10 벤조일퍼옥사이드의 운반용기 외부에 표시하여야 할 주의사항을 쓰시오.

> **해답** 화기엄금, 충격주의
> **참고** 벤조일터옥사이드 : 제5류 위험물

11 다음의 제6류 위험물을 운반용기에 수납할 경우 외부포장 주의사항 표시는 무엇인가?

> **해답** 가연물 접촉주의

12 제4류 위험물 중 화장품으로서 그 운반용기 및 포장의 최대 용적이 얼마일 때 해당 주의사항과 동일한 의미를 가진 다른 주의사항으로 표시할 수 있는가?

> **해답** 300mℓ 이하

제5편

위험물의 연소반응

| 제1장 위험물의 연소반응
  ■ 적중·예상문제

제1장 위험물의 연소반응

1. 압력

1 표준대기압(atm)

토리첼리의 실험 결과 위도 45°의 해변에서 0℃일 때 760mmHg의 누르는 힘

1atm(기압) = 760mmHg(수은 기둥의 높이)
10.332mH₂O(Aq 물기둥의 높이) ≒ 10mH₂O
= 1.0332kg/cm²(중력단위) ≒ 1kg/cm²
= 101325N/m²(Pa) = 101.325kPa ≒ 0.1MPa

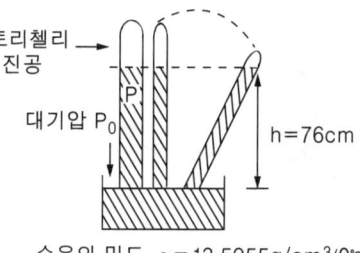

수은의 밀도 ρ = 13.5955g/cm³(0℃)

- Hg : 수은
- Aq(Aqua) : 라틴어의 물

1atm = 760mmhg ≒ 10mH₂O ≒ 1kg/cm² ≒ 100kPa = 0.1MPa

2. 온도와 열량

1 온도

① 섭씨온도(℃) : 표준대기압 하에서 빙점을 0℃, 비점을 100℃로 하여 100등분한 것이다.

② 화씨온도(℉) : 표준대기압 하에서 빙점을 32℉, 비점을 212℉로 하여 180등분한 것이다.

2 온도의 환산법

① 섭씨온도 환산 : $℃ = (℉-32) \times \dfrac{5}{9}$, 또는 $℃ = (℉+40) \times \dfrac{5}{9} - 40$

② 화씨온도 환산 : $℉ = \dfrac{9}{5} \times ℃ + 32$, 또는 $℉ = (℃+40) \times \dfrac{9}{5} - 40$

③ 섭씨 절대온도 : $K = ℃ + 273$

④ 화씨 절대온도 : $R = ℉ + 460$

> **참고**
>
> ① 섭씨온도와 화씨온도의 눈금차이
>
> $1℃ = 1.8℉$, $1℉ = \dfrac{5}{9}℃$
>
> ② 절대온도의 환산법 $K = \dfrac{R}{1.8}$, $R = K \times 1.8$
>
> - 섭씨온도(℃) : Centigrade temperature의 약칭
> - 섭씨 절대온도(K) : Kelvin(캘빈)의 약칭
> - 화씨온도(℉) : Fehrenheif temperature의 약칭
> - 화씨 절대온도(R) : Rankine(랭킨)의 약칭

3 비열과 열량

① 열량 : 비열이 C이며 질량이 m인 물체를 t℃까지 올리는 데 필요한 열량(단위 : cal)

$$Q = Cm\Delta t$$

Q : 열량, C : 비열, m : 질량, Δt : 변화된 온도(온도차)

② 비열 : 물질 1g의 온도를 1℃ 높이는 데 필요한 열량(단위 : cal/g℃)

$$Q = Cm\Delta t \text{에서 } C = Q/m\Delta t = Cal/g \cdot ℃$$

③ 잠열 : 온도는 변하지 않고 물질의 상태만 변하는 데 필요한 열량(단위 : cal)

$$Q = mr$$

Q : 열량, m : 질량, r : 잠열

물의 3상태와 열과의 관계

① 1기압하에서 -20℃ 얼음을 가열하면 물을 거쳐 120℃의 수증기에 도달한다.

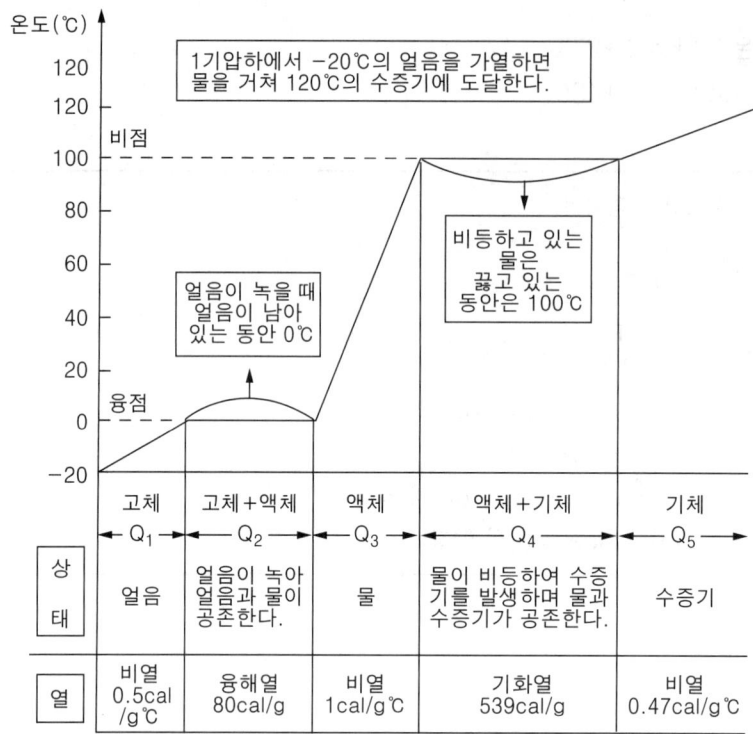

② 1g의 얼음(-20℃)이 수증기(120℃)가 되기 위한 열량

$Q = Q_1 + Q_2 + Q_3 + Q_4 + Q_5$ (전체열량 = 부분열량의 합)

- $Q_1, Q_3, Q_5 = Cm\triangle t$ 와 $Q_2, Q_4 = mr$ 로 열량을 구한다.
- 얼음의 가열(Q_1) : $1 \times 0.5 \times (20-0) = 10\,cal$
- 얼음의 융해(Q_2) : $1 \times 80 = 80\,cal$
- 물의 가열(Q_3) : $1 \times 1 \times (100-0) = 100\,cal$
- 물의 기화(Q_4) : $1 \times 539 = 539\,cal$
- 수증기의 가열(Q_5) : $1 \times 0.47 \times (120-100) = 9.4\,cal$

∴ $Q = 10 + 80 + 100 + 539 + 9.4 = 738.4\,cal$

합계 738.4cal

3. 비중 및 밀도

(1) 기체의 비중(증기비중) : STP(표준상태)에서 $\dfrac{\text{기체의 분자량}}{\text{공기의 평균 분자량}}$

(2) 기체의 밀도(증기밀도) : STP(표준상태)에서 $\dfrac{\text{기체의 1g 분자량(g/mol)}}{22.4(\ell/\text{mol})}$

- STP(표준상태) : 0℃, 1기압 상태
- 공기의 평균 1g 분자량

  공기 중에는 부피비로 N_2(질소) 78%, O_2(산소) 21%, Ar(아르곤) 1%가 있으며, 또한 N_2 1g분자량 : 28g, O_2 1g분자량 : 32g, Ar 1g분자량 : 40g이므로

  $\therefore 28g \times \dfrac{78}{100} + 32g \times \dfrac{21}{100} + 40g \times \dfrac{1}{100} = 28.96 ≒ 29\text{g/mol}$

  ※ 공기의 평균 분자량에는 g 단위를 붙이지 않는다.
  ※ 표준상태에서 기체 1g 분자량의 체적은 22.4ℓ /mol이다.

- 중요한 원소의 원자량 (H : 1, O : 16, N : 14, S : 32, C : 12)
- 표준상태가 아닌 경우 기체의 밀도

  $\rho = \dfrac{PM}{RT}$

  ρ(밀도) : g/ℓ P(압력) : atm M(1g 분자량) : g/mol
  R(기체상수) : 0.082 atm·ℓ /mol·k
  T(절대온도) : (℃+273)k

(3) 액체의 비중

　① 비중병을 사용하는 측정법

$$S = \dfrac{W_1 - W}{W_2 - W}$$

　　S : 비중　　　　　　　　　　　　W_1 : 비중병에 액체를 채웠을 때 질량
　　W_2 : 물을 채웠을 때 질량　　　　W : 비중병의 질량

(4) 고체의 비중

$$\dfrac{\text{물체의 무게(g)}}{\text{동일 부피의 4℃물 무게(g)}}$$

(5) 밀도(단위 부피당의 질량)

$$\rho = \frac{W}{V} \text{ (g/cm}^3\text{)}$$

ρ : 밀도, W : 질량, V : 부피

4. 기체에 관한 법칙

1 보일의 법칙

일정한 온도에서 일정량의 기체의 부피는 압력에 반비례한다.

$$P_1V_1 = P_2V_2$$

P : 압력, V : 부피(T : 일정)

2 샤를의 법칙

일정한 압력하에서 일정량의 기체의 부피는 절대온도에 비례한다.

$$\frac{V_1}{T_1} = \frac{V_2}{T_2}$$

V : 부피, T : 절대온도(P : 일정)

3 보일-샤를의 법칙

일정량의 기체의 부피는 압력에 반비례하고 절대온도에 비례한다.

$$\frac{P_1V_1}{T_1} = \frac{P_2V_2}{T_2}$$

P : 압력, V : 부피, T : 절대온도

4 이상기체의 상태방정식

기체에 관한 제반 법칙을 설명할 수 있으며 기체의 분자량 계산에 이용된다.

절대영도 : 기체의 부피가 0이 될수 있는 온도
(-273℃, 0K)

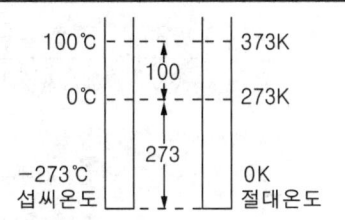

$$PV = nRT \rightarrow PV = \frac{W}{M} \times RT = \frac{WRT}{M}$$

P : 압력(atm), V : 부피(ℓ), n : 몰수($\frac{W}{M}$), W : 질량(g), M : 1g분자량(g/mol),
R : 기체상수(0.082atm · ℓ/mol · K), T : 절대온도(℃+273)K

- 이상기체 : 보일의 법칙 및 샤를의 법칙을 만족하는 액화되기 어려운 기체
- 표준상태(0℃, 1기압)에서 모든 기체 22.4ℓ 의 질량을 1g 분자량이다.
- 표준상태(0℃, 1기압)에서 모든 기체 22.4ℓ 는 6.023×10^{23}개의 분자수를 갖는다.
- 기체상수 R값
 표준상태 (0℃, 1기압)에서 PV=nRT이므로
 $R = \frac{PV}{nT} = \frac{1 \times 22.4}{1 \times 273} = 0.082$ atm · ℓ/mol · K
 P(기압) : 1atm, V(부피) : 22.4ℓ/mol, n(몰수) : 1mol,
 T(절대온도) : (0℃+273)K

5 이상기체의 상태방정식의 응용(부피와 분자량 구하기)

① 표준상태가 아닌 경우와 삼투압(반트호프의 법칙)

PV=nRT[이상기체 상태방정식에서 몰수(n) = $\frac{W(질량)}{M(분자량)}$ 이므로]

$$PV = \frac{WRT}{M} \text{에서 } V = \frac{WRT}{PM}, P = \frac{WRT}{VM}, M = \frac{WRT}{PV}, W = \frac{PVM}{RT}$$

P : 압력(atm), V : 부피(ℓ), n : 몰수($\frac{W}{M}$), W : 질량(g), M : 1g분자량(g/mol),
R : 기체상수(0.082atm · ℓ/mole · K), T : 절대온도(℃+273)

② 기체의 밀도

$$P = \frac{WRT}{VM} \text{에서} \quad \frac{W(질량)}{V(부피)} = \rho(밀도)\text{이므로} \rightarrow P = \frac{\rho RT}{M} \rightarrow \rho = \frac{PM}{RT}$$

$$STP(표준상태)에서 \ 분자량 = \rho \times 22.4 \ell$$

6 돌턴의 분압 법칙

혼합 기체의 전압은 각 성분 기체의 분압의 합과 같다.

① 전압 : $P = P_1 + P_2 + P_3 + \cdots P_n$

② 부분압 = 전압 × $\dfrac{성분몰수}{전체 몰수}$ = 전압 × $\dfrac{성분 부피}{전체 부피}$ = 전압 × $\dfrac{성분 분자의 수}{전 분자의 수}$

표준상태가 아닌 경우와 삼투압 계산에서 단위 주의사항
- 압력(P)의 단위가 mmHg이면 760mmHg(1기압)로 나누어 기압 단위(atm)로 환산하여야 한다.
- 부피(V)의 단위는 분자량(M) 및 질량(W)의 단위가 그램(g)이면 리터(ℓ)로 하여야 하며, 킬로그램(kg)이면 입방미터(m^3)로 통일시켜야 한다.
- 삼투압에서 용매가 물이면 물의 질량 g → mℓ 이므로 mℓ 를 ℓ로 환산하여야 한다.

7 이론공기량(공기 중의 산소량이 21%일 경우)

$$이론공기량 = 산소량 \times \frac{1}{0.21}$$

적중·예상문제

모든 계산문제는 소수 3째자리까지 계산하고 반올림하여 소수 2째자리를 답으로 합니다.

압력

01 10atm은 수은주 몇 mmHg인가?

해답 760mmHg

02 수은주 750mmHg은 몇 atm인가?

해답 [계산과정]
$$\frac{750\text{mmHg}}{760\text{mmHg/atm}} = 0.968$$
[답] 0.968

03 중력단위 10kg/cm²는 약 몇 MPa인가?

해답 1MPa

참고 1kg/cm² ≒ 100kPa = 0.1MPa
∴ 10kg/cm² = 1MPa

온도와 열량

01 100°F는 몇 ℃인가?

해답 [계산과정]
$$℃ = \frac{5}{9} \times (°F - 32)$$에서
$$℃ = \frac{5}{9} \times (100 - 32) = 37.777℃$$
[답] 37.78℃

02 100℃는 몇 °F인가?

해답 [계산과정]
$$°F = \frac{9}{5} \times ℃ + 32$$에서
$$°F = \frac{9}{5} \times 100 + 32 = 212°F$$
[답] 212°F

03 알루미늄 500g을 20℃에서 50℃까지 온도를 올리는 데 3,000cal를 소모하였다. 이 때 알루미늄의 비열은?

해답 [계산과정]
열량의 식 $Q = Cm\Delta t$에서
$C = \dfrac{Q}{m\Delta t}$ 이므로
$C = \dfrac{3,000}{500 \times (50-20)} = 0.2\text{cal/g℃}$
[답] 0.2cal/g℃

참고 · $Q = Cm\Delta t$에서 Q = 열량(현열),
C : 비열, m : 질량, Δt = 온도차

04 20℃의 물 18kg이 100℃의 수증기로 되려면 얼마의 열량(kcal)이 필요한가? (단, 물의 비열 1kcal/kg℃, 물의 잠열 539kcal/kg)

해답 [계산과정]
$Q = Q_1 + Q_2$
Q_1(물의 가열) = $Cm\Delta t$에서
$1 \times 18 \times (100-20) = 1,440$kcal
Q_2(물의 기화) = mr에서
$18 \times 539 = 9,702$kcal
$Q = 1,440 + 9,702 = 11,142$kcal
[답] 11,142kcal

참고 현열 : $Q_1 = Cm\Delta t$
잠열 : $Q_2 = mr$

적중·예상문제

05 −5°C의 얼음 10g을 전부 수증기로 변환시키는 데 필요한 열량은?(단, 얼음의 비열은 0.5cal/g°C, 물의 융해열은 80cal/g, 물의 기화열은 539cal/g)

해답 [계산과정]
$Q = Q_1 + Q_2 + Q_3 + Q_4$에서
Q_1(얼음의 가열) = $Cm\Delta t$에서
$0.5 \times 10 \times (0+5) = 25$cal
Q_2(얼음의 융해) = mr에서
$10 \times 80 = 800$cal
Q_3(물의 가열) = $Cm\Delta t$에서
$1 \times 10 \times (100-0) = 1,000$cal
Q_4(물의 기화) = mr에서
$10 \times 539 = 5,390$cal
$Q = 25+800+1,000+5,390 = 7,215$cal
[답] 7,215cal

참고 현열 : Q_1, Q_3 = $Cm\Delta t$,
잠열 : Q_2, Q_4 = mr

증기비중 및 밀도

01 공기의 평균 분자량은 29이다. 어떤 가연성 기체의 분자량을 계산해 보니 40이었다. 표준상태에서 이 가연성 기체의 공기에 대한 비중을 구하시오.

해답 [계산과정]
증기비중 = $\dfrac{측정\ 물질의\ 분자량}{공기의\ 평균분자량}$

증기비중 = $\dfrac{40}{29}$ = 1.379
[답] 1.38

02 할론 1011의 증기비중은 얼마인가?(Cl의 원자량은 35.5이고 Br의 원자량은 80이다)

해답 [계산과정]
할론 1011(CH_2ClBr)의 분자량 :
$12+2+35.5+80=129.5$

증기비중 = $\dfrac{할론\ 1011의\ 분자량}{공기의\ 평균\ 분자량(약 29)}$

증기비중 = $\dfrac{129.5}{29}$ = 4.465
[답] 4.47

03 다이에틸에터의 증기비중은 2.56이다. 공기의 평균분자량을 계산하시오(원자량 : C=12, H=1, O=16).

해답 [계산과정]
증기비중 = $\dfrac{다이에틸에터의\ 분자량}{공기의\ 평균분자량}$에서

공기의 평균분자량 = $\dfrac{다이에틸에터의\ 분자량}{증기비중}$이며,

다이에틸에터 ($C_2H_5OC_2H_5$)의 분자량 :
$12 \times 4+10+16=74$

공기의 평균분자량 = $\dfrac{74}{2.56}$ = 28.906
[답] 28.91

04 이황화탄소의 분자식과 증기 비중은 얼마인가?(단, 공기 중의 질소 78%, 산소 21%이며, 원자량은 C : 12, S : 32)

해답 ① 분자식 : CS_2
② [계산과정]
CS_2의 분자량 : $12+32 \times 2=76$

증기비중 = $\dfrac{이황화탄소의\ 분자량}{공기의\ 평균분자량}$

증기비중 = $\dfrac{76}{28 \times 0.78+32 \times 0.21}$
= 2.661

[답] 2.66

참고 질소의 분자량은 28, 산소의 분자량은 32

05 제4류 위험물의 증기는 공기보다 무거우므로 바닥에 체류할 위험이 있고 멀리까지 퍼져나가 뜻하지 않은 곳에서 화재발생 위험이 있다. 다음 위험물의 증기는 표준상태에서 공기보다 몇 배 무거운가?(단, 공기의 평균분자량은 28.84, H=1, C=12, N=14, O=16)

| ㉮ 아세톤 | ㉯ 에틸알코올 |
| ㉰ 스틸렌 | ㉱ 나이트로벤젠 |

해답 [계산과정]

$$증기비중 = \frac{측정\ 물질의\ 분자량}{공기의\ 평균\ 분자량}$$

㉮ [계산과정]
아세톤(CH_3COCH_3)의 분자량 :
$12 \times 3 + 6 + 16 = 58$

$$증기비중 = \frac{58}{28.84} = 2.011$$

[답] 2.01배

㉯ [계산과정]
에틸알코올(C_2H_5OH)의 분자량 :
$12 \times 2 + 6 + 16 = 46$

$$증기비중 = \frac{46}{28.84} = 1.595$$

[답] 1.60배

㉰ [계산과정]
스틸렌($C_6H_5CHCH_2$)의 분자량 :
$12 \times 8 + 8 = 104$

$$증기비중 = \frac{104}{28.84} = 3.606$$

[답] 3.61배

㉱ [계산과정]
나이트로벤젠($C_6H_5NO_2$)의 분자량 :
$12 \times 6 + 5 + 14 + 16 \times 2 = 123$

$$증기비중 = \frac{123}{28.84} = 4.264$$

[답] 4.26배

06 벤젠(분자량 78)의 증기비중을 구하시오(공기의 평균분자량 : 29).

해답 [계산과정]

$$증기비중 = \frac{벤젠의\ 분자량}{공기의\ 평균\ 분자량}$$

$$증기비중 = \frac{78}{29} = 2.689$$

[답] 2.69

07 MEK의 증기비중은 얼마인가?(단, 공기의 평균분자량은 29이다)

해답 [계산과정]
MEK(메틸에틸케톤) $CH_3COC_2H_5$의 분자량 : $12 \times 4 + 8 + 16 = 72$

$$증기비중 = \frac{MEK의\ 분자량}{공기의\ 평균\ 분자량}$$

$$증기비중 = \frac{72}{29} = 2.482$$

[답] 2.48

08 질산메틸의 증기비중을 구하시오.

해답 [계산과정]
질산메틸(CH_3ONO_2)의 분자량 :
$12 + 3 + (16 \times 3) + 14 = 77$

$$증기비중 = \frac{질산메틸의\ 분자량}{공기의\ 평균\ 분자량(약29)}$$

$$증기비중 = \frac{77}{29} = 2.655$$

[답] 2.66

적중·예상문제

09 표준상태에서 기체 1ℓ의 밀도가 2.58이다. 이 기체의 증기비중은 얼마인가?(단, 공기의 평균분자량 : 29)

해답 [계산과정]

$$\text{증기비중} = \frac{\text{측정물질의 분자량}}{\text{공기의 평균분자량}}$$

밀도(ρ) = $\frac{1g분자량(g/mol)}{22.4(\ell/mol)}$ 이므로

1g분자량 = $\rho \times 22.4\ell/mol$

1g분자량 = $2.58g/\ell \times 22.4\ell/mol$
         = $57.792g/mol$

증기비중 = $\frac{57.792}{29}$ = 1.992

[답] 1.99

10 다음 위험물의 1기압 섭씨 25도에서 증기밀도를 구하시오.

㉮ 톨루엔
㉯ 메틸에틸케톤

해답 [계산과정]

㉮ 톨루엔($C_6H_5CH_3$)의 증기밀도

$\rho = \frac{PM}{RT}$ 에서

$\rho = \frac{1 \times 92}{0.082 \times (25+273)}$ = 3.764

[답] 3.76g/ℓ

ρ(밀도) : ?g/ℓ
P(압력) : 1atm
M[톨루엔($C_6H_5CH_3$)의 1g 분자량] :
$12 \times 7 + 8 = 92g/mol$
R(기체상수) : 0.082 atm·ℓ/mol·K
T(절대온도) : (25℃+273)K

㉯ 메틸에틸케톤($CH_3COC_2H_5$)의 증기밀도

M[메틸에틸케톤($CH_3COC_2H_5$)의 1g 분자량] : $12 \times 4 + 16 + 8 = 72g/mol$

$\rho = \frac{PM}{RT}$ 에서

$\rho = \frac{1 \times 72}{0.082 \times (25+273)}$ = 2.946

[답] 2.95g/ℓ

참고 ρ(밀도)를 구하는 법 :

$PV = \frac{WRT}{M}$ 에서 $P = \frac{WRT}{VM}$ 이고

$\frac{W}{V}$ 가 ρ 이다.

$P = \rho \frac{RT}{M}$ 이므로 $\rho = \frac{PM}{RT}$ 이다.

11 아세톤의 1기압, 80℃에서의 증기밀도를 구하시오.

해답 [계산과정]

증기밀도 : $\rho = \frac{PM}{RT}$ 에서

$\rho = \frac{1 \times 58}{0.082 \times (80+273)}$ = 2.003

[답] 2.00g/ℓ

ρ(밀도) : ?g/ℓ
P(압력) : 1atm
M[아세톤(CH_3COCH_3)의 1g 분자량] :
$12 \times 3 + 6 + 16 = 58g/mol$
R(기체상수) : 0.082atm·ℓ/mol·K
T(절대온도) : (80℃+273)K

기체에 관한 법칙

01 산소 16g은 표준상태에서 몇 ℓ인가?

해답 [계산과정]
O_2 1몰 = 32g,
표준상태에서 기체 1몰 = 22.4ℓ
32g : 22.4ℓ = 16g : xℓ
$x = \dfrac{22.4 \times 16}{32} = 11.2$
[답] 11.2ℓ

02 표준상태에서 탄소 100kg이 완전연소하였을 때 필요한 산소량과 공기량은 몇 m³인가? (단, C : 12, O : 16, 공기 중의 산소는 21%이다)

해답 [계산과정]
$C + O_2 \rightarrow CO_2\uparrow$ 에서
C(탄소)1kmol(12kg)이 연소하기 위하여 O_2(산소)1kmol(22.4m³)이 필요하다.
① 필요한 산소량 :
표준상태에서 모든 기체 1kmol의 체적은 22.4m³이므로
$\dfrac{100kg}{12kg/kmol} \times 22.4m^3/kmol$
= 186.666m³
[답] 186.67m³
② 필요한 공기량 : 산소량 $\times \dfrac{1}{0.21}$
= 186.67m³ $\times \dfrac{1}{0.21}$ = 888.904m³
[답] 888.90m³

03 10m³의 압력탱크에 프로페인과 뷰테인의 혼합가스가 0.5MPa의 압력으로 들어있다. 각각의 가스의 분압을 구하라(프로페인 : 부탄의 mol비는 4:6).

해답 [계산과정]
부분압 = 전압 $\times \dfrac{성분몰수}{전체몰수}$ 이므로
프로페인의 분압 = 0.5MPa $\times \dfrac{4}{(4+6)}$ = 0.2MPa
[답] 0.2MPa
뷰테인의 분압 = 0.5MPa $\times \dfrac{6}{(4+6)}$ = 0.3MPa
[답] 0.3MPa

04 -8℃, 740mmHg에서 50ℓ의 부피를 가진 기체가 12℃, 765mmHg에서 차지하는 용적(ℓ)을 구하시오.

해답 [계산과정]
$\dfrac{PV}{T} = \dfrac{P'V'}{T'}$ 에서
$\dfrac{740 \times 50}{-8+273} = \dfrac{765 \times V'}{12+273}$
$V' = \dfrac{740 \times 50 \times (12+273)}{(-8+273) \times 765} = 52.016$
[답] 52.02ℓ
V' (체적) : ?ℓ
P(압력) : 740mmHg
V(체적) : 50ℓ
T(절대온도) : (-8℃+273)K
P' (압력) : 765mmHg
T' (절대온도) : (12℃+273)K

05 공기의 분자량을 29라 할 때 25℃, 700mmHg에서 공기의 밀도는?

해답 [계산과정]
$\rho = \dfrac{PM}{RT}$ 에서

적중·예상문제

$$\rho = \frac{\frac{700}{760} \times 29}{0.082 \times (25+273)} = 1.093$$

[답] 1.09 g/ℓ

ρ(밀도) : ? g/ℓ

P(압력) : $\frac{700\text{mmHg}}{760\text{mmHg/atm}}$

M(공기 1g 분자량) : 29g/mol
R(기체상수) : 0.082 atm · ℓ/mol · K
T(절대온도) : (25℃+273)K

참고 ρ(밀도)를 구하는 법 :

$PV = \frac{WRT}{M}$ 에서 $P = \frac{WRT}{VM}$ 이고

$\frac{W}{V}$ 가 ρ 이다.

$P = \rho \frac{RT}{M}$ 이므로 $\rho = \frac{PM}{RT}$ 이다.

압력 P의 단위는 atm(기압)이므로 mmHg는 760으로 나누어 atm단위로 환산하여야 한다.

06 가연성 기체의 분자량이 28일 때 1기압, 25℃에서 이 기체의 밀도(g/ℓ)를 구하시오(단, R=0.082ℓ · atm /mol · k).

해답 [계산과정]

$\rho = \frac{PM}{RT}$ 에서

$\rho = \frac{1 \times 28}{0.082 \times (25+273)} = 1.145$

[답] ρ = 1.15g /ℓ

ρ(밀도) : ? g/ℓ
P(압력) : 1atm,
M(1g 분자량) : 28g/mol
R(기체상수) : 0.082 atm · ℓ /mol · K
T(절대온도) : (25℃+273)K

소화약제 관련 이상기체상태 방정식

01 화학포 소화기의 반응식에서 탄산수소나트륨이 1,000g일 때 발생되는 이산화탄소는 몇 ℓ인가?(단, 표준상태이다)

해답 [계산과정]

화학반응식 :
$6NaHCO_3 + Al_2(SO_4)_3 \cdot 18H_2O \rightarrow 3Na_2SO_4 + 2Al(OH)_3 + 6CO_2\uparrow + 18H_2O$

$PV = \frac{WRT}{M}$ 에서 $V = \frac{WRT}{PM}$ 이므로

$V = \frac{1,000 \times 0.082 \times 273}{1 \times 84} = 266.5\ell$

[답] 266.5ℓ

6몰의 탄산수소나트륨($NaHCO_3$)이 화학반응하면 6몰의 이산화탄소(CO_2)가 생성되므로 1몰의 탄산수소나트륨이 화학반응하면 1몰의 이산화탄소가 생성된다.

V(이산화탄소의 체적) : ?ℓ
STP(표준상태) : 0℃, 1atm
W(탄산수소나트륨의 질량) : 1,000g
R(기체상수) : 0.082 atm · ℓ /mol · K
T(절대온도) : (0℃+273)K
P(압력) : 1atm
M[탄산수소나트륨($NaHCO_3$)의 1g분자량] : 23+1+12+16×3=84g/mol

02 탄산수소나트륨의 270℃에서 열분해반응식과 탄산수소나트륨이 10kg일 때 발생되는 이산화탄소의 양은 표준상태에서 몇 m³인가?(나트륨의 원자량은 23)

해답 ㉮ 열분해 반응식 :
$2NaHCO_3 \rightarrow Na_2CO_3 + CO_2\uparrow + H_2O$

㉯ [계산과정]

$$PV = \frac{WRT}{M} \text{에서 } V = \frac{WRT}{PM} \text{이므로}$$

$$V = \frac{10 \times 0.082 \times 273}{1 \times 84} \times \frac{1}{2} = 1.332$$

[답] 1.33m³

V(이산화탄소의 체적) : ?m³
열분해반응식에서 탄산수소나트륨 2mol 당 1mol의 이산화탄소가 발생하므로 발생된 이산화탄소의 양은 $\frac{1}{2}$을 곱해준다.
STP(표준상태) : 0℃, 1atm
W(탄산수소나트륨의 질량) : 10kg
R(기체상수) : 0.082atm · m³/kmol · K
T(절대온도) : (0℃+273)K
P(압력) : 1atm
M[탄산수소나트륨 (NaHCO₃)의 1kg분자량] : 23+1+12+16×3 = 84kg/kmol

03 탄산수소칼륨의 열분해반응식과 이산화탄소 254.4ℓ를 얻으려면 몇 몰의 탄산수소칼륨이 필요한지 쓰시오(1기압, 27℃).

해답 ㉮ 열분해 반응식 :
$$2KHCO_3 \rightarrow K_2CO_3 + CO_2\uparrow + H_2O$$

㉯ [계산과정]

$$PV = nRT \text{에서 } n = \frac{PV}{RT} \text{이므로}$$

$$n = \frac{1 \times 254.4}{0.082 \times (27+273)} \times 2 = 20.682 mol$$

[답] 20.68mol

n(이산화탄소의 몰수) : ? mol
P(압력) : 1atm
V(이산화탄소의 체적) : 254.4ℓ
R(기체상수) : 0.082atm · ℓ/mol · K
T(절대온도) : (27℃+273)K
KHCO₃ 2mol이 분해되면 CO₂ 1mol이 생성되므로 KHCO₃의 몰수는 CO₂ 몰수에 2배를 곱하여 구한다.

04 분말소화제인 인산암모늄의 열분해 반응식을 쓰고, 이 소화제 3kg에서 몇 kg의 메타인산이 생성되겠는가?

해답 ㉮ 열분해반응식 :
$$NH_4H_2PO_4 \rightarrow HPO_3 + NH_3\uparrow + H_2O$$

㉯ [계산과정]
NH₄H₂PO₄의 분자량 :
14+6+31+16×4=115,
HPO₃의 분자량 :
1+31+16×3=80
115 : 80 = 3 : x
x = 2.086

[답] 2.09kg

05 1kg의 탄산가스는 표준상태에서 몇 ℓ인가?

해답 [계산과정]

$$PV = \frac{WRT}{M} \text{에서 } V = \frac{WRT}{PM} \text{이므로}$$

$$V = \frac{1,000 \times 0.082 \times 273}{1 \times 44} = 508.772$$

[답] 508.77ℓ

V(탄산가스의 체적) : ?ℓ
W(탄산가스의 질량) : 1kg=1,000g,
R(기체상수) : 0.082atm · ℓ/mol · K,
T(절대온도) : (0℃+273)K,
P : 1atm,
M[탄산가스 (CO₂)의 1g 분자량] :
12+16×2=44g/mol

06 액체 CO₂ 5kg을 750mmHg, 30℃에서의 부피(ℓ)를 구하시오.

해답 [계산과정]

$$PV = \frac{WRT}{M} \text{에서 } V = \frac{WRT}{PM} \text{이므로}$$

$$V = \frac{5,000 \times 0.082 \times (30+273)}{\frac{750}{760} \times 44}$$

적중 · 예상문제

= 2,861.054

[답] 2,861.05ℓ

V[이산화탄소(CO_2)의 체적] : ?ℓ
W(CO_2의 질량) : 5kg = 5,000g
P(압력) : $\dfrac{750\text{mmHg}}{760\text{mmHg/atm}}$
T(절대온도) : (30℃+273)K
R(기체 상수) : 0.082atm · ℓ/mol · K
M[이산화탄소(CO_2)의 1g 분자량] :
12+16×2 = 44g/mol

07 냉각소화에 사용되는 산 · 알칼리 소화기에 대하여 물음에 답하시오.

> ㉮ 소화기의 반응식
> ㉯ 반응 시 생성되는 탄산가스의 양이 44g일 때 황산의 mol수

해답 ㉮ $2NaHCO_3 + H_2SO_4 \rightarrow Na_2SO_4 + 2CO_2\uparrow + 2H_2O$

㉯ [계산과정]

H_2SO_4(황산) 1mol이 작용하여 CO_2(이산화탄소, 탄산가스) 2mol이 생성되므로 CO_2(이산화탄소, 탄산가스) 1mol(44g)이 생성되기 위해서는 H_2SO_4(황산) 0.5mol이 필요하다.

[답] 0.5mol

08 테트라클로로메탄의 기화열은 7,100Kcal/kg · mol이다. 15,000Kcal의 기화열을 얻기 위해서는 몇 kg의 사염화탄소가 필요하겠는가?(단, 원자량 C:12, Cl : 35.5)

해답 [계산과정]

테트라클로로메탄(CCl_4)의 1kg 분자량 :
12+35.5×4=154kg/kmol
이므로 154 : 7,100 = x : 15,000

$x = \dfrac{154 \times 15,000}{7,100} = 325.352$

[답] 325.35kg

위험물 관련 이상기체 상태방정식 (제1류 위험물)

01 표준상태에서 염소산칼륨 1kg이 열분해한다. 분해 반응식과 이 때 발생한 산소량은 몇 kg인가?(단, 원자량 K : 39, Cl : 35.5이다)

해답 ① 분해 반응식 : $2KClO_3 \rightarrow 2KCl + 3O_2\uparrow$

② [계산과정]

$KClO_3$의 1kg 분자량 : 39+35.5+16×3=122.5kg/kmol
O_2의 1kg 분자량 : 16×2=32kg/kmol
$2KClO_3$와 $3O_2$의 질량비
2×122.5kg : 3×32kg
　　1kg : $x$kg

$x = \dfrac{1 \times 3 \times 32}{2 \times 122.5} = 0.391$

[답] 0.39kg

02 제1류 위험물인 염소산칼륨($KClO_3$)에 대하여 다음 물음에 답하시오.

> ㉮ 완전분해반응식
> ㉯ 염소산칼륨($KClO_3$) 122.5g이 완전분해해서 740mmHg, 30℃에서 발생하는 산소(O_2)의 부피는 몇 ℓ인가?

해답 ㉮ 분해반응식 : $2KClO_3 \rightarrow 2KCl + 3O_2\uparrow$

㉯ [계산과정]

$PV = \dfrac{WRT}{M}$ 에서 $V = \dfrac{WRT}{PM}$ 이므로

$$V = \frac{122.5 \times 0.082 \times (30+273)}{\frac{740}{760} \times 122.5} \times \frac{3}{2}$$

$= 38.276$

[답] 38.28ℓ

V(산소의 체적) : ?ℓ

반응식에서 염소산칼륨($KClO_3$) 2mol이 완전분해하면 3mol의 산소(O_2)가 발생한다. 염소산칼륨 1mol(122.5g)이 완전분해하면 $\frac{3}{2}$mol의 산소가 발생하므로, 산소의 체적은 계산식에 $\frac{3}{2}$을 곱하여 구한다.

W(염소산칼륨의 질량) : 122.5g
R(기체상수) : 0.082atm·ℓ/mol·K
T(절대온도) : (30℃ +273)K
P(압력) : $\frac{740mmHg}{760mmHg/atm}$

M[염소산칼륨($KClO_3$)의 1g 분자량] :
39+35.5+16×3 = 122.5g/mol

03 과산화나트륨 4kmol을 충분히 물과 반응시키면 273.3℃, 2기압에서 산소 몇 m^3가 발생되는가?

해답 [계산과정]

물과의 반응식 :
$2Na_2O_2 + 2H_2O \rightarrow 4NaOH + O_2\uparrow$

PV=nRT에서 V=$\frac{nRT}{P}$ 이므로,

$$V = \frac{4 \times 0.082 \times (273.3+273)}{2} \times \frac{1}{2}$$

$= 44.796 m^3$

[답] $44.80m^3$

V(산소의 체적) : ?m^3
n(산소의 몰수) : 4kmol

과산화나트륨 2kmol이 물과 반응하면 산소 1kmol이 생성되므로, 과산화나트륨 1kmol이 물과 반응하면, 산소 $\frac{1}{2}$kmol이 생성되므로 계산식에 $\frac{1}{2}$을 곱한다.

R(기체상수) : 0.082atm·m^3/kmol·K
T(절대온도) : (273.3℃ +273)K
P(압력) : 2atm

04 과산화나트륨과 물과의 반응식은 다음과 같다. 과산화나트륨 1kg이 반응할 때 생성된 기체의 체적은 350℃, 1기압에서 몇 ℓ인가?

물과의 반응식 :
$2Na_2O_2 + 2H_2O \rightarrow 4NaOH + O_2\uparrow$

해답 [계산과정]

$PV = \frac{WRT}{M}$ 에서 $V = \frac{WRT}{PM}$ 이므로

$$V = \frac{1000 \times 0.082 \times (350+273)}{1 \times 78} \times 0.5$$

$= 327.474$

[답] 327.47ℓ

V(산소의 체적) : ?ℓ

과산화나트륨(Na_2O_2) 2mol 반응 시 1mol의 산소(O_2)가 생성되므로 과산화나트륨(Na_2O_2) 1mol 반응시 0.5mol의 산소(O_2)가 생성된다. 그러므로 산소의 체적은 계산식에 0.5 또는 $\frac{1}{2}$을 곱하여 구한다.

W(과산화나트륨의 질량) : 1kg = 1,000g
R(기체상수) : 0.082atm·ℓ/mol·K
T(절대온도) : (350℃ +273)K
P(압력) : 1atm
M[과산화나트륨(Na_2O_2)의 1g 분자량] :
23×2+16×2 = 78g/mol

적중·예상문제

05 이상기체로 가정한 산소가 0°C, 10mmHg에서 1.04ℓ이었을 때의 무게는 얼마인가?

해답 [계산과정]

$PV = \dfrac{WRT}{M}$ 에서 $W = \dfrac{PVM}{RT}$ 이므로

$W = \dfrac{\dfrac{10}{760} \times 1.04 \times 32}{0.082 \times 273} = 0.019$

[답] 0.02g

W(산소의 질량) : ?g
P(압력) : $\dfrac{10mmHg}{760mmHg/atm}$
V(산소의 체적) : 1.04ℓ
M[산소(O_2)의 1g 분자량] : $16 \times 2 = 32g/mol$
R(기체상수) : 0.082atm·ℓ/mol·K
T(절대온도) : (0°C+273)K

06 질산칼륨 404g이 분해하여 생성되는 산소는 STP(표준상태)에서 몇 ℓ인가?(단, 원자량은 K:39, O:16, N:14이다)

해답 [계산과정]

분해반응식 : $2KNO_3 \rightarrow 2KNO_2 + O_2 \uparrow$

$PV = \dfrac{WRT}{M}$ 에서 $V = \dfrac{WRT}{PM}$ 이므로

$V = \dfrac{404 \times 0.082 \times 273}{1 \times 101} \times \dfrac{1}{2}$

$= 44.772$

[답] 44.77ℓ

V(산소의 체적) : ?ℓ
KNO_3 1mol이 분해되면 O_2 $\dfrac{1}{2}$mol이 생성되므로 산소의 체적은 계산식에 $\dfrac{1}{2}$을 곱하여 구한다.
W(질산칼륨의 질량) : 404g
R(기체상수) : 0.082atm·ℓ/mol·K
T(절대온도) : (0°C +273)K

P(압력) : 1atm
M[질산칼륨(KNO_3)의 1g 분자량] :
$39+14+16 \times 3 = 101g/mol$

07 질산암모늄의 질소와 수소의 wt%를 구하여라.

해답 [계산과정]

질산암모늄(NH_4NO_3)의 분자량 :
$14 \times 2+4+16 \times 3=80$

질소(N)의 wt% = $\dfrac{2N}{NH_4NO_3} \times 100$

$\dfrac{2 \times 14}{80} \times 100 = 35wt\%$

[답] 35wt%

수소(H)의 wt% = $\dfrac{4H}{NH_4NO_3} \times 100$

$\dfrac{4}{80} \times 100 = 5wt\%$

[답] 5wt%

08 제1류 위험물인 NH_4NO_3에 대하여 다음 물음에 답하시오.

㉮ 열분해반응식
㉯ 물(H_2O) 10mole이 생성될 때 반응한 NH_4NO_3의 mole을 구하는 계산식

해답 ㉮ 분해반응식 :
$2NH_4NO_3 \rightarrow 2N_2 \uparrow + 4H_2O + O_2 \uparrow$

㉯ [계산과정]
NH_4NO_3와 H_2O의 mol비는 2:4이므로
$2:4 = x:10$
$x = \dfrac{2 \times 10}{4} = 5$

[답] 5몰

09 질산암모늄의 열분해반응식은 다음과 같다. 질산암모늄 800g이 열분해반응시 생성된 총 생성기체는 표준상태에서 몇 ℓ인가?

$$2NH_4NO_3 \rightarrow 4H_2O + 2N_2\uparrow + O_2\uparrow$$

해답 [계산과정]

$PV = \dfrac{WRT}{M}$ 에서 $V = \dfrac{WRT}{PM}$ 이므로

$V = \dfrac{800 \times 0.082 \times 273}{1 \times 80} \times \dfrac{7}{2} = 783.51$

[답] 783.51ℓ

V(총 생성기체량) : ?ℓ

질산암모늄(NH_4NO_3) 2mol이 분해하면 질소(N_2) 2mol, 산소(O_2) 1mol, 수증기(H_2O) 4mol, 총 7mol의 기체가 생성되므로 질산암모늄(NH_4NO_3) 1mol이 분해하면 발생하는 총 기체의 mol 수는 $\dfrac{7}{2}$mol 이므로 계산식에 $\dfrac{7}{2}$을 곱하여 구한다.

W(질산암모늄의 질량) : 800g
R(기체상수) : 0.082atm · ℓ/mol · k
T(절대온도) : (0℃ +273)k
P(압력) : 1atm
M[질산암모늄(NH_4NO_3)의 1g 분자량] : $14 \times 2 + 4 + 16 \times 3 = 80$g/mol

10 4mol의 무수크로뮴산이 삼산화이크로뮴으로 분해될 때 발생한 산소량은 몇 g인가?

해답 [계산과정]

$4CrO_3 \rightarrow 2Cr_2O_3 + 3O_2\uparrow$
3mol 산소의 질량은
3mol × 32g/mol = 96g
[답] 96g
산소(O_2)의 1g 분자량 : $16 \times 2 = 32$g/mol

위험물 관련 이상기체상태방정식 (제2류 위험물)

01 황 32g이 완전 연소할 경우 연소 생성물은 27℃에서 몇 ℓ인가?

해답 [계산과정]

연소반응식 : $S + O_2 \rightarrow SO_2\uparrow$

$PV = \dfrac{WRT}{M}$ 에서 $V = \dfrac{WRT}{PM}$ 이므로

$V = \dfrac{32 \times 0.082 \times (27+273)}{1 \times 32} = 24.6$

[답] 24.6ℓ

V(이산화황의 체적) : ?ℓ
W(황의 질량) : 32g
R(기체상수) : 0.082atm · ℓ/mol · K
T(절대온도) : (27℃ +273)K
P(압력) : 1atm
M[황(S)의 1g 분자량] : 32g/mol

02 표준상태에서 황 1kg 연소시 필요한 공기량은 몇 ℓ인가?(단, 공기 중의 산소량은 21%, 질소량은 79%이다)

해답 [계산과정]

연소반응식 : $S + O_2 \rightarrow SO_2\uparrow$

$PV = \dfrac{WRT}{M}$ 에서 $V = \dfrac{WRT}{PM}$ 이므로

$V = \dfrac{1000 \times 0.082 \times 273}{1 \times 32} \times \dfrac{1}{0.21}$

$= 3331.25\ell$

[답] 3331.25ℓ

V(공기의 체적) : ?ℓ

공기의 체적은 산소량에 $\dfrac{1}{0.21}$을 곱한 양이다.

W(황의 질량) : 1kg = 1,000g
R(기체상수) : 0.082atm · ℓ/mol · K
T(절대온도) : (0℃ +273)K
P(압력) : 1atm
M[황(S)의 1g 분자량] : 32g/mol

적중 · 예상문제

위험물 관련 이상기체상태방정식 (제3류 위험물)

01 나트륨 46g과 에탄올 92g이 반응할 경우 발생하는 가연성 가스의 부피는 몇 ℓ인가?

해답 [계산과정]

$2Na + 2C_2H_5OH \rightarrow 2C_2H_5ONa + H_2 \uparrow$

Na(나트륨)의 1g 원자량 : 23g/mol
C_2H_5OH(에틸알코올)의 1g 분자량 :
$12 \times 2 + 6 + 16 = 46$g/mol
2mol의 나트륨 46g과 2mol의 에틸알코올 92g이 반응하면 수소(H_2) 1mol이 생성되므로 수소 1mol의 체적은 22.4ℓ이다.
[답] 22.4ℓ

02 트라이메틸알루미늄(TMAL)이 물과 반응했을 때의 반응식을 쓰고, 5kg의 트라이메틸알루미늄이 물과 반응시 생성되는 가스의 양(m^3)을 20℃ 1기압에서 계산하시오(단, Al 원자량 : 27).

해답 ㉮ 물과의 반응식 :
$(CH_3)_3Al + 3H_2O \rightarrow Al(OH)_3 + 3CH_4 \uparrow$

㉯ [계산과정]

$PV = \dfrac{WRT}{M}$ 에서 $V = \dfrac{WRT}{PM}$ 이므로

$V = \dfrac{5 \times 0.082 \times (20+273)}{1 \times 72} \times 3 = 5.005$

[답] 5.01m^3

V[메테인(메탄)가스의 체적] : ?m^3
TMAL 1kmol이 반응하면 3kmol의 메테인(메탄 CH_4)이 생성되므로 메테인(메탄)의 양은 계산식에 3을 곱하여 구한다.
W(TMAL의 질량) : 5kg,
R(기체상수) : 0.082atm · m^3/kmol · K
T(절대온도) : (20℃+273)K,
P(압력) : 1atm,
M[TMAL($CH_3)_3Al$의 1kg 분자량] :
$12 \times 3 + 9 + 27 = 72$kg/kmol

03 TEAL(트라이에틸알루미늄)에 대하여 다음 물음에 답하시오.

㉮ 물과의 반응식을 쓰시오.
㉯ 표준상태에서 TEAL 1몰(mol)로부터 발생되는 가스는 몇 ℓ가 되는가?
㉰ 위험물의 등급과 지정수량을 쓰시오.

해답 ㉮ 물과의 반응식 : $(C_2H_5)_3Al + 3H_2O \rightarrow Al(OH)_3 + 3C_2H_6 \uparrow$

㉯ [계산과정]

$PV = nRT$에서 $V = \dfrac{nRT}{P}$ 이므로

$V = \dfrac{1 \times 0.082 \times 273}{1} \times 3$

$= 67.158$

[답] 67.16ℓ

V[에테인(에탄)가스의 체적] = ?ℓ
TEAL 1몰로부터 C_2H_6 3몰이 발생하므로 에테인(에탄)의 양은 계산식에 3을 곱하여 구한다.
n(TEAL의 몰수) : 1mol
R(기체상수) : 0.082atm · mol · K
T(절대온도) : (0℃+273)K,
P(압력) : 1atm,

㉰ 위험등급 : 1등급, 지정수량 : 10kg

04 황린 10kg이 완전 연소할 때 필요한 공기의 양은 몇 m^3인가?(단, 황린의 원자량 31, 공기 중의 산소는 20%이다)

해답 [계산과정]

연소반응식 : $P_4 + 5O_2 \rightarrow 2P_2O_5$

$PV = \dfrac{WRT}{M}$ 에서 $V = \dfrac{WRT}{PM}$ 이므로

$V = \dfrac{10 \times 0.082 \times 273}{1 \times 124} \times 5 \times \dfrac{1}{0.2}$

$= 45.133$

[답] 45.13m³

V(공기의 양) : ?m³

황린(P_4) 1mol 연소시 5mol의 산소(O_2)가 필요하므로 산소의 양은 계산식에 5를 곱하여 구하며, 공기 중의 산소가 20v%가 존재하므로 공기의 양은 산소의 양에 $\frac{100}{20}$, 즉 $\frac{1}{0.2}$을 곱하여 구한다.

W(황린의 질량) : 10kg
R(기체상수) : 0.082atm·m³/kmol·K
T(절대온도) : (0℃ +273)K
P(압력) : 1atm
M[황린(P_4)의 1kg 분자량] : 31×4=124kg/kmol

참고 문제에서 온도와 압력에 대한 언급이 없으면 표준상태로 본다.

05 탄화칼슘(카바이트) 640g이 물과 반응하는 반응식을 쓰고 발생하는 기체는 표준상태에서 몇 ℓ인가 답하시오(단, CaC_2 분자량 64).

해답 ㉮ 물과의 반응식 :
$CaC_2 + 2H_2O \rightarrow Ca(OH)_2 + C_2H_2 \uparrow$
㉯ [계산과정]
CaC_2의 1g 분자량 : 40+12×2
= 64g/mol
64g : 22.4ℓ =640g : xℓ
x = 224ℓ
[답] 224ℓ

참고 STP에서 CaC_2 64g(1mol)은 1mol의 C_2H_2를 발생하며, 모든 기체 1mol은 표준상태에서 22.4ℓ의 체적을 갖는다.

06 아세틸렌가스 1mol의 연소반응식을 쓰고 이때 발생하는 수증기와 이산화탄소의 mol수를 쓰시오.

해답 ㉮ 연소반응식 :
$C_2H_2 + \frac{5}{2}O_2 \rightarrow 2CO_2 \uparrow + H_2O$
㉯ mol수 : 수증기 1mol, 이산화탄소 2mol

07 다음 물음에 답하시오(단, 공기 중의 산소의 농도는 21%이다).

㉮ $2C_2H_2$ + (㉠) O_2 → (㉡) $CO_2\uparrow$ + (㉢) H_2O
㉯ O_2의 부피는 C_2H_2의 몇 배인가?
㉰ 공기의 부피는 C_2H_2의 몇 배인가?

해답 ㉮ ㉠ 5 ㉡ 4 ㉢ 2
㉯ [계산과정]
$\frac{5}{2}$ = 2.5배
[답] 2.5배
㉰ $2.5 \times \frac{1}{0.21}$ = 11.904
[답] 11.90배

08 인화수소의 연소반응식을 쓰고 생성된 인화합물 중 인의 당량을 계산하시오.

해답 ㉮ 연소반응식 :
$2PH_3 + 4O_2 \rightarrow P_2O_5 + 3H_2O$
㉯ [계산과정]
P의 원자량 : 31
P의 원자가 : 5가
P_2O_5 중 인(P)의 당량
당량 = $\frac{원자량}{원자가}$ = $\frac{31}{5}$ = 6.2
[답] 6.2

적중·예상문제

09 프로페인(프로판) 1m³의 연소 시 필요한 이론 공기량은 몇 m³인가?(단, 공기 중의 산소 농도는 21%로 한다)

해답 [계산과정]

연소반응식 : $C_3H_8 + 5O_2 \rightarrow 3CO_2\uparrow + 4H_2O$

계수의 비=부피의 비이므로
C_3H_8와 O_2의 부피비는 1 : 5이다.
산소량 : $1m^3 \times 5 = 5m^3$
공기량 = 산소량 $\times \dfrac{1}{0.21}$ 이므로

$5 \times \dfrac{1}{0.21} = 23.809$

[답] 23.81m³

위험물 관련 이상기체상태방정식 (제4류 위험물)

01 다이에틸에터($C_2H_5OC_2H_5$)를 표준상태에서 37g을 100℃, 2ℓ 용기 안에서 기화시켰을 때의 압력을 구하시오(단, 답은 소수점 이하 셋째자리에서 반올림할 것).

해답 [계산과정]

$PV = \dfrac{WRT}{M}$ 에서 $P = \dfrac{WRT}{VM}$ 이므로

$P = \dfrac{37 \times 0.082 \times (100+273)}{2 \times 74}$

$= 7.646$

[답] 7.65atm
P(압력) : ?atm
W(다이에틸에터의 질량) : 37g
R(기체상수) : 0.082atm·ℓ/mol·K
T(절대온도) : (100℃+273)K
V(다이에틸에터의 체적) : 2ℓ

M[다이에틸에터($C_2H_5OC_2H_5$)의 1g 분자량] : $12 \times 4 + 10 + 16 = 74$g/mol

02 이황화탄소 12kg이 모두 증기가 된다면 1기압 100℃에서 몇 ℓ가 되겠는가?

해답 [계산과정]

$PV = \dfrac{WRT}{M}$ 에서 $V = \dfrac{WRT}{PM}$ 이므로

$V = \dfrac{12,000 \times 0.082 \times (100+273)}{1 \times 76}$

$= 4829.368$

[답] 4829.37ℓ
V(이황화탄소의 체적) : ?ℓ
W(이황화탄소의 질량) : 12kg = 12,000g
P(압력) : 1atm
T(절대온도) : (100℃+273)K
R(기체상수) : 0.082atm·ℓ/mol·K
M[이황화탄소(CS_2)의 1g 분자량] :
$12 + 32 \times 2 = 76$g/mol

03 100kg의 이황화탄소(CS_2)가 물과 반응시 발생하는 유독가스인 황화수소(H_2S) 발생량은 압력 800mmHg 30℃에서 몇 m³인가?

해답 [계산과정]

$CS_2 + 2H_2O \rightarrow 2H_2S\uparrow + CO_2\uparrow$

$PV = \dfrac{WRT}{M}$ 에서 $V = \dfrac{WRT}{PM}$ 이므로

$V = \dfrac{100 \times 0.082 \times (30+273)}{\dfrac{800}{760} \times 76} \times 2$

$= 62.115$

[답] 62.12m³
V(황화수소의 체적) : ?m³
CS_2 1kmol은 물과 반응하여 2kmol의 H_2S를 발생하므로 황화수소의 체적은 계산식에 2를 곱하여 구한다.

W(이황화탄소의 질량) : 100kg
R(기체상수) : 0.082atm · m³/kmol · K
T(절대온도) : (30℃+273)K
P(압력) : $\dfrac{800mmHg}{760mmHg/atm}$
M[이황화탄소(CS_2)의 1kg 분자량] : $12+32\times 2 = 76kg/kmol$

04 1몰의 아세톤이 완전 연소시 필요한 산소량은 몇 ℓ인가?

해답 [계산과정]
$CH_3COCH_3 + 4O_2 \rightarrow 3CO_2\uparrow + 3H_2O$에서 1mol의 아세톤 연소시 4mol의 산소가 필요하다.
산소 1mol의 체적은 22.4ℓ이므로
산소량 = 4mol × 22.4ℓ/mol = 89.6ℓ
[답] 89.6ℓ

참고 온도와 압력이 없을 경우 표준상태로 본다.

05 아세톤 200g을 완전연소하는데 필요한 이론공기량과 이때 발생하는 탄산가스의 부피를 구하시오(단, 공기 중 산소의 부피비는 20%이다).

해답 [계산과정]
$CH_3COCH_3 + 4O_2 \rightarrow 3CO_2\uparrow + 3H_2O$
$PV = \dfrac{WRT}{M}$ 에서 $V = \dfrac{WRT}{PM}$ 이므로
① 이론공기의 양 :
$V = \dfrac{200\times 0.082\times 273}{1\times 58}\times 4 \times \dfrac{1}{0.2}$
$= 1,543.862$
[답] 1,543.86ℓ
V(이론공기량) : ?ℓ
아세톤(CH_3COCH_3) 1mol이 완전 연소하기 위하여 4mol의 산소(O_2)가 필요하므로 산소의 양은 계산식에 4를 곱하여 구하며, 공기 중의 산소의 부피가 20%이므로 공기의 양(이론공기량)은 산소의 양에 $\dfrac{100}{20}$ 즉, $\dfrac{1}{0.2}$을 곱하여 구한다.
W(아세톤의 질량) : 200g
R(기체상수) : 0.082atm · ℓ/mol · K
T(절대온도) : (0℃ +273)K
P(압력) : 1atm
M[아세톤(CH_3COCH_3)의 1kg 분자량] : $12\times 3+6+16 = 58g/mol$
② 탄산가스의 양 :
$V = \dfrac{200\times 0.082\times 273}{1\times 58}\times 3 = 231.579$
[답] 231.58
V 탄산가스의 양 : ?ℓ
아세톤(CH_3COCH_3) 1mol이 완전연소하면 탄산가스(CO_2) 3mol이 발생하므로 탄산가스의 양은 계산식에 3을 곱하여 구한다.

06 벤젠 6g을 1atm, 80℃에서 전부 증기로 만들 경우 그 부피는 몇 ℓ이겠는가?(단, C_6H_6의 분자량은 78)

해답 [계산과정]
$PV = \dfrac{WRT}{M}$ 에서 $V = \dfrac{WRT}{PM}$ 이므로
$V = \dfrac{6\times 0.082\times (80+273)}{1\times 78} = 2.226$
[답] 2.23ℓ
V(벤젠의 체적) : ?ℓ
W(벤젠의 질량) : 6g
R(기체상수) : 0.082atm · ℓ/mol · K
T(절대온도) : (80℃+273)K
P(압력) : 1atm
M[벤젠(C_6H_6)의 1g 분자량] :
$12\times 6 + 6 = 78g/mol$

07 벤젠의 연소반응식과 78g이 연소하였을 때 이론공기량은 몇 ℓ인가?(공기 중의 산소와 질소의 체적비 산소 : 21%, 질소 : 79%)

해답 ㉮ 연소반응식
$$2C_6H_6 + 15O_2 \rightarrow 12CO_2\uparrow + 6H_2O$$

㉯ [계산과정]

$PV = \dfrac{WRT}{M}$ 에서 $V = \dfrac{WRT}{PM}$ 이므로

$V = \dfrac{78 \times 0.082 \times 273}{1 \times 78} \times \dfrac{15}{2} \times \dfrac{1}{0.21}$

$= 799.5$

[답] 799.5ℓ

V(이론공기량) : ?m³

벤젠 2mol이 연소할 때 산소 15mol이 필요하므로 벤젠 1mol이 연소할 때는 산소 $\dfrac{15}{2}$mol이 필요하므로 산소의 양은 계산식에 $\dfrac{15}{2}$를 곱하여 구하며, 공기 중에 산소가 21% 있으므로 공기의 양(이론공기량)은 산소의 양에 $\dfrac{100}{21}$

즉, $\dfrac{1}{0.21}$을 곱하여 구한다.

W(벤젠의 질량) : 78g
R(기체상수) : 0.082atm · ℓ/mol · K
T(절대온도) : (0℃+273)K
P(압력) : 1atm
M[벤젠(C_6H_6)의 1g 분자량] :
$12 \times 6 + 6 = 78$g/mol

08 톨루엔($C_6H_5CH_3$, 분자량 92g) 9.2g을 완전 연소시키는데 필요한 공기량은 얼마인가?(단, 표준상태이며, 산소와 질소의 비는 1 : 4임)

해답 [계산과정]
$$C_6H_5CH_3 + 9O_2 \rightarrow 7CO_2\uparrow + 4H_2O$$

$PV = \dfrac{WRT}{M}$ 에서 $V = \dfrac{WRT}{PM}$ 이므로

$V = \dfrac{9.2 \times 0.082 \times 273}{1 \times 92} \times 9 \times 5$

$= 100.737$

[답] 100.74ℓ

V(공기의 체적) : ?ℓ

톨루엔 1mol이 연소할 때 산소 9mol이 필요하므로 산소의 양은 계산식에 9를 곱하여 구하며, 공기 중의 산소와 질소의 비가 1:4이므로 공기량은 산소량의 $\dfrac{5}{1}$이므로 5를 곱하여 구한다.

W(톨루엔의 질량) : 9.2g
R(기체상수) : 0.082atm · ℓ/mol · K
T(절대온도) : (0℃+273)K
P(압력) : 1atm
M[톨루엔($C_6H_5CH_3$)의 1g 분자량] :
$12 \times 7 + 8 = 92$g/mol

09 톨루엔 100kg이 완전 연소시 대기 중 27℃에서 방출되는 탄산가스 체적(m³)을 구하시오.

해답 [계산과정]
$$C_6H_5CH_3 + 9O_2 \rightarrow 7CO_2\uparrow + 4H_2O$$

$PV = \dfrac{WRT}{M}$ 에서 $V = \dfrac{WRT}{PM}$ 이므로

$V = \dfrac{100 \times 0.082 \times (27+273)}{1 \times 92} \times 7$

$= 187.173$

[답] 187.17m³

V(탄산가스의 체적) : ?m³

톨루엔 1kmol 연소시 탄산가스(CO_2) 7kmol이 발생하므로 탄산가스의 체적은 계산식에 7을 곱하여 구한다.

W(톨루엔의 질량) : 100kg
R(기체상수) : 0.082atm · m³/kmol · K
T(절대온도) : (27℃+273)K
P(압력) : 1atm
M[톨루엔($C_6H_5CH_3$)의 1kg 분자량] :
$12 \times 7 + 8 = 92$kg/kmol

10 제4류 위험물인 메탄올의 완전연소반응식과 메탄올이 1mol일 때 생성물질의 총 mol수는 몇 mol인지 쓰시오.

해답 ㉮ 연소반응식 :
$$2CH_3OH + 3O_2 \rightarrow 2CO_2\uparrow + 4H_2O$$
㉯ [계산과정]
메탄올(CH_3OH) 1mol일 때 생성물질
총 mol수 : $\dfrac{2+4}{2} = 3$,
[답] 3mol

반응식에서 메탄올 2mol의 생성물질의 총 mol수는 탄산가스(CO_2) 2mol과 물(H_2O) 4mol의 합으로 총 6mol이므로 메탄올 1mol일 때의 총 mol수는 생성물의 $\dfrac{1}{2}$이 되므로 총 mol수는 3mol이다.

11 메탄올 200ℓ (비중=0.8)가 완전 연소할 때 필요한 이론산소량(g)과 그 때 생성되는 이산화탄소는 표준상태에서 몇 ℓ가 되겠는가?(연소 반응식을 쓰고 계산하시오)

해답 [계산과정]
㉮ 이론산소량(g)
$$CH_3OH + 1.5O_2 \rightarrow CO_2\uparrow + 2H_2O$$
산소량 = $\dfrac{200 \times 0.8 \times 1{,}000}{32} \times 1.5 \times 32$
= 240,000g
[답] 240,000g
메탄올(CH_3OH)의 1g 분자량(1mol) : 12+4+16 = 32g/mol
산소(O_2)의 1g 분자량(1mol) : 16×2 = 32g/mol
산소의 질량 = CH_3OH의 몰수×산소의 몰수×산소의 분자량이다.
㉯ 이산화탄소의 체적
$PV = \dfrac{WRT}{M}$ 에서 $V = \dfrac{WRT}{PM}$ 이므로

$V = \dfrac{200 \times 1{,}000 \times 0.8 \times 0.082 \times 273}{1 \times 32}$
= 111,930
[답] 111,930ℓ
V(이산화탄소의 체적) : ?ℓ
W(메탄올의 질량) : 200ℓ×1000g/ℓ×0.8
R(기체상수) : 0.082atm · ℓ/mol · K,
T(절대온도) : (0℃+273)K
P(압력) : 1atm
M[메탄올(CH_3OH)의 1g 분자량] : 12+4+16 = 32g/mol

12 메탄올 10kg을 완전히 연소할 때 몇 m^3의 공기가 필요한가?(단, 공기 중의 산소농도는 21%이다)

해답 [계산과정]
$$CH_3OH + \dfrac{3}{2}O_2 \rightarrow CO_2\uparrow + 2H_2O$$
$PV = \dfrac{WRT}{M}$ 에서 $V = \dfrac{WRT}{PM}$ 이므로
$V = \dfrac{10 \times 0.082 \times 273}{1 \times 32} \times \dfrac{3}{2} \times \dfrac{1}{0.21}$
= 49.968
[답] 49.97m^3
V(공기의 체적) : ?m^3
메탄올(CH_3OH) 1kmol이 연소하는 데 산소(O_2) $\dfrac{3}{2}$kmol이 필요하므로 산소의 체적은 계산식에 $\dfrac{3}{2}$을 곱하여 구하며, 공기 중의 산소가 21% 존재하므로 공기의 체적은 산소의 체적에 $\dfrac{1}{0.21}$을 곱하여 구한다.
W(메탄올의 질량) : 10kg
R(기체상수) : 0.082atm · m^3/kmol · K
T(절대온도) : (0℃+273)K
P(압력) : 1atm

M[메탄올(CH_3OH)의 1kg 분자량] :
12+4+16=32kg/kmol

13 에틸알코올 100mℓ, 비중 0.7에 물 50g의 혼합액의 wt%는 얼마인가?

해답 [계산과정]

$$wt\% = \frac{용질}{용액} \times 100$$

$$\frac{100 \times 0.7}{100 \times 0.7 + 50} \times 100 = 58.333$$

[답] 58.33wt%

14 아세트산 1mol이 완전연소 할 때 발생한 이산화탄소의 mol수는 몇 mol인가?

해답 아세트산의 연소반응식

$CH_3COOH + 2O_2 \rightarrow 2CO_2\uparrow + 2H_2O$

[답] 2mol

15 1kg의 석탄이 연소할 때 필요한 산소의 부피는 25℃에서 몇 m^3인가?(단, 석탄 1kg 중 90% 탄소, 10% 불순물)

해답 [계산과정]

연소반응식 : $C + O_2 \rightarrow CO_2\uparrow$

$PV = \frac{WRT}{M}$에서 $V = \frac{WRT}{PM}$이므로

$$V = \frac{1 \times 0.9 \times 0.082 \times (25+273)}{1 \times 12}$$

= 1.832

[답] 1.83m^3

V(산소의 체적) : ?m^3
W(탄소의 질량) : 1kg
R(기체상수) : 0.082atm · m^3/kmol · K
T(절대온도) : (25℃+273)K
P(압력) : 1atm
M[탄소(C)의 1g 분자량] : 12kg/kmol

16 탄소 12kg이 연소할 때 필요한 공기의 양은 750mmHg, 30℃에서 얼마인가?(단, 공기중의 산소의 농도는 21%로 한다)

해답 [계산과정]

$C + O_2 \rightarrow CO_2\uparrow$

$PV = \frac{WRT}{M}$에서 $V = \frac{WRT}{PM}$이므로

$$V = \frac{12 \times 0.082 \times (30+273)}{\frac{750}{760} \times 12} \times \frac{1}{0.21}$$

= 119.891

[답] 119.89m^3

V(공기의 체적) : ?m^3

공기 중의 산소의 농도가 21%이므로 공기량을 구하려면 계산식의 산소량에 $\frac{100}{21}$ 즉, $\frac{1}{0.21}$을 곱하여 구한다.

W(탄소의 질량) : 12kg
R(기체상수) : 0.082atm · m^3/kmol · K
T(절대온도) : (30℃+273)K
P(압력) : $\frac{750mmHg}{760mmHg/atm}$
M[탄소(C)의 1g 분자량] : 12kg/kmol

위험물 관련 이상기체상태방정식
(제5류 위험물)

01 다음 물음에 답하시오.

> ㉮ 나이트로글리세린(NG)의 분해폭발시 화학반응을 쓰시오.
> ㉯ 나이트로글리세린(NG) 1kg·mol이 폭발할 때의 부피는 표준상태에서 몇 m³인가?

해답 ㉮ 분해반응식 : $4C_3H_5(ONO_2)_3 \rightarrow 12CO_2\uparrow + 10H_2O + 6N_2\uparrow + O_2\uparrow$

㉯ [계산과정]

총 기체의 부피 = $\frac{(12+10+6+1)}{4} \times 22.4 = 162.4$

[답] 162.4m³

NG 4kmol이 폭발하면 (12+10+6+1)kmol의 기체가 생성되므로 NG 1kmol이 폭발하면 $\frac{(12+10+6+1)}{4}$kmol의 기체가 생성된다.

표준상태(STP)에서 모든 기체 1kmol의 체적은 22.4m³이다.

02 지정수량의 T.N.T가 폭발할 때(완전분해) 몇 kℓ의 질소가스가 발생하는가?(단 0℃ 1기압일 때, 원자량 C : 12, H : 1, O : 16, N : 14이다. 계산식을 쓰고 답하시오)

해답 [계산과정]

분해반응식 : $2C_6H_2CH_3(NO_2)_3 \rightarrow 12CO\uparrow + 5H_2\uparrow + 2C + 3N_2\uparrow$

$PV = \frac{WRT}{M}$ 에서 $V = \frac{WRT}{PM}$ 이므로

$V = \frac{200 \times 0.082 \times 273}{1 \times 227} \times \frac{3}{2}$

= 29.585

[답] 29.59kℓ

V(질소의 체적) : ?m³

TNT 2kmol이 완전분해되면 질소(N_2) 3kmol이 생성되며 TNT 1kmol이 완전분해되면 질소(N_2) $\frac{3}{2}$kmol이 생성되므로, 질소의 체적은 계산식에 $\frac{3}{2}$을 곱하여 구한다.

W(T.N.T의 지정수량) : 200kg
R(기체상수) : 0.082atm·m³/kmol·K
T(절대온도) : (0℃+273)K
P(압력) : 1atm
M[T.N.T[$C_6H_2CH_3(NO_2)_3$]]의 1kg 분자량
: 12×7+5+14×3+16×6 = 227kg/kmol

03 부피로서 질소가 65.0%, 산소가 15.0%, 탄산가스가 20%로 혼합된 760mmHg의 기체가 있다. 각 기체의 부분압은 얼마인가?

해답 [계산과정]

부분압 = 전압 × $\frac{성분\ 부피}{전부피}$ 이므로,

N_2 = 760×0.65 = 494mmHg

[답] 494mmHg

O_2 = 760×0.15 = 114mmHg

[답] 114mmHg

CO_2 = 760×0.2 = 152mmHg

[답] 152mmHg

제6편

과년도 실기 출제문제

(작업형 문제를 필답형 문제로 변형한 문제를 포함함)

2019년 04월 13일 시행

모든 계산문제는 소수 3째자리까지 계산하고 반올림하여 소수 2째자리를 답으로 합니다.

01 다음 할론 소화설비의 방사압력을 쓰시오. (4점)

① 할론 2402
② 할론 1211

해답 ① 할론 2402 : 0.1Mpa
② 할론 1211 : 0.2Mpa

참고 HFC-227ea : 0.3Mpa
할론 1301, HFC-23, HFC-125 : 0.9Mpa

02 다음 장소로부터 옥내탱크저장소의 밸브 없는 통기관과의 거리는 몇 m 이상으로 하여야 하는 지 쓰시오. (3점)

① 옥외의 장소에 설치하며 건축물의 창, 출입구 등의 개구부로부터의 거리 :
② 지면으로부터 높이 :
③ 인화점 40℃ 미만인 위험물을 저장할 경우 부지경계선으로부터 이격거리 :

해답 ① 1m 이상
② 4m 이상
③ 1.5m 이상

03 인화점이 11℃이며, 마시면 시신경을 마비시킬 수 있는 물질의 명칭과 지정수량을 쓰시오. (4점)

① 명칭 :
② 지정수량 :

해답 ① 메틸알코올(메탄올)
② 400ℓ

04 황린의 연소반응식을 쓰시오. (5점)

해답 $P_4 + 5O_2 \rightarrow 2P_2O_5$

참고 황린(P_4)의 연소반응식

$\underset{(황린)}{P_4} + \underset{(산소)}{5O_2} \rightarrow \underset{(오산화인)}{2P_2O_5}$

05 압력탱크 외의 옥외저장탱크에 다음 물질을 저장할 때 저장온도는 몇 ℃ 이하로 하여야 하는가? (3점)

① 다이에틸에터 :
② 아세트알데하이드 :
③ 산화프로필렌 :

해답 ① 30℃ ② 15℃ ③ 30℃

참고 • 압력탱크 외의 옥외저장탱크에 저장온도
– 다이에틸에터($C_2H_5OC_2H_5$), 산화프로필렌(OCH_2CHCH_3) : 30℃ 이하
– 아세트알데하이드(CH_3CHO) : 15℃ 이하
• 압력탱크의 옥외저장탱크에 저장할 때 저장온도는 40℃ 이하로 하여야 한다.

06 옥외탱크저장소의 보유공지를 완성하시오. (5점)

지정수량의 배수	보유공지의 너비
500배 이하	(①)이상
500배 초과 1,000배 이하	(②)이상
1,000배 초과 2,000배 이하	(③)이상
2,000배 초과 3,000배 이하	(④)이상
3,000배 초과 4,000배 이하	(⑤)이상

해답 ① 3m ② 5m ③ 9m
④ 12m ⑤ 15m

참고 지정수량 4,000배 이상인 곳의 보유공지 : 당해 탱크의 수평단면의 최대지름(횡형인 경우에는 긴 변)과 높이 중 큰 것과 같은 거리 이상 30m를 초과하는 경우에는 30m 이상으로 할 수 있고, 15m 미만인 경우에는 15m 이상으로 하여야 한다.

07 에틸렌을 $CuCl_2$ 촉매하에서 산화반응시키면 생성되는 물질에 대하여 다음 물음에 답하시오. (4점)

① 시성식 :
② 증기비중 :

해답 ① 시성식 : CH_3CHO

② [계산과정]
CH_3CHO의 분자량 : $12 \times 2 + 4 + 16 = 44$

증기비중 = $\dfrac{\text{아세톤의 분자량}}{\text{공기의 평균분자량(29)}}$

= $\dfrac{44}{29} = 1.517$

[답] 1.52

참고
• 아세트알데히드(CH_3CHO)의 제조방법

$2C_2H_4 + O_2 \xrightarrow{CuCl_2 \text{촉매}} 2CH_3CHO$
(에틸렌) (산소)   (아세트알데히드)

• 아세트알데히드(CH_3CHO)의 제조방법(와커법)

$C_2H_4 + PdCl_2 + H_2O \rightarrow$
(에틸렌) (염화팔라듐) (물)

$CH_3CHO + Pd + 2HCl\uparrow$
(아세트알데히드) (팔라듐) (염화수소)

08 트라이나이트로톨루엔에 대하여 다음 물음에 답하시오. (3점)

① 구조식
② 생성과정을 설명하시오.

해답 ① 구조식

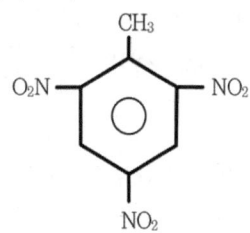

② 톨루엔에 니트로화제인 질산과 황산의 혼산으로 니트로화하여 제조한다.

참고 트라이나이트로톨루엔[$C_6H_2CH_3(NO_2)_3$]의 제법

$C_6H_5CH_3 + 3HNO_3 \xrightarrow[\text{니트로화}]{C-H_2SO_4}$
(톨루엔)   (질산)

$C_6H_2CH_3(NO_2)_3 + 3H_2O$
(트라이나이트로톨루엔) (물)

09 질산암모늄의 분해반응식은 다음과 같다. 질산암모늄 800g을 분해할 때 생성되는 가스의 부피는 표준상태에서 몇 L인지 쓰시오. (4점)

$2NH_4NO_3 \rightarrow 2N_2\uparrow + O_2\uparrow + 4H_2O\uparrow$

해답
[풀이1]
[계산과정]

질산암모늄(NH_4NO_3)의 1mol(1g분자량)은 $14 \times 2 + 4 + 16 \times 3 = 80$g/mol

질산암모늄(NH_4NO_3)의 2mol(2g분자량)160g이 열분해하면 발생하는 기체는 7mol이므로 질산암모늄(NH_4NO_3) 800g이 열분해하면 발생하는 기체는 $\dfrac{800g}{160g} \times 7mol \times 22.4L/mol = 784\ell$

[답] 784ℓ

[풀이2]
[계산과정]

$PV = \dfrac{WRT}{M}$ 에서

$V = \dfrac{WRT}{PM}$ 이므로

$$V = \frac{WRT}{PM} \times \frac{7}{2}$$

$$V = \frac{800 \times 0.082 \times 273}{1 \times 80} \times \frac{7}{2} = 783.51$$

[답] 783.51ℓ

V(산소의 양) : 질산암모늄(NH_4NO_3) 2mol 분해 시 발생하는 기체는 7mol이다. 1mol의 질산암모늄(NH_4NO_3) 분해 시 발생하는 기체는 $\frac{7}{2}$mol이므로 분해 시 발생한 기체의 양은 계산식에 $\frac{7}{2}$을 곱하여 구한다.

W[질산암모늄(NH_4NO_3)]의 질량 : 800g
R(기체상수) : 0.082atm · ℓ /mol · k
T(절대온도) : (0℃+273)k
P(압력) : 1atm
M[질산암모늄(NH_4NO_3)]의 1g분자량 : 14×2+4+16×3=80g/mol

10 제6류 위험물과 혼재가능한 위험물의 유별을 쓰시오. (3점)

해답 제1류 위험물

참고 유별을 달리하는 위험물의 혼재기준 (㈜이삼, ㈜이사, ㈥하나)

위험물의 구분	제1류	제2류	제3류	제4류	제5류	제6류
제1류		×	×	×	×	○
제2류	×		×	○	○	×
제3류	×	×		○	×	×
제4류	×	○	○		○	×
제5류	×	○	×	○		×
제6류	○	×	×	×	×	

"×"표시는 혼재할 수 없음을 표시한다.
"○"표시는 혼재할 수 있음을 표시한다.
이 표는 지정수량의 $\frac{1}{10}$ 이하의 위험물에 대하여는 적용하지 아니한다.

11 황화인의 종류 3가지를 화학식으로 쓰시오. (4점)

해답 P_4S_3, P_2S_5, P_4S_7

12 유황 100kg, 철분 500kg, 질산염류 600kg의 지정수량의 배수의 합을 구하시오. (3점)

해답 [계산과정]
유황의 지정수량 : 100kg,
철분의 지정수량 : 500kg,
질산염류의 지정수량 : 300kg
지정수량의 배수의 합
$= \frac{100kg}{100kg} + \frac{500kg}{500kg} + \frac{600kg}{300kg} = 4$배

[답] 4배

13 AlP의 물과의 반응식을 쓰시오. (4점)

해답 $AlP + 3H_2O \rightarrow Al(OH)_3 + PH_3\uparrow$

참고 인화알루미늄(AlP)과 물(H_2O)의 반응식

$AlP + 3H_2O \rightarrow Al(OH)_3 + PH_3\uparrow$
(인화알루미늄) (물) (수산화알루미늄) (인화수소,포스핀)

14 탄화칼슘의 물과의 반응식과 이때 발생하는 아세틸렌가스의 연소반응식을 쓰시오. (6점)

① 물과의 반응식
② 아세틸렌의 연소반응식

해답 ① $CaC_2 + 2H_2O \rightarrow Ca(OH)_2 + C_2H_2\uparrow$
② $2C_2H_2 + 5O_2 \rightarrow 4CO_2\uparrow + 2H_2O$

참고 탄화칼슘(CaC_2)과 물(H_2O)의 반응식

$CaC_2 + 2H_2O \rightarrow Ca(OH)_2 + C_2H_2\uparrow$
(탄화칼슘) (물) (수산화칼슘) (아세틸렌)

아세틸렌(C_2H_2)의 연소반응식
$2C_2H_2 + 5O_2 \rightarrow 4CO_2\uparrow + 2H_2O$
(아세틸렌) (산소) (이산화탄소) (물)

15 (가)$(NH_4)_2Cr_2O_7$, (나)$KClO_4$, (다)$NaClO_3$ 3가지 물질의 색깔은 적색과 백색이다. 다음 물음에 답하시오.(4점)

> ① 적색 물질의 명칭을 쓰시오.
> ② 적색 물질의 지정수량을 쓰시오.

해답 ① 다이크로뮴산암모늄 ② 1,000kg

16 칼륨이 들어있는 용기에 이산화탄소를 혼합하니 폭발한다. 다음 물음에 답하시오. (4점)

> ① 폭발 반응식을 쓰시오.
> ② 적응성이 있는 소화설비를 쓰시오.

해답 ① $4K + 3CO_2 \rightarrow 2K_2CO_3 + C$
② 탄산수소염류 분말소화설비

참고 칼륨(K)과 이산화탄소(CO_2)의 폭발반응식
$4K + 3CO_2 \rightarrow 2K_2CO_3 + C$
(칼륨) (이산화탄소) (탄산칼륨) (탄소)

17 (A)ethyleneglycol과 (B)stillen이라고 쓰인 두 물질을 용기에 담아 물을 넣고 흔들면 A는 용해되고 B는 층분리가 된다. 다음 물음에 답하시오.(6점)

> ① A는 물에 녹고 B는 층분리가 일어나는 이유를 설명하시오.
> ② 각각의 품명을 쓰시오.
>   A :   B :
> ③ 각각의 지정수량을 쓰시오.
>   A :   B :

해답 ① A는 수용성이므로 물에 녹고 B는 비수용성이므로 층분리가 일어난다.
② A : 제3석유류
   B : 제2석유류
③ A : 4,000L
   B : 1,000L

18 셀프용 주유취급소에서 경유와 휘발유의 고정주유설비에 대하여 다음 물음에 답하시오. (4점)

> ① 경유와 휘발유의 1회 주입량의 합을 쓰시오.
> ② 각각의 지정수량의 합을 쓰시오.

해답 ① 300ℓ
② [계산과정]
$$\frac{200\ell}{1,000\ell} + \frac{100\ell}{200\ell} = 0.7배$$
[답] 0.7배

참고 • 경유와 휘발유의 1회 주입량 : 경유-200ℓ 이하, 휘발유-100ℓ 이하
• 경유와 휘발유의 지정수량 : 경유-1,000ℓ, 휘발유-200ℓ 이하

19 위험물 판매취급소의 배합실에 대하여 다음 물음에 답하시오.(5점)

> ① 배합실 바닥의 면적은 얼마로 하여야 하는가?
> ② 배합실의 격벽은 무슨 구조(또는 재료)로 하여야 하는가?
> ③ 바닥의 낮은 곳에 설치하여야 하는 것은 무엇인가?

해답 ① $6m^2$ 이상 $15m^2$ 이하
② 내화구조
③ 집유설비

20 위험물 제조소의 격벽과 출입구에 대하여 다음 물음에 답하시오.(4점)

> ① 격벽에 설치된 출입구의 명칭
> ② 방화상 유효한 격벽의 돌출 길이

해답 ① 자동폐쇄식 60분+방화문 또는 60분 방화문
② 0.5m 이상

21 주유취급소 건축물의 지면으로부터 30cm 높이에 유리창을 설치할 수 있다. 건축물의 안에서 밖으로 수시로 개방할 수 있는 출입구를 설치한다. 다음 물음에 답하시오. (5점)

> ① 유리의 재질을 쓰시오.
> ② 출입구의 개폐방식을 쓰시오.
> ③ 밀폐시키지 아니할 수 있는 창문의 높이를 쓰시오.

해답 ① 망입유리 또는 강화유리
② 자동폐쇄식 ③ 1m 초과

참고 주유취급소 사무실에 설치된 창 등은 높이 1m 이하의 부분에 있는 것은 밀폐시킬 것

22 16,000L를 저장할 수 있는 이동저장탱크에 대하여 다음 물음에 답하시오. (4점)

> ① 안전칸막이의 개수를 쓰시오.
> ② 방파판은 하나의 구획부분에 몇 개 이상을 설치하는가?

해답 [계산과정]
$$\frac{160,000\ell}{4,000\ell/개} - 1 = 3개$$
[답] 3개
② 2개

참고 안전칸막이는 4,000ℓ마다 1개 설치한다.

23 위험물 옥내저장소의 표지판 및 게시판에 대하여 다음 물음에 답하시오. (6점)

위험물 옥내저장소	(적색문자)
화 기 엄 금	
허가번호및년월일	제119호2019년4월13일
류별 및 품명	제4류 톨루엔
최대취급량	15,000ℓ
지정수량	200ℓ
안전관리자	홍길동

> ① 누락된 곳 또는 잘못된 것 :
> ② 색상이 잘못된 것을 변경하시오.

해답 ① 누락된 것 : 지정수량의 배수
잘못된 것 : 허가번호 및 년월일 불필요, 톨루엔을 제1석유류로
② 위험물 옥내저장소 문자를 흑색으로 변경

2019년 6월 30일 시행

모든 계산문제는 소수 3째자리까지 계산하고 반올림하여 소수 2째 자리를 답으로 합니다.

01 질산암모늄 1몰이 0.9기압, 300℃에서 분해하면 이때 발생하는 수증기의 부피는 몇 ℓ인가? (5점)

해답 [계산과정]

$NH_4NO_3 \xrightarrow{\Delta} N_2\uparrow + 2O_2\uparrow + 2H_2O\uparrow$

PV = nRT 에서

$V = \dfrac{nRT}{P}$ 이므로 $V = \dfrac{nRT}{P} \times 2$

$V = \dfrac{1 \times 0.082 \times (300+273)}{0.9} \times 2$

= 104.413

[답] 104.41ℓ

V(수증기의 양) : 질산암모늄(NH_4NO_3)1mol 분해 시 수증기(H_2O)는 2mol이 생성된다. 그러므로 수증기의 양은 계산식에 2를 곱하여 구한다.

n[(질산암모늄(NH_4NO_3)의 몰수] : 1mol
R(기체상수) : 0.082atm.ℓ/mol.k
T(절대온도) : (300℃+273)k
P(압력) : 0.9atm

02 이동저장탱크에 설치된 주유설비(주입호스의 선단에 개폐밸브를 설치한 것을 말한다)에 대하여 괄호 안을 채우시오. (4점)

① 위험물이 (   ) 우려가 없고 화재예방상 안전한 구조로 할 것
② 주입설비의 길이는 (   ) 이내로 하고, 그 선단에 축적되는 정전기를 유효하게 제거할 수 있는 장치를 할 것
③ 분당 토출량은 (   ) 이하로 할 것

해답 ① 샐 ② 50m ③ 200ℓ

03 고인화점 위험물의 정의를 쓰시오. (3점)

해답 인화점이 100℃ 이상인 제4류 위험물

04 옥내저장소의 동일한 실에서 함께저장할 수 있는 위험물끼리 작지어진 것을 고르시오. (4점)

① 무기과산화물 – 유기과산화물
② 질산염류 – 과염소산
③ 황린 – 제1류 위험물
④ 인화성고체 – 제1석유류
⑤ 황 – 제4류 위험물

해답 ②, ③, ④

참고 유별을 달리하는 위험물을 옥내저장소 또는 옥외저장소의 동일한 저장소에 저장하는 경우 : 위험물을 유별로 정리하여 저장하는 한편, 서로 1m 이상의 간격을 둘 것

가. 제1류 위험물과 제6류 위험물을 저장하는 경우
나. 제1류 위험물(알칼리금속의 과산화물 또는 이를 함유한 것을 제외한다)과 제5류 위험물을 저장하는 경우
다. 제1류 위험물과 제3류 위험물 중 자연발화성물질(황린 또는 이를 함유한 것에 한한다)을 저장하는 경우
라. 제2류 위험물 중 인화성고체와 제4류 위험물을 저장하는 경우
마. 제3류 위험물 중 알킬알루미늄등과 제4류 위험물(알킬알루미늄 또는 알킬리튬을 함유한 것에 한한다)을 저장하는 경우

바. 제4류 위험물 중 유기과산화물 또는 이를 함유하는 것과 제5류 위험물 중 유기과산화물 또는 이를 함유한 것을 저장하는 경우

05 제4류 위험물 중 위험등급 2등급인 것을 쓰시오. (4점)

해답 제1석유류, 알코올류

참고 • 제4류 위험물(인화성액체)의 위험등급

유별	성질	위험 등급	품명
제4류	인화성 액체	I	특수인화물
		II	제1석유류
		II	알코올류
		III	제2석유류
		III	제3석유류
		III	제4석유류
		III	동식물유류

06 표준상태에서 황린 20kg을 연소시키는데 필요한 공기량은 표준상태에서 몇 m³인가? (단, 황린의 분자량은 124, 공기 중의 산소농도는 21%이다) (4점)

해답 [계산과정]

$P_4 + 5O_2 \rightarrow 2P_2O_5$

$PV = \dfrac{WRT}{M}$ 에서 $V = \dfrac{WRT}{M}$ 이므로

$V = \dfrac{20 \times 0.082 \times (0+273)}{1 \times 124} \times 5 \times \dfrac{1}{0.21}$

$= 85.967 m^3$

[답] $85.97 m^3$

V[공기의 체적] : ? m³, P₄(황린) 1kmol이 완전연소하려면 O₂(산소) 5kmol이 필요하므로 계산식에 5를 곱하고, 공기의 체적은 산소량에 공기 중의 산소의 농도 $\dfrac{1}{0.21}$ 을 곱하여 구한다.

W(황린의 질량) : 20Kg

R(기체상수) : $0.082 atm \cdot \ell /mol \cdot k$
T(절대온도) : $(0℃+273)k$
P(압력) : 1atm
M[황린(P₄)g 분자량] : 124Kg

참고 • 황린(P₄)의 연소반응식

$\underset{(황린)}{P_4} + \underset{(산소)}{5O_2} \rightarrow \underset{(오산화인)}{2P_2O_5}$

07 위험물 운반 시 제4류 위험물과 혼재 불가능한 위험물의 유별을 쓰시오. (3점)

해답 제1류, 제6류

참고 유별을 달리 하는 위험물의 혼재기준
※ (암기법 : ㈃이삼, ㈄이사, ㈅하나)

위험물의 구분	제1류	제2류	제3류	제4류	제5류	제6류
제1류		×	×	×	×	○
제2류	×		×	○	○	×
제3류	×	×		○	×	×
제4류	×	○	○		○	×
제5류	×	○	×	○		×
제6류	○	×	×	×	×	

"×"표시는 혼재할 수 없음을 표시한다.
"○"표시는 혼재할 수 있음을 표시한다.
이 표는 지정수량의 $\dfrac{1}{10}$ 이하의 위험물에 대하여는 적용하지 아니한다.

08 다음 위험물의 지정수량을 쓰시오. (4점)

① 중유
② 경유
③ 다이에틸에터
④ 아세톤

해답 ① $2,000\ell$　② $1,000\ell$
　　　③ 50ℓ　　　④ 400ℓ

09 옥내저장소의 저장창고에 위험물을 겹쳐 쌓아 저장할 때 저장 높이는 몇 m를 초과하지 않아야 하는가? (6점)

① 기계에 의하여 하역하는 구조로 된 용기만을 겹쳐 쌓는 경우
② 제4류 위험물중 제3석유류, 제4석유류 및 동식물유류를 수납하는 용기만 겹쳐 쌓는 경우
③ 그 밖의 경우

해답 ① 6m   ② 4m   ③ 3m

10 다음 [보기]에 해당하는 위험물에 대하여 다음 물음에 답하시오. (6점)

[보기]
• 무색의 휘발성액체이며 술의 원료이다.
• 산화시키면 아세트알데하이드가 된다.
• 아이오도폼 반응을 한다.

① 화학식
② 지정수량
③ 진한 황산과 140℃에서 반응한 후 생성되는 물질의 화학식

해답 ① C_2H_5OH
② 400L
③ $C_2H_5OC_2H_5$

11 다음 보기에 있는 위험물중 불활성가스소화설비에 적응성이 있는 것을 모두 고르시오. (4점)

[보기]
• 제1류 위험물
• 제2류 위험물중 인화성고체
• 제3류 위험물중 금수성물질
• 제4류 위험물
• 제5류 위험물
• 제6류 위험물

해답 제2류 위험물중 인화성고체, 제4류 위험물

참고 불활성가스소화설비(이산화탄소 및 이너젠가스)는 주로 질식소화에 적응성이 크다.
• 위험물에 대한 적응소화효과
  -제1류 위험물 : 냉각소화
  -제2류 위험물 중 인화성고체 : 냉각소화 및 불활성기체에 의한 질식소화
  -제3류 위험물 중 금수성물질 : 탄산수소염류 분말에 의한 질식소화
  -제4류 위험물 : 불활성기체에 의한 질식소화
  -제5류 위험물 : 냉각소화
  -제6류 위험물 : 냉각소화

12 트라이에틸알루미늄의 자연발화 화학반응식을 쓰시오. (4점)

해답 $2(C_2H_5)_3Al + 21O_2 \rightarrow 12CO_2\uparrow + 15H_2O + Al_2O_3$

참고 • 트라이에틸알루미늄[$(C_2H_5)_3Al$]이 공기 중에서 연소반응식
$2(C_2H_5)_3Al + 21O_2 \rightarrow 12CO_2\uparrow + 15H_2O + Al_2O_3$
(트라이에틸알루미늄) (산소)   (이산화탄소)   (물) (산화알루미늄)

13 다음 위험물의 유별과 지정수량을 쓰시오. (4점)

> ① 황린
> ② 칼륨
> ③ 나이트로 화합물
> ④ 질산염류

해답 ① 제3류, 20kg ② 제3류, 10kg
　　 ③ 제5류, 200kg ④ 제1류, 300kg

14 과산화수소와 하이드라진은 혼합되면 격렬히 반응하며 발화한다. 다음 물음에 답하시오. (4점)

> ① 두 물질을 혼합하였을 때의 화학반응식을 쓰시오.
> ② 과산화수소의 분해반응식을 쓰시오.

해답 ① $2H_2O_2 + N_2H_4 \rightarrow N_2\uparrow + 4H_2O\uparrow$
　　 ② $2H_2O_2 \xrightarrow{\triangle} 2H_2O + O_2\uparrow$

참고 • 과산화수소(H_2O_2)와 하이드라진(N_2H_4)의 혼촉발화 반응식
　　　$2H_2O_2 + N_2H_4 \rightarrow N_2\uparrow + 4H_2O\uparrow$
　　　(과산화수소) (하이드라진) (질소) (수증기)
　　• 과산화수소(H_2O_2)의 열분해반응식
　　　$2H_2O_2 \xrightarrow{\triangle} 2H_2O + O_2\uparrow$
　　　(과산화수소) (물) (산소)

15 이산화탄소가 들어있는 용기에 불이 붙은 마그네슘리본을 넣어주면 급격히 연소한다. 다음 물음에 답하시오. (4점)

> ① 반응식을 쓰시오.
> ② 마그네슘화재에 이산화탄소로 소화불가능한 이유를 쓰시오. (5점)

해답 ① $2Mg + CO_2 \rightarrow 2MgO + C$
　　 ② 폭발 반응하므로

참고 • 마그네슘(Mg)과 이산화탄소(CO_2)의 폭발반응식
　　　$2Mg + CO_2 \rightarrow 2MgO + C$
　　　(마그네슘) (이산화탄소) (산화마그네슘) (탄소)

16 주유취급소의 담에 대하여 다음 물음에 답하시오. (3점)

> ① 담의 높이는 몇 m 이상인가?
> ② 재질을 쓰시오.

해답 ① 2m 이상
　　 ② 내화구조 또는 불연재료

17 (A) BaO_2, (B) CaC_2, (C)K, (D)Na에 대하여 다음 물음에 답하시오. (6점)

> ① B와 물의 반응 시 발생가스의 화학식을 쓰시오.
> ② D와 물의 반응식 발생가스의 화학식을 쓰시오.
> ③ 물과 반응 시 발생하는 기체의 몰수가 가장 많은 것의 기호를 쓰시오.

해답 ① C_2H_2 ② H_2
　　 ③ [계산과정]
　　　• A : $BaO_2 + H_2O \rightarrow Ba(OH)_2 + \frac{1}{2}O_2\uparrow$
　　　• B : $CaC_2 + 2H_2O \rightarrow Ca(OH)_2 + C_2H_2\uparrow$
　　　• C : $K + H_2O \rightarrow KOH + \frac{1}{2}H_2\uparrow$
　　　• D : $Na + H_2O \rightarrow NaOH + \frac{1}{2}H_2\uparrow$
　　 [답] B

참고 • 반응물질 1몰당 반응시 기체의 몰수
　　　A : $\frac{1}{2}$ 몰, B : 1몰, C : $\frac{1}{2}$ 몰, D : $\frac{1}{2}$ 몰

- 과산화바륨(BaO_2)과 물(H_2O)과의 반응식
  $BaO_2 + H_2O \rightarrow Ba(OH)_2 + \frac{1}{2}O_2 \uparrow$
  (과산화바륨) (물) (수산화바륨) (산소)

- 탄화칼슘(CaC_2)과 물(H_2O)의 반응식
  $CaC_2 + 2H_2O \rightarrow Ca(OH)_2 + C_2H_2 \uparrow$
  (탄화칼슘) (물) (수산화칼슘) (아세틸렌)

- 칼륨(K)과 물(H_2O)의 화학반응식
  $K + H_2O \rightarrow KOH + \frac{1}{2}H_2 \uparrow$
  (칼륨) (물) (수산화칼륨) (수소)

- 나트륨(Na)과 물(H_2O)의 화학반응식
  $Na + H_2O \rightarrow NaOH + \frac{1}{2}H_2 \uparrow$
  (나트륨) (물) (수산화나트륨) (수소)

18 물에 나트륨(Na) 조각을 넣으면 격렬히 반응하며 폭발한다. 다음 물음에 답하시오. (3점)

> ① 물과의 반응식을 쓰시오.
> ② 지정수량을 쓰시오.

해답 ① $2Na + 2H_2O \rightarrow 2NaOH + H_2 \uparrow$
② 10 kg

참고 • 나트륨(Na)과 물(H_2O)의 화학반응식
$2Na + 2H_2O \rightarrow 2NaOH + H_2 \uparrow$
(나트륨) (물) (수산화나트륨) (수소)

19 Zn과 H_2SO_4이 반응하면 격렬히 반응하며 가연성의 수소(H_2)를 발생한다. 다음 물음에 답하시오.(5점)

> ① Zn과 H_2SO_4의 반응식을 쓰시오.
> ② Zn의 품명을 쓰시오.

해답 ① $Zn + H_2SO_4 \rightarrow ZnSO_4 + H_2 \uparrow$
② 금속분

참고 • 아연(Zn)과 황산(H_2SO_4)의 반응식
$Zn + H_2SO_4 \rightarrow ZnSO_4 + H_2 \uparrow$
(아연) (황산) (황산아연) (수소)

20 위험물 제조소의 안전거리에 대하여 다음 물음에 답하시오. (4점.)

> ① 10,000V의 특고압가공전선과의 안전거리
> ② 40,000V의 특고압가공전선과의 안전거리

해답 ① 3m 이상   ② 5m 이상

참고 위험물 제조소 등의 안전거리
- 특고압가공전선(7,000V 초과 35,000 이하) : 3m 이상
- 특고압가공전선(35,000V 초과) : 5m 이상
- 건축물 그 밖의 공작물로서 주거용으로 사용되는 곳(제조소가 설치된 부지 내에 있는 것은 제외한다) : 10m 이상
- 고압가스, 액화석유가스, 도시가스를 제조·저장 또는 취급하는 시설 : 20m 이상
- 학교·병원·극장(300인 이상), 아동복지시설 등 다수인이 출입하는 곳(20명 이상) : 30m 이상
- 유형문화재 및 기념물 중 지정문화재 : 50m 이상

21 옥외저장소에 대하여 다음 물음에 답하시오. (5점)

> ① 메테인올 4,000ℓ를 저장하는 경우 보유공지
> ② 과산화수소 30,000ℓ를 저장하는 경우 보유공지

해답 ① [계산과정]
메테인올 4,000ℓ의 지정수량의 배수
$= \frac{4,000ℓ}{400ℓ} = 10배$

[답] 3m 이상

② [계산과정]

과산화수소(H_2O_2)는 제6류 위험물이므로 보유공지 $\frac{1}{3}$ 감축 특례사항에 해당된다.

과산화수소 30,000L의 지정수량의 배수 = $\frac{30,000ℓ}{300ℓ}$ = 100배

보유공지 : 12m 이상 × $\frac{1}{3}$ = 4m 이상

[답] 4m 이상

참고 옥외저장소의 보유공지 규정

저장 또는 취급하는 위험물의 최대수량	공지의 너비
지정수량의 10배 이하	3m 이상
지정수량의 10배 초과 20배 이하	5m 이상
지정수량의 20배 초과 50배 이하	9m 이상
지정수량의 50배 초과 200배 이하	12m 이상
지정수량의 200배 초과	15m 이상

제4류 위험물 중 제4석유류와 제6류 위험물을 저장할 경우 해당 보유공지의 $\frac{1}{3}$ 이상으로 할 수 있다.

22 지하탱크저장소의 탱크전용실과 지하탱크와의 간격은 몇 m 이상인가? (4점)

해답 0.1m 이상

23 위험물 판매취급소의 배합실에 대하여 물음에 답하시오. (5점)

① 배합실 출입문에 설치하는 방화문의 종류
② 배합실 문턱의 높이

해답 ① 자동폐쇄식 60분+방화문 또는 60분 방화문

② 0.1m 이상

2019년 11월 09일 시행

모든 계산문제는 소수 3째자리까지 계산하고 반올림하여 소수 2째 자리를 답으로 합니다.

01 다음 위험물의 옥내저장소의 바닥면적은 몇 m² 이하인가? (3점)

> ① 염소산염류
> ② 제2석유류
> ③ 유기과산화물

해답 ① 1,000m²
② 2,000m²
③ 1,000m²

해설 옥내저장소의 바닥면적
① 염소산염류는 제1류 위험물 위험등급 Ⅰ등급에 해당하므로 1,000m² 이하
② 제2석유류는 제4류 위험물 위험등급 Ⅲ등급에 해당하므로 2,000m² 이하
③ 유기과산화물 제5류 위험물 위험등급 Ⅰ등급에 해당하므로 1,000m² 이하

참고 옥내저장소의 바닥면적 규정
- 위험등급Ⅰ등급(제4류 위험물 Ⅱ등급 포함) : 1,000m² 이하
- 위험등급Ⅱ등급(제4류 위험물 Ⅱ등급 제외), Ⅲ등급 : 2,000m² 이하
- 위험등급Ⅰ등급+위험등급 Ⅱ등급 : 1,500m² 이하 (단, Ⅰ등급과 Ⅱ등급의 실은 내화구조로 된 격벽을 설치하고, Ⅰ등급실의 면적은 500m² 이하일 것)

02 다음 보기의 위험물을 압력탱크 외의 탱크에 저장할 경우 저장온도는 얼마인가? (4점)

> [보기]
> ① 산화프로필렌 및 다이에틸에터
> ② 아세트알데하이드

해답 ① 30℃ 이하   ② 15℃ 이하

해설 압력탱크 외의 탱크에 저장할 경우 저장온도
- 산화프로필렌(OCH_2CHCH_3)과 다이에틸에터($C_2H_5OC_2H_5$)는 비점이 매우 낮으므로 비점 이하의 온도인 30℃ 이하로 저장하여야 한다.
- 아세트알데하이드(CH_3CHO)도 비점이 매우 낮으므로 비점 이하의 온도인 15℃ 이하로 저장하여야 한다.
- 압력탱크에 저장할 경우 저장온도 : 40℃ 이하

참고 제4류 위험물(인화성액체) 특수인화물의 비점
- 산화프로필렌(OCH_2CHCH_3) : 34℃
- 다이에틸에터($C_2H_5OC_2H_5$) : 34.6℃
- 아세트알데하이드(CH_3CHO) : 21℃

03 톨루엔의 증기비중은 얼마인가? (단, 공기의 평균분자량은 29이다.) (4점)

해답 [계산과정]

증기비중 = $\dfrac{\text{해당 위험물의 분자량}}{\text{공기의 평균 분자량(29)}}$

톨루엔($C_6H_5CH_3$)의 증기비중

= $\dfrac{12 \times 7 + 8}{29}$ = 3.172

[답] 3.17

04 다음은 위험물안전관리에 관한 세부기준에서 정하는 산화성액체 의 시험방법 및 판정기준이다. 연소시간의 측정시험 기준에 관하여 괄호 안에 알맞은 말을 쓰시오. (3점)

> (①), (②)90% 수용액 및 시험물품을 사용하여 실시한다. 이 때 연소시간의 평균치를 수용액과 (①)의 혼합물의 연소시간으로 할 것.

해답 ① 목분 ② 질산

참고 위험물 안전관리에 관한 세부기준 제23조[연소시간의 측정시험]
① 목분(수지분이 적은 삼에 가까운 재료로 하고 크기는 500㎛의 체를 통과하고 250㎛의 체를 통과하지 않는 것), 질산의 90% 수용액 및 시험물품을 사용하여 온도 20℃, 습도 50%, 기압 1기압의 실내에서 제2항 및 제3항의 방법에 의하여 실시한다. 다만, 배기를 행하는 경우에는 바람의 흐름과 평행하게 측정한 풍속이 0.5m/s 이하이어야 한다.
④ 시험물품과 목분과의 혼합물의 연소시간이 표준물질(질산 90% 수용액)과 목분과의 혼합물의 연소시간 이하인 경우에는 산화성액체에 해당하는 것으로 한다.

05 주유취급소에 설치하는 "주유중 엔진정지" 게시판의 색상에 대하여 쓰시오. (4점)

> ① 바탕색 :
> ② 문자색 :

해답 ① 황색 ② 흑색

06 제3류 위험물 트라이에틸알루미늄에 대하여 다음 물음에 답하시오. (6점)

> ① 물과의 반응식
> ② 트라이에틸알루미늄 228g이 물과의 반응 시 발생하는 가연성가스의 부피는 몇 ℓ인가? (단, 표준상태이다.)

해답 ① $(C_2H_5)_3Al + 3H_2O \rightarrow Al(OH)_3 + 3C_2H_6 \uparrow$
② [계산과정]
트라이에틸알루미늄[$(C_2H_5)_3Al$]의 1g 분자량 : $12 \times 6 + 15 + 27 = 114$g/mol
$(C_2H_5)_3Al$ 1mol(114g)이 반응하면 C_2H_6 3몰이 생성되므로 $(C_2H_5)_3Al$ 2mol(228g)이 반응하면 C_2H_6 6몰이 생성된다.
표준상태에서 6몰의 체적 = 6mol × 22.4ℓ/mol = 134.4ℓ
[답] 134.4ℓ

해설 • 트라이에틸알루미늄[$(C_3H_3)_3Al$]과 물(H_2O)과의 반응식
$(C_2H_5)_3Al + 3H_2O \rightarrow Al(OH)_3 + 3C_2H_6 \uparrow$
(트라이에틸알루미늄) (물) (수산화알루미늄) (에테인)

07 제1류 위험물 알칼리금속의 과산화물인 과산화나트륨과 이산화탄소의 화학반응식을 쓰시오. (4점)

해답 $2Na_2O_2 + 2CO_2 \rightarrow 2Na_2CO_3 + O_2 \uparrow$

해설 • 과산화나트륨(Na_2O_2)과 이산화탄소(CO_2)와의 반응식
$2Na_2O_2 + 2CO_2 \rightarrow 2Na_2CO_3 + O_2 \uparrow$
(과산화나트륨) (이산화탄소) (탄산나트륨) (산소)

08 다음 보기 중 운반 시 방수성 덮개와 차광성 덮개를 모두 하여야 하는 위험물의 품명을 쓰시오. (3점)

[보기]
유기과산화물, 질산, 알칼리금속의 과산화물, 염소산염류

해답 알칼리금속의 과산화물

참고 위험물의 운반 덮개
- 방수성 덮개를 하여야할 위험물의 품명
  - 제1류 위험물 중 알칼리금속의 과산화물 또는 이를 함유한 것
  - 제2류 위험물 중 마그네슘, 철분, 금속분 또는 이를 함유한 것
  - 제3류 위험물 중 금수성물질
- 차광성 덮개를 하여야할 위험물의 품명
  - 제1류 위험물
  - 제3류 위험물중 자연발화성물질
  - 제4류 위험물중 특수인화물
  - 제5류 위험물
  - 제6류 위험물

09 다음 물질의 연소의 형태를 쓰시오. (6점)

① 나트륨, 금속분 :
② 에테인올, 다이에틸에터 :
③ TNT, 피크린산

해답 ① 표면연소
② 증발연소
③ 자기연소

10 다음 위험물의 인화점이 낮은 것부터 높은 순으로 번호를 쓰시오. (4점)

① 초산에틸   ② 메테인올
③ 에틸렌글리콜   ④ 나이트로벤젠

해답 ①, ②, ④, ③

참고 위험물의 인화점
- 초산에틸($CH_3COOC_2H_5$) : $-4℃$
- 메테인올(CH_3OH) : $11℃$
- 에틸렌글리콜[$C_2H_4(OH)_2$] : $111℃$
- 나이트로벤젠($C_6H_5NO_2$) : $88℃$

11 분자량이 227이며 폭약의 원료로 사용되며 햇빛에서 다갈색으로 변하고 물에 녹지 않고 벤젠과 아세톤에 녹는 물질에 대하여 다음 물음에 답하시오. (6점)

① 화학식 :
② 지정수량 :
③ 제조방법을 원료를 중심으로 설명하시오.

해답 ① $C_6H_2CH_3(NO_2)_3$
② 200kg
③ 톨루엔에 진한 질산과 진한 황산을 가하여 제조한다.

참고 [$C_6H_2CH_3(NO_2)_3$]의 분자량 : $12×7+5+14×3+16×6 = 227$
- 트라이나이트로톨루엔[$C_6H_2CH_3(NO_2)_3$]의 제법

$$C_6H_5CH_3 + 3HNO_3 \xrightarrow[\text{나이트로화}]{C-H_2SO_4} C_6H_2CH_3(NO_2)_3 + 3H_2O$$

(톨루엔)   (질산)   (트라이나이트로톨루엔)   (물)

12 제3류 위험물중 지정수량이 50kg인 품명을 모두 쓰시오. (4점)

해답 알칼리금속(칼륨, 나트륨제외) 및 알칼리토금속. 유기금속화합물(알칼알루미늄 및 알킬리튬 제외)

13 제3종 분말소화약제의 1차 분해반응식을 쓰시오. (4점)

해답 $NH_4H_2PO_4 \xrightarrow{\triangle} H_3PO_4 + NH_3 \uparrow$

해설 $NH_4H_2PO_4$의 반응 메커니즘

① 190℃(1차 분해반응)

$NH_4H_2PO_4 \xrightarrow{\triangle} H_3PO_4 + NH_3 \uparrow$
(인산암모늄)　(오르소인산)　(암모니아)

② 215℃(2차 분해반응)

$2H_3PO_4 \xrightarrow{\triangle} H_4P_2O_7 + H_2O$
(오르소인산)　(피로인산)　(물)

③ 300℃ 이상(3차 분해반응)

$H_4P_2O_7 \xrightarrow{\triangle} 2HPO_3 + H_2O$
(피로인산)　(메타인산)　(물)

14 휘발유가 저장된 드럼통에 휘발유, 위험등급 Ⅲ, 200L가 있고, 주의사항란은 비어 있다. 다음 물음에 답하시오. (4점)

① 위험등급에 맞게 수정하시오.
② 주의사항을 쓰시오.

해답 ① Ⅱ　② 화기엄금
참고 휘발유는 제4류 위험물(인화성액체) 제1석유류로서 알코올류와 함께 위험등급 Ⅱ에 해당한다.

15 기울기가 30도 정도의 기울어진 V자형 구조물의 위에 다이에틸에터를 흡수시킨 솜을 놓아두고 아래 부분에 양초에 불을 붙이니 위쪽으로 불이 옮겨 붙는다. 다음 물음에 답하시오. (5점)

① 불이 위쪽으로 옮겨 붙는 이유를 쓰시오.
② 다이에틸에터의 증기비중을 쓰시오.

해답 ① 다이에틸에터의 증기 비중이 공기보다 무거워 낮은 곳으로 흐르기 때문이다.
② [계산과정]

증기비중 = $\dfrac{\text{다이에틸에터}(C_2H_5OC_2H_5) \text{ 분자량}}{29}$

= $\dfrac{12 \times 4 + 10 + 16}{29} = 2.551$

[답] 2.55

16 막자사발에 질산칼륨과 황, 숯을 넣고 혼합하였다. 다음 물음에 답하시오. (4점)

① 혼합 후 만들어진 물질의 명칭을 쓰시오.
② 이물질 중 질산칼륨의 역할은 무엇인지 쓰시오.

해답 ① 흑색화약
② 산소공급원

17 실험실의 온도가 25℃일 때 5개의 비커에 불을 붙였을 때 2개의 비커에만 불이 붙었다. 2개의 비커에 들어있는 물질을 다음 보기에서 찾아 쓰시오. (3점)

[보기]
아세톤, 메틸에틸케톤, 하이드라진, 포름산, 에틸렌글리콜

해답 아세톤, 메틸에틸케톤

해설 실험실의 온도가 25℃이므로 위험물의 인화점이 25℃ 이하인 위험물은 점화원에 의하여 착화가 된다.

위험물의 인화점
- 아세톤(CH_3COCH_3) : -18℃
- 메틸에틸케톤($CH_3COC_2H_5$) : -1℃
- 하이드라진(N_2H_4) : 38℃
- 포름산($HCOOH$) : 69℃
- 에틸렌글리콜[$C_2H_4(OH)_2$] : 111℃

18 등적색의 물질 A와 흑자색인 물질 B가 있다. 물질 A에 대하여 다음 물음에 답하시오. (5점)

① 분량 294인 A의 지정수량을 쓰시오.
② A의 열분해 반응식을 쓰시오.

해답 ① 1,000kg

② $4K_2Cr_2O_7 \xrightarrow{\Delta} 4K_2CrO_4 + 2Cr_2O_3 + 3O_2\uparrow$

해설
- 다이크로뮴산칼륨($K_2Cr_2O_7$)의 색 : 등적색
- 다이크로뮴산칼륨($K_2Cr_2O_7$)의 분자량
  [원자량 : K(39), Cr(52), O(16)]
  $39 \times 2 + 52 \times 2 + 16 \times 7 = 294$
- 다이크로뮴산칼륨의 열분해반응식
  $4K_2Cr_2O_7 \xrightarrow{\Delta} 4K_2CrO_4 + 2Cr_2O_3 + 3O_2\uparrow$
  (다이크로뮴산칼륨)　(크로뮴산칼륨) (산화크로뮴) (산소)

19 제5류 위험물 유기과산화물 2,000kg을 저장하는 옥내저장소에 대하여 다음 물음에 답하시오. (4점)

① 옥내저장소를 2동 설치할 경우 옥내저장소 둘 사이의 공지의 너비는 몇 m 이상으로 하는가?
② 옥내저장소에 담 또는 토제를 설치하는 경우, 둘 사이의 공지의 너비는 몇 m 이상으로 하는가?

해답 [계산과정]

- 유기과산화물 2,000kg의 지정수량
  $= \dfrac{2,000kg}{10kg} = 200$배

① $45m \times \dfrac{2}{3} = 30m$ 이상

[답] 30m 이상

② $15m \times \dfrac{2}{3} = 10m$ 이상

[답] 10m 이상

- 지정과산화물의 옥내저장소의 보유공지

저장 또는 취급하는 위험물의 최대수량	공지의 너비		
		저장창고의 주위에 담 또는 토제를 설치하는 경우	왼쪽란에 정하는 경우 외의 경우
생략		생략	생략
150배 초과 300배 이하		15.0m 이상	45m 이상

[참고] 2 이상의 옥내저장소를 동일한 부지 내에 인접하여 설치하는 때에는 당해 옥내저장소의 상호간 공지의 너비를 동표에정하는 공지 너비의 3분의 2로 할 수 있다.

20 위험물 제조소로부터 주변에 극장, 병원, 지정문화재, 주거용 건축물, 가스시설, 35,000V의 특별고압가공전선이 있다. 이 중 안전거리가 가장 긴 것은 어느 것인가? (3점)

해답 지정문화재

해설 위험물 제조소등의 안전거리
- 특고압가공전선(7,000V초과 35,000V 이하) : 3m 이상
- 특고압가공전선(35,000V초과) : 5m 이상
- 건축물 그 밖의 공작물로서 주거용으로 사용되는 곳(제조소가 설치된 부지 내에 있는 것을 제외한다.) : 10m 이상
- 고압가스, 액화석유가스, 도시가스를 제조·저장 또는 취급하는 시설 : 20m 이상

- 학교 · 병원 · 극장(300인 이상), 아동복지시설 등 다수인이 출입하는 곳(20명 이상) : 30m 이상
- 유형문화재 및 기념물 중 지정문화재 : 50m 이상

21 제4류 위험물 제1석유류, 제2석유류, 제3석유류, 제4석유류에 대하여 다음 물음에 답하시오. (6점)

> ① 4가지의 석유류 중 2개를 택하여 1기압에서 인화점 기준을 쓰시오.
> ② 중유, 경유의 품명은 무엇인가?(없으면 "해당 없음"이라 쓰시오)

해답 ① 제1석유류는 인화점이 21℃ 미만, 제2석유류는 인화점이 21℃ 이상 70℃ 미만
② 중유 : 제3석유류, 경유 : 제2석유류

22 이동탱크저장소의 상부에 산모양으로 만들어진 설비에 대하여 다음 물음에 답하시오. (6점)

> ① 맨홀 상단으로부터의 높이 :
> ② 설비 강철판의 두께 :
> ③ "①과 ②"로 이루어진 설비 A의 명칭 :

해답 ① 50mm 이상
② 2.3mm 이상
③ 방호틀

23 염산에 철가루를 넣으면 격렬히 반응한다. 다음 물음에 답하시오. (5점)

> ① 철분과 염산의 반응식을 쓰시오.
> ② 이 반응에서 발생하는 가스의 명칭을 쓰시오.

해답 ① $Fe + 2HCl \rightarrow FeCl_2 + H_2 \uparrow$
② 수소

해설 • 철(Fe)분과 염산(HCl)의 반응식
$Fe + 2HCl \rightarrow FeCl_2 + H_2 \uparrow$
(철) (염산) (염화제1철) (수소)

2020년 5월 24일 시행

모든 계산문제는 소수 3째자리까지 계산하고 반올림하여 소수 2째 자리를 답으로 합니다.

01 인화점이 −37℃이며 분자량이 약 58인 제4류 위험물에 대하여 다음 물음에 답하시오.

> ① 화학식
> ② 지정수량
> ③ 용기에 저장하는 방법

해답 ① OCH_2CHCH_3
② 50ℓ
③ 공기의 혼입을 방지할 수 있도록 불활성가스를 봉입한다.

02 동·식물유에 대하여 다음 물음에 답하시오.

> ① 아이오딘값의 정의
> ② 건성유, 반건성유, 불건성유의 아이오딘값

해답 ① 유지 100g에 부가되는 아이오딘의 g수
② 건성유 : 130 이상, 반건성유 : 100~130, 불건성유 : 100 이하

참고 동식유류의 종류
- 건성유: 해바라기유, 동유, 아마인유, 들기름, 정어리기름등
- 반건성유: 청어유, 쌀겨기름, 면실유(목화씨유), 채종유, 옥수수유, 참기름, 콩기름(대두유)등
- 불건성유: 피마자유, 올리브유, 팜유, 땅콩기름, 야자유, 소기름, 돼지기름, 고래기름 등

03 염소산칼륨 1kg이 완전분해할 때 발생하는 산소의 부피는 몇 m³인가? (단, 표준상태이며, 염소산칼륨의 분자량은 123으로 한다.)

해답 [계산과정]
염소산칼륨의 완전분해반응식
$$KClO_3 \rightarrow KCl + \frac{3}{2}O_2$$
$PV = \frac{WRT}{M}$ 에서 $V = \frac{WRT}{PM}$ 이므로
$$V = \frac{WRT}{PM} \times \frac{3}{2}$$
$$V = \frac{1 \times 0.082 \times 273}{1 \times 123} \times \frac{3}{2} = 0.273$$
[답] 0.27m³

V(산소의 양) : 반응식에서 염소산칼륨($KClO_3$) 1kmol(123kg)이 완전분해하면 $\frac{3}{2}$kmol의 산소(O_2)가 발생한다.
그러므로 산소량은 계산식에 $\frac{3}{2}$을 곱하여 구한다.
W(질산칼륨의 질량) : 1kg
R(기체상수): 0.082atm·m³/kmol·K
T(절대온도) : (0℃+273)K
P(압력) : 1atm
M[질산칼륨(KNO_3)]의 1kg 분자량 : 123kg/kmol

04 제4류 위험물인 하이드라진에 대하여 다음 물음에 대해 답하시오.

> ① 제6류 위험물중 하이드라진과 반응하여 로켓연료로 사용하는 것의 위험물안전관리법령상 위험물이 되기 위한 기준을 쓰시오.
> ② 하이드라진과 ①의 제6류 위험물과의 화학반응식을 쓰시오.

해답 ① 36중량%이상
② $N_2H_4 + 2H_2O_2 + → N_2↑ + 4H_2O$

참고 • 과산화수소(H_2O_2)와 하이드라진(N_2H_4)의 혼촉발화 반응식
$N_2H_4 + 2H_2O_2 + → N_2↑ + 4H_2O$
(하이드라진) (과산화수소) (질소) (물)

05 제4류 위험물의 품명에 대한 설명이다. 괄호 안에 알맞은 숫자를 쓰시오.

① "특수인화물"이라 함은 1기압에서 발화점이 섭씨 ( )도 이하인 것 또는 인화점이 섭씨 영하 ( )도 이하이고 비점이 섭씨 ( )도 이하인 것을 말한다.
② "제1석유류"라 함은 1기압에서 인화점이 섭씨 ( )도 미만인 것을 말한다.
③ "제2석유류"라 함은 1기압에서 인화점이 섭씨 ( )도 이상 ( )도 미만인 것을 말한다.
④ "제3석유류"라 함은 1기압에서 인화점이 섭씨 ( )도 이상 섭씨 ( )도 미만인 것을 말한다.
⑤ "제4석유류"라 함은 1기압에서 인화점이 섭씨 ( )도 이상 섭씨 ( )도 미만의 것을 말한다.

해답 ① "특수인화물"이라 함은 1기압에서 발화점이 섭씨 (100)도 이하인 것 또는 인화점이 섭씨 영하 (20)도 이하이고 비점이 섭씨 (40)도 이하인 것을 말한다.
② "제1석유류"라 함은 1기압에서 인화점이 섭씨 (21)도 미만인 것을 말한다.
③ "제2석유류"라 함은 1기압에서 인화점이 섭씨 (21)도 이상 (70)도 미만인 것을 말한다.
④ "제3석유류"라 함은 1기압에서 인화점이 섭씨 (70)도 이상 섭씨 (200)도 미만인 것을 말한다.
⑤ "제4석유류"라 함은 1기압에서 인화점이 섭씨 (200)도 이상 섭씨 (250)도 미만의 것을 말한다.

참고 제4류 위험물의 품명에 대한 지정품목
• 특수인화물 : 이황화탄소, 다이에틸에터
• 제1석유류 : 아세톤, 휘발유
• 제2석유류 : 등유, 경유
• 제3석유류 : 중유, 크레오소오트유
• 제4석유류 : 기어유, 실린더유

06 인화성액체에 대한 인화점 시험방법에 대하여 3가지를 쓰시오.

해답 ① 태그밀폐식인화점측정기에 의한 인화점 측정시험
② 신속평형법인화점측정기에 의한 인화점 측정시험
③ 클리프렌드개방컵인화점측정기에 의한 인화점 측정시험

07 제2류 위험물인 황화인 중 오황화인에 대하여 다음 물음에 답하시오.

① 물과의 반응식
② 물과 반응시 발생하는 가연성기체의 연소반응식

해답 ① $P_2S_5 + 8H_2O → 2H_3PO_4 + 5H_2S↑$
② $2H_2S + 3O_2 → 2SO_2↑ + 2H_2O$

참고 • 오황화인(P_2S_5)과 물과의 반응
$P_2S_5 + 8H_2O → 2H_3PO_4 + 5H_2S↑$
(오황화인) (물) (인산) (황화수소)

• 황화수소(H_2S)의 연소반응
$2H_2S + 3O_2 → 2SO_2↑ + 2H_2O$
(황화수소) (산소) (이산화황) (물)

08 크실렌의 이성질체 3가지의 명칭과 구조식을 쓰시오.

해답 ① 명칭 : 오르소자일렌, 메타자일렌, 파라자일렌
② 구조식

$$\underset{\text{CH}_3}{\overset{\text{CH}_3}{\bigcirc}} \quad \underset{\text{CH}_3}{\overset{\text{CH}_3}{\bigcirc}} \quad \underset{\text{CH}_3}{\overset{\text{CH}_3}{\bigcirc}}$$

09 제2류 위험물 금속분중 알루미늄분에 대하여 다음 물음에 답하시오.

① 물과의 반응식을 쓰시오.
② 완전 연소반응식을 쓰시오.
③ 염산과의 화학반응식을 쓰시오.

해답 ① $2Al + 6H_2O \rightarrow 2Al(OH)_3 + 3H_2 \uparrow$
② $4Al + 3O_2 \rightarrow 2Al_2O_3$
③ $2Al + 6HCl \rightarrow 2AlCl_3 + 3H_2 \uparrow$

참고 • 알루미늄(Al)분과 물(H$_2$O)과의 반응식
$2Al + 6H_2O \rightarrow 2Al(OH)_3 + 3H_2 \uparrow$
(알루미늄) (물) (수산화알루미늄) (수소)
• 알루미늄(Al)분의 연소반응
$4Al + 3O_2 \rightarrow 2Al_2O_3$
(알루미늄) (산소) (산화알루미늄)
• 알루미늄(Al)분과 염산과의 반응식
$2Al + 6HCl \rightarrow 2AlCl_3 + 3H_2 \uparrow$
(알루미늄) (염산) (염화알루미늄) (수소)

10 제3류 위험물 금수성물질인 나트륨에 대하여 다음 물음에 답하시오.

① 공기중에서 연소반응식
② 물과의 반응식
③ 연소시 불꽃의 색깔

해답 ① $4Na + O_2 \rightarrow 2Na_2O$
② $2Na + 2H_2O \rightarrow 2NaOH + H_2 \uparrow$
③ 노랑색(황색)

참고 • 나트륨(Na)이 공기중에서 연소반응식
$4Na + O_2 \rightarrow 2Na_2O$
(나트륨) (산소) (산화나트륨)
• 나트륨(Na)과 물(H$_2$O)의 화학반응식
$2Na + 2H_2O \rightarrow 2NaOH + H_2 \uparrow$
(나트륨) (물) (수산화나트륨) (수소)

11 이황화탄소 100kg이 완전연소할 때 발생하는 이산화황의 부피는 몇 m³인가? (단, 압력 800mmHg, 온도 30℃)

해답 [계산과정]
이황화탄소의 연소반응식 :
$CS_2 + 3O_2 \rightarrow CO_2 + 2SO_2$
이산화황의 부피(V) :
$PV = \dfrac{WRT}{M}$ 에서 $V = \dfrac{WRT}{PM} \times 2$

$V = \dfrac{100 \times 0.082 \times (30+273)}{\dfrac{800}{760} \times 76} \times 2 = 62.115 m^3$

[답] 62.12m³

V(이산화황의 부피): 이황화탄소(CS$_2$)1kmol이 연소하면 이산화황(SO$_2$)2kmol이 생성하므로 계산식에 2를 곱한다.
W(이황화탄소의 질량) : 100kg
R(기체상수) : 0.082atm · m³/kmol · K
T(절대온도) : (30℃+273)K,

P(압력): $\dfrac{800mmHg}{760mmHg/atm}$

M[이황화탄소(CS$_2$)1kg 분자량] : 12+32×2=76kg/kmol

12 다음 위험물의 보호액을 1가지만 쓰시오.

> ① 황린
> ② 나트륨
> ③ 이황화탄소

해답 ① pH9의 물 ② 석유 ③ 물

13 다음 위험물의 운반용기 포장외부에 표시하는 주의사항을 쓰시오.

> ① 제1류 위험물중 알칼리금속의 과산화물
> ② 제3류 위험물중 자연발화성물질
> ③ 제5류 위험물

해답 ① 화기, 충격주의, 가연물접촉주의, 물기엄금
② 화기엄금, 공기접촉엄금
③ 화기엄금, 충격주의

14 다음 금속의 수소화물과 물과의 화학반응식을 쓰시오

> ① 수소화칼륨
> ② 수소화칼슘
> ③ 수소화알루미늄리튬

해답 ① $KH + H_2O \rightarrow KOH + H_2 \uparrow$
② $CaH_2 + 2H_2O \rightarrow Ca(OH)_2 + 2H_2 \uparrow$
③ $LiAlH_4 + 4H_2O \rightarrow LiOH + Al(OH)_3 + 4H_2 \uparrow$

참고 • 수소화칼륨(KH)과 물(H_2O)과의 반응식
$KH + H_2O \rightarrow KOH + H_2 \uparrow$
(수소화칼륨) (물) (수산화칼륨) (수소)
• 수소화칼슘(CaH_2)과 물(H_2O)의 반응식
$CaH_2 + 2H_2O \rightarrow Ca(OH)_2 + 2H_2 \uparrow$
(수소화칼슘) (물) (수산화칼슘) (수소)

• 수소화알루미늄리튬($LiAlH_4$)과 물(H_2O)의 반응식
$LiAlH_4 + 4H_2O \rightarrow$
(수소화알루미늄리튬) (물)
$LiOH + Al(OH)_3 + 4H_2 \uparrow$
(수산화리튬) (수산화알루미늄) (수소)

15 과산화나트륨에 대하여 다음 물음에 답하시오.

> ① 완전분해 반응식을 쓰시오.
> ② 1kg이 완전분해시 발생하는 산소의 부피는 표준상태에서 몇 ℓ인가?

해답 ① $2Na_2O_2 \xrightarrow{\Delta} 2Na_2O + O_2 \uparrow$
② [계산과정]
$V = \dfrac{WRT}{PM} \times \dfrac{1}{2}$ 에서
산소(O_2)의 부피 :
$V = \dfrac{1,000 \times 0.082 \times (0+273)}{1 \times 78} \times \dfrac{1}{2}$
$= 143.5\ell$
[답] 143.5ℓ
과산화나트륨(Na_2O_2) 2mol이 분해하면 산소(O_2) 1mol이 생성된다. 과산화나트륨 1mol이 분해하면 산소 $\dfrac{1}{2}$ mol이 생성되므로, 계산식(이상기체 상태방정식)에 $\dfrac{1}{2}$ 을 곱한다.

W(과산화나트륨의 질량): 1kg=1000g
R(기체상수): 0.082atm · ℓ /mol · k
T(절대온도): (0℃+273)k,
P(압력): 1atm,
M[과산화나트륨(Na_2O_2)]1g 분자량]: $23 \times 2 + 16 \times 2 = 78$g/mol

참고 • 과산화나트륨(Na_2O_2)의 열분해 반응식
$2Na_2O_2 \xrightarrow{\Delta} 2Na_2O + O_2 \uparrow$
(과산화나트륨) (산화나트륨) (산소)

16 다음 옥내소화전의 수원의 수량에 대하여 다음 물음에 답하시오.

> ① 소화전의 개수: 1층1개, 2층3개, 총4개
> ② 소화전의 개수: 1층2개, 2층4개, 총6개

해답 [계산과정]
① $7.8m^3/개 \times 3개 = 23.4m^3$
[답] $23.4m^3$
② $7.8m^3/개 \times 4개 = 31.2m^3$
[답] $31.2m^3$

참고 옥내소화전 수원의 수량은 가장 많이 설치된층의 소화전개수(5개이상일 경우 5개)를 소화전 1개당 필요한 수원의 량인 $7.8m^3$을 곱하여 구한다.

17 다음 보기의 위험물에 대하여 물음에 답하시오.

> [보기]
> 과산화벤조일, TNT, 나이트로글리세린, 다이나이트로벤젠

> ① 질산에스터에 속하는 것을 모두 고르시오.
> ② 상온에서 액체이고 영하의 온도에서는 고체인 위험물의 분해반응식을 쓰시오.

해답 ① 나이트로글리세린
② $4C_3H_5(ONO_2)_3 \xrightarrow{\Delta} 12CO_2\uparrow + 10H_2O + 6N_2\uparrow + O_2\uparrow$

참고 • 나이트로글리세린[$C_3H_5(ONO_2)_3$]의 열분해반응식
$4C_3H_5(ONO_2)_3 \xrightarrow{\Delta} 12CO_2\uparrow + 10H_2O$
(나이트로글리세린)　(이산화탄소)　(수증기)
$+ 6N_2\uparrow + O_2\uparrow$
　(질소)　(산소)

18 위험물안전관리자에 대하여 다음 물음에 답하시오.

> [보기] 제조소등의 관계인, 제조소등의 설치자, 소방서장, 소방청장, 시도지사

> ① 위험물안전관리자의 선임권한을 갖고 있는 자는 누구인가 [보기]에서 골라 쓰시오.
> ② 위험물안전관리자가 해임될 경우 몇일 내로 선임하여야 하는가?
> ③ 위험물안전관리자가 퇴직할 경우 몇일 내로 선임하여야 하는가?
> ④ 위험물안전관리자를 선임후 몇일 내로 신고하여야 하는가?
> ⑤ 위험물안전관리자가 해외 또는 질병으로 장기간 자리를 비울 때 몇일내로 대리자를 지정하여 직무를 대행하게 하여야 하는가?

해답 ① 제조소의 관계인 ② 30일 ③ 30일
④ 14일 ⑤ 30일

19 위험물의 저장, 취급의 공통기준에 대하여 괄호안에 알맞은 말을 쓰시오.

> ① 위험물을 저장 또는 취급하는 건축물 그 밖의 공작물 또는 설비는 당해 위험물의 성질에 따라, 차광 또는 (　)를 하여야 한다.
> ② 위험물은 온도계, 습도계, (　)계 그밖의 계기를 감시하여 당히 위험물의 성질에 맞는 적정한 온도, 습도 또는 (　)을 유지하도록 저장 또는 취급을 하여야 한다.
> ③ 위험물을 용기에 수납하여 저장 또는 취급할 때에는 그용기는 당해 위험물의 성질에 따라 파손, (　), 균열등이 없는 것으로 하여야 한다.
> ④ (　)의 액체, 증기 또는 가스가 새거나 체류할 우려가 있는 장소 또는 (　)의 미분이 현저하게 부유할 우려가 있는 장소에서는 전선과 전기기기를 완전히 접속하고 불꽃을 발하는 기계, 기구, 공구, 신발 등을 사용하지 아니하여야 한다.
> ⑤ 위험물을 (　)중에 보존하는 경우에는 당해 위험물이 (　)으로부터 노출되지 아니하도록 하여야 한다.

해답 ① 환기 ② 압력, 압력 ③ 부식 ④ 가연성, 가연성 ⑤ 보호액, 보호액

20 다음 물음에 답하시오.

> ① 대통령령이 정하는 위험물탱크가 있는 제조소등의 완공검사를 받기전에 무엇을 받아야 하는가?
> ② 이동탱크의 완공검사 신청시기를 쓰시오.
> ③ 지하탱크의 완공검사 신청시기를 쓰시오.
> ④ 제조소등의 완공검사를 실시한 결과 기술기준에 적합하다고 인정되는 경우 시도지사는 무엇을 교부하여야 하는가?

해답 ① 탱크안전성능검사
② 이동탱크를 완공하고 상치장소를 확보한 후
③ 지하탱크 매설 전
④ 완공검사필증

2020년 7월 25일 시행

모든 계산문제는 소수 3째자리까지 계산하고 반올림하여 소수 2째 자리를 답으로 합니다.

01 제1류 위험물의 품명과 지정수량을 쓰시오.

① KIO_3
② $AgNO_3$
③ $KMnO_4$

해답 ① 아이오딘산염류, 300kg
② 질산염류, 300kg
③ 과망가니즈산염류, 1,000kg

02 다음 위험물의 열분해 반응식을 쓰시오.

① 과염소산나트륨
② 염소산나트륨
③ 아염소산나트륨

해답 ① $NaClO_4 \rightarrow NaCl + 2O_2$
② $2NaClO_3 \rightarrow 2NaCl + 3O_2$
③ $NaClO_2 \rightarrow NaCl + O_2$

해설 • 과염소산나트륨($NaClO_4$)의 분해반응식
$NaClO_4 \rightarrow NaCl + 2O_2\uparrow$
(과염소산나트륨) (염화나트륨) (산소)

• 염소산나트륨($NaClO_3$)의 열분해반응식
$2NaClO_3 \rightarrow 2NaCl + 3O_2\uparrow$
(염소산나트륨) (염화나트륨) (산소)

• 아염소산나트륨($NaClO_2$)의 열분해반응식
$NaClO_2 \rightarrow NaCl + O_2\uparrow$
(아염소산나트륨) (염화나트륨) (산소)

03 위험물로서 농도가 36중량% 이상인 제6류 위험물에 대하여 물음에 답하시오.

① 열분해반응식
② 운반용기 외부주의사항
③ 위험등급

해답 ① $2H_2O_2 \rightarrow 2H_2O + O_2$
② 가연물접촉주의
③ Ⅰ등급

해설 • 과산화수소(H_2O_2)의 열분해반응식
$2H_2O_2 \xrightarrow{\triangle} 2H_2O + O_2\uparrow$
(과산화수소) (물) (산소)

04 제4류 위험물중 분자량 27이고 맹독성인 위험물에 대하여 다음 물음에 답하시오.

① 화학식
② 증기비중
[계산과정]
[답]

해답 ① HCN
② [계산과정]
증기비중 = $\dfrac{분자량}{공기의 평균 분자량(약29)}$
증기비중 = $\dfrac{27}{29}$ = 0.931
[답] 0.93

05 아세트알데하이드에 대하여 다음 물음에 답하시오.

① 옥외저장탱크 중 압력탱크 외의 탱크에 저장하는 저장온도
② 연소범위가 4.1~57%일 때 위험도
[계산과정]
[답]
③ 산화 시 발생물질

해답 ① 15℃
② [계산과정]
위험도(H) = $\dfrac{U-L}{L} = \dfrac{57-4.1}{4.1}$ = 12.902

[답] 12.90

③ 아세트산(초산)

해설
- 아세트알데하이드(CH_3CHO)가 산화되면 아세트산(CH_3COOH)이 된다.
- 아세트알데하이드(CH_3CHO)가 환원되면 에틸알코올(C_2H_5OH)이 된다.

06 트라이나이트로페놀에 대해 답하시오.

① 구조식
② 지정수량
③ 품명

해답 ① 구조식

$$\underset{NO_2}{\underset{|}{O_2N-\overset{OH}{\underset{|}{C_6H_2}}-NO_2}}$$

② 200kg   ③ 나이트로화합물

07 다음 보기의 위험물중 비수용성인 것을 쓰시오.

[보기]
이황화탄소, 아세트알데하이드, 클로로벤젠, 스티렌, 아세톤

해답 이황화탄소, 클로로벤젠, 스티렌

해설 특수인화물인 아세트알데하이드(CH_3CHO)와 제1석유류인 아세톤(CH_3COCH_3)은 물에 아주 잘 용해한다.

08 위험물 판매취급소 배합실에 대하여 다음 물음에 답하시오.

① 바닥면적 ( )m² 이상 ( )m² 이하
② 벽, 기둥, 바닥, 보는 ( )로 하여야 하며 계단은 ( )로 할 것
③ 출입구에는 자동폐쇄식의 ( )을 설치할 것
④ 출입구의 턱 높이는 ( )m 이하로 한다.
⑤ 바닥에는 적당한 경사를 두고 ( )를 설치한다.

해답 ① 6, 15
② 내화구조, 불연재료
③ 60분+방화문 또는 60분방화문
④ 0.1m
⑤ 집유설비

09 지정수량의 배수가 $\frac{1}{10}$ 이상인 위험물의 혼재 기준을 완성하시오.

위험물의 구분	제1류	제2류	제3류	제4류	제5류	제6류
제1류		×	×	×	×	
제2류			×		○	
제3류		×		○	×	
제4류	○	○			○	
제5류		○	×			
제6류		×	×	×		

해답

위험물의 구분	제1류	제2류	제3류	제4류	제5류	제6류
제1류		×	×	×	×	○
제2류	×		×	○	○	×
제3류	×	×		○	×	×
제4류	×	○	○		○	×
제5류	×	○	×	○		×
제6류	○	×	×	×	×	

10 연면적 150m²이며 외벽이 내화구조인 옥내저장소에 대하여 물음에 답하시오.

① 소요단위
[계산과정]
[답]

② 에틸알코올 1,000ℓ, 클로로벤젠 1,500ℓ, 동식물류 20,000ℓ, 특수인화물 500ℓ의 소요단위
[계산과정]
[답]

해답 ① [계산과정]
외벽이 내화구조인 옥내저장소의 1소요단위: 150m²

소요단위 = $\frac{150m^2}{150m^2/소요단위}$ = 1단위

[답] 1

② [계산과정]
위험물의 지정수량 : 에틸알코올 400ℓ, 클로로벤젠 1,000ℓ, 동식물류 10,000ℓ, 특수인화물 50ℓ

위험물의 소요단위 = 지정수량 × 10

소요단위 = $\frac{1,000\ell}{400\ell \times 10} + \frac{1,500\ell}{1,000\ell \times 10} + \frac{20,000\ell}{10,000\ell \times 10} + \frac{500\ell}{50\ell \times 10}$ = 1.6

[답] 1.6 소요단위

해설 소요단위(1단위)
- 제조소 또는 취급소용 건축물로 외벽이 내화구조인 것 : 연면적 100m²
- 제조소 또는 취급소용 건축물로 외벽이 내화구조이외인 것 : 연면적 50m²
- 저장소용 건축물로 외벽이 내화구조인 것: 연면적 150m²
- 저장소용 건축물로 외벽이 내화구조이외인 것 : 연면적 75m²
- 위험물 : 지정수량 10배

※제조소등의 옥외에 설치된 공작물은 외벽이 내화구조인 것으로 간주하고 최대 수평투영면적을 연면적으로 간주한다.

11 다음 보기의 제5류 위험물에 대한 위험등급을 쓰시오.(단, 없으면 "해당없음" 이라 쓰시오.)

[보기]
유기과산화물, 질산에스터, 하이드록실아민, 하이드라진유도체, 아조화합물, 나이트로화합물

① Ⅰ등급 :
② Ⅱ등급 :
③ Ⅲ등급 :

해답 ① 유기과산화물, 질산에스터
② 하이드록실아민, 하이드라진유도체, 아조화합물, 나이트로화합물
③ 해당없음

해설 제5류 위험물에는 위험등급 Ⅲ 등급이 없다.

12 옥외저장탱크의 방유제안에 휘발유를 내용적 5천만L 탱크에 3천만L를 저장하고(ㄱ) 경유를 내용적 1억2천만L 탱크에 8천만L를 저장하였다.(ㄴ) 다음 물음에 답하시오.

① ㄱ탱크의 최대용량
[계산과정]
[답]

② 방유제 용량
[계산과정]
[답]

③ 탱크 사이를 막고있는 구조물의 명칭

해답 ① [계산과정]
50,000,000ℓ × 0.95 = 47,500,000ℓ
[답] 47,500,000ℓ

② [계산과정]
120,000,000 × 0.95 × 1.1 = 125,400,000ℓ
[답] 125,400,000ℓ

③ 간막이둑

해설
- 탱크의 공간용적은 5%이상 10%이하이므로 용적에 대한 최대용량은 공간용적 5%를 제외한 수납율 95%로 한다.
- 2기 이상의 인화성액체 옥외탱크저장소의 방유제 용량은 용량이 최대인 것의 용량의 110%이상으로 한다.

13 적린과 염소산칼륨이 혼촉하면 폭발한다. 다음 물음에 답하시오.

① 두 물질의 화학반응식
② 반응에서 생성한 물질과 물과 반응할때의 생성물질

해답 ① $6P + 5KClO_3 \rightarrow 3P_2O_5 + 5KCl$
② H_3PO_4(인산)

해설 • 적린(P)과 염소산칼륨($KClO_3$)의 반응식
$6P + 5KClO_3 \rightarrow 3P_2O_5 + 5KCl$
(적린) (염소산칼륨) (오산화인) (염화칼륨)

• 오산화인(P_2O_5)과 물(H_2O)의 반응식
$P_2O_5 + 3H_2O \rightarrow 2H_3PO_4$
(오산화인) (물) (인산)

14 다음 물질의 물과의 반응식을 쓰시오.

① $(CH_3)_3Al$
② $(C_2H_5)_3Al$

해답 ① $(CH_3)_3Al + 3H_2O \rightarrow Al(OH)_3 + 3CH_4$
② $(C_2H_5)_3Al + 3H_2O \rightarrow Al(OH)_3 + 3C_2H_6$

해설 • 트라이메틸알루미늄[$(CH_3)_3Al$]과 물(H_2O)과의 반응식
$(CH_3)_3Al + 3H_2O \rightarrow Al(OH)_3 + 3CH_4\uparrow$
(트라이메틸알루미늄) (물) (수산화알루미늄) (메테인)

• 트라이에틸알루미늄[$(C_2H_5)_3Al$]과 물(H_2O)과의 반응식
$(C_2H_5)_3Al + 3H_2O \rightarrow Al(OH)_3 + 3C_2H_6\uparrow$
(트라이에틸알루미늄) (물) (수산화알루미늄) (에테인)

15 다음 시험물품의 양에 해당하는 인화점 시험방법을 쓰시오.

① (   )인화점 측정방식은 시험물품의 양을 $2m\ell$ 넣고 뚜껑을 닫고 실시한다.
② (   )인화점 측정방식은 시험물품의 양을 $50cm^3$을 넣고 뚜껑을 닫고 실시한다.
③ (   )인화점 측정방식은 시험물품의 양을 시료컵의 표선까지 채우고 실시한다.

해답 ① 신속평형법 ② 태그밀폐식
③ 클리브랜드 개방컵

16 다음은 위험물의 유별 공통기준이다. ( )안을 채우시오.

① (   )위험물은 불티, 불꽃, 고온체와의 접근이나 과열, 충격 또는 마찰을 피해야 한다.
② (   )위험물은 가연물과의 접촉·혼합이나 분해를 촉진하는 물품과의 접근 또는 과열을 피해야 한다.
③ (   )위험물은 불티, 불꽃, 고온체와의 접근 또는 과열을 피하고, 함부로 증기를 발생시키지 않아야 한다.

해답 ① 제5류 ② 제6류 ② 제4류

해설 • 제1류 위험물
가연물과의 접촉·혼합이나 분해를 촉진하는 물품과의 접근 또는 과열, 충격, 마찰 등을 피하여야 하며, 알칼리금속의 과산화물 및 이를 함유한 것에 있어서는 물과의 접촉을 피할 것

• 제2류 위험물
산화제와의 접촉·혼합이나 불티, 불꽃, 고온체와의 접근 또는 과열을 피하여야 하며, 철분·금속분·마그네슘 및 이를 함유하는 것에 있어서는 물이나 산과의 접촉을 피하고 인화성 고체에 있어서는 함부로 증기를 발생시키지 말 것

• 제3류 위험물
자연발화성 물질에 있어서는 불티, 불꽃, 또는 고온체와의 접근 과열 또는 공기와의 접촉을 피하여야 하며, 금수

성 물질에 있어서는 물과의 접촉을 피하여야 한다.

17 벤젠 16g이 완전히 증발하였을 때 1atm, 90℃에서 부피를 구하시오.

[계산과정]

[답]

해답 [계산과정]

$PV = \dfrac{WRT}{M}$ 에서 $V = \dfrac{WRT}{PM}$ 이므로

벤젠의 체적(V) $= \dfrac{16 \times 0.082 \times (90+273)}{1 \times 78}$
$= 6.105\ell$

[답] 6.11L

V(벤젠의 체적) : ?ℓ
W(벤젠의 질량) : 16g
R(기체상수) : 0.082atm·ℓ/mol·k
T(절대온도) : (90℃+273)k
P(압력) : 1atm
M[벤젠(C_6H_6)]의 1g 분자량]:$12 \times 6 + 6$
$= 78$g/mol

18 탄화칼슘 32g이 물과 반응 시 발생하는 기체를 연소 시 필요한 산소의 부피는 표준상태에서 몇 ℓ인가?

[계산과정]

[답]

해답 [계산과정]

$CaC_2 + 2H_2O \rightarrow Ca(OH)_2 + C_2H_2\uparrow$

탄화칼슘 64g은 물과 반응하여 1몰의 아세틸렌을 생성한다.

탄화칼슘 32g은 물과 반응하면 $\dfrac{1}{2}$몰의 아세틸렌을 생성한다.

$\dfrac{1}{2}C_2H_2 + \dfrac{4}{5}O_2 \rightarrow CO_2\uparrow + \dfrac{1}{2}H_2O$ 에서

$\dfrac{1}{2}$몰의 아세틸렌을 연소하기위하여 필요한 산소는 $\dfrac{5}{4}$몰의 산소가 필요하므로

산소의 체적 $= \dfrac{5}{4}$mol $\times 22.4\ell$/mol $= 28\ell$

[답] 28ℓ

해설 • 탄화칼슘(CaC_2)과 물(H_2O)의 반응식
$CaC_2 + 2H_2O \rightarrow Ca(OH)_2 + C_2H_2\uparrow$
(탄화칼슘) (물) (수산화칼슘) (아세틸렌)

• 아세틸렌(C_2H_2) $\dfrac{1}{2}$몰의 연소반응식
$\dfrac{1}{2}C_2H_2 + \dfrac{4}{5}O_2 \rightarrow CO_2\uparrow + \dfrac{1}{2}H_2O$
(아세틸렌) (산소) (이산화탄소) (물)

19 소화설비의 적응성에 대하여 적응성있는 소화설비에 "O"을 표시하시오.

소화설비의 구분	대상물 구분						
	제1류 위험물		제2류 위험물			제3류 위험물	
	알칼리금속의 과산화물	그 밖의 것	철분, 금속분, 마그네슘등	인화성고체	그 밖의 것	금수성물품	그 밖의 것
옥내소화전, 옥외소화전							
물분무소화설비							
포소화설비							
불활성가스소화설비							
할로젠화합물 소화설비							

해답

소화설비의 구분	대상물 구분						
	제1류 위험물		제2류 위험물			제3류 위험물	
	알칼리금속의 과산화물	그 밖의 것	철분, 금속분, 마그네슘등	인화성고체	그 밖의 것	금수성물품	그 밖의 것
옥내소화전, 옥외소화전		○		○	○		○
물분무소화설비		○		○	○		○
포소화설비		○		○	○		○
불활성가스소화설비				○			
할로젠화합물소화설비				○			

20 다음 [보기]에 대해 다음 물음에 답하시오.

[보기]
① 염소산칼륨 250ton을 취급하는 제조소 ② 염소산칼륨 250ton을 취급하는 일반취급소
③ 특수인화물 250kℓ을 취급하는 제조소 ④ 특수인화물 250kℓ을 취급하는 충전하는 일반취급소

1) 자체소방대를 두어야 하는 곳을 모두 쓰시오.
2) 화학소방차 1대 당 필요한 최소의 인원수
3) 다음 보기중 틀린 것의 번호를 쓰시오. (없으면 "없음"이라 쓰시오.)
   ① 포수용액은 비치량은 10만ℓ 이상으로 한다.
   ② 2개 이상의 사업소가 협력하기로 한 경우 같은 사업장으로 본다.
   ③ 포말을 방사하는 화학소방차는 화학소방차 대수의 2/3 이상으로 한다.
   ④ 포말을 방사하는 화학소방차의 포말방사능력은 분당 3,000ℓ 이상이다.
4) 자체소방대를 두지 아니한 관계인이 받는 벌칙

해답 1) ③, ④ 2) 5명 3) ④
4) 1년 이하의 징역 또는 1천만원 이하의 벌금

해설 • 자체소방대를 두어야 하는 경우는 제4류 위험물로서 지정수량 3,000배 이상을 취급하는 제조소 또는 일반취급소를 말한다.
• 제4류 위험물의 비정수량의 배수
  특수화물을 250Kℓ 취급하는 제조소 및 일반 취급소의 지정수량의 배수
  지정수량의 배수 = $\frac{250 \times 1,000R}{50\ell}$ = 5,000배
• 지정수량 5,000배는 12만배 미만이므로 화학소방차 1대와 조작인원 5명이 필요하다.
• 포수용액 방사차의 방사능력은 분당 3,000ℓ 이상이다.

2020년 10월 18일 시행

모든 계산문제는 소수 3째자리까지 계산하고 반올림하여 소수 2째 자리를 답으로 합니다.

01 다음 옥내저장소에 위험물을 저장하는 경우에 대하여 괄호안에 알맞은 말을 쓰시오.

① 자연발화의 위험성이 있는 위험물 은 지정수량 10배 이하마다 ( )m이상 간격을 둔다.
② 기계에 의하여 하역하는 구조로 된 용기만을 겹쳐 쌓는 경우 ( )m를 초과하지 아니할 것
③ 제4류 위험물중 제4석유류 및 동식물유류를 수납하는 용기만을 겹쳐 쌓는 경우 ( )m를 초과하지 아니할 것
④ 그 밖의 경우 ( )를 초과하지 아니할 것
⑤ 옥내저장소에서는 용기에 수납하여 저장하는 위험물의 온도가 ( )℃를 넘지 아니하도록 필요한 조치를 강구하여야 한다.

해답 ① 0.3 ② 6 ③ 4 ④ 3 ⑤ 55

02 다음 온도에서 제1종 분말소화약제의 분해반응식을 쓰시오.

① 270℃
② 850℃

해답 ① $2NaHCO_3 \xrightarrow{\Delta} Na_2CO_3 + CO_2\uparrow + H_2O$
② $2NaHCO_3 \xrightarrow{\Delta} Na_2O + 2CO_2\uparrow + H_2O$

해설 • $NaHCO_3$의 반응메카니즘
① 270℃
$2NaHCO_3 \xrightarrow{\Delta} Na_2CO_3 + CO_2\uparrow + H_2O$
(탄산수소나트륨) (탄산나트륨) (이산화탄소) (물)
② 850℃
$2NaHCO_3 \xrightarrow{\Delta} Na_2O + 2CO_2\uparrow + H_2O$
(탄산수소나트륨) (산화나트륨) (이산화탄소) (물)

03 다음 위험물이 제6류 위험물이 되기위한 조건을 쓰시오. (단, 조건이 없는 경우 "없음"이라 쓰시오)

① 과염소산
② 과산화수소
③ 질산

해답 ① 없음
② 농도 36중량% 이상
③ 비중 1.49이상

04 과산화나트륨 1kg이 열분해 시 발생하는 산소의 부피는 350℃, 1기압에서 몇 ℓ인지 쓰시오.

[계산과정]
[답]

해답 [계산과정]
과산화나트륨과 물과의 반응식 :
$Na_2O_2 + H_2O \rightarrow 2NaOH + \frac{1}{2}O_2\uparrow$

$V = \frac{WRT}{PM} \times \frac{1}{2}$ 에서

산소(O_2)의 량 :
$V = \frac{1,0000 \times 0.082 \times (350+273)}{1 \times 78} \times \frac{1}{2}$
$= 327.474$

[답] 327.47ℓ

V[산소(O_2)의 량] : 과산화나트륨(Na_2O_2) 1mol이 물(H_2O)과 반응하면 산소(O_2) $\frac{1}{2}$mol이 생성되므로 계산식(이상기체 상태방정식)에 $\frac{1}{2}$을 곱한다.
W(과산화나트륨의 질량) : 1kg=1000g
R(기체상수) : 0.082atm · ℓ/mol · K

T(절대온도): (350℃+273)K,
P(압력) : 1atm,
M[과산화나트륨(Na_2O_2)]1g 분자량 :
$23 \times 2+16 \times 2 = 78$g/mol

05 다음 물음에 답하시오.

① 트라이메틸알루미늄의 연소반응식
② 트라이메틸알루미늄의 물과의 반응식
③ 트라이에틸알루미늄의 연소반응식
④ 트라이에틸알루미늄의 물과의 반응식

해답 ① $2(CH_3)_3Al+12O_2 \rightarrow 6CO_2\uparrow+9H_2O+ Al_2O_3$
② $(CH_3)_3Al+3H_2O \rightarrow Al(OH)_3+3CH_4\uparrow$
③ $2(C_2H_5)_3Al+21O_2 \rightarrow 12CO_2\uparrow+15H_2O+ Al_2O_3$
④ $(C_2H_5)_3Al+3H_2O \rightarrow Al(OH)_3+3C_2H_6\uparrow$

해설 • 트라이메틸알루미늄이 공기중에서 연소반응식
$2(CH_3)_3Al+12O_2 \rightarrow 6CO_2\uparrow+9H_2O+ Al_2O_3$
(트라이메틸알루미늄) (산소) (이산화탄소) (물) (산화알루미늄)

• 트라이메틸알루미늄과 물과의 반응식
$(CH_3)_3Al + 3H_2O \rightarrow Al(OH)_3+3CH_4\uparrow$
(트라이메틸알루미늄) (물) (수산화알루미늄) (메테인)

• 트라이에틸알루미늄이 공기중에서 연소반응식
$2(C_2H_5)_3Al+21O_2 \rightarrow 12CO_2\uparrow+15H_2O+ Al_2O_3$
(트라이에틸알루미늄) (산소) (이산화탄소) (물) (산화알루미늄)

• 트라이에틸알루미늄과 물과의 반응식
$(C_2H_5)_3Al+3H_2O \rightarrow Al(OH)_3+3C_2H_6\uparrow$
(트라이에틸알루미늄) (물) (수산화알루미늄) (에테인)

06 탄화알루미늄에 대하여 다음 물음에 답하시오.

① 물과의 반응시 발생하는 기체의 연소반응식
② 물과의 반응시 발생하는 기체의 화학식
③ 물과의 반응시 발생하는 기체의 연소범위
④ 물과의 반응시 발생하는 기체의 위험도

해답 ① 물과의 반응식
$Al_4C_3+12H_2O \rightarrow 4Al(OH)_3 +3CH_4\uparrow$
메테인의 연소반응식
$CH_4 + 2O_2 \rightarrow CO_2\uparrow + 2H_2O$
② CH_4
③ 5~15%
④ 위험도(H) = $\dfrac{U-L}{L} = \dfrac{15-5}{5} = 2$

해설 • 탄화알루미늄(Al_4C_3) 과 물(H_2O)의 반응식
$Al_4C_3 + 12H_2O \rightarrow 4Al(OH)_3 + 3CH_4\uparrow$
(탄화알루미늄) (물) (수산화알루미늄) (메테인)

• 메테인(CH_4)의 연소반응식
$CH_4 + 2O_2 \rightarrow CO_2\uparrow + 2H_2O$
(메테인) (산소) (이산화탄소) (물)

07 삼황화인, 오황화인, 칠황화인에 대하여 다음 물음에 답하시오

1) 조해성이 있는 물질과 없는 물질에 대하여 답하시오.
① 삼황화인
② 오황화인
③ 칠황화인

2) 발화점이 가장 낮은 것에 대하여 답하시오.
① 화학식
② 연소반응식

해답 1) ① 없음 ② 있음 ③ 있음
2) ① P_4S_3
② $P_4S_3 + 8O_2 \rightarrow 2P_2O_5+ 3SO_2\uparrow$

해설 • 삼황화인(P_4S_3)의 착화점은 100℃로 황화인중 가장 낮다.
• 삼황화인(P_4S_3)의 연소반응
$P_4S_3 + 8O_2 \rightarrow 2P_2O_5 + 3SO_2\uparrow$
(삼황화인) (산소) (오산화인) (이산화황)

08 질산칼륨에 대하여 다음 물음에 답하시오.

① 품명
② 지정수량
③ 위험등급
④ 제조소의 주의사항(없으면 "필요없음"이라 쓰시오.)
⑤ 분해 반응식

해답 ① 질산염류 ② 300kg ③ Ⅱ
④ 필요없음
⑤ $2KNO_3 \xrightarrow{\Delta} 2KNO_2 + O_2\uparrow$

해설 • 질산칼륨(KNO_3) 열분해반응식
$2KNO_3 \xrightarrow{\Delta} 2KNO_2 + O_2\uparrow$
(질산칼륨)　(아질산칼륨)　(산소)

09 다음의 제4류 위험물의 인화점 범위를 쓰시오.

① 제1석유류
② 제2석유류
③ 제3석유류
④ 제4석유류

해답 ① 21℃미만
② 21℃이상 70℃미만
③ 70℃이상 200℃미만
④ 200℃이상 250℃미만

10 지하탱크저장소에 대하여 물음에 답하시오.

① 지하저장탱크와 탱크전용실의 안쪽과의 사이에는 0.1m이상의 간격을 유지해야한다. 여기에 설치하는 누유검사관은 하나의 탱크당 몇 개소 이상에 설치하여야 하는가?
② 지하저장탱크의 윗부분은 지면으로부터 몇 m이상 아래에 있어야 하는가?
③ 통기관의 선단은 지면으로부터 몇 m이상의 높이에 설치하여야 하는가?
④ 전용실의 벽 및 바닥의 두께는 몇 m이상으로 하여야 하는가?
⑤ 지하저장탱크의 주위에 채우는 재료는 무엇인가?

해답 ① 4개
② 0.6m
③ 4m
④ 0.3m
⑤ 마른모래. 습기등에 의하여 응고되지 않는 입자지름 5mm이하인 마른 자갈분

11 다음 보기중 수용성 물질을 고르시오.

― 보기 ―
아세톤, 휘발유, 벤젠, 톨루엔, 메틸알코올, 클로로벤젠, 아세트알데하이드

해답 아세톤, 메틸알코올, 아세트알데하이드

12 반지름 3m, 직선 8m, 양쪽으로 각각 2m씩 볼록한 원형탱크에 대하여 다음 물음에 답하시오.

① 내용적은 몇 m³인가?
[계산과정]
[답]
② 공간용적이 10% 일 때 탱크용량은 몇 m³인가?
[계산과정]
[답]

해답 [계산과정]
① 내용적(V) = $\pi r^2(\ell + \frac{\ell_1 + \ell_2}{3})$에서
V = $\pi 3^2(8 + \frac{2+2}{3})$ = 263.893
[답] 263.89m³

② 용량(V)= 내용적 × 수납율
  V= 263.893 × 0.9= 237.503
  [답]237.50m³

13 다음 소화설비에 대하여 적응성이 있는 위험물을 [보기]에서 골라 쓰시오.

[보기]
- 제1류 위험물중 무기과산화물(알칼리금속의 과산화물제외)
- 제2류 위험물중 인화성고체
- 제3류 위험물중 (금수성물질제외)
- 제4류 위험물
- 제5류 위험물
- 제6류 위험물

① 포소화설비 :

② 불활성가스소화설비 :

③ 옥외소화전설비

해답 ① 제1류 위험물중 무기과산화물(알칼리금속의 과산화물제외), 제2류 위험물중 인화성고체, 제3류 위험물중 (금수성물질제외), 제4류 위험물, 제5류 위험물, 제6류 위험물
② 제2류 위험물중 인화성고체, 제4류 위험물
③ 제1류 위험물중 무기과산화물(알칼리금속의 과산화물제외), 제2류 위험물중 인화성고체, 제3류 위험물중 (금수성물질제외), 제5류 위험물, 제6류 위험물

14 아세트알데하이드에 대하여 다음 물음에 답하시오.

① 시성식

② 증기비중
  [계산과정]
  [답]

③ 산화시 생성물질의 물질명과 화학식

해답 ① CH_3CHO
② [계산과정]
  CH_3CHO의 분자량 : $12 \times 2+4+16=44$
  증기비중 = $\frac{44}{29}$ = 1.517
  [답]1.52
③ 아세트산(초산), CH_3COOH

15 이산화탄소소화설비에 대하여 물음에 답하시오.

① 고압식 분사헤드의 방사압력은 몇 MPa 이상으로 하여야 하는가?

② 저압식 분사헤드의 방사압력은 몇 MPa 이상으로 하여야 하는가?

③ 저압식 저장용기는 내부의 온도를 영하 몇 ℃이상, 영하 몇 ℃이하로 유지하여야 하는가?

④ 저압식 저장용기는 몇 MPa 이상의 압력 및 몇 MPa 이하의 압력에서 작동하는 압력경보장치를 설치하여야 하는가?

해답 ① 2.1 MPa   ② 1.05 MPa
③ 20℃, 18℃   ④ 2.3 MPa, 1.9 MPa

16 다음 위험물의 화학식과 지정수량을 쓰시오.

① 과산화벤조일

② 과망가니즈산암모늄

③ 인화아연

해답 ① $(C_6H_5CO)_2O_2$ 10kg
② NH_4MnO_4 1,000kg ③ Zn_3P_2 300kg

해설
- 과산화벤조일: 제5류 위험물(자기반응성물질) 유기과산화물(지정수량 10kg)
- 과망가니즈산암모늄 : 제1류 위험물(산화성고체) 과망가니즈산염류(지정수량 1,000kg)
- 인화아연: 제3류 위험물 금수성물질 금속인화물(지정수량 300kg)

17 다음 위험물에 대한 운반용기 외부에 표시하는 주의사항을 쓰시오.

① 제2류 위험물 인화성고체
② 제3류 위험물 금수성물질
③ 제4류 위험물
④ 제5류 위험물
⑤ 제6류 위험물

해답 ① 화기엄금
② 물기엄금
③ 화기엄금
④ 화기엄금, 충격주의
⑤ 가연물 접촉주의

해설 위험물 운반용기의 외부포장 표시중 수납 위험물의 주의사항
- 제1류 위험물 : 화기·충격주의, 가연물 접촉주의
  ① 알칼리금속의 과산화물 또는 이를 함유한 것 : 화기·충격주의, 가연물 접촉주의, 물기엄금
- 제2류 위험물 : 화기주의
  ① 철분, 금속분, 마그네슘 또는 이를 함유한 것 : 화기주의, 물기엄금
  ② 인화성고체: 화기엄금
- 제3류 위험물
  ① 금수성물질: 물기엄금

② 자연발화성물질 : 화기엄금, 공기접촉엄금
- 제4류 위험물 : 화기엄금
- 제5류 위험물 : 화기엄금, 충격주의
- 제6류 위험물 : 가연물 접촉주의

18 다음 물음에 답하시오.

① 제3류 위험물 중 물과 반응하지 않고 연소 시 백색기체를 발생하는 명칭을 쓰시오.
② ①의 물질이 저장된 물에 강알칼리성 염류를 첨가하면 발생하는 독성기체의 화학식을 쓰시오.
③ ①의 물질을 저장하는 옥내저장소의 바닥면적은 몇 m^2 이하로 해야 하는지 쓰시오.

해답 ① 황린 ② PH_3 ③ 1,000m^2

해설
- 황린(P_4)이 연소하면 백색의 오산화인(P_2O_5)을 발생한다.
- 황린(P_4)이 수산화칼륨(KOH)수용액에서 반응식
  $P_4 + 3KOH + 3H_2O \rightarrow 3KH_2PO_2 + PH_3 \uparrow$
  (황린) (수산화칼륨) (물)   (차아인산칼륨) (인화수소.포스핀)
- 황린(P_4)은 위험등급 Ⅰ이므로 옥내저장소의 바닥면적은 1,000m^2 이하로 해야 한다.

19 다음 위험물과 물과의 반응식을 쓰시오.

① K_2O_2 ② Mg   ③ Na

해답 ① $2K_2O_2 + 2H_2O \rightarrow 4KOH + O_2\uparrow$
② $Mg + 2H_2O \rightarrow Mg(OH)_2 + H_2\uparrow$
③ $2Na + 2H_2O \rightarrow 2NaOH + H_2\uparrow$

해설
- 과산화칼륨(K_2O_2)과 물(H_2O)과의 반응식
  $2K_2O_2 + 2H_2O \rightarrow 4KOH + O_2\uparrow$
  (과산화칼륨) (물) (수산화칼륨) (산소)

- 마그네슘(Mg) 분과 물(H_2O)의 반응식.
  $Mg + 2H_2O \rightarrow Mg(OH)_2 + H_2\uparrow$
  (마그네슘) (물)   (수산화마그네슘) (수소)
- 나트륨(Na)과 물(H_2O)의 화학반응식
  $2Na + 2H_2O \rightarrow 2NaOH + H_2\uparrow$
  (나트륨) (물)   (수산화나트륨) (수소)

20 다음 [보기]의 물질들을 건성유, 반건성유, 불건성유로 구분하여 쓰시오.

[보기]
아마인유, 야자유, 들기름, 목화씨기름, 쌀겨기름, 땅콩기름

① 건성유

② 반건성유

③ 불건성유

해답 ① 아마인유, 들기름
② 쌀겨기름, 목화씨기름
③ 땅콩기름, 야자유

해설 쌀겨기름 = 미강유, 목화씨기름 = 면실유, 땅콩기름 = 낙화생기름

2020년 11월 15일 시행

모든 계산문제는 소수 3째자리까지 계산하고 반올림하여 소수 2째 자리를 답으로 합니다.

01
4류 위험물 다이에틸에터, 이황화탄소, 산화프로필렌, 아세톤을 인화점이 낮은 순으로 쓰시오.

해답 다이에틸에터, 산화프로필렌, 이황화탄소, 아세톤

해설 제4류 위험물의 인화점
- 다이에틸에터($C_2H_5OC_2H_5$) : $-45℃$
- 산화프로필렌(OCH_2CHCH_3) : $-37℃$
- 이황화탄소(CS_2) : $-30℃$
- 아세톤(CH_3COCH_3) : $-18℃$

02
위험물안전관리법령상 수납하는 위험물의 운반용기외부에 표시하는 주의사항을 보기의 위험물에 따라 알맞게 표시하시오.

[보기]
① 황린　　② 아닐린
③ 질산　　④ 염소산칼륨
⑤ 철분

해답 ① 화기엄금, 공기접촉엄금
② 화기엄금
③ 가연물 접촉주의
④ 화기, 충격주의, 가연물 접촉주의
⑤ 화기주의, 물기엄금

해설 위험물 운반용기의 외부포장표시 중 수납 위험물의 주의사항
- 제1류 위험물 : 화기·충격주의, 가연물 접촉주의
  ① 알칼리금속의 과산화물 또는 이를 함유하는 것 : 화기·충격주의, 가연물 접촉주의, 물기엄금
- 제2류 위험물 : 화기주의
  ① 철분, 금속분, 마그네슘 또는 이를 함유하는 것 : 화기주의, 물기엄금
  ② 인화성고체 : 화기엄금
- 제3류 위험물
  ① 금수성물질 : 물기엄금
  ② 자연발화성물질 : 화기엄금, 공기접촉엄금
- 제4류 위험물 : 화기엄금
- 제5류 위험물 : 화기엄금, 충격주의
- 제6류 위험물 : 가연물 접촉주의

03
다음은 인화성액체 위험물을 저장하는 옥외탱크저장소의 방유제 설치에 관한 내용이다. 다음 물음에 답하시오.

① 방유제의 높이는 ( )m 이상 ( )m 이하로 할 것
② 방유제 내의 면적은 ( )m² 이하로 할 것
③ 방유제 내에 설치하는 옥외저장탱크의 수는 ( ) 이하로 할 것

해답 ① 0.5, 3 ② 8만 ③ 10

해설 위험물안전관리법 시행규칙 [별표6]Ⅸ. 1호, 나목, 다목, 라목
나. 방유제는 높이 0.5m 이상 3m 이하, 두께 0.2m 이상, 지하매설깊이 1m 이상으로 할 것. 다만, 방유제와 옥외저장탱크 사이의 지반면 아래에 불침윤성(不浸潤性) 구조물을 설치하는 경우에는 지하매설깊이를 해당 불침윤성 구조물까지로 할 수 있다.
다. 방유제 내의 면적은 8만m² 이하로 할 것

라. 방유제 내의 설치하는 옥외저장탱크의 수는 10(방유제 내에 설치하는 모든 옥외저장탱크의 용량이 20만ℓ 이하이고, 당해 옥외저장탱크에 저장 또는 취급하는 위험물의 인화점이 70℃ 이상 200℃ 미만인 경우에는 20) 이하로 할 것. 다만, 인화점이 200℃ 이상인 위험물을 저장 또는 취급하는 옥외저장탱크에 있어서는 그러하지 아니하다.

04 다음은 위험물안전관리법령에서 정하는 위험물의 운반기준이다. 다음 물질의 운반용기 내용적의 몇 % 이하의 수납율로 수납하여야 하는지 쓰시오.

① 과염소산　② 알킬알루미늄
③ 알킬리튬　④ 질산
⑤ 질산칼륨

해답 ① 98%　② 90%　③ 90%
　　　④ 98%　⑤ 95%

05 제3류 위험물에 대하여 다음 표의 빈칸에 품명과 지정수량을 쓰시오.

품명	지정수량
칼륨	①
나트륨	②
알킬리튬	③
④	10(kg)
⑤	20(kg)
알칼리금속(K, Na 제외) 및 알칼리토금속(Mg 제외)	⑥
유기금속화합물	⑦

해답 ① 10(kg)b　② 10(kg)
　　　③ 10(kg)　④ 알킬알루미늄
　　　⑤ 황린　⑥ 50(kg)　⑦ 50(kg)

06 에틸알코올을 저장하는 옥내저장탱크 2기가 있다. 다음 물음에 대하여 알맞은 답을 쓰시오.

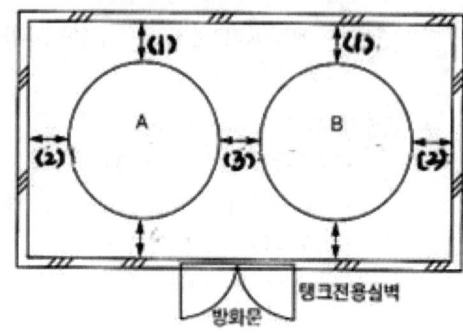

① (1)의 거리는 몇 m 이상으로 하는가?
② (2)의 거리는 몇 m 이상으로 하는가?
③ (3)의 거리는 몇 m 이상으로 하는가?
④ 옥내저장탱크의 용량은 몇 L이하로 하는가?

해답 ① 0.5　② 0.5　③ 0.5　④ 20,000

해설 위험물안전관리법 시행규칙 [별표7] I. 1호 라목
　라. 옥내저장탱크의 용량(동일한 탱크전용실에 옥내저장탱크를 2 이상 설치하는 경우에는 각 탱크의 용량의 합계를 말한다)은 지정수량의 40배(제4석유류 및 동식물유류 외의 제4류 위험물에 있어서 당해 수량이 20,000ℓ를 초과할 때에는 20,000ℓ) 이하일 것

07 제2류 위험물에 관한 정의이다. 다음 빈칸을 채우시오

> ① 황은 순도가 ( )중량퍼센트 이상인 것을 말한다. 이 경우 순도측정에 있어서 불순물은 활석 등 불연성 물질과 수분에 한한다.
> ② "철분"이라 함은 철의 분말로서 ( )μm의 표준체를 통과하는 것이 ( )중량%이상 인 것을 말한다.
> ③ "금속분"이라 함은 알칼리금속·알칼리토금속·철 및 마그네슘 외의 금속의 분말을 말하고, 구리분·니켈분 및 ( )μm 의 체를 통과하는 것이 ( )중량% 미만 인 것을 제외한다.

해답 ① 60 ② 53, 50 ③ 150, 50

08 위험물안전관리법령에 따른 압력수조를 이용한 가압송수장치에서 압력수조의 필요한 압력을 구하기 위한 공식이다. 괄호 안에 들어갈 내용을 골라 알파벳으로 쓰시오.

> P=( )+( )+( )+( )MPa
>
> A: 소방용 호스의 마찰손실수두[m]
> B: 배관의 마찰손실수두[m]
> C: 소방용 호스의 마찰손실수두압[MPa]
> D: 배관의 마찰손실수두압[MPa]
> E: 방수압력 환산수두[m]
> F: 낙차의 환산수두압[MPa]
> G: 낙차[m]
> H: 0.35[MPa]
> I: 35[m]

해답 C, D, F, H

해설 압력수조를 이용한 가압송수장치
$P = p_1 + p_2 + p_3 + 0.35\text{MPa}$
P : 필요한 압력(단위 MPa)
p_1 : 소방용호스의 마찰손실수두압(단위 MPa)
p_2 : 배관의 마찰손실수두압(단위 MPa)
p_3 : 낙차의 환산수두압(단위 MPa)

09 다음 [보기]에서 제4류 위험물의 지정수량 배수의 총합은 얼마인지 쓰시오.

> [보기]
> ① 특수인화물 : 200ℓ
> ② 제1석유류(수용성) : 400ℓ
> ③ 제2석유류(수용성) : 4,000ℓ
> ④ 제3석유류(수용성) : 12,000ℓ
> ⑤ 제4석유류 : 24,000ℓ

[계산과정]
[답]

해답 [계산과정]
제4류 위험물의 지정수량
- 특수인화물 : 50ℓ
- 제1석유류(수용성) : 400ℓ
- 제2석유류(수용성) : 2,000ℓ
- 제3석유류(수용성) : 4,000ℓ
- 제4석유류 : 6,000ℓ

지정수량 배수의 총합 = $\frac{200ℓ}{50ℓ} + \frac{400ℓ}{400ℓ}$
$+ \frac{4,000ℓ}{2,000ℓ} + \frac{12,000ℓ}{4,000ℓ} + \frac{240,000ℓ}{6,000ℓ}$
=14배
[답] 14배

10 다음 위험물의 위험등급 II에 해당하는 품명을 2가지씩 쓰시오.

> ① 제1류 위험물
> ② 제2류 위험물
> ③ 제4류 위험물

해답 ① 브로민산염류, 아이오딘산염류, 질산염류 중 2가지
② 황화인, 적린, 황 중 2가지
③ 제1석유류, 알코올류

해설 그 밖의 위험물의 위험등급Ⅱ의 품명
- 제3류 위험물 : 알칼리금속(칼륨 및 나트륨을 제외한다) 및 알칼리토금속, 유기금속화합물(알킬알루미늄 및 알킬리튬의 제외한다)
- 제5류 위험물 : 나이트로화합물, 나이트로소화합물, 아조화합물, 다이아조화합물, 하이드라진유도체, 하이드록실아민, 하이드록실아민염류
- 제6류 위험물 : 모두 위험등급Ⅰ이다.

11 제4류 위험물 에틸알코올에 대하여 다음 각 물음에 답하시오.

① 연소반응식을 쓰시오.
② 칼륨과의 반응에서 발생하는 기체를 화학식으로 쓰시오.
③ 구조이성질체로서 다이메틸에터의 시성식을 쓰시오.

해답 ① $C_2H_5OH + 3O_2 \rightarrow 2CO_2\uparrow + 3H_2O$
② H_2
③ CH_3OCH_3

해설
- 에틸알코올(C_2H_5OH)의 연소반응식
 $C_2H_5OH + 3O_2 \rightarrow 2CO_2\uparrow + 3H_2O$
 (에틸알코올) (산소)   (이산화탄소) (물)
- 칼륨(K)과 에틸알코올(C_2H_5OH)의 화학반응식
 $2K + 2C_2H_5OH \rightarrow 2C_2H_5OK + H_2\uparrow$
 (칼륨) (에틸알코올)   (칼륨에틸레이트) (수소)

12 위험물안전관리법령에 따른 옥내저장소에는 동일한 실에 위험물을 유별로 정리하여 서로 1m 이상의 간격을 두면 함께 저장할 수 있다. 다음 물질과 함께 저장할 수 있는 물질을 [보기]에서 골라 쓰시오.

[보기]
과염소산칼륨, 염소산칼륨, 과산화나트륨, 아세톤, 과염소산, 질산, 아세트산
① 질산메틸
② 인화성고체
③ 황린

해답 ① 과염소산칼륨, 염소산칼륨
② 아세톤, 아세트산
③ 과염소산칼륨, 염소산칼륨, 과산화나트륨

해설 유별을 달리하는 위험물을 동일한 저장소(옥내저장소, 옥외저장소)에 저장하지 아니하나, 다음의 경우에는 유별로 정리하여 저장하는 한편 1m 이상 간격을 두면 저장할 수 있다.
- 제1류 위험물과 제6류 위험물을 저장하는 경우
- 제1류 위험물과 제3류 위험물 중 자연발화성물질(황린 또는 이를 함유한 것에 한한다)을 저장하는 경우
- 제1류 위험물(알칼리금속의 과산화물 또는 이를 함유한 것을 제외한다)과 제5류 위험물을 저장하는 경우
- 제2류 위험물 중 인화성고체와 제4류 위험물을 저장하는 경우
- 제3류 위험물 중 알킬알루미늄등과 제4류 위험물(알킬알루미늄 또는 알킬리튬을 함유한 것에 한한다)을 저장하는 경우
- 제4류 위험물 중 유기과산화물 또는 이를 함유하는 것과 제5류 위험물 중 유

기과산화물 또는 이를 함유한 것을 저장하는 경우

13 다음 물음에 알맞은 답을 쓰시오.

> ① 안포화약을 제조하는 위험물의 화학식을 쓰시오.
> ② 이 위험물의 분해반응식을 쓰시오.

해답 ① NH_4NO_3
② $2NH_4NO_3 \xrightarrow{\Delta} 2N_2\uparrow + 4H_2O + O_2\uparrow$

해설 안포(ANFO)화약 : 질산암모늄(NH_4NO_3)과 경유의 혼합물
- 질산암모늄(NH_4NO_3)의 열분해반응식
  $2NH_4NO_3 \xrightarrow{\Delta} 2N_2\uparrow + 4H_2O + O_2\uparrow$
  (질산암모늄) (질소) (물) (산소)

14 위험물안전관리법령에서 정한 주유취급소에 대하여 다음 물음에 답하시오.

> ① 고정주유설비의 중심선을 기점으로 부지경계선까지의 거리를 쓰시오.
> ② 고정급유설비의 중심선을 기점으로 부지경계선까지의 거리를 쓰시오.
> ③ 고정주유설비의 중심선을 기점으로 도로경계선까지의 거리를 쓰시오.
> ④ 고정급유설비의 중심선을 기점으로 도로경계선까지의 거리를 쓰시오.
> ⑤ 고정주유설비의 중심선을 기점으로 개구부가 없는 벽까지의 거리를 쓰시오.

해답 ① 2m 이상 ② 1m 이상 ③ 4m 이상
④ 4m 이상 ⑤ 1m 이상

15 다음 [보기]에서 설명하는 제2류 위험물에 대한 설명 중 옳은 것의 번호를 쓰시오.

> [보기]
> ① 황화인, 적린, 황은 위험등급II이다.
> ② 대부분 비중이 1보다 작다.
> ③ 대부분 물에 녹는다.
> ④ 산화성물질이다.
> ⑤ 고형알코올의 지정수량은 1,000kg이고 품명은 알코올류이다.
> ⑥ 제2류 위험물의 지정수량은 100kg, 500kg, 1000kg순이다.
> ⑦ 제2류 위험물을 취급하는 제조소의 주의사항 게시판은 화기엄금과 화기주의 중 경우에 따라 한 개를 표기하여야 한다.

해답 ①, ⑥, ⑦

16 다음 제4류 위험물의 품명 및 지정수량을 쓰시오.

> ① HCN   ② $C_3H_5(OH)_3$
> ③ N_2H_4 ④ $C_2H_4(OH)_2$
> ⑤ CH_3COOH

해답 ① 제1석유류, 400ℓ ② 제3석유류, 4,000ℓ ③ 제2석유류, 2,000ℓ ④ 제3석유류, 4,000ℓ ⑤ 제2석유류, 2,000ℓ

해설
- HCN(사이안화수소): 제1석유류(수용성), 지정수량 400ℓ
- $C_3H_5(OH)_5$(글리세린): 제3석유류(수용성), 지정수량 4,000ℓ
- N_2H_5(하이드라진): 제2석유류(수용성), 지정수량 2,000ℓ
- $C_2H_4(OH)_2$(에틸렌글리콜): 제3석유류(수용성), 지정수량 4,000ℓ
- CH_3COOH(초산, 아세트산): 제2석유류(수용성), 지정수량 2,000ℓ

17 제4류 위험물 이황화탄소에 대하여 다음 물음에 답하시오.

> ① 연소반응식
> ② 품명
> ③ 철근콘크리트 수조의 두께

해답 ① $CS_2 + 3O_2 \rightarrow CO_2\uparrow + 2SO_2\uparrow$
② 특수인화물
③ 0.2m 이상

해설 • 이황화탄소(CS_2)의 연소반응식
$CS_2 + 3O_2 \rightarrow CO_2\uparrow + 2SO_2\uparrow$
(이황화탄소) (산소)　(이산화탄소) (이산화황·아황산가스)

18 제3류 위험물 나트륨의 소화방법으로 옳은 것을 [보기]에서 모두 골라 번호를 쓰시오.

> [보기]
> ① 팽창질석　② 마른모래
> ③ 포소화설비　④ 이산화탄소소화설비
> ⑤ 인산염류소화설비

해답 ① ②

해설 제3류 위험물 나트륨의 화재는 금속화재로 적응 소화방법은 마른모래(건조사), 팽창질석, 팽창진주암, 탄산수소염류분말을 소화약제로 사용한다.

19 인화칼슘에 대하여 다음 물음에 답하시오.

> ① 위험물의 류별
> ② 지정수량
> ③ 물과의 화학반응식
> ④ 물과 반응시 생성되는 유독가스의 명칭을 쓰시오.

해답 ① 제3류 위험물
② 300kg
③ $Ca_3P_2 + 6H_2O \rightarrow 3Ca(OH)_2 + 2PH_3\uparrow$
④ 포스핀 또는 인화수소

해설 • 인화칼슘(Ca_3P_2)과 물(H_2O)의 반응식
$Ca_3P_2 + 6H_2O \rightarrow 3Ca(OH)_2 + 2PH_3\uparrow$
(인화칼슘)　(물)　(수산화칼슘) (인화수소·포스핀)

20 다음 [보기]의 물질이 물과 반응할 때 생성되는 기체의 몰수를 구하시오.

> [보기]
> ① 과산화나트륨 78g　② 수소화칼슘 42g

[계산과정]
[답]

해답 ① [계산과정]
과산화나트륨(Na_2O_2)의 1g분자량 :
$23 \times 2 + 16 \times 2 = 78g$
$Na_2O_2 + H_2O \rightarrow 2NaOH + \dfrac{1}{2}O_2\uparrow$
[답] $\dfrac{1}{2}$ 또는 0.5몰

② [계산과정]
수소화칼슘(CaH_2)의 1g분자량 :
$40 + 2 = 42g$
$CaH_2 + 2H_2O \rightarrow Ca(OH)_2 + 2H_2\uparrow$
[답] 2몰

해설 • 과산화나트륨(Na_2O_2)과 물(H_2O)과의 반응식
$2Na_2O_2 + 2H_2O \rightarrow 4NaOH + O_2\uparrow$
(과산화나트륨) (물)　(수산화나트륨) (산소)

• 수소화칼슘(CaH_2)과 물(H_2O)의 반응식
$CaH_2 + 2H_2O \rightarrow Ca(OH)_2 + 2H_2\uparrow$
(수소화칼슘)　(물)　(수산화칼슘) (수소)

2021년 4월 24일 시행

모든 계산문제는 소수 3째자리까지 계산하고 반올림하여 소수 2째 자리를 답으로 합니다.

01 다음 물음에 답하시오.

① 제조소, 저장소, 취급소를 무엇이라 하는가?
② 옥내저장소, 옥외저장소, 지하탱크저장소, 암반탱크저장소, 이동탱크저장소, 옥내탱크저장소, 옥외탱크저장소 중 빠진 저장소의 명칭
③ 안전관리자를 선임할 필요 없는 저장소의 종류
④ 주유취급소, 일반취급소, 판매취급소 중 빠진 취급소의 명칭
⑤ 이동저장탱크에 액체위험물을 주입하는 일반취급소의 명칭

해답
① 제조소등
② 간이탱크저장소
③ 이동탱크저장소
④ 이송취급소
⑤ 충전하는 일반취급소

참고
- 위험물 저장소의 명칭
  옥내저장소, 옥외저장소, 옥내탱크저장소, 옥외탱크저장소, 지하탱크저장소, 이동탱크저장소, 간이탱크저장소, 암반탱크저장소
- 위험물 취급소의 명칭
  주유취급소, 판매취급소, 일반취급소, 이송취급소

02 다음 물음에 답하시오.

① 마그네슘과 이산화탄소의 반응식
② 마그네슘이 이산화탄소소화약제로 소화가 안되는 이유

해답
① $2Mg + CO_2 \rightarrow 2MgO + C$
② 폭발하므로

참고
- 마그네슘(Mg)과 이산화탄소(CO_2)의 폭발반응식
  $2Mg + CO_2 \rightarrow 2MgO + C$
  (마그네슘) (이산화탄소) (산화마그네슘) (탄소)

03 지름 10m, 높이 4m인 종형 원통형 탱크의 내용적을 구하시오.

[계산과정]
[답]

해답 [계산과정]
내용적(V) = $\pi r^2 \ell$에서 V=$\pi \times 5^2 \times 4$
= 314.159m^3
[답] 314.16m^3

04 제5류 위험물 중 지정수량이 100kg인 품명 3가지를 쓰시오.

해답 나이트로화합물, 나이트로소화합물, 아조화합물

참고
- 지정수량이 10kg인 품명
  질산에스터류, 유기과산화물
- 지정수량이 100kg인 품명
  나이트로화합물, 나이트로소화합물, 아조화합물, 다이아조화합물, 하이드라진유도체
- 지정수량이 100kg인 품명
  하이드록실아민, 하이드록실아민염류

05 다음 소화약제의 1차 열분해반응식을 쓰시오.

① 제1종 분말소화약제
② 제2종 분말소화약제

해답 ① $2NaHCO_3 \rightarrow Na_2CO_3 + CO_2\uparrow + H_2O$
② $2KHCO_3 \rightarrow K_2CO_2 + CO_2\uparrow + H_2O$

참고 • 제1종 분말($NaHCO_3$)의 열분해반응식
$2NaHCO_3 \xrightarrow{\Delta} Na_2CO_3 + CO_2\uparrow + H_2O$
(탄산수소나트륨) (탄산나트륨) (이산화탄소) (물)

• 제2종 분말소화약제($KHCO_3$)의 열분해 반응식
$2KHCO_3 \xrightarrow{\Delta} K_2CO_3 + CO_2\uparrow + H_2O$
(탄산수소칼륨) (탄산칼륨) (이산화탄소) (물)

06 다음 물음에 답하시오.

① 메테인올의 연소반응식
② 1몰 메테인올 연소 시 생성되는 물질의 몰수
[계산과정]
[답]

해답 ① $2CH_3OH + 3O_2 \rightarrow 2CO_2\uparrow + 4H_2O$
② [계산과정]
$CH_3OH + 1.5O_2 \rightarrow CO_2\uparrow + 2H_2O$에서
CO_2 1몰 + H_2O 2몰 = 3몰
[답] 3몰

참고 • 메틸알코올(CH_3OH)의 연소반응식
$2CH_3OH + 3O_2 \rightarrow 2CO_2\uparrow + 4H_2O$
(메틸알코올) (산소) (이산화탄소) (물)

07 다음 위험물의 운반용기 외부의 주의사항을 쓰시오.

① 황린
② 인화성고체
③ 과산화나트륨

해답 ① 화기엄금, 공기접촉엄금
② 화기엄금
③ 화기충격주의, 가연물접촉주의, 물기엄금

참고 수납하는 위험물에 따라 다음의 규정에 의한 주의사항 표시
① 제1류 위험물 : 화기·충격주의, 가연물 접촉주의
- 알칼리금속의 과산화물 또는 이를 함유하는 것 : 화기·충격주의, 가연물 접촉주의, 물기엄금
② 제2류 위험물 : 화기주의
- 철분, 금속분, 마그네슘 또는 이를 함유하는 것 : 화기주의, 물기엄금
- 인화성고체: 화기엄금
③ 제3류 위험물
- 금수성물질: 물기엄금
- 자연발화성물질: 화기엄금, 공기접촉엄금
④ 제4류 위험물 : 화기엄금
⑤ 제5류 위험물 : 화기엄금, 충격주의
⑥ 제6류 위험물 : 가연물 접촉주의

08 다음 보기 중 제4류 위험물의 지정수량이 옳은 것을 모두 고르시오.

① 테레핀유 : 2,000ℓ
② 실린더유 : 6,000ℓ
③ 아닐린 : 2,000ℓ
④ 피리딘 : 400ℓ
⑤ 산화프로필렌 : 200ℓ

해답 ②, ③, ④

참고 테레핀유(제2석유류 비수용성) : 1,000ℓ
산화프로필렌(특수인화물) : 50ℓ

09 다음의 정의를 쓰시오.

① 인화성고체
② 철분

해답 ① 고형알코올 그 밖의 1기압에서 인화점이 40도씨 미만인 고체
② 철의 분말로서 53마이크로미터의 표준체를 통과하는 것이 50중량% 미만인 것을 제외

10 다음 물음에 답하시오.

① 탄화칼슘과 물과의 반응식
② ①에서 물과 반응으로 생성되는 기체의 연소반응식

해답 ① $CaC_2 + 2H_2O \rightarrow Ca(OH)_2 + C_2H_2\uparrow$
② $2C_2H_2 + 5O_2 \rightarrow 4CO_2\uparrow + 2H_2O$

참고 • 탄화칼슘(CaC_2)과 물(H_2O)의 반응식
$CaC_2 + 2H_2O \rightarrow Ca(OH)_2 + C_2H_2\uparrow$
(탄화칼슘) (물) (수산화칼슘) (아세틸렌)

• 아세틸렌(C_2H_2)의 연소반응식
$2C_2H_2 + 5O_2 \rightarrow 4CO_2\uparrow + 2H_2O$
(아세틸렌) (산소) (이산화탄소) (물)

11 과산화수소는 이산화망가니즈을 촉매로 사용하면 급격히 분해 된다. 다음 물음에 답하시오.

① 반응식
② 발생기체의 명칭

해답 ① $2H_2O_2 \xrightarrow[\Delta]{MnO_2} 2H_2O + O_2\uparrow$
② 산소

참고 • 과산화수소(H_2O_2)와 이산화망가니즈(MnO_2) 정촉매와 반응식
$2H_2O_2 \xrightarrow[\Delta]{MnO_2} 2H_2O + O_2\uparrow$
(과산화수소) (물) (산소)

12 다음 보기에 해당하는 물질에 대해 답하시오.

[보기]
- 아이소프로필알코올 산화시켜 만든다.
- 제1석유류에 속한다.
- 아이오도폼 반응을 한다.

① 물질의 명칭
② 아이오도폼의 화학식
③ 아이오도폼의 색상

해답 ① 아세톤 ② CHI_3 ③ 황색

참고 • 아세톤(CH_3COCH_3)의 제법
$(CH_3)_2CHOH \xrightarrow[+[O]]{가열된 CuO} CH_3COCH_3 + H_2O$
(아이소프로필알코올) (아세톤) (물)

13 다음 알코올류의 정의에 대하여 ( )안을 알맞은 말을 쓰시오.

① 위험물안전관리법상 알코올류는 탄소의 수가 1부터 ( )개까지의 포화1가 알코올(변성알코올 포함)을 의미한다.
② 알코올의 농도(함량)가 ( )중량% 미만인 수용액
③ 가연성 액체량이 60중량% 미만이고 인화점 및 연소점이 에틸알코올 ( )중량%인 수용액의 인화점 및 연소점을 초과하는 것

해답 ① 3, ② 60, ③ 60

참고 위험물안전관리법 시행령 [별표 1] 위험물 및 지정수량 비고
"알코올류"라 함은 1분자를 구성하는 탄소원자의 수가 1개부터 3개까지인 포화1가 알코올(변성알코올을 포함한다)을 말한다. 다만, 다음 각목의 1에 해당하는 것은 제외한다.
가. 1분자를 구성하는 탄소원자의 수가 1개 내지 3개의 포화1가 알코올의 함유량이 60중량퍼센트 미만인 수용액
나. 가연성액체량이 60중량퍼센트 미만이고 인화점 및 연소점(태그개방식인화점측정기에 의한 연소점을 말한다. 이하 같다)이 에틸알코올 60중량퍼센트 수용액의 인화점 및 연소점을 초과하는 것

14 제1류 위험물인 질산암모늄에 대하여 다음 물음에 답하시오.

① 질소의 wt%
[계산과정]
[답]

② 수소의 wt%
[계산과정]
[답]

해답 ① 질소의 wt%
[계산과정]
질산암모늄(NH_4NO_3)의 분자량 : $14 \times 2 + 4 + 16 \times 3 = 80$
NH_4NO_3에서 각성분의 중량% = $\dfrac{\text{각 성문의 질량}}{\text{질산암모늄의 분자량}} \times 100$
질소의 wt% = $\dfrac{28}{80} \times 100 = 35 wt\%$
[답] 35wt%

② 수소의 wt%
[계산과정]
수소의 wt% = $\dfrac{4}{80} \times 100 = 5 wt\%$
[답] 5wt%

15 다음 배출설비에 대하여 ( )안에 알맞은 말을 쓰시오.

① 국소방식은 시간당 배출장소 용적의 ( )배 이상으로 하고 전역방식은 바닥면적 1m² 당 ( )m³ 이상으로 한다.

② 배출구는 지상 ( )m 이상으로서 연소의 우려가 없는 장소에 설치하고, ( )가 관통하는 벽부분의 바로 가까이에 화재시 자동으로 폐쇄되는 ( )를 설치할 것

해답 ① 20, 18   ② 2, 배출덕트, 방화댐퍼

16 지정과산화물 옥내저장소에 대하여 다음 ( ) 안에 알맞은 말을 쓰시오.

① 격벽은 바닥면적 ( )m² 마다 구획할 것
② 철근콘크리트조로 된 격벽 두께 : ( )cm
③ 보강콘크리트블록조 된 격벽 두께 : ( )cm
④ 외벽으로부터의 돌출길이 : ( )m
⑤ 지붕으로부터의 돌출길이 : ( )cm

해답 ① 150 ② 30 ③ 40 ④ 1 ⑤ 50

17 다음 ( )안에 알맞은 말을 쓰시오.

① ( )등을 취급하는 제조소의 설비
  ㉠ 불활성기체 봉입장치를 갖추어야 한다.
  ㉡ 누설된 ( )등을 안전한 장소에 설치된 저장실에 유입시킬 수 있는 설비를 갖추어야 한다.

② ( )등을 취급하는 제조소의 설비
  ㉠ 은, 수은, 구리(동), 마그네슘을 성분으로 하는 합금으로 만들지 아니한다.
  ㉡ 연소성 혼합기체의 폭발을 방지하기 위한 불활성기체 또는 수증기 봉입장치를 갖추어야 한다.
  ㉢ 저장하는 탱크에는 냉각장치 또는 보냉장치 및 불활성기체 봉입장치를 갖추어야 한다.

③ ( )등을 취급하는 제조소의 설비
  ㉠ ( )등의 온도 및 농도의 상승에 따른 위험한 반응을 방지하기 위한 조치를 강구한다.
  ㉡ 철, 이온 등의 혼입에 따른 위험한 반응을 방지하기 위한 조치를 강구한다.

해답 ① 알킬알루미늄
② 아세트알데하이드
③ 하이드록실아민

18 이황화탄소 5kg이 모두 증기로 변했을 때 1기압, 50℃에서 부피를 구하시오.

[계산과정]

[답]

해답 [계산과정]

$$PV = \frac{WRT}{M} \text{에서 } V = \frac{WRT}{M}$$

이황화탄소(CS_2)의 부피(V)

$$V = \frac{5 \times 0.082 \times (50+273)}{1 \times 76} = 1.742 m^3$$

[답] $1.74 m^3$

V(이황화탄소의 부피) : ?m^3
W(이황화탄소의 질량) : 5kg
R(기체상수): 0.082atm·m^3/kmol·K
T(절대온도): (50℃+273)K,
P(압력):1atm,
M[이황화탄소(CS_2)1kg 분자량] :
12+32×2 = 76kg/kmol

19 다음 보기 중 소화난이도등급 Ⅰ에 해당하는 것의 번호를 쓰시오..

① 질산 60,000kg을 저장하는 옥외탱크저장소
② 과산화수소를 저장하는 액표면적이 40m^2인 옥외탱크저장소
③ 이황화탄소 500ℓ 저장하는 옥외탱크저장소
④ 황 14,000kg을 저장하는 지중탱크
⑤ 휘발유 100,000ℓ를 저장하는 해상탱크

해답 ④, ⑤

참고
- 질산(HNO_3)과 과산화수소(H_2O_2)는 제6류 위험물(산화성액체)에 해당하므로 소화난이도 Ⅰ등급에 포함되지 않는다.
- 이황화탄소(CS_2)는 500ℓ는 지정수량이 10배이므로 소화난이도 Ⅰ등급에 해당되지 않는다.
- 황 14,000kg은 지정수량이 140배이므로 100배 이상에 해당하므로 소화난이도 Ⅰ등급에 해당된다.(지중탱크포함)
- 휘발유 100,000ℓ는 지정수량이 500배이므로 저장하는 해상탱크는 소화난이도 Ⅰ등급에 해당된다.

20 제4류 위험물을 취급하는 제조소 또는 일반취급소에 두는 자체소방대의 화학소방자동차의 대수와 자체소방대원의 수를 쓰시오.

① 지정수량 3천배이상 12만배 미만
② 지정수량 12만배 이상 24만배 미만
③ 지정수량 24만배 이상 48만배 미만
④ 지정수량 48만배 이상

해답 ① 1대, 5인 ② 2대, 10인 ③ 3대, 15인
④ 4대, 20인

참고 자체소방대에 두는 화학소방자동차 및 인원 (요약)

사업소의 구분(제4류 위험물을 취급하는 제조소 또는 일반취급소)	화학 소방자동차	자체소방대원의 수
지정수량 3천배 이상 12만배 미만인 사업소	1대	5인
지정수량12만배 이상 24만배 미만 미만인 사업소	2대	10인
지정수량24만배 이상 48만배 미만 미만인 사업소	3대	15인
지정수량48만배 이상 미만인 사업소	4대	20인
옥외탱크저장소에 저장하는 제4류 위험물의 최대수량이 지정수량 50만배 이상인 사업소	2대	10인

2021년 7월 10일 시행

모든 계산문제는 소수 3째자리까지 계산하고 반올림하여 소수 2째 자리를 답으로 합니다.

01
옥외저장탱크와 옥내저장탱크, 지하저장탱크에 다음 위험물을 저장할 경우 저장온도를 쓰시오.

① 압력탱크에 저장하는 다이에틸에터의 저장온도
② 압력탱크에 저장하는 아세트알데하이드의 저장온도
③ 압력탱크외의 탱크에 저장하는 다이에틸에터의 저장온도
④ 압력탱크외의 탱크에 저장하는 산화프로필렌의 저장온도
⑤ 압력탱크외의 탱크에 저장하는 아세트알데하이드의 저장온도

해답 ① 40℃이하 ② 40℃이하 ③ 30℃이하 ④ 30℃이하 ⑤ 15℃이하

해설 위험물안전관리법 시행규칙 [별표 18]Ⅲ. 21호 사목 및 아목
사. 옥외저장탱크·옥내저장탱크 또는 지하저장탱크 중 압력탱크 외의 탱크에 저장하는 다이에틸에터 등 또는 아세트알데하이드 등의 온도는 산화프로필렌과 이를 함유한 것 또는 다이에틸에터 등에 있어서는 30℃ 이하로, 아세트알데하이드 또는 이를 함유한 것에 있어서는 15℃ 이하로 각각 유지할 것
아. 옥외저장탱크·옥내저장탱크 또는 지하저장탱크 중 압력탱크에 저장하는 아세트알데하이드 등 또는 다이에틸에터 등의 온도는 40℃ 이하로 유지할 것

02
옥외탱크저장소에서 위험물을 저장하는 최대수량에 대한 보유공지의 너비에 대하여 답하시오..

① 지정수량의 500배 이하
② 지정수량의 500배 초과 1,000배 이하
③ 지정수량의 1,000배 초과 2,000배 이하
④ 지정수량의 2,000배 초과 3,000배 이하
⑤ 지정수량의 3,000배 초과 4,000배 이하

해답 ① 3m 이상 ② 5m 이상 ③ 9m 이상 ④ 12m 이상 ⑤ 15m 이상

해설 • 옥외탱크저장소의 보유공지

위험물의 최대 수량	보유공지의 너비
지정수량의 500배 이하	3m 이상
지정수량의 500배 초과 1,000배 이하	5m 이상
지정수량의 1,000배 초과 2,000배 이하	9m 이상
지정수량의 2,000배 초과 3,000배 이하	12m 이상
지정수량의 3,000배 초과 4,000배 이하	15m 이상
지정수량의 4,000배 초과	• 당해 탱크의 수평단면의 최대 지름(횡형인 경우에는 긴변)과 높이중 큰 것과 같은 거리 이상 • 30m를 초과하는 경우 30m 이상으로 할 수 있고 15m 미만일 경우에는 15m 이상으로 하여야 한다.

03 비중이 1.51이며 농도가 98wt%인 질산 100ml를 비중 1.41이며 농도 68wt%로 만들기 위하여 필요한 물의 질량(g)을 구하시오.

해답 [계산과정]
a : 높은 농도의 %, b : 낮은 농도의 %,
c : 중간 농도의 %
a = c−b 68−0
c에서
b = a−c 98−68
68−0과 98−68은 중간 농도를 만들기 위한 높은 농도와 물의 질량비이다.
68 : 1.51 × 100 =
98−68 : x
필요한 물의 질량(x) =
$\frac{(98-68) \times (100 \times 1.51)}{68}$ = 66.617g
[답] 66.62g

04 다음 보기 중 HCl과 반응하여 제6류 위험물을 발생시키는 물질을 하나 골라 물과의 반응식을 쓰시오.

[보기]
Na_2O_2, $KMnO_4$, Mg

해답 $2Na_2O_2 + 2H_2O \rightarrow 4NaOH + O_2\uparrow$

해설 • 과산화나트륨(Na_2O_2)과 염산(HCl)과 반응시 제6류 위험물인 과산화수소(H_2O_2)를 발생한다.
$Na_2O_2 + 2HCl \rightarrow 2NaCl + H_2O_2$
(과산화나트륨) (염산) (염화나트륨)(과산화수소)

• 과산화나트륨(Na_2O_2)과 물(H_2O)과의 반응식
$2Na_2O_2 + 2H_2O \rightarrow 4NaOH + O_2\uparrow$
(과산화나트륨) (물) (수산화나트륨)(산소)

05 제3류 위험물 중 칼륨에 대하여 다음 물음에 답하시오.
① 물과의 반응식
② 이산화탄소와의 반응식
③ 에틸알코올과의 반응식

해답 ① $2K + 2H_2O \rightarrow 2KOH + H_2\uparrow$
② $4K + 3CO_2 \rightarrow 2K_2CO_3 + C$
③ $2K + 2C_2H_5OH \rightarrow 2C_2H_5OK + H_2\uparrow$

해설 • 칼륨(K)과 물(H_2O)의 화학반응식
$2K + 2H_2O \rightarrow 2KOH + H_2\uparrow$
(칼륨) (물) (수산화칼륨) (수소)

• 칼륨(K)과 이산화탄소(CO_2)의 폭발반응식
$4K + 3CO_2 \rightarrow 2K_2CO_3 + C$
(칼륨) (이산화탄소) (탄산칼륨) (탄소)

• 칼륨(K)과 에틸알코올(C_2H_5OH)의 화학반응식
$2K + 2C_2H_5OH \rightarrow 2C_2H_5OK + H_2\uparrow$
(칼륨) (에틸알코올) (칼륨에틸레이트) (수소)

06 다음의 보기는 정전기 축적에 의한 사고를 방지하기 위한 방법이다. 괄호안의 물질명과 지정수량을 쓰시오.

[보기]
( ) · ( ) 그 밖에 정전기에 의한 재해발생의 우려가 있는 액체의 위험물을 이동저장탱크의 상부로 주입하는 때에는 주입관을 사용하되, 당해 주입관의 선단을 이동저장탱크이 밑바닥에 밀착할 것.

① 괄호안의 물질명과 지정수량을 쓰시오.
② ①에 쓴답중 방향족이고 겨울에 고체가 될 수 있으나 인화점이 낮아 고체상태에서도 인화하는 물질의 구조식을 쓰시오.

해답 ① 휘발유 : 200ℓ, 벤젠 : 200ℓ
②

해설 벤젠(C_6H_6)은 방향족 탄화수소화합물이며 인화점이 -11°C이고 융점이 5.5°C이므로 겨울철에는 고체상태이며 가연성 증기를 발생하므로 겨울철에는 각별히 취급에 주의하여야 한다.

07 특수인화물중 물속에 저장하는 물질에 대하여 다음 물음에 답하시오.

① 연소시 발생하는 유독기체의 화학식
② 증기비중
   [계산과정]
   [답]
③ 옥외탱크저장소의 탱크전용 수조의 철근콘크리트의 두께를 쓰시오.

해답 ① SO_2
② [계산과정]
   이황화탄소(CS_2)의 분자량 : $12+32\times 2 = 76$
   증기비중 $= \dfrac{76}{29} = 2.620$
   [답] 2.62
③ 0.2m 이상

해설 • 이황화탄소(CS_2)의 연소반응식
$CS_2 + 3O_2 \rightarrow CO_2\uparrow + 2SO_2\uparrow$
(이황화탄소) (산소)   (이산화탄소)(이산화황·아황산가스)

08 메틸알코올 320g이 완전 산화하여 포름알데하이드와 물을 발생한다. 다음 물음에 답하시오.

① 포름알데하이드의 구조식을 쓰시오.
② 생성된 포름알데하이드의 질량을 구하시오.
   [계산과정]
   [답]

해답 ①
$$\begin{array}{c} \quad\ O \\ \quad\ \| \\ H-C-H \end{array}$$
② [계산과정]
$CH_3OH+[O] = \dfrac{1차산화}{[O]} + HCOH + H_2O$
CH_3OH의 1g 분자량 :
$12+4+16=32g/mol$
$HCHO$의 1g 분자량 :
$2+12+16=30g/mol$
$32g : 30g = 320g : X$
$X = 300g$
[답] 300g

09 아세톤 200g을 완전연소 시켰다. 다음 물음에 답하시오. (단, 표준상태이며, 공기중의 산소의 농도는 21vol% 이다.)

① 공기중에서 연소반응식을 쓰시오.
② 연소 할 때 필요한 공기의 부피를 구하시오.
   [계산과정]
   [답]
③ 연소시 발생한 이산화탄소의 부피를 구하시오.
   [계산과정]
   [답]

해답 ① $CH_3COCH_3 + 4O_2 \rightarrow 3CO_2\uparrow + 3H_2O$
② [계산과정]
아세톤(CH_3COCH_3)의 1g분자량: 58g/mol
공기의 부피 = 산소의 양 $\times \dfrac{1}{0.21}$
$PV = \dfrac{WRT}{M}$ 에서 $V = \dfrac{WRT}{PM}$ 이므로
$V = \dfrac{WRT}{M} \times 4 \times \dfrac{1}{0.21} =$
$\dfrac{200\times 0.082\times 273}{1\times 58} \times 4 \times \dfrac{1}{0.21}$
$= 1,470.344 ℓ$
[답] 1,470.34ℓ

③ [계산과정]
이산화탄소의 부피
$$V = \frac{WRT}{M} \times 3$$
$$= \frac{200 \times 0.082 \times 273}{1 \times 58} \times 3 = 231.579 \ell$$
[답] 231.58 ℓ

해설 • 아세톤(CH_3COCH_3)의 완전연소 반응식
$$CH_3COCH_3 + 4O_2 \rightarrow 3CO_2\uparrow + 3H_2O$$
　　(아세톤)　　(산소)　(이산화탄소)　(물)

10 다음 보기의 위험물에 대하여 다음 물음에 답하시오.

[보기]
메틸알코올, 아세톤, 클로로벤젠,
메틸에틸케톤, 아닐린

① 인화점이 가장 낮은 물질을 쓰시오.
② 인화점이 가장 낮은 물질의 구조식을 쓰시오.
③ 보기의 물질중 제1석유류를 모두 쓰시오.

해답 ① 아세톤

②
```
    H   O   H
    |   ||  |
H - C - C - C - H
    |       |
    H       H
```

③ 아세톤, 메틸에틸케톤

해설 위험물의 인화점
• 메틸알코올(CH_3OH) : 11℃ (알코올류)
• 아세톤(CH_3COCH_3) : -18℃ (제1석유류)
• 클로로벤젠(C_6H_5Cl) : 32℃ (제2석유류)
• 메틸에틸케톤($CH_3COC_2H_5$) : -1℃ (제1석유류)
• 아닐린($C_6H_5NH_2$) : 75℃ (제3석유류)

11 제3류 위험물중 발화점이 34℃이며 제2류 위험물에 동소체가 있는 물질에 대하여 다음 물음에 답하시오.

① 위험등급
② 연소반응식
③ 옥내저장소에 저장할 경우 최대 바닥면적(m^2)을 쓰시오.

해답 ① I 등급
② $P_4 + 5O_2 \rightarrow 2P_2O_5$
③ 1,000m^2 이하

해설 • 황린(P_4)의 연소반응식
$$P_4 + 5O_2 \rightarrow 2P_2O_5$$
　(황린)　(산소)　　(오산화인)

• 황린(P_4)은 위험등급 I 에 해당하므로 바닥면적은 1,000m^2 이하로 하여야 한다.
위험물안전관리법 시행규칙 [별표 5] 옥내저장소의 위치·구조 및 설비의 기준 I. 6호 가목 내지 다목 (요약)

• 옥내저장소의 바닥면적
  - 위험등급: I 등급(제4류 II 등급 포함) : 1,000m^2 이하
  - 위험등급: II 등급(제4류 II 등급 제외) 및 III 등급: 2,000m^2 이하
  - 위험등급: I 등급+위험등급: II 등급 (III 등급포함): 1,500m^2 이하
  (단, I 등급과 II 등급의 실은 내화구조로 된 격벽을 설치하고 I 등급실의 면적은 500m^2 이하일것)

12 지정과산화물을 저장하는 옥내저장소에 대하여 다음 물음에 답시오.

① 지정과산화물의 위험등급을 쓰시오.
② 지정과산화물 저장창고의 바닥면적을 쓰시오.
③ 지정과산화물 저장창고 외벽이 철근콘크리트일 경우와 보강콘크리트블럭일 경우 두께를 모두 쓰시오.

해답 ① Ⅰ등급
② 1,000m² 이하
③ 철근콘크리트조: 20cm이상, 보강콘크리트블록조 : 30cm이상의

해설 위험물 안전관리법 시행규칙 [별표 5] Ⅷ. 2호. 다목 1) 2)
1) 저장창고는 150m² 이내마다 격벽으로 완전하게 구획할 것. 이 경우 당해 격벽은 두께 30㎝ 이상의 철근콘크리트조 또는 철골철근콘크리트조로 하거나 두께 40㎝ 이상의 보강콘크리트블록조로 하고, 당해 저장창고의 양측의 외벽으로부터 1m 이상, 상부의 지붕으로부터 50㎝ 이상 돌출하게 하여야 한다.
2) 저장창고의 외벽은 두께 20㎝ 이상의 철근콘크리트조나 철골철근콘크리트조 또는 두께 30㎝ 이상의 보강콘크리트블록조로 할 것

13 다음 위험물의 운송시 혼재할 수 없는 위험물의 유별을 모두 쓰시오.

① 제1류 위험물:
② 제2류 위험물:
③ 제3류 위험물:
④ 제4류 위험물:
⑤ 제5류 위험물:

해답 ① 제2류, 제3류, 제4류, 제5류
② 제1류, 제3류, 제6류
③ 제1류, 제2류, 제5류, 제6류
④ 제1류, 제6류
⑤ 제1류, 제3류, 제6류

해설 위험물안전관리법 시행규칙 [별표 19]위험물의 운반에 관한 기준 부표2
유별을 달리하는 위험물의 혼재기준
※ (암기법 : ㉔이삼, ㉔이사, ㉓하나)

위험물의 구분	제1류	제2류	제3류	제4류	제5류	제6류
제1류		×	×	×	×	○
제2류	×		×	○	○	×
제3류	×	×		○	×	×
제4류	×	○	○		○	×
제5류	×	○	×	○		×
제6류	○	×	×	×	×	

"×"표시는 혼재할 수 없음을 표시한다.
"○"표시는 혼재할 수 있음을 표시한다.
이 표는 지정수량의 $\frac{1}{10}$ 이하의 위험물에 대하여는 적용하지 아니한다.

14 옥외저장소에서 30,000kg의 덩어리 상태이 황을 바닥 면적 300m²에 저장하고 있다. 다음 물음에 답하시오.

① 경계표시의 개수
[계산과정]
[답]
② 경계표시와 경계표시와의 간격
[계산과정]
[답]
③ 제4류 위험물중 인화점 0℃미만의 위험물과 함께 저장 가능한지를 쓰시오.

해답 ① [계산과정]

경계표시의 개수 = $\frac{300m^2}{100m^2}$ = 3개

경계표시 하나의 면적은 $100m^2$ 이하이며 상호간의 간격을 고려하면 2개가 된다.

[답] 2개

② [계산과정]

저장하는 황의 지정수량의 배수 = $\frac{30,000kg}{100kg}$ = 300배

지정수량 200배 이상이면 상호간격 10m이상

[답] 10m 이상

③ 저장불가

해설 위험물안전관리법 시행규칙 [별표 11]

Ⅰ. 2호 나목
- 경계표시 상호간의 간격
  인접하는 경계표시와 경계표시와의 간격은 보유공지의 너비의 2분의 1 이상으로 할 것. 다만, 저장 또는 취급하는 위험물의 최대수량이 지정수량의 200배 이상인 경우에는 10m 이상으로 하여야 한다.

15 다음 보기에 해당하는 소화의 종류를 쓰시오.

① 소화방법의 종류 4가지를 쓰시오.

② 증발잠열을 이용하여 연소물의 열을 빼앗아 소화하는 소화방법의 명칭을 쓰시오.

③ 가연성가스 용기의 밸브를 폐쇄하여 소화하는 소화방법의 명칭을 쓰시오.

④ 불활성기스를 방사하여 소화하는 소화방법의 명칭을 쓰시오.

해답 ① 제거소화, 질식소화, 냉각소화, 억제소화

② 냉각소화

③ 제거소화

④ 질식소화

16 제조소에 설치하는 옥내소화전설비에 대하여 다음 물음에 답하시오.

① 소방대상물과 소화전 호스접속구 까지의 수평거리를 쓰시오.

② 수원의 양은 소화전의 개수에 몇 m3 를 곱한양 이상으로 하는지 쓰시오.

③ 소화전 노즐 선단에서의 방출압력은 몇 kPa이상으로 하는지 쓰시오.

④ 소화전의 노즐 선단에서의 방수량은 몇 ℓ/min이상으로 하는지 쓰시오.

해답 ① 25m이하 ② 7.8m3 ③ 350kpa이상 ④ 260ℓ/min이상

17 다음 물질이 연소반응식을 쓰시오.

① 오황화인

② 마그네슘

③ 알루미늄

해답 ① $2P_2S_5 + 15O_2 \rightarrow 2P_2O_5 + 10SO_2\uparrow$

② $2Mg + O_2 \rightarrow 2MgO$

③ $4Al + 3O_2 \rightarrow 2Al_2O_3$

해설
- 오황화인(P_2S_5)의 연소반응식

  $2P_2S_5 + 15O_2 \rightarrow 2P_2O_5 + 10SO_2\uparrow$
  (오황화인) (산소)   (오산화인) (이산화황)

- 마그네슘의 연소반응식

  $2Mg + O_2 \rightarrow 2MgO$
  (마그네슘) (산소) (산화마그네슘)

- 알루미늄(Al)분의 연소반응

  $4Al + 3O_2 \rightarrow 2Al_2O_3$
  (알루미늄) (산소) (산화알루미늄)

18 질산암모늄 800g이 1기압 600°C에서 분해할 때 발생하는 기체의 부피를 쓰시오.

[계산과정]

[답]

해답 [계산과정]
질산암모늄(NH_4NO_3)의 1g분자량(1mol)
: $14 \times 2 + 4 + 16 \times 3 = 80$ g/mol
$NH_4NO_3 \rightarrow N_2\uparrow + 0.5O_2\uparrow + 2H_2O$
$PV = $ 에서 $V = $ 이므로
발생기체의 부피 $V = \times 3.5$
$V = \times 3.5 = 2,505.51 \ell$
[답] $2,505.51 \ell$

19 다음 괄호안에 알맞은 말을 쓰시오.

- 제3류 위험물 중 자연발화성물질에 있어서는 불티·불꽃 또는 고온체와의 접근·과열 또는 (①)와의 접촉을 피하고, 금수성물질에 있어서는 물과의 접촉을 피하여야 한다.
- (②) 위험물은 불티·불꽃·고온체와의 접근이나 과열·충격 또는 마찰을 피하여야 한다.
- 제2류 위험물은 산화제와의 접촉·혼합이나 불티·불꽃·고온체와의 접근 또는 과열을 피하는 한편, (③)·(④)·(⑤) 및 이를 함유한 것에 있어서는 물이나 산과의 접촉을 피하고 인화성 고체에 있어서는 함부로 증기를 발생시키지 아니하여야 한다.

해답 ① 공기 ② 제5류 ③ 철분
④ 금속분 ⑤ 마그네슘

해설 위험물안전관리법 시행규칙 [별표 18] Ⅱ. 위험물의 유별 저장, 취급의 공통기준

1. 제1류 위험물은 가연물과의 접촉·혼합이나 분해를 촉진하는 물품과의 접근 또는 과열·충격·마찰 등을 피하는 한편, 알카리금속의 과산화물 및 이를 함유한 것에 있어서는 물과의 접촉을 피하여야 한다.
2. 제2류 위험물은 산화제와의 접촉·혼합이나 불티·불꽃·고온체와의 접근 또는 과열을 피하는 한편, 철분·금속분·마그네슘 및 이를 함유한 것에 있어서는 물이나 산과의 접촉을 피하고 인화성 고체에 있어서는 함부로 증기를 발생시키지 아니하여야 한다.
3. 제3류 위험물 중 자연발화성물질에 있어서는 불티·불꽃 또는 고온체와의 접근·과열 또는 공기와의 접촉을 피하고, 금수성물질에 있어서는 물과의 접촉을 피하여야 한다.
4. 제4류 위험물은 불티·불꽃·고온체와의 접근 또는 과열을 피하고, 함부로 증기를 발생시키지 아니하여야 한다.
5. 제5류 위험물은 불티·불꽃·고온체와의 접근이나 과열·충격 또는 마찰을 피하여야 한다.
6. 제6류 위험물은 가연물과의 접촉·혼합이나 분해를 촉진하는 물품과의 접근 또는 과열을 피하여야 한다.

2021년 11월 13일 시행

모든 계산문제는 소수 3째자리까지 계산하고 반올림하여 소수 2째 자리를 답으로 합니다.

01 다음 분말소화약제 각각의 주성분을 화학식으로 쓰시오.

① 제1종
② 제2종
③ 제3종

해답 ① $NaHCO_3$ ② $KHCO_3$ ③ $NH_4H_2PO_4$

02 위험물안전관리법령상 옥외저장소에 저장할 수 있는 위험물의 품명 5가지를 적으시오.

해답 황, 인화성고체(인화점이 섭씨 0도 이상인 것에 한한다), 제4류 위험물 중 제1석유류(인화점이 섭씨 0도 이상인 것에 한한다), 알코올류, 제2 석유류, 제3석유류, 제4석유류 및 동식물유류, 과산화수소, 질산, 과염소산 (이 중 5가지)

03 제1류 위험물에 성질로 옳은 것을 [보기]에서 골라 번호를 쓰시오.

[보기]
① 무기화합물
② 유기화합물
③ 산화제
④ 인화점이 0℃ 이하
⑤ 인화점이 0℃ 이상
⑥ 고체

해답 ① ③ ⑥
참고 제1류 위험물(산화성고체)은 무기화합물인 강산화체이며 불연성물질이므로 인화점이 없다.

04 TNT의 합성과정을 화학 반응식으로 쓰시오

해답 $C_6H_5CH_3 + 3HNO_3 \xrightarrow[\text{나이트로화}]{C-H_2SO_4} C_6H_2CH_3(NO_2)_3 + 3H_2O$

참고 • 트라이나이트로톨루엔[$C_6H_2CH_3(NO_2)_3$]의 제법
$C_6H_5CH_3 + 3HNO_3 \xrightarrow[\text{나이트로화}]{C-H_2SO_4} C_6H_2CH_3(NO_2)_3 + 3H_2O$
(톨루엔)   (질산)   (트라이나이트로톨루엔)   (물)

05 위험물안전관리법령에 따른 위험물의 저장 및 취급에 관한 중요기준이다. 다음 [보기]의 설명을 보고 물음에 알맞은 답을 쓰시오.

[보기]
• 불티·불꽃·고온체와의 접근이나 과열·중 충격 또는 마찰을 피하여야 한다.
• 옥내저장소에서는 용기에 수납하여 저장하는 위험물의 온도가 55℃를 넘지 아니하도록 필요한 조치를 강구하여야 한다.

① [보기]에서 설명하는 류별과 혼재가 가능한 위험물의 류별을 쓰시오.(단, 지정수량 10 배 이하이다.)
② [보기]에서 설명하는 류별의 운반용기 외부에 표시하여야 하는 주의사항을 쓰시오.
③ [보기]에서 설명하는 류별에서 지정수량이 가장 작은 것의 품명 1 가지를 쓰시오.

해답 ① 제2류 위험물, 제4류 위험물
② 화기엄금, 충격주의
③ 질산에스터, 유기과산화물 중 한가지

참고 보기의 위험물은 제5류 위험물이다.

06 다음 물질이 물과 반응하는 반응식을 쓰시오.

① 탄화알루미늄

② 탄화칼슘

해답 ① $Al_4C_3 + 12H_2O \rightarrow 4Al(OH)_3 + 3CH_4\uparrow$
② $CaC_2 + 2H_2O \rightarrow Ca(OH)_2 + C_2H_2\uparrow$

참고
- 탄화알루미늄(Al_4C_3)과 물(H_2O)의 반응식
  $Al_4C_3 + 12H_2O \rightarrow 4Al(OH)_3 + 3CH_4\uparrow$
  (탄화알루미늄) (물) (수산화알루미늄) (메테인)

- 탄화칼슘(CaC_2)과 물(H_2O)의 반응식
  $CaC_2 + 2H_2O \rightarrow Ca(OH)_2 + C_2H_2\uparrow$
  (탄화칼슘) (물) (수산화칼슘) (아세틸렌)

07 위험물안전관리법에서 정한 지하탱크저장소에 대한 내용이다. 다음 ( )안에 알맞은 말을 쓰시오.

- 지하저장탱크의 윗부분은 지면으로부터 (①)m이상 아래에 있어야 한다.
- 지하저장탱크를 2 이상 인접해 설치하는 경우에는 그 상호간에 (②)m [당해 2이상의 지하저장탱크의 용량의 합계가 지정수량의 100 배 이하인 때에는 (③)m 이상의 간격을 유지하여야 한다. 다만, 그 사이에 탱크전용실의 벽이나 두께 (④)cm 이상의 콘크리트 구조물이 있는 경우에는 그러하지 아니하다.

해답 ① 0.6 ② 1 ③ 0.5 ④ 20

08 다음 [보기]는 알코올류가 산화·환원 되는 과정이다. 다음 ( )안에 알맞은 답을 쓰시오.

[보기]
메틸알코올 ↔ 포름알데하이드 ↔ (①)
에틸알코올 ↔ (②) ↔ 아세트산

해답 ① 포름산 또는 의산, 개미산
② 아세트알데하이드

09 다음 [보기]의 위험물이 연소할 경우 생성되는 물질이 같은 위험물의 연소반응식을 쓰시오.

[보기]
적린, 삼황화인, 오황화인, 황, 철, 마그네슘

해답
$P_4S_3 + 8O_2 \rightarrow 2P_2O_5 + 3SO_2\uparrow$
$2P_2S_5 + 15O_2 \rightarrow 2P_2O_5 + 10SO_2\uparrow$

참고
- 삼황화인(P_4S_3)의 연소반응
  $P_4S_3 + 8O_2 \rightarrow 2P_2O_5 + 3SO_2\uparrow$
  (삼황화인) (산소) (오산화인) (이산화황)

- 오황화인(P_2S_5)의 연소반응식
  $2P_2S_5 + 15O_2 \rightarrow 2P_2O_5 + 10SO_2\uparrow$
  (오황화인) (산소) (오산화인) (이산화황)

10 [보기]의 위험물에 대하여 위험등급이 II등급에 해당하는 물질의 지정수량 배수의 합을 구하시오.

[보기]
황 : 100kg, 질산염류 : 600kg,
나트륨 : 100kg, 등유 : 6,000L,
철분 : 50kg

해답

[계산과정]
II등급 위험물의 지정수량
황 : 100kg, 질산염류 : 300kg
지정수량 배수의 합 = $\frac{200}{100} + \frac{600}{300}$ = 3배
[답] 3배

참고 제3류 위험물 나트륨 : 위험등급 Ⅰ
제4류 위험물 등유와 제2류 위험물 철분
: 위험등급 Ⅲ

11 제3류 위험물인 금속나트륨에 대한 다음 물음에 답하시오.

① 지정수량을 쓰시오.

② 보호액 1가지를 쓰시오.

③ 물의 반응식을 쓰시오.

해답 ① 10kg
② 석유
③ $2Na + 2H_2O \rightarrow 2NaOH + H_2\uparrow$

참고 • 나트륨(Na)과 물(H_2O)의 화학반응식
$2Na + 2H_2O \rightarrow 2NaOH + H_2\uparrow$
(나트륨) (물) (수산화나트륨) (수소)

12 위험물안전관리법에서 정한 이동탱크저장소 주유호스 재질에 대하여 다음 ( )안에 알맞은 답을 쓰시오.

- 위험물이 샐 우려가 없고 화재예방상 안전한 구조로 할 것
- 주입호스는 내경이 (①)mm 이상이고, (②)MPa 이상의 압력에 견딜 수 있는 것으로 하며, 필요 이상으로 길게 하지 아니할 것
- 주입설비의 길이는 (③)m 이내로 하고, 그 선단에 축적되는 (④)를 유효하게 제거할 수 있는 장치를 할 것
- 분당 토출량은 (⑤)L로 할 것

해답 ① 23 ② 0.3 ③ 50 ④ 정전기
⑤ 200

13 다음 탱크의 용량을 구하시오. (단, 탱크의 공간용적은 5/100 이다.)

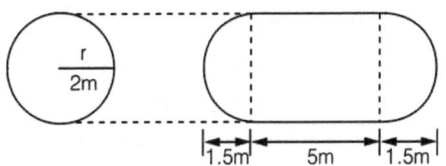

해답 [계산과정]
탱크의 용량(V) = 내용적 × 수납율이므로
$V = \pi r^2 (\ell + \dfrac{\ell_1 + \ell_2}{3}) \times 0.95$

$V = \pi \times 2^2 (5 + \dfrac{1.5 + 1.5}{3}) \times 0.95$
$= 71.628 m^3$
[답] $71.63 m^3$

14 그림은 옥내탱크저장소 펌프실 그림이다. 그림을 보고 다음 물음에 알맞은 답을 쓰시오.

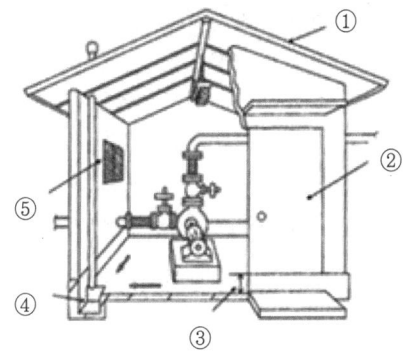

① 펌프실은 상층이 있는 경우에 있어서는 상층의 바닥을 내화구조로 하고, 상층이 없는 경우에 있어서는 지붕을 어떤 재료로 하여야 하는지 쓰시오.

② 펌프실의 출입구에는 어떤 것을 설치하여야 하는지 쓰시오.

③ 탱크전용실에 펌프설비를 설치하는 경우에는 견고한 기초 위에 고정한 다음 그 주위에는 불연재료로 된 턱을 몇 m 이상의 높이로 설치하여야 하는지 쓰시오.

④ 바닥은 콘크리트 등 위험물이 스며들지 아니하는 재료로 적당히 경사지게 하여 그 최저부에 무엇을 설치하여야 하는지 쓰시오.

⑤ 펌프실의 창 및 출입구에 유리를 이용하는 경우 어떤 유리를 사용하는지 쓰시오.

해답 ① 불연재료
② 60분+방화문 또는 60분 방화문
③ 0.2 ④ 집유설비 ⑤ 망입유리

15 다음 [보기]에서 설명하는 물질에 대하여 다음 물음에 알맞은 답을 쓰시오.

> • 제3류 위험물로서 지정수량이 300 kg이며 분자량이 64 이다.
> • 비중이 2.2 이다.
> • 질소와 고온에서 반응하여 칼슘사이안아미드(석회질소)가 생성된다.

① 해당 물질의 화학식을 쓰시오.
② 물과의 반응식을 쓰시오.
③ 물과 반응하여 생성되는 기체의 완전 연소 반응식을 쓰시오

해답 ① CaC_2
② $CaC_2 + 2H_2O \rightarrow Ca(OH)_2 + C_2H_2\uparrow$
③ $2C_2H_2 + 5O_2 \rightarrow 4CO_2 + 2H_2O\uparrow$

참고 탄화칼슘(CaC_2)의 화학반응식
• 탄화칼슘(CaC_2)과 물(H_2O)의 반응식
$CaC_2 + 2H_2O \rightarrow Ca(OH)_2 + C_2H_2\uparrow$
(탄화칼슘) (물)   (수산화칼슘) (아세틸렌)

• 아세틸렌(C_2H_2)의 연소반응식
$2C_2H_2 + 5O_2 \rightarrow 4CO_2 + 2H_2O\uparrow$
(아세틸렌) (산소) (이산화탄소) (물)

16 다음 [보기]의 물질중 연소범위가 가장 큰 물질에 대하여 다음 물음에 알맞은 답을 쓰시오.

> [보기]
> 아세톤, 메틸에틸케톤, 메탄올, 다이에틸에터, 톨루엔

① 물질의 명칭을 쓰시오.
② 위험도를 구하시오.

해답 ① 다이에틸에터
② [계산과정]
다이에틸에터의 연소범위 1.9~48%
위험도(H) = $\dfrac{U-L}{L}$ 에서
H = $\dfrac{48-1.9}{1.9}$ = 24.263
[답] 24.26

17 제3류 위험물인 트라이에틸알루미늄에 대하여 다음 물음에 알맞은 답을 쓰시오.

① 물과 반응하여 생성되는 물질의 명칭을 쓰시오.
② 물과의 반응식을 쓰시오.

해답 ① 에테인
② $(C_2H_5)_3Al + 3H_2O \rightarrow Al(OH)_3 + 3C_2H_6\uparrow$

참고 • 트라이에틸알루미늄[$(C_2H_5)_3Al$]과 물(H_2O)과의 반응식
$(C_2H_5)_3Al + 3H_2O \rightarrow Al(OH)_3 + 3C_2H_6\uparrow$
(트라이에틸알루미늄) (물) (수산화알루미늄) (에테인)

18 옥외저장소에 옥외소화전설비를 아래와 같이 설치할 경우 필요한 수원의 양은 몇 m³인지 계산하시오.

① 3개
② 6개

해답 ① [계산과정]
$13.5m^3 × 3 = 40.5m^3$
[답] 40.5 m3
② [계산과정]
$13.5m^3 × 4 = 54m^3$
[답] 54m³

참고 옥외소화전의 수원의 량은 소화전의 개수가 4개 이상인 경우 4개에 $13.5m^3$를 곱한량 이상을 수원의 량으로 한다.

19 다음 [보기]의 설명을 보고 물음에 알맞은 답을 쓰시오.

[보기]
- 제6류 위험물이다.
- 저장용기는 갈색병에 넣어 직사일광을 피하고 찬 곳에 저장한다.
- 단백질과 크산토프로테인반응을 하여 노란 색으로 변한다.

① 지정수량을 쓰시오.

② 위험등급을 쓰시오.

③ 위험물이 되기 위한 조건을 쓰시오. (단, 없으면 없음이라고 표기)

④ 빛에 의해 분해되는 반응식을 쓰시오.

해답 ① 300kg   ② Ⅰ   ③ 비중 1.49이상
④ $4HNO_3 \xrightarrow{\triangle} 4NO_2 + 2H_2O + O_2↑$

참고 • 질산(HNO)의 열분해 반응식
$4HNO_3 \xrightarrow{\triangle} 4NO_2 + 2H_2O + O_2↑$
(질산)   (이산화질소) (물) (산소)

20 위험물안전관리법령상 다음 지정수량의 배수에 따른 제조소의 보유공지를 알맞게 쓰시오.

① 1배
② 5배
③ 10배
④ 20배
⑤ 200배

해답 ① 3m이상
③ 3m이상
④ 3m이상
⑤ 5m이상

참고 제조소의 보유공지
지정수량 10배 이하 : 3m이상
지정수량 10배 초과 : 5m이상
※ 10배 초과는 10배를 포함하지 않는다.

2022년 5월 07일 시행

모든 계산문제는 소수 3째자리까지 계산하고 반올림하여 소수 2째 자리를 답으로 합니다.

01 제3류 위험물 중 위험등급 I등급의 품명 5가지 쓰시오.

해답 칼륨, 나트륨, 알킬리튬, 알킬알루미늄, 황린

02 분말소화약제 각각의 주성분을 화학식으로 쓰시오.

① 제1종 분말
② 제2종 분말
③ 제3종 분말

해답 ① $NaHCO_3$
② $KHCO_3$
③ $NH_4H_2PO_4$

03 다음 빈칸에 알맞은 품명과 지정수량을 쓰시오.

구성	류별	지정수량
예) 황린	제3류	20kg
칼륨	①	⑥
질산	②	⑦
아조화합물	③	⑧
질산염류	④	⑨
나이트로화합물	⑤	⑩

해답 ① 제3류 ② 제6류 ③ 제5류
④ 제1류 ⑤ 제5류 ⑥ 10kg
⑦ 300kg ⑧ 200kg ⑨ 300kg
⑩ 200kg

04 인화성액체위험물 옥외탱크저장소의 탱크 주위에 설치하는 방유제에 대한 내용이다. 다음 각 물음에 답 하시오.

① 방유제 내의 면적은 몇 m^2이하로 하여야 하는지 쓰시오.
② 저장탱크의 개수를 제한 두지 않을 경우에 대하여 인화점을 중심으로 설명하시오.
③ 제1석유류 15만 리터를 저장할 경우 탱크의 최대 개수를 쓰시오.

해답 ① 80,000m^2이하
② 인화점 200℃ 이상의 위험물을 저장 또는 취급하는 경우
③ 10기

05 위험물안전관리법령상 동식물유류를 아이오딘가 크기에 따라 각각 분류하고 범위를 쓰시오.

해답 건성유 130 이상
반건성유 100~130
불건성유 100 이하

06 다음 반응에 대하여 생성되는 유독가스의 명칭을 쓰시오.(단, 없으면 "해당 없음"이라고 표시하시오.)

① 황린의 연소 반응
② 황린과 수산화칼륨 수용액의 반응
③ 아세트산의 연소 반응
④ 인화칼슘과 물의 반응
⑤ 과산화바륨과 물의 반응

해답 ① 해당 없음 ② 포스핀(인화수소)
③ 해당 없음 ④ 포스핀(인화수소)
⑤ 해당 없음

참고 위험물의 화학반응식

- 황린(P_4)의 연소반응식
  $P_4 + 5O_2 \rightarrow 2P_2O_5$
  (황린) (산소) (오산화인)
  ※ P_2O_5(오산화인)은 백색의 가루로 기체에 해당되지 않는다.

- 황린(P_4)이 수산화칼륨(KOH)수용액에서 반응식
  $P_4 + 3KOH + 3H_2O \rightarrow 3KH_2PO_2 + PH_3\uparrow$
  (황린) (수산화칼륨) (물) (차아인산칼륨) (인화수소, 포스핀)

- 아세트산(CH_3COOH)의 연소반응식
  $CH_3COOH + 2O_2 \rightarrow 2CO_2\uparrow + 2H_2O$
  (아세트산) (산소) (이산화탄소) (물)

- 인화칼슘(Ca_3P_2)과 물(H_2O)의 반응식
  $Ca_3P_2 + 6H_2O \rightarrow 3Ca(OH)_2 + 2PH_3\uparrow$
  (인화칼슘) (물) (수산화칼슘) (인화수소, 포스핀)

- 과산화바륨(BaO_2)과 물(H_2O)과의 반응식
  $2BaO_2 + 2H_2O \rightarrow 2Ba(OH)_2 + O_2\uparrow$
  (과산화바륨) (물) (수산화바륨) (산소)

07 위험물안전관리법령에 따른 주유취급소의 탱크 용량에 대하여 다음 괄호 안에 알맞은 답을 쓰시오.

① 자동차 등에 주유하기 위한 고정주유설비에 직접 접속하는 전용탱크로서 ( )L 이하의 것

② 고정급유설비에 직접 접속하는 전용탱크로서 ( )L 이하의 것

③ 보일러 등에 직접 접속하는 전용탱크로서 ( )L 이하의 것

④ 자동차 등을 점검·정비하는 작업장 등에서 사용하는 폐유·윤활유 등의 위험물을 저장하는 탱크로서 용량이 ( )L 이하인 탱크

해답 ① 50,000L ② 50,000L ③ 10,000L ④ 2,000L

08 지하저장탱크 2기를 인접하여 설치하는 경우 그 상호간의 거리는 몇 m 이상인지 각각 쓰시오.

① 경유 20,000L 와 휘발유 8,000L
② 경유 8,000L 와 휘발유 20,000L
③ 경유 20,000L 와 휘발유 20,000L

해답 ① [계산과정]
위험물의 지정수량
경유 1,000L, 휘발유 200L
지하탱크 2개 인접 상호간의 거리
지정수량 100배 초과의 경우 1m 이상
지정수량 100배 이하의 경우 0.5m 이상 지정수량 배수의 합
= $\dfrac{20,000\ell}{1,000\ell} + \dfrac{8,000\ell}{200\ell} = 60$배
[답] 0.5m

② [계산과정]
지정수량 배수의 합
= $\dfrac{8,000\ell}{1,000\ell} + \dfrac{20,000\ell}{200\ell} = 108$배
[답] 1m

③ [계산과정]
지정수량 배수의 합
= $\dfrac{20,000\ell}{1,000\ell} + \dfrac{20,000\ell}{200\ell} = 120$배
[답] 1m

09 제2류 위험물인 마그네슘에 대하여 다음 물음에 답하시오.

① 빈칸에 공통으로 들어가는 수치를 적으시오.
㉮ ( ) 밀리미터의 체를 통과하지 아니하는 덩어리 상태의 것
㉯ 지름이 ( ) 밀리미터 이상의 막대 모양의 것을 제외한다.

② 위험등급을 쓰시오.
③ 염산과의 반응식을 쓰시오.
④ 물과의 반응식을 쓰시오.

해답 ① ㉮ 2, ㉯ 2
② Ⅲ
③ $Mg + 2HCl \rightarrow MgCl_2 + H_2\uparrow$
④ $Mg + 2H_2O \rightarrow Mg(OH)_2 + H_2\uparrow$

참고 마그네슘의 화학반응식
- 마그네슘(Mg)과 염산(HCl)의 반응식
  $Mg + 2HCl \rightarrow MgCl_2 + H_2\uparrow$
  (마그네슘) (염산) (염화마그네슘) (수소)
- 마그네슘(Mg)과 물(H_2O)의 반응식
  $Mg + 2H_2O \rightarrow Mg(OH)_2 + H_2\uparrow$
  (마그네슘) (물) (수산화마그네슘) (수소)

10 제4류 위험물 중 인화점이 21℃ 이상 70℃ 미만이며, 수용성인 위험물을 [보기]에서 골라 번호를 쓰시오.

[보기]
① 메틸알코올 ② 아세트산 ③ 포름산
④ 글리세린 ⑤ 나이트로벤젠

해답 ② ③

참고 제4류 위험물(인화성액체) 제2석유류의 인화점 분포는 21℃ 이상 70℃ 미만이므로 인화점이 40℃인 아세트산(CH_3COOH)과 69℃인 포름산(HCOOH)은 제2석유류에 속한다.

11 다음 각 위험물의 증기비중을 구하시오.
① 이황화탄소
② 아세트알데하이드
③ 벤젠

해답 ① [계산과정]
이황화탄소(CS_2)의 분자량
$12+32\times 2=76$
공기의 평균 분자량 29
증기비중 = $\frac{76}{29} = 2.620$
[답] 2.62

② [계산과정]
아세트알데하이드(CH_3CHO)의 분자량 $12\times 2+4+16=44$
증기비중 = $\frac{78}{29} = 1.517$
[답] 1.52

③ [계산과정]
벤젠(C_6H_6)의 분자량 $12\times 6+6=78$
증기비중 = $\frac{78}{29} = 2.689$
[답] 2.69

12 다음 [보기]를 보고 금수성 물질이면서 자연발화성 물질인 것을 모두 고르시오. (단, 해당 없으면 "해당 없음" 이라고 쓰시오.)

[보기]
칼륨, 황린, 트라이나이트로페놀, 나이트로벤젠, 글리세린, 수소화나트륨

해답 해당 없음

참고 보기에는 금수성 물질(칼륨, 수소화나트륨)만 있으며 금수성이며 자연발화성 물질은 없다.

13 위험물안전관리법령상 그림과 같은 옥외저장탱크에 대하여 다음 물음에 알맞은 답을 쓰시오.(단위: m)

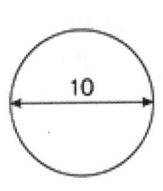 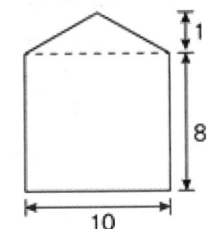

① 해당 탱크의 용량(L)을 구하시오.(단, 공간용적은 10/100 이다.)
② 기술검토를 받아야 하는지 쓰시오.
③ 완공검사를 받아야 하는지 쓰시오.
④ 정기검사를 받아야 하는지 쓰시오.

해답 ① [계산과정]
용량(V) = $\pi r^2 \ell$ × 용적율에서
V = $\pi \times (\frac{10}{2})^2 \times 8 \times 0.9 = 565.486 m^3$
[답] 565.49L
② 받아야 한다.
③ 받아야 한다.
④ 받아야 한다.

14 에틸렌과 산소를 $CuCl_2$의 촉매 하에 생성된 제4류 위험물 중 특수인화물에 대하여 다음 물음에 알맞은 답을 쓰시오.

① 증기비중
② 시성식
③ 이 위험물을 보냉장치가 없는 이동탱크저장소에 저장할 경우 몇 ℃ 이하로 유지하여야 하는지 쓰시오.

해답 ① [계산과정]
아세트알데하이드(CH_3CHO)의 분자량 : 12×2+4+16=44
공기의 평균 분자량 : 약 29

증기비중 = $\frac{49}{22}$ = 1.517
[답] 1.52
② CH_3CHO
③ 40℃

참고 • 아세트알데하이드(CH_3CHO)의 제조방법
$2C_2H_4 + O_2 \xrightarrow[촉매]{PbCl_2\ CuCl_2} 2CH_3CHO$
(에틸렌) (산소)   (아세트알데하이드)

15 위험물안전관리법령상 위험물의 운송에 관한 내용이다. 다음 물음에 알맞은 답을 쓰시오.

① 운송책임자가 운전자감독 또는 지원방법으로 옳은 것을 모두 고르시오. (단, 없으면 "해당 없음"이라고 쓰시오.)
㉮ 이동탱크저장소에 동승
㉯ 사무실에 대기하면서 감독, 지원
㉰ 부득이한 경우 GPS로 감독, 지원
㉱ 다른 차량을 이용하여 따라 다니면서 감독, 지원

② 위험물 운송시 운전자가 장시간 운전할 경우 2명 이상의 운전자로 하여야 한다. 다만, 어떠한 경우에 그러하지 않아도 되는 경우를 모두 고르시오. (단, 없으면 "해당 없음"이라고 쓰시오.)
㉮ 운송책임자가 동승하는 경우
㉯ 제2류 위험물을 운반하는 경우
㉰ 제4류 위험물 중 제1석유류를 운반하는 경우
㉱ 2시간 이내마다 20분 이상씩 휴식하는 경우

③ 위험물 운송시 이동탱크저장소에 비치하여야 하는 것을 모두 고르시오. (단, 없으면 "해당 없음"이라고 쓰시오.)
㉮ 완공검사합격확인증
㉯ 정기검사확인증

㉰ 설치허가확인증
㉱ 위험물안전관리카드

해답 ① ㉮ ㉯
② ㉮ ㉯ ㉰ ㉱
③ ㉮ ㉱

참고 2명 이상의 운전자로 하지 않아도 되는 경우(위험물)
  • 제2류 위험물
  • 제3류 위험물중 칼슘 또는 알루미늄의 탄화물과 이를 함유한 것
  • 제4류 위험물중 특수인화물을 제외한 것

16 다음 위험물의 연소반응식을 쓰시오.

① 메탄올
② 에탄올

해답 ① $2CH_3OH + 3O_2 \rightarrow 2CO_2\uparrow + 4H_2O$
② $C_2H_5OH + 3O_2 \rightarrow 2CO_2\uparrow + 3H_2O$

참고 알코올의 연소반응식
  • 메탄올(CH_3OH)의 연소반응식
    $2CH_3OH + 3O_2 \rightarrow 2CO_2\uparrow + 4H_2O$
    (메틸알코올) (산소) (이산화탄소) (물)
  • 에탄올(C_2H_5OH)의 연소반응식
    $C_2H_5OH + 3O_2 \rightarrow 2CO_2\uparrow + 3H_2O$
    (에틸알코올) (산소) (이산화탄소) (물)

17 분자량 39, 융점 63.5℃, 불꽃반응 시 보라색을 띄는 제3류 위험물이 제1류 위험물인 과산화물이 되었을 때 이 물질에 대하여 다음 물음에 알맞은 답을 쓰시오.

① 물과의 반응식을 쓰시오.
② 이산화탄소와의 반응식을 쓰시오.
③ 옥내저장소에 저장할 경우 바닥 면적은 몇 m^2 이하로 하여야 하는지 쓰시오.

해답 ① $2K_2O_2 + 2H_2O \rightarrow 4KOH + O_2\uparrow$
② $2K_2O_2 + 2CO_2 \rightarrow 2K_2CO_3 + O_2\uparrow$
③ $1,000 m^2$

참고 • 과산화칼륨(K_2O_2)과 물(H_2O)과의 반응식
  $2K_2O_2 + 2H_2O \rightarrow 4K_2O_3H + O_2\uparrow$
  (과산화칼륨) (물) (수산화칼륨) (산소)
• 과산화칼륨(K_2O_2)과 이산화탄소(CO_2)와의 반응식
  $2K_2O_2 + 2CO_2 \rightarrow 2K_2CO_3 + O_2\uparrow$
  (과산화칼륨) (이산화탄소) (탄산칼륨) (산소)

18 위험물안전관리법령에 따른 옥외저장소의 보유공지에 대하여 다음 빈칸에 알맞은 답을 쓰시오.

저장 또는 취급하는 위험물의 최대수량	저장 또는 취급하는 위험물	공지의 너비
지정수량 10배 이하	제1석유류	(①)m
	제2석유류	(②)m
지정수량 20배 초과 50배 이하	제2석유류	(③)m
	제3석유류	(④)m
	제4석유류	(⑤)m

해답 ① 3 ② 3 ③ 9 ④ 9 ⑤ 3

참고 • 옥외저장소의 보유공지 규정

저장 또는 취급하는 위험물의 최대수량	공지의 너비
지정수량의 10배 이하	3m 이상
지정수량의 10배 초과 20배 이하	5m 이상
지정수량의 20배 초과 50배 이하	9m 이상
지정수량의 50배 초과 200배 이하	12m 이상
지정수량의 200배 초과	15m 이상

제4류 위험물중 제4석유류와 제6류 위험물을 저장할 경우 해당 보유공지의 $\frac{1}{3}$ 이상으로 할 수 있다.

19 위험물안전관리법령에서 정한 위험물의 운반에 관한 기준에서 다음 위험물이 지정수량 10배 이상일 때 혼재가 가능한 위험물은 무엇인지 모두 쓰시오. (단, 해당 없으면 "해당 없음"이라고 쓰시오.)

① 제2류 위험물과 혼재가 가능한 위험물의 류별을 쓰시오.
② 제4류 위험물과 혼재가 가능한 위험물의 류별을 쓰시오.
③ 제6류 위험물과 혼재가 가능한 위험물의 류별을 쓰시오.

해답 ① 제4류 위험물, 제5류 위험물
② 제2류 위험물, 제3류 위험물, 제5류 위험물
③ 제1류 위험물

참고 유별을 달리하는 위험물의 혼재기준
※ (암기법 : ㈔이삼, ㈅이사, ㈅하나)

위험물의 구분	제1류	제2류	제3류	제4류	제5류	제6류
제1류		×	×	×	×	○
제2류	×		×	○	○	×
제3류	×	×		○	×	×
제4류	×	○	○		○	×
제5류	×	○	×	○		×
제6류	○	×	×	×	×	

"×"표시는 혼재할 수 없음을 표시한다.
"○"표시는 혼재할 수 있음을 표시한다.

20 다음 [보기]에서 설명하는 위험물에 대하여 다음 물음에 알맞은 답을 쓰시오

[보기]
• 제4류 위험물 중 제1석유류로서 비수용성이다.
• 무색투명한 방향성을 갖는 휘발성이 강한 액체이다.
• 분자량 78, 인화점 −11℃이다.

① 물질의 명칭을 쓰시오.
② 물질의 구조식을 쓰시오.
③ 위험물을 취급하는 설비에 있어서는 당해 위험물이 직접 배수구에 흘러들어가지 아니하도록 집유설비에 무엇을 설치하여야 하는지 쓰시오. (단, 해당 없으면 "해당 없음"이라 쓰시오.)

해답 ① 벤젠
②
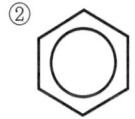

③ 유분리장치

2022년 7월 24일 시행

모든 계산문제는 소수 3째자리까지 계산하고 반올림하여 소수 2째 자리를 답으로 합니다.

01 위험물안전관리법령에서 정한 소화설비의 소요단위에 대하여 다음 물음에 알맞은 소요단위를 쓰시오.

① 연면적 300m²으로 외벽이 내화구조로 된 제조소

② 연면적 300m²으로 외벽이 내화구조가 아닌 제조소

③ 연면적 300m²으로 외벽이 내화구조로 된 저장소

해답 ① [계산과정]

$$\frac{300}{100} = 3소요단위$$

[답] 3소요단위

② [계산과정]

$$\frac{300}{50} = 6소요단위$$

[답] 6소요단위

③ [계산과정]

$$\frac{300}{150} = 2소요단위$$

[답] 2소요단위

참고 소요단위의 계산방법(1단위)
- 제조소 또는 취급소용 건축물로 외벽이 내화구조인 것: 연면적 100m²
- 제조소 또는 취급소용 건축물로 외벽이 내화구조이외인 것: 연면적 50m²
- 저장소용 건축물로 외벽이 내화구조인 것: 연면적 150m²
- 저장소용 건축물로 외벽이 내화구조이외인 것: 연면적 75m²
- 위험물: 지정수량 10배

※제조소등의 옥외에 설치된 공작물은 외벽이 내화구조인 것으로 간주하고 최대 수평투영면적을 연면적으로 간주한다.

02 위험물안전관리법에서 정한 다음 용어의 정의를 쓰시오.

① 인화성고체

② 철분

③ 제2석유류

해답 ① 고형알코올 그 밖에 1기압에서 인화점이 섭씨 40도 미만인 고체

② 철의 분말로서 53㎛의 표준체를 통과하는 것이 50wt% 미만인 것은 제외

③ 등유, 경유 그 밖에 1기압에서 인화점이 섭씨 21도 이상 70도 미만인 것

03 다음 물질이 물과 반응하여 생성되는 기체의 명칭을 쓰시오.(단, 해당 없으면 "해당 없음"이라고 표기)

① 인화칼슘

② 질산암모늄

③ 과산화칼륨

④ 금속리튬

⑤ 염소산칼륨

해답 ① 포스핀(인화수소) ② 해당 없음
③ 산소 ④ 수소 ⑤ 해당 없음

참고 물과의 화학반응식
- 인화칼슘(Ca_3P_2)과 물(H_2O)의 반응식
$Ca_3P_2 + 6H_2O \rightarrow 3Ca(OH)_2 + 2PH_3\uparrow$
(인화칼슘) (물) (수산화칼슘) (포스핀, 인화수소)

- 과산화칼륨(K_2O_2)과 물(H_2O)과의 반응식
$2K_2O_2 + 2H_2O \rightarrow 4KOH + O_2\uparrow$
(과산화칼륨) (물) (수산화칼륨) (산소)

- 리튬(Li)과 물(H_2O)의 화학반응식
  $2Li + 2H_2O \rightarrow 2LiOH + H_2\uparrow$
  (리튬) (물)　(수산화리튬) (수소)

04 제4류 위험물인 산화프로필렌에 대하여 다음 물음에 알맞은 답을 쓰시오.

① 증기비중을 구하시오.

② 위험등급을 쓰시오.

③ 보냉장치가 없는 이동탱크저장소에 저장할 경우 온도를 쓰시오.

해답 ① [계산과정]
산화프로필렌(OCH_2CHCH_3)의 분자량
$16+12\times3+6=58$
공기의 평균분자량 29
증기비중 = $\frac{58}{29} = 2$
[답] 2

② I

③ 40℃이하

05 삼황화인과 오황화인이 연소할 경우 공통으로 생성되는 물질의 명칭을 모두 쓰시오

해답 황화수소, 이산화황

참고 황인의 연소반응식
- 삼황화인(P_4S_3)의 연소반응
  $P_4S_3 + 8O_2 \rightarrow 2P_2O_5 + 3SO_2\uparrow$
  (삼황화인) (산소)　(오산화인) (이산화황)
- 오황화인(P_2S_5)의 연소반응식
  $2P_2S_5 + 15O_2 \rightarrow 2P_2O_5 + 10SO_2\uparrow$
  (오황화인) (산소)　(오산화인) (이산화황)

06 제1류 위험물 중 위험등급 I 품명을 3가지 쓰시오.

해답 아염소산염류, 염소산염류, 과염소산염류, 무기과산화물, 차아염소산염류 중 3가지

07 [보기]에서 설명하는 위험물에 대하여 다음 물음에 알맞은 답을 쓰시오

- 무색의 유동성이 있는 액체로서 물과 반응하여 발열한다.
- 분자량 100.5
- 비중 1.76
- 염소산 중 가장 강한 산이다.

① 시성식을 쓰시오.

② 위험물의 류별을 쓰시오.

③ 이 물질을 취급하는 제조소와 병원과의 안전거리를 쓰시오.

④ 이 물질 5,000kg을 취급하는 제조소의 보유공지 너비를 쓰시오.

해답 ① $HClO_4$

② 제6류

③ 해당 없음

④ [계산과정]
과염소산의 지정수량 300kg
지정수량의 배수 = $\frac{5,000}{300} = 16.67$배
지정수량 10배를 초과하므로 보유공지 너비는 5m이상으로 한다.
[답] 5m이상

참고 지정수량 10배 이하의 경우 보유공지 너비는 3m이상이다.

08 나이트로셀룰로오스에 대하여 다음 물음에 알맞은 답을 쓰시오.

① 나이트로셀룰로오스 제조방법을 쓰시오.

② 품명을 쓰시오.

③ 지정수량을 쓰시오.

④ 이 물질을 운반 시 운반용기 외부에 표시하여야 할 주의사항을 모두 쓰시오.

해답 ① 셀룰로오스에 진한질산과 진한황산의 혼합산을 혼합하여 제조한다.
② 질산에스터류
③ 10kg
④ 화기엄금, 충격주의

참고 • 나이트로셀룰로오스$[C_6H_7O_2(ONO_2)_3]n$의 제조 화학반응식

$[C_6H_7O_2(OH)_3]n + 3HNO_3$
　　(셀룰로오스)　　　(질산)

$\xrightarrow[\text{나이트로화}]{C-H_2SO_4} [C_6H_7O_2(ONO_2)_3]n + 3H_2O$
　　　　　(나이트로셀룰로오스)　　　(물)

09 제3류 위험물인 트라이에틸알루미늄에 대하여 다음 물음에 답을 쓰시오.

① 트라이에틸알루미늄과 메테인올의 반응식을 쓰시오.
② ①의 반응에서 생성되는 기체의 연소반응식을 쓰시오.

해답 ① $(C_2H_5)_3Al + 3CH_3OH \rightarrow (CH_3O)_3Al + 3C_2H_6\uparrow$
② $2C_2H_6 + 7O_2 \rightarrow 4CO_2\uparrow + 6H_2O$

참고 트라이에틸알루미늄$[(C_2H_5)_3Al]$의 화학반응식

• 트라이에틸알루미늄$[(C_2H_5)_3Al]$과 메틸알코올$[CH_3OH]$의 반응식
$(C_2H_5)_3Al + 3CH_3OH \rightarrow$
(트라이에틸알루미늄) (메틸알코올)
$(CH_3O)_3Al + 3C_2H_6\uparrow$
(알루미늄메틸레이트) (에테인)

• 에테인(C_2H_6)의 연소반응식
$2C_2H_6 + 7O_2 \rightarrow 4CO_2\uparrow + 6H_2O$
(에테인)　(산소)　(이산화탄소)　(물)

10 위험물안전관리법령에 따른 소화설비의 능력단위에 대한 내용이다. 다음 ( )안에 알맞은 답을 쓰시오.

소화설비	용량	능력단위
소화전용 물통	(①)	0.3
수조(소화전용 물통 3개 포함)	80ℓ	(②)
수조(소화전용 물통 6개 포함)	190ℓ	(③)
마른모래(삽 1개 포함)	(④)ℓ	0.5
팽창질석 또는 팽창진주암 (삽 1개 포함)	(⑤)ℓ	1

해답 ① 8　② 1.5　③ 2.5　④ 50　⑤ 160

11 제4류 위험물(이황화탄소제외)을 취급하는 제조소의 옥외저장탱크에 100만L 1기, 50만L 2기, 10만L 3기가 있다. 이 중 50만L 탱크 1기를 다른 방유제에 설치하고 나머지를 하나의 방유제에 설치할 경우 방유제 전체의 최소용량의 합계를 구하시오.

해답 [계산과정]
100만L×50%+[50만L + (10만L ×3기)]×10% +50만L×50%
= 83만L
[답] 83만L

참고 제조소에 설치된 옥외저장탱크의 방유제 용량(2기 이상인 경우)
용량이 최대인 것의 50%에 나머지 탱크 용량 합계의 10%를 가산한량 이상일 것

12 위험물안전관리법령에 따른 옥내저장소 기준이다. 다음 물음에 알맞은 답을 쓰시오

- 옥내저장소에서 동일 품명의 위험물이더라도 자연발화할 우려가 있는 위험물 또는 재해가 현저하게 증대 할 우려가 있는 위험물을 다량 저장하는 경우에는 지정수량의 (㉮) 이하마다 (㉯) 이상의 간격을 두어 저장하여야 한다.
- 기계에 의하여 하역하는 구조로 된 용기만을 겹쳐 쌓는 경우 (㉰)의 높이를 초과하지 아니하여야 한다.
- 제4류 위험물 중 제3석유류, 제4석유류 및 동식물유류를 수납하는 용기만을 겹쳐 쌓는 경우 (㉱)의 높이를 초과하지 아니하여야 한다.
- 그 밖의 경우에 있어서는 (㉲)의 높이를 초과하지 아니하여야 한다.

해답 ㉮ 10 ㉯ 0.3 ㉰ 6m ㉱ 4m ㉲ 3m

13 다음 그림과 같은 옥외탱크저장소에 위험물을 저장할 경우 탱크의 용량을 구하시오. 단, a : 2m, b : 1.5m, ℓ : 3m, ℓ_1, ℓ_2 : 0.3m이며, 탱크의 최대값과 최소값을 구하시오.

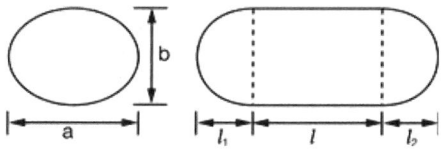

해답 [계산과정]
탱크의 공간용적은 5%~10%이므로
탱크의 용량 = 탱크 내용적 × 수납률
탱크 용량의 최대값(V)
$= \frac{\pi ab}{4}(\ell + \frac{\ell_1 + \ell_2}{3}) \times 0.95$

$= (\frac{\pi \times 2 \times 1.5}{4}) \times (3 + \frac{0.3 + 0.3}{3})$
$\times 0.95 = 7.162$

탱크 용량의 최소값(V)
$= \frac{\pi ab}{4}(\ell + \frac{\ell_1 + \ell_2}{3}) \times 0.9$
$= (\frac{\pi \times 2 \times 1.5}{4}) \times (3 + \frac{0.3 + 0.3}{3})$
$\times 0.9 = 6.785$

[답] 최대값 $7.16m^3$, 최소값 $6.79m^3$

14 위험물안전관리법령에 따른 다음의 불활성가스소화설비의 소화약제의 구성 성분에 대하여 다음( )안에 알맞은 답을 화학식으로 쓰시오.

① IG-55 : 50%(㉮), 50%(㉯)
② IG-541 : 8%(㉮), 40%(㉯), 52%(㉰)

해답 ① ㉮ N_2 ㉯ Ar
② ㉮ CO_2 ㉯ Ar ㉰ N_2

참고 불활성가스소화설비의 소화약제 IG(Inergen Gas)의 구성
- IG-100 N_2(질소) 100%
- IG-01 Ar(아르곤) 100%

15 아세트알데하이드가 산화할 경우 생성되는 제4류 위험물에 대하여 다음 물음에 알맞은 답을 쓰시오.

① 시성식을 쓰시오.
② 완전연소반응식을 쓰시오.
③ 이 물질을 옥내저장소에 저장할 경우 저장소의 바닥면적을 쓰시오.

해답 ① CH_3COOH
② $CH_3COOH + 2O_2 \rightarrow 2CO_2\uparrow + 2H_2O$
③ $2,000m^2$이하

참고 • 아세트산(CH_3COOH)의 연소반응식
$CH_3COOH + 2O_2 \rightarrow 2CO_2\uparrow + 2H_2O$
(아세트산)　　(산소)　(이산화탄소)　(물)

16 탄화알루미늄에 대하여 다음 물음에 답을 쓰시오.

① 탄화알루미늄과 물의 반응식을 쓰시오.
② 탄화알루미늄과 염산의 반응식을 쓰시오.

해답 ① $Al_4C_3 + 12H_2O \rightarrow 4Al(OH)_3 + 3CH_4\uparrow$
② $Al_4C_3 + 12HCl \rightarrow 4AlCl_3 + 3CH_4\uparrow$

참고 탄화알루미늄(Al_4C_3)의 화학반응식

• 탄화알루미늄(Al_4C_3)과 물(H_2O)의 반응식
$Al_4C_3 + 12H_2O \rightarrow 4Al(OH)_3 + 3CH_4\uparrow$
(탄화알루미늄)　(물)　(수산화알루미늄)　(메테인)

• 탄화알루미늄(Al_4C_3)과 염산(HCl)의 반응식
$Al_4C_3 + 12HCl \rightarrow 4AlCl_3 + 3CH_4\uparrow$
(탄화알루미늄)　(물)　(수산화알루미늄)　(메테인)

17 제3류 위험물인 금속칼륨에 대하여 다음 물음에 알맞은 답을 쓰시오.

① 이산화탄소와의 반응식을 쓰시오.
② 에테인올과의 반응식을 쓰시오.

해답 ① $4K + 3CO_2 \rightarrow 2K_2CO_3 + C$
② $2K + 2C_2H_5OH \rightarrow 2C_2H_5OK + H_2\uparrow$

참고 칼륨(K)의 화학반응식

• 칼륨(K)과 이산화탄소(CO_2)의 폭발반응식
$4K + 3CO_2 \rightarrow 2K_2CO_3 + C$
(칼륨) (이산화탄소)　(탄산칼륨)　(탄소)

• 칼륨(K)과 에틸알코올(C_2H_5OH)의 화학반응식
$2K + 2C_2H_5OH \rightarrow 2C_2H_5OK + H_2\uparrow$
(칼륨)　(에틸알코올)　(칼륨에틸레이트)　(수소)

18 제1류 위험물인 염소산칼륨에 관한 내용이다. 다음 각 물음에 답을 쓰시오.

① 완전분해 반응식을 쓰시오
② 염소산칼륨 24.5kg이 표준상태에서 완전분해시 생성되는 산소의 부피(m^3)를 구하시오 (단, 칼륨의 분자량 39, 염소의 분자량 35.5)

해답 ① $2KClO_3 \xrightarrow[\Delta]{400℃} 2KCl + 3O_2\uparrow$
② [계산과정]
염소산칼륨($KClO_3$)의 1kg분자량 (1mol) 39+35.5+16×3=122.5kg/kmol
표준상태에서 모든 기체 1kmol의 부피는 22.4m^3/kmol

$2KClO_3 \xrightarrow[\Delta]{400℃} 2KCl + 3O_2\uparrow$
2×122.5　:　　3 × 22.4
24.5　　:　　χ
$\chi = \dfrac{24.5 \times 3 \times 22.4}{2 \times 122.5} = 6.72m^3$
[답] 6.72m^3

참고 • 염소산칼륨($KClO_3$)의 완전 분해반응식
$2KClO_3 \xrightarrow[\Delta]{400℃} 2KCl + 3O_2\uparrow$
(염소산칼륨)　(염화칼륨)　(산소)

19 위험물안전관리법령상 위험물의 류별에 대하여 다음 빈칸에 알맞은 답을 쓰시오.

제1류 위험물	산화성고체	아이오딘산염류	300kg
		질산산염류	(④)
		과망가니즈산염류	1,000kg
		(②)	1,000kg
제2류 위험물	(①)	마그네슘	500kg
		철분	500kg
		금속분	500kg
		(③)	1,000kg
제4류 위험물	인화성액체	제2석유류 비수용성	(⑤)
		제2석유류 수용성	2,000L
		제3석유류 비수용성	2,000L
		제3석유류 수용성	(⑥)

해답 ① 가연성고체
② 다이크로뮴산염류
③ 인화성고체
④ 300kg
⑤ 1,000L
⑥ 4,000L

20 다음은 지정과산화물의 옥내저장소 저장창고 지붕의 기준이다. 알맞은 답을 쓰시오.

① 중도리 또는 서까래의 간격은 (㉮)cm이하로 할 것
② 지붕의 아래쪽 면에는 한 변의 길이가 (㉯)cm이하의 환강·경량 형강등으로 된 강제의 격자를 설치할 것
③ 지붕의 아래쪽 면에 (㉰)을 쳐서 불연재료의 도리·보 또는 서까래에 단단히 결합할 것
④ 두께 (㉱)cm이상, 너비 (㉲)cm이상의 목재로 만든 받침대를 설치할 것

해답 ㉮ 30 ㉯ 45
㉰ 철망 ㉱ 5
㉲ 30

2022년 11월 19일 시행

모든 계산문제는 소수 3째자리까지 계산하고 반올림하여 소수 2째 자리를 답으로 합니다.

01 제5류 위험물로서 담황색의 주상결정이며 분자량이 277이며 폭약의 재료로 사용되고 알코올, 벤젠, 아세톤에 잘녹는 이물질에 대하여 물음에 답하시오.

① 이 물질의 명칭을 화학식으로 쓰시오.
② 이 물질의 지정수량을 쓰시오.
③ 이 물질의 제조과정을 설명하시오.

해답 ① $C_6H_2CH_3(NO_2)_3$

② 100kg

③ 트라이나이트로톨루엔은 톨루엔에 나이트로화제인 진한질산과 진한황산의 혼합산을 작용시켜 제조한다.

02 제3류 위험물 트라이에틸알루미늄에 대하여 다음 물음에 알맞은 답을 쓰시오.

① 트라이에틸알루미늄과 물의 반응식을 쓰시오.
② 트라이에틸알루미늄 228g이 물과 반응할 때 생성되는 가연성가스의 부피(L)를 구하시오. (단, 표준상태이고, 알루미늄의 분자량은 27이다.)

해답 ① $(C_2H_5)_3Al + 3H_2O \rightarrow Al(OH)_3 + 3C_2H_6 \uparrow$

② [계산과정]

트라이에틸알루미늄[$(C_2H_5)_3Al$]의 1g 분자량 $12 \times 6 + 15 + 27 = 114g/mol$

$114g/mol : 3 \times 22.4L/mol =$
$228g \quad : \chi$

$\chi = \dfrac{228 \times 3 \times 22.4}{114} = 134.4L$

[답] 134.4L

참고 트라이에틸알루미늄[$(C_2H_5)_3Al$]과 물(H_2O)과의 반응식

$(C_2H_5)_3Al + 3H_2O \rightarrow Al(OH)_3 + 3C_2H_6 \uparrow$
(트라이에틸알루미늄) (물) (수산화알루미늄) (에테인)

03 다음 위험물의 시성식을 쓰시오.

① 아세톤
② 의산
③ 초산에틸
④ 트라이나이트로페놀
⑤ 아닐린

해답 ① CH_3COCH_3

② $HCOOH$

③ $CH_3COOC_2H_5$

④ $C_6H_2OH(NO_2)_3$

⑤ $C_6H_5NH_2$

04 위험물안전관리법령상 안전거리 기준이다. 다음 그림을 보고 괄호 안에 알맞은 답을 쓰시오.

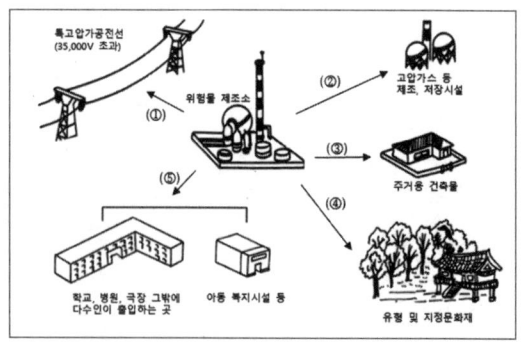

해답 ① 5m 이상 ② 20m 이상
③ 10m 이상 ④ 50m 이상
⑤ 30m 이상

05 다음 [보기]의 위험물 중 인화점이 낮은 번호 순서로 나열하시오.

> [보기]
> ① 초산에틸   ② 이황화탄소
> ③ 글리세린   ④ 클로로벤젠

해답 ② ① ④ ③

참고 제4류 위험물(인화성액체)의 인화점
① 초산에틸($CH_3COOC_2H_5$) -4℃
② 이황화탄소(CS_2) -30℃
③ 글리세린[$C_3H_5(OH)_3$] 160℃
④ 클로로벤젠(C_6H_5Cl) 32℃

06 금속칼륨이 다음 물질과 반응하는 반응식을 쓰시오. (단, 없으면 "해당 없음"이라 표기하시오.)

① 물
② 경유
③ 이산화탄소

해답 ① $2K + 2H_2O \rightarrow 2KOH + H_2 \uparrow$
② 해당 없음
③ $4K + 3CO_2 \rightarrow 2K_2CO_3 + C$

참고 칼륨(K)의 화학반응식

- 칼륨(K)과 물(H_2O)의 화학반응식
  $2K + 2H_2O \rightarrow 2KOH + H_2 \uparrow$
  (칼륨) (물) (수산화칼륨) (수소)

- 칼륨(K)과 이산화탄소(CO_2)의 폭발반응식
  $4K + 3CO_2 \rightarrow 2K_2CO_3 + C$
  (칼륨) (이산화탄소) (탄산칼륨) (탄소)

07 위험물안전관리법령에서 정한 소화설비의 소요단위에 대하여 다음 물음에 알맞은 소요단위를 구하시오.

① 다이에틸에터 2,000[L]
② 면적 1,500m²으로 외벽이 내화구조가 아닌 저장소
③ 면적 1,500m²으로 외벽이 내화구조로 된 제조소

해답 ① [계산과정]
다이에틸에터의 지정수량 50L,
위험물 1소요단위 지정수량의 10배
소요단위 = $\frac{2,000}{50 \times 10}$ = 4소요단위
[답] 4소요단위

② [계산과정]
외벽이 내화구조가 아닌 저장소
1소요단위 75m²
소요단위 = $\frac{1,500}{75}$ = 20소요단위
[답] 20소요단위

③ [계산과정]
외벽이 내화구조로 된 제조소 1소요단위 100m²
소요단위 = $\frac{1,500}{100}$ = 15소요단위
[답] 15소요단위

08 위험물안전관리법령상 운반의 기준에 따른 차광성 또는 방수성의 피복으로 모두 덮어야 하는 위험물의 품명을 다음 [보기]에서 모두 고르시오. (단, 없으면 "해당 없음"으로 표기하시오.)

[보기]
① 알칼리금속의 과산화물
② 특수인화물
③ 금속분
④ 제5류 위험물
⑤ 제6류 위험물
⑥ 인화성고체

해답 ① 알칼리금속의 과산화물

참고 방수성덮개를 하여야할 위험물
- 제1류위험물중 알칼리금속의 과산화물 또는 이를 함유한 것
- 제2류위험물중 마그네슘, 철분, 금속분 또는 이를 함유한 것
- 제3류위험물중 금수성물질

09 [보기]의 설명을 보고 물음에 알맞은 답을 쓰시오.

[보기]
- 분자량은 34이다.
- 표백작용과 살균작용을 한다.
- 일정 농도 이상인 것에 한하여 위험물로 본다.
- 운반용기 외부에 표시하여야 하는 주의사항은 가연물접촉주의이다.

① 해당 위험물의 명칭을 쓰시오.
② 시성식을 쓰시오.
③ 분해반응식을 쓰시오.
④ 제조소의 표지판에 설치하여야 하는 주의사항을 쓰시오. (단, 해당 없으면 "해당 없음"으로 표기하시오.)

해답 ① 과산화수소
② H_2O_2
③ $2H_2O_2 \xrightarrow{\Delta} 2H_2O + O_2 \uparrow$
④ 해당 없음

참고 과산화수소(H_2O_2)의 열분해반응식

$2H_2O_2 \xrightarrow{\Delta} 2H_2O + O \uparrow$
(과산화수소)   (물)   (산소)

10 크실렌의 이성질체 3가지에 대한 명칭과 구조식을 쓰시오.

해답

명칭	o-자일렌	m-자일렌	p-자일렌
구조식	(CH₃, CH₃ ortho 구조)	(CH₃, CH₃ meta 구조)	(CH₃, CH₃ para 구조)

참고 명칭을 크실렌으로 써도 정답처리됩니다.

11 다음 [보기]에서 제2석유류에 대한 설명으로 맞는 것을 모두 고르시오.

[보기]
① 등유, 경유
② 중유, 크레오소트유
③ 1기압에서 인화점이 섭씨 70도 이상 섭씨 200도 미만인 것을 말한다.
④ 1기압에서 인화점이 섭씨 200도 이상 섭씨 250도 미만인 것을 말한다.
⑤ 도료류, 그 밖의 물품에 있어서 가연성 액체량이 40중량퍼센트 이하이면서 인화점이 섭씨 40도 이상인 동시에 연소점이 섭씨 60도 이상인 것은 제외한다.

해답 ① ⑤

12 [보기]의 내용을 보고 다음 물음에 알맞은 답을 쓰시오.

> [보기]
> • 분자량은 78이다.
> • 휘발성이 있는 액체로 독특한 냄새가 난다.
> • 수소첨가반응으로 시클로헥산을 생성한다.

① 화학식
② 위험등급
③ 위험물안전카드의 휴대 여부를 쓰시오. (단, [보기]의 조건으로 알 수 없으면 알 수 없음을 적으시오.)
④ 장거리에 걸치는 운송을 하는 때에는 2명 이상의 운전자로 하여야 한다. 이에 해당하는지 여부를 쓰시오. (단, [보기]의 조건으로 알 수 없으면 알 수 없음을 적으시오.)

해답 ① C_6H_6
② Ⅱ
③ 휴대 하여야 한다.
④ 해당 없음

참고 위험물 안전카드는 특수인화물과 제1석유류를 운송하는 경우 휴대하여야 한다.
• 운전자 1명이 운송할 수 있는 경우
  1) 운송책임자를 동승시킨 경우
  2) 운송하는 위험물이 제2류 위험물·제3류 위험물(칼슘 또는 알루미늄의 탄화물과 이것만을 함유한 것에 한한다.)또는 제4류 위험물(특수인화물을 제외한다.)인 경우
  3) 운송도중에 2시간 이내마다 20분 이상씩 휴식하는 경우

13 [보기]를 보고 물음에 알맞은 답을 쓰시오

> [보기]
> 질산나트륨, 과산화수소, 메틸에틸케톤, 염소산암모늄, 알루미늄분

① [보기]에서 연소가 가능한 위험물을 모두 쓰시오.
② ①의 위험물 중 완전연소반응식 1가지만 쓰시오.

해답 ① 메틸에틸케톤, 알루미늄분
② $2CH_3COC_2H_5 + 11O_2 \rightarrow 8CO_2\uparrow + 8H_2O$ 또는 $4Al + 3O_2 \rightarrow 2Al_2O_3$

참고 위험물의 연소반응식
• 메틸에틸케톤($CH_3COC_2H_5$)의 완전연소 반응식

$2CH_3COC_2H_5 + 11O_2 \rightarrow 8CO_2\uparrow + 8H_2O$
(메틸에틸케톤) (산소) (이산화탄소) (물)

• 알루미늄(Al)분의 연소반응

$4Al + 3O_2 \rightarrow 2Al_2O_3$
(알루미늄) (산소) (산화알루미늄)

14 위험물안전관리법령에서 정한 제1류 위험물인 질산암모늄은 분해하여 N_2, O_2, H_2O를 생성한다. 다음 물음에 답하시오.

① 질산암모늄의 분해 반응식을 쓰시오.
② 질산암모늄 1몰이 0.9기압, 300℃에서 분해할 때 생성되는 H_2O의 부피(L)를 구하시오.

해답 ① $2NH_4NO_3 \underset{\Delta}{\rightarrow} 2N_2\uparrow + 4H_2O + O_2\uparrow$
② [계산과정]

$PV = nRT$ 에서 $V = \dfrac{nRT}{P}$ 이므로

$V = \dfrac{nRT}{P} \times 2$

$V = \dfrac{1 \times 0.082 \times (300 + 273)}{0.9} \times 2$
= 104.413

[답] 104.41L

참고 질산암모늄(NH_4NO_3)의 열분해반응식

$$2NH_4NO_3 \xrightarrow{\Delta} 2N_2\uparrow + 4H_2O + O_2\uparrow$$
(질산암모늄)　　(질소)　(물)　(산소)

15 다음 탱크의 최대 용량은 몇 L인지 구하시오.

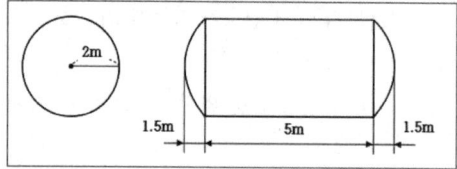

해답 [계산과정]

탱크의 최대용량은 공간용적을 $\frac{5}{100}$ 이상으로 하므로 용적율은 95% 이하로 한다.

용량(V) = $\pi r^2(\ell + \frac{\ell_1 + \ell_2}{3}) \times 0.95$

= $\pi 2^2 (5 + \frac{1.5 + 1.5}{3}) \times 0.95$

= $71.628m^3$

[답] $71.63m^3$

16 금속나트륨과 에테인올이 반응하여 가연성 기체를 발생한다. 다음 물음에 알맞은 답을 쓰시오.

① 에테인올과 금속나트륨의 반응식을 쓰시오.

② ①의 반응에서 생성되는 가연성 기체의 위험도를 구하시오.

해답 ① $2Na + 2C_2H_5OH \rightarrow 2C_2H_5ONa + H_2\uparrow$

② [계산과정]

수소(H_2)의 연소범위 4~75%

위험도(H) = $\frac{U-L}{L}$ 에서

H = $\frac{75-4}{4}$ = 17.75

[답] 17.75

참고 금속나트륨(Na)과 에틸알코올(C_2H_5OH)과 반응식

$$2Na + 2C_2H_2OH \rightarrow 2C_2H_5ONa + H_2\uparrow$$
(나트륨)　(에틸알코올)　(나트륨에틸라이드)　(수소)

17 위험물안전관리법령에 따른 위험물 저장·취급기준이다. 다음 빈칸을 채우시오.

① (　　)위험물은 가연물과의 접촉·혼합이나 분해를 촉진하는 물품과의 접근 또는 과열을 피하여야 한다.

② (　　)위험물은 불티·불꽃·고온제와의 접근 또는 과열을 피하고, 함부로 증기를 발생시키지 아니하여야 한다.

③ (　　)위험물은 불티·불꽃·고온체와의 접근이나 과열·충격 또는 마찰을 피하여야 한다.

■ 유별을 달리하는 위험물은 동일한 저장소에 저장할 수 없는데, 유별로 정리하여 서로 1m 이상의 간격을 두면 동일한 실에 함께 저장할 수 있다. 다음 (　　)안에 알맞은 답을 쓰시오.

④ 제1류 위험물과 (　　)위험물

⑤ 제2류 위험물 중 인화성고체와 (　　)위험물

해답 ① 제6류 ② 제4류 ③ 제5류
　　　④ 제6류 ⑤ 제4류

참고 유별을 달리하는 위험물을 동일한 저장소(옥내저장소, 옥외저장소)에 저장하지 아니하나 다음의 경우에는 유별로 정리하여 저장하는 한편 1m 이상 간격을 두면 저장할 수 있다.

• 제1류 위험물과 제6류 위험물을 저장하는 경우

• 제1류 위험물과 제3류 위험물 중 자연발화성물질(황린 또는 이를 함유한 것에 한한다.)을 저장하는 경우

- 제1류 위험물(알칼리금속의 과산화물 또는 이를 함유한 것을 제외한다.)과 제5류 위험물을 저장하는 경우
- 제2류 위험물 중 인화성고체와 제4류 위험물을 저장하는 경우
- 제3류 위험물 중 알킬알루미늄 등과 제4류 위험물(알킬알루미늄 또는 알킬리튬을 함유한 것에 한한다.)을 저장하는 경우
- 제4류 위험물 중 유기과산화물 또는 이를 함유하는 것과 제5류 위험물 중 유기과산화물 또는 이를 함유한 것을 저장하는 경우

18 위험물안전관리법령에 따른 안전교육의 과정, 기간과 그 밖의 교육의 실시에 관한 사항이다. 다음 [표]의 빈칸에 알맞은 답을 쓰시오. (단, 안전관리자, 위험물운반자, 위험물운송자, 탱크시험자 중 고르시오.)

교육과정	교육대상자	교육시간
강습교육	(①)가 되려는 사람	24시간
	(②)가 되려는 사람	8시간
	(③)가 되려는 사람	16시간
실무교육	(①)	8시간 이내
	(②)	4시간
	(③)	8시간 이내
	(④)의 기술인력	8시간 이내

해답 ① 안전관리자　② 위험물운반자
③ 위험물운송자　④ 탱크시험자

19 다음 조건을 보고 위험물제조소의 방화상 유효한 담의 높이(h)를 구하시오.

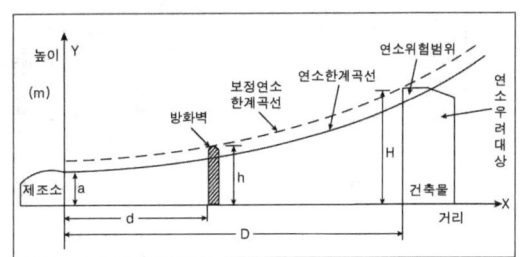

- D : 제조소등과 인근 건축물 또는 공작물과의 거리 10m
- H : 인근 건축물 또는 공작물의 높이 40m
- a : 제조소등의 외벽의 높이 30m
- d : 제조소등과 방화상 유효한 담과의 거리 5m
- p : 상수 0.15

해답 [계산과정]

$H \leq pD^2+a$에서 $40 \leq 0.15 \times 10^2 + 30$은 $40 \leq 45$ 이므로

h = 2m 이상이다.

[답] 2m 이상

참고 $H > pD^2+a$의 경우 $h = H-p(D^2-d^2)$의 공식으로 방화상 유효한 담의 높이를 구한다.

20 위험물안전관리법령에서 정한 소화설비 적응성에 대한 내용이다. 다음 표의 적응성이 있는 것에 ○표를 하시오.

소화설비의 구분		건축물·그 밖의 공작물	전기설비	제1류 위험물		제2류 위험물			제3류 위험물		제4류 위험물	제5류 위험물	제6류 위험물
				알칼리금속과산화물등	그 밖의 것	철분·금속분·마그네슘	인화성고체	그 밖의 것	금수성물품	그 밖의 것			
옥내소화전 또는 옥외소화전설비													
스프링클러설비													
물분무등소화설비	물분무소화설비												
	불활성가스소화설비												
	할로젠화합물소화설비												

해답

소화설비의 구분		건축물·그 밖의 공작물	전기설비	제1류 위험물		제2류 위험물			제3류 위험물		제4류 위험물	제5류 위험물	제6류 위험물
				알칼리금속과산화물등	그 밖의 것	철분·금속분·마그네슘	인화성고체	그 밖의 것	금수성물품	그 밖의 것			
옥내소화전 또는 옥외소화전설비		○			○		○	○		○		○	○
스프링클러설비		○			○		○	○		○	△	○	○
물분무등소화설비	물분무소화설비	○	○		○		○	○		○	○	○	○
	불활성가스소화설비		○				○				○		
	할로젠화합물소화설비		○				○				○		

2023년 4월 22일 시행

모든 계산문제는 소수 3째자리까지 계산하고 반올림하여 소수 2째자리를 답으로 합니다.

01 다음 소화약제의 물음에 대하여 물음에 답하시오.

① 제2종 분말소화약제의 주성분을 화학식으로 쓰시오.
② 제3종 분말소화약제의 주성분을 화학식으로 쓰시오.
③ IG-55의 구성성분과 비율을 쓰시오.
④ IG-541의 구성성분과 비율을 쓰시오.
⑤ IG-100의 구성성분과 비율을 쓰시오.

해답 ① $KHCO_3$
② $NH_4H_2PO_4$
③ N_2 50%, Ar 50%
④ N_2 52%, Ar 40%, CO_2 8%
⑤ N_2 100%

02 위험물안전관리법령에서 정한 소화설비의 소요단위에 관한 내용이다. 다음 [보기] 보고 물음에 답하시오.

[보기]
옥내저장소
• 내화구조
• 연면적 150m²
• 에테인올 1,000L, 등유 1,500L, 동식물유류 20,00L, 특수인화물 500L

① 옥내저장소의 소요단위를 구하시오.
② 위 위험물을 저장할 경우 소요단위를 구하시오.

해답 ① [계산과정]
저장소가 내화구조의 경우 연면적 150m²가 1소요단위이다.

소요단위 = $\dfrac{150m^2}{150m^2/소요단위}$
= 1소요단위

[답] 1소요단위

② [계산과정]
위험물1소요단위 = 지정수량의 10배
위험물의 지정수량
에테인올 400L, 등유 1,000L, 동식물유류 10,00L, 특수인화물 50L

위험물의 소요단위 =
$\dfrac{1,000\ell}{400\ell \times 10} + \dfrac{1,500\ell}{1,000\ell \times 10}$
$+ \dfrac{2,000\ell}{10,000\ell \times 10} + \dfrac{500\ell}{50\ell \times 10}$
= 1.6소요단위

[답] 1.6소요단위

03 제1류 위험물인 과망가니즈산칼륨에 대하여 다음 물음에 답하시오.

① 지정수량을 쓰시오.
② 묽은 황산과 반응할 경우와 열분해할 경우 공동으로 생성되는 기체의 명칭을 쓰시오.
③ 위험등급을 쓰시오.

해답 ① 1,000kg ② 산소 ③ Ⅲ등급

참고 과망가니즈산칼륨($KMnO_4$)의 화학반응식
• 과망가니즈산칼륨($KMnO_4$)과 묽은 황산(H_2SO_4)의 반응식

$4KMnO_4 + 6H_2SO_4 \rightarrow 2K_2SO_4$
(과망가니즈산칼륨) (황산) (황산칼륨)
$+ 4MnSO_4 + 6H_2O + 5O_2 \uparrow$
(황산망가니즈) (물) (산소)

• 과망가니즈산칼륨($KMnO_4$)의 열분해반응식

$2KMnO_4 \xrightarrow[\Delta]{240℃} K_2MnO_4 + MnO_2 + O_2 \uparrow$
(과망가니즈산칼륨) (망가니즈산칼륨) (이산화망가니즈) (산소)

04 다음 제2류 위험물에 대하여 다음 물음에 알맞은 답을 쓰시오.

① 황화인의 화학식을 쓰시오.
  • 삼황화인의 화학식:
  • 오황화인의 화학식:
  • 칠황화인의 화학식:
  • 연소시 공통으로 생성되는 기체의 화학식:
② 황화인 중에서 1몰당 산소 7.5몰을 필요로 하는 황화인의 완전연소반응식을 쓰시오.
③ 황화인을 운반용기에 수납 운반용기 외부에 표시하여야 할 주의사항을 쓰시오.

[해답] ① 황화인의 화학식
  • 삼황화인의 화학식 P_4S_3,
  • 오황화인의 화학식 P_2S_5,
  • 칠황화인의 화학식 P_4S_7
  • 공통 생성기체의 화학식 P_2O_5, SO_2
② $2P_2S_5 + 15O_2 \rightarrow 2P_2O_5 + 10SO_2 \uparrow$
③ 화기주의

[참고] 황화인의 연소반응식
  • 삼황화인의 연소반응식
    $P_4S_3 + 8O_2 \rightarrow 2P_2O_5 + 3SO_2 \uparrow$
    (삼황화인) (산소) (오산화인) (이산화황)
  • 오황화인의 연소반응식
    $2P_2S_5 + 15O_2 \rightarrow 2P_2O_5 + 10SO_2 \uparrow$
    (오황화인) (산소) (오산화인) (이산화황)
  • 칠황화인의 연소반응식
    $P_4S_7 + 12O_2 \rightarrow 2P_2O_5 + 7SO_2 \uparrow$
    (칠황화인) (산소) (오산화인) (이산화황)

05 적린이 완전연소하는 경우 다음 물음에 알맞은 답을 쓰시오.

① 적린이 연소 시 생성하는 기체의 명칭을 쓰시오.
② 적린이 연소 시 생성하는 기체의 명칭을 화학식으로 쓰시오.
③ 적린이 연소 시 생성되는 기체의 색상을 쓰시오.

[해답] ① 오산화인 ② P_2O_5 ③ 백색

06 다음 [보기]의 위험물 중 지정수량 400L인 제4류 위험물과 제조소 등의 게시판에 설치하여야 할 주의사항 중 "화기엄금"과 '물기 엄금'에 해당하는 물질이 반응하는 화학반응식을 쓰시오. (단, 해당 없으면 해당없음으로 표기하시오.)

[보기]
에틸알코올, 칼륨, 질산메틸, 톨루엔, 과산화나트륨

[해답] $2K + 2C_2H_5OH \rightarrow 2C_2H_5OK + H_2$

[참고] 제4류 위험물(인화성액체)중 지정수량 400L인 것은 알코올류이므로 에틸알코올(C_2H_5OH)이 해당되며 물기엄금 게시판을 하여야 하는 위험물은 제3류 위험물 금수성물질인 칼륨(K)이다.

• 위험물의 지정수량
− 칼륨(K): 제3류 위험물 금수성물질 10kg
− 질산메틸(CH_3ONO_2): 제5류 위험물 질산에스터류 10kg

- 톨루엔($C_6H_5CH_3$): 제4류 위험물 제1석유류 200L(비수용성)
- 과산화나트륨(Na_2O_2): 제1류 위험물 알칼리금속의 과산화물 50kg

07 2몰의 리튬이 물과 반응할 경우 다음 물음에 답하시오.

① 반응식을 쓰시오.

② 생성되는 기체의 부피를 구하시오.
(단, 1atm 25℃이다.)

해답 ① $2Li + 2H_2O \rightarrow 2LiOH + H_2\uparrow$

② [계산과정]

H_2(수소)의 1g분자량 2g/mol

$PV = \dfrac{WRT}{M}$ 에서 $V = \dfrac{WRT}{PM}$ 이므로

$V = \dfrac{2 \times 0.082 \times (25+273)}{1 \times 2}$

　= 24.436L

[답] 24.44L

08 인화알루미늄 580g이 표준상태에서 물과 반응하여 생성되는 기체의 부피는 몇 L인가?

해답 [계산과정]

인화알루미늄(AlP) 1g분자량(1mol)
= 27+31 = 58g/mol

표준상태(0℃, 1atm)에서 모든 기체 1mol이 차지하는 부피는 22.4L/mol이다.

$AlP + 3H_2O \rightarrow Al(OH)_3 + PH_3$ 에서

58g/mol　　:　22.4L/mol =
580g　　　　:　χ

PH_3(인화수소)의 부피(χ)

$= \dfrac{580g \times 22.4L/mol}{58g/mol} = 224L$

[답] 224L

09 제3류 위험물인 탄화칼슘에 대하여 다음 물음에 답하시오.

① 탄화칼슘과 수분이 반응하는 반응식을 쓰시오.

② ①에서 생성되는 기체와 구리와의 반응식을 쓰시오.

③ 물과 반응한 탄화칼슘을 구리용기에 저장하면 위험한 이유를 쓰시오.

해답 ① $CaC_2 + 2H_2O \rightarrow Ca(OH)_2 + C_2H_2\uparrow$

② $C_2H_2 + 2Cu \rightarrow Cu_2C_2 + H_2\uparrow$

③ 생성된 아세틸렌과 구리와 반응하면 폭발성의 구리아세틸리드를 생성한다.

10 다음 설명하는 위험물에 대하여 다음 물음에 답하시오.

> 옥외저장탱크는 벽 및 바닥의 두께가 0.2m 이상이고 누수가 되지 아니하는 철근콘크리트의 수조에 넣어 보관하여야 한다. 이 경우 보유공지와 통기관 및 자동계량장치는 생략할 수 있다.

① 설명하는 위험물의 연소반응식을 쓰시오.

② 품명을 쓰시오.

③ ②의 위험물과 다음 [보기]의 위험물 중 혼재가 가능한 위험물을 모두 쓰시오.
(단, 없으면 없음이라 표기하시오.)

> [보기]
> 과염소산, 과산화나트륨, 과망가니즈산칼륨, 브로모트라이플루오로메탄

해답 ① $CS_2 + 3O_2 \rightarrow CO_2\uparrow + 2SO_2\uparrow$

② 특수인화물

③ 해당없음

참고 본문의 이황화탄소(CS_2)는 제4류 위험물(인화성액체)이며 보기의 위험물 과산화나트륨(Na_2O_2), 과망가니즈산칼륨($KMnO_4$)은 제1류 위험물(산화성고체)이며 과염소산($HClO_4$), 브로모트라이플루오로메탄(CF_3Br)은 제6류 위험물(산화성액체)이므로 혼재금지 위험물 암기방법 사이삼, 오이사, 육하나에 의해 혼재할 수 없다.

11 제4류 위험물 중 알코올류에 대한 내용이다. 다음 설명 중 틀린 부분을 모두 알맞게 수정하시오. (단, 없으면 해당없음이라고 표기하시오.)

① 1분자를 구성하는 탄소원자의 수가 1~3개까지인 포화 1가 알코올(변성알코올을 포함한다.)을 말한다.
② 가연성액체량이 60vol[%] 미만인 것은 제외한다.
③ 모든 알코올류는 지정수량이 400L이다.
④ 위험등급이 Ⅱ이다.
⑤ 옥내저장소에서 저장창고의 바닥면적이 1,000m² 이하이다.

해답 ② vol[%] → wt[%]

12 다음 위험물의 완전연소반응식을 쓰시오.

① 아세트산
② 메탄올
③ 메틸에틸케톤

해답 ① $CH_3COOH + 2O_2 \rightarrow 2CO_2 \uparrow + 2H_2O$
② $2CH_3OH + 3O_2 \rightarrow 2CO_2 \uparrow + 4H_2O$
③ $2CH_3COC_2H_5 + 11O_2 \rightarrow 8CO_2 \uparrow + 8H_2O$

13 위험물안전관리법령상 동식물유류에 관한 물음에 알맞은 답을 쓰시오.

① 아이오딘가의 정의를 쓰시오.
② 동식물유류를 아이오딘값에 따라 분류하고 아이오딘값의 범위를 쓰시오.

해답 ① 유지 100g에 부가되는 아이오딘의 g수
② 건성유: 130이상
반건성유: 100~130
불건성유: 100이하

14 제5류 위험물인 트라이나이트로톨루엔에 대하여 다음 물음에 답하시오.

① 트라이나이트로톨루엔 제조과정을 재료 중심으로 설명하시오. (단, 나이트로화하여 제조한다.)
② 구조식을 그리시오.

해답 ① 톨루엔에 나이트로화제인 진한질산과 진한황산을 혼합하여 제조한다.
②
O_2N ― 벤젠고리에 CH_3(위), NO_2(좌상), NO_2(우상), NO_2(하) 치환

15 제6류 위험물인 과산화수소에 대하여 다음 물음에 알맞은 답을 쓰시오.

① 과산화수소 저장 및 취급 시 분해를 막기 위하여 넣어 주는 안정제 한 가지를 쓰시오.
② 과산화수소의 분해반응식을 쓰시오.
③ 해당 물질을 옥외저장소에 저장이 가능한지 여부를 쓰시오.

해답 ① 인산, 요산 중 한가지
② $2H_2O_2 \xrightarrow{\Delta} 2H_2O + O_2\uparrow$
③ 가능

16 제조소 등에 설치하는 배출설비에 대하여 다음 물음에 알맞은 답을 쓰시오.

① 배출장소의 용적이 300m³일 경우 국소배출 방식의 배출설비의 1시간당 배출능력을 구하시오.

② 바닥면적이 100m²일 경우 전역방출방식의 배출설비의 1m³당 배출능력을 구하시오.

해답 ① [계산과정]

시간당 배출능력 = 배출장소의 용적 × 20배/hr 이상 이므로

300m³ × 20/hr = 6,000m³/hr

[답] 6,000m³/hr 이상

② [계산과정]

배출능력 = 바닥면적 1m² 당 18m³이상 이므로 /m²

100m² × 18m³/m² = 1,800m³

[답] 1,800m³

17 다음은 위험물안전관리법령상 제조소의 특례에 대한 기준이다. ( )안에 알맞은 답을 쓰시오.

• (①)등을 취급하는 제조소의 특례는 다음 각 목과 같다.
  - (①)등을 취급하는 설비의 주위에는 누설범위를 국한하기 위한 설비와 누설된 (①)등을 안전한 장소에 설치된 저장실에 유입시킬 수 있는 설비를 갖출 것
  - (①)등을 취급하는 설비에는 불활성기체를 봉입하는 장치를 갖출 것

• (②)등을 취급하는 제조소의 특례는 다음 각 목과 같다.
  - (②)등을 취급하는 설비에는 은·수은·동·마그네슘 또는 이들을 성분으로 하는 합금으로 만들지 아니할 것
  - (②)등을 취급하는 설비에는 연소성 혼합기제의 생성 의한 폭발을 방지하기 위한 불활성기제 또는 증기를 봉입하는 장치를 갖출 것
  - (②)등을 취급하는 탱크(옥외에 있는 탱크 또는 옥내에 있는 탱크로서 그 용량이 지정수량의 5분의 1미만의 것을 제외한다.)에는 냉각장치 또는 저온을 유지하기 위한 장지(이하 "보냉장치"라 한다.) 및 연소성 혼합기체의 생성에 의한 폭발을 방지하기 위한 불활성기기체를 봉입하는 장치를 갖출 것. 다만, 지하에 있는 탱크가 (②)등의 온도를 저온으로 유지할 수 있는 구조인 경우에는 냉각장치 및 보냉장치를 갖추지 아니할 수 있다.

• (③)등을 취급하는 제조소의 특례는 다음 각 목과 같다.
  - 지정수량 이상의 (③)등을 취급하는 제조소의 위치는 건축물의 벽 또는 이에 상당하는 공작물의 외측으로 부터 해당 제조소의 외벽 또는 이에 상당하는 공작물의 외측까지의 사이에 다음 식에 의하여 요구되는 거리 이상의 안전거리를 둘 것

  $D = 51.1\sqrt[3]{N}$

  D : 거리(m)

  N : 해당 제조소에서 취급하는 하이드록실아민등의 지정수량의 배수

해답 ① 알킬알루미늄 ② 아세트알데하이드
③ 하이드록실아민

18 옥외저장소에 저장되어 있는 드럼통에 중유만을 쌓을 경우 각 물음에 답하시오.

① 옥외저장소에서 위험물을 수납한 용기를 선반에 저장하는 경우 저장 높이는 몇 m인가?
② 기계에 의하여 하역하는 구조로 된 용기만을 겹쳐 쌓는 경우 저장 높이는 몇 m인가?
③ 중유만을 저장할 경우 저장 높이는 몇 m인가?

해답 ① 6m를 초과하지 아니할 것
② 6m를 초과하지 아니할 것
③ 4m를 초과하지 아니할 것

참고
- 옥외저장소에 선반을 설치하는 경우 선반의 높이는 6m를 초과하지 아니할 것
- 옥외저장소에서 위험물의 저장 높이 (규정 높이를 초과하여 용기를 겹쳐 쌓지 아니할 것)
  - 기계에 의하여 하역하는 구조로 된 용기만을 겹쳐 쌓는 경우: 6m
  - 제4류 위험물중 제3석유류, 제4석유류 및 동식물유류를 수납하는 용기만 겹쳐 쌓는 경우: 4m
  - 그 밖의 경우: 3m

19 위험물안전관리법령상 위험물의 저장 및 취급에 관한 기준이다. 다음 ( )안에 알맞은 답을 쓰시오.

- 옥외저장탱크, 옥내저장탱크 또는 지하저장탱크 중 압력탱크 외의 탱크에 저장하는 다이에틸에터등 또는 아세트알데하이드 등의 온도는 산화프로필렌과 이를 함유한 것 또는 다이에틸에터 등에 있어서는 (①)℃이하로, 아세트알데하이드 또는 이를 함유한 것에 있어서는 (②)℃이하로 각각 유지할 것
- 옥외저장탱크, 옥내저장탱크 또는 지하저장탱크 중 압력탱크에 저장하는 아세트알데하이드 등 또는 다이에틸에터 등의 온도는 (③)℃ 이하로 유지할 것
- 보냉장치가 있는 이동저장탱크에 저장하는 아세트알데하이드 등 또는 다이에틸에터 등의 온도는 당해 위험물의 (④) 이하로 유지할 것
- 보냉장치가 없는 이동저장탱크에 저장하는 아세트알데하이드 등 또는 다이에틸에터 등의 온도는 (⑤)℃ 이하로 유지할 것

해답 ① 30 ② 15 ③ 40 ④ 비점 ⑤ 40

20 다음 [보기]는 위험물안전관리법령상 주유취급소에 대한 기준이다. 물음에 답하시오.

[보기]
㉠ 주유공지를 확보하지 않아도 된다.
㉡ 지하저장탱크에서 직접 주유하는 경우 탱크용량에 제한을 두지 않아도 된다.
㉢ 고정주유설비 또는 고정급유설비의 주유관의 길이에 제한을 두지 않아도 된다.
㉣ 담 또는 벽을 설치하지 않아도 된다.
㉤ 캐노피를 설치하지 않아도 된다.

① 항공기 주유취급소 특례에 해당하는 것을 모두 고르시오.
② 자가용 주유취급소 특례에 해당하는 것을 모두 고르시오.
③ 선박 주유취급소 특례에 해당하는 것을 모두 고르시오.

해답 ① ㉠ ㉡ ㉢ ㉣ ㉤
② ㉠
③ ㉠ ㉡ ㉢ ㉣

2023년 7월 22일 시행

모든 계산문제는 소수 3째자리까지 계산하고 반올림하여 소수 2째자리를 답으로 합니다.

01 다음 소화약제에 대하여 화학식을 쓰시오.

① 제2종 분말소화약제
② 할론 1301
③ IG-100

해답 ① $KHCO_3$, ② CF_3Br, ③ N_2

02 탄산수소나트륨 분말소화설비에 대하여 다음 물음에 답하시오.

① 탄산수소나트륨의 1차(270℃) 분해 반응식을 쓰시오.
② 탄산수소나트륨 10kg이 분해 시 생성되는 이산화탄소의 부피(m^3)를 구하시오.

해답 ① $2NaHCO_3 \xrightarrow[\Delta]{270℃} Na_2CO_3 + CO\uparrow + H_2O$

② [계산과정]
탄산수소나트륨($NaHCO_3$)의 1kg 분자량(kmol)=23+1+12+16×3
=84kg/kmol
$PV = \dfrac{WRT}{M}$ 에서 $V = \dfrac{WRT}{PM}$ 이며
탄산수소나트륨($NaHCO_3$) 2kmol이 분해하여 이산화탄소(CO_2) 1kmol이 생성되므로 계산식에 $\dfrac{1}{2}$를 곱하여 줍니다.

이산화탄소의 체적(V) = $\dfrac{WRT}{PM} \times \dfrac{1}{2}$
= $\dfrac{10 \times 0.082 \times (270+273)}{1 \times 84} \times \dfrac{1}{2}$
= 2.650m^3

[답] 2.65m^3

03 20℃의 물 10kg으로 주수 소화 시 100℃ 수증기로 흡수되는 열량(kcal)을 구하시오.

해답 [계산과정]
Q(총열량) = $Q_1 + Q_2$
$Q_1 = Cm\Delta t$, $Q_2 = mr$ 에서
Q = 1×10×(100−20)+10×539
= 6,190kcal

[답] 6,190kcal

참고 ・Q_1 : 현열(kcal), C : 비열(물의 비열 1kcal/kg℃), m : 질량(kg), Δt : 온도차(℃)]
・Q_2 : 잠열(kcal), m : 질량(kg), r : 물의 기화열(539kcal/kg)

04 다음 [보기]의 설명 중 맞는 내용의 번호를 모두 고르시오.

① 제1류 위험물은 주수소화가 가능한 물질이 있고 그렇지 않은 물질이 있다.
② 마그네슘 화재 시 물분무소화는 적응성이 없어 이산화탄소소화기로 소화가 가능하다.
③ 제6류 위험물을 저장 또는 취급하는 장소로서 폭발의 위험이 없는 장소에 한하여 이산화탄소 소화기는 적응성이 있다.
④ 건조사는 모든 류별의 위험물에 소화적응성이 있다.
⑤ 에테인올은 물보다 비중이 높아 물로 소화 시 화재면이 확대되어 주수소화가 불가능하다.

해답 ① ③ ④

참고 ② 마그네슘 화재 시 물분무 소화는 폭발의 위험이 있으며 이산화탄소소화기도 소화 시 폭발의 위험이 있다.
⑤ 에탄올은 물보다 비중이 낮으며 물에 잘 녹으므로 물로 소화 시 알코올의 농도를 낮추어 희석하므로 주수소화가 가능하다.

05 제1류 위험물인 염소산칼륨에 대하여 다음 물음에 답하시오.

① 완전분해반응식을 쓰시오.
② 염소산칼륨 1kg이 완전 분해할 경우 생성되는 산소의 부피(m^3)를 구하시오. (단, 표준상태이고, 염소산칼륨의 분자량은 123이다.)

해답 ① $2KClO_3 \xrightarrow{\Delta} 2KCl + 3O_2\uparrow$
② [계산과정]
염소산칼륨($KClO_3$)의 1kg분자량 = 123kg/kmol
표준상태(0℃, 1atm)에서 모든 기체 1kmol이 차지하는 부피는 22.4m^3/kmol 이다.
$2KClO_3 \xrightarrow{\Delta} 2KCl + 3O_2\uparrow$
2×123kg/kmol : $3\times22.4m^3$/kmol
1kg : χ
$\chi = \dfrac{1\times3\times22.4}{2\times123} = 0.273m^3$
[답] 0.27m^3

06 흑색화약의 종류 3가지에 대하여 화학식과 품명을 쓰시오. (단, 위험물이 아닌 경우 해당없음을 표시하시오.)

해답 ① KNO_3, 질산염류
② S, 황
③ C, 해당없음

07 제3류 위험물인 트라이에틸알루미늄에 대하여 다음 물음에 답하시오.

① 트라이에틸알루미늄과 물의 반응식을 쓰시오.
② 트라이에틸알루미늄 1몰이 물과 반응할 경우 생성되는 에테인의 부피(L)를 구하시오. (단, 표준상태이다.)
③ 트라이에틸알루미늄을 옥내저장소에 저장할 경우 바닥 면적을 쓰시오.

해답 ① $(C_2H_5)_3Al + 3H_2O \rightarrow Al(OH)_3 + 3C_2H_6\uparrow$
② [계산과정]
표준상태(0℃, 1atm)에서 모든 기체 1mol이 차지하는 부피는 22.4L/mol 이다.
$(C_2H_5)_3Al + 3H_2O \rightarrow Al(OH)_3 + 3C_2H_6\uparrow$
1mol : 3mol
에테인(C_2H_6) 3mol의 부피
= 3mol × 22.4L/mol = 67.2L
[답] 67.2L
③ 1,000m^2이하

참고 트라이에틸알루미늄[$(C_2H_5)_3Al$]은 위험등급 Ⅰ이므로 옥내저장소의 바닥 면적은 1,000m^2 이하이다.

08 설명하는 제3류 위험물에 대하여 다음 물음에 답하시오.

- 불꽃색상은 붉은색이다.
- 비중 0.53
- 융점 180℃
- 은백색의 연한 경금속

① 물과의 반응식을 쓰시오.

② 위험등급을 쓰시오.

③ 해당 물질 1,000kg을 제조소에서 취급 시 보유공지를 쓰시오.

해답 ① $2Li + 2H_2O \rightarrow 2LiOH + H_2 \uparrow$

② Ⅱ등급

③ [계산과정]

Li(리튬)의 지정수량 : 50kg

지정수량의 배수 $= \dfrac{1,000}{50} = 20$배

보유공지는 지정수량 10배를 초과하므로 5m 이상이다.

[답] 5m 이상

09 탄화칼슘에 대하여 다음 물음에 답하시오.

① 탄화칼슘이 산화 반응할 경우 산화칼슘과 이산화탄소를 생성하는 반응식을 쓰시오.

② 질소와 고온에서 반응할 경우 생성되는 물질 2가지 쓰시오.

해답 ① $2CaC_2 + 5O_2 \rightarrow 2CaO + 4CO_2 \uparrow$

② 칼슘사이아나미드, 탄소

참고 탄화칼슘(CaC_2)과 질소(N_2)의 반응식

$CaC_2 + N_2 \xrightarrow[\text{가열}]{\text{약}700℃} CaCN_2 + C$
(탄화칼슘)(질소)　　(칼슘사이아나미드)(탄소)

10 인화점 측정방법방식) 3가지를 쓰시오.

해답 태그밀폐식, 신속평형법, 클리브랜드개방컵

11 다음 설명하는 위험물에 대하여 다음 물음에 답하시오.

- 환원력이 강하다.
- 은거울반응과 펠링반응을 한다.
- 물, 에터, 알코올에 잘 녹는다.
- 산화하여 아세트산이 되기 쉽다.

① 명칭

② 화학식

③ 지정수량

④ 위험등급

해답 ① 아세트알데하이드, ② CH_3CHO,

③ 50L, ④ Ⅰ등급

12 톨루엔 1,000L, 스티렌 2,000L, 아닐린 4,000L, 실린더유 6,000L, 올리브유 20,000L가 저장되어 있을 경우 지정수량배수의 합을 구하시오.

해답 [계산과정]

위험물의 지정수량

톨루엔 200L, 스티렌 1,000L, 아닐린 2,000L, 실린더유 6,000L, 올리브유 10,000L

지정수량배수의 합

$= \dfrac{1,000}{200} + \dfrac{2,000}{1,000} + \dfrac{4,000}{2,000} + \dfrac{6,000}{6,000} + \dfrac{20,000}{10,000}$

$= 12$배

[답] 12배

13 클로로벤젠에 대하여 다음 물음에 답하시오.

① 화학식

② 품명

③ 지정수량

해답 ① C_6H_5Cl, ② 제2석유류, ③ 1,000L

14 제5류 위험물로서 규조토에 흡수시켜 다이너마이트를 제조하는 물질에 대하여 다음 물음에 답하시오.

① 구조식

② 품명과 지정수량

③ 이산화탄소, 수증기, 질소, 산소가 발생하는 완전분해반응식

해답 ① 구조식

$$\begin{array}{c} \quad H \quad\ H \quad\ H \\ H-C-C-C-H \\ \ \ \ |\ \ \ \ \ \ |\ \ \ \ \ \ | \\ ONO_2\ ONO_2\ ONO_2 \end{array}$$

② 질산에스터류, 10kg

③ $4C_3H_5(ONO_2)_3 \xrightarrow{\Delta}$
$12CO_2\uparrow + 10H_2O + 6N_2\uparrow + O_2\uparrow$

15 과산화칼륨과 아세트산이 반응할 경우 생성되는 물질 중 위험물인 물질에 대하여 다음 물음에 답하시오.

① 이 물질이 분해 시 산소가 생성되는 반응식을 쓰시오.

② 운반용기 외부에 표시해야할 주의사항을 쓰시오.

③ 이 물질을 저장하는 장소와 학교와의 안전거리를 쓰시오. (단, 해당없으면 해당없음이라 쓰시오.)

해답 ① $2H_2O_2 \xrightarrow{\Delta} 2H_2O + O_2\uparrow$

② 가연물접촉주의

③ 해당없음

참고 • 제1류 위험물(산화성고체) 무기과산화물(알칼리금속의 과산화물)인 과산화칼륨(K_2O_2)과 제4류 위험물(인화성액체) 제2석유류인 아세트산(CH_3COOH)과 반응하면 제6류 위험물(산화성액체) 과산화수소(H_2O_2)가 생성된다.

• 과산화칼륨(K_2O_2)과 아세트산(CH_3COOH)과의 반응식

$K_2O_2 + 2CH_3COOH \rightarrow 2CH_3COOK + H_2O_2$
(과산화칼륨) (아세트산)   (아세트산칼륨) (과산화수소)

• 제6류 위험물(산화성액체)은 제조소등의 안전거리에서 제외된다.

16 옥외탱크저장소 방유제 안에 30만 리터 3기와 20만 리터(인화점 50℃) 9기로 총 12기에 인화성액체로 저장되어 있다. 다음 물음에 답하시오.

① 설치하여야 하는 방유제의 최소 개수를 쓰시오.

② 30만 리터 2기와, 20만 리터 2기가 하나의 방유제 내에 있을 경우 방유제의 용량을 구하시오.

③ 해당 방유제에 인화성액체 대신 제6류 위험물인 질산을 저장할 경우 방유제의 개수를 쓰시오.

해답 ① 2개

② [계산과정]

방유제의 용량은 인화성액체의 경우 최대용량의 110%이다.

30만 리터 × 110% = 33만 리터

[답] 33만 리터

③ 2개

참고 • 하나의 방유제안에 설치할 수 있는 탱크의 기수는 10기 이하이다.

• 20기 이하로 할 경우 전체용량이 20만 리터 이하이고 인화점의 70℃ 이상 200℃ 미만인 경우이다.

17 위험물안전관리법에서 정한 지하탱크저장소에 대한 내용이다. 다음 ( )안에 알맞은 답을 쓰시오.

- 지하저장탱크의 윗부분은 지면으로부터 (①)m 이상 아래에 있어야 한다.
- 지하저장탱크를 2 이상 인접해 설치하는 경우에는 그 상호간에 (②)m 이상의 간격을 유지하여야 한다.
- 지하탱크는 용량에 따라 기준에 적합하게 강철판 또는 동등 이상의 성능이 있는 금속재질로 (③)용접 또는 (④)용접으로 틈이 없도록 만드는 동시에, 압력탱크 외의 탱크에 있어서는 70kPa의 압력으로, 압력탱크에 있어서는 최대상용압력의 (⑤)의 압력으로 각각 (⑥)간 수압시험을 실시하여 새거나 변형되지 아니하여야 한다.

해답 ① 0.6 ② 1 ③ 완전용입
④ 양면겹침이음 ⑤ 1.5배 ⑥ 10분

18 다음 위험물에 대하여 운반용기 외부에 표시하여야 하는 주의사항을 모두 쓰시오.

① 벤조일퍼옥사이드
② 마그네슘
③ 과산화나트륨
④ 인화성고체
⑤ 기어유

해답 ① 화기엄금, 충격주의
② 화기주의, 물기엄금
③ 화기,충격주의, 가연물접촉주의, 물기엄금
④ 화기엄금
⑤ 화기엄금

참고 운반용기에 수납하는 위험물에 따른 포장 외부 주의사항 표시

① 제1류 위험물 : 화기·충격주의, 가연물 접촉주의
 - 알칼리금속의 과산화물 또는 이를 함유하는 것 : 화기·충격주의, 가연물 접촉주의, 물기엄금
② 제2류 위험물 : 화기주의
 - 철분, 금속분, 마그네슘 또는 이를 함유하는 것 : 화기주의, 물기엄금
 - 인화성고체 : 화기엄금
③ 제3류 위험물
 - 금수성물질 : 물기엄금
 - 자연발화성물질 : 화기엄금, 공기접촉엄금
④ 제4류 위험물 : 화기엄금
⑤ 제5류 위험물 : 화기엄금, 충격주의
⑥ 제6류 위험물 : 가연물 접촉주의

19 다음 위험물의 저장량이 지정수량 이상일 때 혼재하여서는 안 되는 위험물을 모두 쓰시오.

① 제1류 위험물
② 제2류 위험물
③ 제3류 위험물
④ 제4류 위험물
⑤ 제5류 위험물

해답 ① 제2류, 제3류, 제4류, 제5류 위험물
② 제1류, 제3류, 제6류 위험물
③ 제1류, 제2류, 제5류, 제6류 위험물
④ 제1류, 제6류 위험물
⑤ 제1류, 제3류, 제6류 위험물

참고 혼재금지 위험물 암기방법 사이삼, 오이사, 육하나를 참고하세요.

20 위험물안전관리법령에서 정한 완공검사에 대한 내용이다. 다음 물음에 답하시오.

① 위험물을 저장 또는 취급하는 탱크로서 대통령령이 정하는 탱크가 있는 제조소등의 설치, 변경에 관하여 완공검사를 받기 전에 받아야 하는 검사는 무엇인지 쓰시오.

② 다음 시설의 완공검사 신청 시기를 쓰시오.
- 이동탱크저장소
- 지하탱크가 있는 제조소등

③ 완공검사를 실시한 결과 당해 제조소등이 규정에 의한 기술기준에 적합하다고 인정하는 때에 시, 도지사는 어떤 서류를 교부해야 하는지 쓰시오.

해답 ① 탱크안전성능검사
② 이동저장탱크를 완공하고 상치장소를 확보한 후, 당해 지하탱크를 매설하기 전
③ 완공검사합격확인증

2023년 11월 04일 시행

모든 계산문제는 소수 3째자리까지 계산하고 반올림하여 소수 2째자리를 답으로 합니다.

01 다음 보기의 위험물을 연소의 형태별로 구분하시오.

[보기]
금속분, 피크린산, 나트륨, 다이에틸에터, TNT, 에테인올
① 표면연소 :
② 증발연소 :
③ 자기연소 :

해답 ① 금속분, 나트륨
② 다이에틸에터, 에테인올
③ 피크린산, TNT

02 옥내소화전이 6개 설치된 층의 소화전에 대하여 다음 물음에 답하시오.

① 소화전 1개의 최대 방출양
② 수원의 수량

해답 ① 7.8m³ 이상
② [계산과정]
소화전 설치개수가 5개 이상인 경우는 5개를 수원의 양으로 한다.
수원의 수량 = 7.8m³/개 × 5개
= 39m³
[답] 39m³

03 다음 보기의 할로젠화합물 소화약제에 대하여 물음에 답하시오.

[보기]
할론1301, 할론1211, 할론2402, HFC-23, HFC-125, HFC-227ea, FK-5-1-12

① 할로젠화합물 소화설비의 소화약제로 사용할 수 있는 것 3가지를 쓰시오.
② 국소방출방식 할로젠화합물 소화약제로 적합한 것 3가지를 쓰시오.
③ 할로젠화합물 소화약제의 양을 30초 이내에 균일하게 방출하여야 하는 것 3가지를 쓰시오.

해답 ① 할론1301, 할론1211, 할론2402, HFC-23, HFC-125, HFC-227ea, FK-5-1-12 중 3가지
② 할론1301, 할론1211, 할론2402
③ 할론1301, 할론1211, 할론2402

04 다음 제1류 위험물의 열분해반응식을 쓰시오.

① $NaClO_2$
② $NaClO_3$
③ $NaClO_4$

해답 ① $NaClO_2 \xrightarrow{\Delta} NaCl + O_2 \uparrow$
② $2NaClO_3 \xrightarrow{\Delta} 2NaCl + 3O_2 \uparrow$
③ $NaClO_4 \xrightarrow{\Delta} NaCl + 2O_2 \uparrow$

05 다음 물질이 연소할 경우 생성되는 물질을 쓰시오. (연소하지 않는 물질이면 "해당없음"이라 쓰시오.)

① CaO
② $HClO_4$
③ Mg
④ S
⑤ P

해답 ① 해당없음 ② 해당없음
③ MgO ④ SO_2 ⑤ P_2O_5

참고 – CaO(생석회)와 $HClO_4$(과염소산)은 불연성물질이므로 연소생성물이 없다.
– 마그네슘(Mg)의 연소반응식
　　$2Mg + O_2 \rightarrow 2MgO$
– 황(S)의 연소반응식
　　$S + O_2 \rightarrow SO_2 \uparrow$
– 적린(P)의 연소반응식
　　$4P + 5O_2 \rightarrow 2P_2O_5$

06 제3류 위험물 금속 나트륨의 소화에 사용되는 소화약제를 보기에서 찾아 쓰시오.

[보기]
이산화탄소, 할론소화약제, 팽창질석, 화학포소화약제, 인산염류분말소화약제, 마른모래

해답 팽창질석, 마른모래

07 탄화칼슘 32g이 물과 반응하여 생성되는 기체가 완전연소하기 위한 산소의 부피(L)를 표준상태에서 구하시오.

해답 [계산과정]

탄화칼슘(CaC_2)의 1mol(1g분자량)은
$40+12 \times 2 = 64$g/mol

표준상태(0℃, 1atm)에서 모든 기체 1mol이 차지하는 부피는 22.4L/mol이다.

$CaC_2 + 2H_2O \rightarrow Ca(OH)_2 + C_2H_2 \uparrow$
64g/mol　　　：　　1mol =
32g　　　：　　$\frac{1}{2}$ mol
$C_2H_2 + \frac{5}{2}O_2 \rightarrow 2CO_2 \uparrow + H_2O$

$\frac{1}{2}C_2H_2 + \frac{5}{4}O_2 \rightarrow CO_2 \uparrow + \frac{1}{2}H_2O$
산소의 체적 = $\frac{5}{4}$mol × 22.4L/mol = 28L

[답] 28L

08 제4류 위험물 특수인화물인 이황화탄소에 대하여 다음 물음에 답하시오.

① 화학식
② 연소반응식
③ 불활성가스의 봉입

해답 ① CS_2
② $CS_2 + 3O_2 \rightarrow CO_2 \uparrow + 2SO_2 \uparrow$
③ 생략할 수 있다.

09 제4류 위험물 아세트알데하이드에 대하여 다음 물음에 답하시오.

① 산화 생성물의 명칭을 쓰시오.
② 산화 생성물의 연소 반응식을 쓰시오.
③ 환원 생성물의 화학식을 쓰시오.
④ 환원 생성물의 연소반응식을 쓰시오.

해답 ① 아세트산(초산),
② $CH_3COOH + 2O_2 \rightarrow 2CO_2 \uparrow + 2H_2O$
③ C_2H_5OH
④ $C_2H_5OH + 3O_2 \rightarrow 2CO_2 + 3H_2O$

10 다음 보기의 위험물을 인화점이 낮은것에서 높은순으로 쓰시오.

[보기]
에틸렌글리콜, 초산에틸, 에테인올, 나이트로벤젠

해답 초산에틸, 메테인올, 나이트로벤젠, 에틸렌글리콜

참고 위험물의 인화점

초산에틸(-4℃), 메테인올(11℃), 나이트로벤젠(88℃), 에틸렌글리콜(111℃)

11 제4류 위험물 아세톤에 대하여 다음 물음에 답하시오.

① 시성식 :

② 품명 :

③ 지정수량 :

④ 위험등급 :

해답 ① CH_3COCH_3 ② 제1석유류
③ 400L ④ Ⅱ

12 제4류 위험물 하이드라진에 대하여 다음 물음에 답하시오.

① 품명

② 화학식

③ 연소 반응식

해답 ① 제2석유류

② N_2H_4

③ $N_2H_4 + O_2 \rightarrow N_2 + 2H_2O$

13 제4류 위험물 동식물유류에 대하여 다음 보기의 물품을 구분하시오.

[보기]
아마인유, 면실유, 피마자유, 동유, 올리브유, 야자유

해답 ① 건성유 : 아마인유, 동유

② 반건성유 : 면실유

③ 불건성유 : 피마자유, 올리브유, 야자유

14 제6류 위험물 과산화수소에 대하여 다음 물음에 답하시오.

① 분해반응식을 쓰시오.

② 운반용기의 외부 포장에 표시하여야 할 수납위험물의 주의사항을 쓰시오.

③ 위험등급

해답 ① $2H_2O_2 \xrightarrow{\Delta} 2H_2O + O_2 \uparrow$

② 가연물접촉주의

③ Ⅰ등급

15 제5류 위험물 하이드록실아민을 취급하는 제조소에 대하여 다음 물음에 답하시오.

① 지정수량의 배수가 10배일 경우 안전거리를 구하시오.

② 담 또는 토제중 토제의 경사도는 얼마로 하여야 하는가?

③ 제조소의 주의사항 게시판 "화기엄금"의 바탕색과 문자의 색을 쓰시오.

해답 ① [계산과정]

하이드록실아민의 안전거리

$D = 51.1\sqrt[3]{N}$ 에서

$D = 51.1\sqrt[3]{10} = 110.091m$

[답]110.09m

② 60도 미만

③ 적색바탕에 백색문자

16 유별을 달리하는 위험물을 옥내저장소의 동일한 저장소에서 서로 1m 이상의 간격을 두고 제4류 위험물과 저장할 수 있는 위험물에 대하여 3가지를 쓰시오.

　해답 ① 제2류 위험물 중 인화성고체
　　　　② 제3류 위험물 중 알킬알루미늄 등
　　　　③ 제5류 위험물 중 유기과산화물 또는 이를 함유한 것

17 옥외탱크저장소의 설치허가에 대하여 다음 물음에 답하시오.

① 설치 허가를 위한 과정 5가지를 쓰시오.
② 설치 허가에 관한 기술검토를 받을 수 있는 기관의 명칭을 쓰시오.
③ 탱크안전성능검사의 종류를 1가지를 쓰시오.

　해답 ① 기술검토, 설치허가, 탱크안전성능검사, 완공검사, 완공검사합격확인증
　　　　② 한국소방산업기술원
　　　　③ 기초 지반검사, 충수 수압검사, 용접부 검사중 1가지

18 주유취급소의 건축물 또는 시설중 태양광 발전설비로서 집광판 및 그 부속설비의 설치위치를 쓰시오.

　해답 캐노피의 상부 또는 건축물의 옥상에 설치한다.

19 유별을 달리하는 위험물은 혼재하여 저장할 수 없으나, 혼재할 수 있는 위험물의 유별을 쓰시오.

　해답 2류, 4류, 5류
　참고 혼재 금지 위험물 암기방법 사이삼, 오이사, 육하나를 참고하시오.

20 다음 위험물과 혼재 할 수 없는 위험물의 류별을 모두 쓰시오.

① 제1류 위험물
② 제2류 위험물
③ 제3류 위험물
④ 제4류 위험물
⑤ 제5류 위험물

　해답 ① 제2류, 제3류, 제4류, 제5류
　　　　② 제1류, 제3류, 제6류
　　　　③ 제1류, 제2류, 제5류, 제6류
　　　　④ 제1류, 제6류
　　　　⑤ 제1류, 제3류, 제6류
　참고 혼재 금지 위험물 암기방법 사이삼, 오이사, 육하나를 참고하시오.

2024년 04월 27일 시행

모든 계산문제는 소수 3째자리까지 계산하고 반올림하여 소수 2째 자리를 답으로 합니다.

01 다음 [보기]의 위험물 중에서 지정수량의 단위가 L인 위험물의 지정수량이 큰 것부터 작은 것 순서대로 쓰시오.

> [보기]
> 다이나이트로아닐린, 하이드라진,
> 피리딘, 피크르산, 글리세린, 클로로벤젠

해답 글리세린, 하이드라진, 클로로벤젠, 피리딘

참고
- 제4류 위험물의 지정수량
  하이드라진:2,000L, 피리딘:400L,
  글리세린:4,000L, 클로로벤젠:1,000L
- 다이나이트로아닐린, 피크르산은 제5류 위험물(자기반응성물질) 나이트로화합물이다.

02 다음 표에서 괄호 안에 위험물의 명칭 및 화학식과 지정수량을 쓰시오.

명칭	화학식	지정수량
(①)	$C_6H_3(NO_2)_2CH_3$	(②)kg
과망가니즈산암모늄	(③)	1,000kg
인화아연	(④)	(⑤) kg

해답 ① 다이나이로톨루엔 ② 200
③ NH_4MnO_4 ④ Zn_3P_2 ⑤ 300

참고
- 디나이트로톨루엔[$C_6H_3(NO_2)_2CH_3$]: 제5류 위험물(자기반응성물질) 나이트로화합물 지정수량 200kg
- 과망가니즈산암모늄(NH_4MnO_4):제1류 위험물(산화성고체) 과망가니즈산염류 지정수량 1,000kg
- 인화아연(Zn_3P_2):제3류 위험물(금수성물질) 금속의 인화합물 지정수량 300kg

03 다음 반응에 의하여 생성되는 유독가스의 명칭을 쓰시오. (단, 없으면 해당없음이라고 표시하시오.)

① 과염소산나트륨과 염산의 반응
② 과염소산칼륨과 황산의 반응
③ 과산화칼륨과 물의 반응
④ 질산칼륨과 물의 반응
⑤ 질산암모늄과 물의 반응

해답 ① 염소
② 해당없음
③ 해당없음
④ 해당없음
⑤ 해당없음

참고
- 과염소산나트륨($NaClO_4$)과 염산(Cl_2)의 화학반응식
  $NaClO_4$ + 8HCl →
  (과염소산나트륨) (염산)
  $NaCl$ + $4Cl_2$ + $4H_2O$
  (염화나트륨) (염소) (물)
- 과염소산칼륨($KClO_4$)과 황산(H_2SO_4)의 화학반응식
  $2KClO_4 + H_2SO_4 → K_2SO_4 + 2HClO_4$
  (과염소산칼륨) (황산) (황산칼륨) (과염소산)
- 과산화칼륨(K_2O_2)과 물(H_2O)과의 반응식
  $2K_2O_2 + 2H_2O → 4KOH + O_2↑$
  (과산화칼륨) (물) (수산화칼륨) (산소)

04 다음 [보기] 중에서 염산과 반응하여 제6류 위험물을 생성하는 물질이 물과의 반응식을 쓰시오. (단, 해당 없으면 해당 없음으로 표시하시오.)

> [보기]
> 과염소산암모늄, 과망가니즈산칼륨,
> 과산화나트륨, 마그네슘

해답 $Na_2O_2 + 2HCl \rightarrow 2NaCl + H_2O_2$

참고 • 과산화나트륨(Na_2O_2)과 염산(HCl)과의 반응식

$Na_2O_2 + 2HCl \rightarrow 2NaCl + H_2O_2$
(과산화나트륨) (염산) (염화나트륨) (과산화수소)

05 다음 위험물의 분해반응식을 쓰시오.

① 과염소산칼륨
② 과산화칼슘
③ 아염소산나트륨

해답 ① $KClO_4 \xrightarrow{\Delta} KCl + 2O_2 \uparrow$
② $2CaO_2 \xrightarrow{\Delta} 2CaO + O_2 \uparrow$
③ $NaClO_2 \xrightarrow{\Delta} NaCl + O_2 \uparrow$

06 알루미늄에 대하여 다음 물음에 답 하시오.

① 물과의 반응식
② ①의 반응에서 생성되는 기체의 연소반응식
③ ①의 반응에서 생성되는 기체의 위험도를 구하시오.

해답 ① $2Al + 6H_2O \rightarrow 2Al(OH)_3 + 3H_2 \uparrow$
② $2H_2 + O_2 \rightarrow 2H_2O \uparrow$
③ [계산과정]
수소(H_2)의 연소범위=4~75%
위험도(H)=$\frac{U-L}{L}$ 에서 H=$\frac{75-4}{4}$
=17.75
[답] 17.75

참고 • 알루미늄(Al)분과 물(H_2O)과의 반응식
$2Al + 6H_2O \rightarrow 2Al(OH)_3 + 3H_2$
(알루미늄) (물) (수산화알루미늄) (수소)

07 제3류 위험물인 트라이에틸알루미늄에 대하여 다음 물음에 답하시오.

① 연소반응식
② 물과의 반응식

해답 ① $2(C_2H_5)_3Al + 21O_2 \rightarrow$
$12CO_2 + 15H_2O + Al_2O_3$
② $(C_2H_5)_3Al + 3H_2O \rightarrow$
$Al(OH)_3 + 3C_2H_6 \uparrow$

참고 • 트라이에틸알루미늄[$(C_2H_5)_3Al$]이 공기중에서 연소반응식
$2(C_2H_5)_3Al + 21O_2 \rightarrow$
(트라이에틸알루미늄) (산소)
$12CO_2 + 15H_2O + Al_2O_3$
(이산화탄소) (물) (산화알루미늄)

• 트라이에틸알루미늄[$(C_2H_5)_3Al$]과 물(H_2O)과의 반응식
$(C_2H_5)_3Al + 3H_2O \rightarrow$
(트라이에틸알루미늄) (물)
$Al(OH)_3 + 3C_2H_6 \uparrow$
(수산화알루미늄) (에테인〈에테인〉)

08 제3류 위험물 탄화알루미늄이 물과 반응하여 생성되는 기체에 대하여 다음 물음에 답하시오.

① 명칭
② 증기비중을 구하시오.
③ 연소반응식을 쓰시오.

해답 ① 메테인
② [계산과정]
메테인(CH_4)의 분자량 = 12+4 = 16
공기의 평균분자량 = 29

증기비중 = $\dfrac{\text{분자량}}{\text{공기의 평균분자량}}$

$= \dfrac{16}{29} = 0.551$

[답] 0.55

③ $CH_4 + 2O_2 \rightarrow CO_2 \uparrow + 2H_2O$

참고 • 메테인(CH_4)의 연소반응식

$\underset{(\text{메테인})}{CH_4} + \underset{(\text{산소})}{2O_2} \rightarrow \underset{(\text{이산화탄소})}{CO_2} \uparrow + \underset{(\text{물})}{2H_2O}$

09 다음 [보기]의 위험물을 인화점이 낮은 것부터 높은 순서대로 쓰시오.(단, 인화점이 없는 위험물은 제외하시오.)

[보기]
벤젠, 아세트알데하이드, 아세트산, 과염소산, 나이트로셀룰로오스

해답 아세트알데하이드, 벤젠, 아세트산

참고 위험물의 인화점
벤젠 -11℃, 아세트알데하이드 -38℃, 아세트산 40℃

10 콘크리트 수조에 물을 채워 보관하는 제4류 위험물에 대하여 다음 물음에 답하시오.

① 이 위험물이 연소할 경우 생성되는 유독가스의 화학식을 쓰시오.
② 증기비중을 구하시오.
③ 철근콘크리트 수조의 두께는 몇 m 이상인지 쓰시오.

해답 ① SO_2
② [계산과정]
이황화탄소(CS_2)의 분자량
$= 12 + 32 \times 2 = 76$
공기의 평균분자량 = 29

증기비중 = $\dfrac{\text{분자량}}{\text{공기의 평균분자량}}$

$= \dfrac{76}{29} = 2.620$

[답] 2.62

③ 0.2m

11 다음 [보기]의 동식물유류를 아이오딘값에 따라 건성유, 불건성유로 분류하시오. (없으면 해당없음이라 표기하시오.)

[보기]
기어유, 동유, 야자유, 올리브유, 들기름, 실린더유

① 건성유
② 불건성유

해답 ① 동유, 들기름
② 야자유, 올리브유

12 제5류 위험물인 과산화벤조일에 대하여 다음 물음에 답하시오.

① 구조식
② 옥내저장소에 저장할 경우 옥내저장소의 바닥면적을 몇 m^2 이하로 하여야 하는지 쓰시오.
③ 위험등급

해답 ① O=C-O-O-C=O

(벤젠고리 구조)

② 1,000m^2
③ I등급

13 다음 설명하는 위험물에 대하여 물음에 답하시오.

> • 담황색 결정
> • 분자량 227
> • 햇빛에 의하여 다갈색으로 변한다.
> • 물에 녹지 않고 아세톤, 벤젠, 알코올, 에터에 잘 녹는다.

① 구조식
② 운반용기 외부에 표시하여야 할 주의사항을 쓰시오
③ 제조소 게시판에 설치해야 할 주의사항을 쓰시오.

해답 ①

(구조식: 톨루엔 고리에 CH_3, 2,4,6 위치에 NO_2 세 개 — O_2N, NO_2, NO_2)

② 화기엄금, 충격주의   ③ 화기엄금

참고 본문의 위험물은 제5류 위험물(자기반응성물질) 나이트로화합물 중 트라이나이트로톨루엔이다.

14 위험물안전관리법령상 소화난이도 등급 I의 제조소등에 해당되는 것을 보기에서 골라 쓰시오.(단, 해당사항이 없으면 없음으로 표기하시오.)

① 지하탱크저장소
② 면적 1000m2 인 제조소
③ 처마높이 6m인 옥내저장소
④ 제2종 판매취급소
⑤ 이송취급소
⑥ 간이탱크저장소
⑦ 이동탱크저장소

해답 ② ③ ⑤

참고 소화난이도 등급 I의 제조소등
• 연면적 1,000m² 이상인 제조소, 일반취급소,
• 지정수량 100배 이상인 제조소, 일반취급소
• 연면적 150m² 이상인 옥내저장소
• 지정수량 150배 이상인 옥내저장소
• 지반면으로부터 6m 이상 높이의 제조소, 일반취급소, 옥내저장장소, 옥외탱크저장소, 옥내탱크저장소
• 액표면적이 40m² 이상인 옥외탱크저장소, 옥내탱크저장소, 암반탱크저장소
• 이송취급소
제2종 판매취급소 등급 Ⅱ
제1종 판매취급소 등급 Ⅲ
지하탱크저장소 등급 Ⅲ
간이탱크저장소 등급 Ⅲ
이동탱크저장소 등급 Ⅲ

15 위험물안전관리법령에서 정한 자체소방대 설치에 관한 기준이다. 다음 빈칸에 알맞은 답을 쓰시오.

사업소의 구분	화학소방자동차	자체소방대원의 수
지정수량 (①)천배이상 12만배 미만인 사업소	1대	5인
지정수량 12만배 이상 (②)만배 미만인 사업소	2대	10인
지정수량 24만배 이상 (③)만배 미만인 사업소	3대	15인
지정수량 (③)만배 이상인 사업소	4대	20인
옥외탱크저장소에 저장하는 제4류 위험물의 최대수량이 지정수량의 50만배 이상인 사업소	(④)	(⑤)

해답 ① 3 ② 24 ③ 48 ④ 2 ⑤ 10

16 다음 물음에 답하시오.

① 제조소, 저장소, 취급소 모두를 포함한 것의 위험물안전관리법령상 명칭을 쓰시오.
② 다음 위험물 저장소의 명칭 중 누락된 것의 명칭을 쓰시오.
   옥내저장소, 옥외저장소, 옥내탱크저장소, 옥외탱크저장소, 지하탱크저장소, 이동탱크저장소, 암반탱크저장소
③ 다음 위험물 취급소의 명칭 중 누락 된 것의 명칭을 쓰시오.
   주유취급소, 판매취급소, 일반취급소
④ 위험물안전관리자를 선임하지 아니하여도 되는 저장소의 종류를 쓰시오.
   (단, 없으면 없음이라 표기하시오.)
⑤ 일반취급소 중 액체위험물을 용기에 옮겨 담는 취급소의 명칭을 쓰시오.

해답 ① 제조소등 ② 간이탱크저장소
③ 이송취급소 ④ 이동탱크저장소
⑤ 충전하는 일반취급소

17 옥외탱크저장소 50만L, 30만L, 20만L 각각 1기에 톨루엔이 저장되어 있다. 방유제의 용량(m^3)을 구하시오.

해답 [계산과정]
탱크의 용량=500,000L=500m^3
방유제의 용량=500m^3×110%=550m^3
[답] 550m^3

18 위험물안전관리법령상 옥외탱크저장소의 지중탱크에 대한 기준이다. 다음 물음에 답하시오.

- 내경 100m
- 높이 20m
- 인화점 10℃ 인 제4류 위험물

① 옥외탱크저장소가 보유하는 부지의 경계선에서 지중탱크의 지반면의 옆판까지 사이의 거리를 구하시오.
② 지중탱크 주위에 보유해야 할 보유공지 너비를 구하시오.

해답 ① [계산과정]
100 × 0.5 = 50
[답] 50m
② [계산과정]
100 × 0.5 = 50
[답] 50m

19 다음 표에 혼재 가능한 위험물은 O, 혼재 불가능한 위험물은 X로 표시하시오.

위험물의 구분	제1류	제2류	제3류	제4류	제5류	제6류
제1류						
제2류						
제3류						
제4류						
제5류						
제6류						

해답

위험물의 구분	제1류	제2류	제3류	제4류	제5류	제6류
제1류		×	×	×	×	O
제2류	×		×	O	O	×
제3류	×	×		O	×	×
제4류	×	O	O		O	×
제5류	×	O	×	O		×
제6류	O	×	×	×	×	

참고 유별을 달리하는 위험물의 혼재기준
(암기법: 사이삼, 오이사, 육하나)

20 위험물안전관리법령상 지하탱크저장소(탱크전용실)에 대한 그림이다. 다음 물음에 답하시오.

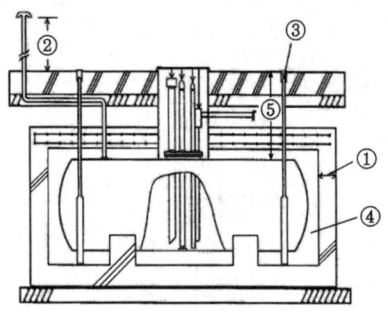

① 탱크전용실 벽의 두께는 몇 m 이상으로 하여야 하는지 쓰시오.
② 통기관은 지면으로부터 몇 m 이상의 높이에 설치하여야 하는지 쓰시오.
③ 액체위험물의 누설을 검사하기 위한 관을 몇 개소 이상 설치하여야 하는지 쓰시오.
④ 어떤 물질로 채워야 하는지 쓰시오.
⑤ 지하저장탱크의 윗부분은 지면으로부터 몇 m 이상 아래에 있어야 하는지 쓰시오.

해답 ① 0.3m ② 4m ③ 4개소
④ 마른모래 또는 습기 등에 의하여 응고되지 않는 입자지름 5mm 이하인 마른 자갈분
⑤ 0.6m

2024년 07월 28일 시행

모든 계산문제는 소수 3째자리까지 계산하고 반올림하여 소수 2째 자리를 답으로 합니다.

01 위험물안전관리법령상 위험물을 취급함에 있어서 정전기가 발생할 우려가 있는 설비에는 법령에서 정하는 방법으로 정전기를 유효하게 제거할 수 있는 설비를 설치하여야 한다. 이에 해당하는 방법 3가지를 쓰시오.

해답 ① 접지할 것
② 공기 중의 상대습도를 70%이상 으로 할 것
③ 공기를 이온화 할 것

02 다음 위험물 중에서 불활성가스 소화설비에 적용성이 있는 위험물을 찾아 번호를 쓰시오.

① 제1류 위험물 중 알칼리금속의 과산화물
② 제2류 위험물 중 인화성고체
③ 제3류 위험물
④ 제4류 위험물
⑤ 제5류 위험물
⑥ 제6류 위험물

해답 ② ④

03 위험물안전관리법령에 따른 소화설비의 능력단위와 소요단위에 대한 내용이다. 물음에 답하시오.

① 소화전용물통 0.3단위의 용량(L)을 쓰시오.
② 수조(소화전용물통 3개 포함) 80L의 능력단위를 쓰시오.
③ 수조(소화전용물통 6개 포함) 2.5능력단위의 용량(L)을 쓰시오.
④ 연면적 200m²로 내화구조의 벽으로 된 제조소의 소요단위를 구하시오.
⑤ 과산화수소 6,000kg의 소요단위를 구하시오.

해답 ① 8L, ② 1.5단위, ③ 190L
④ [계산과정]
내화구조의 벽으로 된 제조소의 1소요단위=100m²
소요단위=$\frac{200}{100}$=2소요단위
[답] 2소요단위
⑤ [계산과정]
과산화수소의 지정수량=300kg
위험물 1소요단위=지정수량의 10배
소요단위=$\frac{6,000}{300 \times 10}$=2소요단위
[답] 2소요단위

04 다음 중 제1류 위험물의 특징으로 맞는 것의 번호를 쓰시오.

① 전부 탄소 성분이 있다.
② 전부 산소를 포함하고 있다.
③ 전부 가연성이다.
④ 전부 물과 반응한다.
⑤ 전부 고체이다.

해답 ② ⑤

05 다음 위험물이 열분해할 경우 산소가 발생하는 반응식을 쓰시오. (단, 없으면 해당없음이라 쓰시오.)

① 과염소산칼륨
② 질산칼륨
③ 과산화칼륨

해답 ① $KClO_4 \xrightarrow{\Delta} KCl + 2O_2 \uparrow$
② $2KNO_3 \xrightarrow{\Delta} 2KNO_2 + O_2 \uparrow$
③ $2K_2O_2 \xrightarrow{\Delta} 2K_2O + O_2 \uparrow$

06 [보기]의 위험물 중 지정수량이 같은 품명 3가지를 쓰시오.

[보기]
적린, 과염소산, 황화인, 황,
브로민산염류, 철분, 알칼리토금속, 황린

해답 적린, 황화인, 황

참고 위험물의 류별과 지정수량
- 적린 제2류 위험물 100kg
- 과염소산 제2류 위험물 300kg
- 황화인 제2류 위험물 100kg
- 황 제2류 위험물 100kg
- 브로민산염류(브롬산염류) 제1류 위험물 300kg
- 철분 제2류 위험물 500kg
- 알칼리토금속 제3류 위험물 50kg
- 황린 제3류 위험물 20kg

07 제2류 위험물인 오황화인에 대하여 다음 물음에 답하시오.

① 물과의 반응식을 쓰시오.
② ①에서 생성되는 기체의 완전연소반응식을 쓰시오.

해답 ① $P_2S_5 + 8H_2O \rightarrow 5H_2S\uparrow + 2H_3PO_4$
② $2H_2S + 3O_2 \rightarrow 2SO_2\uparrow + 2H_2O$

08 다음 [보기]를 보고 물에는 녹지 않고 이황화탄소에 녹는 물질 중 연소하여 오산화인이 생성되는 물질에 대하여 물음에 답하시오.

[보기]
적린, 황, 황화인, 황린, 인화칼슘, 인화알루미늄

① 해당 물질과 수산화칼륨 수용액이 반응할 경우 생성되는 기체를 화학식으로 쓰시오. (단, 없으면 해당없음이라 쓰시오.)
② ①의 반응에서 생성되는 기체의 연소반응식을 쓰시오. (단, ①에서 없으면 해당없음이라 쓰시오.)
③ 해당 물질을 옥내저장소에 저장할 경우 바닥면적(m^2)을 쓰시오.
④ 해당 물질의 위험등급을 쓰시오.

해답 ① PH_3
② $2PH_3 + 4O_2 \rightarrow P_2O_5 + 3H_2O$
③ $1,000m^2$
④ I 등급

참고 황린(P_4)이 수산화칼륨(KOH)수용액에서 반응식
$P_4 + 3KOH + 3H_2O \rightarrow$
(황린) (수산화칼륨) (물)
$3KH_2PO_2 + PH_3\uparrow$
(차아인산칼륨) (인화수소, 포스핀)

09 인화칼슘에 대하여 다음 물음에 답하시오.

① 몇 류 위험물인지 쓰시오.
② 지정수량을 쓰시오.
③ 물과의 반응식을 쓰시오.
④ 물과 반응 후 생성되는 가스의 명칭을 쓰시오.

해답 ① 제3류 위험물
② 300kg
③ $Ca_3P_2 + 6H_2O \rightarrow 3Ca(OH)_2 + 2PH_3\uparrow$
④ 인화수소 또는 포스핀

10 [보기]의 위험물을 인화점이 낮은 순서대로 나열하시오.

[보기]
이황화탄소, 아세톤, 메탄올, 글리세린, 아닐린

해답 이황화탄소, 아세톤, 메탄올, 아닐린, 글리세린

참고 위험물의 인화점
- 이황화탄소(특수인화물) $-30℃$
- 아세톤(제1석유류) $-18℃$
- 메탄올(알코올류) $11℃$
- 글리세린(제3석유류) $160℃$
- 아닐린(제3석유류) $75℃$

11 피리딘에 대하여 다음 물음에 답하시오.

① 화학식을 쓰시오.
② 증기비중을 구하시오.

해답 ① C_5H_5N
② [계산과정]
피리딘(C_5H_5N)의 분자량
$=12×5+5+14=80$
공기의 평균 분자량$=29$
증기비중$=\dfrac{피리딘의\ 분자량}{공기의\ 평균분자량}=\dfrac{80}{29}$
$=2.758$
[답] 2.76

12 아이소프로필알코올을 산화시켜 만든 것으로 아이오도폼 반응을 하는 제1석유류에 대하여 다음 물음에 답하시오.

① 제1석유류 중 아이오도폼 반응을 하는 것의 명칭을 쓰시오.
② 아이오도폼의 화학식을 쓰시오.
③ 아이오도폼의 색깔을 쓰시오.

해답 ① 아세톤
② CHI_3
③ 노란색

13 다음은 위험물안전관리법령상 제5류 위험물에 대한 내용이다. [보기]에 대하여 다음 물음에 답하시오.

[보기]
나이트로글리세린, 트라이나이트로톨루엔, 트라이나이트로페놀, 과산화벤조일, 다이나이트로벤젠

① 질산에스터류에 속하는 물질을 모두 쓰시오.
② 상온에서 액체이지만 겨울철에는 동결하는 이 물질의 분해폭발반응식을 쓰시오.

해답 ① 나이트로글리세린
② $4C_3H_5(ONO_2)_3 \xrightarrow{\Delta}$
$12CO_2↑ + 10H_2O + 6N_2↑ + O_2↑$

참고 변경된 위험물의 명칭
- 나이트로글리세린(니트로글리세린)
- 트라이나이트로톨루엔(트리니트로톨루엔)
- 트라이나이트로페놀(트리니트로페놀)
- 다이나이트로벤젠(디니트로벤젠)

14 다음 수량의 위험물을 제조소에서 저장 및 취급을 할 경우 위험물안전관리법에서 확보하여야 할 보유공지를 쓰시오.

① 아세톤 400L
② 시안화수소 100,000L
③ 톨루엔 15,000L
④ 메탄올 8,000L
⑤ 시클로로벤젠 15,000L

해답 [계산과정]
- 제조소의 보유공지 : 지정수량 10배 이하는 3m이상, 지정수량 10배 초과는 5m이상
- 위험물의 지정수량
  아세톤 400L, 시안화수소 400L, 톨루엔 200L, 메테인올 400L, 시클로로벤젠 200L

① 아세톤의 지정수량 배수= $\frac{400}{400}$ =1배
[답] 보유공지: 3m이상

② 시안화수소의 지정수량 배수= $\frac{100,000}{400}$ =250배
[답] 보유공지: 5m이상

③ 톨루엔의 지정수량 배수= $\frac{15,000}{200}$ =75배
[답] 보유공지: 5m이상

④ 메탄올의 지정수량 배수 = $\frac{8,000}{400}$ =20
[답] 보유공지: 5m이상

⑤ 시클로로벤젠의 지정수량 배수= $\frac{15,000}{200}$ =75배
[답] 보유공지: 5m이상

15 다음은 인화성액체위험물을 옥외탱크저장소의 탱크 주위에 설치하는 방유제에 대한 내용이다. ( )안에 알맞은 말을 쓰시오.

- 방유제의 용량은 방유제안에 설치된 탱크가 하나인 때에는 그 탱크 용량의 (①)%이상, 2기 이상인 때에는 그 탱크 중 용량이 최대인 것의 용량의 (②)%이상으로 할 것.
- 방유제는 높이 0.5m 이상 (③)m이하, 두께 (④)m 이상, 지하매설깊이는 1m 이상으로 할 것.
- 방유제 내의 면적은 (⑤)m2이하로 할 것.

해답 ① 110 ② 110 ③ 3 ④ 0.2 ⑤ 8만

16 위험물안전관리법에서 정한 이동탱크저장소 주유호스 재질에 대하여 다음 ( )안에 알맞은 말을 쓰시오.

- 위험물이 샐 우려가 없고 화재예방상 안전한 구조로 할 것
- 주입호스는 내경이 (①)mm 이상이고, (②) MPa이상의 압력에 견딜 수 있는 것으로 하며, 필요이상으로 길게 하지 아니할 것
- 주입설비의 길이는 (③)m 이내로 하고, 그 끝부분에 축적되는 (④)를 유효하게 제거할 수 있는 장치를 할 것
- 분당 배출량은 (⑤)L로 할 것

해답 ① 23 ② 0.3 ③ 50 ④ 정전기 ⑤ 200

17 위험물안전관리법령에서 정한 위험물의 운반에 관한 기준에서 다음 위험물의 지정수량 이상일 때 혼재가 불가능한 위험물의 류별을 쓰시오.

① 제1류 위험물
② 제3류 위험물
③ 제6류 위험물

해답 ① 제2류, 제3류, 제4류, 제5류
② 제1류, 제2류, 제5류, 제6류
③ 제2류, 제3류, 제4류, 제5류

참고 혼재 금지위험물 암기방법 사이삼, 오이사, 육하나

18 다음 그림을 보고 다음 물음에 답하시오.

① 다음 그림과 같이 종으로 설치한 원통형 탱크의 내용적은 몇 cm³인지 구하시오.
(단, r=60cm, ℓ=250cm이다.)

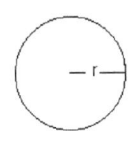 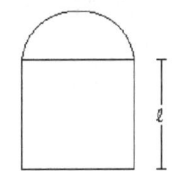

② 다음 그림과 같이 횡으로 설치된 원통형 탱크의 내용적은 몇 cm³인지 구하시오.
(단, r=60cm, ℓ=250cm, $ℓ_1$=30cm, $ℓ_2$=30cm이다.)

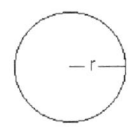 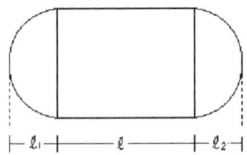

해답 ① [계산과정]
내용적(V) = $\pi r^2 ℓ$에서
V= π × 60² × 250
=2,827,433.388cm³
[답] 2,827,433.39cm³

② [계산과정]
내용적(V) = $\pi r^2 (ℓ + \frac{ℓ_1 + ℓ_2}{3})$에서
V=π × 60² × (250 + $\frac{30+30}{3}$)
=3,053,628.059cm³
[답] 3,053,628.06cm³

19 다음 위험물은 운반할 경우 운반용기의 외부에 표시하여야 할 주의사항을 쓰시오.

① 제1류 위험물 중 알칼리금속의 과산화물
② 제3류 위험물 중 자연발화성물질
③ 제5류 위험물

해답 ① 화기, 충격주의, 가연물접촉주의, 물기엄금
② 화기엄금, 공기접촉엄금
③ 화기엄금, 충격주의

20 위험물안전관리법령상 주유취급소의 항공기주유취급소 기준이다. 다음 물음에 답하시오.

① 항공기의 연료탱크에 직접 주유하기 위한 주유설비를 갖춘 이동탱크저장소의 명칭을 쓰시오.
② 비행장에서 항공기, 비행장에 소속된 차량 등에 주유하는 주유취급소에 대하여는 특례 적용이 가능한지 여부를 쓰시오.
③ 다음 내용을 보고 O X를 표시하시오.
  ㉠ 주유호스차 또는 주유탱크차에 의하여 주유하는 때에는 주유호스의 끝부분을 항공기의 연료탱크의 급유구에 긴밀히 결합하여야 한다. ( )
  ㉡ 고정주유설비에는 당해 주유설비에 접속한 전용탱크 또는 위험물을 저장 또는 취급하는 탱크의 배관외의 것을 통하여서는 위험물을 주입하지 아니할 것 ( )
  ㉢ 주유호스차 또는 주유탱크차에서 주유하는 때에는 주유호스차의 호스기기 또는 주유탱크차의 주유설비를 항공기와 전기적으로 접속할 것 ( )

해답 ① 주유탱크차
② 가능하다
③ ㉠ O ㉡ O ㉢ O

2024년 11월 02일 시행

모든 계산문제는 소수 3째자리까지 계산하고 반올림하여 소수 2째 자리를 답으로 합니다.

01 다음 분말소화기에 대하여 괄호안에 알맞은 답을 쓰시오.

제1종 분말	NaHCO₃	백색	(①)
제2종 분말	(②)	(③)	B, C
제3종 분말	(④)	담홍색	(⑤)

해답 ① B, C, ② KHCO₃, ③ 보라색,
④ NH₄H₂PO₄, ⑤ ABC

02 다음 소화약제의 화학식을 쓰시오.

① Halon 2402
② Halon 1211
③ HFC-23
④ HFC-125
⑤ FK-5-1-12

해답 ① $C_2F_4Br_2$, ② CF_2ClBr, ③ CHF_3,
④ C_2HF_5, ⑤ $CF_3CF_2C(O)CF(CF_3)_2$

참고
• HFC-23: CHF_3(트라이플루오로메테인)
• HFC-125: C_2HF_5(펜타플루오로에테인)
• FK-5-1-12: $CF_3CF_2C(O)CF(CF_3)_2$
  (플루오르화 케톤 또는 "도데카플루오로-2-메틸펜탄-3-원")

03 제1류 위험물 염소산칼륨에 대하여 다음 물음에 답하시오.

① 완전분해 반응식을 쓰시오.
② 염소산칼륨 24.5kg이 표준상태에서 완전분해할 때 생성되는 산소의 부피(m3)를 구하시오. (단, 칼륨의 분자량 39, 염소의 분자량 35.5이다.)

해답 ① $2KClO_3 \xrightarrow{\Delta} 2KCl + 3O_2 \uparrow$
② [계산과정]
염소산칼륨($KClO_3$)의 1kg분자량
$=39+35.5+16 \times 3=122.5$kg/kmol
표준상태(0℃, 1atm)에서 모든 기체 1kmol이 차지하는 부피는 22.4m³/kmol

$2KClO_3 \xrightarrow{\Delta} 2KCl + 3O_2 \uparrow$
2×122.5kg/kmol : 3×22.4m³/kmol
$=24.5$kg : χ
$\chi = \dfrac{24.5 \times 3 \times 22.4}{2 \times 122.5} = 6.72$m³

[답] 6.72m³

04 다음 [보기]의 위험물 중에서 물과 반응하거나 분해하여 공통으로 산소가 발생하는 위험물에 대하여 다음 물음에 답하시오.(단, 없으면 "없음"이라 표시하시오.)

[보기]
과산화나트륨, 염소산칼륨, 질산암모늄, 브로민산칼륨, 아이오딘산칼륨

① 분해반응식
② 물과의 반응식

해답 ① $2Na_2O_2 \xrightarrow{\Delta} 2Na_2O + O_2 \uparrow$
② $2Na_2O_2 + 2H_2O \rightarrow 4NaOH + O_2 \uparrow$

참고 • 과산화나트륨(Na_2O_2)의 열분해 반응식

$\underset{\text{(과산화나트륨)}}{2Na_2O_2} \xrightarrow{\Delta} \underset{\text{(산화나트륨)}}{2Na_2O} + \underset{\text{(산소)}}{O_2} \uparrow$

• 과산화나트륨(Na_2O_2)과 물(H_2O)과의

반응식
$$2Na_2O_2 + 2H_2O \rightarrow 4NaOH + O_2 \uparrow$$
(과산화나트륨)　(물)　　(수산화나트륨)　(산소)

05 금속나트륨에 대한 다음 물음에 답하시오.

① 지정수량
② 보호액 1가지
③ 물과의 반응식

해답 ① 10kg
② 석유 또는 등유, 경유, 파라핀 중 1가지
③ $2Na + 2H_2O \rightarrow 2NaOH + H_2 \uparrow$

참고 • 나트륨(Na)과 물(H_2O)의 화학반응식
$$2Na + 2H_2O \rightarrow 2NaOH + H_2 \uparrow$$
(나트륨)　(물)　　(수산화나트륨)　(수소)

06 다음 설명하는 내용을 보고 [보기]에서 해당하는 위험물을 골라 쓰시오.(단, 없으면 "없음"으로 표시하시오.)

[보기]
부틸리튬, 인화알루미늄, 황린, 나트륨

① 이동저장탱크로부터 꺼낼 때 동시에 200kPa 이하의 압력으로 불활성기체를 봉입해야 하는 위험물을 쓰시오.
② 옥내저장소의 바닥면적을 1,000m² 이하로 저장해야 하는 위험물을 쓰시오.
③ 물과 반응할 경우 수소가스를 발생하는 위험물을 쓰시오.

해답 ① 부틸리튬　② 부틸리튬, 황린, 나트륨
③ 나트륨

참고 옥내저장소의 바닥면적을 1,000m² 이하로 저장해야 하는 위험물은 위험등급 Ⅰ등급인 부틸리튬, 황린, 나트륨이 해당된다.

07 탄화알루미늄에 대하여 다음 물음에 답하시오.

① 탄화알루미늄과 물이 반응하여 생성되는 기체의 연소 반응식
② 생성되는 기체의 위험도

해답 ① $CH_4 + 2O_2 \rightarrow CO_2 \uparrow + 2H_2O$
② [계산과정]
CH_4(메테인)의 연소범위 5~15%
위험도(H) = $\dfrac{U-L}{L}$ 에서
H = $\dfrac{15-5}{5}$ = 2
[답] 2

08 위험물안전관리법령에 따른 정의에 대한 내용이다. 괄호안에 알맞은 말을 쓰시오.

① "제1석유류"라 함은 아세톤, 휘발유 그 밖에 1 기압에서 인화점이 섭씨(①)도 미만인 것을 말한다.
② "제2석유류"라 함은 등유, 경유 그 밖에 1 기압에서 인화점이 섭씨 (㉠)도 이상 (㉡)도 미만인 것을 말한다. 다만, 도료류 그 밖의 물품에 있어서 가연성 액체량이 (㉢)중량퍼센트 이하이면서 인화점이 섭씨 40도 이상인 동시에 연소점이 섭씨 60도 이상인 것은 제외한다.
③ "제3석유류"란 중유, 크레오소트유, 그 밖에 1기압에서 인화점이 섭씨 (㉠)도 이상 섭씨 (㉡)도 미만인 것을 말한다. 다만, 도료류 그 밖의 물품은 가연성 액체량이 (㉢) 중량퍼센트 이하인 것은 제외한다.
④ "제4석유류"라 함은 기어유, 실린더유 그 밖에 1기압에서 인화점이 섭씨 (㉠)도 이상 섭씨 (⑤)도 미만의 것을 말한다. 다만 도료류 그 밖의 물품은 가연성 액체량이 (㉢)중량퍼센트 이하인 것은 제외한다.

해답 ① 21
② ㉠ 21, ㉡ 70, ㉢ 40
③ ㉠ 70, ㉡ 200, ㉢ 40
④ ㉠ 200, ㉡ 250, ㉢ 40

09 [보기]에서 설명하는 위험물에 대하여 다음 물음에 답하시오.

[보기]
- 흡입시 시신경 마비
- 인화점 11℃
- 지정수량 400L

① 해당 위험물의 연소반응식
② 해당 위험물을 옥내저장소에 저장할 경우 옥내저장소의 바닥면적(m^2)
③ 해당 물질이 산화할 경우 최종적으로 생성되는 제2석유류의 명칭

해답 ① $2CH_3OH + 3O_2 \rightarrow 2CO_2 \uparrow + 4H_2O$
② $1{,}000m^2$
③ 의산(개미산, 품산)

참고 • 메틸알코올(CH_3OH)의 연소반응식
$2CH_3OH + 3O_2 \rightarrow 2CO_2 \uparrow + 4H_2O$
(메틸알코올) (산소) (이산화탄소) (물)

10 에틸알코올에 대하여 다음 물음에 알맞은 답을 쓰시오.

① 에틸알코올과 나트륨이 반응하여 생성되는 가연성 기체의 명칭
② 진한 황산과 축합반응 후 생성되는 제4류 위험물의 명칭
③ 에틸알코올이 산화할 경우 생성되는 특수인화물의 명칭

해답 ① 수소, ② 다이에틸에터,
③ 아세트알데하이드

참고 • 나트륨(Na)과 에틸알코올(C_2H_5OH)과 반응식
$2Na + 2C_2H_5OH \rightarrow$
(나트륨) (에틸알코올)
$2C_2H_5ONa + H_2 \uparrow$
(나트륨에틸라이드) (수소)

• 다이에틸에터($C_2H_5OC_2H_5$)의 제법 (140℃)
$2C_2H_5OH \xrightarrow[탈수축합]{C-H_2SO_4} C_2H_5OC_2H_5 + H_2O$
(에틸알코올) (다이에틸에터) (물)

• 아세트알데하이드(CH_3CHO)의 제법
$C_2H_5OH \xrightarrow{산화} CH_3CHO$
(에틸알코올) (아세트알데하이드)

11 다음 위험물의 품명을 적으시오.

① t-부탄올
② 아이소프로필알코올
③ n-부탄올
④ 아이소부틸알코올
⑤ 1-프로판올

해답 ① 제1석유류, ② 알코올류,
③ 제2석유류, ④ 제2석유류,
⑤ 알코올류

참고 • t-부탄올(터셔리부탄올) : C(탄소)수 4개와 인화점 11℃로 제1석유류에 속한다.
• 아이소프로필알코올(iso-프로필알코올) 인화점 12℃이며 알코올류에 속한다.
• n-부탄올(노르말부틸알코올)의 인화점 28.8℃로 제2석유류에 속한다.
• 아이소부틸알코올(iso-부틸알코올) 인화점이 27.7℃로 제2석유류에 속한다.

• 1-프로판올(노르말프로필알코올) 인화점 15℃이며 알코올류에 속한다.

12 다음 [보기]의 위험물 중 인화점이 낮은 순서로 쓰시오.

[보기]
C₆H₆, C₆H₅CH₃, C₆H₅CH=CH₂, C₆H₅C₂H₅

해답 C₆H₆, C₆H₅CH₃, C₆H₅C₂H₅, C₆H₅CH=CH₂

참고 위험물의 인화점
C₆H₆(벤젠 −11℃), C₆H₅CH₃(톨루엔 4℃), C₆H₅CH=CH₂(스티렌 32℃), C₆H₅C₂H₅(에틸벤젠 15℃)

13 다음 [보기]의 위험물을 제5류 위험물의 품명별로 구분하시오.(단, 없으면 "해당없음"으로 표시하시오.)

[보기]
나이트로에테인, 나이트로메테인, 다이나이트로벤젠, 벤조일퍼옥사이드, 나이트로글리콜, 나이트로글리세린, 나이트로셀룰로오스

① 유기과산화물
② 질산에스터류
③ 나이트로화합물
④ 아조화합물
⑤ 하이드라진유도체

해답 ① 벤조원퍼옥사이드
② 나이트로글리콜, 나이트로글리세린, 나이트로셀룰로오스
③ 나이트로에테인, 나이트로메테인, 다이나이트로벤젠
④ 해당없음
⑤ 해당없음

14 다음 [보기]의 제6류 위험물에 대하여 각 위험물이 될 수 있는 조건을 쓰시오.(단, 없으면 "없음"이라 쓰시오.)

① 과산화수소 ② 과염소산 ② 질산

해답 ① 농도가 36중량% 이상인 것
② 없음
② 비중이 1.49 이상인 것

15 위험물안전관리법령에서 정한 안전관리자에 대하여, 다음 물음에 답하시오.

① 안전관리자를 선임하여야 하는 대상을 [보기]에서 고르시오.(단, 없으면 "없음"이라 표기하시오.)

[보기]
㉠ 제조소등의 관계인 ㉡ 제조소등의 설치자 ㉢ 소방서장 ㉣ 소방청장 ㉤ 시, 도지사

② 안전관리자 해임 후 재선임 기간을 쓰시오.(제한 없으면 "제한 없음"이라 표시)
③ 안전관리자 퇴직 후 재선임 기간을 쓰시오.(제한 없으면 "제한 없음"이라 표시)
④ 안전관리자 선임 후 신고 기간을 쓰시오.(제한 없으면 "제한 없음"이라 표시)
⑤ 안전관리자가 여행, 질병 그 밖의 사유로 인하여 일시적으로 직무를 수행할 수 없을 때 직무를 대행하는 기간을 쓰시오.(제한 없으면 "제한 없음"이라 표시)

해답 ① ㉠ ② 30일 ③ 30일 ④ 14일
⑤ 30일

16 옥내저장소에서 위험물을 저장하는 경우 저장높이에 대하여 다음 물음에 답하시오.

① 기계에 의하여 하역하는 구조로 된 용기만을 겹쳐 쌓는 경우 ( )m를 초과하지 아니한다.
② 제4류 위험물 중 제3석유류를 수납하는 용기만을 겹쳐 쌓는 경우 ( )m를 초과하지 아니한다.
③ 제4류 위험물 중 동식물유류를 수납하는 용기만을 겹쳐 쌓는 경우 ( )m를 초과하지 아니한다.

해답 ① 6
② 4
③ 4

참고 옥내저장소에서 위험물의 저장 높이(규정 높이를 초과하여 용기를 겹쳐 쌓지 아니할 것)
- 기계에 의하여 하역하는 구조로 된 용기만을 겹쳐 쌓는 경우: 6m
- 제4류 위험물중 제3석유류, 제4석유류 및 동식물유류를 수납하는 용기만 겹쳐 쌓는 경우: 4m
- 그 밖의 경우: 3m

17 위험물안전관리법령상 옥외탱크저장소의 보유공지에 대하여 다음 괄호 안에 알맞은 답을 쓰시오.

위험물의 최대 수량	보유공지의 너비
지정수량의 500배 이하	3m 이상
지정수량의 500배 초과 1,000배 이하	(①)m 이상
지정수량의 1,000배 초과 2,000배 이하	9m 이상
지정수량의 2,000배 초과 3,000배 이하	(②)m 이상
지정수량의 3,000배 초과 4,000배 이하	15m 이상
지정수량의 (③)배 초과	당해 탱크의 수평단면의 최대지름(가로형인 경우에는 긴 변)과 높이 중 큰 것과 같은 거리 이상. 다만, (④)m초과의 경우에는 30m이상으로 할 수 있고, 15m 미만의 경우에는 (⑤)m이상으로 하여야 한다.

해답 ① 5 ② 12 ③ 4,000 ④ 30 ⑤ 15

18 위험물안전관리법령에 따른 주유취급소에 대하여 다음 물음에 답하시오.

① 휘발유 등 정전기에 의한 재해가 발생할 우려가 있는 액체위험물의 옥외저장탱크의 주입구 부근에는 정전기를 유효하게 제거하기 위해 무엇을 설치하여야 하는가?
② 셀프주유취급소에서 휘발유의 1회 연속주유량은 몇 L이하인가?
③ 셀프주유취급소에서 휘발유의 1회 주유시간의 상한은 몇 분이하인가?
④ 이동저장탱크의 상부로부터 위험물을 주입할 때에는 위험물의 액표면이 주입관의 끝부분을 넘는 높이가 될 때까지 그 주입관의 유속은 몇 m/s이하로 하여야 하는가?

⑤ 이동저장탱크의 밑부분으로부터 위험물을 주입할 때에는 위험물의 액표면이 주입관의 정상부분을 넘는 높이가 될 때까지 그 주입 관 내의 유속은 몇 m/s이하로 하여야 하는가?

해답 ① 접지전극 ② 100L ③ 4분 ④ 1
⑤ 1

19 다음 그림과 같은 옥외탱크저장소에 위험물을 저장할 경우 탱크의 용량을 구하시오.(단, a : 2m, b : 1.5m, ℓ : 3m, ℓ_1 : 0.3m, ℓ_2 : 0.3m 이다. 탱크 용량의 최대값과 최소값을 각각 구하시오.)

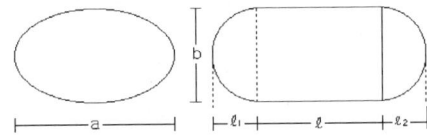

해답 [계산과정]

탱크의 용량은 탱크의 내용적에서 공간용적(5%~10%)을 뺀 값이므로

탱크의 용량은 탱크의 내용적에 수납율(95%~90%)을 곱한 값과 같다.

최대용량 = $\frac{\pi ab}{4}(\ell + \frac{\ell_1 + \ell_2}{3}) \times 0.95$
= 7.162m³

[답] 7.16m³

최저용량 = $\frac{\pi ab}{4}(\ell + \frac{\ell_1 + \ell_2}{3}) \times 0.9$
= 6.785m³

[답] 6.79m³

20 위험물안전관리법령에 따른 혼재의 기준이다. 다음 물음에 답하시오.

① 다음 빈칸에 O, X를 넣으시오.

위험물의 구분	제1류	제2류	제3류	제4류	제5류	제6류
제1류						O
제2류	×					×
제3류		×				×
제4류		×				×
제5류		×				×
제6류	O					

② 유별을 달리하여 위험물을 혼재할 수 없는 경우 지정수량의 몇 이하부터 제외되는가?

해답 ①

위험물의 구분	제1류	제2류	제3류	제4류	제5류	제6류
제1류		×	×	×	×	O
제2류	×		×	O	O	×
제3류	×	×		O	×	×
제4류	×	O	O		O	×
제5류	×	O	×	O		×
제6류	O	×	×	×	×	

② $\frac{1}{10}$

2025년 04월 20일 시행

모든 계산문제는 소수 3째자리까지 계산하고 반올림하여 소수 2째 자리를 답으로 합니다.

01 다음 분말소화약제의 주성분을 화학식으로 쓰시오.

① 제1종 분말
② 제2종 분말
③ 제3종 분말

해답 ① $NaHCO_3$
② $KHCO_3$
③ $NH_4H_2PO_4$

02 위험물안전관리법령상 분말소화설비의 기준이다. 다음 괄호 안에 알맞은 말을 쓰시오.

- 가압용 또는 축압용 가스는 (①) 또는 이산화탄소로 할 것
- 가압용 가스로 질소를 사용하는 것은 소화약제 1kg당 온도 35℃에서 0MPa의 상태로 환산한 체적 (②) L 이상, 이산화탄소를 사용하는 것은 소화약제 1kg당 20g에 배관의 청소에 필요한 양을 더한 양 이상일 것
- 축압용 가스로 질소가스를 사용하는 것은 소화약제 1kg당 온도 35℃에서 0MPa의 상태로 환산한 체적(③)L에 배관의 청소에 필요한 양을 더한 양 이상, 이산화탄소를 사용하는 것은 소화약제 1kg당 20g에 (④)의 청소에 필요한 양을 더한 양 이상일 것

해답 ① 질소 ② 40 ③ 10 ④ 배관

03 위험물안전관리법령에서 정한 자동화재탐지설비의 설치 기준이다. 다음 괄호 안에 알맞은 말을 쓰시오.

- 자동화재탐지설비의 경계구역(화재가 발생한 구역을 다른 구역과 구분하여 식별할 수 있는 최소 단위의 구역을 말한다. 이하 이호에서 같다)은 건축물 그 밖의 공작물의 2 이상의 층에 걸치지 아니하도록 할 것. 다만, 하나의 경계구역의 면적이 (①)m² 이하이면서 당해 경계구역이 두 개의 층에 걸치는 경우이거나 계단·경사로·승강기의 승강로 그밖에 이와 유사한 장소에 연기감지기를 설치하는 경우에는 그러하지 아니하다.
- 하나의 경계구역의 면적은(②)m² 이하로 하고 그 한 변의 길이는 (③)m(광전식분리형 감지기를 설치할 경우에는 (④)m 이하로 할 것. 다만, 당해 건축물 그 밖의 공작물의 주요한 출입구에서 그 내부의 전체를 볼 수 있는 경우에 있어서는 그 면적을 (⑤)m² 이하로 할 수 있다.

해답 ① 500 ② 600 ③ 50 ④ 100
⑤ 1,000

04 위험물안전관리법에서는 "산화성고체"라 함은 고체[액체 또는 기체]로서 산화력의 잠재적인 위험성 또는 충격에 대한 민감성을 판단하기 위하여 소방청장이 정하여 고시하는 시험에서 고시로 정하는 성질과 상태를 나타내는 것을 말한다고 정의한다. 다음 물음에 답하시오.

① 액체의 정의를 쓰시오.
② 기체의 정의를 쓰시오.

해답 ① 1기압 및 섭씨 20도에서 액상인 것 또는 섭씨 20도 초과 섭씨 40도 이하에서 액상인 것을 말한다.
② 1기압 및 섭씨 20도에서 기상인 것을 말한다.

05 제1류 위험물인 염소산칼륨에 관한 내용이다. 다음 각 물음에 답하시오.

① 완전분해 반응식을 쓰시오.
② 염소산칼륨 50kg이 표준상태에서 완전 분해할 경우 생성되는 산소의 부피는 몇 m^3인지 구하시오. (단, 염소산칼륨의 분자량은 122.55이다)

해답 ① $2KClO_3 \xrightarrow{\Delta} 2KCl + 3O_2 \uparrow$

참고 • 염소산칼륨($KClO_3$)의 완전분해반응식

$2KClO_3 \xrightarrow{\Delta} 2KCl + 3O_2 \uparrow$
(염소산칼륨)　(염화칼륨)　(산소)

② [계산과정]
염소산칼륨($KClO_3$)의 1kg 분자량
=122.55kg/kmol
표준상태(0℃, 1atm)에서 모든 기체 1kmol이 차지하는 부피는 22.4m^3/kmol이다.

$2KClO_3 \xrightarrow{\Delta} 2KCl + 3O_2 \uparrow$
2×122.55kg/kmol : $3 \times 22.4 m^3$/kmol
= 50kg : χ

$\chi = \dfrac{50 \times 3 \times 22.4}{2 \times 122.55} = 13.708 m^3$

[답] 13.71m^3

06 다음 [보기] 중 물과 반응하여 산소를 생성하는 물질에 대하여 물과의 반응식을 쓰시오.

[보기]
과산화나트륨, 과염소산칼륨, 과산화바륨, 브로민산칼륨, 과망가니즈산칼륨

해답 $2Na_2O_2 + 2H_2O \rightarrow 4NaOH + O_2 \uparrow$
$2BaO_2 + 2H_2O \rightarrow 2Ba(OH)_2 + O_2 \uparrow$

참고 과산화나트륨(Na_2O_2)과 과산화바륨(BaO_2)은 제1류 위험물(산화성고체) 무기과산화물로 물과의 접촉으로 반응하여 해당 금속의 수산화물과 산소(O_2)를 방출한다.

• 과산화나트륨(Na_2O_2)과 물(H_2O)과의 반응식
$2Na_2O_2 + 2H_2O \rightarrow 4NaOH + O_2 \uparrow$
(과산화나트륨)　(물)　(수산화나트륨)　(산소)

• 과산화바륨(BaO_2)과 물(H_2O)과의 반응식
$2BaO_2 + 2H_2O \rightarrow 2Ba(OH)_2 + O_2 \uparrow$
(과산화바륨)　(물)　(수산화바륨)　(산소)

07 제2류 위험물에 대한 다음 ( )안에 알맞은 답을 쓰시오.

위험물의 종류	지정수량
철분	500kg
(①)	500kg
인화성고체	(②)kg
적린	(③)kg
(④)	100kg
황화인	(⑤)kg
금속분	500kg

해답 ① 마그네슘, ② 1,000, ③ 100, ④ 황 ⑤ 100

08 다음 위험물의 연소반응식을 적으시오.

① 삼황화인

② 오황화인

③ 알루미늄분

해답 ① $P_4S_3 + 8O_2 \rightarrow 2P_2O_5 + 3SO_2 \uparrow$

② $2P_2S_5 + 15O_2 \rightarrow 2P_2O_5 + 10SO_2 \uparrow$

③ $4Al + 3O_2 \rightarrow 2Al_2O_3$

참고 • 삼황화인(P_4S_3)의 연소반응
$P_4S_3 + 8O_2 \rightarrow 2P_2O_5 + 3SO_2 \uparrow$
(삼황화인) (산소)　(오산화인) (이산화황)

• 오황화인(P_2S_5)의 연소반응식
$2P_2S_5 + 15O_2 \rightarrow 2P_2O_5 + 10SO_2 \uparrow$
(오황화인) (산소)　(오산화인) (이산화황)

• 알루미늄(Al)분의 연소반응
$4Al + 3O_2 \rightarrow 2Al_2O_3$
(알루미늄) (산소) (산화알루미늄)

09 [보기]에서 설명하는 위험물에 대하여 다음 물음에 답하시오.

[보기]
• 분자량 64
• 제3류 위험물이며 지정수량은 300kg이다.
• 고온에서 질소와 반응하여 칼슘시안나이드(석회질소)와 탄소를 생성한다.

① 위 설명하는 위험물과 물의 반응식

② ①의 반응에서 생성되는 기체의 완전연소반응식

해답 ① $CaC_2 + 2H_2O \rightarrow Ca(OH)_2 + C_2H_2 \uparrow$

② $2C_2H_2 + 5O_2 \rightarrow 4CO_2 \uparrow + 2H_2O$

참고 해당 위험물은 제3류 위험물 탄화칼슘(CaC_2)이며 물과 반응하여 아세틸렌(C_2H_2)을 생성한다.

10 탄화알루미늄에 대하여 다음 물음에 답하시오.

① 물과의 반응식을 쓰시오.

② ①의 반응에서 생성되는 가연성기체의 완전 연소반응식을 쓰시오.

해답 ① $Al_4C_3 + 12H_2O \rightarrow 4Al(OH)_3 + 3CH_4 \uparrow$

② $CH_4 + 2O_2 \rightarrow CO_2 \uparrow + 2H_2O$

참고 탄화알루미늄(Al_4C_3)이 물과 반응하면 수산화알루미늄[$Al(OH)_3$]과 메테인(CH_4)을 생성한다.

11 다음 설명하는 제4류 위험물에 대하여 물음에 답하시오.

[보기]
• 분자량 76
• 비중 1.26
• 비점 46℃
• 물에 녹지 않는다.
• 불쾌한 냄새가 난다.

① 명칭

② 화학식

③ 연소반응식

해답 ① 이황화탄소,

② CS_2

③ $CS_2 + 3O_2 \rightarrow CO_2 \uparrow + 2SO_2 \uparrow$

참고 • 이황화탄소(CS_2)의 분자량= $12 + 32 \times 2 = 76$

• 이황화탄소(CS_2)의 연소반응식
$CS_2 + 3O_2 \rightarrow CO_2 \uparrow + 2SO_2 \uparrow$
(이황화탄소) (산소)　(이산화탄소)　(이산화황)

12 다음 위험물의 증기비중을 구하시오.

① 이황화탄소
② 아세트알데하이드
③ 벤젠

해답 ① [계산과정]

이황화탄소(CS_2)의 분자량 : $12+32\times2=76$

공기의 평균분자량 : 29

증기비중 $=\dfrac{76}{29}=2.620$

[답] 2.62

② [계산과정]

아세트알데하이드(CH_3CHO)의 분자량 : $12\times2+4+16=44$

공기의 평균분자량 : 29

증기비중 $=\dfrac{44}{29}=1.517$

[답] 1.52

③ [계산과정]

벤젠(C_6H_6)의 분자량 : $12\times6+6=78$

공기의 평균분자량 : 29

증기비중 $=\dfrac{78}{29}=2.689$

[답] 2.69

13 다음 위험물에 대하여 명칭과 지정수량을 쓰시오.

① CH_3COCH_3
② $C_6H_5NO_2$
③ C_6H_5Cl
④ $CH_2=CHCOOH$
⑤ C_6H_{12}

해답 ① 아세톤, 400L
② 나이트로벤젠, 2,000L
③ 클로로벤젠, 1,000L
④ 아크릴산, 2,000L
⑤ 사이클로헥세인, 200L

14 다음 위험물의 시성식을 쓰시오.

① 나이트로글리세린
② 트라이나이트로톨루엔
③ 트라이나이트로페놀
④ 아조벤젠
⑤ 질산메틸

해답 ① $C_3H_5(ONO_2)_3$
② $C_6H_2CH_3(NO_2)_3$
③ $C_6H_2OH(NO_2)_3$
④ $C_6H_5N=NC_6H_5$
⑤ CH_3ONO_2

15 어떤 물질이 하이드라진과 접촉하면 격렬히 반응하며 폭발한다. 다음 물음에 답하시오.

① 이 물질이 위험물이 되기 위한 조건
② 과산화수소와 하이드라진의 폭발반응식

해답 ① 이 물질은 과산화수소이며 과산화수소 농도가 36중량% 이상인 것을 위험물이라 한다.

② $2H_2O_2 + N_2H_4 \rightarrow N_2 + 4H_2O$

참고 • 과산화수소(H_2O_2)와 하이드라진(N_2H_4)과 혼촉발화 반응식

$2H_2O_2 + N_2H_4 \rightarrow N_2 + 4H_2O$

(과산화수소) (하이드라진) (질소) (물)

16 제5류 위험물인 유기과산화물을 옥내저장소에 저장하려고 한다. 다음 물음에 답하시오.

① 위험등급
② 바닥면적
③ 철근콘크리트 구조로 된 외벽의 두께

해답 ① Ⅰ 등급, ② 1,000m2 이하,
③ 20cm 이상

참고 유기과산화물(지정과산화물)의 철근콘크리트 구조의 두께
- 담 : 15cm 이상
- 외벽 : 20cm 이상
- 격벽 : 30cm 이상

17 지하저장탱크 2기를 인접하여 설치하는 경우 그 상호 간의 거리를 쓰시오.

- 톨루엔과 휘발유 각각 8,000L
- 벤젠 15,000L
- 등유 14,000L

① 벤젠과 톨루엔
② 등유와 휘발유

해답 ①[계산과정]
벤젠과 톨루엔의 지정수량: 200L
지정수량의 배수합=
$\frac{15,000L}{200L} + \frac{8,000L}{200L} = 115$배
지정수량의 배수합이 100배를 초과하므로 상호 간의 거리는 1m 이상
[답]1m이상

②[계산과정]
등유의 지정수량 : 1,000L,
휘발유의 지정수량 : 200L
지정수량의 배수합=
$\frac{14,000L}{1,000L} + \frac{8,000L}{200L} = 54$배

지정수량의 배수합이 100배 이하이므로 상호 간의 거리는 0.5m 이상
[답]0.5m이상

18 위험물안전관리법령에서 정한 주유취급소에 대한 내용이다. 다음 물음에 답하시오.

① 고정주유설비와 도로경계선까지의 거리
② 고정급유설비와 도로경계선까지의 거리
③ 고정주유설비와 부지경계선까지의 거리
④ 고정급유설비와 부지경계선까지의 거리
⑤ 고정주유설비와 개구부가 없는 벽까지의 거리

해답 ① 4m 이상
② 4m 이상
③ 2m 이상
④ 1m 이상
⑤ 1m 이상

19 위험물안전관리법령상 기계에 의하여 하역하는 구조로 된 운반 용기의 기준이다. 다음 물음에 답하시오.

① 위험물안전관리법령상 소방청장이 정하여 고시한 운반 용기 시험의 종류 3가지를 쓰시오.
② ①의 시험을 적용하지 않아도 되는 위험물을 [보기]에서 고르시오.

[보기]
칼륨, 제3석유류, 동식물유류,
과산화수소 금속의 인화물, 아조화합물

해답 ① 낙하시험, 기밀시험, 내압시험, 겹쳐쌓기시험, 아랫부분 인상시험, 윗부분 인상시험, 파열전파시험, 넘어뜨리기시험, 일으키기시험 중 3가지
② 제3석유류, 동식물유류

참고 기계에 의하여 하역하는 구조로 된 운반용기 시험을 적용하지 아니하는 특례사항
1) 제4류 위험물 중 제3석유류(인화점 130℃ 이상인 것에 한한다.)
2) 제4류 위험물 중 제4석유류 또는 동식물유류를 수납하는 최대용적 15,000L 이하의 액체 플렉서블 컨테이너

20 위험물안전관리법에서 정한 위험물 운반에 관한 기준이다. 취급하는 위험물의 지정수량이 1/10을 초과할 경우 다음 각 류별에 따른 혼재가 가능한 위험물을 쓰시오.

① 제2류 위험물
② 제3류 위험물
③ 제4류 위험물

해답 ① 제4류 위험물, 제5류 위험물
② 제4류 위험물
③ 제2류 위험물, 제3류 위험물, 제5류 위험물

참고 유별을 달리하는 위험물의 혼재기준
(암기법: 사이삼, 오이사, 육하나)

위험물의 구분	제1류	제2류	제3류	제4류	제5류	제6류
제1류		×	×	×	×	○
제2류	×		×	○	○	×
제3류	×	×		○	×	×
제4류	×	○	○		○	×
제5류	×	○	×	○		×
제6류	○	×	×	×	×	

위험물산업기사 실기시험문제

발 행 일	2025년 9월 1일 개정 15판 1쇄 인쇄
	2025년 9월 10일 개정 15판 1쇄 발행
저 자	이보상
발 행 처	크라운출판사
	http://www.crownbook.com
발 행 인	李尙原
신고번호	제 300-2007-143호
주 소	서울시 종로구 율곡로13길 21
공 급 처	(02) 765-4787, 1566-5937
전 화	(02) 745-0311~3
팩 스	(02) 743-2688
홈페이지	www.crownbook.co.kr
ISBN	978-89-406-4932-9 / 13570

저자 협의
인지 생략

특별판매정가 28,000원

이 도서의 판권은 크라운출판사에 있으며, 수록된 내용은 무단으로 복제, 변형하여 사용할 수 없습니다.
Copyright CROWN, ⓒ 2025 Printed in Korea

이 책의 내용 중 문의사항이 있으신 분은 저자 이보상 선생님께 (bsyee2532@daum.net)로 연락주시면 친절하게 응답해 드립니다.